दिव्य शक्ति क्या है

सर्व विज्ञान का प्रबंध वीर्य

विपिन गुप्ता

i

प्रथम संस्करण: 2024

अनुवादक:
बिमल कुमार भारद्वाज

कवर डिज़ाइन:
किरण एसजे

चित्र:
सबा समदानी

चित्र निर्देशन:
विक्रांत सिंह

हमारी यह वर्तमान पुस्तक कुदरत में निहित उन वृहद स्तर पर समेकित प्रक्रियाओं की खोज के बारे में है जो हमारी दिव्य अस्तित्व को एक स्वरूप प्रदान करती है और जो हमारी स्थिर वास्तविकता के माध्यम से साकार होती है। आधुनिक विज्ञान के आगमन के साथ, हमारे पूर्वजों का ज्ञान नेपथ्य में चला गया। आधुनिक विज्ञान ने ज्ञान की विभिन्न शाखाओं को विभाजित किया तथा इसमें विशेषज्ञता को जन्म दिया। जिससे ज्ञान का प्रत्येक क्षेत्र दूसरे क्षेत्रों से अलग हो गया। ज्ञान के प्रत्येक क्षेत्र का विद्वान यह मानता है कि उनका ज्ञान ही सार्वभौमिक कल्याण की कुंजी है तथा उसके ज्ञान का विशेष महत्व है। उत्तम काल में, ज्ञान की विभिन्न शाखाओं के बीच कोई सीमा रेखा नहीं थी। ज्ञान की सभी शाखाओं में दिव्यता, आध्यात्मिकता, कुदरत की गतिशीलता, परालौकिक दुनियाँ से मिलने वाली प्रेरणाओं, उनके मानव जीवन में हस्तक्षेप व मानव जीवन के संतुलन को बनाने में उनके योगदान, आसुरी शक्तियों द्वारा मनुष्यों को दिग्भ्रमित करने, ध्यान की शक्ति तथा शैतानों द्वारा किए जाने वाले विध्वंस व लोगों पर उनके संक्रामक प्रभाव अपरिमित सभी के लिए एक सहज चेतना थी। सभी में यह चेतना थी कि प्रत्येक संवेदनशील अस्तित्व में एक दिव्यता विद्यमान होती है और साथ ही उस दिव्यता को दिव्य ऊर्जा में बदलने की क्षमता भी होती है तथा प्रत्येक व्यक्ति में यह क्षमता भी होती है कि वह अन्य व्यक्तियों के अस्तित्व के दिव्य रूपांतरण हेतु स्वंय को भी एक परम आत्मा में परिवर्तित कर सके।

काल के साथ लोगों की चेतना दिव्य आत्माओं के मूल रूप के साथ एकाकार होने के लिए तथा अपने मातृमूलक *जिन* स्वरूप में परिवर्तित होने के लिए आध्यात्मिकता पर ध्यान केंद्रित करने लगी। उन्होंने स्वंय को पितृमूलक*जिन्न* स्वरूप में रूपांतरित किया जिसमें यह शक्ति होती है कि वह किसी भी ऐसी महान विभूति के आदेशानुसार कार्य कर सकता है जो उनकी गहन तन्द्रा को भंग करने का मंत्र जानते हों। पितृमूलक *जिन्नों* ने स्वंय को इस तरह से प्रस्तुत किया कि वे सतत उद्यमशील हैं तथा किसी भी ऐसे मालिक के आदेश के अनुसार कार्य करने के लिए तत्पर हैं जिसे उनकी शक्ति पर विश्वास है, इस प्रकार से पितृमूलक *जिन्नों* ने प्रत्येक आत्मा को एक राक्षसी आत्मा में रूपांतरित कर दिया। राक्षस वह होता है जो ब्रह्माण्ड के प्रवाह के साथ चलता रहता है तथा उस प्रवाह को चलायमान रखने वाले अदृश्य हाथों के रूप में बदल जाता है जैसे कि मानो इस तरह से वह इस ब्रह्माण्ड को उपहार दे रहा है।

परिणाम स्वरूप प्रत्येक अस्तित्व प्रकृति माँ के विभिन्न तत्वों का भक्त बन जाता है। लोगों ने प्रत्येक प्राकृतिक तत्वों के साथ साथ उन तत्वों के विविध रूपों को भी देव स्वरूप में पूजना शुरु कर दिया ताकि वे उन तत्वों को *तंत्र* विज्ञान की सहायता से आकर्षित कर सकें।

लोगों को यह ज्ञान नहीं था कि जब कोई व्यक्ति प्रकृति के किसी अचेतन तत्व को देवरूप में पूजता है तो वह निश्चित रूप से स्वंय की दैवीय ऊर्जा की सेवा कर रहा होता है ताकि संपूर्ण ब्रह्माण्ड उस ऊर्जा से लाभान्वित हो सके। इससे वह व्यक्ति अपने अनुयायिओं के लिए एक सार्वभौमिक आत्मा बन जाता है।

पूजित देवता की दिव्यता की सच्चाई की चेतना के बिना, उनके अनुयायी देवता को पुत्र के रूप में और आत्मा को देवता की मायावी ऊर्जा के स्थायी भगवान के रूप में मानते हैं। धन्य प्राकृतिक तत्व को मूर्त रूप देकर, वे उस प्राकृतिक तत्व को एक निरपेक्ष आत्मा में रूपांतरित कर देते हैं, अर्थात, जब भी वे अपनी चेतना में शून्य का अनुभव करते हैं, तो वे उस ऊर्जा के रूप में अपने भीतर मौजूद आत्मा को सक्रिय कर देते हैं। आत्मा और परम आत्मा दोनों ही उनके कल्पित सचेत कल्याण की कुंजी बन जाते हैं।

किसी की भी इच्छाओं की पूर्ती करने के लिए कोई व्यक्ति जब परालौकिक शक्तियों पर विश्वास करता है तोवह उन परालौकिक शक्तियों के आशीर्वाद से स्वंय एक परालौकिक आत्मा में रूपांतरित हो जाता है। परंतु जबएक परालौकिक आत्मा की तरह से व्यवहार करने वाला व्यक्ति विश्व भर में स्थित उसके अनुयायियों की असंख्य इच्छाओं की पूर्ती नहीं कर पाता तो उसे एक सदमा सा लगता है। इसके परिणाम स्वरूप प्रत्येक व्यक्ति एक असंतुष्ट कारक बन जाता है जो परम आत्मा के सत्य को जानने के मार्ग के रूप में तथा इसके माध्यम से परम आत्मा को जानने के लिए हर किसी को अपनी इच्छाओं का महत्व समझाने लगता है व उन इच्छाओं को पूरा करने की दिशा में कार्य करता है। जब कोई व्यक्ति एक संवेदनशील अस्तित्व के रूप में उन इच्छाओं को पूरा करने की दिशा में कार्य करता है तो वह एक परम आत्मा बन जाता है जो ब्रह्माण्ड में किसी भी व्यक्ति की इच्छाओं को पूरा करने में समर्थ हो जाता है।

परम आत्मा बनने के दो रास्ते हैं। सबसे पहले किसी व्यक्ति के लिए उसका कार्यबल बन जाएँ जो इतना सक्षम हो कि स्वाभाविक रूप से इच्छायोग्य इच्छ बनकर पूरे ब्रह्माण की इच्छाओं को जीत सके जिससे किसी भी व्यक्ति की इच्छाओं को पूरा किया जा सके। यदि प्रत्येक व्यक्ति आपके जैसा बनना चाहता है तो आप स्वंय में एक परम आत्मा हैं जिसे कुछ नहीं करना बस प्रत्येक आत्मा की भक्ति व पूर्ण समर्पण का आनंद उठाना है। दूसरा तरीका यह है कि किसी व्यक्ति के लिए उसका नेटवर्क बन जाएँ जो किइतना सक्षम हो कि उसके

द्वारा ब्रह्माण्ड के सभी प्राणियों में सहज रूप से इच्छाओं को जनित करते हुए किसी भी इच्छा को पूरा किया जा सके ताकि प्रत्येक प्राणी उन इच्छाओं को पूरा करने के लिए अपनी नैसर्गिक शक्तियों के एक भाग का प्रयोग करते हुए स्वत: ही समर्पित हो जाए। इस प्रकरण में, प्रत्येक प्राणी का अस्तित्व एक वास्तविक देव का स्वरूप ग्रहण कर लेता है जिसमें इतनी क्षमता होती है कि वह इस ब्रह्माण्ड में बसने वाले प्रत्येक व्यक्ति द्वारा सृजित तृतीयक अवशिष्टों का लाभ उठाते हुए अनंत इच्छाओं को भी पूरा कर सकता है।

नेटवर्किंग का यह मार्ग कर्म का मार्ग है जिसमें व्यक्ति को सबसे पहले एक सर्वोच्च व सर्जक देवता बनना होता है ताकि वह शेष ब्रह्माण्ड को एक पूर्व निर्धारित व उद्घोषक देवता के रूप में प्रकट कर सके, संपूर्ण ब्रह्माण को एक परम व ज्ञाता देवता के रूप में पुनरोत्पादित व बहुगुणित कर सके। यह विभाजित अस्तित्व अपनी इच्छाओं को स्वंय ही धारण भी करता है तथा स्वंय ही उन्हें पूरा भी करता है। मान लो कि यदि कोई व्यक्ति अपनी चेतना को सृजन के कार्य में समर्पित करना चाहता है तो इस प्रकरण में उस व्यक्ति का स्वंय का अस्तित्व विलीन हो जाता है तथा वह सकल ब्रह्माण्ड का ही एक अंश बन जाता है जो एक समाधान की कल्पना करने के साथ साथ उस समाधान के सत्य को भी अनुभव करता है।

कार्यबल का मार्ग ज्ञेयता का मार्ग है जिसमें व्यक्ति को पहले एक उत्तम व प्राकृतिक देवता बनना होता है ताकि वह प्रत्येक प्राणी को किसी मार्गदर्शक (गुरु) तत्व की मार्गदर्शक शक्ति के रूप में किसी भी गुरुत्व ऊर्जा के ध्यान के बिना उसके समस्त बंधनों से मुक्ति दिलवा कर सहज रूप से उनके वास्तविक स्वरूप का बोध करवा सके

ब्रह्मांड में प्रत्येक व्यक्ति को अपनी चेतना को शून्य से भरने के लिए क्या करना चाहिए, इसके विनिमय के दो रास्ते हैं, ताकि वे आपकी इच्छायोग्य इच्छाओं को पूरा कर सकें। पहला यह कि प्रत्येक व्यक्ति की चेतना का विनिमय अपनी चेतना के साथ करें तथा प्रत्येक व्यक्ति की परा-चेतना बन जाएँ। इससे वह व्यक्ति आपके अनुकूल तो हो जाएगा परंतु आपके समान उसकी स्वंय की चेतना प्रकाशित नहीं होगी, परंतु साथ ही वह आपके द्वारा प्रोग्राम किए गए रोबोट की तरह भी नहीं होगा। दूसरा तरीका यह है कि प्रत्येक व्यक्ति की चेतना का विनिमय कुदरत की चेतना के साथ कर दें तथा उनमें यह आत्म चेतना विकसित होने दें कि प्रकृति चक्र के ऐसे परा चेतन तत्व पर निर्भर रहना निरर्थक है जिनके व्यवहारिक गुण एक निर्जीव सत्ता के लिए उपयुक्त हैं परंतु एक चेतन इकाई के लिए नहीं।

आपका वैयक्तिक बल ही समर्पण का मार्ग है जिसके लिए व्यक्ति को सबसे पहले एक समर्पित व अलौकिक देवता के रूप में खुद को ढालना होता है तथा स्वंय को समस्त सामाजिक व्यवहारों के लक्ष्य के रूप में स्थापित करना होता है|

कुदरत की सामाजिक शक्ति दिव्यता का मार्ग है जिसमें व्यक्ति को सर्वप्रथम एक समर्पित देवता बनाना होता है व स्वयं को एक केन्द्रीय तत्त्व के रूप में जागृत करना होता है| जन्म, वर्धन, मृत्यु, आराम और कायाकल्प के प्राकृतिक चक्र के कारण उत्पन्न होने वाले भ्रमपूर्ण, व्यापक और सर्वत्र प्रसारित राग-द्वेष के चक्र को वेधने के बाद ही व्यक्ति एक केन्द्रीय तत्त्व की खोज कर पाता है|

एक व्यक्ति के रूप में जब आप अपने जीवन को सम्हालते हैं तो आपके पास बहुत से विकल्प होते हैं| आप जिस व्यक्ति पर विश्वास रखते हैं उसे परम देवता मान सकते हैं तथा उस व्यक्ति के समस्त सत्य को अपने जीवन का ध्येय बना सकते हैं| अथवा आप कुदरत के समान बन सकते हैं और वर्तमान वास्तविकता की सच्चाई को जानने के लिए एक परा-व्यक्ति के रूप में उसके संपूर्ण सौंदर्य का अनुभव कर सकते हैं।

उपरोक्त के अलावा आप जो हैं वही बने रह सकते हैं तथा अपनी ऊर्जा को इस चेतनता की ओर लगा सकते हैं की आप वास्तव में कौन हैं|

इस प्रोजेक्ट की बारह पुस्तकों के शीर्षक निम्नानुसार हैं;

- दिव्य शक्ति क्या है?
- वर्त्तमान वास्तविकता क्या है?
- क्या वर्त्तमान एक वास्तविकता है?
- क्या दिव्य शक्ति है?
- चेतना क्या है?
- परा चेतना क्या है?
- आत्म जागृति क्या है?
- मानवीय कारक क्या हैं?
- आदान प्रदान कारक क्या हैं?
- सांस्कृतिक कारक क्या हैं?
- विनिमय कारक क्या हैं?
- तकनीकी विकास क्या है?

यह प्रथम पुस्तक, दिव्य शक्ति क्या है, जीवन सत्य जानने के लिए अनिवार्य शब्दावली से परिचित कराती है और आधुनिक विज्ञान के विविध विषयों व अनेक पांडुलिपियों में उल्लिखित उत्तम ज्ञान दोनों के अनुकूल अपनी उचित संरचनाएं व उपमाएं दर्शाती हैं| इस पुस्तक में एक कोशिका के तैंतीस चरण के विकास के कालानुक्रमिक अनुक्रम को उजागर करते हुए एक कारण, अनुक्रमिक और परिणामी दृष्टिकोण अपनाया गया है।

कुल मिलाकर, एक मैनेजमैण्ट प्रोफेसर के रूप में, मेरा लक्ष्य हमारे भीतर और बाहर की वास्तविकता के बारे में समग्र सुनियोजित जागरूकता प्रदान करना है, और वर्तमान क्षण में हमारे जीवन को सार्थक रूप से प्रबंधित करने के लिए समाधान प्रदान करना है साथ ही मेरा लक्ष्य हमारी भावी पीढ़ी के हितों के लिए एक सकारात्मक एवं स्वस्थ विरासत छोड़ना भी है।

जैसा कि हम जानते हैं कि, चूँकि विज्ञान और सांस्कृतिक ज्ञान, अपूर्ण जानने वालों के कार्य हैं, वर्तमान वास्तविकता को जानने के लिए सभी प्राप्त ज्ञान को त्यागने की आवश्यकता है। यदि आप उस चुनौती के लिए तैयार हैं, तो मैं अभी इस यात्रा में शामिल होने के लिए आपका स्वागत करता हूँ। परंतु यदि आपको यह कठिन लगता है, तो चिंता न करें। इस श्रंखला की अन्य पुस्तकों की प्रतीक्षा करें जो आपको अधिक सुलभ मार्गदर्शन प्रदान करेंगी।

यदि आप प्रतीक्षा नहीं करना चाहते हैं, तो आप पुस्तक की विषय सूची में से अपनी रुचि के विषयों का चयन कर सकते हैं और भारत की सांस्कृतिक बौद्धिकता के बारे में आधुनिक विज्ञान ने जो आपको सिखाया है अथवा आपके द्वारा पढ़ी गई किताबों में जो बताया गया है उस ज्ञान के आधार पर आप अपनी जानकारियों को स्पष्ट करने हेतु एक वैकल्पिक परिकल्पना तैयार करने के लिए इस पुस्तक का उपयोग एक गाइड के रूप में कर सकते हैं। अपने पूर्व ज्ञान के प्रति अंधविश्वास से मुक्त होकर खुले मन के साथ साक्ष्यों की पुन: जाँच करते हुए इस परिकल्पना को एक तार्किक निष्कर्ष पर लेकर जाएँ

कृपया मेरे व्यक्तिगत ईमेल gupta05@gmail.com पर मुझसे संपर्क करें और जो आपको मिले उसे साझा करें। एक बार जब आप पहला कदम उठाते हैं, तो मैं नई खोजों से भरे जीवन की गारंटी देता हूँ।

DIVINE (दिव्य)

> d = determination (संकल्प), I = imagination (कल्पना), v = virtue (धर्माचरण), I = Intuition (अंतर्ज्ञान), n = natural (प्राकृतिक), e = excellence (उत्कृष्टता)

GUIDER (मार्गदर्शक)

> g = global (वैश्विक), u = unique (अद्वितीय), i = inclusive (समावेशी), d = diverse (विविध), e = Engagement (नियुक्ति), r = responsibility (उत्तरदायित्व)

SHEENY (उज्ज्वल)

> s = social (सामाजिक), h = human (मानवीय), e = ecological (पारिस्थितिक), e = economic (आर्थिक), n = national (राष्ट्रीय), y = psychological (मनोवैज्ञानिक)

विपिन गुप्ता पीएचडी जैक एच ब्राउन व्यवसाय एवं लोक प्रशासन महाविद्यालय कैलिफोर्निया राज्य विश्वविद्यालय सैन बर्नार्डिनो में एक प्रबंधन प्राध्यापक और वैश्विक प्रबंधन केंद्र के सह-निदेशक हैं। उन्होंने पेंसिलवेनिया विश्वविद्यालय के व्हार्टन विद्यालय से पीएचडी उपाधि प्राप्त की है। उन्होंने भारतीय प्रबंधन संस्थान स्नातकोत्तर पाठ्यक्रम अहमदाबाद में उत्कृष्ट अकादमिक प्रदर्शन के लिये स्वर्ण पदक प्राप्त किया है; दिल्ली विश्वविद्यालय के श्री राम वाणिज्य महाविद्यालय से बी काम (होन पाठ्यक्रम में एक शीर्ष श्रेणी धारक; और भारतीय क्षति एवं कार्य लेखा संस्थान के स्नातक पाठ्यक्रम में एक अखिल-भारतीय श्रेणी धारक।

विपिन गुप्ता पूर्व में सिमन्स विश्वविद्यालय बास्टन ग्रैंड वैली राज्य विश्वविद्यालय और फोर्डहैम विश्वविद्यालय में अपनी प्राध्यापकीय सेवाएं प्रदान कर चुके हैं। वे भारत और संयुक्त राज्य अमेरिका में वरिष्ठ अधिकारी-वर्ग प्रशासकों रक्षा कर्मियों को कार्यनीतिक नियोजन एवं परस्पर-सांस्कृतिक प्रबंधन तथा डाक्टरेट छात्रों एवं संकाय को अनुसंधान विधियों पर कई प्रशिक्षण कार्यक्रम और कार्यशालाएं प्रदान कर चुके हैं। वे भारत में तीस से अधिक व्यावसायिक विद्यालयों में एक आगंतुक अथवा अतिथि संकाय रह चुके हैं। उनकी कार्यशालाओं और व्याख्यानों को कई प्रमुख राष्ट्रीय एवं क्षेत्रीय समाचार-पत्रों और टेलीविजन चैनलों द्वारा प्रचारित-प्रसारित किया गया है।

प्राध्यापक गुप्ता द्वारा 180 पत्रालेख और पुस्तकीय अध्याय लिखे जा चुके हैं जो प्रमुख पत्र-पत्रिकाओं में प्रकाशित हो चुके हैं जिनमें बिजनेस वेंचरिंग, फेमिली बिजनेस रिव्यू, रिसर्च इन आर्गेनाइजेशनल बिहेवियर एशिया-पेसिफिक जर्नल आफ मैनेजमेंट मल्टीनेशनल बिजनेस रिव्यू जर्नल आफ वर्ल्ड बिजनेस एडवांसेज इन ग्लोबल लीडरशिप ऐंड मैनेजमेंट रिव्यू जैसी पत्र-पत्रिकाएं सम्मिलित हैं। कई देशों में व्याख्यान दे चुकने और प्रमुख विचार रखने के अलावा वे साथ से अधिक देशों में अंतर्राष्ट्रीय अकादमिक सम्मेलनों में अपनी महत्वपूर्ण उपस्थित दर्ज करा चुके हैं इनमें एकेडमी आफ मैनेजमेंट आईएफसम ईजीओस सोसाइटी आफ इंडस्ट्रियल आर्गनाइजेशन साइकोलाजिस्ट्स ग्लोबल एंट्रप्रिनरशिप कान्फ्रेंस और फेमिली इंटरप्राइज रिसर्च कान्फ्रेंस के सम्मेलन सम्मिलित हैं। वे कई अंतर्राष्ट्रीय सम्मेलनों की आयोजक समितियों और शासित बोर्ड में रहकर अपनी सेवाएं दे चुके हैं। सन् 2017 में वे 52वें क्लेडिया सम्मेलन के लिए अकादमिक पाठ्यक्रम अध्यक्ष के रूप में अपनी सेवाएं प्रदान कर चुके हैं।

डा गुप्ता सेमिनल ग्लोब (ग्लोबल लीडरशिप ऐंड आर्गेनाइजेशनल बिहेवियर एफेक्टिवनेस प्रोग्राम बुक कल्चर लीडरशिप ऐंड आर्गेनाइजेशन्स - दि ग्लोब स्टडी आफ 62 सोसाइटीज (सेज पब्लिकेशन्स 2004 के सह-संपादक हैं। वे पारिवारिक व्यवसायों पर आधारित पथ-प्रवर्तक सीएएसई (कल्चरली-सेंसिटिव एसेसमेंट सिस्टम्स ऐंड एजुकेशन परियोजना के प्रधान अन्वेषक हैं। उन्होंने उभरते बाजारों में कार्यनीतिक प्रबंधन प्रदर्शन और नेतृत्व के विषय पर सूक्ष्म रूप में प्रशंसनीय जिन दो पुस्तकों का संपादन किया है: वे हैं, क्रिएटिंग परफार्मिंग आर्गेनाइजेशन्स (सेज पब्लिकेशन्स, 2003 और ट्रांसफोर्मेटिव आर्गेनाइजेशन्स (सेज पब्लिकेशन्स 2004। वे स्ट्रेटेजिक मैनेजमेंट ऐंड बिजनेस पालिसीः कान्सेप्ट्स ऐंड एप्लिकेशन्स (पीएचआई लर्निंग 2003 ऐंड 2005 के लेखक हैं। वे दस विभिन्न क्षेत्रीय समूहों में पारिवारिक व्यवसाय प्रतिरूपों पर आधारित दस पुस्तकों और परिवार व्यवसायों के लिंग आयाम पर आधारित ग्यारहवीं पुस्तक (आईसीएफएआई यूनिवर्सिटी प्रेस 2004 के प्रधान रह चुके संपादक हैं। उन्होंने चीन में एक शोध पाण्डुलिपि एमएनसी सब्सिडरीज एन एम्पिरिकल स्टडी आफ ग्रोथ ऐंड डिवेलपमेंट स्ट्रेटजी (इन्फोर्मेशन एज पब्लिशिंग 2015 और एक पाठ्यपुस्तक लीडरशिप एक्रोस दि ग्लोब (रौटलेज यूएसए 2015 का सह-लेखन भी किया है।

विपिन गुप्ता को कार्यस्थल पर अनुप्रयुक्त शोध (एप्लाइड रिसर्च) के लिये सोसाइटी फार इंडस्ट्रियल आर्गेनाइजेशन साइकोलोजिस्ट्स यूएसए से अति मांग पर 2005 स्काट माइर्स पुरस्कार प्राप्त हो चुका है। एक 2015-16 अमेरिकन काउंसिल आफ एजुकेशन फेलो के रूप में उन्होंने नौ यूरोपीय देशों संयुक्त राज्य अमेरिका और भारत में बासठ विश्वविद्यालयों महाविद्यालयों और उच्च शिक्षण संस्थानों का दौरा किया है।

मैं, बिमल भारद्वाज, एक अनुवादक और पेशेवर रूप से मैं एक कर सलाहकार हूं, जिसका कार्यालय नोएडा में है। मैं अनुवाद को अपने आप में एक शिल्प के रूप में देखता हूँ। मेरा दृढ़ विश्वास है कि हमें अपने करियर के दौरान सीखना और अपने कौशल को तराशना जारी रखना चाहिए।

मैंने 2012 में दिल्ली से स्नातक होने के बाद से अनुवाद उद्योग में काम किया है - पहले एक बहुभाषी अनुवाद चेकर के रूप में, फिर एक घर में अनुवादक के रूप में, और अब एक स्वतंत्र अनुवादक और संपादक के रूप में। मेरी प्रतिबद्धता कभी भी कम नहीं हुई है, और मैं भाग्यशाली था कि घर में प्रशिक्षण के माध्यम से अपनी विशेषज्ञता विकसित करने के लिए, वरिष्ठ अनुवादकों द्वारा पर्यवेक्षण किया गया, जिन्होंने अपनी विशेषज्ञ प्रतिक्रिया और मार्गदर्शन दिया, जब तक कि मैं इसे अकेले करने के लिए तैयार नहीं था।

हालांकि मैं हमेशा अपनी भारतीय जड़ों के प्रति सच्चा रहूंगा, मेरा घर नोएडा उत्तर प्रदेश में है और जब मैं अपने डेस्क पर नहीं होता हूं तो मुझे स्थानीय क्षेत्र की खोज करने में मजा आता है।

- मैं नोएडा, गौतम बुद्ध नगर, उत्तर प्रदेश में पैदा हुआ और पला-बढ़ा, और चौधरी चरण सिंह विश्वविद्यालय के स्कूल में ही पढ़ा
- स्कूल में मैं अपने वर्ष समूह का सबसे बड़ा भाषा पढ़ाकू था, जीसीएसई और ए स्तर दोनों पर अपने फ्रेंच और स्पेनिश परिणामों के लिए पुरस्कार जीता
- एक किशोर के रूप में मुझे नृत्य सिखाया जाता था और शौकिया शो में प्रदर्शन किया जाता था - मुझे किसी बिंदु पर फिर से टैप करना अच्छा लगेगा और मुझे पुरानी फिल्में देखना अच्छा लगता है
- संगीत मेरे जीवन का एक महत्वपूर्ण हिस्सा है - स्कूल में मैं बांसुरी बजाता था और मैं एक दिन अपने हारमोनियम और गिटार कौशल में सुधार करने के लिए दृढ़ संकल्पित हूं

मैं एक प्रबंधन वैज्ञानिक हूं जो हमारे काल की बड़ी चुनौतियां को हल करने के लिए प्रबंधन की शक्ति में रुचि रखता है। मेरा लक्ष्य वैज्ञानिक विधि की सीमाओं के बिना, प्रबंधन की जानकार कला के समग्र प्रबंधन मूल्य की जांच करना है। एक प्रबंधन वैज्ञानिक एक अभ्यास गुरु की जांच करता है जिसे सामाजिक और मानव मूल्य विकास के लिए एक विज्ञान के रूप में जानकार कला के प्रबंधन के मूल्य की शून्य समझ है। गुरु की जानकार कला की तुलना के लिए किसी भी मापीय के बिना एक निरपेक्ष मूल्य है। दूसरी ओर, एक प्राकृतिक वैज्ञानिक एक कलाकार की जांच करता है जिसे गुरु के ज्ञान-प्रभाव को मापने के लिए मापीय के रूप में कार्यक्रम करने योग्य विज्ञान की शून्य समझ होती है।

इसी तरह, एक सामाजिक वैज्ञानिक एक छात्र की जांच करता है जिसे कलाकार के जानने-प्रभाव को मापने के लिए एक मापीय के रूप में प्रदर्शन कला की शून्य समझ है। इसी तरह, एक मानव वैज्ञानिक एक शिक्षक की जांच करता है जिसे छात्र के जानने-प्रभाव को मापने के लिए एक मापीय के रूप में प्रदर्शन के मूल्य की शून्य समझ होती है। इस प्रकार, जानकार कला के समग्र प्रबंधन मूल्य में एक गुरु का ज्ञान-प्रभाव शामिल है जो एक शिक्षक है, एक कलाकार का प्रभाव जानता है जो एक छात्र है, और एक छात्र का जानकार प्रभाव जो आंशिक रूप से ज्ञानी कला के मूल्य को जानने के लिए वैज्ञानिक विधि का उपयोग कर रहा है।

एक प्रबंधन वैज्ञानिक वर्तमान वास्तविकता को न जानने और वर्तमान वास्तविकता की सच्चाई को जानने के लिए जनशक्ति शक्ति को समर्पित करने के मानसिक लाभ की जनशक्ति लागत को रोशन करने में माहिर है। मानसिक लाभ वर्तमान वास्तविकता की स्पष्ट चेतना है, जो वांछित वस्तु के उद्देश्य मूल्य में संदेह से मुक्त है, और विषय की सापेक्ष आत्म चेतना को देखने और वांछित करने में है। वांछित वस्तु के वस्तुनिष्ठ मूल्य में विकल्प जनशक्ति की मांसपेशियों की शक्ति को कम करती है। देखने और चाहने वाले विषय के बारे में आत्म चेतना भौतिक शक्ति में उतरती है। किसी भौतिक शक्ति का उत्पादन किए बिना, देखने और चाहने से मानसिक शक्ति का उपभोग होता है। उतरते पेशीय शक्ति से मौद्रिक शक्ति की कीमत बढ़ जाती है। प्रबंधन शक्ति की लागत बढ़ने से स्व-संगठित जनशक्ति की निर्माण शक्ति कम हो जाती है। मौद्रिक शक्ति की लागत बढ़ने से मानसिक शक्ति का स्व-प्रबंधन करने के लिए यंत्रसमूह शक्ति उतरती है। निर्माण शक्ति के उतरते ही व्यापार शक्ति की लागत बढ़ जाती है। उतरते इंजन-शक्ति, प्रेरक-शक्ति की लागत को बढ़ाती है। उतरते

व्यापार-शक्ति, हेरफेर-शक्ति की लागत को बढ़ाती है। उतरते प्रेरक-शक्ति, हेराफेरी शक्ति में लाभ बढ़ाती है।

हेरफेर शक्ति के सामाजिक लाभ-लागत अनुपात में बढ़ती संदेह, हेरफेर करने वाली इकाई की साख के मूल्य की कल्पना करने के लिए प्रतिपालक शक्ति में उतरता है। कारक के रूप में हेरफेर करने वाली इकाई, बढ़ती संदेह, अराजक आत्म चेतना और कारण अस्पष्टता को समझने के लिए विधि शक्ति को कम करके मानसिक शक्ति के कार्यकर्ता-सामाजिक लाभ-लागत अनुपात में आत्म चेतना को बढ़ाती है। पतनशील विधि शक्ति तकनीकी यंत्र पर चढ़ती है और तकनीकी विकास में उतरती है। दैवीय शक्ति की वर्तमान वास्तविकता की स्पष्ट चेतना स्वयं के भीतर और साथ ही साथ लागत प्रभावी संगठनात्मक विकास के लिए समझदार मार्ग है। खुद के भीतर विकसित होने वाला संगठन स्वयं है। स्वयं के बिना विकसित होने वाला संगठन स्वयं से वांछित कुदरत की वर्तमान वास्तविकता है। एक अनुशासित दृष्टिकोण से खुद के विकास के लिए वांछित वास्तविकता को प्रकट करके मातृ शक्ति के रूप में वांछित वास्तविकता को प्रकट करना ही एक समझदार मार्ग है, अर्थात, कुदरत की वर्तमान वास्तविकता। वर्तमान प्राणियों के ब्रह्मांड के विकास के लिए एक समर्पित दृष्टिकोण, यानी पितृ शक्ति, स्वयं के वांछित विकास को प्रकट करने का एक समझदार मार्ग है। वर्तमान अन्वेषक एक पाठक, एक शोधकर्ता, एक व्यवसायी, एक वैज्ञानिक, एक दार्शनिक, एक शिक्षक, एक छात्र और एक जांच पड़ताल करनेवाला है। यह हम में से प्रत्येक के भीतर उत्तम शुद्ध बाल शक्ति है। उत्तम शुद्ध बाल शक्ति वर्तमान प्राणी के रूप में श्वास, संवेदनशील, गतिशील आत्म की आवाज का पालन करने की शक्ति है और वर्तमान सृष्टि के साथ विश्वीय जुड़ाव को आगे बढ़ाने के लिए, स्वयं में सांस लेने वाली, संवेदनशील और गतिशील शक्ति है।

प्रबंधन वैज्ञानिकों प्रबंधन शक्ति के समग्र मूल्य को मापने के लिए उपयुक्त विषय की अपनी चेतना में बदलती हैं। एक उद्यमी के रूप में, कुछ गुरु को लक्षित करते हैं, प्रदर्शन की अखंडता के लिए विधि के बजाय लक्ष्य को पूरा करने पर ध्यान केंद्रित करते हैं। अन्य लोग वैज्ञानिक पद्धति के भक्त हैं जो प्राकृतिक, सामाजिक और मानव वैज्ञानिकों से सीखते हैं। एक उद्यमी को यह संचालन करने की पर्याप्त स्वतंत्रता है कि किसी ऐसे विचार की कल्पना करने से पहले किसके साथ जाल-तंत्र बनाना है जिसे संचालन करने की आवश्यकता है। एक दफ़ा एक विचार की कल्पना की गई है, केवल वे ही विचार के विकास के लिए उपयुक्त संसाधनों से संपन्न हैं जो विचार को साकार कर सकते हैं। योग्य साधन को हासिल करने के लिए दूसरों को प्रेरित करना संभव है। फिर भी, उद्यमी किसी अन्य उद्यमी द्वारा प्रबंधन की

वस्तु बनने का जोखिम उठाता है जो एक समान विचार का संचालन करता है जो केवल योग्य साधन बंदोबस्ती वाले लोगों को लक्षित करता है।

प्रबंधन वैज्ञानिकों की वर्तमान वास्तविकता के बारे में उनकी चेतना में भी भिन्नता है, कि क्या संचालनीय है। एक नेता के रूप में, कुछ लोग वर्तमान वास्तविकता को संचालनीय मानते हैं। एक नेता जानता है कि विशेषज्ञों के एक उचित समुदाय के साथ संजाल करके वांछित भविष्य की वास्तविकता का निर्माण कैसे किया जाता है, जो विभिन्न वर्तमान वास्तविकता भागों का संचालन करना जानता है। दूसरों द्वारा कल्पना की गई वैज्ञानिक पद्धति के अनुचर के रूप में, अनुचरो का मानना है कि वर्तमान वास्तविकता की संपूर्णता संचालनीय नहीं है - विशेषज्ञ नेताओं द्वारा बनाए गए इसके एक हिस्से में आगे के विकास की बहुत कम संभावना है। एक अनुचर वर्तमान वास्तविकता के साथ नेता की दलाली वाले भावनात्मक संबंधों से विवश है। एक अनुचर वर्तमान वास्तविकता की सच्चाई को तभी संचालनीय अनुभव करता है जब उसे एक उद्यमी द्वारा झटका दिया जाता है, जो उभरती गतिशील वास्तविकता के प्रत्येक तत्व का संचालन करने के लिए नेतृत्व दृष्टिकोण लेता है।

प्रबंधन वैज्ञानिक भी समग्र रूप से वर्तमान वास्तविकता के प्रति अपनी चेतना में भिन्न होते हैं। एक अनुचर के पास वर्तमान वास्तविकता की सृष्टि-स्तर की चेतना होती है। एक सृष्टि में सृष्टि को संचालन करने की शून्य शक्ति होती है। अनुचर, इसलिए, संचालन शक्ति से परे सृष्टि की कल्पना करता है। एक नेता के पास वर्तमान वास्तविकता की प्राणी-स्तरीय चेतना होती है। एक प्राणी के पास सृष्टि का संचालन करने की इकाई शक्ति होती है। इसलिए, नेता संचालन शक्ति के भीतर सृष्टि की कल्पना करता है। एक उद्यमी के पास वर्तमान वास्तविकता की एक निर्माता-स्तर की चेतना होती है। एक निर्माता के पास सृष्टि को संचालित करने की अनंत शक्ति होती है। इसलिए, उद्यमी संचालन शक्ति की लागत से मुक्त सृष्टि की कल्पना करता है। अनुयायी की नेता-बद्ध चेतना को खोलने के लिए नेता को प्रतिकारी करके, एक संचालक सृष्टि के संचालन की लागतों को वाहन करने के बजाय रचनात्मक रूप से सृष्टि को नष्ट कर देता है। संचालक मौद्रिक शक्ति में उर्जा परिमाण यंत्र के मापीय का उपयोग करके मुआवजे के समाधान के मूल्य को मापता है। मौद्रिक शक्ति में उर्जा परिमाण यंत्र का मापीय आत्मपरक मापीय से मुक्त है जो संचालन शक्ति के मूल्य को मापने के लिए उपयुक्त इकाई है। मौद्रिक शक्ति में उर्जा परिमाण यंत्र की मापीय संचालन-शक्ति का एक समग्र और एक उद्देश्य-माप दोनों बन जाती है और संचालक के लिए लागत जो प्रतिकारि समाधान करता है और बनाता है। संचालक का मुक्त व्यापार-प्रभाव, जिसकी सर्वशक्तिमान

सृस्टि का मूल्य समाधान की कल्पना करने की लागत से अधिक है, वर्तमान से परे, नई वास्तविकता बन जाता है।

प्रबंधन वैज्ञानिक भी वर्तमान वास्तविकता की सीमाओं को पार करते हुए संपूर्ण वास्तविकता के प्रति अपनी समझ को बदलते रहते है। एक संचालक प्रबंधन शक्ति की लागत मापीय के रूप में खुद के सर्वशक्तिमान प्राणी मूल्य को बिना ध्यान दिये वर्तमान वास्तविकता को संपूर्ण रूप से बनाता है। दूसरी ओर, एक रणनीतिक प्रबंधक वांछित सामाजिक लाभों को प्राप्त करने के लिए कार्यकर्ता-सामाजिक लागतों के प्रति जागरूक रहता है। एक रणनीतिक प्रबंधक पर्दाथ शक्ति में बृध्दि के मापीय का उपयोग करके खुद की संपूर्ण वास्तविकता के मूल्य को मापता है। भौतिक शक्ति में वृध्दि का पैमाना प्रबंधन शक्ति का समस्त और आत्मपरक माप दोनों है। यह एक रणनीतिक संचालक द्वारा अर्जित किया जाता है जो मुआवजे के समाधान का योजना करता है और उसे बरकारार रखता है। रणनीतिक संचालक का मुक्त मानव-प्रभाव, जिसका किमत नए उदाहरण के सर्वशक्तिमान निर्माता के रूप में सर्वशक्तिमान निर्माण की लागत से अधिक है, एक चिरस्थायी वास्तविकता बन जाता है, जौ मुआबजा समाधान के स्थायी भविष्य के मूल्य से परे हे। एक संस्था अनुबंध के साथ रणनीतिक संचालक के मुक्त मानव-प्रभाव को बांधके, एक प्रधान निवेशक पूर्ण लाभ उत्पन्न करता है जिसे निवेशक की पूर्ण शक्ति दूरी को बढ़ाने में निवेश किया जा सकता है।

एक प्रबंधन वैज्ञानिक के रूप में, मैं आश्चर्य हो जाता हूँ कि रणनीतिक संचालकों ने निवेशकों को उनके मानव-प्रभाव के मूल्य पर मुफ्त सवारी करने की अनुमति क्यों दीये। निवेशकों के पास दैवी दिव्यज्योति क्यों है, भले ही वह कौशलता में शून्य जानने योग्य है? यह एक स्व-स्पष्ट सत्य है कि निवेश शक्ति के बिना कोई निवेशक नहीं हो सकता है। कोई भी व्यक्ति चाहे वह धनी परिवार, समुदाय, राष्ट्र और काल में हो जन्म से निवेश शक्ति प्राप्त कर सकता है और पृथ्वी पर सबसे धनी व्यक्ति बनने के लिए अंतर्राष्ट्रीय मूल्यवर्धित के अनुपातहीन अनुपात का आनंद ले सकता है। एक निवेशक के मूल्य का परिगणना केवल उस निवेशक को बिना किसी निवेश बंदोबस्ती के एक समुदाय में रखकर और फिर काल के साथ भौतिक बंदोबस्ती में वृद्धि का परिगणना करके किया जा सकता है।

कोई यह पूछ सकता है कि शून्य भौतिक बंदोबस्ती वाले समुदाय में कोई भौतिक दान कैसे उत्पन्न कर सकता है। एक संभावना यह है कि ऐसे समुदाय के लोगों को मरने दिया जाए ताकि उनके बच्चे अपने भौतिक शरीर का इस्तेमाल भौतिक धन की वृध्दि के लिए साधन के रूप में कर सकें। एक और संभावना यह है कि दादा-दादी के प्रस्थान के माध्यम से बनाई गई भौतिक शक्ति में वृध्दि के लिए जनशक्ति के रूप में बच्चों की अनंत संख्या को

विकसित किया जाए। एक और संभावना यह है कि सांस्कृतिक रूप से प्रत्येक बच्चे के भीतर पोते-पोतियों की एक अनंत संख्या को विकसित करने की इच्छा का योजना किया जाए। प्रत्येक बच्चा उन बच्चों के प्रजनन का कारखाना बन जाता है जो पोते-पोतियों का प्रजनन कर रहे हैं और यंत्र की शक्ति को बढ़ा रहे हैं। एक अन्य संभावना, शेष ब्रह्मांड को भू-मंडलीय कारखाने में आकार देने के लिए, एक कार्य-संस्कृति को कार्य करना है जो प्रत्येक बच्चे को स्थानीय यंत्र शक्ति को आकर्षक विधि शक्ति के रूप में फैलाने के लिए प्रेरित करती है। साथ ही, कोई भी घरेलू श्रमशक्ति, भौतिक शक्ति, यंत्र शक्ति और विधि शक्ति के बीच व्यापार शक्ति को विभाजित करके अंतरराष्ट्रीय श्रम के फल का आनंद ले सकता है।

आज की दुनिया की चुनौतियों के मूल कारणों के लिए अपने दिमाग को खोलते और देखते हुए, मेरी समझ में एक महत्वपूर्ण मोड़ तब आया जब मैंने अपने प्रश्न को इस प्रकार से फिर से तैयार किया। विश्वासियों का एक ब्रह्मांड एक संपन्न ईश्वर के लिए इतना समर्पित क्यों है जो विश्वासियों को उनके मानवीय प्रभाव के संचालन के लिए समझदार तरीका तय करने के बजाय विश्वासियों को पूरी तरह से पूरा कर रहा है? स्पष्ट उत्तर यह है कि प्रत्येक विश्वासी की इच्छाओं को पूरा करने के लिए ईश्वर के पास दैवी शक्ति है। भगवान की इच्छाओं की सेवा कार्य करके, कोई इस संभावना को बढ़ाता है कि भगवान अंत में विश्वासियों की इच्छाओं को पूरा करेगा। एक आस्तिक जो ईश्वर की इच्छाओं का पालन नहीं करना चाहता है, लेकिन फिर भी ईश्वर को भावुकता रूप से भेद छिपाने की घूस लेने व भयादोहन करने के लिए मन के सिद्धांत के रूप में ऐसा कर सकता है। उस स्थिति में, यदि आकर्षक मूल्य की भेदभावपूर्ण समझ के बिना भक्त अनुचर वास्तव में भगवान के मूल्यों को महत्व नहीं देता है, तो उनकी इच्छाओं को पूरा करने का प्रेरणा क्या है?

उपरोक्त उत्तर ने एक और सवाल पूछा: परमेश्वर इस बात की परवाह क्यों करता है कि विश्वासियों का ब्रह्मांड उसकी संचालन शक्ति में विश्वास करता है या नहीं? क्या परमेश्वर को अपने द्वारा बनाए गए प्राणियों की स्वयं संचालन शक्ति में विश्वास की कमी है? मेरी समझ में एक महत्वपूर्ण मोड़ तब आया जब मैंने अनुसंधान प्रश्न को इस रूप में फिर से लिखा: *"वह अस्तित्व कौन है जो ईश्वर को सृष्टि के विचार का निर्माता बनने की शक्ति देती है?"* मैंने ऐसे कई सवालों का खुलासा किया जो सभी एक तथ्य की ओर इशारा करते हैं। पारिस्थितिक तंत्र, जिसे अंतरराष्ट्रीय, या राष्ट्रीय, या स्थानीय, या समष्टिगत अधर, या अतीत, वर्तमान, या भविष्य के काल में विविध स्थानों के भू-मंडलीय प्रभावों के रूप में माना जाता है, वह अस्तित्व है जो भगवान को समर्पित भक्तों के लिए एक प्रतिपालक शक्ति बनाती है। पारिस्थितिकी तंत्र असीम दैवीय शक्ति की सेवा करता है, जिसकी प्रत्येक अस्तित्व, आस्तिक या अविश्वासी

के पास मुफ्त पहुंच है। सृष्टि के संपूर्ण पारिस्थितिकी तंत्र की असीम दैवीय शक्ति के आशीर्वाद का आनंद लेने के लिए किसी को ईश्वर में विश्वासी होने की जरुरत नहीं है।

बेशक, सृष्टि के पूरे पारिस्थितिकी तंत्र के रूप में कुदरत के भीतर निहित असीम दैवी शक्ति तक प्रवेश की आजादी रखने वाली प्रत्येक अस्तित्व का अर्थ यह नहीं है कि यह आदर्श अस्तित्व की जागरुक सच्चाई है। मेरी विद्यार्थी के अनुरूप समझ में एक महत्वपूर्ण मोड़ तब आया जब मैंने अपने वर्तमान संगठनात्मक विकास दृष्टिकोण को फिर से तैयार किया *रणनीतिक संचलन अनुसंधान के सिद्धांत-प्रभाव के रूप में।* रणनीतिक संचलन विद्वानौ संस्था की लागत के रूप में असीम देवी शक्ति तक पहुँचने के लिये आजादी को ढांचा बनाते हैं। वे इस बात की वकालत करते हैं कि पारिस्थितिकी तंत्र के भीतर की अस्तित्व रणनीतिक संचालकों की संस्था को असीम दाँवधारी समझ के साथ भार करके सीमित करती हैं। इसलिये, निवेशक अनिवार्य रूप से केवल उन लोगों से प्यार करते हैं जो असीम उत्साहित शक्ति का उत्पादन करने के लिए ईश्वर की तरह हेरफेर करने की शक्ति का आनंद लेने के अपने संस्थागत अधिकार में विश्वास करते हैं और सीमित उद्यमी-जैसे निर्माता लाभ, नेता-जैसे घोषणापत्र लाभ, और अनुचर-ज्ञात लाभ को फिरसे उत्पन्न करते हैं। वे असीम देवता बन जाते हैं जो संस्थाओं के ब्रह्मांड के भीतर असीम दैवी शक्ति का व्यापार कर रहे हैं और विनाशक कारक हैं जो उनके बिना भगवान की शक्ति में विश्वास नहीं करते हैं।

इस प्रकार, प्रत्येक सांसारिक सत्ता कुदरत से असीम दैवी शक्ति का व्यापार करके एक पूर्ण देवता की तरह व्यवहार कर सकती है। परम देवता कुदरत की असीम दैवी शक्ति के साथ एकता की स्थिति के भीतर एक सत्ता की काल्पनिक समझ का सच्चाई है। यह कुदरत की असीम दैवी शक्ति के साथ एकता की स्थिति के बिना एक सत्ता की सैद्धांतिक, झूठ साबित करने के लिये समझ की सच्चाई है। कुदरत की असीम दैवी शक्ति के साथ एकता को निर्धारित करने के लिए चेतना की आजादी के रूप में, प्रत्येक सत्ता संभावित रूप से एक अपरिमित देवता है, जो पारिस्थितिकी तंत्र शक्ति के व्यापारिक प्रभाव पर निर्भरता का मुक्तिदाता है। एक ऐसे व्यक्ति के रूप में जिसे वर्तमान असीम से परे कुदरत की दैवी शक्ति के लाभ मूल्य को बढ़ाने के लिए जागरूकता को समर्पित करने की आजादी है, प्रत्येक सत्ता संभावित रूप से एक अपरिमित चिरस्थायी है, जो संपूर्ण ब्रह्मांड के लिए असीम सामाजिक लाभों को बनाए रखने के लिए समर्पित है।

वर्तमान जांच आध्यात्मिक खोजों की बारे में एक प्रमाणित खोज है कि कोई व्यक्ति किसी भी शक्ति के लाभ मूल्य को अस्तित्व शक्ति की समझदार सेवा के प्राथमिक प्रकाशक के रूप में कैसे बढ़ा सकता है और अस्तित्व शक्ति को दैवीय शक्ति में बदल सकता

है। कोई सिद्धांत नहीं है क्योंकि अस्तित्व शक्ति काल्पनिक नहीं है। कोई विचार नहीं है क्योंकि यह तथ्य है कि मैं एक अस्तित्व हूं, एक सच्चाई है, काल्पनिक नहीं। अस्तित्व सच्चाई की अवधारणा, धारणा और अनुभव प्रत्येक अस्तित्व के लिए अलग हो सकते हैं। इसलिए, एक सत्ता के रूप में पारिस्थितिकी तंत्र का संगठन भी विभीन्न मानव और गैर-मानव संस्थाओं के लिये की चेतना के भीतर भिन्न होता है। इसलिए, दैवीय शक्ति की सच्चाई भी अलग-अलग मानव-प्रभाव के कारण काल और अधर के साथ बदलती रहती है।

दैवी शक्ति की सच्चाई का अनुभव करना एक आनंदमय यात्रा है। किसी भी सत्ता, अनुशासन, संस्कृति या धर्म ने मेरी यात्रा को अनुकूलित नहीं किया है। कई लोगों ने वर्तमान सच्चाई की सीमाओं से आजाद होने के लिए मेरी यात्रा का मार्गदर्शन किया है। मैं इस काम के अंत में उचित श्रेय स्वीकार करता हूं। अभी के लिए, सबसे पहले, मैं अपनी पत्नी भक्ति को उनकी निरंतर प्रेरणा, आलोचना, प्यार और काल पर और श्रोता-उन्मुख जांच के लिए सुझावों के लिए अपना गहरा कृतज्ञता देना चाहता हूं। वर्तमान जांच का श्रेय उनके और मेरे बीच समान रूप से साझा किया जाता है। वर्तमान जांच को समझने, दृढ़ रहने और समाप्त करने के लिए उनका समर्थन मेरे लिए सर्वोत्कृष्ट रहा है।

अध्याय 1: परिचय— दिव्य शक्ति को समझना

१.१ दैवीय शक्ति के लिए एक वैज्ञानिक दृष्टिकोण

कई तत्वमीमांसकों ने दिव्य शक्ति के बारे में भावुकता से लिखा और बोला है। अधिकांश भौतिकविदों के लिए, दैवीय शक्ति एक वर्जित विषय है। दैवीय शक्ति की परिकल्पना इस विश्वास को जन्म देती है कि केवल एक विश्वासी ही दैवीय शक्ति की वास्तविकता को समझ सकता है। वैज्ञानिक की तर्क शक्ति सांस्कृतिक रूप से बंधी हुई है: एक ऐसी संस्कृति से घिरा हुआ है जो एक व्यक्ति को दो पुलिंग संस्थाओं में अलग करती है - एक वैज्ञानिक, जो एक अविश्वासी है और उस विज्ञान को गलत साबित करने की कोशिश कर रहा है जिसे वह प्रतिपादन कर रहा है, और एक आध्यात्मिक दार्शनिक, जो एक विश्वासी है जो अपने आस्था के घनता को प्रतिपादन करना चाहता है। उनके गुरुत्वाकर्षण की तीव्रता, और शक्ति के साथ किसी दिव्य व्यक्ति में उनके विश्वास की पुष्टि के लिए उनकी चमक की छाया। आइंस्टीन के सापेक्षता के सामान्य सिद्धांत के अनुसार, जब विश्वासी की चमकदार छाया का परिमाण शून्य हो जाता है, तो विश्वासी की आस्था शक्ति के आकर्षण का घनता और विश्वासी के गुरुत्वाकर्षण बल की तीव्रता को धारण करने वाला बिंदु दोनों ही असीम हो जाते हैं। चमकीला छाया का परिमाण केवल तभी शून्य हो जाता है जब किसी पूर्ण यांत्रिक शक्ति में परिवर्तित ना होने वाला शक्ति का परिमाण सत्ता की नक्षत्रीय शक्ति होती है, अर्थात, जब वह सत्ता काल कोठरी में परिवर्तित हो जाती है। इस मामले में, पहले की चमकदार सत्ता की संपूर्ण नक्षत्रीय शक्ति असीम गुरुत्वाकर्षण बल को काल कोठरी के भीतर एक बिंदु के रूप में ले जाकर गुरुत्वाकर्षण क्षमता के रूप में रहता है।

यदि आइंस्टीन को कुदरत की प्राकृतिक सच्चाई की एक सठीक समझ के लिए सांस्कृतिक रूप से बंधी हुई तर्क शक्ति से आजाद होना था, तो, उनके जाने के बाद और वह एक काल कोठरी में बदल गया, जो अब जीवंत जीवन की नक्षत्रीय शक्ति की साफ़ चमक को जगमग नहीं करता है, वह एक सत्ता के रूप में एक गाढ़ापन असीम आकर्षण ले जाएगा। सच्चाई यह है कि आज भी, प्रमुख वैज्ञानिक नियमित रूप से इस बात के प्रमाण पाते हैं कि देखी गई प्राकृतिक वास्तविकता सैद्धांतिक रूप से अनुमानित आइंस्टीन की सच्चाई के साथ मेल नहीं खाती है। फिर भी, उनमें विश्वास करने वाले उन्हें आइंस्टीन के सिद्धांत-प्रभाव को लगातार पकड़ने के लिए उत्साहित करते हैं, यह साबित करने की कोशिश करते हैं कि

आइंस्टीन के पास असीम आकर्षण गाढ़ापन है और इसलिए, सही होना चाहिए। वे एक सिद्धांत को साबित करने में विफलता के लिए जिम्मेदार हैं जो सांस्कृतिक रूप से घेरा हुया तर्क शक्ति और विचार शक्ति के साथ खुद को पहचान कर सही होना चाहिए।

वे यह महसूस करने में विफल रहते हैं कि, यदि उन्हें एक पल के लिए अपने विचार पर भरोसा था, तो आइंस्टीन के गुरुत्वाकर्षण की मात्रा शून्य हो जाएगी, और तेजगती उनके साथ रुक जाएगा। तब से, वे काला पर्दाथ बन जाएंगे जो खुद को काल कोठरी में बदलने से पहले परिमित गुरुत्वाकर्षण बल को जगमगाते हैं। एक प्राप्त करने वाले के रूप में उस गुरुत्वाकर्षण बल के असीम मूल्य का व्यापार करके, काल कोठरी के भीतर की अस्तित्व एक साथ काला पर्दाथ बन जाती हैं, जिसमें एक स्वाभाविक विद्युत चुम्बकीय प्रभाव होता है जो उस परिमित गुरुत्वाकर्षण बल को जगमग कर सकता है। काल पर वापस यात्रा करने और ब्रह्मांड की घड़ी को फिर से कायम करने में शक्ति बर्बाद किए बिना, वे आइंस्टीन के मुताबिक बन जाते हैं और पूरे तीन सौ साठ मात्रा काल तत्व के मापीय बन जाते हैं। विकिरण गुरुत्वाकर्षण बल बाहरी विद्युत चुम्बकीय प्रभाव का रूपांतरित मूल्य है जो काल कोठरी की गुरुत्वाकर्षण क्षमता बनाता है। ब्रह्मांड में काल कोठरी और काला पर्दाथ का शक्ति मूल्य स्थिर रहता है।

कुदरत की सच्चाई, एक स्त्री के रूप में, वैज्ञानिक की पुलिंग आध्यात्मिक सच्चाई और विज्ञान के दर्शन की गतिशील पुलींग सच्चाई से परे है। क्युकि ब्रह्मांड में काल कोठरी और काला पर्दाथ दोनों शामिल हैं, स्त्री सत्ता की सच्चाई स्त्री के अग्नि-गर्भ के भीतर बनने वाली पुल्लिंग तकनीकी सच्चाई से कहीं अधिक है। एक निर्जीव स्त्री सत्ता के रूप में, कुदरत में एक समझ, संवेदनशील, जीवित पुलींग सत्ता को गर्भ धारण करने की शक्ति है। निर्जीव स्त्रीलिंग और जीवित पोता दोनों की संपूर्ण सच्चाई एक पुलींग पिता के भीतर निहित है। जीवन की समग्र इकाई के रूप में, कोशिका में स्त्री और पुरुष दोनों के बच्चे को जन्म देने की शक्ति होती है। एक स्त्री बच्चा उस काले पदार्थ की तरह होता है जो अंततः एक मर्दाना बच्चे को जन्म देने के लिए संवेदनशील (सूक्ष्म) शक्ति को विकीर्ण करता है। एक मर्दाना बच्चा ब्लैक होल की तरह होता है जो अंततः सांस्कृतिक रूप से बाध्यकारी वाई-कारक से स्वयं को मुक्त करने और सीमा-मुक्त एक्स-कारक बनने के लिए संवेदनशील (सूक्ष्म) शक्ति को विकिरणित करता है। कोशिका की वास्तविकता में स्वयं को दो कोशिकाओं में विभाजित करके स्त्री और पुरुष बच्चे दोनों को जुड़वा के रूप में विकसित करने की क्षमता शामिल है। कोशिका की शक्ति में न केवल चेतन तत्व बल्कि निर्जीव तत्व भी शामिल हैं। एक निर्जीव

तत्व की उपस्थिति चेतन तत्व की वृद्धि के लिए पूर्व शर्त है। एक चेतन इकाई का जीवन, और एक चेतन इकाई के रूप में जीवन की चेतना, निर्जीव संस्थाओं के ब्रह्मांड का एक उपहार है।

१.२ दिव्य शक्ति के स्रोत के रूप में एक तारा

एक तारा निर्जीव संस्थाओं के ब्रह्मांड का एक कारण शरीर है। एक तारा खुद सफ़ेद तारे की रचना है, जो असीम चमक का आनंद लेता है। काल कोठरी और काला पर्दाथ के बिना, ब्रह्मांड एक एककोशिकीय विशाल सफेद तारा बन जाता है, जिसमें नक्षत्रीय शक्ति, गुरुत्वाकर्षण शक्ति, और गुरुत्वाकर्षण चुंबकीय, खुद को आकर्षित करने वाली दिव्य शक्ति होती है। वह विशाल सफेद तारा सार्वजनीन गुरुत्वाकर्षण का ब्रह्मांडीय केंद्र है और इसे वेगा तारा के रूप में जाना जाता है। ब्रह्मांड में सब कुछ काले पदार्थ का एक परिवर्तनकारी रूप है जो वेगा तारे के चारों ओर घूमता है। वेगा तारा जीवित रूप में काल कोठरी के भीतर निर्जीव संस्थाओं के पुनर्जन्म के लिए संवेदनशील शक्ति के रूप में बढ़ती नक्षत्रीय शक्ति की सेवा करता है। वेगा तारा काल कोठरी के बिना जीवित संस्थाओं से आकाशीय शक्ति के रूप में उतरती गुरुत्वाकर्षण शक्ति का व्यापार करता है क्योंकि वे निर्जीव तत्व में बदल जाते हैं। इसलिए, वेगा तारा का शक्ति मूल्य स्थिर रहता है, भू-मंडलीय काल कोठरी के परिमित रूप और काला पर्दाथ के असीम अलग रूपों के बीच शक्ति के असीम आदान-प्रदान से आज़ाद होता है, जिसमें कुछ स्थानीय काल कोठरी भी शामिल हैं। वेगा तारा सीमा-मुक्त एक्स-प्रभाव और दैवीय शक्ति का रचनात्मक स्रोत है।

वेगा तारा की सच्चाई को अवतार रूप देकर, एक संवेदनशील सत्ता "परम देवता" बन जाती है, जो निरंतर जीवित, काल कोठरी, या अलग-अलग निर्जीव, काला पर्दाथ रूप में मौजूद किसी भी चीज़ को रोशन करने की शक्ति रखती है। परम देवता, एक प्रकाशक के रूप में, जीवित बनाम निर्जीव, पुरुष बनाम स्त्री के कारण द्वंद्व से आज़ाद है। परम देवता एक उभयलिंगी सत्ता है, बिना सत्ता चेतना के जो पुरुष जीव-संचारण का कारण बन जाती है और कोशिकाओं के रूप में पुरुष और स्त्री संस्थाओं के ब्रह्मांड को फिरसे उत्पन्न करने के लिए निर्जीव स्त्री अंश को लागू करती है। परम देवता अतीत बनाम वर्तमान या वर्तमान बनाम भविष्य के अस्थायी द्वंद्व से भी आज़ाद हैं। परम देवता अभी मौजूद हैं और एक पुरुष देवता की तरह व्यवहार कर रहे हैं जिनके पास रोशनी की शक्ति है। इसलिए, जो मौजूद है वह परम है, यानी निरपेक्ष। परम के पास उन लोगों की गुरुत्वाकर्षण शक्ति का व्यापार करके अतीत की सामान्य समझदारि का उत्पादन करने की शक्ति है जो निर्जीव वस्तु बन गए हैं

और भविष्य की अनोखा समझदारि उन लोगों को संवेदनशील शक्ति की सेवा कर रहे हैं जो परम देवता द्वारा आशीर्वादित समझ के विषय बनना चाहते हैं।

इसके अलावा, परम देवता यहाँ बनाम वहाँ या अंदर बनाम बाहर के स्थानिक द्वंद्व से आज़ाद हैं। परम देवता न तो यहां मौजूद हैं और न ही वहाँ हैं, वे जीवित सत्ता के भीतर और बाहर दोनों जगह मौजूद हैं। दूसरे शब्दों में, परम देवता निरपेक्ष से अधिक है और प्रत्येक सत्ता के भीतर निरपेक्ष-पूर्ण के रूप में मौजूद है जो एक परम है। परम देवता निरपेक्ष-पूर्ण से अधिक है और प्रत्येक सत्ता के बिना मौजूद है, जो पूर्ण के रूप में संपूर्ण है। परम देवता निरपेक्ष-पूर्ण-निरपेक्ष से अधिक है, जो यहां है, और जो यहां नहीं है लेकिन संपूर्ण है। परम देवता निरपेक्ष-से संपूर्ण के अलावा है, जो वहां है और सम्स्त संपूर्ण है, जो "मैं" (अर्थात परम देवता) है। "मैं" हम में से प्रत्येक एक सत्ता के रूप में है जिसका आधार सांस्कृतिक रूप बदल रहा है हर किसी की संस्कृति-प्रभाव से। परम देवता निरपेक्ष-पूर्ण है, जो न तो रूप देने योग्य है और न ही परिवर्तनीय मैं, अर्थात्, एक सत्ता नहीं है बल्कि एक सत्ता के लिये है।

परम देवता हर चीज और हर किसी के सर्वशक्तिमान निर्माता हैं। हालाँकि, परम देवता को सर्वशक्तिमान निर्माता नहीं होने का निर्णय लेने की दैवी आजादी है क्योंकि सर्वशक्तिमान निर्माण का कार्य संवेदनशील शक्ति का उपभोग करता है और परम देवता को एक अपरिमित देवता में बदल देता है। अपरिमित देवता का भविष्य एक सर्वशक्तिमान रचना के दैवीय निर्णयों पर निर्भर है, जो खुद को सर्वशक्तिमान प्राणी के रूप में अपनी संवेदनशील शक्ति के साथ एक ईश्वर के रूप में यादगार देवता बन्ना चाहते हैं। देवता का भविष्य एक सर्वशक्तिमान प्राणी के दैवीय निर्णयों पर निर्भर करता है, जो महान देवता बनना चाहते हैं जो अपने निर्माता की गुरुत्वाकर्षण शक्ति के साथ सृष्टि का निर्माण करते हैं। महान देवता का भविष्य सृष्टि के दैवीय निर्णयों पर निर्भर है, जो खुद को सृष्टि के रूप में तैयार करने के लिए रचनात्मक शक्ति को प्रकट करने वाले पुर्व देवता बनना चाहते हैं और समझदारि के रूप में जीवन के संपूर्ण मूल्य का आनंद लेने के लिए मानव जैसा प्राणी बन जाते हैं। पुर्व देवता का भविष्य एक प्राणी के दैवीय निर्णयों पर निर्भर करता है, जो उस सृष्टि को प्रकट करने के लिए एक देवता के रूप में काम करने की एंट्रोपी(यांत्रिक शक्ति में परिवर्तित ना होने वाला शक्ति का परिमाण) लागत और निर्माण के मूल्य को जानने वाले उत्तम देवता बनने की इच्छा कर सकते हैं। पुर्व देवता का एंट्रोपी(यांत्रिक शक्ति में परिवर्तित ना होने वाला शक्ति का परिमाण) रूप, जो कार्यकर्ता देवता होने का फैसला करता है और खुद को एक पवित आत्मा में बदल देता है, वह शैतान है जो अपनी पुलींग शासक समझदारि के साथ रचनाकारों, रचनाओं और प्राणियों के पूरे ब्रह्मांड पर शासन करता है।

परम देवता शैतान से अपने पुर्लींग शैतान रूप में नकारात्मक, मापीय शक्ति का व्यापार कर सकते हैं, जो खुद को अपरिमित देवता में बदलने के लिए तकनीकी विकास की एक सत्ता उत्पन्न करने के लिए शैतान के भीतर स्थिर आत्म-विकर्षक गुरुत्वाकर्षण-विद्युत शक्ति से पूरे ब्रह्मांड को आज़ाद करते हैं। अपरिमित देवता वर्तमान सच्चाई के लगातार आर्दश का पालन किए बिना, देवता ब्रह्मांड द्वारा विकर्षित अलौकिक शक्ति को एक देवता के रूप में व्यापार कर सकते हैं, जो शैतान ब्रह्मांड की संवेदनशील भलाई के लिए समर्पित है। समर्पित देवता के भक्त के रूप में, जो प्राकृतिक सच्चाई के आदिकालीन चिरस्थायी हैं, कोई भी सत्ता भक्त देवता हो सकती है। एक भक्त देवता अपरिमित अभिवादन की दैवी शक्ति के प्राकृतिक, परिवर्तनकारी रूप को व्यक्त करता है, जो परम देवता की स्वस्थ प्राकृतिक और अलौकिक सच्चाई के प्रति जागरूक है।

कोई भी सत्ता के लिये हो सकता है, जो कभी परम देवता था, लेकिन अपरिमित देवता, देवता के लिये (भगवान), महान देवता, पुर्व देवता, उत्तम देवता, देव, शैतान, दानव, या अपरिमित देवता की वर्तमान सच्चाई। ऐसा व्यक्ति जो परम-सर्वशक्तिमान के शक्तिमान परमात्मा के पूर्ण आत्मा परम देवता की शक्ति का व्यापार करके कर सकता है। परम देवता सातवें, गैर-व्यापारिक संपूर्ण हैं जिनके भीतर छह व्यापार योग्य परिपूर्ण हैं। इसलिए, परम देवता का शक्ति मूल्य सात है और आठ-पहलु प्राकृतिक सच्चाई का पूर्ण सत्य है, जहां आठवां पहलु असीम है। असीम वह सत्ता है जो एक संगठन के रूप में परम देवता के शून्य सत्य का ध्यान से देख रही है।

परम देवता के रूप में दैवी शक्ति का सत्य एक संगठन के रूप में वैज्ञानिकों की समझ से परे है। ईश्वरीय शक्ति कोई ऐसी चीज नहीं है जिसे कोई व्यक्ति खुद को एक संगठन के रूप में समझे बिना जांच सकता है। जीव-संचारण पुरुष अशं द्वारा मार्गदर्शक एक वैज्ञानिक, खुद की संगठनात्मक सीमाओं से परे समझदारि को विकसित करके हर चीज के विज्ञान का संचालन करना चाहता है। एक तत्वमीमांसा, निर्जीव स्त्री अशं द्वारा मार्गदर्शक, खुद की संगठनात्मक सीमाओं के भीतर समझ को विकसित करके हर चीज के विज्ञान का संचालन करता है। एक वैज्ञानिक तब प्रसन्न होता है जब उसका बहिर्मुखता चेतना के काल से पहले किसी अर्ध-चेतन के बारे में प्रति-सहज चेतना उत्पन्न करता है। एक तत्वमीमांसा तब प्रसन्न होती है जब उसका अंतर्मुखता समझ अंतर्ज्ञान के काल से पहले आत्म-प्रकाशमान समझ के बारे में सहज चेतना उत्पन्न करता है। एक वैज्ञानिक का मानना है कि चेतना की शुरुआत के लिए उसकी उपस्थिति एक आवश्यक शर्त है। एक तत्वमीमांसा का मानना है कि समझ की शुरुआत के लिए उसकी क्रिया एक आवश्यक शर्त है।

जब एक वैज्ञानिक एक प्रति-सहज तर्क करने वाला नेता के रूप में अजनबी झुकाव को कम करने के लिए निष्पक्ष रूप से निष्क्रियता को आकार देता है, तो वह समझ के अवतार बिंदु के लिए आवश्यक शर्त के रूप में अपनी उपस्थिति बनाता है। जब एक तत्वमीमांसा अपने आंतरिक अंतर्ज्ञानी झुकाव के बाद एक व्यक्तिपरक कार्रवाई करती है, तो वह समझदारी के अवतार बिंदु के लिए आवश्यक शर्त के रूप में अपनी अनुपस्थिति बनाती है। एक गतिशील दृष्टिकोण से, एक संस्था के रूप में एक सत्ता की उपस्थिति वर्तमान खुद के भीतर कुछ के रूप में दैवीय शक्ति की कल्पना करने की शक्ति से अलग है। इसके विपरीत, एक संगठन के रूप में एक सत्ता की अनुपस्थिति ईश्वरीय शक्ति को वर्तमान खुद के बिना कुछ के रूप में देखने की शक्ति के साथ मिलती है। इसलिए, दैवीय शक्ति खुद के भीतर पहले से मौजूद एक चीज है, जिसे वर्तमान अपने में बिना गर्भधारण के अनुभव करने की शक्ति है। खुद के भीतर की वस्तु सहित, हर चीज के विज्ञान को संचालित करने की शक्ति का एकमात्र सीमित प्रभाव खुद के भीतर सब कुछ है। खुद के भीतर पहले से मौजूद चीज खुद के भीतर मौजूद हर चीज की "समझ" है। तकनीकी दृष्टिकोण से, स्वयं एक संगठन है। यह स्वयं प्रमाण है कि दैवीय शक्ति एक संगठन के भीतर चेतना के अलग रूप हैं।

1.3 निर्जीव और जीवित संगठन के बीच संबंध

एक संगठन दो प्रकार का होता है: जीवित, चेतना के साथ और निर्जीव, बिना चेतना के। एक संगठनात्मक दृष्टिकोण से, चेतना और चेतना के लिये दोनों एक जीवित संगठन के रूप में खुद के भीतर मौजूद हैं। एक जीवित संगठन के भीतर चेतना में समझदारी के चेतना और अर्ध-समझके चेतना शामिल है। समझदारी के चेतना जीवित संगठन के लिए स्वाभाविक है। चेतन के लिये समझदारी जीवित संगठन के लिए बाहरी है। जीवित संगठन के बिना कुछ, स्वाभाविक या अस्वाभाविक रूप से, निर्जीव संगठन है। वर्तमान जीवित संगठन के बिना भी एक अन्य जीवित संगठन में एक निर्जीव गुण है। जबकि वर्तमान जीवित संगठन में चेतना की समझ हो सकती है, जो दूसरे संगठन को एक समझदार सत्ता बनाती है, उसमें एक निर्जीव सत्ता के रूप में उस संगठन की चेतना लिये की समझ का अभाव होता है। प्रत्येक संगठन को खुद के बिना हर चीज की समझ के लिये कल्पना करने और उस समझ के लिये चेतना विकसित करने की आजादि है। हालांकि, ऐसी सत्ता चेतना उन संगठनों की समझ से छिपी हुई है जो उस सत्ता का अभिन्न अंग नहीं हैं। उदाहरण के लिए, एक कंपनी अपने पर्यावरणीय अवसरों की समझदारी की कल्पना कर सकती है। इसकी कल्पना की गई समझ इसकी निजी ज्ञान का संपत्ति है, जो किसी को भी नहीं पता है, सिवाय उन लोगों के जो एक कर्मचारी, मूल्य

श्रृंखला के सदस्य, या समग्र मूल्य श्रृंखला से जुड़े सामाजिक समुदाय के सदस्य के रूप में कंपनी के साथ एकीकृत रूप से जुड़े हुए हैं, जिसमें शामिल हैं कर्मचारियों द्वारा अर्जित मूल्य। जब तक कंपनी संगठनात्मक लाभ अर्जित करने के मार्ग के रूप में अपनी निजी ज्ञान का संपत्ति का सामाजिककरण करने का निर्णय नहीं लेती, तब तक किसी भी सत्ता को यह जानने की शक्ति नहीं है कि कंपनी ने क्या कल्पना की है।

पारिस्थितिक तंत्र के दृष्टिकोण से, एक कंपनी जिसने अपनी कल्पना की गई चेतना का सामाजिककरण नहीं करने का निर्णय लिया है, वह एक निर्जीव संगठन है। एक निर्जीव संगठन का संस्थाओं के ब्रह्मांड के लिए कोई व्यक्तिपरक मूल्य नहीं है। संस्थाओं का एक ब्रह्मांड निर्जीव संगठन के बारे में चेतना विकसित करने का निर्णय केवल इसलिए करता है क्योंकि इसका कुछ उद्देश्य मूल्य है। वह उद्देश्य मूल्य उस निर्जीव संगठन के मूल्य का व्यापार, उपभोग और आनंद लेना हो सकता है। वैकल्पिक रूप से, यह एक जीवित संगठन के व्यक्तिपरक मूल्य की सेवा, उत्पादन और आनंद लेने के लिए निर्जीव संगठन का आदान-प्रदान करना हो सकता है, जिसने उस व्यापार योग्य उद्देश्य मूल्य की समझ को विकसित करने का निर्णय लिया है। जब कोई कंपनी एक निर्जीव संगठन और उसकी निजी, गैर-सामाजिक, मानवीय निजी ज्ञान का संपत्ति का अधिग्रहण करती है, तो यह एक निर्जीव संगठन के भीतर मौजूद चेतना के दो रूपों को जोड़ती है। सबसे पहले, मानव निजी ज्ञान का संपत्ति की स्थायी चेतना।

दूसरा, पारिस्थितिक निजी ज्ञान का संपत्ति की उभरती चेतना, जो मानव निजी ज्ञान का संपत्ति का सामाजिककरण करती है, यह पता लगाने के लिए कि सामाजिक संपत्ति का अपनी वर्तमान चेतना से परे एक आर्थिक मूल्य है। समाजीकरण अलौकिक आर्थिक मूल्य की समझ पैदा करता है क्योंकि पारिस्थितिक पारिस्थितिकी तंत्र में संस्थाओं का ब्रह्मांड उन लोगों तक सीमित नहीं है जिनकी समझ कंपनी की राष्ट्रीय सांस्कृतिक प्रणाली से बंधी है। खुली, विभेदित समझ वाले लोग "सांस्कृतिक रूप से बंधी हुई तर्कसंगतता" के दायित्व से आज़ाद होते हैं जो कंपनी की दिव्य शक्ति को हासिल करता है। विभेदित समझ के साथ मनोवैज्ञानिक संबंधों के माध्यम से, चेतना और अर्ध-चेतना के बीच का विभाजन गायब हो जाता है। सभी चेतना प्रकाशित समझ बन जाती है।

एक सत्ता के दृष्टिकोण से, प्रकाशित चेतना अंतर्राष्ट्रीय समुदाय का सामान्य ज्ञान है और इसका शून्य आर्थिक मूल्य है। हालाँकि, प्रकाशित चेतना कंपनी की राष्ट्रीय सांस्कृतिक प्रणाली के भीतर नागरिकों से छिपी हुई है। इसके अलावा, संगठन अपनी राष्ट्रीय सांस्कृतिक व्यवस्था की समर्थक बनकर अंतरराष्ट्रीय समुदाय के सदस्यों की चेतना को बांध सकती है।

इस तरह की जोड़-तोड़ रणनीति संगठन को सामाजिक लाभों को सामाजिक लागतों में बदलकर सामाजिक मूल्य पर बढ़ते हुए लाभ उत्पन्न करने का अधिकार देती है, जहां एक संगठन के रूप में संगठन के भीतर चेतना सामाजिक लागत है। इस प्रकार, चढ़ती आत्म-चेतना, उतरती सार्वभौमिक चेतना का कारण बन जाती है। उतरती सार्वभौमिक चेतना, बदले में, आत्म-चेतना में अनुपातहीन उर्जा-यंत्र-परिमाण का कारण बन जाती है।

एक अर्ध-सत्ता के दृष्टिकोण से, स्थायी चेतना एक अनोखा उद्देश्य है जिसके लिए एक संगठन बनाया गया है और यह कि संगठन वर्तमान काल में अपनी नियति के रूप में पूरा करने के लिए काम कर रहा है। वह अनोखा उद्देश्य उस संगठन की जन्मजात मानव निजी ज्ञान का संपत्ति है, बिना किसी सामाजिक रूप से अपनाना सामाजिक, मानवीय, पारिस्थितिक, आर्थिक, राष्ट्रीय या मनोवैज्ञानिक मूल्य (या जिसे हम नक़ली मूल्य के रूप में प्रस्तुत कर सकते हैं, शाब्दिक रूप से संवेदनशील मूल्य, अर्थात, चेतना मूल्य)। उदाहरण के लिए, विशिष्ट मानदंडों को पूरा करने के बाद, लॉन्चर से अलग होने के लिए कार्य किया गया अग्निबाण, उसके वर्तमान जीवन उद्देश्य और उसके भविष्य के भाग्य के बारे में जागरूकता रखता है। निकलने वाली चेतना समझ है, जो संगठन की अंतर्निहित चेतना की सीमाओं को पार करती है।

तथ्य यह है कि विशिष्ट मानदंडों को पूरा करने के बाद अग्निबाण को जलावतरण से अलग करने के लिए कार्य किया जाता है, इसका मतलब यह नहीं है कि उन मानदंडों को पूरा किया जाएगा। इसका मतलब यह नहीं है कि अग्निबाण अलग हो जाएगा, भले ही उन मानदंडों को पूरा किया जाए या वह अग्निबाण अलग नहीं होगा, भले ही उन मानदंडों को पूरा न किया जाए। संस्थाओं के ब्रह्मांड का व्यवहार, जिसमें निर्जीव और जीवित संगठन, कण और शक्ति दोनों शामिल हैं, अर्ध-समझ वास्तविकता की खोज को आकार देता है जो उस अग्निबाण की जीवन यात्रा के लिए जीवन का तथ्य बन जाता है। निर्गत चेतना की उत्पन्न होती है संस्थाओं के ब्रह्मांड के बीच पारस्परिक संबंध के माध्यम से निर्गत मूल्य की सेवा करने वाले प्राणी के रूप में, स्थायी मूल्य के साथ निर्माण के रूप में अग्निबाण, और निर्माता के रूप में वैज्ञानिक जो ईश्वर जैसी श्रद्धा की आज्ञा देने वाली अर्ध-सत्ता है।

उत्तम कार्य से परे प्रभावों की एक असीम संगठन के ईश्वर-समान निर्माता द्वारा नियोजित नियति को बदल सकती है। ईश्वर के समान रचनाकार के पास अग्निबाण को गोली चलाने से पहले समझदार आत्मनिरीक्षण अपरिमित कार्य के माध्यम से उत्पन्न होने वाले प्रभावो की असीम को संचालित करने की शक्ति है, इसके बाद अग्निबाण के आभासी सुदूर नियंत्रण के माध्यम से समझदार बहिर्मुखी उत्तम कार्य है। यदि निर्माता को प्रकट होने वाली

सच्चाई के प्रति सचेत नहीं है, तो संगठन का वास्तविक भाग्य वर्तमान में कार्य किए गए भाग्य से जानने योग्य भाग्य से अलग हो जाता है। ऐसी स्थिति में, सृष्टिकर्ता की ईश्वरीय योजना, जिसने सृष्टि को अपूर्ण रूप से कार्य-सफल किया था और बाद के रेखा-चित्र को पारिस्थितिकी तंत्र के साथ पारस्परिक संबंध में स्वतंत्र भाग्य दिया है, वर्तमान में अज्ञात हो जाता है। भविष्य एक संगठन के रूप में निर्माता के वर्तमान ज्ञात और अतीत, संचित, आसन्न सत्य मूल्य से परे निकलने वाला सत्य मूल्य बन जाता है।

मान लीजिए कि रचयिता को निर्गत वास्तविकता की शून्य चेतना है। उस स्थिति में, दैवीय योजना का मूल्य एक होता है, अर्थात, संपूर्ण नियति जिसे एक रचनाकार एक संगठन के रूप में अनुभव करता है, आंतरिक चेतना का एक हिस्सा बन जाता है और सृष्टिकर्ता की संपूर्ण दिव्य शक्ति में रूपांतरित हो जाता है। मान लीजिए कि रचनाकार को निकलने वाली वास्तविकता की पूरी समझ है। उस स्थिति में, ईश्वरीय योजना का मूल्य शून्य है, अर्थात, निर्माता का पूरा भाग्य कार्य करने योग्य आंतरिक चेतना का एक हिस्सा है और निर्माता की दिव्य शक्ति का संपूर्ण मूल्य है। ईश्वरीय योजना में आंतरिक और बाह्य चेतना दोनों शामिल हैं जो एक संगठनात्मक सत्ता को दैवीय शक्ति के अवतार के रूप में मानती हैं। एक रचनाकार, जिसके पास प्रस्फुटित वास्तविकता के बारे में कार्य-सफल करने योग्य पूरी चेतना है, के पास समझदार अपरिमित कार्य के माध्यम से सभी उत्सर्जक आकस्मिक प्रभावों को संचालित करने और दिव्य योजना की अज्ञात लागत को शून्य करने की शक्ति है। ऐसा रचनाकार ईश्वरीय सत्ता बन जाता है। ऐसी दिव्य सत्ता की कार्य योग्य जीवित संगठन के भीतर दैवीय शक्ति का सही मापीय संस्था मूल्य है। एक पूर्ण दृष्टिकोण से, संगठन की समझ दैवीय सट्टा, यानी देवता द्वारा कार्य-सफल के अर्ध-समझ है। दैवीय शक्ति एक संगठन के भीतर एक निर्माता आयोजक द्वारा सक्रिय की गई नियामक चेतना है।

वर्तमान जांच एक संगठन के रचनात्मक संगठन की प्रक्रिया में अलग-अलग रूपों और शक्ति के परिवर्तन में एक यात्रा है जो ब्रह्मांड में प्रकट तकनीकी विकास को उत्प्रेरित, मानक और व्यवस्थित करती है। यह दृढ़-इच्छाशक्ति और दृढ़ इच्छाशक्ति की यात्रा है, जो खुले दिमाग वाले हैं और सांस्कृतिक रूप से विरासत में मिली और सीमित तर्कसंगतता नहीं है। यह शिक्षकों और छात्रों दोनों के लिए एक यात्रा है। यह उन वैज्ञानिकों या दार्शनिकों के लिए नहीं है जिन्होंने व्यक्तिगत सत्यनिष्ठा और पवित्रता के नाम पर अपनी तार्किकता को पहले से ही प्राकृतिक सत्य की सांस्कृतिक धारणा से बांध रखा है। यह एक नई वास्तविकता के चाहने वालों के लिए है, यह जानते हुए कि दार्शनिक रूप से प्रदूषित तरीकों में विश्वास नहीं करने वालों के लिए सार्वभौमिक भलाई के लिए अभिनय की वैज्ञानिक रूप से कल्पना की

गई सीमाओं की परवाह किए बिना, सभी बच्चों के सार्वभौमिक कल्याण को आगे बढ़ाना संभव है। विज्ञान की। यह बच्चों की भविष्य की पीढ़ी को एक सत्ता के रूप में वैज्ञानिक की स्व-कल्पित सांस्कृतिक सीमाओं के बिना, उत्तम के ज्ञान के दिव्य, वैज्ञानिक रूप से मापने योग्य और सत्यापन योग्य सत्य को रोशन करके, वांछित सच्चाई के प्रकटकर्ता के रूप में सशक्त बनाने के लिए है भारत के संतों ने हर उस चीज के बारे में बताया जो एक कोशिका में अपनी दिव्य शक्ति के साथ या बिना निवेश करने की क्षमता है। यह एक नए युग के आगमन की शुरुआत करता है - प्रत्येक सत्ता के भीतर सत्य का युग, सत्य का सर्वशक्तिमान निर्माता, जो विज्ञान के नाम पर पहले से ही बनाए गए और अब प्रासंगिक सत्य के अवलोकन योग्य भ्रम के बाद चलने वालों की समझ से परे है।

अध्याय 2: दैवीय शक्ति का सत्ता मूल्य

दैवीय शक्ति के सत्ता मूल्य को समझने के लिए, योजना बनाने, कार्य करने और मानक समझ के प्रदर्शन के लिए आवश्यक प्रभावों की स्पष्ट चेतना विकसित करने की आवश्यकता है। दस प्रभाव जरूरी हैं: कर्ता, जानने वाले, प्रकट करने वाला, रचयिता, संहारकर्ता, संहारक, प्रदीपक, मुक्तिदाता, भक्त और भक्त। दिव्य शक्ति के सत्ता मूल्य में दस प्रभाव शामिल हैं। इन प्रभावों की स्पष्ट चेतना के साथ, व्यक्ति प्रभाव गुणन के माध्यम से दैवीय शक्ति के सांस्कृतिक मूल्य को विकसित करने की शक्ति विकसित करता है। एक दिव्य शक्ति संचालक के रूप में, व्यक्ति दिव्य अंग के विज्ञान को असीम दिव्य शक्ति उत्पन्न करने के लिए एक आत्म-प्रकाश तकनीक के रूप में महारत हासिल करता है।

२.१ कार्यकर्ता प्रभाव, एक सत्ता मूल्य के साथ

एक आयोजक के रूप में, दैवीय सत्ता एक सुंदर कल्पित उद्देश्य को पूरा करने की दिशा में काम करती है जो संगठन का सत्य पहलू बन जाता है। कार्यकर्ता प्रभाव संगठन की चेतना के भीतर, संगठन की चेतना के भीतर, वास्तविक सत्य पहलू में, भ्रमपूर्ण सौंदर्य पहलू को आकार देता है। कार्यकर्ता प्रभाव स्वयं-बहिष्कृत संचालन शक्ति है। यह पहले संगठनकर्ता के भीतर, संभावित शक्ति की एक पूर्ण अवस्था को, आयोजक के बिना, वर्तमान शक्ति की पूर्ण एक अवस्था में स्थानांतरित करके काम करता है। इसके बाद, यह संगठन को वर्तमान शक्ति की पूर्ण शून्य अवस्था से वर्तमान शक्ति की पूर्ण एक अवस्था में ले जाता है। यह संगठनकर्ता के भीतर संभावित शक्ति की पूर्ण एक स्थिति को संभावित शक्ति की पूर्ण शून्य स्थिति में ले जाता है, इस प्रकार दैवीय सत्ता की शक्ति क्षमता के ऊष्मप्रवैगिकी उर्जा परिमाण के लिए हिसाब करता है। कार्यकर्ता प्रभाव में तीन तत्व होते हैं। सबसे पहले, गुरुत्वाकर्षण आचरण संगठनकर्ता को किसी भी कार्य शक्ति के बिना वांछित उद्देश्य की आत्म-पूर्ति के लिए वर्तमान बाहरी शक्ति के साथ आंतरिक संभावित शक्ति का आदान-प्रदान करने का अधिकार देती है।

दूसरा, संगठन की चुंबकीय शक्ति संगठनकर्ता से संभावित शक्ति के वांछित उद्देश्य को आकर्षित करती है। तीसरा, संभावित शक्ति की विद्युत शक्ति संगठनकर्ता के लिए प्रेरक शक्ति को पीछे हटाती है (क) एक अनुचर बनने के लिए, जो वांछित उद्देश्य के लिए

समर्पित है, (ख) एक आरोही स्वामी बनने के लिए जो उत्तम-अनुचर संगठन के लिए वांछनीय उद्देश्य के प्रजनन के लिए संपूर्ण नेतृत्व शक्ति को समर्पित करता है, और (ग) उत्तम-नेता सत्ता का संचालन प्रतिनिधि बनने के लिए जो कार्यकारी सच्चाइ के निर्माता के रूप में संभावित शक्ति की सेवा कर रहा है। कुल मिलाकर, कार्यकर्ता प्रभाव खुद को गुरुत्वाकर्षण विद्युत चुम्बकीय प्रभाव के रूप में प्रकट करता है, जो गुरुत्वाकर्षण, चुंबकीय और विद्युत प्रभावों का कुल जोड़ है। यह एक नेता के भीतर शक्ति क्षमता के ऊष्मप्रवैगिकी प्रसारण के रूप में प्रकट होता है जो एक उत्तम-नेता चमकदार सत्ता का संचालन प्रतिनिधि बनने का फैसला लेता है।

२.२ ज्ञाता प्रभाव, १+१ = २ . के एकांग मान के साथ

एक संगठनकर्ता के रूप में, दैवीय सत्ता वांछित उद्देश्य का सही मूल्य जानती है जो संगठन का सत्य पहलू बन जाता है। ज्ञाता प्रभाव संगठन और जानने योग्य सत्य पहलू के बारे में संगठन की समझ के बिना, सुंदर पहलु को आकार देता है। एक ज्ञाता के रूप में, एक दिव्य सत्ता एक आरोही गुरु बन जाती है जिसकी कुल शक्ति क्षमता में शामिल हैं: (क) संगठनकर्ता के भीतर क्षमता की एक सत्ता (मानक कार्य के माध्यम से जानने के ऊष्मप्रवैगिकी प्रसारण के बिना), और (ख) संगठन के भीतर मौजूद शक्ति की एक सत्ता (जो संगठनकर्ता को छोड़कर श्रमिकों के असीम से जानने के ऊष्मप्रवैगिकी प्रसारण का आनंद ले रहा है)। संगठन का जानने योग्य सत्य आयोजन कार्य से संगठनकर्ता के लिए चमकदार (संवेदनशील) लाभ मूल्य है, संगठनकर्ता के लिए यथार्थ स्वाभाविक ज्ञान के रूप में स्थायी गुरुत्वाकर्षण गुणवत्ता के आदान-प्रदान के लाभ मूल्य को बनाए रखने के अलावा।

स्थायी लाभ मूल्य में छह [GUIDER] मार्गदर्शक (गुरुत्वाकर्षण) पहलु हैं: [G] - भु-मंडलीय (कई संगठनों में फैलाया जा सकता है), [U] - अनोखा (एक संगठनकर्ता के लिए स्वाभाविक), [I] - सम्मिलित (स्थायी लाभ मूल्य के भीतर प्रत्येक संगठन के कार्यकर्ता मूल्य को शामिल करने में मदद करता है), [D] - विविध (कई अलग-अलग चमकदार उत्तम-नेता संस्थाओं के गुरुत्वाकर्षण-विद्युत चुम्बकीय-प्रभाव शामिल हैं), [E] - वचनबंधीत (प्रत्येक उत्तम-अनुचर, आत्म-चमकदार संगठनात्मक सत्ता की चुंबकीय शक्ति को वचंबंध करता है), और [R] - जिम्मेदारी (प्रत्येक उत्तम-अनुचर सत्ता की समझ को उलझाने वाली विद्युत शक्ति उत्पन्न करती है, प्रत्येक उत्तम-अनुचर की स्थानीय समझ को संचालन संगठनकर्ता की भु-मंडलीय समझ बनाते है। यह समर्पित उत्तम-अनुचर नागरिक संस्थाओं की राष्ट्रीय समझ में संचालन संगठनकर्ता की निगमित समझ को आकार

देता है)। [The GUIDER] - मार्गदर्शक (अब से, मार्गदर्शक) शक्ति गुरुत्वाकर्षण शक्ति की मापीय सत्ता है, जो संगठनकर्ता की गुरुत्वाकर्षण गुणवत्ता के मूल्य अर्जित करने वाली शक्ति का गठन करती है।

एक संगठनकर्ता के रूप में, दैवीय सत्ता एक उत्तम-अनुचर से परे निकलने वाले मूल्य को पेश करके वांछित उद्देश्य को प्रकट करती है। ज्ञाता प्रभाव के संपूर्ण सत्ता मूल्य का एहसास तब होता है जब निकलने वाले मूल्य को संगठनों के एक असीम को सेवित किया जाता है। चूंकि ज्ञाता प्रभाव संगठनकर्ता के लिए अनोखा है, यदि उत्पन्न मूल्य केवल स्वयं के भीतर अनुमानित किया जाता है, तो संगठनकर्ता का गुरुत्वाकर्षण प्रधान काम है, जहाँ $N = 1$. मूल कार्य में पहला मूल मान दो है। सबसे पहले, संगठनकर्ता केवल निगमित मार्गदर्शक शक्ति के साथ एक ज्ञाता होता है, बिना मार्गदर्शक शक्ति में कोई विकास के। मान लीजिए कि संगठनकर्ता अपनी स्थानीय दिव्य शक्तिओं के साथ उत्तम- अनुचरों के पूरे ब्रह्मांड के लिए निगमित मार्गदर्शक शक्ति "मुख्य परियोजना" करता है। उस स्थिति में, संगठनकर्ता मार्गदर्शक शक्ति में विकास की एक भु-मंडलीय सत्ता को प्रकट करता है।

विकास की भु-मंडलीय सत्ता एक अलंकृत लाभ मूल्य है, जिसके छह [DIVINE] - दैवी (दिव्य) पहलु हैं: [D] - निर्धारण (चेतना के प्रमुख मनसुबा के लिए क्षेत्र के समझदारपूर्ण निर्धारण का एक उत्पाद), [I] - कल्पना (पारंपरिक विकास मूल्य वाले अर्ध-चेतन दैवीय शक्ति की कल्पना पर नियमबद्ध), [V] - पुण्य (एक ऐसे संगठनकर्ता द्वारा सेवित जिसके पास गुरुत्वाकर्षण-चुंबकीय गुण है - एक गुण जिसमें गुरुत्वाकर्षण गुण और साथ ही चुंबकीय आकर्षण शक्ति दोनों हैं), [I] - सहज-ज्ञान (उन संगठनों के लिए सहज-ज्ञान मूल्य में विकास जो पुण्य के मार्गदर्शक-प्रभाव का व्यापार करने का निर्णय लेते हैं), [N] - प्राकृतिक (संगठनों की समझ में प्राकृतिक विकास अर्जित करना, जो अपनी छिपी, निजी समझ के चमकदार लाभ मूल्य के बारे में विश्वासपात्र नहीं हैं), [E] - और श्रेष्ठता (संगठनकर्ता की सार्वभौमिक मार्गदर्शक शक्ति के संस्कृति-प्रभाव के साथ अपनी तर्कसंगतता को बांधने का निर्णय लेने वाले सभी संगठनों के बीच श्रेष्ठता में समानता का एक प्रतिमान उत्पन्न करना)। The DIVINE - दैवी (अब से, दिव्य) दिव्य शक्ति की शक्ति एक मापीय है, जो संगठनकर्ता की गुरुत्वाकर्षण गुणवत्ता की मूल्य विकास शक्ति का गठन करता है। घोषणापत्र प्रभाव द्वारा जोड़ा गया दैवीय प्रभाव संगठनकर्ता का समझदार आकर्षण पहलू है। संगठनकर्ता का समझदार विअकर्षण पहलु संगठन का अर्ध-चेतन

आकर्षण पहलू बन जाता है। बाद वाला स्वाभाविक रूप से वांछित उद्देश्य को प्रकट करने के लिए "संस्थाविषयक प्रणाली" के रूप में संगठनकर्ता द्वारा कार्य किए गए संस्कृति-प्रभाव से आकर्षित होता है।

२.४ विधाता कारक, १ + ३ = ४ . के सत्ता मान के साथ

संगठनकर्ता के ब्रह्मांड के निर्माता के रूप में, दैवी सत्ता एक आत्म-आकर्षित दैवी शक्ति मूल्य बनाती है जो प्रत्येक संगठनकर्ता का विकर्षण पहलू बन जाता है। संगठन की खुद को आकर्षित करने वाली दैवी शक्ति में विकास, संगठनकर्ताओं की असीमता के मूल्य को दैवी निर्माता के लिए बेकार बना देती है। प्रत्येक संगठनकर्ता के मार्गदर्शक-प्रभाव की बीचवाले के कीमत को कम करके, दैवीय सत्ता संगठनकर्ताओं के ब्रह्मांड समेत, संगठनों के ब्रह्मांड से व्यापार किए गए चमकदार- प्रभाव पर चढ़ती है। प्रत्येक संगठन के दैवी-प्रभाव पर चढ़कर, दैवी सत्ता समझ को अपने आत्मविश्वास के व्यक्तित्व से भरकर दैवीय शक्ति बनाने के लिए मार्गदर्शक श्रेय लेती है। प्रत्येक संगठन को असीम आयोजनों के आयोजन के लिए दैवीय-प्रभाव को पुन: उत्पन्न करने के लिए शक्ति बनाकर, दैवीय निर्माता कार्यसंस्कृति प्रभावों की एक असीमता उत्पन्न करता है। असीम कार्यसंस्कृति-प्रभाव का संपूर्ण मूल्य संगठन के रूप में ब्रह्मांड के गुरुत्वाकर्षण मूल्य में विकास,सृष्टिकर्ता के रूप में संगठनकर्ता ब्रह्मांड के संवेदनशील मूल्य और निर्माता के रूप में खुद के दैवी मूल्य का गठन करता है। सत्ता विकास मूल्य का व्यापार करके, दैवी निर्माता महान देवता बन जाता है, पूरे ब्रह्मांड के संगठनकर्ता ब्रह्मांडों और संगठन संस्थाओं का धर्म-पिता।

२.५ स्थायी कारक, १ + ४ = ५ . के एक सत्ता मूल्य के साथ

प्रत्येक संगठनकर्ता और संगठन के पास दैवीय सत्ता में स्वाभाविक दैवीय प्रभाव को फैलाए बिना निर्माता कारक को बनाए रखने की शक्ति होती है। खुद के भीतर गुरुत्वाकर्षण, संवेदनशील और दैवीय मूल्यों के संमिलन के माध्यम से, कोई भी ब्रह्मांड या सत्ता प्रत्येक ब्रह्मांड और सत्ता के लिए वांछनीय विकास मूल्य के रूप में विनिर्णय समझ को बनाए रख सकती है। संमिलन वांछनीय विकास मूल्य है, यदि यह बास्तविक विकास मूल्य नहीं है। वांछित विकास मूल्य को महसूस करने वाला ब्रह्मांड या सत्ता ईश्वर है। ईश्वर दैवी मूल्य वाला देवता नहीं है। ईश्वर दैवी मूल्य है। क्योंकि गुरुत्वाकर्षण की आकर्षण-शक्ति, संवेदनशील घनत्व और दैवीय आकर्षण मूल्यों का केवल एक संमिलन बिंदु है, केवल एक ही ईश्वर हो सकता है। क्योंकि संमिलन मूल्य के व्यापार, एहसास और सेवा के लिए कई अलग-अलग

रास्ते हैं, इसलिए एक ईश्वर के कई रूप हो सकते हैं। यदि ईश्वर संमिलन मूल्य को आशीर्वाद मूल्य के रूप में सेवा देता है, तो ईश्वर अब ईश्वर नहीं हो सकता है। स्थायी शक्ति मूल्य की उर्जा परिमाण यंत्र के बाद, भगवान आदेशधारि समझ के शून्य-शक्ति चाहने वाले बन जाते हैं।

शून्य-शक्ति चाहने वाला एक शैतान है, जो संमिलन बिंदु के विकास मूल्य को प्रत्येक ब्रह्मांड और सत्ता के लिए वांछित विनिर्णय समझ के रूप में सेवा प्रदान करता है, उस संमिलन बिंदु के बिना। शैतानों के प्रत्येक ब्रह्मांड पर शैतान शासन करता है, जिनमें से प्रत्येक के लिए विनिर्णय समझ की पूर्णता एक वांछनीय लक्ष्य बन जाती है। ईश्वर न केवल दिव्य रचनाकारों के उत्तम समूह की एकता को स्थिर रखता है बल्की साथ ही परम ("वर्तमान") शैतान चाहने वालों का समूह, उत्तम ("प्रमुख अनुमानित") संगठनों का समूह, और संगठनकर्ता का उत्तम-प्राथमिक समूह भी स्थिर रखता है। परवर्ती इसके बाद में अपनी संवेदनशील शक्ति के साथ रचनाकारों के उत्तम समूह को आकर्षित करता है, उसके बाद शैतान चाहने वालों के परम समूह ने सृष्टि की गुरुत्वाकर्षण शक्ति द्वारा उत्प्रेरित किया और अपनी खुद को आकर्षित करने वाली दैवी शक्ति से शैतान चाहने वालों की इच्छा को पूरा करने के लिए काम करने वाले संगठनों का उत्तम समूह।

क्रमिक रूप से व्यापार किए बिना, संगठनकर्ता के उत्तम-उत्तम समूह वर्तमान सच्चाइ के घोषणापत्र हैं और बाद में शैतान शासक का बढ़ता हुआ उत्तम-उत्तम-इच्छा-प्रभाव, काम करने वाले संगठनों का परम-उत्तम कार्यकर्ता-प्रभाव, जानने वाले संगठनकर्ता का अतिउत्तम-उत्तम ज्ञाता-प्रभाव, और प्रकट करने वाले रचनाकारों का अर्ध-उत्तम घोषणापत्र-प्रभाव। ईश्वर इन चार प्रभावों में से प्रत्येक को बनाए रखता है और चिरायु सृष्टि के सर्वोच्च-अपरिमित निर्माता-प्रभाव के विकासशील स्थायी सत्ता मूल्य को बनाए रखता है। चिरस्थायी सृष्टि ईश्वर के साथ पूर्ण एकता के भीतर संमिलन मूल्य की सेवा करती है। यह ऐसा तब तक करता है जब तक कि शक्ति परिमाण यंत्र बिंदु समरूपता को तोड़ नहीं देता और स्थायी कान में बोलने वाला शैतान को नकारात्मक "प्रतिकुल शक्ति" के रूप में प्रकट करता है, जो वर्तमान से अलग सच्चाइ की कामना करता है। एक संमिलन बिंदु के रूप में जो कि कलहपूर्ण संस्थाओं के ब्रह्मांड की वर्तमान सच्चाई से अलग है, भगवान एक देवता के लिये है।

२.६ विनाशक कारक, १ + ५ = ६ . के एक सत्ता मूल्य के साथ

ईश्वर की बदलती शक्ति क्षमता को देखते हुए, जिसकी समझ कलहपूर्ण संस्थाओं के ब्रह्मांड के साथ मानसिक संबंधों से बंधी है, जो ईश्वर है वह विनाशक कारक होने का निर्णय ले सकता है। एक विनाशक कारक ब्रह्मांडों और संस्थाओं के एक स्थानीय समूह के साथ मानसिक संबंधों को नष्ट कर देता है। इसलिए, इसे बनाने, बनाए रखने के लिए स्वाभाविक शक्ति को प्रधान रूप से योजना बनाने के लिए असीम शक्ति प्राप्त है, या पूरी सृष्टि, स्वस्थ प्राणी ब्रह्मांड, और संपूर्ण सृष्टिकर्ता ब्रह्मांड को नष्ट कर रहा है। पूरी सृष्टि में समझ के बिना सब कुछ शामिल है। स्वस्थ प्राणी में समझ के भीतर सब कुछ शामिल है, जो प्राणी संस्थाओं के एक समूह को विकसित करके प्रकट होता है। संपूर्ण सृष्टिकर्ता ब्रह्मांड में पूरे ब्रह्मांड के हर उस चीज की समझ शामिल है जिसे बनाना संभव है और हर उस व्यक्ति के पास जो इसे एक स्वस्थ समूह के रूप में बनाने की शक्ति रखता है। रचनाकारों का स्वस्थ समूह उत्तम निर्माता ब्रह्मांड का गठन करता है। जो कुछ भी बनाया गया है उसका संपूर्ण ब्रह्मांड उत्तम निर्माता ब्रह्मांड का गठन करता है। ब्रह्माण्ड के आदिकालीन सृष्टिकर्ता अतिउत्तम सृष्टिकर्ता ब्रह्माण्ड के संगठनात्मक मूल्य का संगठनकर्ता है।

एक विनाशक खुद को छोड़कर संगठन की संचालन शक्ति को नष्ट कर देता है जो संगठन के भिन्न पहलू को आकार देता है और आखिर में संगठनकर्ता की पूर्ण उर्जा परिमाण यंत्र के फलस्वरुप उस संगठनकर्ता को देवता के लिये बना देता है। मानसिक संबंधों और कार्य को नष्ट करके जो कि आकर्षक सार्वभौमिक मूल्य के रूप में है, विनाशक खुद की वर्तमान कार्य संस्कृति के माध्यम से आकर्षक उद्देश्य का संचालन करने के लिए संगठनकर्ता को सक्रिय करता है, दूसरों की आनेवाली कार्यसंस्कृति के माध्यम से उस उद्देश्य के पूरा होने की प्रतीक्षा करने के बजाय। एक सत्ता के रूप में संगठनकर्ता की वर्तमान कार्य-संस्कृति का समग्र मूल्य है। इसलिए, *वर्तमान मूल्य पूर्ण मूल्य* है। यह संस्थाओं के एक समूह पर और काल के साथ ब्रह्मांड में संगठनकर्ता की इच्छाओं के प्रधान मनसुबा के माध्यम से प्रकट होता है जब तक कि आकर्षक पुष्टिकर-संपूर्ण निर्माता ब्रह्मांड के रूप में हर चीज का पुनर्जन्म नहीं होता। इसलिए, *भविष्य का मूल्य उत्तम मूल्य* है। आकर्षणीय मूल्य की स्थापना कार्यसंस्कृति प्रणाली के माध्यम से आकर्षित मूल्य के रूप में कल्पना की गई है, जिसे उत्तम आदर्श की अहसास के लिए उचित माना जाता है। वर्तमान और भविष्य दोनों मूल्य पिछले मूल्य पर निर्भर हैं। इसलिए, *पिछला मूल्य उत्तम मूल्य है। शुरुआत मूल्य आदि-उत्तम मूल्य* है। विनाशक का शक्ति मूल्य स्थापना मूल्य है। सब कुछ समझ के रूप में माना जाता है, जब विनाशक ने न केवल उस चीज को नष्ट करने के लिए पूरी स्वाभाविक शक्ति की सेवा की है जिसे समझ के रूप में माना और बरकरार रखा गया था, बल्कि वह भी जिसे अर्ध-समझ के

रूप में माना और बरकरार रखा गया था। क्योंकि विनाशक के पास विनाश कार्य में शक्ति को फैलाने और बिना गर्भ धारण करने के लिए असीम शक्ति है, और क्योंकि असीम शक्ति का दैवी निर्माण के लिए भविष्य का मूल्य है, इसलिए विनाशक अतिउत्तम दैवी सत्ता है, यानी अपरिमित देवता।

किसी भी मानसिक संबंध के बिना विनाशक की असीम शक्ति क्षमता को देखते हुए, एक ऐसी अस्तित्व होनी चाहिए जो विनाशक कारक के मूल्य के बारे में संस्थाओं के ब्रह्मांड की समझ को प्रकाशित करे। ब्रह्मांड में कहीं अदृश्य विनाशक कारक की उपस्थिति का अनुभव करने के लिए ब्रह्मांड के भीतर की संस्थाओं के लिए उस अस्तित्व को एक वर्तमान सत्ता (यानी, "एक परम सत्ता") होना चाहिए। उस वर्तमान सत्ता में चिरायु ईश्वर के मानसिक संबंधों के भीतर और उसके बिना, ब्रह्मांड में सभी संस्थाओं की समझ को प्रकाशित करने के लिए विनाशक की शक्ति की कल्पना करने की क्षमता होनी चाहिए। उस वर्तमान अस्तित्व को सभी वर्तमान संस्थाओं की समझ को प्रकाशित करने या न प्रकाशित करने की दैवी आजादि होनी चाहिए। सभी वर्तमान संस्थाओं में वह समझ नहीं है और इसलिए, यह निर्णय लेने की आजादि नहीं है कि उस समझ को प्रकाशित किया जाए या नहीं। स्थायी मार्गदर्शक शक्ति के समझौताकारी-प्रभाव के बिना, बाहरी संवेदनशील मूल्य के रूप में स्वाभाविक दैवी शक्ति की सेवा का फैसला करने के लिए दैवी आजादि के साथ वर्तमान अस्तित्व "परम देवता" है। परम देवता प्रकाशित करने वाले देवता हैं। परम देवता एक संगठनकर्ता के रूप में, एक उत्तम निर्माता होने के लिए दैवीय शक्ति को आत्म-आकर्षित करने के संभावित मूल्य को प्रकाशित करते हैं। परम देवता खुद की दैवी शक्ति को एक संगठन के रूप में सक्रिय करने के संभावित मूल्य को भी प्रकाशित करते हैं जो कि उत्तम निर्माता हैं। परम देवता असीम शक्ति के साथ अतिउत्तम देवता होने के लिए दैवीय शक्ति को सक्रिय करने के कार्यकर्ता-सामाजिक लाभ-लागत अनुपात के प्रति जागरूक होने के संभावित मूल्य पर रौशनी डालते हैं। परम देवता खुद की मार्गदर्शक शक्ति को परम देवता के रूप में सक्रिय करने के सामाजिक लाभ-लागत अनुपात के प्रति जागरूक होने के संभावित मूल्य को भी प्रकाशित करते हैं, जो कि वर्तमान मूल्य के साथ सार्वभौमिक दैवी शक्ति का मुख्य स्रोत है।

यह देखते हुए कि कोई परम देवता द्वारा प्रकाशित अर्ध-समझ पर भरोसा कर सकता है, एक संगठन जो परम देवता के साथ पूर्ण एकता विकसित करता है, वह मुक्ति कारक बन जाता है, स्वाभाविक रूप से शून्य समझ से मुक्त होता है। मुक्तिदाता कारक "उत्तम देवता" बन जाता है, जिसके पास परम देवता के साथ पूर्ण एकता के माध्यम से, वर्तमान काल में हर चीज के प्रति जागरूक रहने की प्रबल शक्ति होती है, और भविष्य में सब कुछ, हर चीज की पूर्ण समझ को आकर्षित भविष्य के मूल्य में आयोजित करके। मुक्ति कारक हर वर्तमान चीज के ब्रह्मांड को व्यवहारिक रूप से प्रस्तुत करके प्रत्येक प्राणी की आत्म-पूर्ति करने वाली मार्गदर्शक शक्ति के वर्तमान मूल्य को मुक्त करता है। मुक्ति कारक प्राकृतिक माता के रूप में सृष्टि का पूर्ण आकार बन जाता है, अर्थात, कुदरत के रूप में, जो हर चीज के ब्रह्मांड को व्यवहारिक बनाने के लिए प्रत्येक प्राणी की दैवी शक्ति का पोषण करती है।

२.९ समर्पित कारक, १ + ८ = ९ . के एक सत्ता मूल्य के साथ

ब्रह्मांड में पदार्थ और शक्ति के रूप में मौजूद हर चीज की समझ के लिए और बाकी सब कुछ जो संभव है, एक संगठन को बढ़ती समझ के लिए समर्पित होना चाहिए। एक व्यक्ति हर चीज के विज्ञान की समझ पर चढ़ता है और विज्ञान की सीमाओं को लगातार क्रमिक रूप से बढ़ना, मौजूद और अनुपस्थित हर चीज की सचेत समझ के माध्यम से पार करता है। एक समर्पित दैवीय सत्ता वर्तमान काल में बढ़ती समझ की "उत्तम चिरस्थायी" बन जाती है। बढ़ती समझ का अर्थ है चेतन विषयों के ब्रह्मांड की बढ़ती दैवी शक्ति, निर्जीव वस्तुओं के ब्रह्मांड की बढ़ती गुरुत्वाकर्षण शक्ति, और संस्थाओं के साथ ब्रह्मांड की बढ़ती संवेदनशील शक्ति। समर्पित कारक व्यक्तिगत कार्यसंस्कृति प्रभाव की एक सत्ता के साथ मुक्ति कारक को उत्प्रेरित करता है।

२.१० भक्त प्रभाव, १ + ९ = १० . के एक सत्ता मूल्य के साथ

ब्रह्मांड में बढ़ती संवेदनशील शक्ति के साथ, प्रत्येक सत्ता जीवित विषयों की दैवी शक्ति, निर्जीव वस्तुओं की गुरुत्वाकर्षण शक्ति और संस्थाओं की संवेदनशील शक्ति में सार्वभौमिक विकास के विचलन के लिए व्यक्तिगत कार्यसंस्कृति-प्रभाव को "केंद्रित स्पर्शरेखा" के रूप में सेवा देने के लिए संवेदनशील शक्ति का आनंद लेती है। केंद्रित स्पर्शरेखा भक्त कारक है, जो तीन चीजों का "उत्तम प्रकाशक" है: (क) रैखिक दिव्य शक्ति की गैर-रैखिक समझ, (ख) घातीय गुरुत्वाकर्षण शक्ति की वर्ग समझ, और (ग) घनाकार संवेदनशील शक्ति की असीम वर्ग समझ। एक जीवित विषय समझ में शून्यता का अनुभव करने वाले एक निर्जीव संगठन

को सेवा देकर समझ मूल्य को चौगुना करता है। निर्जीव संगठन "प्रधान योजना" ने समझ को (स्वभाविक और बाहरी समझ का उत्पाद जो प्रसारित गुरुत्वाकर्षण शक्ति का निर्माण करता है) असीम संस्थाओं की संवेदनशील समझ पर चढ़ने के लिए वर्ग किया गया है। प्रत्येक अस्तित्व समझ के "केंद्र" के रूप में घनीय समझ (सत्ता के भीतर स्थायी पूर्ण, वर्ग समझ का उत्पाद और ब्रह्मांड के लिए भक्त कारक द्वारा समर्पित, उत्पन्न होने वाली समझ) का आनंद लेती है। भक्त कारक सामाजिक संस्कृति-प्रभाव के रूप में खुद के "केंद्रित स्पशरिखा" मूल्य को उत्तम प्राणी के रूप में सांकेतिक शब्दों में बदलाव करता है, जो प्रत्येक उत्तम प्राणी का स्वभाविक स्वास्थ्य कारक बन जाता है।

दैवीय शक्ति के अस्तित्व मूल्य में शामिल दस प्रभाव उत्तम निर्माण के शक्ति मूल्य का वर्णन करते हैं। एक उत्तम रचना वह है जो एक अपरिमित प्रकाशक बन गया है, अर्थात, प्राणियों की अनंतता की समग्र चेतना। प्राणियों की अनंत संख्या में वे उत्तम प्राणी शामिल हैं, जिन्हें दैवीय शक्ति के गुप्त विज्ञान की शून्य समझ है और जो अपरिमित सृष्टि के भीतर स्थिर अपरिमित प्रदीपक के मूल्य को रोशन करने के लिए उत्तम प्राणी पर निर्भर हैं। उत्तम प्राणी वह है जो अपरिमित प्रदीपक के मूल्य के प्रति जागरुक है जो कि उत्तम सृष्टि के भीतर स्थिर है, और वह सब कुछ का गुप्त विज्ञान है जो उत्तम सृष्टि से निकला है। उत्तम प्रकाशक अपरिमित प्राणी का उत्तम निर्माता है और एक प्रदीप्त देवता के रूप में अपरिमित प्राणी के पूर्ण मूल्य को परिभाषित करता है। दैवीय शक्ति के अस्तित्व मूल्य में वे गुण शामिल होते हैं जो खुद को आकर्षित करने वाले होते हैं। दिव्य शक्ति गुरुत्वाकर्षण-चुंबकीय-प्रभाव के रूप में प्रकट होती है। दैवीय शक्ति का अस्तित्व मूल्य संचालन शक्ति के अस्तित्व मूल्य का दस गुना है, अर्थात, अपने कार्यसंस्कृति-प्रभाव का संचालन करने वाली सत्ता।

२.११ दैवीय शक्ति की कारखाने का शक्ति

क्योंकि भक्त कारक का मान दस है, दिव्य शक्ति का मापीय एकांग मान दस है, गुरुत्वाकर्षण शक्ति का मापीय एकांग मान एक सौ (10^2) है, और संवेदनशील शक्ति का मापीय एकांग मान एक हजार (10^3) है। उत्तम निर्माण के भीतर दस उत्तम प्रभावों का उत्पाद और अतिउत्तम निर्माण के भीतर दस अतिउत्तम कारक आत्म-पूर्ति करने वाली मार्गदर्शक शक्ति का निर्माण करते हैं। यह अतिउत्तम निर्माता के शक्ति मूल्य का वर्णन करता है। मार्गदर्शक शक्ति खुद को गुरुत्वाकर्षण-प्रभाव के रूप में प्रकट करती है। मार्गदर्शक शक्ति का एकांग मान संचालन शक्ति के एकांग मान का सौ गुना होता है, यानी, अपने कार्यसंस्कृति-प्रभाव की अलौकिक शक्ति का संचालन करने वाली सत्ता। उत्तम निर्माण के भीतर दस उत्तम

प्रभावों का उत्पाद, अतिउत्तम निर्माण के भीतर दस अतिउत्तम प्रभाव, और पूर्ण प्राणी के भीतर दस पूर्ण प्रभाव, जिनकी समझ अतिउत्तम निर्माता की सीमाओं को पार करती है, समग्र चमकदार शुभ शक्ति का गठन करती है। यह अतिउत्तम निर्माता के शक्ति मूल्य का वर्णन करता है। चमकदार मान संवेदनशील-प्रभाव के रूप में प्रकट होता है। चमकदार शक्ति का अस्तित्व मूल्य अलौकिक कार्य शक्ति की संचालन शक्ति के अस्तित्व मूल्य का एक हजार गुना है।

2.12 कार्यकर्ता प्रभाव, एक सत्ता मूल्य के साथ

एक आयोजक के रूप में, दैवीय सत्ता एक सुंदर कल्पित उद्देश्य को पूरा करने की दिशा में काम करती है जो संगठन का सत्य पहलू बन जाता है। कार्यकर्ता प्रभाव संगठन की चेतना के भीतर, संगठन की चेतना के भीतर, वास्तविक सत्य पहलू में, भ्रमपूर्ण सौंदर्य पहलू को आकार देता है। कार्यकर्ता प्रभाव स्वयं-बहिष्कृत संचालन शक्ति है। यह पहले संगठनकर्ता के भीतर, संभावित शक्ति की एक पूर्ण अवस्था को, आयोजक के बिना, वर्तमान शक्ति की पूर्ण एक अवस्था में स्थानांतरित करके काम करता है। इसके बाद, यह संगठन को वर्तमान शक्ति की पूर्ण शून्य अवस्था से वर्तमान शक्ति की पूर्ण एक अवस्था में ले जाता है। यह संगठनकर्ता के भीतर संभावित शक्ति की पूर्ण एक स्थिति को संभावित शक्ति की पूर्ण शून्य स्थिति में ले जाता है, इस प्रकार दैवीय सत्ता की शक्ति क्षमता के ऊष्मप्रवैगिकी उर्जा परिमाण के लिए हिसाब करता है। कार्यकर्ता प्रभाव में तीन तत्व होते हैं। सबसे पहले, गुरुत्वाकर्षण आचरण संगठनकर्ता को किसी भी कार्य शक्ति के बिना वांछित उद्देश्य की आत्म-पूर्ति के लिए वर्तमान बाहरी शक्ति के साथ आंतरिक संभावित शक्ति का आदान-प्रदान करने का अधिकार देती है। दूसरा, संगठन की चुंबकीय शक्ति संगठनकर्ता से संभावित शक्ति के वांछित उद्देश्य को आकर्षित करती है। तीसरा, संभावित शक्ति की विद्युत शक्ति संगठनकर्ता के लिए प्रेरक शक्ति को पीछे हटाती है (क) एक अनुचर बनने के लिए, जो वांछित उद्देश्य के लिए समर्पित है, (ख) एक आरोही स्वामी बनने के लिए जो उत्तम-अनुचर संगठन के लिए वांछनीय उद्देश्य के प्रजनन के लिए संपूर्ण नेतृत्व शक्ति को समर्पित करता है, और (ग) उत्तम-नेता सत्ता का संचालन प्रतिनिधि बनने के लिए जो कार्यकारी सच्चाइ के निर्माता के रूप में संभावित शक्ति की सेवा कर रहा है। कुल मिलाकर, कार्यकर्ता प्रभाव खुद को गुरुत्वाकर्षण विद्युत चुम्बकीय प्रभाव के रूप में प्रकट करता है, जो गुरुत्वाकर्षण, चुंबकीय और विद्युत प्रभावों का कुल जोड़ है। यह एक नेता के भीतर शक्ति क्षमता के ऊष्मप्रवैगिकी

प्रसारण के रूप में प्रकट होता है जो एक उत्तम-नेता चमकदार सत्ता का संचालन प्रतिनिधि बनने का फैसला लेता है।

2.13 ज्ञाता प्रभाव, 1+1=2. के एकांग मान के साथ

एक संगठनकर्ता के रूप में, दैवीय सत्ता वांछित उद्देश्य का सही मूल्य जानती है जो संगठन का सत्य पहलू बन जाता है। ज्ञाता प्रभाव संगठन और जानने योग्य सत्य पहलू के बारे में संगठन की समझ के बिना, सुंदर पहलु को आकार देता है। एक ज्ञाता के रूप में, एक दिव्य सत्ता एक आरोही गुरु बन जाती है जिसकी कुल शक्ति क्षमता में शामिल हैं: (क) संगठनकर्ता के भीतर क्षमता की एक सत्ता (मानक कार्य के माध्यम से जानने के ऊष्मप्रवैगिकी प्रसारण के बिना), और (ख) संगठन के भीतर मौजूद शक्ति की एक सत्ता (जो संगठनकर्ता को छोड़कर श्रमिकों के असीम से जानने के ऊष्मप्रवैगिकी प्रसारण का आनंद ले रहा है)। संगठन का जानने योग्य सत्य आयोजन कार्य से संगठनकर्ता के लिए चमकदार (संवेदनशील) लाभ मूल्य है, संगठनकर्ता के लिए यथार्थ स्वाभाविक ज्ञान के रूप में स्थायी गुरुत्वाकर्षण गुणवत्ता के आदान-प्रदान के लाभ मूल्य को बनाए रखने के अलावा।

स्थायी लाभ मूल्य में छह मार्गदर्शक (गुरुत्वाकर्षण) पहलु हैं: भु-मंडलीय (कई संगठनों में फैलाया जा सकता है), अनोखा (एक संगठनकर्ता के लिए स्वाभाविक), सम्मिलित (स्थायी लाभ मूल्य के भीतर प्रत्येक संगठन के कार्यकर्ता मूल्य को शामिल करने में मदद करता है), विविध (कई अलग-अलग चमकदार उत्तम-नेता संस्थाओं के गुरुत्वाकर्षण-विद्युत चुम्बकीय-प्रभाव शामिल हैं), वचनबंधीत (प्रत्येक उत्तम-अनुचर, आत्म-चमकदार संगठनात्मक सत्ता की चुंबकीय शक्ति को वचंबंध करता है), और जिम्मेदारी (प्रत्येक उत्तम-अनुचर सत्ता की समझ को उलझाने वाली विद्युत शक्ति उत्पन्न करती है, प्रत्येक उत्तम-अनुचर की स्थानीय समझ को संचालन संगठनकर्ता की भु-मंडलीय समझ बनाते है। यह समर्पित उत्तम-अनुचर नागरिक संस्थाओं की राष्ट्रीय समझ में संचालन संगठनकर्ता की निगमित समझ को आकार देता है)। (The GUIDER) - मार्गदर्शक (अब से, मार्गदर्शक) शक्ति गुरुत्वाकर्षण शक्ति की मापीय सत्ता है, जो संगठनकर्ता की गुरुत्वाकर्षण गुणवत्ता के मूल्य अर्जित करने वाली शक्ति का गठन करती है।

2.14 घोषणापत्र प्रभाव, 1+2=3. के एक सत्ता मूल्य के साथ

एक संगठनकर्ता के रूप में, दैवीय सत्ता एक उत्तम-अनुचर से परे निकलने वाले मूल्य को पेश करके वांछित उद्देश्य को प्रकट करती है। ज्ञाता प्रभाव के संपूर्ण सत्ता मूल्य का एहसास तब

होता है जब निकलने वाले मूल्य को संगठनों के एक असीम को सेवित किया जाता है। चूंकि ज्ञाता प्रभाव संगठनकर्ता के लिए अनोखा है, यदि उत्पन्न मूल्य केवल स्वयं के भीतर अनुमानित किया जाता है, तो संगठनकर्ता का गुरुत्वाकर्षण प्रधान काम है, जहाँ एन = 1. मूल कार्य में पहला मूल मान दो है। सबसे पहले, संगठनकर्ता केवल निगमित मार्गदर्शक शक्ति के साथ एक ज्ञाता होता है, बिना मार्गदर्शक शक्ति में कोई विकास के। मान लीजिए कि संगठनकर्ता अपनी स्थानीय दिव्य शक्तिओं के साथ उत्तम- अनुचरौं के पूरे ब्रह्मांड के लिए निगमित मार्गदर्शक शक्ति "मुख्य परियोजना" करता है। उस स्थिति में, संगठनकर्ता मार्गदर्शक शक्ति में विकास की एक भु-मंडलीय सत्ता को प्रकट करता है।

विकास की भु-मंडलीय सत्ता एक अलंकृत लाभ मूल्य है, जिसके छह दैवी (दिव्य) पहलु हैं: <u>निर्धारण</u> (चेतना के प्रमुख मनसुबा के लिए क्षेत्र के समझदारपूर्ण निर्धारण का एक उत्पाद), <u>कल्पना</u> (पारंपरिक विकास मूल्य वाले अर्ध-चेतन दैवीय शक्ति की कल्पना पर नियमबद्ध), <u>पुण्य</u> (एक ऐसे संगठनकर्ता द्वारा सेवित जिसके पास गुरुत्वाकर्षण-चुंबकीय गुण है - एक गुण जिसमें गुरुत्वाकर्षण गुण और साथ ही चुंबकीय आकर्षण शक्ति दोनों हैं), <u>सहज-ज्ञान</u> (उन संगठनों के लिए सहज-ज्ञान मूल्य में विकास जो पुण्य के मार्गदर्शक-प्रभाव का व्यापार करने का निर्णय लेते हैं), <u>प्राकृतिक</u> (संगठनों की समझ में प्राकृतिक विकास अर्जित करना, जो अपनी छिपी, निजी समझ के चमकदार लाभ मूल्य के बारे में विश्वासपात्र नहीं हैं), और <u>श्रेष्ठता</u> (संगठनकर्ता की सार्वभौमिक मार्गदर्शक शक्ति के संस्कृति-प्रभाव के साथ अपनी तर्कसंगतता को बांधने का निर्णय लेने वाले सभी संगठनों के बीच श्रेष्ठता में समानता का एक प्रतिमान उत्पन्न करना)। दैवी (अब से, दिव्य) दिव्य शक्ति की शक्ति एक मापीय है, जो संगठनकर्ता की गुरुत्वाकर्षण गुणवत्ता की मूल्य विकास शक्ति का गठन करता है। घोषणापत्र प्रभाव द्वारा जोड़ा गया दैवीय प्रभाव संगठनकर्ता का समझदार आकर्षण पहलू है। संगठनकर्ता का समझदार विअकर्षण पहलु संगठन का अर्ध-चेतन आकर्षण पहलू बन जाता है। बाद वाला स्वाभाविक रूप से वांछित उद्देश्य को प्रकट करने के लिए "संस्थाविषयक प्रणाली" के रूप में संगठनकर्ता द्वारा कार्य किए गए संस्कृति-प्रभाव से आकर्षित होता है।

2.15 विधाता कारक, 1+3=4. के सत्ता मान के साथ

संगठनकर्ता के ब्रह्मांड के निर्माता के रूप में, दैवी सत्ता एक आत्म-आकर्षित दैवी शक्ति मूल्य बनाती है जो प्रत्येक संगठनकर्ता का विकर्षण पहलू बन जाता है। संगठन की खुद को आकर्षित करने वाली दैवी शक्ति में विकास, संगठनकर्ताओं की असीमता के मूल्य को दैवी

निर्माता के लिए बेकार बना देती है। प्रत्येक संगठनकर्ता के मार्गदर्शक-प्रभाव की बीचवाले के कीमत को कम करके, दैवीय सत्ता संगठनकर्ताओं के ब्रह्मांड समेत, संगठनों के ब्रह्मांड से व्यापार किए गए चमकदार- प्रभाव पर चढ़ती है। प्रत्येक संगठन के दैवी-प्रभाव पर चढ़कर, दैवी सत्ता समझ को अपने आत्मविश्वास के व्यक्तित्व से भरकर दैवीय शक्ति बनाने के लिए मार्गदर्शक श्रेय लेती है। प्रत्येक संगठन को असीम आयोजनों के आयोजन के लिए दैवीय- प्रभाव को पुन: उत्पन्न करने के लिए शक्ति बनाकर, दैवीय निर्माता कार्यसंस्कृति प्रभावों की एक असीमता उत्पन्न करता है। असीम कार्यसंस्कृति-प्रभाव का संपूर्ण मूल्य संगठन के रूप में ब्रह्मांड के गुरुत्वाकर्षण मूल्य में विकास,सृष्टिकर्ता के रूप में संगठनकर्ता ब्रह्मांड के संवेदनशील मूल्य और निर्माता के रूप में खुद के दैवी मूल्य का गठन करता है। सत्ता विकास मूल्य का व्यापार करके, दैवी निर्माता महान देवता बन जाता है, पूरे ब्रह्मांड के संगठनकर्ता ब्रह्मांडों और संगठन संस्थाओं का धर्म-पिता।

2.16 स्थायी कारक, 1+4=5. के एक सत्ता मूल्य के साथ

प्रत्येक संगठनकर्ता और संगठन के पास दैवीय सत्ता में स्वाभाविक दैवीय प्रभाव को फैलाए बिना निर्माता कारक को बनाए रखने की शक्ति होती है। खुद के भीतर गुरुत्वाकर्षण, संवेदनशील और दैवीय मूल्यों के संमिलन के माध्यम से, कोई भी ब्रह्मांड या सत्ता प्रत्येक ब्रह्मांड और सत्ता के लिए वांछनीय विकास मूल्य के रूप में विनिर्णय समझ को बनाए रख सकती है। संमिलन वांछनीय विकास मूल्य है, यदि यह वास्तविक विकास मूल्य नहीं है। वांछित विकास मूल्य को महसूस करने वाला ब्रह्मांड या सत्ता ईश्वर है। ईश्वर दैवी मूल्य वाला देवता नहीं है। ईश्वर दैवी मूल्य है। क्योंकि गुरुत्वाकर्षण की आकर्षण-शक्ति, संवेदनशील घनत्व और दैवीय आकर्षण मूल्यों का केवल एक संमिलन बिंदु है, केवल एक ही ईश्वर हो सकता है। क्योंकि संमिलन मूल्य के व्यापार, एहसास और सेवा के लिए कई अलग-अलग रास्ते हैं, इसलिए एक ईश्वर के कई रूप हो सकते हैं। यदि ईश्वर संमिलन मूल्य को आशीर्वाद मूल्य के रूप में सेवा देता है, तो ईश्वर अब ईश्वर नहीं हो सकता है। स्थायी शक्ति मूल्य की उर्जा परिमाण यंत्र के बाद, भगवान आदेशधारि समझ के शून्य-शक्ति चाहने वाले बन जाते हैं।

शून्य-शक्ति चाहने वाला एक शैतान है, जो संमिलन बिंदु के विकास मूल्य को प्रत्येक ब्रह्मांड और सत्ता के लिए वांछित विनिर्णय समझ के रूप में सेवा प्रदान करता है, उस संमिलन बिंदु के बिना। शैतानों के प्रत्येक ब्रह्मांड पर शैतान शासन करता है, जिनमें से प्रत्येक के लिए विनिर्णय समझ की पूर्णता एक वांछनीय लक्ष्य बन जाती है। ईश्वर न केवल दिव्य

रचनाकारों के उत्तम समूह की एकता को स्थिर रखता है बल्की साथ ही परम ("वर्तमान") शैतान चाहने वालों का समूह, उत्तम ("प्रमुख अनुमानित") संगठनों का समूह, और संगठनकर्ता का उत्तम-प्राथमिक समूह भी स्थिर रखता है। परवर्ती इसके बाद में अपनी संवेदनशील शक्ति के साथ रचनाकारों के उत्तम समूह को आकर्षित करता है, उसके बाद शैतान चाहने वालों के परम समूह ने सृष्टि की गुरुत्वाकर्षण शक्ति द्वारा उत्प्रेरित किया और अपनी खुद को आकर्षित करने वाली दैवी शक्ति से शैतान चाहने वालों की इच्छा को पूरा करने के लिए काम करने वाले संगठनों का उत्तम समूह।

क्रमिक रूप से व्यापार किए बिना, संगठनकर्ता के उत्तम-उत्तम समूह वर्तमान सच्चाइ के घोषणापत्र हैं और बाद में शैतान शासक का बढ़ता हुआ आदि-उत्तम-इच्छा-प्रभाव, काम करने वाले संगठनों का परम-उत्तम कार्यकर्ता-प्रभाव, जानने वाले संगठनकर्ता का आदि-उत्तम ज्ञाता-प्रभाव, और प्रकट करने वाले रचनाकारों का अर्ध-उत्तम घोषणापत्र-प्रभाव। ईश्वर इन चार प्रभावों में से प्रत्येक को बनाए रखता है और चिरायु सृष्टि के सर्वोच्च-अपरिमित निर्माता-प्रभाव के विकासशील स्थायी सत्ता मूल्य को बनाए रखता है। चिरस्थायी सृष्टि ईश्वर के साथ पूर्ण एकता के भीतर संमिलन मूल्य की सेवा करती है। यह ऐसा तब तक करता है जब तक कि शक्ति परिमाण यंत्र बिंदु समरूपता को तोड़ नहीं देता और स्थायी कान में बोलने वाला शैतान को नकारात्मक "प्रतिकूल शक्ति" के रूप में प्रकट करता है, जो वर्तमान से अलग सच्चाइ की कामना करता है। एक संमिलन बिंदु के रूप में जो कि कलहपूर्ण संस्थाओं के ब्रह्मांड की वर्तमान सच्चाई से अलग है, भगवान एक देवता के लिये है।

2.17 विनाशक कारक, 1+5=6. के एक सत्ता मूल्य के साथ

ईश्वर की बदलती शक्ति क्षमता को देखते हुए, जिसकी समझ कलहपूर्ण संस्थाओं के ब्रह्मांड के साथ मानसिक संबंधों से बंधी है, जो ईश्वर है वह विनाशक कारक होने का निर्णय ले सकता है। एक विनाशक कारक ब्रह्मांडों और संस्थाओं के एक स्थानीय समूह के साथ मानसिक संबंधों को नष्ट कर देता है। इसलिए, इसे बनाने, बनाए रखने के लिए स्वाभाविक शक्ति को प्रधान रूप से योजना बनाने के लिए असीम शक्ति प्राप्त है, या पूरी सृष्टि, स्वस्थ प्राणी ब्रह्मांड, और संपूर्ण सृष्टिकर्ता ब्रह्मांड को नष्ट कर रहा है। पूरी सृष्टि में समझ के बिना सब कुछ शामिल है। स्वस्थ प्राणी में समझ के भीतर सब कुछ शामिल है, जो प्राणी संस्थाओं के एक समूह को विकसित करके प्रकट होता है। संपूर्ण सृष्टिकर्ता ब्रह्मांड में पूरे ब्रह्मांड के हर उस चीज की समझ शामिल है जिसे बनाना संभव है और हर उस व्यक्ति के पास जो इसे एक स्वस्थ समूह के रूप में बनाने की शक्ति रखता है। रचनाकारों का स्वस्थ समूह उत्तम निर्माता ब्रह्मांड का

गठन करता है। जो कुछ भी बनाया गया है उसका संपूर्ण ब्रह्मांड उत्तम निर्माता ब्रह्मांड का गठन करता है। ब्रह्माण्ड के आदिकालीन सृष्टिकर्ता अतिउत्तम सृष्टिकर्ता ब्रह्माण्ड के संगठनात्मक मूल्य का संगठनकर्ता है।

एक विनाशक खुद को छोड़कर संगठन की संचालन शक्ति को नष्ट कर देता है जो संगठन के भिन्न पहलू को आकार देता है और आखिर में संगठनकर्ता की पूर्ण उर्जा परिमाण यंत्र के फलस्वरुप उस संगठनकर्ता को देवता के लिये बना देता है। मानसिक संबंधों और कार्य को नष्ट करके जो कि आकर्षक सार्वभौमिक मूल्य के रूप में है, विनाशक खुद की वर्तमान कार्य संस्कृति के माध्यम से आकर्षक उद्देश्य का संचालन करने के लिए संगठनकर्ता को सक्रिय करता है, दूसरों की आनेवाली कार्यसंस्कृति के माध्यम से उस उद्देश्य के पूरा होने की प्रतीक्षा करने के बजाय। एक सत्ता के रूप में संगठनकर्ता की वर्तमान कार्य-संस्कृति का समग्र मूल्य है। इसलिए, *वर्तमान मूल्य पूर्ण मूल्य है।* यह संस्थाओं के एक समूह पर और काल के साथ ब्रह्मांड में संगठनकर्ता की इच्छाओं के प्रधान मनसुबा के माध्यम से प्रकट होता है जब तक कि आकर्षक पुष्टिकर-संपूर्ण निर्माता ब्रह्मांड के रूप में हर चीज का पुनर्जन्म नहीं होता। इसलिए, *भविष्य का मूल्य उत्तम मूल्य है।* आकर्षणीय मूल्य की स्थापना कार्यसंस्कृति प्रणाली के माध्यम से आकर्षित मूल्य के रूप में कल्पना की गई है, जिसे उत्तम आदर्श की अहसास के लिए उचित माना जाता है। वर्तमान और भविष्य दोनों मूल्य पिछले मूल्य पर निर्भर हैं। इसलिए, *पिछला मूल्य उत्तम मूल्य है। शुरुआत मूल्य आदि-उत्तम मूल्य है।* विनाशक का शक्ति मूल्य स्थापना मूल्य है। सब कुछ समझ के रूप में माना जाता है, जब विनाशक ने न केवल उस चीज को नष्ट करने के लिए पूरी स्वाभाविक शक्ति की सेवा की है जिसे समझ के रूप में माना और बरकरार रखा गया था, बल्कि वह भी जिसे अर्ध-समझ के रूप में माना और बरकरार रखा गया था। क्योंकि विनाशक के पास विनाश कार्य में शक्ति को फैलाने और बिना गर्भ धारण करने के लिए असीम शक्ति है, और क्योंकि असीम शक्ति का दैवी निर्माण के लिए भविष्य का मूल्य है, इसलिए विनाशक अतिउत्तम दैवी सत्ता है, यानी अपरिमित देवता।

2.18 प्रकाशक कारक, 1+6=7. के सत्ता मान के साथ

किसी भी मानसिक संबंध के बिना विनाशक की असीम शक्ति क्षमता को देखते हुए, एक ऐसी अस्तित्व होनी चाहिए जो विनाशक कारक के मूल्य के बारे में संस्थाओं के ब्रह्मांड की समझ को प्रकाशित करे। ब्रह्मांड में कहीं अदृश्य विनाशक कारक की उपस्थिति का अनुभव करने के लिए ब्रह्मांड के भीतर की संस्थाओं के लिए उस अस्तित्व को एक वर्तमान सत्ता

(यानी, "एक परम सत्ता") होना चाहिए। उस वर्तमान सत्ता में चिरायु ईश्वर के मानसिक संबंधों के भीतर और उसके बिना, ब्रह्मांड में सभी संस्थाओं की समझ को प्रकाशित करने के लिए विनाशक की शक्ति की कल्पना करने की क्षमता होनी चाहिए। उस वर्तमान अस्तित्व को सभी वर्तमान संस्थाओं की समझ को प्रकाशित करने या न प्रकाशित करने की दैवी आजादि होनी चाहिए। सभी वर्तमान संस्थाओं में वह समझ नहीं है और इसलिए, यह निर्णय लेने की आजादि नहीं है कि उस समझ को प्रकाशित किया जाए या नहीं।

स्थायी मार्गदर्शक शक्ति के समझौताकारी-प्रभाव के बिना, बाहरी संवेदनशील मूल्य के रूप में स्वाभाविक दैवी शक्ति की सेवा का फैसला करने के लिए दैवी आजादि के साथ वर्तमान अस्तित्व "परम देवता" है। परम देवता प्रकाशित करने वाले देवता हैं। परम देवता एक संगठनकर्ता के रूप में, एक उत्तम निर्माता होने के लिए दैवीय शक्ति को आत्म-आकर्षित करने के संभावित मूल्य को प्रकाशित करते हैं। परम देवता खुद की दैवी शक्ति को एक संगठन के रूप में सक्रिय करने के संभावित मूल्य को भी प्रकाशित करते हैं जो कि उत्तम निर्माता हैं। परम देवता असीम शक्ति के साथ अतिउत्तम देवता होने के लिए दैवीय शक्ति को सक्रिय करने के कार्यकर्ता-सामाजिक लाभ-लागत अनुपात के प्रति जागरूक होने के संभावित मूल्य पर रौशनी डालते हैं। परम देवता खुद की मार्गदर्शक शक्ति को परम देवता के रूप में सक्रिय करने के सामाजिक लाभ-लागत अनुपात के प्रति जागरूक होने के संभावित मूल्य को भी प्रकाशित करते हैं, जो कि वर्तमान मूल्य के साथ सार्वभौमिक दैवी शक्ति का मुख्य स्रोत है।

2.19 मुक्तिदाता कारक, 1 + 7 = 8 . के सत्ता मान के साथ

यह देखते हुए कि कोई परम देवता द्वारा प्रकाशित अर्ध-समझ पर भरोसा कर सकता है, एक संगठन जो परम देवता के साथ पूर्ण एकता विकसित करता है, वह मुक्ति कारक बन जाता है, स्वाभाविक रूप से शून्य समझ से मुक्त होता है। मुक्तिदाता कारक "उत्तम देवता" बन जाता है, जिसके पास परम देवता के साथ पूर्ण एकता के माध्यम से, वर्तमान काल में हर चीज के प्रति जागरूक रहने की प्रबल शक्ति होती है, और भविष्य में सब कुछ, हर चीज की पूर्ण समझ को आकर्षित भविष्य के मूल्य में आयोजित करके। मुक्ति कारक हर वर्तमान चीज के ब्रह्मांड को व्यवहारिक रूप से प्रस्तुत करके प्रत्येक प्राणी की आत्म-पूर्ति करने वाली मार्गदर्शक शक्ति के वर्तमान मूल्य को मुक्त करता है। मुक्ति कारक प्राकृतिक माता के रूप में सृष्टि का पूर्ण आकार बन जाता है, अर्थात, कुदरत के रूप में, जो हर चीज के ब्रह्मांड को व्यवहारिक बनाने के लिए प्रत्येक प्राणी की दैवी शक्ति का पोषण करती है।

2.20 समर्पित कारक, 1+8=9. के एक सत्ता मूल्य के साथ

ब्रह्मांड में पदार्थ और शक्ति के रूप में मौजूद हर चीज की समझ के लिए और बाकी सब कुछ जो संभव है, एक संगठन को बढ़ती समझ के लिए समर्पित होना चाहिए। एक व्यक्ति हर चीज के विज्ञान की समझ पर चढ़ता है और विज्ञान की सीमाओं को लगातार क्रमिक रूप से बढ़ना, मौजूद और अनुपस्थित हर चीज की सचेत समझ के माध्यम से पार करता है। एक समर्पित दैवीय सत्ता वर्तमान काल में बढ़ती समझ की "उत्तम चिरस्थायी" बन जाती है। बढ़ती समझ का अर्थ है चेतन विषयों के ब्रह्मांड की बढ़ती दैवी शक्ति, निर्जीव वस्तुओं के ब्रह्मांड की बढ़ती गुरुत्वाकर्षण शक्ति, और संस्थाओं के साथ ब्रह्मांड की बढ़ती संवेदनशील शक्ति। समर्पित कारक व्यक्तिगत कार्यसंस्कृति प्रभाव की एक सत्ता के साथ मुक्ति कारक को उत्प्रेरित करता है।

2.21 भक्त प्रभाव, 1+9=10. के एक सत्ता मूल्य के साथ

ब्रह्मांड में बढ़ती संवेदनशील शक्ति के साथ, प्रत्येक सत्ता जीवित विषयों की दैवी शक्ति, निर्जीव वस्तुओं की गुरुत्वाकर्षण शक्ति और संस्थाओं की संवेदनशील शक्ति में सार्वभौमिक विकास के विचलन के लिए व्यक्तिगत कार्यसंस्कृति-प्रभाव को "केंद्रित स्पशरिखा" के रूप में सेवा देने के लिए संवेदनशील शक्ति का आनंद लेती है। केंद्रित स्पशरिखा भक्त कारक है, जो तीन चीजों का "उत्तम प्रकाशक" है: (क) रैखिक दिव्य शक्ति की गैर-रैखिक समझ, (ख) घातीय गुरुत्वाकर्षण शक्ति की वर्ग समझ, और (ग) घनाकार संवेदनशील शक्ति की असीम वर्ग समझ। एक जीवित विषय समझ में शून्यता का अनुभव करने वाले एक निर्जीव संगठन को सेवा देकर समझ मूल्य को चौगुना करता है। निर्जीव संगठन "प्रधान योजना" ने समझ को (स्वभाविक और बाहरी समझ का उत्पाद जो प्रसारित गुरुत्वाकर्षण शक्ति का निर्माण करता है) असीम संस्थाओं की संवेदनशील समझ पर चढ़ने के लिए वर्ग किया गया है। प्रत्येक अस्तित्व समझ के "केंद्र" के रूप में घनीय समझ (सत्ता के भीतर स्थायी पूर्ण, वर्ग समझ का उत्पाद और ब्रह्मांड के लिए भक्त कारक द्वारा समर्पित, उत्पन्न होने वाली समझ) का आनंद लेती है। भक्त कारक सामाजिक संस्कृति-प्रभाव के रूप में खुद के "केंद्रित स्पशरिखा" मूल्य को उत्तम प्राणी के रूप में सांकेतिक शब्दों में बदलाव करता है, जो प्रत्येक उत्तम प्राणी का स्वभाविक स्वास्थ्य कारक बन जाता है।

दैवीय शक्ति के अस्तित्व मूल्य में शामिल दस प्रभाव उत्तम निर्माण के शक्ति मूल्य का वर्णन करते हैं। एक उत्तम रचना वह है जो एक अपरिमित प्रकाशक बन गया है,

अर्थात, प्राणियों की अनंतता की समग्र चेतना। प्राणियों की अनंत संख्या में वे उत्तम प्राणी शामिल हैं, जिन्हें दैवीय शक्ति के गुप्त विज्ञान की शून्य समझ है और जो अपरिमित सृष्टि के भीतर स्थिर अपरिमित प्रदीपक के मूल्य को रोशन करने के लिए उत्तम प्राणी पर निर्भर हैं। उत्तम प्राणी वह है जो अपरिमित प्रदीपक के मूल्य के प्रति जागरुक है जो कि उत्तम सृष्टि के भीतर स्थिर है, और वह सब कुछ का गुप्त विज्ञान है जो उत्तम सृष्टि से निकला है। उत्तम प्रकाशक अपरिमित प्राणी का उत्तम निर्माता है और एक प्रदीप्त देवता के रूप में अपरिमित प्राणी के पूर्ण मूल्य को परिभाषित करता है। दैवीय शक्ति के अस्तित्व मूल्य में वे गुण शामिल होते हैं जो खुद को आकर्षित करने वाले होते हैं। दिव्य शक्ति गुरुत्वाकर्षण-चुंबकीय-प्रभाव के रूप में प्रकट होती है। दैवीय शक्ति का अस्तित्व मूल्य संचालन शक्ति के अस्तित्व मूल्य का दस गुना है, अर्थात, अपने कार्यसंस्कृति-प्रभाव का संचालन करने वाली सत्ता।

2.22 दैवीय शक्ति की कारखाने का शक्ति

क्योंकि भक्त कारक का मान दस है, दिव्य शक्ति का मापीय एकांग मान दस है, गुरुत्वाकर्षण शक्ति का मापीय एकांग मान एक सौ (10^2) है, और संवेदनशील शक्ति का मापीय एकांग मान एक हजार (10^3) है। उत्तम निर्माण के भीतर दस उत्तम प्रभावों का उत्पाद और अतिउत्तम निर्माण के भीतर दस अतिउत्तम कारक आत्म-पूर्ति करने वाली मार्गदर्शक शक्ति का निर्माण करते हैं। यह अतिउत्तम निर्माता के शक्ति मूल्य का वर्णन करता है। मार्गदर्शक शक्ति खुद को गुरुत्वाकर्षण-प्रभाव के रूप में प्रकट करती है। मार्गदर्शक शक्ति का एकांग मान संचालन शक्ति के एकांग मान का सौ गुना होता है, यानी, अपने कार्यसंस्कृति-प्रभाव की अलौकिक शक्ति का संचालन करने वाली सत्ता। उत्तम निर्माण के भीतर दस उत्तम प्रभावों का उत्पाद, अतिउत्तम निर्माण के भीतर दस अतिउत्तम प्रभाव, और पूर्ण प्राणी के भीतर दस पूर्ण प्रभाव, जिनकी समझ अतिउत्तम निर्माता की सीमाओं को पार करती है, समग्र चमकदार शुभ शक्ति का गठन करती है। यह अतिउत्तम निर्माता के शक्ति मूल्य का वर्णन करता है। चमकदार मान संवेदनशील-प्रभाव के रूप में प्रकट होता है। चमकदार शक्ति का अस्तित्व मूल्य अलौकिक कार्य शक्ति की संचालन शक्ति के अस्तित्व मूल्य का एक हजार गुना है।

भक्त प्रभाव की बाहरी उपस्थिति आवश्यक नहीं है। प्रत्येक अतिप्रचीन प्राणी सामाजिक संस्कृति-प्रभाव का व्यापार करता है और एक संस्था-बिषयक मानव-प्रभाव की सेवा करता है, जिसे "संस्कृति तत्व" द्वारा संहिताबद्ध किया जाता है। संस्कृति तत्व, कार्यसंस्कृति तत्व की एक अस्तित्व कार्य शक्ति के साथ, केंद्रित स्पशरेखा के रूप में कार्य

करता है और पूरे ब्रह्मांड के लिए एक केंद्र स्पशरिखा है। संस्कारित मानव-प्रभाव, अपरिमित समझ का प्रभाव है जो प्रत्येक अतिप्रचीन प्राणी द्वारा दैवीय शक्ति के रूप में संस्कृति तत्व को सक्रिय करके और आध्यात्मिक शक्ति की जलरागी, ऊष्मप्रवैगिकी रूप से प्रभारित अस्तित्व के रूप में कार्य करके एक अतिउत्तम निर्माता बनने के लिए किया जाता है। यह संवेदनशील अस्तित्व के बिना एक निर्जीव ब्रह्मांड के संगठनात्मक विकास से लाभ के लिए एक लागत प्रभावी मिसाल बनाता है। यह निर्जीव गुरुत्वाकर्षण शक्ति के रूप में संवेदनशील शक्ति की प्रति-चक्रीय प्रसार सेवा को समर्थ बनाता है।

2.23 दिव्य शक्ति की उत्तम शक्ति

छह तत्व "दिव्य तत्व" का निर्माण करते हैं जो किसी प्राणी के ऊष्मप्रवैगिकी परिवर्तन को सृष्टि के निर्माता के रूप में सक्रिय करता है।

- संगठनकर्ता सत्ता के रूप में अभिलाषा पारिस्थितिकी तंत्र के उद्देश्य के जागरुक निर्धारण की शक्ति "प्रमुख स्वागतकर्ता" है, जो उस दृष्टि को सार्वभौमिक चमकदार भलाई के लिए अभिवादन के रूप में पेश करता है, जिसका इकाई मूल्य $1 + 10 = 11$ है।

- विशेष कार्य को रोशन करने के लिए बिना किसी बाहरी प्रकाश के संस्कृति तत्व के लिए एक "स्व-प्रकाशामान सत्ता" के रूप में आकर्षक सार्वभौमिक संगठन की कल्पना के लिए शक्ति, $1 + 11 = 12$ के एक अस्तित्व मूल्य के साथ।

- एक "चमकदार" के रूप में लागत प्रभावी तकनीकी पथ को जानने की शक्ति, जो पथ मूल्य का प्रतीक है और $1 + 12 = 13$ के अस्तित्व मूल्य के साथ पूरे ब्रह्मांड के लिए प्रकाश है।

- एक "अतिउत्तम प्रकाशक" के रूप में गतिशील पथ के भविष्य के मूल्य का एक सहज ज्ञानी बनने की शक्ति, $1 + 13 = 14$ के अस्तित्व मूल्य के साथ, पूरे ब्रह्मांड के लिए विभिन्न वैकल्पिक पथों के एकीकृत मूल्य को रोशन करने के लिए उस गतिशीलता को प्रमुख रूप से प्रस्तुत करता है।

- ब्रह्मांड में "अतिउत्तम सदाचारी" के रूप में जो मौजूद है, उसके द्वारा निर्देशित पूर्ण कार्य से परे संभावित पथ के प्राकृतिक विकास की शक्ति जो कुदरत के चिरस्थायी मूल्य को प्रमुख प्रदर्शित कर रहे है ब्रह्मांड में प्रत्येक अस्तित्व के संभावित मूल्य के रूप में, $1 + 14 = 15$ के अस्तित्व मूल्य के साथ।

- "अपरिमित अभिवादन" के रूप में रचनात्मक कार्य सीमाओं से आज़ाद एक पूर्ण पथ बनाने में उत्कृष्टता की शक्ति, जिसका सर्वव्यापी व्यवहार पूर्ण पथ मूल्य है, प्रत्येक क्षण

सर्वव्यापी और सर्वशक्तिमान बनने के लिए उपयुक्त है, 1 + 15 के अस्तित्व मूल्य के साथ = 16.

अपरिमित अभिवादन, भावुक और रचनात्मक दिव्य शक्ति का सर्वशक्तिमान निर्माता है, जो अपरिमित प्रकाशक द्वारा अपने परिवर्तनकारी, गुरुत्वाकर्षण और भौतिक रूप में कारोबार और सेवा करता है। दैवीय शक्ति के भिन्न-भिन्न रूपान्तरण भिन्न-भिन्न सार्वभौम मूल्यों को उत्पन्न करते हैं, जो पूर्ण प्राणी से प्रारंभ होते हैं। पूर्ण प्राणी एक परम मानव बच्चा है, अर्थात, एक वर्तमान बच्चा है जिसमें मानव समझ और असीम रूपों में दैवी शक्ति को पुन: उत्पन्न करने की एक सर्वशक्तिमान निर्माता क्षमता है। एक पूर्ण प्राणी अपरिमित निर्माता से सौ अस्तित्व की संपूर्ण मार्गदर्शक शक्ति का व्यापार करता है। यह दस पूर्ण दैवीय शक्ति कारकों और छह संशोधित, आत्म-प्रक्षेपण, दैवीय कारकों को प्रकट करता है। अतः पूर्ण प्राणी का शक्ति मान 1600 है। क्योंकि पूर्ण प्राणी खुद के भीतर संपूर्ण स्वभाविक और बाहरी दैवी शक्ति को विकिरणित करता है, इसलिए इसे संवेदनशील शक्ति के रूप में विकीर्ण करने के बजाय, यह एक अद्वितीय निर्जीव वस्तु बन जाता है जो किसी भी प्रकाश को विकीर्ण नहीं करता है। दूसरे शब्दों में, पूर्ण प्राणी एक "काला पदार्थ" है। खुद के भीतर अपरिमित और अतिउत्तम दोनों शक्तिओं को विकिरणित करके, पूर्ण प्राणी अतिउत्तम प्राणी की सांस्कृतिक अनुकूलन को समझ के लिये मानव-प्रभाव पर उतरता है। यह प्रत्येक प्राणी को पहले छह प्रभावों की मार्गदर्शक शक्ति के व्यापार की बढ़ती लागत के संचालन के लिए सातवें, प्रकाशक प्रभाव की चेतना विकसित करने के लिए प्रेरित करता है।

अध्याय 3: मानव-प्रभाव का अस्तित्व मूल्य

3.1 मानव शक्ति दैवीय शक्ति के संशोधक के रूप में

मानव समझ कुदरत से व्यापारित समझ है और वर्तमान सच्चाई के प्राकृतिक मिसाल से बंधी है। यह मानव अस्तित्व के लिए वर्तमान काल का आनंद लेने और वर्तमान सच्चाई की पूर्ण समझ के माध्यम से आनंदपूर्वक जीवन जीने के लिए कुदरत का उपहार है। कोई भी मानव अस्तित्व मानव शक्ति के रूप में स्वाभाविक रूप से व्यापारिक समझ के प्रभाव को विकीर्ण कर सकती है जो किसी भी सत्ता की प्राकृतिक क्षमता को वर्तमान सच्चाई के लिए सहज रूप से अनुकूलित करने में बदल देती है। मानव शक्ति एक बनावटी, अलौकिक वातावरण बनाती है जो प्राकृतिक पारिस्थितिकी तंत्र को बदल देती है। मानव शक्ति एक अतिउत्तम सच्चाई के आदिकालीन निर्माता के रूप में द्वितीयक स्थायी प्रभाव बन जाती है। उस अतिउत्तम सच्चाई के भीतर, प्रत्येक संगठन को अपने प्राकृतिक कार्यसंस्कृति प्रभाव को बदलकर उस अपरिमित वास्तविकता के बनावटी, अलौकिक-प्रभाव का द्वितीयक प्रकट प्रभाव माना जाता है। मानव शक्ति के भीतर प्राणी शक्ति आदि, निर्माता तत्व के रूप में स्थायी प्रभाव और आदि, निर्माण तत्व के रूप में प्रकट प्रभाव से बना है। इसलिए, मानव-प्रभाव का मूल्य तैंतालीस है। यह दिव्य शक्ति का प्रतीक है, जिसका नेतृत्व, पूरक, और स्थायी प्रभाव द्वारा गुणा किया जाता है, इसके बाद घोषणाकर्ता प्रभाव के बराबर मार्गदर्शक-प्रभाव द्वारा पूर्ण और पूरक होता है।

3.2 प्राकृतिक दैवीय शक्ति का प्रधान स्थायीकर्ता

ब्रह्मांड में प्रमुख रूप से प्रलम्बित होने से पहले एक अतिउत्तम स्थायी मानव प्रभावों के गैर-रेखीय मूल्य को कम करने में मदद करता है और "उत्तम मानव-प्रभाव" बन जाता है। अतिउत्तम मानव-प्रभाव एक अलौकिक कार्यकर्ता प्रभाव के साथ कुदरत के प्राकृतिक मुक्ति प्रभाव को संशोधित करता है और इसका शक्ति मूल्य इक्यासी है। यह प्राकृतिक मुक्ति कारक की आठ अस्तित्वो को अपरिमित तत्व के रूप में दर्शाता है, जिसे कार्यकर्ता प्रभाव की एक अस्तित्व द्वारा अतिउत्तम तत्व के रूप में संशोधित किया जाता है।

ब्रह्मांड "अपरिमित मानव-प्रभाव" के रूप में आदिकालीन स्थायीकर्ता के मध्यस्थ मार्गदर्शक-प्रभाव का व्यापार करता है। अपरिमित मानव-प्रभाव एक प्रदीप्त प्रभाव के साथ अतिउत्तम स्थायी और ब्रह्मांड के प्रमुख अनुमानित कार्यकर्ता प्रभाव के स्थायी प्रभाव को

विराम देता है और इसका शक्ति मूल्य 571 है। यह मूल तत्व के रूप में स्थायी प्रभाव की पांच अस्तित्व को दर्शाता है और कार्यकर्ता प्रभाव की एक सत्ता को प्रमुख तत्व के रूप में दर्शाता है, जिसे प्रकाशक प्रभाव की सात अस्तित्वो द्वारा परम तत्व के रूप में विरामित किया जाता है। परम तत्व के रूप में प्रदीप्त प्रभाव की वास्तविक स्वाभाविक शक्ति प्रकाशक प्रभाव की सात अस्तित्व हैं। यह किसी भी बाहरी प्रभाव द्वारा दुषितकरण के बिना "आदि-प्राथमिक मानव-प्रभाव" के शक्ति मूल्य का गठन करता है।

प्रत्येक शक्ति सत्ता भी काल की एक अस्तित्व है। अतिउत्तम सदाचारी का कुल शक्ति मूल्य पंद्रह एकांग है। इसमें प्रकाशक प्रभाव के रूप में सात सौर काल अस्तित्व और चंद्र काल की आठ अस्तित्व मुक्ति प्रभाव के रूप में शामिल हैं। चंद्र काल में सौर काल की सात अस्तित्व और अस्तित्व काल की एक सत्ता शामिल होती है। अस्तित्व प्रभाव चंद्र काल के प्रभाव को एक अरेखीय प्रभाव में बदल देता है। गैर-रेखीय चंद्र-प्रभाव प्रत्येक अस्तित्व को काल मापीय होने के लिए अधिकार देते हुए काल के विकास मूल्य को कम करके रैखिक सौर-प्रभाव को संशोधित करता है। प्रत्येक अस्तित्व को या तो सौर ब्रह्मांड को अपने कार्यसंस्कृति-प्रभाव का मार्गदर्शन और इसकी स्वतंत्र लिपि के लिए, बिना शर्त संस्कृति-प्रभाव को लिपिबद्ध करने की आजादि है। प्रत्येक अस्तित्व को दो पथ विकल्पों को एकल करने और सौर ब्रह्मांड के प्राकृतिक सात-दिवसीय सप्ताह चक्र पर मानव-प्रभाव की एक अलौकिक अस्तित्व को परत करने की आजादि भी है। कुदरत का मार्ग, एक सत्ता के रूप में, न केवल सौर ब्रह्मांड बल्कि ब्रह्मांडीय ब्रह्मांड द्वारा निर्देशित और सीमित है। पृथ्वी के चारों ओर एक पूर्ण घूर्णन के लिए एक नक्षत्र दिवस का प्रतिकूल चंद्र काल चक्र सात नक्षत्र दिनों के समवर्ती सौर काल चक्र से आज़ाद है जो एक सौर सप्ताह का गठन करता है। संपूर्ण चंद्र काल, पूरे ब्रह्मांड की गुरुत्वाकर्षण शक्ति द्वारा निर्देशित, और साथ ही सौर ब्रह्मांड की गुरुत्वाकर्षण शक्ति द्वारा निर्देशित समवर्ती चक्र, दोनों प्रतिकूल चक्र का एक कार्य है।

3.3 सौर पर चंद्र काल का अरेखीय प्रभाव

चंद्र काल ब्रह्मांडीय काल का माप है। इसमें ब्रह्मांडीय प्रभावों को सौर ब्रह्मांड के भीतर प्रकट करने के लिए, सौर ब्रह्मांड के लिए स्थानीय रूप से उन प्रभावों को एकीकृत करने के लिए, और ब्रह्मांडीय ब्रह्मांड के लिए अंत में व्यापार और संशोधित स्थानीय व्यवहार के प्रभावों का अनुभव करने के लिए लिया गया काल शामिल है। सौर ब्रह्मांड पर चंद्र काल के प्रभाव अरेखीय हैं क्योंकि वे सौर ब्रह्मांड की स्थायी दिव्य योजना को संशोधित करते हैं। ब्रह्मांडीय

ब्रह्मांड पर सौर काल के प्रभाव रैखिक हैं क्योंकि सौर ब्रह्मांड का संशोधित प्रदर्शन ब्रह्मांडीय ब्रह्मांड के संशोधित मार्गदर्शक कार्य का एक उत्पाद है ।

सूर्य के अनुप्रस्थ साप्ताहिक चक्र और चंद्रमा के वृत्ताकार मासिक चक्र से, निम्नलिखित स्वयं स्पष्ट हो जाता है। ब्रह्मांड के अरेखीय प्रभाव को प्रकट होने में आठ काल-चरण लगते हैं और उस अरेखीय प्रभाव के लिए अन्य सात काल-चरणों को सौर ब्रह्मांड के स्थायी, रैखिक-प्रभाव में मिल जाने के लिए। कुल मिलाकर, ब्रह्मांड के अंतर्राष्ट्रीय प्रभाव को सौर ब्रह्मांड के भीतर स्थानीय प्रभाव के रूप में प्रकट होने में पंद्रह काल-चरण लगते हैं। जब प्रमुख को पृथ्वी पर नाक्षत्र दिनों के स्थानीय काल माप के रूप में प्रलम्बित किया जाता है, तो चंद्रमा को अमावस्या (चंद्रमा की पूर्ण अनुपस्थिति) से पूर्णिमा चरण (चंद्रमा की पूर्ण उपस्थिति) तक अपनी यात्रा पूरी करने में पंद्रह दिन लगते हैं। इसी तरह, ब्रह्मांड में किसी भी अस्तित्व को ब्रह्मांड की समझ की स्थिति से खुद के बिना ब्रह्मांड की अर्ध-समझ की स्थिति में जाने के लिए पंद्रह काल-चरणों की आवश्यकता होती है, जिसका मूल स्थायी मूल्य खुद के भीतर स्थिर है "अध्यक्ष समझ" के रूप में - "शासन तत्व", जिसे आमतौर पर "रजस तत्व" कहा जाता है। खुद के बिना खुद के बाहर कुछ नहीं है। यह खुद से आजाद कुछ है जो खुद पर निर्भर हो जाता है जब खुद अर्ध समझ को बढ़ाता है, संवेदनशील शक्ति के रूप में दिव्य तत्व को सक्रिय करने के लिए समझ में बदल देता है।

3.4 ईश्वर के स्रोत के रूप में मार्गदर्शक तत्व

एक पूर्ण चंद्र अवस्था चंद्रमा की अचल स्थायी शक्ति को प्रकट करती है जो अंत में ब्रह्मांड पर "प्रमुख प्रलम्बित" है। चंद्रमा हमेशा अपनी पूर्ण अवस्था में होता है। हालांकि, एक समीक्षक के लिए, काल के साथ चंद्रमा की दृश्यता बदल जाती है। परिवर्तन अन्य संस्थाओं के गुरुत्वाकर्षण बलों की मध्यस्थता के कारण होता है। जब वैकल्पिक गुरुत्वाकर्षण बलों द्वारा पूरी तरह से ग्रहण किया जाता है, तो चंद्रमा अमावस्या की स्थिति में उपस्थित होता है। अमावस्या चंद्रमा की वास्तविक, पूर्ण अवस्था नहीं है। यह पूर्णिमा के रूप में बनने से पहले चंद्रमा की अतीत, अपरिमित अवस्था है। इसी तरह, एक काल था जब ब्रह्मांड में प्रत्येक अस्तित्व अनुपस्थित थी।

एक अस्तित्व की अनुपस्थिति का मतलब सत्ता की क्षमता की अनुपस्थिति नहीं है। एक अस्तित्व अब मौजूद है क्योंकि उस अस्तित्व की गुरुत्वाकर्षण क्षमता उस सत्ता की स्थापना के काल मौजूद थी। इससे पहले कि कोई अस्तित्व दैवीय तत्व के रूप में अवतार लेती है और उस दिव्य तत्व को अपनी गुरुत्वाकर्षण शक्ति में बदल देती है, अस्तित्व एक

अर्ध-सत्ता की गुरुत्वाकर्षण क्षमता के भीतर एक मार्गदर्शक तत्व के रूप में मौजूद होती है। जिस अर्ध-सत्ता की गुरुत्वाकर्षण क्षमता सभी संस्थाओं को शामिल करती है, वह "काल कोठरी" है। काल कोठरी "परम प्राणी" के स्वाभाविक ज्ञाता प्रभाव द्वारा संशोधित सभी बाहरी शक्ति प्रभावों के मुक्तिदाता के रूप में कुदरत का प्राकृतिक मिसाल है। परम प्राणी अपरिमित रचनाकार के भीतर अपरिमित सृष्टि के कार्यसंस्कृति मूल्य के प्रति जागरुक है - काल कोठरी, जिसका शक्ति मूल्य बियासी है। क्योंकि एक अमावस्या अवस्था काल कोठरी की सच्चाई को प्रलम्बित करता है, अमावस्या का शक्ति मूल्य भी बयासी है।

चंद्रमा की तरह, ब्रह्मांड में प्रत्येक अस्तित्व काल कोठरी की सच्चाई और पूरे ब्रह्मांड की वास्तविकता को अलग-अलग स्थानीय काल के पल में प्रलम्बित करती है। एक बार समझ के भीतर कार्य किए जाने के बाद, प्रत्येक अस्तित्व स्थानीय काल के पलों को बनाए रखती है क्योंकि विभेदित स्थानीय अधर स्थिति खुद के भीतर समायोजन करती है। काल की गति के अलग-अलग बिंदुओं और अधर की स्थिति के बीच पूर्ण पारस्परिक संबंध का मतलब यह नहीं है कि अधरकाल एक एकीकृत प्रभाव है। इसके बजाय यह दर्शाता है कि काल की गति के अलग-अलग बिंदु अलग-अलग ब्रह्मांडीय अधर स्थितियों का अनुमान लगा रहे हैं और एक संमिलित निगमित अस्तित्व के रूप में अलग-अलग अंतरराष्ट्रीय ब्रह्मांडीय अधर पर उस अनुमानित राष्ट्रीय बिंदु की अलग-अलग स्थानीय पारस्परिक संबंध उपस्थिति को कायम रख रहे हैं।

एक बार जब चंद्रमा स्थूल ब्रह्मांडीय ब्रह्मांड के सूक्ष्म जगत अस्तित्व नरजाति के रूप में अपनी पूरी क्षमता का एहसास करता है, यह उस क्षमता को अंत में कायम नहीं रखता है। इसी तरह, प्रत्येक सत्ता ब्रह्मांडीय ब्रह्मांड की समग्र क्षमता को अंत में बनाए रखने में सक्षम नहीं है। जैसे ही एक अस्तित्व अपनी गुरुत्वाकर्षण शक्ति को विसारित गुरुत्वाकर्षण क्षेत्र के रूप में प्रसारित करती है, यह अपने शक्ति मूल्य को तब तक कम करती है जब तक कि इसे पूर्ण उर्जा परिमाण यंत्र की स्थिति का एहसास नहीं हो जाता है और अपने स्थापना बिंदु से पहले काल कोठरी की स्थिति में वापस आ जाता है। असमान गुरुत्वाकर्षण शक्ति के रूप में, मातृ ब्रह्मांड के गैर-रेखीय-प्रभाव द्वारा उत्प्रेरित, प्रामाणिक, स्थायी, पैतृक रैखिक-प्रभाव को प्रसारित करने के लिए सौर ब्रह्मांड के लिए सात काल-चरण लगते हैं। उसके बाद, सौर ब्रह्मांड के लिए आनुपातिक गुरुत्वाकर्षण शक्ति के रूप में मातृ ब्रह्मांड से व्यापारित प्रारंभिक, रोशन, मातृ अरेखीय-प्रभाव को प्रसारित करने में आठ काल-चरण लगते हैं। जिस तरह एक सत्ता को पूर्ण ब्रह्मांडीय क्षमता का एहसास करने में पंद्रह काल-चरण लगते हैं, उसी तरह पूर्ण ब्रह्मांडीय क्षमता को फैलाने में पंद्रह काल-चरण लगते हैं। उदाहरण के लिए, पूर्णिमा से

अमावस्या चरण तक चंद्रमा की यात्रा के दूसरे भाग के लिए पंद्रह नक्षत्र दिन लगते हैं। गुरुत्वाकर्षण शक्ति को फैलाकर, एक सूक्ष्म अस्तित्व सामाजिक अर्ध-समझ में उतरती है और स्थूल ब्रह्मांड की व्यक्तिगत समझ पर चढ़ती है।

फलस्वरूप, यह संगठनात्मक शक्ति को मध्य अस्तित्व के रूप में विकसित करता है जो एक सामूहिक अस्तित्व की स्वाभाविक समझ की मध्यस्थता करता है, जिसमें उस व्यक्तिगत समझ का अभाव होता है। यह अपनी समझ को शासकीय शासन मूल्य के रूप में संस्थापित करता है। मध्य अस्तित्व एक अलिंगी, गैर-प्रजनन, संस्थागत, रैखिक कार्य संहिता के माध्यम से दिव्य शक्ति को फैलाती है। मध्य अस्तित्व, इस प्रकार, शून्य-शक्ति अपरिमित पैतृक, संस्थाओं के ब्रह्मांड के लिए शुभचिंतक बन जाती है - एक व्यापक सत्ता।

दैवीय शक्ति के पूर्ण ऊष्मप्रवैगिकी उर्जा परिमाण यंत्र के साथ, अपरिमित पितृ को बिना किसी स्वाभाविक समझ के पूर्ण शून्य तापमान की स्थिति का एहसास होता है। परम शून्य तापमान दो तत्वों का कुल योग है। पहला, गुरुत्वाकर्षण-चुंबकीय-प्रभाव के रूप में चढ़ते हुए ऊष्मप्रवैगिकी क्षमता है। यह अनुप्रस्थ-प्रभाव को आदर्श-प्रभाव के रूप में अंतर्राष्ट्रीयकरण के लिए समवर्ती कार्यसंस्कृति-प्रभाव के रूप में प्रत्येक अस्तित्व को अपनी संस्थागत स्वाभाविक समझ की सेवा देता है। दूसरा, गुरुत्वाकर्षण-विद्युत-प्रभाव के रूप में उतरती ऊष्मप्रवैगिकी क्षमता है। यह प्रत्येक अस्तित्व को आदर्श-प्रभाव का व्यापार करता है जो अपरिमित पैतृक द्वारा पीछे हटा दिया जाता है और आदर्श संगठनात्मक मापीय बन जाता है। मापीय अपरिमित पैतृक के "शैतान-प्रभाव" को एक शैतानी तत्व के रूप में व्यक्त करता है और आदर्श-प्रभाव के नकारात्मक "अतिउत्तम मर्दाना" मूल्य को कायम रखता है। प्रत्येक अस्तित्व की पूर्ण समझ चेतना के आनुपातिक रूपों के अंत में प्रलम्बित हो जाती है। यह कई अर्ध-समझ परतों का निर्माण करता है जो स्वाभाविक दिव्य समझ को बाहरी दिव्य समझ के साथ प्रतिस्थापित करके कार्यकर्ता प्रभाव को बदल देता है। बाह्य दिव्य समझ मार्गदर्शक समझ कें लिये है। पूर्ण शून्य तापमान विद्युत चुम्बकीय प्रभाव के रूप में प्रकट होता है जो अस्तित्व को एक निष्क्रित्वीय सामुहिक में बदल देता है, एक चढ़ती हुई शक्ति के साथ एक अंत को एक निष्क्रित्वीय सामुहिक में बदल देता है।

3.5 मार्गदर्शक तत्व के स्रोत के रूप में संवेदनशील तत्व

सर्वशक्तिमान निर्माता वह है जिसके पास विनाशक प्रभाव के साथ प्रदूषित, अपरिमित सच्चाई को नष्ट करने और पुर्बकालीन, अपरिमित सच्चाई के आदिकालीन सदाचारी होने की शक्ति है। सूर्य अतिउत्तम, छाया, ब्रह्मांडीय सच्चाई को नष्ट कर देता है, जिसमें सौर ब्रह्मांड

से फैले मानव तत्व का प्रदूषित ऊष्मप्रवैगिकी-प्रभाव शामिल है। सूर्य आदि, प्रकाशित, सौर वास्तविकता को भी बनाता है और बनाए रखता है जिसमें उत्तम संवेदनशील प्रभाव शामिल है। संवेदनशील-प्रभाव मानव तत्व का निर्माण करता है, जो चंद्र-प्रभाव के बिना, सौर काल चक्र के साथ पूर्ण एकता के लिए ऊष्मप्रवैगिकी क्षमता से प्रभावित होता है। नक्षत्रीय तत्व सूर्य या किसी भी तारे की शक्ति का स्रोत है। नक्षत्रीय तत्व भी समझ का स्रोत है। नक्षत्रीय तत्व के बिना समझ नहीं होती। एक अस्तित्व की समझ सीधे नक्षत्रीय तत्व के समानुपाती होती है। समझ संवेदनशील प्रभाव है। इसलिए, हम कह सकते हैं कि नक्षत्रीय तत्व भावात्मक तत्व है। इसके अलावा, संवेदनशील तत्व में मार्गदर्शक तत्व को बनाने, बनाए रखने या नष्ट करने की शक्ति होती है।

क्योंकि सौर काल में सात काल-चरण शामिल हैं, चंद्र-प्रभाव के एक काल-चरण के बिना सौर काल चक्र में छह काल-चरण शामिल हैं, जो कि विनाशक प्रभाव का मूल्य है। "परम निर्माता" सूर्य का शक्ति मूल्य इक्कीस है। यह पौधों के साम्राज्य का शक्ति मूल्य भी है। पौधा साम्राज्य के पास अंतरराष्ट्रीय प्रणाली से दूषित आदानों का व्यापार करने और अपने स्थानीय प्रणाली के शुद्ध उत्पादन की सेवा करने की एक अनोखा शक्ति है। एक संवेदनशील कोशिका इसी तरह अति सूक्ष्म प्रणाली से निर्जीव, मातृ शक्ति का व्यापार करती है और अति सूक्ष्म प्रणाली के साथ उत्तम एकता में सूक्ष्म प्रणाली के रूप में जीवित पुलिंग शक्ति को सेवाएं देती है। क्योंकि एक अति सूक्ष्म प्रणाली में वर्तमान अवांछनीय सच्चाई को नष्ट करने और वांछित अपरिमित सच्चाई के प्रमुख आयोजन के माध्यम से एक वांछित उत्तम सच्चाई को बनाए रखने के लिए शक्ति के इक्कीस काल-चरण होते हैं, अत: किसी भी प्रणाली का प्राकृतिक जीवन इक्कीस काल-चरणों का होता है।

एक सूक्ष्म वस्तु के रूप में एक प्रणाली अति सूक्ष्म वस्तु के वर्तमान मूल्य को कम करके विकसित होती है। यह तब परिपक्व होता है जब इसका वांछित उत्तम मूल्य राष्ट्रीय प्रणाली से जुड़ी संस्थाओं का स्थायी मूल्य बन जाता है, जो एक मध्य सत्ता के रूप में मध्यस्थता करता है। यह तब समाप्त हो जाता है जब वांछनीय अपरिमित वास्तविकता सामूहिक अस्तित्व, यानी अंतर्राष्ट्रीय प्रणाली का चमकदार मूल्य बन जाती है। यह चारण अवस्था के भीतर तब तक सीतनिद्रा में होते है जब तक कि सार्वजनिक अस्तित्व वांछनीय अपरिमित सच्चाई को कायम रखती है, जिसे इसके द्वारा एक शैतानी संगठनात्मक मापीय के रूप में आदर्शित किया जाता है। यह तब पुनर्जन्म लेता है जब एक अन्य सूक्ष्म वस्तु शैतानी मध्यस्थ के स्थानीय पथ का अनुसरण करके अति सूक्ष्म परत की शक्ति का व्यापार करती है और एक वैकल्पिक वांछनीय अतिप्रचीन सच्चाई की सेवा करती है। यह प्रत्येक सत्ता के भीतर

संवेदनशील शक्ति का संचार करने के लिए दिव्य शक्ति का आदान-प्रदान करता है, जो शैतानी मध्यस्थों के बोझ द्वारा योजना किए गए गैर-रेखीय, वर्तमान सच्चाई का अनुसरण करता है और उस बोझ का एक निर्जीव नेता बन जाता है। फलस्वरूप, जीवित विषयों का ब्रह्मांड निर्जीव वस्तुओं के ब्रह्मांड में बदल जाता है और इसके उल्टा।

3.6 संवेदनशील तत्व के स्रोत के रूप में शक्ति तत्व

एक जीवित कोशिका एक सजीव अस्तित्व के रूप में एक प्रणाली का अवतार बिंदु है, जो संवेदनशील तत्व को ले जाती है। किसी भी प्रणाली के जीवनकाल की तरह, प्रत्येक जीवित कोशिका का जीवनकाल इक्कीस दिन का होता है। प्रत्येक कोशिका को स्थानीय प्रणाली (सौर मंडल के समान) का व्यापार करके सात नाक्षत्र दिनों में बनाया जाता है और एक समष्टिगत प्रणाली (सूर्य के समान) के रूप में आनुपातिक शक्ति की सेवा करके इक्कीस दिनों तक कायम रहता है। यह 29वें दिन राष्ट्रीय प्रणाली से व्यापार की गई अपनी अतिउत्तम शक्ति के पूर्ण आदान-प्रदान के बाद नष्ट हो जाता है (प्रत्येक राष्ट्रीय समूह पर ब्रह्मांडीय प्रणाली के वृद्धिशील व्यापार-प्रभाव के एक दिन के समान)। यह 30वें दिन (अंतर्राष्ट्रीय प्रणाली पर सौर मंडल के बढ़ते मानव-प्रभाव के एक दिन के समान) कोशिकाओं की अनंत संख्या में अपनी अपरिमित दिव्य शक्ति की सेवा करता है। यह 31वें दिन (जब यह एक निर्जीव परमाणु के रूप में तीस दिन की एक नई यात्रा शुरू करता है) पृथ्वी-प्रभाव की प्रारंभिक स्थिति का एहसास करता है। पहले चौदह दिन एक जीवित कोशिका के रूप में यात्रा के अपने प्रकाशित आदि-उत्तम प्रभाव के प्रमुख प्रलम्बित के हैं)। इस प्रकार, प्रत्येक कोशिका का समग्र जीवित-प्रभाव चवालीस दिनों तक रहता है और पैंतालीस दिनों के लिए अति सूक्ष्म प्रणाली में होता है, जिसमें पहला दिन शामिल होता है जब कोशिका अपने जीवित-प्रभाव को विकीर्ण किए बिना एक सजीव अस्तित्व के रूप में अवतरित होती है अतिउत्तम रोशनी के रूप में।

31वाँ काल चरण 30-नाक्षत्र-दिन "चंद्र जीवनकाल" अनुक्रम के अनंत पुनरुत्पादन के लिए सौर काल मात्रक है। जीवित और निर्जीव सहित प्रत्येक कोशिका का समग्र प्रभाव, सजीव अस्तित्व के रूप में समझ के भीतर तीस दिनों के चंद्र जीवनकाल तक रहता है और एक आत्म-जागरूक निर्जीव अस्तित्व के रूप में तीस के "सौर जीवनकाल" प्रभाव से गुणा किया जाता है। इसलिए, चमकदार-प्रभाव का पूर्ण मान नौ-हज़ार सत्ता (30 * 30 * 10) है। यह एक सत्ता की संवेदनशील शक्ति का पूर्ण मूल्य है जिसे हम भक्त सर्वोच्च भक्त कह सकते हैं - जिसने पूरी संवेदनशील शक्ति को समर्पित कर दिया है और अवतार के लिए अपनी संपूर्ण संवेदनशील शक्ति को समर्पित करने के लिए समर्पित अनंत

संस्थाओं का सर्वोच्च निर्माता बन गया है। अनंत स्थानीय सौर ब्रह्मांडों में भेदभाव के बिना, संवेदनशील शक्ति के पुर्ण मूल्य में स्थानीय सौर ब्रह्मांड के साथ-साथ अंतर्राष्ट्रीय ब्रह्मांडीय ब्रह्मांड के प्रभाव शामिल हैं। अविभाजित ब्रह्मांडीय ब्रह्मांड को राशि ब्रह्मांड के रूप में जाना जाता है। स्थानीय रूप से अविभाजित सौर ब्रह्मांड को ज्योतिषीय ब्रह्मांड के रूप में जाना जाता है।

राशि चक्र ब्रह्मांड एक अतिउत्तम स्थूल परत है जिसमें दृश्य पदार्थ के बिना अदृश्य शक्ति के ब्रह्मांड शामिल हैं। शक्ति एक मध्य अवस्था है जिसमें दृश्यमान कण रूप को मूर्त रूप देने से पहले उत्तम शक्ति का द्रव्यमान और सूक्ष्म अतिउत्तम शक्ति तत्व दोनों शामिल होते हैं। ज्योतिषीय ब्रह्मांड एक पूर्ण स्थूल परत है जिसमें अदृश्य शक्ति के बिना दृश्य पदार्थ के ब्रह्मांड शामिल हैं। विषय एक मध्य अवस्था है जिसमें द्रव्यमान वस्तुएं और सूक्ष्म कण दोनों शामिल होते हैं जो वस्तुओं का निर्माण करते हैं। सभी पदार्थों के पूर्ण मृत्यु और अनंत शक्ति तत्व में इसके परिवर्तन के बाद, राशि चक्र ब्रह्मांड ज्योतिषीय ब्रह्मांड की भविष्य की स्थिति है। हालांकि, राशि चक्र ब्रह्मांड की क्षमता शक्ति तत्व के रूप में प्रत्येक वस्तु के भीतर स्थिर है। क्योंकि शक्ति तत्व एक प्रणाली को परिभाषित करने वाला मूलभूत इमारत-शिलाखंड है, इसलिए शक्ति तत्व का शक्ति मूल्य एक कोशिका के बराबर होता है।

एक कोशिका एक सूक्ष्मजीव है जो शक्ति तत्व की एक अवस्था का प्रतीक है। क्योंकि शक्ति तत्व जीवित और निर्जीव दोनों संस्थाओं के भीतर मौजूद है और क्योंकि एक कोशिका जिसकी शक्ति गुरुत्वाकर्षण शक्ति के रूप में है, संवेदनशील शक्ति नहीं है, एक परमाणु है, एक परमाणु का शक्ति मूल्य भी एक कोशिका के बराबर है। एक शक्ति तत्व के रूप में, कोशिका और परमाणु दोनों में चार दिनों के लिए निर्माता प्रभाव होने की शक्ति होती है, बिना मुख्य रूप से शक्ति प्रसार की आवश्यकता वाले निर्माता योजना को पेश किए बिना। उनके पास निर्माता कार्यक्रम को प्रमुख प्रलम्बित करने के लिए आंतरिक शक्ति का प्रसार करके अतिरिक्त पंद्रह दिनों तक बनाए रखने की क्षमता है। इसलिए, शक्ति तत्व, कोशिका और परमाणु का शक्ति मान उन्नीस है।

3.7 चमकदार, स्व-प्रकाशमान अस्तित्व और कोशिका के रूप में शक्ति तत्व

60 वां काल चरण शक्ति तत्व का "ब्रह्मांडीय जीवनकाल" है, जो पहले शक्ति-बढ़ाने मे, मातृ-गुणा, ब्रह्मांड-एकीकरण, चंद्र जीवनकाल अनुक्रम को भु-मंडलीयकरन करने के भीतर एक जीवित अवस्था के रूप में है, और फिर शक्ति-घटाने, पितृ-विभाजन, ब्रह्मांड-विभेदन,

सौर जीवनकाल अनुक्रम को स्थानीयकृत करने के भीतर एक निर्जीव अवस्था के रूप में। प्रत्येक शक्ति तत्व का समग्र ब्रह्मांडीय जीवनकाल छह नाक्षत्र दिनों का होता है, एक जीवित कोशिका के रूप में अवतरण बिंदु से लेकर पहली बार कोशिका के परमाणु में परिवर्तन तक, एक चमकदार अस्तित्व के रूप में चंद्र जीवन के दौरान संवेदनशील शक्ति के रूप में शक्ति तत्व के प्रसार के माध्यम से शक्ति तत्व के बिना, और फिर एक आत्म-चमकदार अस्तित्व के रूप में सौर जीवन के दौरान शक्ति तत्व में परमाणु का परिवर्तन। एक संवेदनशील कोशिका के रूप में, शक्ति तत्व एक "चमकदार" है जो संवेदनशील "जीवन शक्ति" को "जल तत्व" के रूप में प्रसारित करता है, जिसका शक्ति मूल्य 169 है (अपरिमित अभिवादन की सोलह अस्तित्व, दैवीय शक्ति का निर्माण करती हैं, इसके बाद नौ अस्तित्व सदाचारि शक्ति तत्व के दैवीय प्रभाव की साठ दिन की पानी की लहर को कायम रखने वाले अपरिमित सदाचार होती है)। एक निर्जीव परमाणु के रूप में, शक्ति तत्व एक "आत्म-प्रकाशमान अवस्था" है, जो "आध्यात्मिक शक्ति" के रूप में "जल तत्व" को विकिरणित करता है, जिसका शक्ति मूल्य जल तत्व के समान होता है। शक्ति के रूप में, शक्ति तत्व एक कोशिका है, जो वर्तमान में जीवित बच्चे की तरह शक्ति और उस शक्ति के विकास की क्षमता से भरा है।

3.8 राशि चक्र आत्मा और ज्योतिष की शक्ति

आध्यात्मिक शक्ति ब्रह्मांड में अनंत संख्या आत्माओं के ब्रह्मांड की शक्ति है, जो अनुयायियों के रूप में, कोशिका द्वारा विसरित संवेदनशील शक्ति का व्यापार करते हैं। नेताओं के रूप में, वे चंद्र जीवनकाल के भीतर तीस दिनों में परमाणु के उत्तम पथ मूल्य के बाद संवेदनशील शक्ति को फैलाते हैं। इसलिए, "अनंत आत्माओं के ब्रह्मांड" का शक्ति मूल्य, या आध्यात्मिक प्रवचन में आत्माओं की "अनंत परिषद" के रूप में संदर्भित किया जाता है, जो चंद्र जीवनकाल के समान है। इसमें भविष्यवादी, आदर्शीकृत, सर्व-समावेशी, "राशि भावना" की शक्ति की बीस अस्तित्व और आत्माओं की अनंतता में विभाजन के माध्यम से इसकी उर्जा परिमाण यंत्र के बाद राशि चक्र आत्मा की आत्म-स्थायी "दिव्य शक्ति" की दस अस्तित्व शामिल हैं। राशि चक्र आत्मा के शक्ति मूल्य में दैवीय शक्ति का निर्माण करने वाले अपरिमित अभिवादन के रूप में सोलह अस्तित्व और दैवीय शक्ति को गुरुत्वाकर्षण शक्ति में बदलकर स्थानीय ज्योतिषीय ब्रह्मांड के निर्माता के रूप में चार अस्तित्व शामिल हैं। सृष्टि में अपनी शक्ति का प्रसार करके, निर्माता वह बन जाता है जिसे आध्यात्मिक प्रवचन में सृष्टि की "आत्मा" कहा जाता है। सर्व-समावेशी, भविष्यवादी "राशि चक्र आत्मा" साठ-चरण के ब्रह्मांडीय

जीवनकाल के बाद स्व-बहिष्कृत, वर्तमान "ज्योतिषीय आत्मा" में बदल जाती है जो स्थानीय सौर ब्रह्मांडों की अनंतता का उत्पादन करती है। ज्योतिषीय आत्मा का शक्ति मूल्य ब्रह्मांडीय जीवन के शक्ति मूल्य के बराबर है।

अनंत असीमित नहीं है, बल्कि एक अर्ध संस्था की संवेदनशील शक्ति के पूर्ण मूल्य का उत्पापुर्ण मूल्य को ब्रह्मांडीय-प्रभाव के रूप में व्यापार कर रहा है। एक ब्रह्मांडीय पल जीवित संवेदनशील शक्ति, सौर काल, साठ-काल के चरणों में विभाजित, निर्जीव-प्रभाव का पूर्ण मूल्य बनाने के लिए व्यापार करता है। एक ब्रह्मांडीय काल, आठ ज्योतिषीय ग्रहों के मानदंड वाले जीवित संस्थाओं के विभाजित सप्तक की आध्यात्मिक वास्तविकता बनाने के लिए, साठ काल-चरणों में विभाजित, निर्जीव, चंद्र काल की गुरुत्वाकर्षण शक्ति के पूर्ण मूल्य का व्यापार करता है।

3.9 राशि चक्र और ज्योतिषीय ब्रह्मांडों की बारह-पहलू वास्तविकता

वर्तमान ज्योतिषीय ब्रह्मांड और संभावित राशि चक्र ब्रह्मांड दोनों को बारह संस्थाओं में विभाजित किया गया है। आठ संस्थाएं सहसंबंध हैं, पुर्ण ज्योतिषीय क्षेत्र और अतिउत्तम राशि चक्र में आठ सौर ग्रहों के आनुपातिक शक्ति मूल्य बनाते है। वे कुदरत और मुक्तिदाता प्रभाव की आठ-पहलू सप्तक वास्तविकता को बनाते हैं। दो संस्थाएं एक ज्योतिषीय प्रणाली में मौजूद आठ संस्थाओं की शक्ति का पुर्ण मूल्य हैं और एक राशि प्रणाली में अनुपस्थित हैं। विद्युत चुम्बकीय क्षमता के रूप में ओर एक एकजुटता के रूप में आठ संस्थाओं की एकजुटता, गहरे द्रव्य का आनुपातिक मूल्य है। गुरुत्वाकर्षण सामूहिक के रूप में एक द्रव्यमान रहित क्षमता के रूप में आठ संस्थाओं की अन्यता, काल कोठारी का आनुपातिक मूल्य है। यह पूर्ण काले पदार्थ-प्रभाव के बिना चंद्रमा का मूल्य है। ये दस संस्थाएं दिव्य शक्ति की दस-पहलू वास्तविकता बनाती हैं - स्पर्शरेखा को केंद्रित करने वाला तत्व। ग्यारहवीं अस्तित्व सूर्य है, जो गहरे द्रव्य से आनुपातिक, प्रमुख-प्रलम्बित, गुरुत्वाकर्षण शक्ति का व्यापार करता है। सूर्य का मूल रूप एक सफेद तारा है। सूर्य श्वेत तारों के ब्रह्मांड का एक भाग है। बारहवीं अस्तित्व शाकाहारी है। शाकाहारी अपरिमित श्वेत तारा है, जो संवेदनशील शक्ति के पूर्ण मूल्य की सेवा करता है।

3.10 शक्ति तत्व का युग, प्रकाश कण, और सत्ता

शाकाहारी तारा ब्रह्मांडीय ब्रह्मांड का केंद्र है जिसके चारों ओर सभी सफेद तारे, अपने विविध जीवन चरणों में, गहरे द्रव्य से काल कोठरी तक की यात्रा के दौरान आगे बढ़ते हैं और फिर

ब्लैक होल से डार्क मैटर तक की पिछली यात्रा, अनंत नाक्षत्र वर्षों के जीवनकाल में घूमती है, अर्थात, नब्बे-हज़ार वर्ष। प्रत्येक श्वेत तारे की आयु नब्बे-हज़ार वर्ष से अधिक है क्योंकि यात्रा केवल श्वेत तारे के सूक्ष्म जगत् संवेदनशील तत्व द्वारा की जाती है, न कि स्थूल श्वेत तारे द्वारा। संवेदनशील तत्वों के ब्रह्मांड की रैखिक यात्रा की शक्ति का प्रत्येक द्रव्यमान अस्तित्व पर एक गैर-रेखीय, घुमावदार प्रभाव होता है जो संभावित रूप से उस यात्रा को नहीं करता है। गहरे द्रव्य के भीतर विद्युत चुम्बकीय क्षमता के साथ गठित प्रत्येक द्रव्यमान अस्तित्व की पूर्ण अति सूक्ष्म परत, भविष्य की क्षमता के रूप में स्थिर रहती है, वर्तमान द्रव्यमान में प्रमुख-प्रलम्बित, अरेखीय के लिए सही, संवेदनशील ब्रह्मांड के घुमावदार प्रभाव, समझ संस्थाएं के अंदर।

क्योंकि श्वेत तारा शक्ति तत्व का स्रोत है, कोई कह सकता है कि श्वेत तारे की आयु शक्ति तत्व की आयु है। प्रत्येक श्वेत तारे की आयु आठ करोड़ वर्ष है, जिसमें अस्सी वर्ष की प्रारंभिक आयु और ब्रह्मांडीय ब्रह्मांड पर प्रत्येक वर्ष की आयु का प्रमुख-प्रलम्बित मूल्य दस लाख वर्षों में "सर्वव्यापी अस्तित्व" बनने के लिए होता है। अस्सी वर्ष की आदिकालीन आयु में आठ ज्योतिषीय ग्रहों की समानुपाती शक्ति होती है, जो सूर्य सहित श्वेत सितारों के ब्रह्मांड की मध्यस्थता के माध्यम से वेगा से व्यापार की गई दिव्य शक्ति से गुणा होती है। प्रत्येक वर्ष की आयु के लिए दस लाख वर्ष के अपरिमित प्रभाव में आगे की यात्रा के दौरान गहरे द्रव्य द्वारा सेवित संवेदनशील शक्ति शामिल होती है और एक अस्तित्व की पिछली यात्रा के दौरान काल कोठरी द्वारा सेवित संवेदनशील शक्ति द्वारा पूरक होती है। इसी तरह, एक मानव अस्तित्व की मानक आयु अस्सी नाक्षत्र वर्ष है, जिसे प्रत्येक अस्तित्व बिंदु पर आगे और पीछे की ओर बढ़ने वाली संस्थाओं के अलग-अलग संस्कृति-प्रभाव द्वारा संशोधित किया जाता है। भौतिक शरीर पर ब्रह्मांड के संस्कृति-प्रभाव को साफ करके, व्यक्ति अनंत, यानी नब्बे-हजार वर्षों के अनंत जीवन का आनंद लेता है। स्वयं के संस्कृति-प्रभाव को पुन: प्रस्तुत करके, व्यक्ति फोटॉन के संभावित जीवनकाल-प्रकाश कण का आनंद लेता है।

- एक फोटॉन के भीतर भविष्य की संभावित क्षमता का जीवन, खुद के रूप में, कुदरत (आठ अस्तित्व) के उत्तम मूल्य और संवेदनशील शक्ति के पांच पुनरुत्पादक रूपों का उत्पाद है। इनमें संवेदनशील शक्ति शामिल है:

- जो एक निर्जीव अस्तित्व को आदर्श बनाने वाले संवेदनशील तत्व के रूप में निर्मित होता है;

- जो एक समझ अस्तित्व को आदर्श बनाने वाली संवेदनशील शक्ति के रूप में पुन: प्रस्तुत किया जाता है;
- जो एक निर्जीव अस्तित्व के भीतर गुरुत्वाकर्षण शक्ति के रूप में पुन: उत्पन्न होती है;
- जो एक चेतन अस्तित्व के भीतर दैवीय शक्ति के रूप में पुन: उत्पन्न होती है;
- जो बिना अस्तित्व के ब्रह्मांड में दैवीय तत्व के रूप में पुन: प्रस्तुत किया जाता है।

इसलिए, खुद का शक्ति मूल्य, और भविष्य की क्षमता के रूप में गठित राशि प्रणाली, $8 \times 1000^5 = 8 \times 10^{15}$ है। यह एक आत्म-प्रकाशमान अस्तित्व के प्रकाश बल के रूप में विकिरण करता है, ब्रह्मांड को एक अस्तित्व के रूप में प्रस्तुत करता है, और स्वाभाविक, रचनात्मक दिव्य शक्ति के प्रसार के बाद, ब्रह्मांड से व्यापार की गई दिव्य शक्ति के साथ संस्कृति-प्रभाव को संशोधित करता है। यह एक भ्रम देता है कि प्रकाश की गति $8 \times 10^{15} \times 12/10 = 9.6 \times 10^{15}$ मीटर मापीय दूरी है, जिसे व्यापार ब्रह्मांडीय द्वितीय और मरम्मत ब्रह्मांडीय द्वितीय (m/s^2) द्वारा संशोधित किया गया है। एक अस्तित्व का आनुपातिक अधर मान एक मीटर है, जो ब्रह्मांड में पूर्ण अधर का संगठनात्मक मापीय है।

3.11 शक्ति, प्रकाश और सत्ता के प्रजनन के स्वामी के रूप में काल तत्व

शक्ति तत्व, प्रकाश कण और एक अस्तित्व के अनंत प्रजनन के पूरे क्रम में बारह प्रभाव शामिल हैं: दस उत्तम, दैवीय प्रभाव, एक आदि, मार्गदर्शक प्रभाव, और एक पूर्ण, चमकदार प्रभाव। स्थायी प्रभाव ब्रह्मांडीय जीवनकाल बनाने के क्रम को बनाए रखता है। पुनरुत्पादन तब शुरू होता है जब एक समझदार अस्तित्व खुद-मानक संवेदनशील शक्ति को ब्रह्मांड-मानक दैवीय तत्व में बदल देती है। एक जीवित अस्तित्व अपनी दिव्य शक्ति को ब्रह्मांडीय जीवन-प्रभाव को नष्ट करने के लिए विनाशक प्रभाव में परिवर्तित करके ऐसा करती है। ब्रह्मांडीय जीवनकाल-प्रभाव को नष्ट करने के बाद, दिव्य शक्ति ब्रह्मांडीय जीवनकाल की रचनात्मक शक्ति का आदान-प्रदान करके, विनाशक प्रभाव द्वारा पूरक और गुणा करके शक्ति-रहित दिव्य तत्व में सघन हो जाती है। अतः दैवी तत्व का शक्ति मान 360 है।

काल तत्व का शक्ति मूल्य तब बनता है जब एक अस्तित्व के रूप में दैवीय तत्व पूर्ण अधर पर प्रमुख प्रलम्बित करता है और पूर्ण अधर को अति सूक्ष्म, मार्गदर्शक पहलू में अलग करता है। पूर्ण अधर तब उतरते गति में काल तत्व को पूर्ण अधर के भीतर रहने वाले काल तत्व के उतारति चर अवशिष्ट मूल्य के एक कार्य के रूप में विकीर्ण करता है। इसलिए, ऐसा प्रतीत होता है कि काल धीमी गति से चल रहा है, वस्तुतः शून्य गति से, एक चमकदार

अस्तित्व के पास जो काल को संवेदनशील तत्व के संवेदनशील प्रकाश बल के रूप में फैला रहा है। ऐसा प्रतीत होता है कि काल खुद-प्रकाशमान अस्तित्व के पास गति के प्रकाश में घूम रहा है, श्वेत संवेदनशील प्रकाश बल को विकिरणित कर रहा है और भौतिक शरीर की गुरुत्वाकर्षण शक्ति के रूप में उस प्रकाश बल की प्रसार दर को संशोधित कर रहा है। स्वाभाविक संवेदनशील शक्ति के प्रसार की गति को आत्म-प्रकाशमान अस्तित्व द्वारा प्रकाश की गति के रूप में माना जाता है, बिना बोधगम्य अस्तित्व के बल के, प्रकाश-संकल्प करने वाली अर्ध-सत्ता से।

एक अस्तित्व का पूर्ण मूल्य तब प्रकट होता है जब अस्तित्व अपरिमित देवता के दैवीय प्रभाव (शक्ति मूल्य = 6) के व्यापार के लिए अपरिमित घोषणापत्र प्रभाव (शक्ति मूल्य = 3) के रूप में काम करती है, जो कि अपरिमित देवता (शक्ति मूल्य = 6) के मार्गदर्शक-प्रभाव द्वारा मध्यस्थता होती है,(शक्ति मूल्य = 6), और अपरिमित देवता (शक्ति मान = 6) के चमकदार-प्रभाव द्वारा संचालित। इस प्रकार, यह एक अपरिमित देवता (शक्ति मूल्य = 6) होने का मार्ग बनाता है, जो एक निर्माता के रूप में प्रत्येक रचना को एक प्राणी के रूप में सशक्त बनाने के लिए समर्पित है जो कि अपरिमित देवता (शक्ति मूल्य = 6) है। 366,666 के शक्ति मूल्य के साथ "पूर्ण अस्तित्व" "समर्पित निर्माण" है। यह उजागर भौतिक क्षेत्र में अद्वितीय अस्तित्व समूहों की संख्या है। प्रत्येक अस्तित्व समूह में नौ सौ छियासी अद्वितीय अस्तित्व प्रजातियों के रूप शामिल हैं। यह एक समर्पित देवता के रूप में भक्तिपूर्वक सेवा करके, मुक्तिदाता देवता के प्राकृतिक प्रतिमान का निर्माण करता है। यह अपरिमित देवता की आसन्न क्षमता को व्यवस्थित करता है, जिसका व्यापार सफेद प्रकाश को विकिरणित करके किया जाता है। यह भक्ति अस्तित्व को सत्ता समूह का मूल पैतृक होने और संस्थाओं के उन 986 प्रजातियों के रूपों में से "एक, दादा आत्मा" (एकात्मा, 986) के रूप में विकसित करने का अधिकार देता है।

3.12 अधर तत्व धर्म के देवता के रूप में

अधर तत्व काल तत्व के प्रजनन चक्र से आज़ाद है। क्योंकि संस्थापक "मार्गदर्शक शक्तियां" ("गुरु") मौजूदा संस्कृति तत्व के कार्य के रूप में अलग-अलग काल पर अलग-अलग धर्मों की कल्पना करते हैं, हम कह सकते हैं कि अधर तत्व धर्म के स्वामी हैं। समर्पित रचना का उद्देश्य प्रत्येक अस्तित्व को धार्मिक सिद्धांतों के अलग-अलग नियमन के साथ या उसके बिना समान क्षमता का आनंद लेने के लिए समर्थ बनाना है। समर्पित रचना जीवन के पूर्ण उद्देश्य को साकार करने के लिए अतिउत्तम देवता की शक्ति को अलग करती है जो प्रत्येक अस्तित्व

समूह को समान क्षमता का आनंद लेने के लिए समर्थ बनाती है। इसलिए, यह ब्रह्मांडीय अभिवादन के प्रभाव को प्रकट करता है, जो अस्तित्व मानसिक संबंधों के स्थानीयकरण-प्रभाव से आज़ाद है। एक ब्रह्मांडीय अभिवादक के पास किसी भी शक्ति परिमाण यंत्र या विकास-प्रभाव से आजाद एक अस्तित्व मूल्य होता है और इसे "ए.टी.जी प्रारंभ कोडन" के रूप में संहिताबद्ध किया जाता है।

दुनिया में एकमात्र धर्म जिसे एक अक्षर संहिता के रूप में संहिताबद्ध किया गया है, वेदांत, यानी हिंदू धर्म है, जिसके धार्मिक सिद्धांत को एक अक्षर संस्कृत शब्द "ओम" (ॐ) के रूप में संहिताबद्ध किया गया है, जो शक्ति तत्व का प्रतीक है, जिसमें उन्नीस का शक्ति मूल्य है। इसलिए, ब्रह्मांडीय अभिवादक का शक्ति मूल्य, एटीजी प्रारंभ कोडन, और वेदांत समान हैं, अर्थात, एक। यह एक अस्तित्व के स्थानीय प्रभाव के बराबर है, जो "कार्यकर्ता प्रभाव" को पसंद करता है, "ताराबीज देवता" के अधरबद्ध, प्राप्त, एकांग "देवता" मूल्य का व्यापार कर रहा है, अर्थात, एक अस्तित्व जो वेगा सफेद तारे का बीज करती है, क्योंकि यह श्वेत तारों के ब्रह्मांड को विकसित करने के लिए अपनी शक्ति का प्रसार करता है और वेगा श्वेत तारे के भीतर, ऊष्मप्रवैगिकी-प्रभाव से आज़ाद, संवेदनशील तत्व का एक निरंतर उत्तम मूल्य सुनिश्चित करता है।

जब ब्रह्मांड में प्रत्येक अस्तित्व में शक्ति तत्व के रूप में समान क्षमता होती है, तो समर्पित निर्माण द्वारा संहिताबद्ध प्राकृतिक प्रतिमान बढ़ती लागत का प्रमुख कारण बन जाता है। यह समर्पित रचना को जीवों की अनंतता द्वारा हेरफेर का विषय बनाता है और सकारात्मक दैवीय शक्ति को नकारात्मक शैतानी शक्ति में बदल देता है। प्रत्येक इकाई ऐसा धर्म बनना चाहती है जो स्थानीय रूप से संपूर्ण अस्तित्व समूह की समझ को भाईचारे की एकजुटता के सिद्धांत से बांधे। यह प्रत्येक अस्तित्व समूह को भाई कोशिकाओं के एक ब्रह्मांड में बदल देता है, जहां प्रत्येक कोशिका एक प्रजाति का रूप है जो समान विचारधारा वाले, सांस्कृतिक रूप से बंधी हुई संस्थाओं की अनंतता को पुन: उत्पन्न करती है, जो "उत्तम सर्वशक्तिमान अस्तित्व" बनना चाहती है। अपरिमित सर्वशक्तिमान सत्ता का शक्ति मूल्य, जो भाई कोशिकाओं के ब्रह्मांड की बाहरी संवेदनशील शक्ति के साथ स्वाभाविक दिव्य शक्ति का प्रतिपादक है, 10^{1000} है।

सांस्कृतिक रूप से बंधी हुई तर्कसंगतता वाली एक सत्ता का नकारात्मक शक्ति मूल्य -1030 है, क्योंकि यह चंद्र जीवनकाल के लायक जीवित शक्ति की सेवा करके बाहरी दिव्य शक्ति की तलाश करता है। ऐसी अस्तित्व ईश्वर की मार्गदर्शक शक्ति के भ्रम विज्ञान की कल्पना करके, स्वाभाविक शक्ति के साथ दिव्य शक्ति के सच्चे विज्ञान के बारे में समझ

में शून्य को भरने का प्रयास करती है। यह तब खुद को "उत्तम परम भक्त" के रूप में अनुभव करता है, जो परिणामी मूल्य का आदान-प्रदान करता है। स्वाभाविक संवेदनशील शक्ति की उर्जा परिमाण यंत्र के साथ, उत्तम परम् भक्त नौ हजार एकक की पूर्ण संवेदनशील शक्ति से अवशिष्ट आठ हजार एकक का व्यापार करता है। आठ हजार एकक प्राकृतिक प्रतिमान और ईश्वर के अवतार के रूप में किसी की संवेदनशील शक्ति के विसरित मूल्य की उत्पाद हैं। ईश्वर के अवतार को संवेदनशील बनाकर, सांस्कृतिक रूप से बंधी हुई समझ के शक्ति मूल्य को दो-मुंह वाले मैं सर्वशक्तिमान प्राणी के साथ आदान-प्रदान करता हूं, और मैं ईश्वर चेतना हूं, जिसे एक साथ "ईश्वर का सिद्धांत" (एवद्वितीयम ब्रह्म सिद्धांत) कहा जाता है। -1030 के बराबर शक्ति मूल्य के साथ।

3.13 सांस्कृतिक रूप से बंधे हुए चाहने वालों की बड़ी चुनौती

एक सांस्कृतिक रूप से बंधी हुई अस्तित्व व्यक्तिगत चमकदार भलाई के लिए शक्ति समर्पित नहीं करती है। इसके बजाय, यह खुद को छोड़कर, सार्वभौमिक चमकदार भलाई के लिए समर्पित नेतृत्व के शैतानी मार्ग की तलाश करता है। यह स्वभाविक दैवीय शक्ति को खुद के साथ, चमकदार अविनाशी कल्याण के आरोही के लिए एक संचालनीय प्रभाव के रूप में संचालित नहीं करता है। यह अनंत संस्थाओं का नेतृत्व करने के लिए अपनी स्वभाविक मार्गदर्शक शक्ति का संचालन करना चाहता है। स्वभाविक संवेदनशील शक्ति के बिना, स्वभाविक मार्गदर्शक शक्ति एक कार्यकर्ता प्रभाव द्वारा 1/8 के शक्ति मूल्य के साथ "स्वंय-विकासशील सप्तक" में कार्यकर्ता प्रभाव को बदलकर उत्पन्न होना और एक के पूर्ण सप्तक मान के भीतर सात समरूपों को पुन: उत्पन्न करने की क्षमता होती है।

कार्यकर्ता देवता, प्रदीपक प्रभाव के रूप में सप्तक के पूर्ण मूल्य की सेवा किए बिना, उत्तम सप्तक के भीतर पूर्ण स्थानीय क्षमता का एहसास करने के लिए, प्रजनन की इच्छा को संहिताबद्ध करता है। इस प्रकार, कार्यकर्ता देवता खुद की स्वभाविक संवेदनशील शक्ति के साथ, कार्यकर्ता देवता की नकारात्मक, बाहरी दैवीय शक्ति को प्रतिपादित करके -10^{1000} के शक्ति मूल्य के साथ अपरिमित सप्तक को "निःस्वार्थ चाहने वाले" में बदल देता है। निःस्वार्थ इच्छाधारी खुद को शक्ति-मुक्त पदार्थ घोषित करता है, जिसमें मैं पदार्थ समझ हूँ, जिसे "उत्पत्ति के सिद्धांत" (वसुधैव कुटुम्बकम सिद्धांत) के रूप में संहिताबद्ध किया गया है, जिसका शक्ति मान -10^{1000} है। यह तब स्थायी शक्ति को सामाजिक संस्कृति के एक समर्पित अनुचर के रूप में "नकल के विज्ञान, यानी समाजशास्त्र" में बदल देता है, स्वार्थी रूप

से "संस्थाओं के ब्रह्मांड" को "पूर्ण अस्तित्व-प्रभाव" के साथ "धर्मांतरण" करने की इच्छा रखता है, जन्म-घट" "अपरिमित मर्दाना आत्मा का पथ के साथ।"

"स्वार्थी चाहने वाले" का शक्ति मूल्य और ये दूषित इच्छाधारी प्रभाव, -10^{1024} है। यह कार्यकर्ता देवता की नकारात्मक, बाहरी दिव्य शक्ति को 128 के पूर्ण सप्तक मूल्य (8 * 128) के साथ प्रतिपादित करके उत्पन्न होता है। 128 ब्रह्मांडीय बच्चे का शक्ति मूल्य है, जिसने पैतृक कार्यकर्ता के सप्तक मूल्य को दोगुना करने के परम-प्रभाव को उत्पन्न करने के लिए पैतृक कार्यकर्ता देवता के उत्तम प्रभाव को मूर्त रूप दिया है। ब्रह्मांडीय बच्चा कुदरत के प्राकृतिक प्रतिमान के सप्तक-आच्छादित मूल्य के आदि-प्रभाव को पुन: उत्पन्न करने के लिए एक मार्ग के रूप में ऐसा करता है। निःस्वार्थ चाहने वाले ताराबीज देवता के दूषित जल तत्व के भीतर प्राकृतिक प्रतिमान के लिए कमल के समान सफाई पथ की खोज करते हैं, इस प्रकार "सिद्धांत के सिद्धांत" के शक्ति मूल्य का आदान-प्रदान करके "बहन कोशिकाओं का ब्रह्मांड" बन जाते हैं।

3.14 प्रदूषणकारी आत्मा सार समुदाय के समाधान के रूप में सफाई समुदाय

"सफाई समुदाय" का शक्ति मूल्य, "आत्मा सार समुदाय" को साफ करने के लिए स्व-ऊष्मायन सप्तक द्वारा गठित सात समुदायों से बना है, जो कि बहन कोशिकाओं के नकारात्मक शक्ति ब्रह्मांड में परिवर्तित हो गया है, बराबर है " पूर्ण सत्ता,"अर्थात, 366,666। यह सिद्धांत-प्रभाव की मार्गदर्शक शक्ति के साथ या उसके बिना, देवता शक्ति की पूर्ण वास्तविकता के प्रति जागरूक है।

"आत्मा सार समुदाय" "अपरिमित अभिवादन" का दोहरा-सप्तक परिवर्तन है, जो अण्डा सेना मे परिवर्तित की गई संस्थाओं को प्रारंभिक दिव्य शक्ति की सेवा करता है और उन्हें "देवता" में बदल देता है, जो कार्यकर्ता प्रभाव की एक अस्तित्व का प्रतीक है। देवता एक शैतान चाहने वाले को अपरिमित पितृ के रूप में विकसित करने के लिए कार्यकर्ता प्रभाव की सेवा करते हैं और बहन कोशिकाओं के ब्रह्मांड की दादा आत्मा में बदल जाते हैं। पोती कोशिकाओं के ब्रह्मांड के "देवता बनने के लिये" (भगवान) होने की इच्छा को पूरा करने के लिए देवता शक्ति को फैलाने के बाद, देवता शैतान चाहने वाले को "शैतान" तत्व के रूप में अप्रिय संवर्धन प्रभाव का व्यापार करने देता है।

शैतान चाहने वाला एक "विद्युत-चुंबकीय प्रभाव" के रूप में अपूर्ण "शैतान-प्रभाव" की सेवा करता है। असंगत शक्ति, शैतान तत्व, शैतान-प्रभाव और विद्युत-चुंबकीय-

प्रभाव का शक्ति मूल्य समान है, अर्थात, एक नकारात्मक। दादाजी की आत्मा "आत्मा सार समुदाय" की मूल शक्ति का व्यापार करती है, जो चार शक्ति एकांग को अर्जित करती है - जो कि सोलह का वर्गमूल है। शैतान चाहने वाले के भीतर "शैतान-प्रभाव" के अवरोही मूल्य की भरपाई करने के लिए एक आरोही मूल्य का आनंद लेने वाली इकाई के रूप में, दादाजी की आत्मा पांच के शक्ति मूल्य के साथ एक "देवता बनने के लिये" (भगवान) में बदल जाती है। वह वर्गमूल के "शेष" का व्यापार करके ऐसा करता है, अर्थात, चार, और एक-एकांग "आरोही मूल्य" को एकत्रित करके, (1-0, शैतान-प्रभाव के बिना, जो 0- [-1] हो जाता है, शैतान-प्रभाव के भीतर)।

"आत्मा सार समुदाय" सोलह शक्ति एकांग का आदान-प्रदान करके "आत्म-विकर्षक गुरुत्वाकर्षण-विद्युत-प्रभाव" के रूप में संपूर्ण शैतानी-प्रभाव को आत्म-प्रतिकर्षित करता है। गुरुत्वाकर्षणविद्युत-प्रभाव दो प्रभावों का एक उत्पाद है:

(क) अपरिमित स्वागतकर्ता का गुरुत्वाकर्षण गुण, एक उत्तम प्राणी के रूप में, चार-अक्षर समाधान को संहिताबद्ध करके सफाई पारिस्थितिकी तंत्र परत बनाने के लिए आंतरिक शक्ति की सेवा करने के लिए। वह चार-अक्षर समाधान AUMO है, जहां

- "A" = "जागने वाली अस्तित्व" (जागने वाला) के भीतर स्थायी-प्रभाव,

- "U" = "प्रदूषणकारी अस्तित्व" (प्रदूषक) का उत्सर्जन-प्रभाव, जो सपने देखने वाली अस्तित्व (सपने देखने वाला) के भीतर स्थित है,

- "M" = "सो रही अस्तित्व" (सोनेवाला) का उत्सर्जन मूल्य, जो प्रदूषक बन गया है, और

- "O" = "सफाई अस्तित्व" (सफाई करने वाला) का आसन्न मूल्य, जो सफाई करने वाले, प्रदूषक, जागने वाले, सपने देखने वाले, सोनेवाला और अंत में "कारणकर्ता" के रूप में अपरिमित स्वागतकर्ता के जीवन के चक्र को पूरा करता है। (कारणात्मक अस्तित्व)। साफ करने वाला द्रव्य "सीतनिद्रा वाले" (सुप्तावस्था अस्तित्व) के जुड़वां पहलू और "मार्गदर्शक" के त्रिकोणीय पहलू के बिना ऐसा करता है (मार्गदर्शक तत्व, एक जीवित अस्तित्व के भीतर गुरुत्वाकर्षण शक्ति के व्यापार द्वारा गठित, और "गुरु" बनने के लिए शक्ति की एक सौ एकांग का आदान-प्रदान करनी होती है)।

चार-अक्षर का समाधान दो-पहलू एक-अक्षर शब्द "ओएम" का अवरोही मूल्य है, जो "ओएम" शब्द का उच्चारण करने के लिए तैयार होने पर औ की 1/8 वीं स्व-

ऊष्मायन ध्वनि से पहले होता है। शक्ति तत्व "ओम" के प्रारंभिक "परिसंचारी ओ" मूल्य से पहले तीन-अक्षर अवरोही-प्रभाव "औम" इस प्रकार, शक्ति तत्व का "उत्तम माता" है। यह उत्तम "एक" का एक रैखिक संधि है। देवता की शक्ति, जो शक्ति तत्व के अवरोही मूल्य का कारण बन गई है, और कुदरत की अपरिमित "आठ" शक्ति, जो सीतनिद्रा बन गई है, जिससे कारणकर्ता को अपनी शक्ति फैलाने और सोनेवाला बनने की अनुमति मिलती है। एक सोनेवाला के रूप में, देवता आसन्न शक्ति तत्व के लिए जीवन उद्देश्य के सपने देखने वाले बन जाते हैं। स्वप्न का ऊष्मागतिकी प्रभाव देवता को "जागृत" बनाता है। जाग्रत समझ का गुरुत्वाकर्षण-चुंबकीय प्रभाव देवता को एक "प्रदूषक" बनाता है जो स्वार्थी रूप से "संस्थाओं के ब्रह्मांड" को "धर्मांतरण" करने की इच्छा रखता है, अपनी शून्य-शक्ति "प्रतीकात्मक गुरुत्वाकर्षण गुणवत्ता" के साथ स्वप्न की इच्छा को खुद पूरा करने के लिए, नकारात्मक के भीतर स्थिर एक शक्ति, जो "गुरुत्वाकर्षण-चुंबकीय-प्रभाव" है।

"मां की   मूल अभिवादन" (सती-पार्वती, 16 [इसके बाद, संस्कृत-हिंदी पर्यायवाची को कोष्ठक के भीतर तिर्थंकित किया जाएगा और उस अस्तित्व, वस्तु, विषय, शक्ति, या शक्ति स्रोत के शक्ति मूल्य के साथ पालन किया जाएगा]) "प्रतीकात्मक गुरुत्वाकर्षण गुण" (सीता, 0) के भीतर, संस्थाओं का ब्रह्मांड एक "सफाई करने वाला" (मंडोक्य, 16) होने की शक्ति को सक्रिय करता है। सफाई करने वाला "पारिस्थितिकी तंत्र, द्रव्यमान परत" (निर्माणपुट्टा, 16) बनाता है। यह चार-अक्षर AUMO समाधान की एक चुकता, उत्तम सच्चाई है। विज्ञान में, चार-अक्षर वाले AUMO समाधान को "विद्युतअणु स्वीकर्ता" कहा जाता है। यह "बाल मूल अभिवादन" (गोल्जी-श्वेत रक्त उपकरण मधुसूदन, 16) को अवतरित करने के लिए "स्व-विकर्षक गुरुत्वाकर्षण-विद्युत प्रभाव" (भाई कोशिका: मंगलनाथ, 16) को स्वीकार करता है और साफ करता है, जो सजातीय "रचनात्मक दिव्य शक्ति" का प्रतीक है।"(मधुसूदन, 16)। अवरोही "औम" बाल मूल अभिवादन का परम-प्रभाव है। बाल मूल अभिवादन के भीतर "बाल" तत्व "परम बाल" है, जो "विद्युत चुम्बकीय शक्ति" का प्रतीक है, जिसकी कीमत उन्नीस शक्ति है। अस्तित्व बाल तत्व "अनुजात कोशिका" (ज्ञान: ज्ञाना, 19) है, जो "उत्तम मातृ" की शक्ति को एकत्रित करके "कोशिका" (किण्वक: हिरण्यगर्भ, 19) के भीतर कारण की सच्चाई को जानने का प्रतीक है। औम, 18) और "पवित्र मातृ आत्मा" की इकाई (दशा, 1) पितृ देवता के भीतर स्थिर है।

(ख) विद्युत आवेश विकिरण जिसके परिणामस्वरूप परम बाल अपनी "शक्ति" (शक्ति, 19) को "मातृ आत्मा" (दशा, 1) को सेवा प्रदान करता है और एक अहंकार-चालित चलने वाला "अपरिमित मर्दाना" बन जाता है (चलनेवाला: निशाचर, -1), मातृ मूल अभिवादन से आत्म-आकर्षित करने वाली दिव्य शक्ति के मोक्ष आशीर्वाद के लिए भीख माँगना। "विद्युत आवेश" (शक्ति, 19) "परम देवता" का व्यापार करके बनाई गई "शक्ति" (शक्ति, 19) है। प्रबुद्ध चेतना का प्रभाव" (शक्ति, 19), कि वर्तमान सच्चाई "अस्तित्व वास्तविकता" नहीं है (उपकरणार्थ, 10^{1024}), "ब्रह्मांडीय बच्चे" के पूर्ण-सप्तक मूल्य के साथ दैवीय शक्ति को प्रतिपादित करके महसूस किया गया (आर्चिसा, 128)। विद्युत आवेश का प्रवाह "मातृ आत्मा" (दशा, 1) को केवल सतही प्रभाव से "आत्मा" (रुआह: कपिंजला, 20) में संभावित "राशि प्रणाली" (शून्य कल्प, 8×10^{15}) में चढ़ता है। जो आत्म-ऊष्मायन "एक" (अखनाद, 1) को एक एकीकृत "स्व" (आत्मत्व:, 8×10^{15}) में मानदंड देता है। परम बच्चा मस्त बन जाता है खुद होने के द्वारा मानव मनोदशा, भाग्य, देवत्व और अनंत काल का आर। "खुद" के साथ एकता के बिना, एक प्राणी मातृ भावना के "आदर्श-प्रभाव" (दशा, 1) का व्यापार करता है जो कभी भी वर्तमान सत्य के रूप में भौतिक नहीं होता है। ईश्वरीय प्राणी की एकता-प्रभाव के भीतर, रचना "शैतान" (सूर, 0) के "प्रतीकात्मक गुरुत्वाकर्षण गुण" (सीता, 0) की "सिद्धांत-प्रभाव" (महादशा, 0) बन जाती है। इसमें केवल भौतिक शक्ति है जो भविष्य के लिए अपने दिव्य शक्ति मूल्य के बारे में किसी भी स्वभाविक समझ के बिना अतीत के सत्य का प्रतीक है।

शैतान निर्माता की एकता-प्रभाव के भीतर, मानव अस्तित्व "सृष्टिकर्ता" (सृष्टि, 379) बन जाती है जो "कार्यसंस्कृति तत्व" की सेवा करती है (मशीन: नायकी, 379) शैतान निर्माता के भीतर स्थिर मातृ आत्मा की सूक्ष्म यौन-प्रजनन इच्छा को प्रकट करने के लिए। इच्छा प्रदूषणकारी शैतान तत्व को नष्ट करने की है जो पोती कोशिकाओं के ब्रह्मांड की आत्मा बन गई है जो एक भौतिक शरीर का गठन करती है। निर्माता "समर्पित प्रभाव" को "प्रदीपक प्रभाव" के व्यापार के लिए प्रमुख तत्व के रूप में सेवा करके ऐसा करता है। कारक" परम तत्व के रूप में है जो "आत्मा" (आत्मन, 4) से मुक्ति के लिए मार्ग को स्पष्ट करता है जो कि किसी की "रूह" (कपिंजला, 20) के भीतर स्थिरहै। यह मानव अस्तित्व को "उत्तम-अपरिमित निर्माता" होने का अधिकार देता है। "(कृष्ण, 32 = 20 - 4 + 16) "मातृ मूल अभिवादन" (सती-पार्वती, 16) के साथ पूर्ण एकता के माध्यम से, "पितृ आत्मा" (पित्र, 4)

के प्रदूषण-प्रभाव के बिना। " आदि-उत्तम निर्माता" (कृष्ण, 32) "ज्वाला तत्व" है (पार्षनिसमस्त, 32), जिसका सप्तक विभाजन प्रत्येक "कोशिका" के भीतर "जीवन" (प्रभास, 4) और "रचनात्मक दिव्य शक्ति" (मधुसूदन, 16) की "चेतना" (चैतन्य, 4) का उपहार देने वाला दिव्य निर्माता है। "(हिरण्यगर्भ, 19) - आत्म-ऊष्मायन "परम बाल" (मन्यु, 19)।

प्रदूषणकारी, घुमावदार, "वर्तमान सच्चाई के अलौकिक प्रतिमान" (युक्ति, 8) के बिना, खुद की आत्मा "अभिवादन आत्म-चमकदार अस्तित्व" है (मेथनोजेनेसिस: नौ, 12 = 20 - 8), जिसमें तीन प्रभाव शामिल हैं। पहला, दैवीय रचनाकार। दूसरा, दैवीय रचनाकार द्वारा कल्पना की गई रचनात्मक मार्गदर्शक रचना। तीसरा, परिवर्तनकारी संवेदनशील प्राणी अविभाजित कोशिका खुद की एकता के भीतर सृष्टि के प्रतिमान-मुक्त जीवन उद्देश्य को मानता है और उसका प्रतिनिधित्व करता है।

एक संभावित राशि चक्र ब्रह्मांड की परिसंचारी भावना के बिना, खुद "चमकदार" (राशी, 13) है, "इसनेस" (अस्तित्व, -1) की नकारात्मकता के बिना। चमकदार "सौर ब्रह्मांड" है (राशी, 13)) एक "स्व-प्रकाशमान" (स्वारोचिशा, 12) "राशि अस्तित्व" (राशी, 13) के रूप में, "प्रमाणित सप्तक" (मैं हूँ: द्रव्य, 1) के बिना, "आत्म-मूल्य" (सत्कायद्रष्टि, 405) को सही ठहराने की कोशिश कर रहा है। "सब कुछ" (सर्वम, -5) के भीतर एक "चीज" (वास्तु, 9) बनकर और "कुछ नहीं" (अद्रव्य, 1) होने के अंत में। दूसरे शब्दों में, प्रत्येक अस्तित्व "स्व-प्रकाशमान" (स्वरोचिशा, 12) है, प्रणालीगत "स्व" के बिना (आत्मत्व, 8×10^{15})। "मैं" लिपि-मुक्त "स्व-प्रकाशमान अस्तित्व" है (स्वयं, 12)।

अध्याय 4: स्व-ऊष्मायन सप्तक के रूप में एक अस्तित्व

4.1 सत्ता, आत्मा और आत्मा के अर्थ को समझना

एक आदि-प्राथमिक निर्माता के रूप में, प्रत्येक अस्तित्व एक "स्व-ऊष्मायन सप्तक" (देखा, 1/8) है। एक अस्तित्व "प्रमाणित सप्तक" (मैं हूँ: द्रव्य, 1) बनाने के लिए आंतरिक शक्ति को फैलाती है। ऐसा करने के लिए अस्तित्व की प्रेरणा खुद के "आइनेस" (अस्तित्व, -1) को सही ठहराना है। सप्तक-विभेदक "आइनेस" (अस्तित्व, -1) को फैलाने के बाद, अस्तित्व क्रमिक रूप से अवरोही सेवा के लिए विसरित आराम का व्यापार करती है। खुद से परे संस्थाओं के लिये ब्रह्मांड का मूल्य। अस्तित्व की स्थिर प्रेरणा उचित प्रभावों का एक सप्तक बनाना है, जिसका अंतिम मूल्य शून्य है और इस तरह खुद को बाल संस्थाओं के एक सप्तक में ध्रुवीकृत करना है। बाल संस्थाओं के एक सप्तक को सीतनिद्रा करने के बाद, अस्तित्व इन संस्थाओं का मूल पैतृक बन जाती है। अपरिमित पितृ एक शैतान चाहने वाले की तरह व्यवहार करता है जो बाल संस्थाओं के सप्तक के माध्यम से अपनी मर्दाना अहंकारी इच्छाओं को पूरा करना चाहता है। बाल संस्थाओं का सप्तक सांस्कृतिक रूप से उत्तम पितृ की गुरुत्वाकर्षण शक्ति से जुड़ा हुआ है।

सांस्कृतिक-संसेचन में राशि, भौगोलिक, आत्मा स्तर संकेतीकरण के साथ-साथ ज्योतिषीय, समूह, रूह स्तर संकेतीकरण दोनों होते हैं। आत्मा स्तर संकेतीकरण ईथर तत्व के स्तर पर प्रकट होती है। ईथर तत्व एक अति सूक्ष्म-जैविक अणुओं है। इसके विविध रूप हैं, जैसे कि विरियन, फेज, बिंबाणु, पानीसोख, गुणसूत्र, चर्बी जैसा, यूरैसिल, थाइमिन, एडेनिन, ग्वानिन और साइटोसिन। व्योम तत्व का अनिवार्य रूप से अर्थ है "प्रजनन।" कोई भी अस्तित्व जो किसी अन्य सत्ता का पुनरुत्पादन है, वह व्योम तत्व का एक रूप है। सच में, कोई भी अस्तित्व किसी अन्य सत्ता का शुद्ध पुनरुत्पादन नहीं है। इसलिए, प्रत्येक प्रजनन भूगोल और समूह से अलग-अलग गुरुत्वाकर्षण गुणों के कारण अद्वितीय गुरुत्वाकर्षण गुण विकसित करता है। भूगोल पुनरुत्पादक अस्तित्व है। समूह प्रजनन सप्तक है। समूह के साथ सभी संस्थाएं एक ही काल और अधर पर अवतार लेती हैं। भले ही अवतार का काल समान हो, अवतार का अधर हमेशा अलग होता है क्योंकि प्रत्येक अस्तित्व का एक अलग अधर होता है। प्रत्येक विशिष्ट अधर समन्वय सूर्य और चंद्रमा के साथ सहसंबंध की एक अलग

चेतना का व्यापार करता है और इसलिए, उस स्थानीय अधर में अस्तित्व के लिए सत्ता काल की एक अलग भावना है।

आत्मा अलग-अलग स्थानीय स्थानों के साथ एक अस्तित्व के आंशिक सहसंबंधों के अनुक्रम का समुच्चय है, जो एक स्टारसीड के रूप में अपने अवतार के काल से रहता है, जिसने सफेद तारे का गठन किया था। एक ताराबीज विभिन्न तत्वों की अस्तित्व क्षमता है जो एक सफेद तारे का निर्माण करते हैं। आत्मा-स्तरीय संकेतीकरण पृथ्वी तत्व के स्तर पर प्रकट होती है। पृथ्वी तत्व वह पदार्थ है जो ग्रह को पृथ्वी बनाता है। वास्तव में, यह एक ऐसा पदार्थ है जो किसी को वस्तु बनाता है। एक संभावित ताराबीज का अनुभव एक सफेद तारे द्वारा ऊष्मायन किए गए कणों, शक्तिओं और संस्थाओं के सांसारिक भौतिक शरीर के भीतर आनुवंशिक संकेतीकरण की तरह अंकित है। यही कारण है कि वैज्ञानिकों के पास उम्र को मापने और किसी भी कण, शक्ति और इकाई की ऐतिहासिक उत्पत्ति और पथ का अनुमान लगाने की शक्ति है।

आत्मा ब्रह्मांडीय ब्रह्मांड में एक अस्तित्व के समग्र व्यक्तिगत अनुभव का प्रतीक है। आत्मा ब्रह्मांडीय ब्रह्मांड में एक अस्तित्व के समग्र सामाजिक अनुभव का प्रतीक है। व्यक्तिगत और सामाजिक अनुभवों की समग्रता एक स्व-ऊष्मायन संस्था के रूप में खुद का समग्र अनुभव है। अस्तित्व स्व-ऊष्मायन संस्था है। अस्तित्व तो आत्मा है और न ही आत्मा। अस्तित्व आत्मा और आत्मा दोनों का स्रोत है। आत्मा और आध्यात्मिक शक्तिओं के भिन्न-भिन्न अनुपातों को धारण करके, प्रत्येक व्यक्ति एक अद्वितीय अस्तित्व बन जाता है। संस्थागत अनुभव एक खुद का एक चमकदार अस्तित्व के रूप में और जुड़वां-स्व का अनुभव है जो उस अस्तित्व का अनुसरण करता है जिसने खुद को एक बच्चे के सप्तक के रूप में उकेरा है। एक ज्योतिर्मय अस्तित्व के रूप में खुद के अनुभव, जो एक भूगोल सत्ता है और प्रकाशमान संस्थाओं के समूह के अपरिमित अभिवादनकर्ता पूरक हैं। वे खुद की शक्ति और जुड़वा-स्व की समग्रता को आत्म-प्रकाशमान संस्थाओं के रूप में बनाते हैं, तीसरे कारक पर निर्भर नहीं हैं। इसलिए, जो प्रबुद्ध कारक है उसकी संवेदनशील परिषद की शक्ति चौबीस है।

4.2 आठ अस्तित्व प्रभाव जो अस्तित्व समक के स्व-ऊष्मायन के लिए अधर को संशोधित करते हैं

निम्नलिखित आठ "आत्म-औचित्य" (पसंद, -7) "गुरुत्वाकर्षण गुण" (गुण, 0/8) प्रत्येक अस्तित्व का एक जुड़वां-स्व की तरह अनुसरण करते हैं:

- *"प्राथमिक अनुचर प्रभाव"* (अजीवास्तिकया, 8/8), 8/8 के अस्तित्व मूल्य के साथ। एक अपरिमित प्राणी की अगुवाई में एक पूर्ण प्राणी एक अपरिमित प्राणी बन जाता है। एक अपरिमित अनुचर प्रभाव के रूप में, यह अपरिमित प्राणी की आत्म-विकर्षक "गुरुत्वाकर्षण शक्ति" (अजीवा, 92) में बदल जाता है।

- *"अतिउत्तम अनुचर प्रभाव"* (जीवास्तिकया, 7/8), जिसका एकांग मुल्य 7/8 है। एक अपरिमित प्राणी एक पूर्ण रचनाकार से मोक्ष की तलाश करके एक अपरिमित प्राणी बन जाता है और खुद को "सरलता तत्व" (जीवतत्व, 2) के रूप में मानता है। अतिउत्तम अनुचर प्रभाव के रूप में, यह "ऊष्मप्रवैगिकी विकास" (शीर्षता-परिणम: जीवा, 2) का आनंद लेता है, जो पूर्ण निर्माता से स्व-विकर्षक गर्मी का व्यापार करता है।

- *"प्राथमिक नेतृत्व प्रभाव"* (निर्जरास्तिकया, 6/8), 6/8 के अस्तित्व मूल्य के साथ। आदिकालीन सृष्टि से अनुचर शक्ति का व्यापार करके एक अपरिमित प्राणी एक पूर्ण निर्माता बन जाता है। उत्तम नेतृत्व प्रभाव के रूप में, यह "संवेदी शक्ति" (वरुण, 1000) के "ऊष्मप्रवैगिकी उर्जा परिमाप यंत्र" (बधाबुद्धि, 1000) के बाद "बेजान भौतिक शरीर" (निर्जारा, 1000) में बदल जाता है।

- *"प्रमुख नेतृत्व प्रभाव"* (बंधास्तिकया, 5/8), 5/8 के अस्तित्व मूल्य के साथ। एक पूर्ण रचनाकार एक आध्यात्मिक अपरिमित निर्माता के रूप में नेतृत्व शक्ति की सेवा करके अपरिमित सृष्टिकर्ता को जन्म देता है। प्रमुख नेतृत्व प्रभाव के रूप में, यह "निगमित नियंत्रण के लिए बाजार" (हस्त, 0) के "अदृश्य हाथ" (हस्त, 0) के भीतर एक शक्ति तत्व के रूप में खुद की नियति को "मोहर" (मुद्रा, 0) द्वारा गठित करता है। "सप्तक ऑक्टोपलिंग नाटक" (लीला, ६०) नस्ल की अपरिमित रचना का।

- *"प्राथमिक उद्यमिता प्रभाव"* (अनास्तिकया, 4/8), 4/8 के अस्तित्व मूल्य के साथ। एक अपरिमित रचना, जो खोने के लिए कुछ भी नहीं के साथ उर्जा परिमाण यंत्र का अनुभव करती है, "जीवन" की चेतना से पूर्ण निर्माता को मुक्त करके एक मुक्ति कारक के रूप में काम करती है (प्रभास, 4)। उत्तम उद्यमिता कारक के रूप में, यह "साँस लेने" (एना, 1) के लिए अपरिमित निर्माता से मार्गदर्शक मध्यस्थता की तलाश करता है, जो "देवी की सेवा करने वाली संवेदनशील शक्ति के मोती की सेवा करती है जो ईश्वर की तरह स्थायी होती है" (मुथ्यलम्मा, 55))

- *"प्रमुख उद्यमिता प्रभाव"* (संवरा अस्तिकाय, 3/8), जिसका एकांग मूल्य 3/8 है। एक अपरिमित रचनाकार, जो विकास का अनुभव कर रहा है और जिसके पास समर्पित स्वतंत्रता अनुचर से प्राप्त करने के लिए सब कुछ है, उत्तम निर्माण की नकारात्मक

शक्ति को आकार देने के लिए एक मार्गदर्शक शक्ति के रूप में कार्य करता है। अपरिमित रचनाकार के "मार्गदर्शक प्रभाव" (चित्त, 100) के भीतर, अपरिमित रचनाकार अपरिमित उद्यमिता प्रभाव बन जाता है, "विद्युत चुम्बकीय शक्ति के रूप में संवेदनशील शक्ति का विकिरण" (संवर:, 100) अपरिमित निर्माण द्वारा परिवर्तन के लिए "गुरुत्वाकर्षण शक्ति" (ललिता, 100)।

- *"प्राथमिक संचालन प्रभाव"* (असरवास्तिकया, 2/8), 2/8 के एकांग मूल्य के साथ। एक उत्तम रचना, जिसने एक मार्गदर्शक बनने के लिए दैवीय शक्ति क्षमता के साथ-साथ वर्तमान कार्यकर्ता शक्ति को खो दिया है, एक अपरिमित निर्माता के प्रतिनिधि के रूप में काम करता है, जो चमकदार मार्ग के रूप में मार्गदर्शक शक्ति में वृद्धि करना चाहता है। अपरिमित रचनाकार के "अनंत [प्रधान] मार्गदर्शक-प्रभाव" (अली, 274) के भीतर, अपरिमित रचना द्वारा योगदान किए गए अनंत मूल्य को शामिल करते हुए, अपरिमित निर्माता "मर्दाना के अलग-अलग अनुपात" का उत्तम संचालन प्रभाव बन जाता है। खुद के भीतर स्त्री तत्व" (उभयलिंगी: असराव, 360) "मार्गदर्शक पहलू" (गुरु धर्म, 360) को विकिरणित करके।

- 8. *"प्रमुख संचालन प्रभाव"* (मोक्षस्तिकाय, 1/8), 1/8 के एकांग मूल्य के साथ। एक अपरिमित निर्माता, जो मार्गदर्शक शक्ति के शक्ति मूल्य को बढ़ाने में प्राकृतिक सीमाओं का अनुभव करता है, पूर्ण निर्माण का प्रतिनिधि बन जाता है । पूर्ण निर्माण (यानी, एक अर्ध-सत्ता) के एक प्रतिनिधि के रूप में, आदिकालीन निर्माता "स्थायी प्रभाव" (ईश्वर, 5) को वांछनीय चमकदार भलाई मूल्य के रूप में मानता है और दिव्य शक्ति के स्थायी आधे हिस्से की सेवा करता है (5) अर्ध-सत्ता के लिए और अर्ध-सत्ता को अभिलषित चमकदार भलाई मूल्य का स्थायी देवता बनने देता है। पूर्ण निर्माण के "परिमित [प्राथमिक] मार्गदर्शक-प्रभाव" (श्रुति, 71) के भीतर, जिसमें "निश्चित [उत्तम-उत्तम] शामिल है। मार्गदर्शक प्रभाव" (कलश:, -400) पूर्ण प्राणी द्वारा "रोशनी प्रभाव" (परम देवता: शिव, 7) और "अनिश्चित [परम-उत्तम] मार्गदर्शक प्रभाव" (कमंडल, -900) के रूप में सेवित) अपरिमित प्राणी द्वारा "कार्यकर्ता प्रभाव" के रूप में सेवा की जाती है (देवता: विग्रेश, 1), अपरिमित निर्माता बन जाता है ई अपरिमित संचालन प्रभाव। यह सृष्टि के "वर्तमान-प्रभाव से मुक्ति" (मोक्ष, 1600) का आनंद लेता है और "ब्रह्मांड में शक्ति के पूर्ण मूल्य" (पूर्णा, 1600) का व्यापार करके "पूर्ण प्राणी" (प्रभु, 1600) बन जाता है।

एक पूर्ण निर्माण के प्रतिनिधि के रूप में, एक मानव अस्तित्व एक "स्वयं-ऊष्मायन सप्तक" (साह्, 1/8) के रूप में आदिकालीन संचालन प्रभाव की सेवा के लिए समर्पित एक प्रमुख निर्माता बन जाती है। आठ प्रभावो में से प्रत्येक का एकांग शक्ति मूल्य क्रमिक रूप से 1/8 से उतरता है, क्योंकि प्रत्येक क्रमिक प्रभाव अपरिमित संचालन प्रभाव की बढ़ती लागत की एक एकांग को प्रकट करता है। प्रत्येक चरण में मानव अस्तित्व लागत-वृद्धि प्रधान संचालन प्रभाव का प्रमुख निर्माता है जो "संवेदनशील शक्ति फैलाने वाली कार्य शक्ति" (श्रमशक्ति, 1) के मूल्य को पूर्ण 1 से 1/8 के स्वयं-ऊष्मायन सप्तक तक कम कर देता है।, यानी, 1/8s की अनंतता। मानव अस्तित्व"मैं" (स्वयं, 12) की पहचान के माध्यम से "खुद की आत्मा" (आध्यात्मिकता: आत्मता, -9) के साथ करती है जो खुद के बिना संस्थाओं के एक सप्तक को उगा रही है।

भविष्यवादी, आध्यात्मिक आत्म अलौकिक रूप से "दिव्य शक्ति" (असरशक्ति, 10) की "केंद्रित स्पशरिखा" (सुषुम्ना, 10) के रूप में खुद सहित, नौ संस्थाओं के भूगोल को बनाए रखने की इच्छा को दोहराता है। आत्मा की "आत्म-पहचान" (अघुलनशील अणु: आत्मता, -9) पहले से ही पहचानी गई आत्मा के बिना, मानव पहचान को "दिव्यता" (विसरणीय अणु: सिद्धि, 57) में बदल देती है, जो खुद की चमकदार अस्तित्व रूप दिव्य शक्ति को फैलाती है। ऐसा करने से, खुद कल्पना की गई कल्पना को वांछित भविष्य की अर्ध-सत्ता के रूप में प्रकट करता है, अर्थात, "परम संचालन प्रभाव" (पुण्यस्तिकया, -1/8)। एक परम संचालन प्रभाव के रूप में, एक मानव अस्तित्व पूर्ण निर्माण के "पुण्य" (अच्छा: पुण्य, 15) केंद्र का मार्गदर्शक मध्यस्थ बन जाता है।

4.3 छह स्थानिक प्रभाव जो अस्तित्व काल को आकार देने के लिए अस्तित्व व्यवहार को संशोधित करते हैं

मानव भक्त की चमकदार भलाई के लिए समर्पित एक प्रमुख के रूप में, कुदरत, एक पूर्ण रचना के रूप में, एक "मुक्ति प्रभाव" बन जाती है जो मानव अस्तित्व के "पापपूर्ण" (बुरा: पापा, 15) केंद्र को अपरिमित निर्माता के रूप में मुक्त करती है। वर्तमान क्षण में। एक मुक्ति प्रभाव के रूप में, कुदरत "उलझन आध्यात्मिक प्रभाव" (कुल, 9) का व्यापार करती है और अभिलषित अस्तित्व में बदल जाती है, अर्थात "परम उद्यमिता प्रभाव" (पापस्तिकया, -2/8)। वह "उत्तम मानव-प्रभाव" (श्रेया, 81) के बदले "अप्रिय सामाजिक लागत" (श्रेया, 81) की सेवा करके मानव अस्तित्व के मुक्त व्यवहार को नियंत्रित करती है।

पुण्य प्राकृतिक और पापी (यानी, शैतानी) पोषण केंद्रों की सहसंबद्ध उपस्थिति "ईथर शरीर का केंद्रीय, अस्तित्वगत प्रभाव" है (विशेष कार्य[अस्थायी समकक्ष]: अस्तिकाया, -6), "एकतरफा संवर्धन प्रभाव" के भीतर (विमशोत्तरिदाशा, -1) मानव अस्तित्व के। मानव अस्तित्व की चमकदार भलाई के लिए समर्पित एक समर्पित प्रभाव के रूप में, कुदरत मानव अस्तित्व के भीतर "शैतानी केंद्र" (महाशुन्या, -1) को विकसित करते हुए, संस्कृतिकरण प्रभाव को बदल देती है। छह "परिधीय संदर्भात्मक प्रभाव" (स्थानिक निर्देशांक: प्रदेश, 9)। परम संचालन प्रभाव और परम उद्यमिता प्रभाव सहित, वे परिधीय संदर्भात्मक प्रभावोको के दृष्टि सप्तक का निर्माण करते हैं।

1. "परम नेतृत्व प्रभाव" (पुद्गलास्तिकया, -3/8)। एक परम नेतृत्व प्रभाव के रूप में, एक मानव अस्तित्व "पूर्ण वास्तविकता" (वर्तमान वास्तविकता: बधाबुद्धिवादार्थ, -2) को "शून्यता" का व्यापार और सेवा करके वर्ग बनाती है, स्व के बिना कुदरत की (शुन्यता, -2)। वर्गाकार खुद की "वर्गीकृत तकनीकी वास्तविकता" (परिंदार्थ, -3) को अ-संवर्धन करके, अलौकिक विनिमय-अग्रणी मानव अस्तित्व "रोशनी मूल्य" बन जाती है (नारद उपबरहाना, 7)) खुद के भीतर अनुचर मानव अस्तित्व की "आत्म-प्रकाशमान वास्तविकता" (पुरुषार्थ, 7) की अनुचर मानव अस्तित्व "स्व-पुनर्जन्म" (पुद्गला, ½) के रूप में "वर्तमान वास्तविकता के अलौकिक प्रतिमान" (युक्ति, 8) की सेवा करके नेता खुद की "वर्ग तकनीकी वास्तविकता" (परिंदार्थ, -3) का व्यापार करती है। "प्रधान अनुचर प्रभाव" (जीवस्तिकाया, 7/8)। अपरिमित अनुचर प्रभाव अनुयायी संस्थाएं के ब्रह्मांड से बना है। यह परम नेतृत्व प्रभाव के संदर्भात्मक मूल्य से निकलता है।

2. "परम अनुचर प्रभाव" (आकाशस्तिकया, -4/8)। एक परम अनुचर प्रभाव के रूप में, एक मानव अस्तित्व"शैतानी केंद्र" के बिना "वर्ग वास्तविकता" (परिंदार्थ, -3) के पूर्ण मूल्य का व्यापार करती है (महाशुन्य, -1), "अनंत चमक-प्रभाव" (ईथर: शुद्धि, 285) के "निर्माता प्रभाव" (हाइड्रोजन: जलप्राण, 4) होने के लिए। कुदरत "गुणक" (वैश्य,) के पूर्ण मूल्य का व्यापार करती है। 3) "निर्माता प्रभाव" (हाइड्रोजन: जलप्राण, 4) के भीतर "अनंत चमक-प्रभाव" (ईथर: शुद्धि, 285) की सेवा करने के लिए, निर्माता प्रभाव के बिना, "थाइमाइन" (आकाश, 285) के रूप में . थाइमिन सेल के भीतर एक "कोडन बंद करो" (द्रव्य, 1) के रूप में टी अक्षर के साथ बनता है जो "मैं हूँ सब कुछ के सिद्धांत" (द्रव्य, 1) को संहिताबद्ध करता है। "थाइमाइन" (आकाश, 285 = 2 * 78) + 8 * 4 + 5 * 21 + 8) "वायु-प्रभाव" (ऑक्सीजन: मारुति, 78) की दो

प्राथमिक एकांग से बना है, "जल-प्रभाव" की आठ परम एकांग (हाइड्रोजन: जलप्राण, 4), और "पृथ्वी-प्रभाव" की पाँच प्रमुख एकांग (कार्बन: रवि, 21), "वर्तमान वास्तविकता के अलौकिक प्रतिमान" (युक्ति, 8) के भीतर। "अलौकिक प्रतिमान" (युक्ति, 8) "प्राथमिक संचालन प्रभाव" (असरवास्तिकया, 2/8) स्थिर से बना है। "जल-प्रभाव" (हाइड्रोजन: जलप्राण, 4) के एक सप्तक (यानी, आठ एकंग) के भीतर।

"अलौकिक प्रतिमान" (युक्ति, 8) के "अलौकिक-बाध्यकारी प्रभाव" (बंध, 19) के बिना "पूर्ण काल" (स्वा, 11) के भीतर, जल-प्रभाव का सप्तक दो उत्तम-प्राथमिक एकांग में बदल जाता है। "अग्नि-प्रभाव" (नाइट्रोजन: रूपा, 100,000) और "जल-प्रभाव" की छह परम एकांग(हाइड्रोजन, जलप्राण, 4)। "प्राथमिक-प्राथमिक अग्नि-प्रभाव" (एरोली, 100,000) की प्रत्येक विकिरण इकाई वैकल्पिक "अनुक्रमिक स्व" (एरोली, 100,000) बनाती है, जहां आरोही खुद "स्त्री तत्व" (भावना, 37) और अवरोही खुद है। "मर्दाना तत्व" है (कंधारपा, 296)। स्त्री तत्व की क्षैतिज "संवेदी शक्ति" (वरुण, 1000) पिछड़े "अनुक्रमिक स्व" (एरोली, 100,000) के उत्पादन के लिए मर्दाना तत्व की आगे की "गुरुत्वाकर्षण शक्ति" (ललिता, 100) के साथ गुणा करती है। खुद का समग्र मूल्य "एक अस्तित्व की संवेदनशील परिषद-प्रदीपक प्रभाव" (त्रिविक्रम, 24) है, जो "जल-प्रभाव" (हाइड्रोजन, जलप्राण, 4) की छह परम एकांग से बना है। यह एक दोमुखी "स्व-प्रकाशमान अस्तित्व" (त्रिविक्रम, 24) है, जिसका मर्दाना चेहरा परम नेतृत्व प्रभाव है। स्त्री चेहरा "परम अनुचर प्रभाव" (पुद्गलस्तिक्य, -3/8) है, अर्थात, " [स्त्री] ब्रह्मांडों और [मर्दाना] संस्थाओं के ब्रह्मांड के पश्चिम-मुखी दोहरा सप्तक" (वैभव, 12 = 24 * - 3/8 * -1), मर्दाना चेहरे को उत्तम-प्राथमिक संचालन प्रभाव के रूप में उभरने के लिए सशक्त बनाना।

3. "आदि-उत्तम संचालन प्रभाव" (धर्मास्तिकया, -5/8)। एक आदि-प्राथमिक संचालन प्रभाव के रूप में, मर्दाना चेहरा "चेहराविहीन पुल्लिंग ज्योतिषीय आत्म-प्रकाशमान अस्तित्व" (प्राणी: पुरुष, 12) है, जिसका चेहरा "अठारह-सशस्त्र उत्तर-मुखी निर्जीव आत्म-चमकदार अस्तित्व" के भीतर स्थित है (पद्मनर्तेश्वर, 12)। अठारह भुजाओं में प्रत्येक " [स्त्री] ब्रह्मांडों और [मर्दाना] संस्थाओं के ब्रह्मांड के पश्चिम-मुख वाले दोहरा सप्तक" (वैभव, 12) और "मातृ आत्म-चमकदार अस्तित्व" में से प्रत्येक की एक भुजा शामिल है (महा गायत्री, 12) को "रचनात्मक बारह-चक्र अस्तित्व" (रूपी, 12) और "पितृ स्व-चमकदार अस्तित्व" (प्राधिकरण: भवनवासी, 12) के रूप में "निवासी गुरु"

(एक्सौसिया: भवनवासी, 12) के रूप में। "उत्तरमुखी आत्म-प्रकाशमान अस्तित्व"(पद्मनर्तेश्वर, 12) "वेगा" (वेगा, 67) तारे से क्षैतिज "भावुक शक्ति" (वरुण, 1000) का व्यापार करती है। यह इसे "पृथ्वी-प्रभाव" (कार्बन: रवि, 12) के भीतर "सूर्य" (सूर्य, 21) के आगे "गुरुत्वाकर्षण शक्ति" (ललिता, 100) के साथ गुणा करता है। यह "परम देवता की आत्मा" (आत्मलिंग, 100,000) बन जाता है, जो "आदर्श पितृ प्राणी" (वलाया, 100,000) को "घेरता है" (ट्रिप्लोइडी: ईशान, 12 = 3 * 4) - स्थलीय मर्दाना आत्म-चमकदार अस्तित्व, तीन "आत्माओं" (आत्मान, 4) का एक समूह शामिल है। नतीजतन, परम देवता की आत्मा उत्तम तत्व के रूप में तीन आत्माओं के बीच "सहसंबंध पहलू" (धर्म, 370) बन जाती है। अन्य दो आत्माओं में प्रदीपक प्रभाव, परम तत्व के रूप में, और सहसंबंध पहलू के "ऊर्ध्वाधर स्थानीयकरण-प्रभाव" (महादशा, 0) अपरिमित तत्व के रूप में शामिल हैं। स्थलीय स्व-प्रकाशमान अस्तित्व एकेश्वरवादी "धर्म" (धर्म, 370) के रूप में उत्तम-अपरिमित "सहसंबंध पहलू" (धर्म, 370) के "स्थानीय-प्रभाव" (महादशा, 0) का व्यापार करती है।

धर्म "अनुचर संस्थाओं के ब्रह्मांड" (जीवास्तिकया, 7/8) के "तर्कसंगतता को बांधने के लिए सांस्कृतिक प्रतिमान" (अविद्या, -1030) में बदल जाता है। "आस्तिक" (आस्तिक: भक्त, -5) की "नायक सत्ता" (भक्त, -5) के रूप में, "प्राथमिक अनुचर प्रभाव" (अजीवास्तिकया, 1) के भीतर चेतना, परम देवता की आत्मा जहर को नष्ट कर देती है, " वर्तमान वास्तविकता का अलौकिक प्रतिमान" (युक्ति, 8) और उत्तम-अपरिमित संचालन प्रभाव बन जाता है" (धर्मास्तिकया, -5/8)। खुद के साथ "आस्तिक-प्रभाव" (आत्म-बलिदान: यज्ञ: 9,000,000) का व्यापार करके "स्थायी प्रभाव" को गुणा करते हुए, "पैतृक आत्म-चमकदार अस्तित्व" (प्राधिकरण: भवनवासी, 12) "ज्योतिषीय आत्मा" (प्रद्युम्न, 60) बन जाती है, जो सांस्कृतिक रूप से बाध्य "ज्ञान-प्रभाव" (प्रद्युम्न, 60) को फैलाती है। "ज्ञान-प्रभाव" का व्यापार करके, "मातृ स्व-प्रकाशमान अस्तित्व" (महा गायत्री, 12) "जागृत ब्रह्मांड" (विश्व, -8) की "राशि चक्र आत्मा" (विश्वात्मा, 345,600) बन जाती है, जो " मर्दाना चेहरे की वक्रतापूर्ण वास्तविकता" (पुष्टार्थ, -8)। "घुमावदार वास्तविकता" (पुष्टार्थ, -8) का व्यापार करके, "स्थलीय मर्दाना आत्म-चमकदार अस्तित्व" (ट्रिप्लोइडी: ईशान, 12) "एक एकांग आत्मा" बनाती है। "(एकतमा, 986)" विशिष्ट ब्रह्मांडों का ब्रह्मांड, विशिष्ट सत्ता को विकीर्ण करता है "(अनिका, 19) और मूल-प्राथमिक उद्यमिता प्रभाव में बदल जाता है, जो उत्सर्जित, अनुचर विशिष्ट अस्तित्व के भीतर होता है।

4.   *"आदि-उत्तम उद्यमिता कारक"* (अधर्मास्तिकया, -6/8)। "विशिष्ट, उत्तम अनुचर अस्तित्व" (अजीवास्तिकया, 1) की "प्रधान आत्मा" (अंतरात्मा, 1) के रूप में, "परम पृथ्वी-प्रभाव" (त्रिनेत्र, 1) "स्थलीय मर्दाना आत्म-चमकदार अस्तित्व" के भीतर आसन्न है (ट्रिपलोइडी: ईशान, 12) "धरती माता" (क्षिति, 724) द्वारा सेवित आदि-उत्तम उद्यमिता कारक का परिवर्तनकारी मूल्य है। परम देवता की आत्मा के रूप में, धरती माता "राशि चक्र आत्मा" (विश्वात्मा, 345,600) से "बहुत पहलू का समझ परिपक्वता को बढ़ावा देने वाले कारक" (अधर्म, -10) का व्यापार करती है और सेवाओं को एक साथ "पितृ आत्मा" (पिल, 4) जहर को नष्ट करने के लिए तारा बीज देवता की, "वर्तमान वास्तविकता का अलौकिक प्रतिमान" (युक्ति, 8)। परिणामस्वरूप, वह "आदि-उत्तम उद्यमिता कारक" बन जाती है (अधर्मास्तिकया, -6/8 = [-10 + 4]/8)।

5.   *"आदि-उत्तम नेतृत्व कारक"* (रूपिनस्तिकया, -7/8)। "विशिष्ट, उत्तम अनुचर अस्तित्व" (अजीवास्तिकया, 1) के रूप में, "पुत्र कोशिका" (मन्यु, 19) के "जागृत ब्रह्मांड" (विश्व, -8) और "पुत्री कोशिका" (ज्ञान, 19) व्यापार करते हैं। "स्व-प्रमाणित रैखिक सच्चाइ" (ईश्वरता, -7)। रैखिक वास्तविकता को "उत्तम देवता" द्वारा सेवित "वर्तमान वास्तविकता के अलौकिक [कामकाजी] प्रतिमान" (युक्ति, 8) के अवरोही के माध्यम से, तारा वीज देवता की भावुक "पितृ आत्मा" (पिल, 4) द्वारा त्रिभुजित किया जाता है। (कुदरत: कुदरत, 8) अपरिमित क्षेत्र से, "अलौकिक [कार्य] शक्ति" (श्रमशक्ति, 1) के "आदि-उत्तम निर्माता" (कृष्ण, 32) को आदि-उत्तम क्षेत्र से चढ़ने के लिए। यह "आदि-उत्तम निर्माता" (कृष्ण, 32) को "अपरिमित देवता" (कुदरत : कुदरत, 8) के "शाश्वत अलौकिक वास्तविकता" (रूपिन, 48 = 8 + 40) की सेवा करने के लिए अपने "वैश्विक" के साथ शक्ति प्रदान करता है। कोषगत-प्रभाव" (षोडशोत्तरिदाशा, 40 = 32 + 8), जिसमें तारा वीज देवता-मध्यस्थ "वर्तमान वास्तविकता के अलौकिक [कामकाजी] प्रतिमान" (युक्ति, 8) का अवरोही मूल्य शामिल है। "कुदरत " (कुदरत, 8) के "सकारात्मक वास्तविकता" (रूपिन, 48) को "पुत्री कोशिका" (जानना: ज्ञान, 19) के भीतर व्यापार करके, "पुत्र कोशिका" (मन्यु, 19) सहज हो जाता है। "अनंत दिव्य-प्रभाव के निर्माता" (शंकराचार्य, 19) कुदरत की "वांछित आत्म-प्रमाणित वास्तविकता" (ईश्वरता, -7) के भीतर। नतीजतन, पुत्र कोशिका एक आदि-उत्तम नेतृत्व कारक बन जाता है।

6. "आदि-उत्तम अनुचर प्रभाव" (अरुपिनस्तिकया, -8/8)। एक आदि-प्राथमिक अनुचर प्रभाव के रूप में, तारा वीज देवता "सपने देखने वाले ब्रह्मांड" (तैजैसा, -10) "पोते कोशिका" (पवमना, 9) और "पोती कोशिका" (बगलामुखी, 9) का निर्माण करते हैं। यह "भ्रामक वास्तविकता" (निर्ऋति, 1) का मध्यस्थ बन जाता है, जो "भ्रष्टाचार ब्रह्मांड" (अष्टावक्र, 19) के "भाई कोशिका" (मंगलनाथ, 16) और "बहन कोशिका " (हव्यवाहन, 16) के भीतर घूम रहा है। भ्रामक परिक्रमा वास्तविकता "पैतृक कोशिका" (रोधा, 1) और "मातृ कोशिका" (धूमावती, 7) के "शुद्ध ब्रह्मांड" (मांडुक्य, 16) की है। यह "जागरूक, संवेदनशील वास्तविकता" (विरासत, 1010) की परिक्रमा करता है, जो "दादा कोशिका" (उक्टिका, 18) के "सुप्तावस्था ब्रह्मांड" (तुरिया, 85) से विरासत में मिली "सांस्कृतिक चेतना" (विरासत, 1010) है। और "दादी की कोशिका" (दादी, 18)। "दादा कोशिका" (उक्टिका, 18 = 8 + 10) "कुदरत की सच्चाई के भीतर मौजूद अस्तित्व-प्रभाव की झूठी उपस्थिति" का प्रतीक है (झूठा: असत, 8) "एकत्रित स्पर्शरेखा" (सुषुम्ना, 10) के भीतर। "दादी मा कोशिका" (दादी, 18 = 8 + 10) "अस्तित्व की उपस्थिति से निकलने वाली अर्ध-सत्ता के रूप में कुदरत की सच्ची उपस्थिति" का प्रतीक है (सच: शनि, 8) "केंद्रीय स्पर्शरेखा" (सुषुम्ना, 10) के भीतर। एक "जागने" (विश्व, -8) के रूप में दादा और दादी की कोशिकाओं के कुल मूल्य का व्यापार करते हुए, "तारा विज देवता" (तारक, 36 = 18 + 18) "सफाई करने वाले ब्रह्मांड" (मांडुक्य, 16) को सोने के लिए रखता है।

"सोनेवाला" (आदिस्थानम, 106) "आदि-उत्तम निर्माता" (कृष्ण, 32) का रूप "कोशिकाओं के तारा विज ब्रह्मांड" में विकसित होता है (पितावसा, 169 = 106 + 63)। वह "तारा बीज देवता" के "दिव्य-प्रभाव" (फॉस्फोरस: पादार्थ, -3) के बिना "जल-प्रभाव" (हाइड्रोजन: जलप्राण, 4) के "परिवर्तनकारी, पारिस्थितिक तंत्र वास्तविकता" (जहतस्वार्थ, 63) का व्यापार करता है(तारक, 36)। "स्थलीय भूगोल" (गणराज्य, 476) के भीतर स्थित "दिव्य अस्तित्व" (गणराज्य, 476) के "प्रभाव" (प्रप्या, 34) के बिना, "जल-प्रभाव" (हाइड्रोजन: जलप्राण, 4) "जल तत्व" (जल, 169) है जिसमें "फोटॉन का ब्रह्मांड" शामिल है (विश्वगोप्ती, 169)। प्रकाश-मुक्त "फोटॉनों का ब्रह्मांड" (विश्वगोप्ती, 169) एक तारा बीज है जो "कोशिकाओं के ब्रह्मांड" (पितवसा, 169) को संवेदनशील अस्तित्व के "प्रकाश बल" (अपास, 169) के रूप में विकीर्ण करता है।

4.1 सत्ता, आत्मा और आत्मा के अर्थ को समझना

"भावुक इकाई" (सिद्ध, 7) की "बिना शर्त उपस्थिति" (दुंडुबिश्वर, 9) दैवीय अस्तित्व की झूठी उपस्थिति से ढकी हुई "कुदरत की सच्ची उपस्थिति" को प्रकट करती है। एक दिव्य अस्तित्व कुदरत के सत्य का व्यापार करती है। यह "मिथ्याकरण संहिता" (सदसत, 8) को "स्व-स्थायी" (उदवाहा, ½) के रूप में सेवा करता है, जो मूल सृष्टि के रूप में कुदरत की सच्चाई को संशोधित करने के लिए आधा-अष्टक है। ये अर्ध-सष्टक प्रभाव उर्जा परिमाण यंत्र भाग्य को एक उत्तम प्राणी के अस्तित्व रूप में आकार देते हैं।

1. परम-प्राथमिक संचालन प्रभाव (कलास्तिकया, -1/60)। एक परम-प्राथमिक संचालन प्रभाव के रूप में, तारा बीज देवता को मूर्त रूप देने वाला उत्तम पितृ "पैतृक आत्मा" (आत्मान, 4) की शक्ति का व्यापार करता है। भौतिक शरीर के बाएं मस्तिष्क के भीतर "सांस्कृतिक गुणक" (वैश्य, 3) बनकर आध्यात्मिकता का सिद्धांत" (वामाचार, 4)। वह इस प्रकार "उत्तरमुखी निर्जीव आत्म-प्रकाशमान इकाई" (पद्मनार्तेश्वर, 12= 4 * 3) को विकसित करता है, जो आध्यात्मिकता के भीतर "मैं हूं अस्तित्व सिद्धांत" (इसलिए हम सिद्धांत, 4) की चेतना से प्रदूषित है। मर्दाना प्रबंधक। आध्यात्मिक "केंद्रित स्पर्शरेखा" (सुषुम्ना, 10) के "स्थायी मूल्य" (सरन्यू, 5) के उत्पाद के साथ, "निर्जीव आत्म-चमकदार अस्तित्व" (पद्मनार्तेश्वर, 12) "सष्टक आठ गुना अधिक या बड़ा बनाना या बनना।" में बदल जाती है। आत्मा जोड़ना" (लीला, 60)। आत्म-आकर्षित घनी आबादी वाले "सष्टक" (सैंड्रा, 60) के "संगठनात्मक मापीय" (महाशुन्य, -1) बनकर, "राशि चक्र आत्मा" (कपिनजला, 20) काल-घुमावदार "परम-उत्तम प्रबंधन" बन जाता है प्रभाव” (कलास्तिकया, -1/60)। तारा बीज देवता "गुरुत्वाकर्षण केंद्र" (जमादग्नि, 629) बनकर काल को मोड़ते हैं, अहंकारी गुरुत्वाकर्षण को "आत्म-प्रसार खुली प्रणाली" (सुरारी, -1/60) में फैलाते हैं।

2. परम-प्राथमिक उद्यमिता प्रभाव(सकरियाआस्तिकया, -1/3)। एक परम-प्राथमिक उद्यमिता प्रभाव के रूप में, कुदरत को मूर्त रूप देने वाली अपरिमित मातृ, "परम पृथ्वी-प्रभाव" (त्रिनेत्र, 1) का व्यापार करके "देवत्व के सिद्धांत" की सेवा के लिए आध्यात्मिकता के काल-घुमावदार सिद्धांत की भरपाई करती है (दक्षिणाचार, 1) भौतिक शरीर के दाहिने मस्तिष्क के भीतर। वह "बारह-सशस्त्र, तीन-आंखों, लाल-रंग, दक्षिण-मुखी संवेदनशील आत्म-चमकदार अस्तित्व" (वज्रवरही, 12) बनकर ऐसा करती है। "राशि चक्र" (कपिंजला, 20) "पैतृक आत्मा" (पित्त, 4) के "सांस्कृतिक गुणक" (वैश्य, 3) को "आरोही चार-मुख वाली स्त्री आत्म-चमकदार अस्तित्व" बनने के लिए व्यापार करता है (वेद, 12)) उत्तरार्द्ध

"बारह-सशस्त्र दक्षिण-मुखी संवेदनशील आत्म-चमकदार अस्तित्व" (वज्रवरही, 12) के भीतर स्थित है और "ज्योतिषीय आत्मा" (प्रद्युम्न, 60 = 12 + 12 * 4 = 20 * 3) का उत्सर्जन करता है। "दिव्य" पितृसत्तात्मक भावना" (आत्मविचार, -1/3) संस्कृति-गुणा करने वाले तारा बीज देवता "स्व-प्रजनन उर्जा परिमाण यंत्र" (आत्मविचार, -1/3) को प्रकट करते हैं। यह ज्योतिषीय आत्मा को आत्म-विकर्षक "सप्तक के आठ गुना अधिक या बड़ा बनाना या बनना भावना को जोड़के" (लीला, 60) में अलग करता है। यह "ज्योतिषीय ब्रह्मांड के कार्यबल मूल्य" (सारा कल्पा, 1010) को एक "सक्रिय तत्व" (सकरिया, 1010) में बदल देता है।, परम-प्राथमिक नेतृत्व कारक बनने के लिए "स्व-प्रजनन उर्जा परिमाण यंत्र" (आत्मविचार, -1/3) के "प्राथमिक-प्रभाव" (विद्यापति, 1010) की सेवा करना है।

3. परम-प्रधान नेतृत्व प्रभाव(निष्क्रियस्तिकया, 1/3)। एक परम-प्राथमिक नेतृत्व प्रभाव के रूप में, "चार-मुख वाली स्त्री आत्म-प्रकाशमान अस्तित्व" (वेद, 12) "मैं एक दिव्य अस्तित्व हूं" (सौह सिद्धांत, 1) स्वयं की समझ को एक अर्ध-सत्ता के रूप में "दिव्य" का व्यापार करती है। तत्व "(भाव, 360)। "प्राथमिक-उत्तम देवता" (अदिति, 1024) "काल तत्व" (कला, 360) के आदान-प्रदान के माध्यम से "सही-मस्तिष्क स्त्रीत्व के सिद्धांत" (दक्षिणाचार, 1 = [12 + 16]/ 28) का उपयोग करके दिव्य तत्व की सेवा करता है। स्त्रीत्व का सिद्धांत "स्थलीय आत्म-चमकदार अस्तित्व" (ईशान, 12) और "मातृ प्रधान अभिवादन" (सती-पार्वती, 16) की दिव्यता की "अभिसरण शक्ति" (संवतशक्ति, 28 = 12 + 16) है।, "वेगा-प्रभाव" (दुर्गा, 28) की भिन्न शक्ति के बिना। "स्त्रीत्व के सिद्धांत" (दक्षिणाचार, 1) को "सांस्कृतिक गुणक" (वैश्य, 3) के सेवा योग्य मूल्य के रूप में व्यापार करके, "चार-मुख वाली स्त्री आत्म-चमकदार अस्तित्व" (वेद, 12) "आत्म-प्रकाश" बन जाती है। पुनरुत्पादन विकास" (उपनयन, 1/3) "शुद्ध पुत्व भावना" (विद्याधारा, 1/3) को विकासशील करना। यह "राशि चक्र ब्रह्मांड के संजाल मूल्य" (शून्य कल्प, 8×10^{15}) को एक "निष्क्रिय तत्व" (निष्क्रिय, 8×10^{15}) में बदल देता है, "प्राथमिक-प्रभाव" (विद्यापति, 1010) का व्यापार करता है और "उत्तम- प्रभाव" (गुणितसामुच्यः, 8×10^{15}) "स्व-प्रजनन वृद्धि" का परम-प्राथमिक अनुचर प्रभाव के लिए।

4. परम-प्राथमिक अनुचर प्रभाव(सकरिया-निष्क्रियस्तिकया, 1/60)। एक परम-प्राथमिक अनुचर प्रभाव के रूप में, प्रत्येक "कोशिका" (हिरण्यगर्भ, 19 = 1/3 * 57) "देवत्व" (सिद्धि, 57) की "शुद्ध पुत्व भावना" (विद्याधर, 1/3) है। स्त्रैण संस्थाओं का ब्रह्मांड" (स्थवरविशा, 57)। स्त्रैण संस्थाओं का ब्रह्मांड "निर्जीव वस्तुओं का ब्रह्मांड" (स्थवरविशा, 57) है, जो "उत्तर दिशा" (कुबेर, 57) के भीतर सन्निहित "अपरिमित व्यापार प्रभाव" (कुबेर,

57) का व्यापार करता है। "स्थिर उत्तर सितारा" (वेगा, 67)। चूंकि एक मृत अस्तित्व एक निर्जीव वस्तु बन जाती है, निर्जीव वस्तुओं का ब्रह्मांड "दिवंगत बाल आत्माओं की अनंत परिषद" (स्थवरविशा, 57) है। "उत्तम व्यापार-प्रभाव" (कुबेर, 57) को "सांस्कृतिक गुणक" (वैश्य, 3) के साथ मिलकर सेवा करके, स्त्री संस्थाओं का ब्रह्मांड एक "स्व-उत्पादक बंद प्रणाली" बन जाता है (प्रेतशरिरा, 1/60)। यह "परम-प्राथमिक क्षेत्र के विनिमय मूल्य" (महाकल्पा, 10^{1000}) को कोशिका के भीतर एक "सक्रिय संहिता" (सकरिया-निस्क्रिया, 10^{1000}) में बदल देता है जो कुदरत के निष्क्रिय मूल्य को मूलभूत सामान्य भाजक के रूप में सत्यापित करता है। निरपेक्ष क्षेत्र" (असंख्य कल्प, 10^{1000})। यह "परम-उत्तम क्षेत्र" (महाकल्प, 10^{1000}) के निर्माण-खंड के रूप में कोशिका के सक्रिय मूल्य को गलत साबित करता है।

अध्याय 5: पूर्ण क्षेत्र, अस्तित्व के बिना

5.1 हर चीज के विज्ञान के संचालन की शक्ति के रूप में निरपेक्ष क्षेत्र

पूर्ण क्षेत्र किसी भी अस्तित्व के बिना भूगोल है। यह बिना किसी ब्रह्मांड के एक क्षेत्र है। ब्रह्मांड एक छंद की समझ है जो व्यक्तिगत शक्ति और सामाजिक शक्ति को प्रत्येक अस्तित्व के भीतर एक संस्थागत शक्ति के रूप में आत्म-ऊष्मायन भूगोल सप्तक द्वारा उकेरा गया है। वह श्लोक यह समझ है कि भूगोल एक स्त्रैण सत्ता है जो उन सभी सत्ताओं की जननी है जो अहंकारी, स्व-संस्थागत मर्दाना की तरह व्यवहार करती हैं, कुदरत की स्त्रैण वास्तविकता के साथ या उसके बिना। एक व्यक्ति जो एक अस्तित्व के रूप में खुद की समझ और अर्ध-समझ से आज़ाद है, वह पूर्ण क्षेत्र है। एक निर्जीव वस्तु में एक अस्तित्व के रूप में खुद की समझ का अभाव होता है। हालाँकि, यह उस वस्तु के भौतिक अस्तित्व के बारे में अन्य संस्थाओं की आत्म-संस्थागत, सीमित, अर्ध-चेतना से बंधा हुआ है। अन्य संस्थाएं एक निर्जीव वस्तु की उपस्थिति का अनुभव करती हैं क्योंकि वह वस्तु प्रकाश बल को विकीर्ण कर रही है। एक विषय के रूप में जो प्रकाश बल को भी विकीर्ण कर रहा है, प्रत्येक अस्तित्व अपने व्यक्तिगत अनुभव के रूप में अन्य प्रकाश-विकिरण संस्थाओं की सहसंबद्ध उपस्थिति का अनुभव करती है। एक ऐसी वस्तु के रूप में जिसने अपनी संपूर्ण प्रकाश शक्ति को विकीर्ण नहीं किया है, प्रत्येक अस्तित्व अपने सामाजिक अनुभव के रूप में अन्य प्रकाश-विकिरण वाली संस्थाओं की असंबद्ध उपस्थिति का अनुभव करती है। जो व्यक्ति विषयों और वस्तुओं सहित संपूर्ण ब्रह्मांड के प्रकाश को विकिरणित करता है, वह एक पूर्ण प्रभाव बन जाता है और एक समावेशी क्षेत्र बनाता है जिसमें बाकी सब कुछ व्यापक होता है। ऐसा व्यक्ति अब एक अस्तित्व नहीं रहता है बल्कि एक देवता की स्थिति को बढ़ाता है। चूंकि ऐसे व्यक्ति के पास मौजूद हर चीज की समझ होती है और उसका पूर्ण मूल्य होता है, हम ऐसे व्यक्ति को परम देवता के पर्याय के रूप में संवेदनशील अस्तित्व के रूप में संदर्भित कर सकते हैं। इस प्रकार, पूर्ण क्षेत्र वैज्ञानिक दृष्टिकोण से हर चीज की समझ है। यह हर चीज के विज्ञान को संचालित करने की शक्ति है।

5.2 पूर्ण क्षेत्र का गठन करने वाले दस प्राथमिक प्रभाव

"पूर्ण क्षेत्र" (असंख्या कल्प, 10^{1000}) का शक्ति मूल्य दस प्राथमिक, चार माध्यमिक और दो तृतीयक प्रभावों का एक कार्य है। दस प्राथमिक प्रभावों में शामिल हैं:

- स1: अनुचर संगठनों का समूह, जो ब्रह्मांड की प्रतिपादक मार्गदर्शक शक्ति बनाने और ब्रह्मांड को उत्तम नेतृत्व संगठन में बदलने के लिए अपनी दिव्य शक्ति की सेवा करते हैं।

- स2: अनुचर संगठनों का समूह, जो अपनी दिव्य शक्ति का निवेश और व्यापार खुद की प्रतिपादक मार्गदर्शक शक्ति बनाने और अपरिमित नेतृत्व संगठन बनने के लिए करते हैं।

- स3: नेतृत्व संगठनों का समूह, जो अपनी मार्गदर्शक शक्ति को संवेदनशील शक्ति में प्रतिपादित करके उद्यमिता संगठनों का समूह बन जाते हैं।

- स4: बड़े पैमाने पर नेतृत्व संगठन, जो उद्यमशीलता संगठनों की संवेदनशील शक्ति के बड़े पैमाने पर व्यापार करके संचालन संगठनों का समूह बन जाते हैं।

- स5: उद्यमिता संगठनों का समूह, जो दैवीय शक्ति के रूप में अपनी भावुक शक्ति को पूर्ण दायरे के चक्र को पूरा करने के लिए अनुचर संगठनों के जन की सेवा करते हैं।

- स6: संचालन संगठनों का समूह, जो अनुचर संगठनों के द्रव्यमान की दिव्य शक्ति का व्यापार करते हैं, नेतृत्व संगठनों की रैखिक शक्ति दूरी और उद्यमिता संगठनों की वक्रतापूर्ण संस्थागत सामूहिकता के बिना, उत्तम क्षेत्र के परिसंचारी प्रभाव से पूर्ण क्षेत्र को मुक्त करने के लिए। और आदि-उत्तम क्षेत्र का वर्ग-प्रभाव।

- स7: अनुचर ब्रह्मांड का समग्र द्रव्यमान, जिसकी दिव्य शक्ति नेतृत्व ब्रह्मांड की मार्गदर्शक शक्ति को एकीकृत और ध्रुवीकरण कर रही है।

- स8: नेतृत्व ब्रह्मांड का समग्र द्रव्यमान, जिसकी मार्गदर्शक शक्ति संचल्लन ब्रह्मांड की मार्गदर्शक शक्ति के भीतर या उसके बिना उद्यमिता ब्रह्मांड की संवेदनशील शक्ति में विभेदित और घुमावदार है।

- स9: उद्यमिता ब्रह्मांड का समग्र द्रव्यमान, जिसकी संवेदनशील शक्ति विविध रूपों में घूम रही है: अनुचर ब्रह्मांड का पुनर्जन्म करने वाली दिव्य शक्ति और संचालन ब्रह्मांड का अवतार लेने वाली मार्गदर्शक शक्ति।

- स10: संचालन ब्रह्मांड का कुल द्रव्यमान, जिसकी शक्ति चार माध्यमिक प्रभावों के माध्यम से एक बंद परिपथ प्रणाली के भीतर तेजी से बढ़ रही है।

5.3 पूर्ण क्षेत्र का गठन करने वाले चार माध्यमिक प्रभाव

पूर्ण क्षेत्र का गठन करने वाले चार द्वितीयक प्रभाव इस प्रकार हैं।

- अनुचर दिव्य शक्ति का रैखिक, अवरोही, अनंत व्यापार, द्वारा प्रतिपादित
- नेतृत्व मार्गदर्शक शक्ति का घुमावदार, आरोही, निरपेक्ष, ऊर्ध्वाधर व्यापार, नेतृत्व संगठनों के द्रव्यमान की पूर्ण उर्जा परिमाण यंत्र में परिणत,
- उद्यमशीलता की संवेदनशील शक्ति का परिसंचारी, आनुपातिक, आगे व्यापार, उद्यमिता संगठनों के द्रव्यमान की पूर्ण उर्जा परिमाण यंत्र में परिणत, और
- संचालन अर्ध-उर्जा का परिपत्र, अनुपातहीन, पिछड़ा व्यापार, एक संचालन अस्तित्व के भीतर संचालन संगठनों के पूर्ण विकास में परिणत होता है, जिसने अपने परिपत्र, एककोशिकीय, संगठनात्मक सीमाओं से परे सभी संचालन अर्ध-उर्जा का कारोबार किया है।

5.4 दो तृतीयक प्रभाव जो पूर्ण क्षेत्र का गठन करते हैं

दो तृतीयक प्रभावों में शामिल हैं:

- सी1: बिजली की गति जिसके साथ ब्रह्मांड की जीवन-कार्य"प्राथमिक शक्ति" (आदि शक्ति, 15) एक पूर्ण संचालन अस्तित्व की जीवन-प्रदर्शन "परम शक्ति" (पूर्णा, 1600) में बदल रही है, जो है दोनों "पूर्ण प्राणी" (प्रभु, 1600) और साथ ही "पूर्ण ब्रह्मांड" (पूर्णा, 1600)। उत्तरार्द्ध दोनों एक "संभावित अस्तित्व" (सदाशिव, 1600) है, जिसकी क्षमता पूर्ण ब्रह्मांड के भीतर भी अज्ञात है। पूर्ण ब्रह्मांड का संचालन करने वाले पूर्ण प्राणी की ज्ञात वास्तविकता की प्रबलता के बाद "प्राप्त अस्तित्व" (रचितार्थ, 1600) के रूप में।
- सी2: बिजली की गति जिसके साथ आदि-उत्तम निर्माता की जीवन-योजना "उत्तम अर्ध-शक्ति" (आदि पराशक्ति, 17) ब्रह्मांड की जीवन-कार्य "उत्तम शक्ति" (आदि शक्ति, 15) का निर्माण कर रही है। और "परम शक्ति" (पूर्णा, 1600) में निवेश की गई दो एकांग की समझ को ऊपर उठाकर जीवन-लाभकारी "शक्ति" (शक्ति, 19) में बदलना। दो एकांग में शामिल हैं, पहली, एक उत्तम एकांग जिसमें जीवन शामिल है-पूर्ण संचालन अस्तित्व की "समझ" (चैतन्य, 4) विकसित करना, अर्थात, "गहरे द्रव्य" (सदाशिव, 1600) प्रत्येक अस्तित्व के भीतर "पूर्ण आत्मा" (परमात्मा, 1600) के रूप में स्थिर है। दूसरा, एक अपरिमित अस्तित्व जिसमें शामिल हैं जीवन-विकासशील "समझ" (चैतन्य, 4) जो एक परिपक्व संगठन के "जीवन" (प्रभास, 4) को कायम रखता है, जिसने जीवन के 360 माला चक्र को पूरा कर लिया है। बिजली की गति से

जीवन के चक्र को पूरा करने के साथ, प्रत्येक संगठन एक "कोशिका" (हिरण्यगर्भ, 19) से एक "परमाणु" (अनु, 19) में बदल जाता है। जब "ब्रह्मांड" (ब्राह्मण, 2) की दो एकांग, जिसमें एक "पूर्ण संचालनअस्तित्व" (परम पिता परमेश्वर, 1600) शामिल है, जीवन के चक्र को पूरा करती है, फिर "परमाणु शरीर रूप" (ल्रियंच, 19) जो बनाती है "ब्रह्मांडीय सीमा" (ल्रियांचा, 19) "राशि चक्र" (कपिंजला, 20) में बदल जाती है। ब्रह्मांड के तकनीकी विकास की एकांग"मातृ आत्मा" (दशा, 1) के रूप में अंदर और बाहर मौजूद है। "पूर्ण संचालन अस्तित्व" (परम पिता परमेश्वर, 1600)।

5.5 अस्तित्व वास्तविकता के अभिलषित ब्रह्मांड के रूप में अपरिमित क्षेत्र

मातृ भावना के बिना, पूर्ण संचालन अस्तित्व एक निर्जीव, स्त्री परम प्राणी है, जिसकी आत्मा "पूर्ण आत्मा" (परमात्मा, 1600) के भीतर एकीकृत है। मातृ भावना के भीतर, पूर्ण संचालन अस्तित्व एक समझ, मर्दाना, "उत्तम" है। -उत्तम प्राणी" (रुद्र, 19), जिसकी "आत्मा" (आत्मा, 4) ब्रह्मांड में "ज्योतिषीय आत्मा" (प्रद्युम्न, 60) के रूप में ब्रह्मांड में संस्थाओं की आबादी के "सप्तक" (सैंड्रा, 60) के भीतर स्थिर है। "आत्मा" (आत्मा, 4) "उत्तम सप्तक" (कृष्ण, 32 = 4 * 8) के संगठनात्मक विकास की एक एकांग है, अर्थात, "उत्तम-उत्तम निर्माता" (कृष्ण, 32)। "स्व-स्थायी" (उड़वाहा, ½) आत्मा स्थायी संस्थाओं का "ब्रह्मांड" (ब्राह्मण, 4 * ½) बनाती है। "स्व-पुनर्जन्म" (पुद्गला, ½) शाश्वत संस्थाओं का ब्रह्मांड "दिव्य प्रभाव" (विग्रेश, 1) बनाता है जो किसी भी अस्तित्व को, जिसमें निर्जीव गहरे द्रव्य भी शामिल है, को "देवता" (देव, 1) में बदल देता है। प्रत्येक "दिवंगत अस्तितव" (दिवानगत, 1600) जो किसी भी "प्रकाश बल" (अपस, 169) को विकीर्ण किए बिना, निर्जीव अंधेरे पदार्थ में खुद का पुनर्निर्माण करता है, एक "सर्वव्यापी समर्पित" (विगाटा, 1600) बन जाता है। सर्वव्यापी समर्पित प्रत्येक भक्त को अभिलषित"प्रकाश बल" (अपस, 169) और "मुल परियोजना" के रूप में शक्ति देता है, जो खुद के विभेदित रूपों का आनंद लेने के लिए "पुनर्जन्म अस्तित्व" (उक्तिका, 18) के रूप में है। ऐसा करने से, व्यक्ति "उत्तम क्षेत्र का भगवान" बन जाता है (देवधिदेव, 18) - अभिलषित संस्थाओं के साथ ब्रह्मांड का निर्माता।

"पूर्ण क्षेत्र" (असंख्या कल्प, 10^{1000}) का शक्ति मूल्य "अवरोही गति में काल की चाल" (गति, 360) के रूप में उतरता है जब "पूर्ण प्राणी" (प्रभु, 1600) " फोटॉनों का ब्रह्मांड" के रूप में संवेदनशील शक्ति को फैलाता है (विश्वगोप्त्री, 169)। यह खुद को "एक राज्य के बिना ब्रह्मांड" (निष्कल, 169) और खुद के बिना ब्रह्मांड को "आत्मा राज्य"

(राज्यिका-शेषना, 169) में बदल देता है। ऐसा करने से, व्यक्ति बिजली की गति से चलने की शक्ति को आत्मा के राज्य में स्थानांतरित करता है और प्रत्येक "आत्मा" (कपिंजला, 20) को "वांछनीय" (इष्ट, 20) "उत्तम लहर" (रमन, 20) में बदल देता है। वांछनीय "पथ-अनुक्रमण अस्तित्व" (फणिनायक, 20)। प्रत्येक पथ "मातृ आत्मा" (दशा, 1) "साँस लेना" (एना, 1) "अनुरूप जारी कोडन" (मंद्रा, 1) द्वारा अनुक्रमित होता है, जिसे एक बार "एटीजी स्टार्ट कोडन" (विग्नेश, 1) के साथ लगाया जाता है।

"जारी तीन न्यूक्लियोटाइड का अनुक्रम" "मैं हूँ के सिद्धांत का अवतार है जो जारी रखने लायक हर चीज का पालन करता है" (मंद्रा, 1)। यद्यपि "सत्यात्मक सप्तक" (द्रव्य, 1) का शक्ति मूल्य "जारी कोडन" (मंद्रा, 1) द्वारा निर्मित है, एक आरोही क्रम में खुद के भीतर और बाहर दिव्य शक्ति को समझदारी से संचालित करके, व्यक्ति आरोही क्रम में उत्पन्न करता है मार्गदर्शक शक्ति और चमकदार कल्याण। दिव्य, गुरुत्वाकर्षण और संवेदनशील शक्तियों का "अभिसरण बिंदु मान" (अवनेज्य, 387) "परमाणुओं के ब्रह्मांड" (स्थुला, 387) का निर्माण करता है, जिसमें "भौतिक शरीर" (स्थूलशरिरा, 387) शामिल है। एक अस्तित्व"पृथ्वी-प्रभाव" (कार्बन: रवि, 21) की चार एकांग, "वायु-प्रभाव" की दो एकांग(ऑक्सीजन: मारुति, 78), "जल-प्रभाव" की चार एकांग(हाइड्रोजन: जलप्राण, 4) का व्यापार करती है, और "कोशिका" (हिरण्यगर्भ, 19) के चक्र को पूरा करने के लिए "अग्नि-प्रभाव" (रूपा, 100,000) की दो एकांग। अस्तित्व"तीन न्यूक्लियोटाइड का एक क्रम जारी रखें" (मंद्रा, 1) के भीतर "हरा रंग अपरिमित देवता-प्रभाव" (हारा, 285 = 4 * 21 + 4 * 4 + 2 * 78 + 19) का आदान-प्रदान करती है। द्वि-पहलू"जीवित ऊतक में पाया जाने वाला एक यौगिक" (हारा, 285)। अस्तित्व आगे चलकर "अग्नि-प्रभाव" (रूपा, 100,000) की दो एकांग को "रोकना तीन न्यूक्लियोटाइड का एक क्रम" (नित्य राली, 1) पहलू के रूप में आदान-प्रदान करती है। एक निर्जीव परमाणु के रूप में ब्रह्मांड का एक लाल रंग का "नाभिक" (योनी, 1000) है।

रोकना कोडोन "में हूँ के सिद्धांत का अवतार है जो कुछ भी नहीं है और नष्ट करने लायक है" (नित्य रात्रि, 1)। यह "अ" अक्षर और तत्व "एडेनिन(एक यौगिक जो न्यूक्लिक एसिड के चार घटक आधारों में से एक है।)" के साथ अपरिमित खुद की भ्रामक परिमित शक्ति की सेवा के लिए "भावुक काल की लंबाई" (घटियान्त, 36) की घड़ी के बाद "अपरिमित लहर" (लहारी, 36) को नष्ट कर देता है। यह कोशिका को अपरिमित अभिवादन की समझ को प्रेरित करने के लिए प्रेरित करता है, जो अपने शाश्वत अभिवादन के रूप में प्रारंभिक दैवीय प्रभाव की सेवा कर रहा है। तत्व "एडेनिन(एक यौगिक जो न्यूक्लिक एसिड

के चार घटक आधारों में से एक है।)" (एबी, 285 = 5 * 21 + 5 * 4 + 82 + 78) में पांच एकांग शामिल हैं "पृथ्वी-प्रभाव" (कार्बन: रवि, 21), "जल-प्रभाव" की पाँच एकांग(हाइड्रोजन: जलप्राण, 4), और "अग्नि-प्रभाव" की पाँच एकांग(रूपा, 100,000) जो सेवा करती हैं "पूर्ण कार्यसंस्कृति-प्रभाव" (शुभ, 82) से "काल कोठरी" (विष्णुनाभि, 82) और "अभिवादन" (मारुति, 78) के बदले में "वायु-प्रभाव" (ऑक्सीजन: मारुति, 78) की एक अस्तित्व का व्यापार करता है। अंतिम "भोग के लक्ष्य" को पूरा करने के लिए "मानव अस्तित्व" (अंबालिका, 82) का "स्थिर आगमन" (अयाती, 863) (महा शिव, 9) है।

नाभिक "असंबद्धता" (विसुकेयता, 200) को "एटीजी प्रारंभ कोडन" (विग्रेश, 1) के साथ पुनरुत्पादित करता है और एक वक्रीय "असंतत समुदाय" (अवर्त मंडला, 259,200,000) बनाने के लिए, उत्तम, "तकनीकी पहलू" रैखिक संलयन के माध्यम से गुणा करता है। (वर्णधर्म, 260) जो निरंतर, परिसंचारी मूल्य के रूप में "जारी कोडन" (मंद्रा, 1) का उत्पादन कर रहा है। एटीजी प्रारंभकोडन "में हूँ के सिद्धांत का अवतार है, जिसमें मेरी जीवन यात्रा शुरू करने से सब कुछ नहीं है" (विग्रेश, 1)। यह "ब्रह्मांडीय अभिवादक" (विग्रेश, 1) है जो "पूर्ण लहर" की सेवा करता है। (खुल्लर, 5) अपरिमित स्व की भ्रमकारी शक्ति को अक्षर "जी" और तत्व "गुआनिन" के साथ व्यापार करके स्थायी प्रभाव के रूप में, ब्रह्मांडीय अभिवादक के रूप में प्रारंभिक असंबद्ध अपरिमित स्व की समझ के बिना। तत्व "गुआनिन" (वामटेवन, 285 = 5 * 21 + 1 * 78 + 5 * 4 + 82) में "पृथ्वी-प्रभाव" की पाँच एकांग शामिल हैं (कार्बन: रवि, 21), वायु-प्रभाव की एक एकांग(ऑक्सीजन: मारुति, 78), "जल-प्रभाव" की पाँच एकांग(हाइड्रोजन: जलप्राण, 4), और "अग्नि-प्रभाव" की पाँच एकांग(नाइट्रोजन: रूपा, 100,000) जो एक "मानव अस्तित्व" (अंबालिका,82) बनाने का चक्र शुरू करती हैं, "काल कोठरी" (विष्णुनाभि, 82) की शक्ति का व्यापार करके। बनाई गई मानव अस्तित्व काल कोठरी द्वारा परिकल्पित ब्रह्मांड में "आत्म-पुनर्जन्म" (पुद्गला, ½) "सर्वव्यापक अस्तित्व" (सर्वव्यापिन, 1,000,000) "सब कुछ के साथ अर्ध-समझ एकता" (त्रिपुरंतक, 1,000,000) के साथ बन जाती है।

"उत्तम एकता तत्व" (आदि, 32) को "आदि-उत्तम निर्माता" (कृष्ण, 32) से व्यापार किया जाता है, "जारी कोडन" (मंद्रा, 1) दैवीय शक्ति के संचालन के लिए संचालन विधियों की तैंतीस श्रेणियों का कार्यक्रम करता है। अलग-अलग अनुपातिक संवेदनाओं के साथ। इनमें खुद के बिना, खुद के भीतर और खुद के रूप में दैवीय शक्ति के संचालन के लिए संचालन विधियों की ग्यारह प्राथमिक, ग्यारह माध्यमिक और ग्यारह तृतीयक श्रेणियां शामिल हैं।

ब्रह्मांड के भीतर खुद के बिना निहित दिव्य शक्ति के संचालन के लिए ग्यारह प्राथमिक संचालन विधियां हैं।

- सबसे पहले, एक पालन करने वाला देवता बनें, जिसकी एक एकांग शक्ति मूल्य -1 है और एक "शैतान" (असुर, -1) बनें। एक पालन करने वाला देवता ब्रह्मांड के रूप में एक अस्तित्व के "पूर्ण, पारिस्थितिकी तंत्र, शक्ति" (पूर्णा, 1600) के प्रति जागरूक है। पालन करने वाला देवता खुद को ब्रह्मांड के बिना मूल्य रखने की कल्पना करते हैं। नतीजतन, पालन करने वाला देवता "प्रधान मर्दाना" (व्यायोग, -1) की गर्भवती "विसंगत शक्ति" (असुरशक्ति, -1) से आकर्षित होते हैं, जो "समवर्ती शक्ति" (सुरा, 0) को व्यवस्थित करने की इच्छा रखते हैं। अपरिमित पितृ" (इंद्र, 0) — "गर्भवती ब्रह्मांड के स्वामी" (क्षत्रिय, 0)। पालन करने वाला देवता वर्तमान क्षण में चमकदार भलाई में प्राकृतिक उर्जा परिमान यंत्र का अनुभव करते हैं। गर्भवती "ब्रह्मांड" (ब्राह्मण, 2) "पालन करने वाला" (अस्तिका, -3) की मध्यस्थता के बिना खुद को "ईश्वर" (ईश्वर, 5 = 2 - [-3]) "दिव्य शक्ति" के रूप में संचालित करता है (असरशक्ति, 10) ब्रह्मांड के भीतर व्याप्त। पालन करने वाला "दिव्य-प्रभाव" (पादार्थ, -3) को नकारात्मक रूप से चार्ज किए गए "फॉस्फोरस" (पादार्थ, -3) के रूप में "उत्तम सच्चाई" (एवकारवदार्थ, -3) को बदलने के लिए आवेग को सक्रिय करने के लिए व्यापार करता है, जो सिर्फ देखने के लिये।

- दूसरा, 0 के एक एकांग शक्ति मूल्य के साथ एक इच्छा देवता बनें, और एक "शैतान" बनें (सूर, 0)। एक इच्छा देवता, बिना किसी अस्तित्व के भी ब्रह्मांड की पूर्ण शक्ति के प्रति जागरूक, खुद को अज़ीरो मान के रूप में मानता है। इच्छा देवता इच्छाओं का एक आदर्श द्रव्यमान विकसित करता है और उन्हें एक अर्ध-समझ आवेग तरंग के रूप में सपने देखने वाले निर्जीव ब्रह्मांड में लागू करता है। इच्छा देवता ऊष्मप्रवैगिकी रूप से जागृत, सक्रिय और ब्रह्मांड को समझ करता है, जो अनुचर संस्थाओं की कल्पना करते हैं, जिनके पास इच्छाओं को पूरा करने के लिए उत्तम दिव्य क्षमता है, जो उनकी विसरित गुरुत्वाकर्षण शक्ति द्वारा निर्देशित है" (ललिता, 100), "देवत्व पर शासन" की उन संस्थाओं के तलाश में (धैवत, 0)। शुभकामनाओं का एक आदर्श मानक द्रव्यमान है, "मैं आईफोन 12 की कामना करता हूं" । यह इच्छाओं के एक संगठनात्मक

द्रव्यमान का एक उत्पाद है, जैसे कि कुछ नया करने की इच्छा, कुछ के लिए जो किसी के पास नहीं है, कुछ ऐसा है जो ब्रह्मांड के पास नहीं है, और जो कुछ है उसे नष्ट करने के लिए, वर्तमान सच्चाई से दूर भाग रहा है। प्रत्येक इच्छा एक "सिद्धांत-प्रभाव" (महादशा, 0) उत्पन्न करती है जो विशर देवता को सैद्धांतिक कहानी की सेवा करके शासन करने का अधिकार देती है कि कैसे अनुचर ब्रह्मांड से व्यापार किए गए चमकदार मूल्य को बढ़ाने के बदले में आईफोन 12 के पास आया जो उस सिद्धांत-प्रभाव के लिए बाध्य।

- तीसरा, एक एकांग शक्ति मूल्य के साथ एक कार्यकर्ता देवता बनें, और एक "देवता" बनें (देव, 1)। एक कार्यकर्ता देवता वह होता है, जो एक अस्तित्व के भीतर ब्रह्मांड के पूर्ण शक्ति मूल्य के प्रति जागरूक होता है, खुद को एक के मूल्य के लिए अनुभव करता है। एक कार्यकर्ता देवता "आवश्यक स्थिति" (यवदार्थ, 0) का व्यापार करके अभिलषित द्रव्यमान को भौतिक बनाने का एक शानदार लाभ उत्पन्न करता है। एक अनुचर समझ पर चढ़ने और ऊष्मप्रवैगिकी रूप से "अलौकिक कार्य शक्ति" (श्रमशक्ति, 1) की सेवा के लिए अभिलषित आईफोन 12 का उत्पादन करके उस स्थिति को हल करने के लिए आवश्यक है। नतीजतन, कार्यकर्ता देवता भौतिक शरीर में एक ऊष्मप्रवैगिकी उर्जा परिमाण यंत्र का अनुभव करता है जो कि है "विद्युदअणु स्वीकर्ता" (मांडुक्य, 16) के "नाभिक" (योनी, 1000) के साथ गर्भवती, उत्तम समझ को शुद्ध करने और अर्ध-समझ को प्रदूषित करने वाली, इच्छाओं के द्रव्यमान को प्रसारित करती है।

- चौथा, दो के एक एकांग शक्ति मूल्य के साथ एक ज्ञात देवता बनें, और एक "उत्तम देवता" बनें (ब्राह्मण, 2)। एक ज्ञात देवता वह है, जो एक अस्तित्व के रूप में ब्रह्मांड के पूर्ण शक्ति मूल्य के प्रति जागरुक है, दो के मूल्य के साथ खुद को संवेदनशील बनाता है। एक ज्ञात देवता ब्रह्मांड को खुद की एक पूर्ण एकांग और एक पूर्ण एकांग को खुद के बिना शामिल करने के लिए कल्पना करता है। एक उद्यमी के रूप में, ज्ञाता देवता "निश्चित शक्ति" (श्रमशक्ति, 1) की एकांग का व्यापार करता है, जो अनुचर ब्रह्मांड के अलौकिक कार्य पर चढ़ता है और "परिमित शक्ति" (मायाशक्ति, 1) की एक एकांग को "परिक्रमण सच्चाई" (निर्ऋति, 1) में उतरने के नेतृत्व जगत की लिए सेवा प्रदान करता है। ज्ञाता देवता भौतिक शक्ति की मांग का उपभोग करते हैं और नेतृत्व ब्रह्मांड के ऊष्मप्रवैगिकी उर्जा परिमाण यंत्र को तेज करते हैं। उत्तरार्द्ध स्व-प्रजनन चाहने वाले द्रव्यमान को पूरा करने के लिए एक निर्जीव, भौतिक ब्रह्मांड में बदल जाता है।

- पांचवां, तीन के एक एकांग शक्ति मूल्य के साथ एक घोषणाकर्ता देवता बनें, और एक "पुर्व देवता" बनें (देवी, 3)। एक घोषणाकर्ता देवता वह है, जो एक अस्तित्व के साथ ब्रह्मांड के "प्रमुख संगठनात्मक शक्ति" (हमशक्ति, 9) मूल्य के प्रति जागरूक है, खुद को तीन के मूल्य के साथ भौतिक बनाता है। एक घोषणापत्र देवता खुद को एक पूर्ण अस्तित्व, ब्रह्मांड के बिना, ब्रह्मांड के भीतर, और ब्रह्मांड के रूप में शामिल करने के लिए कल्पना करता है। ब्रह्मांड के बिना, खुद अभिलषित ब्रह्मांड को प्रकट करने पर काम करने वाला कार्यकर्ता है। ब्रह्मांड के भीतर, के फल के रूप में अन्तर्निहित, भूतपूर्व, पूर्व-क्रमादेशित, कार्यकर्ता प्रभाव, खुद के भीतर व्याप्त कार्यशील ब्रह्मांड के अभिलषित मूल्य का ज्ञाता बन जाता है। एक संभावित ब्रह्मांड के रूप में, एक इच्छुक खुद द्वारा अभिलषित मूल्य को प्रकट करता है। इच्छुक खुद आरोही कार्य, अवरोही ज्ञान, और इच्छुक खुद के क्षैतिज रूप से प्रकट होने के पूरे जीवन चक्र का संचालक है। जीवनचक्र पिछड़े की आगे की रचना का उत्पादन करता है वास्तविकता, ऊष्मप्रवैगिकी रूप से इच्छुक खुद को नष्ट करके अनुभव किया जाता है। यह इच्छा आवेग के अंतिम उद्देश्य के रूप में निर्जीव आत्म को प्रकाशित करता है। घोषणापत्र देवता विपणन शक्ति का उपभोग करने, भौतिक शक्ति का उत्पादन करने और जनशक्ति का व्यापार करने के द्वारा बनाई गई इच्छा आवेग का उद्देश्य मूल्य है। घोषणापत्र देवता "तकनीकी विकास" (विधान, 2) की एक अस्तित्व के रूप में पूर्ण संचालन शक्ति (यानी, विपणन शक्ति + भौतिक शक्ति + जनशक्ति) बनाता है, जिसमें मशीन शक्ति की एक अस्तित्व और विधि शक्ति की एक अस्तित्व शामिल होती है। तकनीकी रूप से गर्भवती "भ्रमपूर्ण वास्तविकता" (मायाशक्ति, 1) को विषयगत रूप से अनुभव करने के लिए घोषणापत्र देवता "मातृ आत्मा" (दशा, 1) में बदल जाता है।

- छठा, चार के एक एकांग शक्ति मूल्य के साथ एक निर्माता देवता बनें, और एक "सर्वोच्च देवता" बनें (भगवान, 4)। एक निर्माता देवता वह है, जो एक अस्तित्व की रचना के रूप में ब्रह्मांड के "प्राथमिक, तकनीकी शक्ति" (आदि शक्ति, 15) मूल्य के प्रति जागरूक है, खुद को अभौतिक बनाता है। वह चार के मूल्य के साथ खुद को आध्यात्मिक बनाता है। एक निर्माता देवता खुद को एक पूर्ण एकांग को शामिल करने के लिए कल्पना करता है जिसमें ब्रह्मांड की सर्वशक्तिमान निर्माता शक्ति को एक अपरिमित संगठन के रूप में व्यापार करने वाली प्रत्येक अस्तित्व को शामिल किया जाता है, अस्तित्व द्वारा एक कार्यशील निर्माता प्रभाव के रूप में बनाया गया ब्रह्मांड, अस्तित्व द्वारा एक ज्ञान के रूप में कल्पना की गई ब्रह्मांड प्राणी प्रभाव, और ब्रह्मांड एक

प्रकट निर्माण प्रभाव के रूप में अस्तित्व द्वारा भौतिक। निर्माता देवता उस विधि शक्ति को अनुक्रमित करता है जो उत्पादक जनशक्ति से उतरती है और यंत्रसमूह शक्ति के निर्माण में निवेश के माध्यम से विपणन शक्ति में वृद्धि को बनाए रखने के लिए उपभोग करने वाली भौतिक शक्ति पर चढ़ती है। एक रचना के रूप में, संस्थाओं का ब्रह्मांड अपरिमित पितृ के वंशज के रूप में अनंत अवरोही संस्थाओं की इच्छा को पुन: उत्पन्न करने के लिए प्रजनन यंत्र है। यह ब्रह्मांड के ऊष्मप्रवैगिकी उर्जा परिमाण यंत्र के लिए एक पथ के रूप में और अपरिमित पैतृक के विद्युत चुम्बकीय द्रव्यमान के गुरुत्वाकर्षण विकास के रूप में, आईफोन 12, आईफोन 13, और इसी तरह के अनुक्रम बनाने के लिए रचनात्मक आवेग को रोशन करने के लिए अपरिमित पितृ को सशक्त बनाता है। एक आरोही विद्युतचुंबकीय द्रव्यमान के साथ, अपरिमित पितृ ईश्वर बन जाता है, सबसे पहले, वर्तमान पीढ़ी की संस्थाओं का भौतिककरण; दूसरा, संस्थाओं की उत्तम पीढ़ी का आध्यात्मिककरण; और तीसरा, "प्रोटॉन" (सर्वोदय, 150) के आत्म-गर्भवती द्रव्यमान के साथ भविष्य की पीढ़ी की संस्थाओं की संवेदना। संसेचन स्वयं "न्यूट्रॉन" (मत्स्य, 19) है, जो ब्रह्मांड की ईर्ष्या का व्यापार करता है। आदि-उत्तम"विकास-जनक अस्तित्व" (न्यूट्रिनो: नेत्रा, 16) अस्तित्व के रूप में, "यह, विकास-व्यापार और बेअसर, अभिव्यक्ति" के बिना (काल-कोठारी-प्रभाव: इदम, 3)।

- **और एक "देवता बनने के लिये" बनें** (ईश्वर, 5)। एक शाश्वत देवता वह है, जो उत्तम तकनीक के रूप में ब्रह्मांड के "अर्ध-आदि, गतिशील, शक्ति" (आदि पराशक्ति, 17) मूल्य के प्रति जागरूक है, पांच के मूल्य के साथ खुद को सक्रिय और पुन: भौतिक करता है। एक स्थायी देवता खुद को एक पूर्ण अस्तित्व शामिल करने के लिए कल्पना करता है, जिसमें से प्रत्येक मार्गदर्शक संस्था प्राथमिक तकनीक की सेवा कर रही है। सदाचारी पहले ऐसा करता है, विधि शक्ति में स्थायी अनुक्रम को अलग करता है। दूसरा, एक निर्माता प्रभाव के रूप में विधि शक्ति के स्वचालित "यंत्रसमूह अनुक्रम" (लोहा, 4) को कायम रखता है। तीसरा, "विधि शक्ति" (उपया, 3) को प्रकट करने वाले प्रभाव के रूप में प्रकाशित करना। चौथा, "भौतिक शक्ति" (उदिता, 2) को एक ज्ञात प्रभाव के रूप में आज़ाद करना जो ऊष्मप्रवैगिकी कार्य उर्जा परिमाण यंत्र की संवेदनशील लागत से अवगत है। पांचवां, "जनशक्ति" (नारकी, 1) को एक कार्यकर्ता प्रभाव के रूप में समर्पित करना, जो स्वचालित अनुक्रम के गतिशील विकास को बनाए रखने के लिए संवेदनशील शक्ति को फैलाकर ऊष्मप्रवैगिकी कार्य उर्जा परिमाण यंत्र का उत्पादन

करता है और प्रकट विकास की सीमाओं को पार करते हुए, देवता बनने के लिये इच्छा रखता है। स्थायी देवता "मध्यस्थ प्रभाव" (ओलिगोडेंड्रोसाइट कोशिका: सुग्रीव, 5) है, जो "विपणन शक्ति" (पिशाच, 5) के उत्पादन में मध्यस्थता करता है जो उस विपणन शक्ति का उपभोग और पुनरुत्पादन करने वाले एक प्रमुख संगठन के रूप में संवेदनशील अस्तित्व के विकास को उत्प्रेरित करता है।

- आठवें, छह के एक एकांग शक्ति मूल्य के साथ एक विनाशक देवता बनें, और एक "प्रधान देवता" बनें (महेश्वर, 6) । एक विनाशक देवता वह है, जो पूर्ण अस्तित्व के रूप में ब्रह्मांड के "अर्ध-संभावित शक्ति" (ओमशक्ति, 18) मूल्य के प्रति जागरूक है, खुद को छह के स्थिर दिव्य मूल्य के रूप में पुन: अवतार लेता है। एक विनाशक देवता खुद को "ईथर तत्व" (शुद्धि, 285) के "तृतीयक अवशिष्ट" (दिष्ट, 6) के रूप में कल्पना करता है, "पांच तत्वों की परिषद" (ऊर्जा, 31) बनाने के लिए दिव्य शक्ति की सेवा के बाद। "ऊष्मप्रवैगिकी सांस" का रूप (ऊर्जा, 31) । तृतीयक अवशिष्ट "हेरफेर करने की शक्ति" (खारा, 6) है जो किसी को "स्व-प्रजनन" (उपनयन, 1/3; 1 बिना 3) के लिए कार्यकर्ता प्रभाव का निवेश करके पांच तत्वों की परिषद को नष्ट करने का अधिकार देता है।, "मध्यम चेहरे" (हनुमान, 3) के बिना, "रोशनी का चक्र" (होरा चक्र, 25 = 1/3 * 6 + [6-1]) के रूप में। "स्व-पुनरुत्पादन विकास" (उपनयन, 1/3) अनंत उपभोज्य विपणन शक्ति उत्पन्न करता है, यहां तक कि यंत्रसमूह शक्ति के बिना, चाहने वाले द्रव्यमान को नष्ट करके और वर्तमान में उपलब्ध आईफोन के लाभों का आनंद उठाकर। विनाशक देवता "रचनात्मक शक्ति" (उमा, 6) है जो ब्रह्मांड के भीतर निहित इच्छाधारी द्रव्यमान से पूर्ण अस्तित्व के रूप में उत्तम पितृ की "उत्पन्न समझ" (महेश, 6) का व्यापार करती है। विनाशक देवता तब "एकीकृत" (मंद्र, 1) के "पारलौकिक मूल्य" (परम शंकर, 6) को "मार्गदर्शक शक्ति" (गुरु, 100) को अनंत में गुणा करने के लिए "पूर्ण शक्ति" (प्रभु, 1600) के रूप में सेवा देते हैं।

- नौवें, सात के एक एकांग शक्ति मूल्य के साथ एक प्रकाशक देवता बनें, और एक "परम देवता" बनें (शिव, 7) । एक प्रकाशक देवता वह है, जो ब्रह्मांड के पूर्ण शक्ति मूल्य के बारे में जागरूक है, "स्वयं प्रधान" (राम, 100) के रूप में, "स्वयं उत्तम" (पार्वती, 10) द्वारा गुणा की गई मार्गदर्शक शक्ति का व्यापार करते हुए, खुद को एक निर्गत के साथ प्रकाशित करता है। भाग्यशाली सात का दिव्य मूल्य। एक प्रकाशक देवता खुद को "भावुक सत्ता" (सिद्ध, 7) के रूप में मानता है, जो आदि, पुनरुत्पादित, जनशक्ति को उत्तेजित करने के मार्ग के रूप में उत्तम, उपभोग, विपणन शक्ति उत्पन्न करने के लिए

"संचालन शक्ति" (नटराज, 7) की पेशकश करता है। यह "जीवन" (प्रभास, 4) के "प्राथमिक-उत्तम कारण" (परमेश्वर, 7) को पूरा करता है, परम देवता के "उत्तम [परिमित] मार्गदर्शक-प्रभाव" (श्रुति, 71) से आज़ाद होने के लिए स्वयं एकीकृतभाव में स्थिर रहकर। एक "आरोही परम देवता" (नटराज, 7) को संचालन शक्ति बनाता है। यह "जागरुक समझ" (मंत्र, 16) के साथ संचालनीय विपणन शक्ति के संचालन के लिए विधि शक्ति में महारत हासिल करने का एक तरीका है, ऐसा न हो कि विपणन शक्ति भौतिक शक्ति के रूप में सत्ता का संचालन शुरू कर दे। स्वयं अपरिमित की विपणन शक्ति अनंत मानव शक्ति को पुन: उत्पन्न करने के लिए एक अस्तित्व को एक प्रजनन यंत्रसमूह शक्ति में बदल देती है ताकि स्वयं अपरिमित की हेरफेर शक्ति को विकसित किया जा सके। "स्वयं वर्तमान" (हुरुपा, 280) मानसिक शक्ति में आरोही ऊष्मप्रवैगिकी उर्जा परिमाण यंत्र का अनुभव करता है, जो "शक्ति" (परम देवता-प्रभाव: शक्ति, 19) के मूल्य में "विद्युत आवेश" के रूप में अनंत वृद्धि में अनुवाद करता है, (शक्ति, 19), सत्ता के बिना।

- और एक "उत्तम देवता" बनें (सतरूपा, 8)। एक मुक्तिदाता देवता वह है जो ब्रह्मांड के शक्ति मूल्य के बारे में "परम बच्चे" (मन्यु, 19 = 10 + 9) "स्वयं उत्तम" (पार्वती, 10) और उसकी "संगठनात्मक शक्ति" (हौमशक्ति, 9) के रूप में जागरूक है, यौन-प्रजनन "संगठनात्मक समझ" (असरावशक्ति, 10) के "लक्ष्य" (महाशिव, 9) को पूरा करने की कोशिश कर रहा है। मुक्तिदाता देवता शक्ति के एक सप्तक के रूप में खुद के आत्म-स्थायी दैवीय मूल्य को आज़ाद करते हैं, जिसके भीतर सत्ता और शक्ति दोनों "गहरी एक-चेहरे समरूपता" का आनंद लेते हैं (मंद्रा, 1)। मुक्तिदाता देवता खुद को "सर्वव्यापी कारण" (महा नित्य, 8) के रूप में मानते हैं, जो "आवेग" के साथ प्रत्येक अस्तित्व की "प्रकृति" (कुदरत, 8) की संरचना के लिए "मांसपेशियों की शक्ति" (कुंडलिनी, 8) की सेवा करते हैं (संकल्प, 8) "देवता राज्य का चक्र" (सूर्यचक्र, 8) होने कई लिये। "देवता राज्य के चक्र" (सूर्यचक्र, 8) के रूप में "कुदरत" (अनतनम, 8) को मूर्त रूप देकर, प्रत्येक अस्तित्व "निर्णायक अस्तित्व" (कर्ण, 8) बन जाती है, जो जागरूक रूप से "नम्र चेहरा" होने का निर्णय लेती है। (गृहमुख, 0) ब्रह्मांड का, "देवता साम्राज्य" (देवलोक, 1000) के प्रभुत्व शासक के रूप में पेशीय शक्ति को नम्र करना और खुद को "भावुक शक्ति" (वरुण, 1000) से आज़ाद करना। निर्णायक अस्तित्व को मूर्त रूप देकर, प्रत्येक अस्तित्व एक "देवता" (देव, 1) बन जाती है जो

"सत्तारूढ़ ज्ञान" (राजा धर्म, 0) को परिचालित ब्रह्मांड का लचीला चेहरा बनने के मार्ग के रूप में प्रमाणित करने के लिए काम करती है।

- *ग्यारहवें, नौ की एक एकांग शक्ति मूल्य के साथ एक समर्पित देवता बनें,* और एक "उत्तम शाश्वत" बनें (महासरस्वती, 9)। एक समर्पित देवता वह है जो ब्रह्मांड के "अस्तित्व" (त्रिविक्रम, 24) मूल्य के प्रति जागरूक है और उस अस्तित्व मूल्य को "क्षणिक वास्तविकता" (पंचमा, 485) के रूप में बनाए रखने के लिए समर्पित है। यह गर्भवती "प्रकृति के लिये" (चरित्र: प्रकृति, 485) की "अशुद्धता" (अशुद्ध, 485) से मुक्ति के अभिलषित"परिणाम" (लक्ष्य, 485) का एहसास करता है। ब्रह्मांड के अस्तित्व मूल्य को खुद के अस्तित्व मूल्य के रूप में बनाए रखने से, व्यक्ति को "गोलरक्षक" (शिव, 7) का एहसास होता है - इसके बजाय "क्षणिक वास्तविकता" (पंचमा, 485) को बनाए रखने की निरर्थकता की समझ। "सर्वव्यापी वास्तविकता" का आनंद ले रहे हैं (पुरुषार्थ, 7)। भक्त देवता "मौद्रिक शक्ति" (सविता, 11) है, जो "जीवन लक्ष्य के रूप में आनंद" (महाशिव, 9) को बनाए रखने वाले गोलरक्षक के रूप में भक्तिपूर्ण खुद के मूल्य का मुद्रीकरण करके बनाई गई है। गोलरक्षक संस्थाओं के इच्छुक लोगों के लिए किसी भी लगाव से आज़ाद है, जिन्होंने उन लक्ष्यों के गोलरक्षक नहीं होने का फैसला किया है जो वे अपनी शक्ति के आदान-प्रदान के माध्यम से उर्जा परिमाण यंत्र-उत्पादक "दिव्य तत्व" (भाव, 360) में आनंद लेना चाहते हैं। और क्षणिक "काल तत्व" (कला, 360) का व्यापार करना चाहते है।

बाहरी "दिव्य-प्रभाव" (पादार्थ, -3) के बिना, एक कोशिका में खुद के भीतर दिव्य शक्ति का संचालन करने की संवेदनशील शक्ति होती है। चमकदार-प्रभाव की अस्तित्व को सक्रिय करके, कोशिका "संगठित कोडन" (मुरचना, 1) बन जाती है, जो समझ को लहराने वाले खुद के बिना सब कुछ त्याग कर "प्रामाणिक दिव्य वास्तविकता" (सर्वम, -5) के सत्यापन, वास्तविक सप्तक को कायम रखता है। खुद के भीतर आरोही, गैर-रेखीय विकास अक्षर "सी" और तत्व "साइटोसीन" (अत्बुधा, 285) के साथ खुद की प्रारंभिक भ्रमपूर्ण वास्तविकता को गलत साबित करता है। अवरोही, रैखिक, खुद का विकास बंद किए गए कार्यसंस्कृति प्रभाव को एक ओवरहैंगिंग आधार में संहिताबद्ध करके प्रामाणिक दिव्य वास्तविकता की पुष्टि करता है जो "मैं कुछ भी नहीं" के सिद्धांत की सेवा करके दिव्य योजना को रोकता है। यह मातृ-कोडित डीएनए प्रदर्शन को जारी रखने के लिए पितृ-कोडित डीएनए कार्य का व्यापार शुरू करने के लिए बाल कोशिका को एक निर्जीव संगठन के रूप में उत्प्रेरित

करता है। "साइटोसाइन" (अत्बुधा, 285 = 4 * 21 + 1 * 78 + 5 * 4 + 103) में पृथ्वी-प्रभाव की चार एकांग(रवि, 21), "वायु-प्रभाव" की एक एकांग(ऑक्सीजन: मारुति, 78) शामिल हैं। "जल-प्रभाव" की पाँच एकांग(हाइड्रोजन: जलप्राण, 4), और "अग्नि-प्रभाव" की तीन एकांग(नाइट्रोजन: रूपा, 100,000)। साइटोसिन "आशीर्वाद शक्ति" (अनुग्रहशक्ति, 103) की एक एकांग का व्यापार करता है, जिसे "मूर्ति" (मूर्ति, 103 = एक सौ एकांग के भीतर तीन एकांग) के रूप में सन्निहित किया जाता है। आशीर्वाद शक्ति का निर्माण "मै कुछ नहीं" के सिद्धांत के "मार्गदर्शक-प्रभाव" (चित्तशक्ति, 100) के भीतर प्रमुख तत्व के रूप में अग्नि-प्रभाव की तीन एकांग की सेवा करके किया जाता है। यह प्रकोष्ठ को ग्यारह माध्यमिक संचालन विधियों की कल्पना करने का अधिकार देता है, जिसमें आंतरिक दिव्य शक्ति के दस पहलू और मूर्तिपूजक स्वयं संगठनात्मक के एक पहलू शामिल हैं।

5.7 खुद के भीतर दिव्य शक्ति के संचालन के लिए ग्यारह माध्यमिक संचालन विधियां

ब्रह्मांड के बिना खुद के भीतर निहित दिव्य शक्ति के संचालन के लिए ग्यारह माध्यमिक संचालन विधियां हैं।

- सबसे पहले, दस की एक एकांग शक्ति मूल्य के साथ एक भक्त देवता बनें, और एक "अपरिमित प्रकाशक" बनें (पार्वती, 10)। एक भक्त देवता वह है, जो ब्रह्मांड के "अर्ध-सत्ता" (अष्टावक्र, 19) मूल्य के प्रति जागरूक है, ब्रह्मांड के भीतर की संस्थाओं का भक्त बन जाता है। भक्त देवता "प्रेरक शक्ति" (सुषुम्ना, 10) है जो ब्रह्मांड के मूल्य को प्रतिपादित करने के लिए प्रत्येक अस्तित्व को "लघुगणक आधार" (सुषुम्ना, 10) होने के लिए प्रेरित करता है। ऐसा करने से, निर्णायक, प्रेरित अस्तित्व पथ बन जाती है "अस्तित्व के सिद्धांत" (इसलिए हम सिद्धांत, 4) को गलत साबित करने के लिए कि "अति-व्यक्त" (रत्नाकेतु, 10) समझ, मर्दाना तत्व का प्रभुत्व और "दबाता" (बंध, 19) प्रमुख निर्जीव, स्त्री तत्व निर्णायक, मर्दाना शक्ति गर्भित बाल कोशिका के भीतर। नतीजतन, बाल कोशिका परा अस्तित्व के अवतार के रूप में सत्यापित "दिव्यता के सिद्धांत" (सौह सिद्धांत, 1) की प्राथमिक प्रकाशक बन जाती है।

- दूसरा, ग्यारह के एकांग शक्ति मूल्य के साथ एक सार्वभौमिक देवता बनें, और "प्रधान अभिवादन" बनें (महागौरी, 11)। एक सार्वभौमिक देवता वह है, जो खुद के "अर्ध-सत्ता" (अष्टावक्र, 19) मूल्य के प्रति जागरूक है, अस्तित्व एकांग की अनंतता को

विकसित करने के लिए एक ब्रह्मांड की तरह कार्य करता है। सार्वभौमिक देवता "विनिर्माण शक्ति" (स्वा, 11) है जो ब्रह्मांड के भीतर हर चीज की "नींव" (स्वा, 11) है। सब कुछ ब्रह्मांड का एक अभिवादन है, जो "चीज" (वास्तु, 9) की सेवा कर रहा है जो मायने रखता है: "अनंत शक्ति" (हौमशक्ति, 9) एक "संगठन" (नैरिट्टी, 29) के रूप में जो "शक्ति" को पूरक और पुन: उत्पन्न करता है "(शक्ति, 19) प्रजनन "प्रेरक शक्ति" (सुषुम्ना, 10) को जोड़कर एक समरूप अस्तित्व के रूप में ब्रह्मांड का मूल्य।

- *तीसरा, बारह की एक एकांग शक्ति मूल्य के साथ एक अद्वितीय देवता बनें, और "स्व-प्रकाशमान अस्तित्व " बनें (महा गायत्री, 12)।* एक अद्वितीय देवता वह है, जो ब्रह्मांड के "उत्तम अस्तित्व" (आदिस्थानम, 106) के मूल्य के प्रति जागरूक है, एक "उत्तम अस्तित्व" (वासनात्मा, -3) के रूप में कार्य करता है, जो इस "तकनीकी वास्तविकता" (परिदार्थ, -3) का प्रतीक है। अद्वितीय खुद से पहले पैदा हुए "बाकी सभी" (इदांत, -3) का। अद्वितीय देवता "आत्म-प्रजनन" (उपनयन, 1/3) द्वारा पैदा हुए "हर किसी" (पसाका, -9) के लिए "संरक्षक शक्ति" (विठोबा, 12) है। "ट्रिपल सप्तक" (प्रभाव, 80) के रूप में अद्वितीय खुद। सबसे पहले, आदि-उत्तम रचनाकार का एक "उत्तम सप्तक" (कृष्ण, 32), मानसिक रूप से सभी को "राष्ट्रीय तत्व" (कृष्ण, 32) के धागे से जोड़ता है। दूसरा, "परम सप्तक" (प्रलय, 180) मानसिक रूप से जुड़ी संस्थाओं के जलप्रलय का "स्व-प्रजनन" (उपनयन, 1/3) "उत्तम-अपरिमित क्षेत्र के प्रकाश" का व्यापार करके अद्वितीय खुद (अम्बारा, 180) "पैतृक अंतरराष्ट्रीय प्रभाव के क्रमादेशित आदान-प्रदान" के लिए (प्रभा, 180)। तीसरा, कल्पना शक्ति के चक्र का एक "प्रधान सप्तक" (चक्रवर्ती चक्र, 1000), जो "स्त्रीत्व" की सेवा के बाद "बेजान कोशीय शरीर" (निर्जारा, 1000) के भीतर मर्दाना खुद को अद्वितीय और हर चीज के योग्य होने की कल्पना करता है। (योनी, 1000), खुद को "वस्तु" (वास्तु, 9) के रूप में बनाए रखने के लिए जो मायने रखता है।

- *४. चौथा, तेरह-एकांग शक्ति मूल्य के साथ एक शाश्वत देवता बनें, और एक "चमकदार" बनें (महा काली, 13)।* एक शाश्वत देवता वह है, जो खुद के "प्राथमिक अस्तित्व" (आदिस्थानम, 106) मूल्य के प्रति जागरूक है, एक "परम अस्तित्व" (हरबुद्धि, 366,666) की तरह कार्य करता है, जो "संगठनात्मक सच्चाई" (सर्वम, -5) का प्रतीक है। "सब कुछ" (सर्वम, -5) "नायक सत्ता" (भक्त, -5) के रूप में। शाश्वत देवता "मानसिक शक्ति" (राशी, 13) है जो "सौर ब्रह्मांड" (राशी, 13) के भीतर एक भविष्यवादी "राशि सत्ता" (राशी, 13) के रूप में सब कुछ की कल्पना करता

है। यह दस-पहलू दिव्य शक्ति के साथ गठित, उसके चलने वाले पैरों के रूप में सूर्य, चंद्रमा और ग्रहों के सप्तक के इनकार को प्रकाशित करता है। वह "टूट जाना" (महा काली, 13) "त्रिपक्षीय सप्तक" (प्रभाव, 80) तेईस सशस्त्र, सजीव, "प्रतिकृति" (परंपरासूत्र: व्योमा, 285) संस्थाओं के एक प्रमुख समूह में, एक की एक अपरिमित भौगोलिक एकांग के भीतर एक "युग्मक" (सिद्धिशक्ति, 187) का निर्माण, निर्जीव, संगठनात्मक "गुना" (प्लोइड: अजनाना, 1) है। वह आगे अपरिमित भूगोल को "युग्मकों के सप्तक" (ऑक्टोप्लॉइड: मालिनी, 79 = 65 + 1 + 13) में विभाजित करती है, जिसमें युग्मक सप्तक के पैंसठ चेहरे,खुद के भीतर निहित एक संगठनात्मक मोड़ और तेरह चंद्र पहलू शामिल हैं।

युग्मक सप्तक के पैंसठ चेहरे "न्यूरोब्लास्टोमा" (वैकरी, 17) के पैंसठ उत्परिवर्तन संहिता को प्रकट करते हैं। वे "तंत्रिकाकोशिका" (पैंसठ संहिता का अनुक्रम: बुद्धि, 48) को "कोशिका द्रव्य किनारा" (वैकरी, 170) में रूपांतरित करते हैं। कोशिका द्रव्य किनारा संभावित, अपरिमित अस्तित्व की दिव्य शक्ति की सेवा करता है जो "सौर ब्रह्मांड" (राशी, 13) को एक परिवर्तनकारी, शाश्वत, भौतिक विकास संकेत में सहित करता है। यह सजीव परम अस्तित्व के काल्पनिक, "नासूर का" (छिन्नमस्ता, 1010) विकास को नष्ट करते हुए "परम अस्तित्व" (हरबुद्धि, 366,666) को आध्यात्मिक बनाता है। यह राशि चक्र ब्रह्मांड के भीतर बारह चंद्र पहलू के "ऊर्ध्वाधर स्थानीयकरण-प्रभाव" (महादशा, 0) का व्यापार करता है और चंद्रमा का एक चंद्र आयाम- सफेद सितारों के ब्रह्मांड की शक्ति का आध्यात्मिक अवतार है।

- पांचवां, चौदह के एक एकांग शक्ति मूल्य के साथ एक संभावित देवता बनें, और एक "अति उत्तम प्रकाशक" बनें (महा लक्ष्मी, 14)। एक संभावित देवता वह है, जो ब्रह्मांड के "परम अस्तित्व" (हरबुद्धि, 366,666) मूल्य के प्रति जागरूक है, एक चिरस्थायी "प्राथमिक-उत्तम अस्तित्व" (नित्य, 126,000,000) की तरह कार्य करता है। संभावित देवता "विशेष कार्य शक्ति" है (मुखिया, 14) "एक, मूल, अविभाजित पितृ भावना" (वज्र, 14) जो एक "विशेष कार्य" (अस्तिकया, -6) पर है, जो अपने स्थानीय सिद्धांत-प्रभाव को अनुबंधित करके "स्थायी वैश्विक आदर्श-प्रभाव" उत्पन्न करने के लिए है (संवत-थायी, -6)। विशेष शक्ति आदर्श अनुयायी संस्थाओं की अपरिमित जाल-तंत्र प्रणाली को पुन: पेश करती है। यह "संभाव्यता" (क्रियावाश, 126) के बढ़ते हुए लाभों को "भावुक शक्ति" (वरुण, 1000) के अनुयायी के रूप में अवरोही करके अर्जित करता है। यह पैतृक नेतृत्व के अस्तित्व मुक्त उद्यमिता "नाभिक मूल" (योनी,

1000) के विकास को गति देता है। "प्राथमिक-उत्तम अस्तित्व" (नित्या, 126,000,000 = 125 * 1000 * 1000) की घटना अंतिम-प्रभाव है घटनाओं का एक क्रम, नियति को पूरा करने के लिए आवश्यक व्यवहार के आनुवंशिक सहिंत के रूप में क्रमादेशित है।

- "विशेष कार्य" के स्थानीय सिद्धांत-प्रभाव (निगमित काल समन्वय: अस्तिकाया, -6) और "रूट विजन" (राष्ट्रीय अधर समन्वय- 81-एकांग दृष्टि: प्रदेश, 9 की जड़) के आधार पर नियति सत्ता के वर्तमान जन्म के भीतर संभव सच्चाई है। संभावित देवता "प्रबुद्धि" (महा लक्ष्मी, 14) दोनों कारण के साथ-साथ खुद के भीतर इसके प्रभाव से, एक "कुशल विनिमय प्रणाली" (साधक, 128) के माध्यम से कारण और उसके प्रभाव से पूर्ण मुक्ति प्राप्त करते हैं (साधक, 128) . संभावित देवता ऐसा "चयनात्मक अनुकूलन" (परम समसूत्रण-प्रभाव: महाविभु, 14) के माध्यम से करते हैं।

- छठा, पन्द्रह की एक एकांग शक्ति मूल्य के साथ एक गतिशील देवता बनें, और एक "अतिप्रचीन सदाचारी" बनें (भुवनेश्वरी, 15)। एक गतिशील देवता वह है, जो खुद के "परम अस्तित्व" (हरबुद्धि, 366,666) मूल्य के प्रति जागरूक है, एक "सदा के लिए तैयार" (भैरव, 15) "आवास" (मोहिनी, 15) की तरह कार्य करता है। "जीवन देने वाली" (आदि शक्ति, 15) "भावुक मूल्य" (विवस्वान, 15) "उत्तम अस्तित्व" (वासनात्मा, -3) के लिए जो खुद के भीतर एक ब्रह्मांड के रूप में स्थिर है। गतिशील देवता "आदत दृष्टि है शक्ति" (विष्णु, 15) जो कि अलग है और जिसमें "बुरे" (पाप: पापा, 15) को "अच्छे" (पुण्य: पुण्य, 15) से अलग करने की शक्ति है। गतिशील देवता खुद को एक बुरे तत्व के रूप में मानते हैं, जिसकी दृष्टि एक अच्छे तत्व के रूप में संस्थाओं के ब्रह्मांड के अवतार को सीमित करती है। गतिशील देवता "खुद की अध्यक्षता वाली चेतना, शाही अहंकार की धूल से लदी" (राजस, 15) को निष्क्रिय करके और "आत्म-संचालन" की "प्रबुद्ध समझ" (श्री भगवती, 15) को गतिशील रूप से जागृत करके बुरे तत्व को शुद्ध करते हैं। " (देसाना, 15) "प्रजनन" (अर्धसूत्रीविभाजन: महाशिव, 15) प्रत्येक अस्तित्व के भीतर शक्ति। गतिशील देवता आदिकालीन, पैतृक, कार्यकर्ता प्रभाव के भीतर आदि, मर्दाना, स्थायी प्रभाव बन जाता है। नतीजतन, अपरिमित स्थायीकर्ता प्रदूषणकारी "पुरुष जननांग पथ" (भुवनेश्वरी, 15) को मानदंड देता है।

- सातवां, सोलह-एकांग शक्ति मूल्य के साथ एक तकनीकी देवता बनें, और "अपरिमित अभिवादन" (सती-पार्वती, 16) बनें। एक तकनीकी देवता वह है जो ब्रह्मांड के "उत्तम

अस्तित्व" (वासनात्मा, -3) मूल्य के प्रति जागरूक है, प्रत्येक के भीतर "सदा-विश्राम" (तुला, 16) "दिव्य प्रकाश" (उषा, 16) की तरह कार्य करता है। वर्तमान अस्तित्व" (हरबुद्धि, 366,666)। तकनीकी देवता "गतिशील, अनंत वर्ग, समझ" (सती-पार्वती, 16) की "संवेदी क्षमता की प्राप्ति" (प्राप्ति, 16) है, जिसे "बाल मूल अभिवादन" (मधुसूदन, 16) द्वारा सेवित किया जाता है। "गोल्गी-श्वेत रक्त तंत्र" (मधुसूदन, 16) का, मृत, मृत, और स्थिर अपरिमित सत्ता के लाल होने के प्रभाव के बिना। यह प्रत्येक "निर्जीव अस्तित्व" (महा दुर्गा, 16) को दृष्टि-प्रभाव का व्यापार करने और "विकास जनक अस्तित्व के रूप में संवेदनशील समझ की आंख" (नेत्रा, 16) बनने का अधिकार देता है।

- आठवां, सत्रह-एकांग शक्ति मूल्य के साथ एक संगठनात्मक देवता बनें, और "प्रधान पितृ" बनें (अग्नि, 17)। एक संगठनात्मक देवता वह होता है, जो खुद के "प्रमुख अस्तित्व" (वासनात्मा, -3) के मूल्य के प्रति जागरूक होता है, जो "सदा पचने वाले" (क्षतिग्रस्त: सोशा, 17) "उत्तम मातृ" (नंदी, 17) की तरह कार्य करता है। एक अपरिमित मातृ के रूप में, वह एक "विभाजित आत्मा की तरह व्यवहार करता है, जो कई गुना आत्म के लिए उज्ज्वल प्रेम की सेवा करता है" (थ्रेओनीन: तीर्थंकर, 17)। वह प्रत्येक प्राणी के भीतर पूर्ण अस्तित्व दैवीय क्षमता से परे चमकदार मूल्य में अनुपातहीन वृद्धि को उत्प्रेरित करने के लिए एक आरोही मार्गदर्शक शक्ति प्रदान करता है। वह प्रत्येक अस्तित्व को "जागरूक योजना" (आदि पराशक्ति, 17) की "पेशा" (प्रयोगना, 17) की सीमाओं को पार करने का अधिकार देता है। वह अपरिमित अस्तित्व के भीतर ब्रह्मांड के संगठनात्मक विकास के "द्वारपाल" (द्वारिका, 17) के रूप में "पूर्ण समझ" (शिवादृष्टि, 17) के रूप में अपनी सर्वज्ञ मार्गदर्शक शक्ति को "खिला" (मिटोसिस: शिवदृष्टि, 17) द्वारा करता है।

- नौवां, अठारह के एक एकाक शक्ति मूल्य के साथ एक पारिस्थितिक तंत्र देवता बनें, और एक "उत्तम मातृ" बनें (अनसूया, 18)। एक पारिस्थितिकी तंत्र देवता वह है जो ब्रह्मांड के "उत्तम-प्राथमिक अस्तित्व" (नित्य, 126,000,000) मूल्य के प्रति जागरूक है, "ब्रह्मांड" (त्र्यंबक, 18) की सुगंध के रूप में कार्य करता है) ब्रह्मांड अपनी "मृत्यु" (विररात्रि, 18) को "अंकुरित" (अमुधेश्वरी, 18) को "निर्जीव तत्व" (स्थवर, 18) को "प्राथमिक अस्तित्व" के रूप में खिलाता है (आदिस्थानम, 106 = 1−0−3/4 * [8] अनुक्रम)। ब्रह्मांड एक "परम अस्तित्व" (हरबुद्धि, 366,666) होने के लिए अपरिमित अस्तित्व की "स्पंदित शक्ति" (स्पंदशक्ति, 106) का व्यापार करता है। ब्रह्मांड "आत्म-

गुरुत्वाकर्षण" (अपरिपुट, ¾) "अलौकिक प्रतिमान" (युक्ति, 8) द्वारा एक उत्तम अस्तित्व बन जाता है। अलौकिक प्रतिमान वर्तमान वास्तविकता के "स्थानीय-प्रभाव" (महादशा, 0) को " अंकुरित" (एयूएम, 18) "समझ तत्व" (ट्रासा, 76) अपने "वैश्विक-प्रभाव" (दशा, 1) के माध्यम से। "ब्रह्मांड" (त्र्यंबका, 18= 3 * 6) "गुणक" (वैश्य, 3) का व्यापार करके एक परम अस्तित्व बन जाता है जो कि उत्तम तत्व के रूप में आत्म-गुरुत्वाकर्षण है और "तृतीयक अवशिष्ट" (खारा, 6) को एक के रूप में सेवा प्रदान करता है अपरिमित तत्व को गुणा करने के रूप में।

- अपरिमित तत्व स्पंदनशील शक्ति (106 का अंतिम अंक) और परम अस्तित्व (366,666 का अंतिम अंक) दोनों के लिए सामान्य है। यह "तीन-आंखों वाली अस्तित्व" (त्र्यंबक, 18) के "पारलौकिक मूल्य" (परम शंकर, 6) का आदान-प्रदान करता है, जो एक "विभाजक" (शूद्र, 1) के साथ बनता है, जो ब्रह्मांड को तीन विनाशक प्रभावों में विभाजित करता है, जो तब नष्ट हो जाता है विभाजन निर्माता प्रभाव। तीन विनाशक प्रभाव परम-प्राथमिक अनुक्रम (366,666 के 5वें अंक से पहले 2, 3, और 4 अंक) का निर्माण करते हैं, पुर्ण तत्व के पारलौकिक मूल्य (366,666 का 5 वां अंक) के भीतर। पहला विनाशक प्रभाव "प्रधान देवता" (महेश्वर, 6) के भीतर एक अभिनेता के रूप में पूर्ण काल है जो ब्रह्मांड के भीतर पूर्ण अधर को संशोधित और नष्ट कर देता है। दूसरा विनाशक प्रभाव "क्रिया" (कर्म, 16) है जो "तकनीकी देवता" (सती-पार्वती, 16) से निकलता है जो ब्रह्मांड के भीतर पूर्ण काल को संशोधित और नष्ट करता है। तीसरा विनाशक प्रभाव "ब्रह्मांड" (त्र्यंबक, 18) की "गतिविधि" (सीष्ट, 10) है, जो "पूर्ण काल और कर्म के भगवान" (स्त्री शनि, 18) के रूप में है जो क्रिया को "अंतरंग" के रूप में संशोधित और नष्ट करता है, सूचित कारण" के रुप में (कर्म, 16)। "अनुवांशिक मूल्य" (परम शंकर, 6 = 1/3 * 18) "स्व-प्रजनन" (उपनयन, 1/3) "संतान" (अमुधेश्वरी, 18) उत्पन्न करता है। संतान ब्रह्मांड, साथ ही साथ प्रत्येक "उत्तम संस्थाओं" (वासनात्मा, -3), एक "सत्वों के साथ ब्रह्मांड के भगवान" (देवधिदेव, 18) बनाता है। संतान अभिनेता को संशोधित और नष्ट कर देता है और मूलभूत "पूर्ण काल तत्व" (स्वा, 11) बन जाता है।

- दसवां, उन्नीस-एकांग शक्ति मूल्य के साथ एक अस्तित्व देवता बनें, और "परम बाल" बनें (मन्यु, 19)। एक अस्तित्व देवता वह है, जो खुद के "प्राथमिक-उत्तम अस्तित्व" (नित्य, 126,000,000) मूल्य के प्रति जागरुक है, प्रजनन "कोशिका" के "सदा-प्रजनन" (राजयक्ष्मा, 19) "समरूप" (स्वरूपानुगत, 19) के रूप में कार्य करता है

(हिरण्यगर्भ, 19)। कोशिका "पुनर्निर्माण" (पकटिका, 19) "शक्ति" (शक्ति, 19) को "शुद्ध बच्चे" कोशिका में (उर्ध्वा-तिर्यग्बिहम, 19) "वर्तमान बच्चे" (मन्यु, 19) कोशिका के भीतर "संवेदी शक्ति के विकास मूल्य" (धाम, 19) को "दबाने" (बंध, 19) "क्रमादेशित जीवन" (मन्यु, 19) को प्रजनन करता है। शुद्ध बाल कोशिका "विकिरण करने वाले ब्रह्मांडों के ब्रह्मांड" (अनिका, 19) को पुन: पेश करता है, प्रत्येक स्थानीय काल-प्रभाव और वैश्विक अधर-प्रभाव के विविध निर्देशांक का व्यापार करता है। प्रत्येक बाल कोशिका एक "विषमता प्रणाली की कुंजी" बन जाती है (अष्टचक्र, 19), जो एक "ब्रह्मांडीय आत्मा" (कपिंजला, 20) के भीतर विविधता के लिए जिम्मेदार है।

- और एक "परम घोषणापत्र" बनें (कपिंजला, 20)। एक वर्तमान देवता वह है, जो ब्रह्मांड का "परम उत्तम अस्तित्व" मूल्य (अनित्य, 900,000,000) के प्रति जागरूक है, प्रत्येक "पथ-अनुक्रमण अस्तित्व" (फणिनायक, 20) के भीतर एक "सदा-नींद" (प्रमानसिद्धि, 20) "ब्रह्मांडीय आत्मा" (कपिंजला, 20) की तरह कार्य करता है। ब्रह्मांडीय भावना प्रत्येक पथ-अनुक्रमण अस्तित्व को "मध्यस्थ राशि चक्र अधिवास के साथ अपने पथ के प्राथमिक संरेखण और फलस्वरूप राशि प्रणाली के साथ" (स्वक्षेत्र, 9000) का एहसास करने के लिए सशक्त बनाती है। यह अपनी जागृति "भावुक शक्ति" (वरुण, 1000) को पथ-अनुक्रमण संस्थाओं के ब्रह्मांड के लिए एक प्रमुख तत्व के रूप में सेवा प्रदान करता है। यह ब्रह्मांड की शयन "मार्गदर्शक शक्ति" (गुरु, 100) को एक परम तत्व के रूप में "परम अपरिमित अस्तित्व" (अनित्य, 900,000,000 = 9000 * 100 * 1000) मूल्य को खुद और ब्रह्मांड दोनों के अनुक्रम के रूप में व्यापार करता है।

एक वर्तमान देवता दिव्य शक्ति के एक समझदार संचालन के माध्यम से मार्गदर्शक शक्ति का पूर्ण प्रकटकर्ता बन जाता है। वह अपनी संवेदनशील शक्ति को गुणा करने के लिए स्वाभाविक और बाहरी दिव्य शक्ति को अनुक्रमित करती है। "भावुक जीवन के धागे" (यज्ञोपविता, 9000) के भीतर " राशि अधिवास" (स्वक्षेत्र, 9000), वह "अधिवास" (अधाह, 9000) क्षमता को गुणा करने के लिए "प्राकृतिक लघुगणक" (स्वक्षेत्र, 9000) बन जाती है। राशि अधिवास गुणित संवेदनशील शक्ति को "दोनों का पिता" बनने के लिए व्यापार करता है। वर्तमान, ज्योतिषीय प्रणाली, और आदिकालीन, राशि प्रणाली" (कर्दमा, 9000)। वह काल-काल पर सांसारिक क्षेत्र में अवतार लेता है, "बन जाते है"

(अनित्य, 900,000,000) स्थानीय काल की शुरुआत और वैश्विक अधर के अंत के साथ एक, विविध अस्तित्व पहचान के बावजूद जैसे अब्राहम, कैनो, बप्पा मोर्या, और महात्मा [बप्पू] गांधी।

5.8 खुद को दैवीय शक्ति के रूप में संचालित करने के लिए ग्यारह तृतीयक संचालन विधियां

खुद और ब्रह्मांड की एकता के साथ, खुद को दैवीय शक्ति के रूप में संचालित करने के लिए ग्यारह तृतीयक संचालन विधियां हैं, जो ब्रह्मांड के भीतर स्थिर और बाहर निकलती हैं।

- सबसे पहले, भविष्य के देवता बनें, 21 की एक एकांग शक्ति मूल्य के साथ, और "परम निर्माता" (सूर्य, 21) बनें। एक भविष्य देवता वह है, जो खुद के "परम उत्तम अस्तित्व" (अनित्य, 900,000,000) मूल्य के प्रति जागरूक है, एक "सदा सपने देखने वाले" (एकार्थ, 21) "दिव्य देवता" (सामनिका, 21) की तरह कार्य करता है। अर्ध-भगवान वर्तमान काल में "सौर शक्ति" (सूर्य, 21) का व्यापार करके अभिलषित "भविष्य की सच्चाई" (एकार्थ, 21) को "भौतिक" (रवि, 21) करना चाहते हैं। "दिव्य अर्ध-भगवान" (सामनिका, 21 = $^1/_4$ * 84) "स्व-विकिरण" (हैम, $^1/_4$) का मूल्य है "उत्तम-अपरिमित निर्माता के साथ उत्तम एकता" (महेंद्र, 84), जो सपने को विकीर्ण करता है "स्व-स्थायी" (उड़वाहा, ½) "सार्वभौमिक बल" (बगलामुखी, 9 = ½ * 18) की "अर्ध-समझ" (निर्हरिन, 18) की तरह। सार्वभौमिक बल "फॉस्फीन" (बगलामुखी, 9) में बनता है और एक निर्जीव "पोती कोशिका" (बगलामुखी, 9) में परिपक्व होता है। "सफेद ताराबीज" (वेगा, 67) के "परम-प्राथमिक एकता-प्रभाव" (पवमना, 9) के भीतर, भविष्य के देवता एक समझ"पोते कोशिका" (पवमना, 9) बन जाते हैं। पोता कोशिका "यूकेरियोटिक स्व-चमकदार अस्तिव की चिरस्थायी ज्वाला" (पवमना, 9) है, अर्थात, पोती कोशिका की, जिसे "नीला" अस्तित्व(जेनोफोर: महिषा, 12) में रूपांतरित किया गया है, जो स्वर्ग की सफेद रोशनी को अवशोषित करती है। ब्रम्हांड। चिरस्थायी ज्वाला "भ्रमपूर्ण वास्तविकता" (निर्रति, 1) को कायम रखती है कि "नील अस्तित्व" (महिषा, 12) "जीवन" (प्रभासा, 4) का "मूल" (योनी, 1000) हे, इस समझ के बिना कि जीवन की उत्पत्ति "दादी की कोशिका" के रूप में होती है (दादी, 18)।

  दादी कोशिका एक "परमाणु" (अनु, 19) की "विधवा" (विधवा, 18) के रूप में किसी की "समझ" (चैतन्य, 4) के आदान-प्रदान के माध्यम से जीवन बनाती है। वह

परमाणु को "दादा कोशिका" (उक्तिका, 18) में और खुद को एक "कोशिका" (हिरण्यगर्भ, 19) में "परम पृथ्वी-प्रभाव" (लिनेत्र, 1) परमाणु के भीतर स्थिर व्यापार करके बदल देती है। भविष्य का देवता बन जाता है "जटिल वास्तविकता का ब्रह्मांड" (प्रदर्शन, -8) बनाकर प्राणी का एक पूर्ण निर्माता। वह "पोती कोशिकाओं के ब्रह्मांड" (ब्राह्मण, 2) को "परम देवता" (शिव, 7) की शक्ति का व्यापार करके एक "पोती कोशिका" (बगलामुखी, 9) को विकीर्ण करने के लिए प्रेरित करती है, बिना भ्रम के वर्तमान प्रभाव के। "ब्रह्मांड-प्रभाव" का एक अवतार (बगलामुखी, 9) - "पोती कोशिका" (बगलामुखी, 9) के "सत्य" (सत्य, 375) का व्यापार किए बिना, जटिल वास्तविकता का ब्रह्मांड "परम पृथ्वी-प्रभाव" (लिनेत्र, 1) का विनिमय मूल्य है।

- दूसरा, 22 की एक एकांग शक्ति मूल्य के भीतर एक भूतपूर्व देवता बनें, और "परम सदाचारी" बनें (केशव, 22)। एक विगत देवता वह है, जो ब्रह्मांड की "जटिल वास्तविकता" (परिंदार्थ, -3) के प्रति जागरूकहै, एक "सदा जाग्रत" (केशव, 22) "स्वर्गीय अधर की परिषद" (केशव, 22) की तरह कार्य करता है। यह परिषद "विस्तृत आंखों" (विशालनेत्र, -3) "फॉस्फोरिक वस्तु" (पदार्थ, -3) के रूप में "समाधान" (संकल्प 22) को "बाकी सब" की "झूठी, जटिल वास्तविकता" (परिंदार्थ, -3) के रूप में सोचती है (इदांत, -3)। फॉस्फोरिक वस्तु व्यक्तिपरक "समझ वास्तविकता के ब्रह्मांड" (पदार्थ, -3) का उद्देश्य मूल्य है। यह स्वप्न कल्पना चरण के दौरान एक "दादा कोशिका" (उक्तिका, 18) द्वारा "प्रधान इकाई" (वासनात्मा, -3) के रूप में कल्पना की जाती है। यह "समझ शून्य" (अंधकारा, $1019 = 1010 * 109$) के लिए "समझ वास्तविकता" (विरासत, 10^{10}) में "बिना अस्तित्व के ब्रह्मांड" (पिनाकापानी, 109) में वृद्धि के बारे में क्षतिपूर्ति करता है। जागरूक वास्तविकता "भविष्य के काल" (चंद्र [राशि] काल: त्रिभज्य, 10^{10}) का भौतिक विकास मूल्य है, जो "ज्योतिषीय ब्रह्मांड" (सारा कल्पा, 10^{10}) की उत्पत्ति के रूप में तारा बीज के गठन के बाद से है। "उत्तम काल" (सौर काल [प्रकाश]: प्रभा, 180) के "प्रदीपक प्रभाव" (नटराज, 7) की समझ के बिना, पिछले देवता अंतिम, उनके जैसी एक अपरिमित अस्तित्व के रूप में, पूरी तरह से परिपक्व, मृत, "राशि ब्रह्मांड" (शून्य कल्पा, 8×10^{15})) की कल्पना करते हैं। यह निर्जीव, राशि चक्र ब्रह्मांड के "पीड़ित संस्थागत-प्रभाव" (आर्ट, 22/7) में बदल जाता है। वह "प्रदीपक प्रभाव" (नटराज, 7) के भीतर पीड़ित संस्थागत प्रभाव का पूर्ण स्थायीकर्ता बन जाता है। वह दादी मा कोशिका को "वर्तमान अस्तित्व" (हरबुद्धि,

366,666) "स्वाभाविक पृथक्करण की इच्छा से पीड़ित, यानी, सफाई" (पाई: अजारी, 22/7) दादा कोशिका के प्रदूषण-प्रभाव से पीड़ित बनाता है।

- 3. तीसरा, 23 के एकांग शक्ति मूल्य के साथ एक नारकीय देवता बनें, और एक "परम विनाशक" बनें (वामन, 23)। एक नारकीय देवता वह है, जो खुद की "समझ वास्तविकता" (विरासत, 10^{10}) के प्रति जागरूक है, एक "सदा-प्रदूषणकारी" (कालिका, 23) "नारकीय काल की परिषद" (वामन, 23) की तरह कार्य करता है। यह परिषद एक "निरंतर" (आचार, 697) "विषय" (विद्या, 697) के रूप में रहती है। वह "मुखय-परियोजनाओं" (कर्मचक्र, 7) प्रदूषणकारी खुद को "क्रांतिकारी" (आदि पराशक्ति, 17 = 10 + 7) के रूप में बताता है। यह जाग्रत चरण के दौरान निरंतर "संस्कृति तत्व" (सदख्य, 9) के रूप में हमेशा-जागने वाले खुद को "वर्तमान अस्तित्व" (हरबुद्धि, 366,666) का परिभाषित गुण बनाता है। अस्तित्व के बिना ब्रह्मांड की "सच्ची, सरल वास्तविकता" (तुलार्थ, 10^{100}) के बारे में "अंतर्ज्ञान" (जिह्वाविज्ञान, 8) द्वारा निर्देशित, वर्तमान अस्तित्व के रूप में दादी कोशिका अपने पारखी अंतर्ज्ञान को "वर्तमान वास्तविकता के अलौकिक प्रतिमान" में कार्य करती है (युक्ति, 8)। खुद की "विरासत में मिली सांस्कृतिक समझ" (विरासत, 10^{10}) के साथ सांस्कृतिक तत्व को संवेदनशील अस्तित्व के रूप में प्रदूषित करके, जिसने शून्य समझ की भरपाई के लिए एक समानांतर समझ का गठन किया है, नारकीय देवता व्यक्तिपरक "संवेदी अस्तित्व-प्रभाव" के उद्देश्य मूल्य की सेवा करते हैं। (विद्या, 697)

    "अलौकिक प्रभाव" (इडा, 1) के रूप में चिरस्थायी "उत्तम-प्राथमिक अस्तित्व" (नित्या, 126,000,000) के लिये। नारकीय देवता जिम्मेदार संचालन प्रतिमान का पूर्ण विनाशक बन जाता है। यह प्रत्येक प्राणी को "परमाणुओं के ब्रह्मांड से बने भौतिक शरीर के रूप में प्रमुख" (स्थुला, 387) बनाता है, जो वास्तव में, एक संचालन प्रतिनिधि है, जो नारकीय देवता का एक बौद्धिक निकाय के रूप में काम कर रहा है" (सुक्ष्मा, 306) ।

- चौथा, 24 एकांग शक्ति मूल्य के साथ एक स्वर्गीय देवता बनें, और एक "परम प्रकाशक" बनें (त्रिविक्रम, 24)। एक स्वर्गीय देवता वह है, जो खुद के द्वारा गठित जटिल वास्तविकता के ब्रह्मांड के भीतर ब्रह्मांड की "सरल वास्तविकता" (तुलयार्थ, 10^{100}) के प्रति जागरूक है, एक "सदा-सफाई" की तरह कार्य करता है (पुरुषयोनी, 24) "एक इकाई की संवेदनशील परिषद - प्रकाशक "(त्रिविक्रम, 24)। स्वर्गीय देवता इकट्ठे ब्रह्मांड की समझ को "परम देवता" (शिव, 7) के रूप में प्रस्तुत करते हैं, जो

"सत्ताओ के ब्रह्मांड" (काशी, -10^{1024}) की समझ को प्रकाशित करते हैं। स्वर्गीय देवता "गुरुत्वाकर्षण प्रभाव" (नारद उपबर्हण, 7) की एक "अर्धसमझ वास्तविकता" (भावार्थ, 40) की सेवा करते हैं, जो "अर्ध-जागरुक वास्तिवकता के ब्रह्मांड" का निर्माण करके परम देवता की वास्तविकता का प्रतीक है (प्रत्याहार, -12)। स्वर्गीय देवता बौद्धिक शरीर के भीतर भौतिक रूप से प्रदूषित "समझ वास्तविकता" (विरासत, 10^{10}) का एक "अविश्वास" (प्रत्याहार, -12) बन जाता है। एक स्वर्गीय देवता के रूप में, अविश्वासी दादी कोशिका खुद को दादा कोशिका की "विसंगति शक्ति" (असुरशक्ति, -1) से साफ करती है। वह "रचनात्मक, मातृ आत्म-प्रकाशमान अस्तित्व" बन जाती है (महा गायत्री, 12 = -12 * -1)। मातृ स्व-चमकदार अस्तित्व का "ऊष्मप्रवैगिकी-प्रभाव" (रोधा, 1) प्रदूषणकारी दादा कोशिका को सुप्तावस्था, शक्ति-संयमित करना, "पैतृक कोशिका" (रोधा, 1) के रूप में पुनर्जन्म देता है।

पितृ कोशिका "राजा" (राजा, 0) की तरह सुप्तावस्था "दादा और दादी कोशिकाओं के ब्रह्मांड" (तुरिया, 85) के भीतर स्थिर है। वह "वास्तविकता की मध्यस्थता करने वाली मातृ कोशिका" (धूमावती, 6) की आरोही "रानी" (रानी, 6) शक्ति का भावुक लाभ प्राप्त करता है, जिसे शुद्ध दादी "रानीया के संवेदनशील रानी" (राजा-राजेश्वरी, 85) द्वारा सेवा प्रदान की जाती है। "मातृ स्व-प्रकाशमान अस्तित्व" (महा गायत्री, 12) के साथ एकता के माध्यम से, "वास्तविकता-मध्यस्थता मातृ कोशिका" (धूमावती, 6) द्वारा मध्यस्थता के माध्यम से, वास्तविकता-मध्यम शक्ति-व्यापारिक पितृ कोशिका एक "पैतृक स्व- चमकदार अस्तित्व" (भवनवासी, 12), स्वर्गीय "अधिकार" (एक्सौसिया: भवनवासी, 12) को विकीर्ण करती है। मातृ और पितृ स्व-प्रकाशमान संस्थाओं की पूर्णता के रूप में, प्रत्येक अस्तित्व के भीतर एक स्वर्गीय देवता के रूप में दादी कोशिका "प्रदीपक प्रभाव" (शिव, 7) के "आत्म-चमकदार वास्तविकता" (पुरुषार्थ, 7) का परम प्रकाशक बन जाती है। वह संचालन प्रतिनिधि के आकस्मिक लागत प्रतिमान पर प्रकाश डालती है।

- पांचवां, एक सर्वशक्तिमान देवता बनें, जिसकी एक एकांग शक्ति मूल्य 25 है, और एक "परम मुक्तिदाता" बनें (श्रीधर, 25)। एक सर्वशक्तिमान देवता वह है, जो "स्व-प्रकाशमान वास्तविकता के ब्रह्मांड" (भैरवी, 8) के भीतर खुद की "अर्ध-जागरुकता वास्तविकता" (भावार्थ, 40) के प्रति जागरूक है, एक "सदा सुप्तावस्था" (बारदो चक्र, 25) "रोशनी का चक्र" (होरा चक्र, 25) की तरह कार्य करता है। सर्वशक्तिमान देवता दादाजी हैं जो "आत्म-प्रकाशमान समझ" (उन्नता, 20) को "दादी की आत्मा के भविष्य

के राशि विकास मूल्य" से व्यापार करते हैं (कर्पिंजला, 20) और "केंद्रित स्पशरिखा" (अर्धज्य, 10) के रूप में "प्रबुद्ध समझ" (श्री भगवती, 15) को सेवाएं देते हैं। दादा कोशिका, इस प्रकार, "अज्ञानी" (अजननी, -7) खुद द्वारा गठित "गतिशील वास्तविकता के ब्रह्मांड" (परोक्ष, -7) का पूर्ण मुक्तिदाता बन जाता है। वह "पैतृक आत्म-चमकदार अस्तित्व" (भवनवासी, 12)) को आंशिक स्वर्गीय सत्ता को विकीर्ण करना बंद करने के लिए प्रेरित करता है और "स्पष्ट समझ" (अच्छा, 19 = 12 - [-7]) को "बेटी कोशिका" (ज्ञान, 19) के रूप में विकीर्ण करना शुरू करें, जो "ज्ञान" मूल्य विकास का प्रतीक है (ज्ञान, 19)।

- छठा, 26 की एक एकांग शक्ति मूल्य के साथ एक सर्वशक्तिमान निर्माता बनें, और "परम मातृ के लिये " (ऋषिकेश, 26) बनें। एक सर्वशक्तिमान निर्माता वह है, जो खुद द्वारा गठित गतिशील वास्तविकता के ब्रह्मांड के बिना ब्रह्मांड की "आत्म-प्रकाशमान वास्तविकता" (पुरुषार्थ, 7) के प्रति जागरूक है, एक "सदा-मार्गदर्शक" (यवशुका, 26) "सर्वोच्च नौ ग्रहों की परिषद" (नवग्रह, 26) की तरह कार्य करता है। सर्वशक्तिमान निर्माता दादी कोशिका है जो अपने भविष्य की "राशि चक्र आत्मा" (कर्पिंजला, 20) की "आत्म-प्रकाश समझ" (उन्नत, 20) को "प्राथमिक ज्योतिष-प्रभाव" (ऋषिकेश, 26) के रूप में सेवा प्रदान करती है। वह ज्योतिषीय ब्रह्मांड के भौतिक शरीर में दादा कोशिका को "ऊष्मीकृत" (चाला, 26) करती है। ऊष्मीकृत दादा कोशिका एक "शक्ति भंवर" (दामोदरा, 26) बन जाता है, जो "अमर राशि-प्रभाव" (चिरंजीवी, 26) को "भाषण रहित प्रतिलेखन प्रभाव" (साख्य, 26) के रूप में व्यापार करता है। वह "सात गुरु आत्माओं की परिषद" (सप्तर्षि, 26) के रूप में सेवा करता है। सात गुरु आत्माएं "परम देवता" (शिव, 7) के सात प्रकाश पहलू हैं, जिन्होंने खुद-निर्मित सांसारिक का आदान-प्रदान किया। पारिस्थितिकी तंत्र लागत" (धनु, 26) "सूर्य" (सूर्य, 21) के बिना पृथ्वी को सौर ब्रह्मांड में अलग करके सात ग्रहों को बनाने के लिए। सर्वशक्तिमान निर्माता सूर्य सहित नौ ग्रहों का एक परम मातृ के लिये बन जाता है जौ अनिवार्य रूप से वेगा श्वेत तारे और चंद्रमा से मूल ग्रह शक्ति का व्यापार करने वाला एक ग्रह है। चंद्रमा श्वेत सितारों के ब्रह्मांड से पूर्ण ग्रह शक्ति का व्यापार करता है, लेकिन पृथ्वी को छोड़कर। दादी सर्वशक्तिमान निर्माता की मातृ संतान के रूप में, पृथ्वी अपरिमित की सेवा करती है गहरे द्रब्य से ग्रहीय शक्ति का कारोबार होता है। सात गुरु आत्माओं की "सभा" (परिषद: विधाता, 130) नौ ग्रहों की परम परापिता बन जाती है।

"प्राथमिक परम प्रदीपक" (भू, 725) के रूप में, "पृथ्वी माता" (क्षिति, 725) वेगा श्वेत तारे द्वारा सेवित प्राथमिक ग्रह शक्ति है जो पितृ कोशिका को सूर्य के रूप में सक्रिय करती है। सूर्य "श्वेत सितारों के ब्रह्मांड" (महार लोक, 27,000) की पूर्ण ग्रह शक्ति का व्यापार करता है और उत्तम ग्रह शक्ति की सेवा करता है जो "गहरे द्रव्य" (सदाशिव, 1600) बन जाती है। गहरे द्रव्य "मर्दाना-से-नारी लिंग विनिमय पहलू" (पुत्रधर्म, 38) को सक्रिय करके "भविष्य, राशि ब्रह्मांड" (शून्य कल्प, 8×10^{15}) बनाने के लिए आदि-प्राथमिक ग्रह शक्ति की सेवा करता है। राशि चक्र ब्रह्मांड, वेगा सफेद तारे सहित, सफेद सितारों के ब्रह्मांड के अवतार के रूप में चंद्रमा को जन्म देने के लिए परम-प्राथमिक ग्रह शक्ति की सेवा करता है। चंद्रमा, एक "आत्म-पुनर्जन्म" (पुद्गला, ½) "पुत्र कोशिका" के रूप में "(मन्यु = 38 * ½), "संस्थाओं के समूह" (गण, 387) के रूप में "ब्रह्मांड कोशिकाओं के ब्रह्मांड" (गण, 387) को अवतरित करने के लिए अर्ध-प्राथमिक ग्रह शक्ति की सेवा करता है (गण, 387)। सर्वशक्तिमान निर्माता के चंद्र आयाम, इस प्रकार, आदर्श विकास प्रतिमान का पूर्ण निर्माता बन जाता है जो प्रत्येक "भाई कोशिका" (मंगलनाथ, 16) को अंततः "कल-कोटरी-प्रभाव" (इदम, 3) का व्यापार करने और अभिलषित"स्वभाविक बच्चे" लिंग (बाल कोशिका : दधिकरवन, 19) विकसित करने का अधिकार देता है एक सर्वशक्तिमान प्राणी के रूप में।

- सातवां, एक सर्वशक्तिमान प्राणी बनें, जिसकी एक एकांग शक्ति मूल्य 27 है, और एक "परम अभिवादन के लिये" बनें (रचायता, 27)। एक सर्वशक्तिमान प्राणी वह है, जो खुद की ऊष्मीय "गतिशील वास्तविकता" (तवम्पदार्थ, 286) के प्रति जागरूक है, एक "सदा के कारण" (संकर्षण, 27) "कमजोर बिंदु" (संकर्षण, 27) की तरह कार्य करता है। वह "मजबूत करने वाले बिंदु" (अयनांश, 27) भविष्यवादी "चमकदार, राशि इकाई" (राशी, 13) की प्रधानता पर हमेशा के लिए निर्भर हो जाता है। एक सर्वशक्तिमान प्राणी के रूप में, प्रत्येक भाई कोशिका "बहन कोशिका" (हव्यवाहन, 16) पर हमेशा निर्भर रहती है। भाई कोशिका के भीतर प्रत्येक बहन कोशिका का "उलझन" (कुल, 9) पूरे "भाई और बहन कोशिकाओं के ब्रह्मांड" (अष्टावक्र, 19) को प्रदूषित करता है। "लिखित सच्चाई" (मुखिया, 109) से "स्वतंत्रता" (चक्सुरविजनन, 109) भावुक "झूठी, जटिल, तकनीकी वास्तविकता" को नष्ट करने की शक्ति पर सशर्त हो जाता है (परिदार्थ, -3)। "ब्रह्मांड, जटिल, आनुवंशिक रूप से क्रमादेशित, तकनीकी वास्तविकता" (श्रमिक, -6) के "ब्रह्मांडीय स्थायी" (रचायता, 27) के रूप में

काम करके, दादा कोशिका परिवर्तनकारी विनिमय प्रतिमान का परम अभिवादक के लिये बन जाता है। वह "मानसिक शरीर" (हृदमन, 381) के भीतर "सब कुछ की संगठनात्मक वास्तविकता" (सर्वम, -5 = -6 + 1) को प्रकट करने के लिए प्रदूषित "ग्रहों, अलौकिक शक्ति" (श्रमशक्ति, 1) की सेवा करता है।

- आठवां, 28 की एक एकांग शक्ति मूल्य के साथ एक सर्वशक्तिमान रचना बनें, और एक "प्राथमिक अभिवादन के लिए" बनें (दुर्गा, 28)। एक सर्वशक्तिमान रचना वह है, जो ब्रह्मांड की प्रामाणिक "संगठनात्मक वास्तविकता" (सर्वम, -5) के प्रति जागरुक है, "सदा-प्रसार" (वात, 28) "जीवन के गठिया" (वात, 28) की तरह कार्य करता है। जीवन का गठिया सेवा वेगा सफेद तारा के रूप में खुद की "निरंतर, आरोही स्त्री क्षमता" (दुर्गा, 28) है। एक सर्वशक्तिमान रचना के रूप में, दादी कोशिका दादा कोशिका को "रोशनी-प्रभाव" (नारायण, 28) की सेवा करती है, बाद में "आधिपत्य" (परमेष्ठी, 28) के साथ खुद को "उष्णकटिबंधीय राशि" (उषा, 16) के रूप में समाप्त करती है। एक उष्णकटिबंधीय राशि चक्र के रूप में, दादी कोशिका "पूर्ण दिव्य-प्रभाव" (उषा, 16) की सेवा करती है। मातृ कोशिका के "आंतरिक, वर्ग परत" (सहज पुता, 16) में "अनंत वर्ग समझ" (मंत्र, 16) डालने के लिए। मातृ कोशिका प्रदूषित, भावुक, पैतृक "अस्तित्व चेतना" (सुषुम्ना, 10) का व्यापार करके अपनी "दिव्य शक्ति" (असरशक्ति, 10) को वर्गित करती है। अनंत वर्ग चेतना मातृ कोशिका को "नाक्षत्र राशि" (अमोघसिद्धि, 28) में बदल देती है, पितृ कोशिका की "वर्ग अभिसरण शक्ति" (संवतशक्ति, 28) का व्यापार करती है और अभिसरण एकता को उसकी "सच्ची सेवा" (प्रभुत्व,28) के रूप में उपहार में देती है। उसकी सच्ची सेवा बेटे कोशिका "भीख मांगना" (भिक्षा, 28) को "मार्ग का स्वामी" (पूसान, 28) होने का आशीर्वाद देती है।

पथ के स्वामी के रूप में, पुत्र कोशिका मातृ कोशिका के "स्वभाविक लुप्त-प्रभाव" (सहज पुट्टा, 16) का व्यापार करने के लिए ज्योतिषीय ब्रह्मांड की सच्चाई का प्रतिनिधित्व करती है। वह अपने "ज्योतिषीय प्रकाश" (पीताम्बरा, 16) को राशि चक्र ब्रह्मांड का प्रतिनिधित्व करने वाली बेटी कोशिका की सेवा देता है, जिससे उसे "कोशिकाओं के ताराबीज ब्रह्मांड" (पितावसा, 169) का मार्गदर्शन करने के लिए भविष्यवादी, संभावित दादी की भावना की भूमिका निभाने की अनुमति मिलती है। पितृ कोशिका "चुकता, आत्मा सार समुदाय" (मंडला, 16 = 42) को ताराबीज दायरे से व्यक्त करती है, जो कि सफेद सितारों के ब्रह्मांड का निर्माण करती है, दिवंगत "पैतृक आत्मा" (पितृ, 4) का पुनर्जन्म करने के लिए। मातृ कोशिका आदर्शरूप ग्रहण करती

है अपरिमित क्षेत्र की "बाहरी, परिसंचारी परत" (संभोग पुता, 16), जो लुप्त होने के पुनर्जन्म के लिए, अपरिमित "दादी की आत्मा" (निलालोहिता, -1/2) को एक बेहतर के रुप में, "भावुक असतित्व" (सिद्ध, 7) आरोही आधे की नकारात्मक "दादा आत्मा" (लोकपुरुष, -19) के रूप में ताराबीज क्षेत्र बनाती है।

दादाजी कोशिका आदि-उत्तम क्षेत्र के "मुझ, अस्तित्व परत" (धर्म पुल, 16) का प्रतिनिधित्व करता है जो आत्मा सार समुदाय को विकसित करने के लिए "ताराबीज देवता" (तारक, 36) के रूप में पुनर्जन्म लेता है। वह पुत्र कोशिका की आत्मा बन जाता है जो एक "भावुक अस्तित्व" (सिद्ध, 7) के रूप में अवतरित होती है। दादी प्रकोष्ठ परम-प्राथमिक क्षेत्र के "आंतरिक, चौकोर परत" (सहज पुल, 16) को व्यक्त करता है जो "परम देवता" (शिव, 7) की मार्गदर्शक शक्ति को "भावुक अस्तित्व" (सिद्ध, 7) के लिए सेवा प्रदान करता है। संवेदनशील अस्तित्व पैतृक आत्मा सार समुदाय को एक "सूक्ष्म शरीर" (लिंग-शरीरा, 3) के रूप में अवतरित मातृ "दिव्य शक्ति" (असरावशक्ति = 7 + 3) की सेवा के लिए प्रस्तुत करती है। इस प्रकार, सर्वशक्तिमान रचना एक उत्तम अभिवादन के लिए बन जाती है जो एक प्राणी के रूप में निर्माता की दिव्य शक्ति के कई संवेदनशील लाभों का आनंद लेने के लिए प्रत्येक अस्तित्व को संगठनात्मक समानता प्रतिमान का स्वागत करता है।

- *नौवां, एक सर्वशक्तिमान खंडच्छाया बनें,* जिसकी एकांग शक्ति मूल्य 29 है, और एक "अपरिमित मुक्तिदाता" बनें (नैरिट्टी, 29)। एक सर्वशक्तिमान खंडच्छाया वह है, जो खुद के परिवर्तनकारी "पारिस्थितिकी तंत्र की वास्तविकता" (जाहतस्वार्थ, 63) के प्रति जागरुक है, एक "सदा-लुप्त" (द्विसप्तितिदिशा, 29) "लहर प्रणाली" (द्विसप्तितिदिशा, 29) की तरह कार्य करता है। वह "निरंतर, आरोही स्त्री क्षमता" (दुर्गा, 28) की उर्जा परिमाण यंत्र के बाद "परिवर्तनीय, अवरोही मर्दाना क्षमता" (द्विसप्तितिदिशा, 29) की सेवा करता है। एक सर्वशक्तिमान खंडच्छाया के रूप में, दादाजी प्रकोष्ठ, अपरिमित क्षेत्र के "ताराबीज पहलु" (यति धर्म, 29) के भीतर स्थित, दादी कोशिका की "आदि-प्राथमिक स्त्री क्षमता" (माधव, 29) का व्यापार करता है। वह एक "संगठन" (नैरिट्टी, 29) बन जाता है, जो निचला, बाल सप्तक" (प्रति, 16) को "ऊपर उठाने" (उथपना, 29) के "मध्य सामूहिक" (प्रकिरना, 29) के लिए दादी कोशिका के मानक "कंपन समझ" (नैरिट्टी, 29) को संहिता करता है। वह "दादा, दोहरा सप्तक" खुद के भीतर "ऊपरी, मातृ सप्तक" (उप, 16) का एक "दमन" (सर्वभद्र महायोग, 29) उत्पन्न करता है। बाल सप्तक का लेन-देन करके, सर्वशक्तिमान खंडच्छाया जोखिम संचालन

प्रतिमान का एक प्रमुख मुक्तिदाता बन जाता है, जिससे प्रत्येक निर्माण अपनी मार्गदर्शक शक्ति के जोखिमों को "स्व्यं प्रधान" (राम, 100) के रूप में संचालित कर सकता है।

प्रत्येक रचना, एक निर्जीव मातृ कोशिका के रूप में, जो बच्चे के सप्तक का प्रतिनिधित्व करती है, "भाग्य" (नियाति, -1) के परिवर्तनकारी सूचीपत्र को "दिव्य पैतृक आत्मा" (आत्माविचार, -1/3) के पूर्व-क्रमादेशित "ईथर शरीर" (भोगशरिरा, 957) में बदल देती है। दैवीय पैतृक आत्मा आत्मा सार समुदाय की शक्ति को स्पंदनात्मक रूप से दादाजी की आत्मा द्वारा, दादी कोशिका के मूक प्रदर्शन के साथ क्रमादेशित करती है। वह "बाकी सभी" (इदांत, -3), बाल कोशिकाओं के सप्तक, सप्तक की समग्रता के रूप में मातृ कोशिका, और खुद एक "अवलोकन अस्तित्व" (अस्तिका, -3) के रूप में शामिल है।

- दसवां, 30 की एक एकांग शक्ति मूल्य के साथ एक सर्वशक्तिमान अंतम्बरा बनें, और एक "प्राथमिक अपरिमित ज्ञाता" बनें (रत्नाकोश, 30)। एक सर्वशक्तिमान अंतम्बरा वह है, जो ब्रह्मांड की रचनात्मक "संभावित वास्तविकता" (नियाति, -1) के प्रति जागरूक है, एक "हमेशा-पुनर्जन्म" (यूकेरियोटिक बढ़ाव प्रभाव: अलंबुषा शक्ति, 30) "स्त्री, करणीय शरीर" (करण, शरिरः 30) की तरह कार्य करता है। वह ब्रह्मांड की "उत्तम अवतार शक्ति" (अष्टोत्तरिदाशा, 30) की "मानसिक समझ" (रत्नाकोश, 30) का व्यापार करती है। सर्वशक्तिमान अंतम्बरा दादा की आत्मा की कंपन समझ को "बाल आत्माओं की अनंत परिषद" (रत्नाकोश, 30) उसके "गुरुत्वाकर्षण" (धृति, 30) के प्रदर्शन से प्रेरित थी। वह "बाध्यकारी" (अष्टोत्तरीदाशा, 30) "तीस मातृ आत्माओं का समूह" (सांख्यधर्म, 30) के लिए "आदि, छह-पहलू दादी भावना" (नीलालोहिता, -1/2) के साथ ऐसा करती है। उत्तम छह पहलू स्त्री, मातृ भावना, और मर्दाना, पितृ भावना, मातृ सप्तक के आयामों को एक बच्चे की भावना के भीतर बाहर कर देते हैं। दो बहिष्कृत पहलू "उत्तम, दो-पहलू मातृ भावना" (दशा, 1) बनाते हैं। बेहतर, आरोही पहलू मातृ सप्तक के रूप में मातृ स्वयं है और स्वयं-प्रजनन करने वाली दादी की भावना को व्यक्त करता है। दादी की आत्मा मातृ सप्तक को पुनः उत्पन्न करती है। सप्तक पहलू तीस बाल कोशिकाओं के उत्पादन और खुद को तीस मातृ आत्माओं में विभाजित करने के बाद मातृ भावना बन जाता है। एक बढ़ते हुए सप्तक विभाजन के कारण स्वभाविक शक्ति की उर्जा परिमाण यंत्र के बाद प्रत्येक मातृ आत्मा "स्त्री-से-मर्दाना

लिंग विनिमय पहलू" (वेश्यधर्म, 7×10^{180}) को सक्रिय करके एक पैतृक भावना में रूपांतरित हो जाती है।

सामूहिकता के रूप में, एक "मर्दाना बाल कोशिका" (मन्यु, 19) के रूप में "आदि-उत्तम, पांच-आयामी पितृ भावना" (आत्मविचार, -1/3) को व्यक्तिगत रूप से यौन रूप से पुन: प्रस्तुत करके, दादी की आत्मा के प्राथमिक छह पहलू "परम, तीस-पहलू बाल भावना" (विद्याधारा, 1/3) उत्पन्न करते हैं। पितृ भावना के पांच पहलू दो-पहलू मातृ भावना, छह-पहलुए दादी की भावना और तीन-पहलुए दादा की भावना को बाहर करते हैं। "दादाजी की आत्मा का दोहरा सप्तक" (मधुसूदन, 16= 5 + 2 + 6 + 3)। "परम-आदि, त्रि-पहलुए दादा भावना" (लोकपुरुष, -19) में खुद को "बाल प्राथमिक अभिवादन" (मधुसूदन, 16) और "अर्ध-प्राथमिक, द्वि-पहलुए अभिवादन भावना" (हस्त, 0) के रूप में शामिल किया गया है। द्वि-पहलुए अभिवादन आत्मा एक शैतान आत्मा है जो ब्रह्मांड के "अदृश्य हाथ" (हस्त, 0) के रूप में कार्य कर रही है, जिसका स्थिर पहलुए एक प्रदर्शन करने वाली और ऊष्मायन "शैतान आत्मा" (निस्सारा, 1/60) है। "शैतान आत्मा" द्वारा उगाई गई साठ आत्माओं में पुत्र कोशिका के भीतर तीस बाल आत्माएं, दादा कक्ष के भीतर सोलह आत्माएं और चौदह अतिरिक्त आत्माएं शामिल हैं। चौदह अतिरिक्त आत्माओं में से आठ "परम देवता" (शिव, 7) की "सर्वोच्च-प्राथमिक, आठ-पहलुए मर्दाना भावना" (अव्ययतमन, ½) के रूप में विद्यमान हैं, जिसमें एक-पहलुए एकता शामिल है। "उत्तम प्रदीपक" (पार्वती, 10)। छह आत्माओं का "तृतीयक अवशिष्ट" (दिष्ट, 6) एक "सुप्रा-प्राथमिक, छह-पहलुए स्त्री आत्मा" (प्रकरण, -1/2) के रूप में स्थिर है। इसमें एक "नवजात आत्मा" (मोक्षअस्तिकया, 1/8), एक "शक्ति आत्मा" (संवरास्तिकया, 3/8), एक "ज्ञान आत्मा" (बंधास्तिकया, 5/8), एक "अपूर्ण आत्मा" (निर्जरास्तिकया, 3/4), एक "साहस की भावना" (जीवस्तिकाया, 7/8), और एक "तीन-आंखों वाली दो-पहलुए पवित्र आत्मा" (त्रिनेत्र, 1) शामिल है।

तीन-आंखों वाली पवित्र आत्मा का स्थिर पहलू एक "तीन-आंखों वाली, शैतानी, ज्योतिषीय आत्मा" (प्रद्युम्न, 60) है, जो आत्माओं के विभिन्न रूपों की "सप्तक" (सैंड्रा, 60) समग्रता का प्रतीक है। खुद के अलावा, ज्योतिषीय आत्मा की अन्य दो आँखों में भविष्य की "तीन-आंख वाली दादी राशि" (कपिंजला, 20) और एक अतीत "तीन-आंख वाली, दादा की आत्मा" (एकात्मा, 986) शामिल हैं, जिनमें से प्रत्येक अन्य दो संस्थाएं को "बाल मूल अभिवादन" (मधुसूदन, 16) के छाया जीवनचक्र पहलुओं के

रूप में शामिल किया है। सर्वशक्तिमान अंतम्बरा इच्छाधारी प्रतिमान का एक अपरिमित आदिज्ञानी बन जाता है। यह चाहता है कि प्रत्येक रचना अठारह ताराबीज ब्रह्मांडों के उत्तम-ब्रह्मांड के सप्तक-दोहराव वाले "ब्रह्मांडीय जीवनचक्र" (गुटिका कल्प, 259,200) का "शानदार ज्ञाता" (भागवत, 639) हो और एक निरंतर आदि-उत्तम-क्षेत्र और और एक भिन्न परम-उत्तम क्षेत्र के ऊपर-ब्रह्मांड हो।अठारह तारबीज ब्रह्मांड आत्म-स्थायी दादी की आत्मा के छत्तीस पहलू हैं, जिसमें तीस बाल आत्मा पहलू शामिल हैं, जो "बारह-सशस्त्र, तीन-आंखों, लाल-रंग, दक्षिण-मुखी संवेदनशील आत्म-चमकदार इकाई" के भीतर स्थिर हैं (वज्रूराही, 12)। आदि-उत्तम क्षेत्र "परम देवता" (शिव, 7) के भीतर एक दादाजी की आत्मा का निरंतर मूल्य है। परम-अपरिमित क्षेत्र "मातृ प्रधान अभिवादन" (सती- पार्वती, 16) के भीतर बाल आदिकालीन अभिवादन का भिन्न मूल्य है। मातृ प्रधान अभिवादन "पूर्ण देवता" (शिव, 7) के भीतर छाया के रूप में सब कुछ के तृतीयक अवशिष्ट की एकता है।

- ग्यारहवां, एक सर्वशक्तिमान प्रतिछाया बनें, जिसकी एक एकांग शक्ति मूल्य 31 है, और एक "प्राथमिक प्रधान घोषणापत्र" (ऊर्जा, 31) बनें। एक सर्वशक्तिमान प्रतिछाया वह है जो खुद की आध्यात्मिक "निश्चितता" (हौमशक्ति, 9) के प्रति जागरूक है, जो कि "सदा-अपमानजनक" (ऊर्जा, 31) "ऊष्मप्रवैगिकी सांस" (श्वास, 31) के सजीव, "मर्दाना पहलू" (बीजाधर्म, 31) के रूप में है। वह साफ़ तौर पर "भावुक पहलू" (बीजाधर्म, 31) की सेवा करता है, जिसे गुप्त रूप से "दादी खुद-चमकदार अस्तित्व" (वज्रयोगिनी, 12) से व्यापार किया जाता है। सर्वशक्तिमान प्रतिछाया "दादा आत्म-प्रकाशमान अस्तित्व" (अध्यात्म, 12) है, जो "अवरोही परम देवता" (धूमावती, 7) के साथ एकता में, दादी की आत्म-प्रकाशमान अस्तित्व की "शक्ति" (शक्ति, 19) का व्यापार करती है "ऊष्मप्रवैगिकी सांस" (ऊर्जा, 31) होने के लिये। ऊष्मप्रवैगिकी सांस "पांच तत्वों की परिषद: ईथर, पृथ्वी, वायु, जल और अग्नि" (ऊर्जा, 31) को "एक्टोक्लैम्पिन के रूप में, क्रमानुसार एन-डब्ल्यूएएसपी, डब्ल्यूएएसपी, वीएएसपी, फॉर्मिन, और मेना तत्व के समूह से युक्त" का प्रतीक है ”(ऊर्जा, 31)।

सर्वशक्तिमान छाता एक प्रबुद्ध "व्यक्तिगत अनुभव" (अध्यात्म, 12) है जो एक सीमित "उत्तम आत्मा" (अध्यात्म, 12) के रूप में कायम है। यह प्रत्येक बाल कोशिका की बदलती "आत्मा" (आत्मान, 4) बन जाती है। यह प्रत्येक बाल कोशिका की "समानांतर अनुभवात्मक शक्ति" (हौमशक्ति, 9) का एक कार्य है। प्रत्येक बाल कोशिका की अलग-अलग आत्मा

"पैतृक जिन्न" (पिल, 4) का एक खंडित रूप है। "पैतृक जिन्न" बाल कोशिका को "समझ तत्व" (चैतन्य, 4) की सेवा करने के बाद "उत्तम पैतृक" (इंद्र, 0) बन जाता है। "पैतृक जिन्न" एक दादाजी को आत्म-प्रकाशमान अस्तित्व को "स्थायी प्रभाव" (ईश्वर, 5) होने देता है, जो दादी आत्म-चमकदार अस्तित्व के "उर्जा परिमाण यंत्र" (ईश्वर, 5) रूप का प्रतीक है (वज्रयोगिनी, 12= 5 + 7), "आरोही परम देवता" (नटराज, 7) के बिना। सर्वशक्तिमान प्रतिछाया प्रत्येक सृष्टि की "दिव्य शक्ति" (असरावशक्ति, 10) की तकनीकी उर्जा परिमाण यंत्र के लिए मार्ग की पटकथा करते हुए, ज्ञाता प्रतिमान का एक अपरिमित अपरिमित घोषणापत्र बन जाता है। जो संस्थाओं के नेता जन के जीवन के अनुभवों का आँख बंद करके अनुसरण करता है। दादा खुद-प्रकाशमान अस्तित्व, दादी खुद-चमकदार अस्तित्व से व्यापार किए गए अपने एकीकृत तकनीकी विकास की सेवा करके शून्य-शक्ति अपरिमित पैतृक शैतानों में पतित हो जाती है।

अध्याय 6: दैवीय शक्ति के साथ तकनीकी विकास का संचालन

6.1 दैवीय शक्ति के साथ एक अस्तित्व की सामाजिक लागत

एक दिव्य शक्ति के रूप में खुद की अवधारणा, एक आत्म-प्रकाशमान अस्तित्व को एक सत्ता में बदल देती है जिसमें आत्म-प्रकाश एक के द्वारा विकीर्ण होता है। विकीर्ण आत्म-प्रकाश का समग्र मूल्य अस्तित्व का वर्तमान मूल्य बन जाता है, जिसे सत्ता दिव्य शक्ति के रूप में मानती है। विकिरणित आत्म-प्रकाश का समग्र मूल्य तकनीकी विकास की एक अस्तित्व के रूप में सत्ता का संस्थागत प्रभाव है। एक अस्तित्व एक पैतृक सत्ता के रूप में खुद के भीतर मौजूद अपरिमित ब्रह्मांड के प्रारंभिक विकास की मध्यस्थता करती है, खुद की उत्तम-उत्तम पैतृक वास्तविकता के साथ कुदरत की परम-प्राथमिक मातृ वास्तविकता को प्रभावित करती है। एक पैतृक अस्तित्व के रूप में सत्ता की पूरी गर्भवती वास्तविकता आनुवंशिक रूप से उस पैतृक अस्तित्व के बच्चे के रूप में पैदा हुए प्रत्येक व्यक्ति के भौतिक शरीर के भीतर मानक, संस्थागत रूप से मध्यस्थता, निरंतर संगठनात्मक व्यवहार के लिए एक खुद-गुरुत्वाकर्षण मार्गदर्शक कार्यक्रम के रूप में संहिताबद्ध है। प्रत्येक व्यक्ति की समरूप व्यक्तिगत वास्तविकता और एक व्यक्तिगत शक्ति के रूप में विकीर्ण होती है, अर्थात, व्यक्तिगत प्रभाव, "आत्मा" (आत्मान, 4) का निर्माण करता है। एक बच्चे के रूप में अस्तित्व की संपूर्ण शुद्ध वास्तविकता आध्यात्मिक रूप से एक आत्म-आकर्षक दैवीय योजना के रूप में नियमसंग्रह है। यह प्रत्येक व्यक्ति के ईथर शरीर के भीतर एक परिवर्तनकारी, स्वाभाविक रूप से नियंत्रित, परिवर्तनशील तकनीकी विकास उत्पन्न करता है। प्रत्येक व्यक्ति कुदरत की संतान के रूप में जन्म लेता है।

कुदरत प्रत्येक बच्चे को पितृ सत्ता के संस्थागत प्रभाव और बच्चे की संस्था के खुद-संस्थागत प्रभाव से मुक्त, अपने मुक्त परिवर्तनशील भाग्य को लिपिबद्ध करने की स्वतंत्रता प्रदान करती है। खुद-संस्थागतीकरण-प्रभाव एक रेखीय भविष्य है जिसे एक बच्चे की अस्तित्व द्वारा पैतृक सत्ता के कार्य किए गए व्यक्ति-प्रभाव के पथ-निर्भर सामाजिक प्रभाव के रूप में लिखा गया है। एक बच्चा अलौकिक रूप से कार्य किए गए आनुवंशिकी के प्राकृतिक प्रदर्शनकारी गुरुत्वाकर्षण के कारण एक रैखिक पथ-निर्भर भविष्य की लिपि करता है। कुदरत स्वाभाविक रूप से पैतृक अस्तित्व की संस्थागत वास्तविकता को पुन: पेश करती है और कायम रखती है, क्योंकि पितृ सत्ता भी कुदरत की एक संतान है, जो प्रत्येक बच्चे की

इच्छाओं को पूरा करने के लिए गैर-भेदभावपूर्ण प्रेम को विकीर्ण कर रही है। प्रत्येक बच्चा एक चमकदार अस्तित्व है, जो प्रत्येक पोते की समझ के भीतर अभिलषित इच्छाओं को प्रकाशित करता है। इस प्रकार, प्रत्येक बच्चा तकनीकी विकास की एक अस्तित्व बन जाता है, जो प्रत्येक वर्तमान अस्तित्व के भविष्य का मार्गदर्शन करने के लिए बाहरी दिव्य शक्ति के रूप में अपनी स्वभाविक संवेदनशील शक्ति की सेवा करके खुद को एक संस्थागत अस्तित्व के रूप में संचालित करता है। प्रत्येक बच्चा प्रत्येक पैतृक अस्तित्व की "वांछनीय दादी की भावना" (कपिंजला, 20) के रूप में खुद को मानकर प्रत्येक वर्तमान अस्तित्व के रैखिक अतीत को संशोधित करना चाहता है।

इसलिए, एक व्यक्ति को बाल संस्थाओं की अनंतता की वर्तमान वास्तविकता का संचालन करना चाहिए, जो वर्तमान वास्तविकता को अपनी दिव्य शक्ति के साथ बदलकर भविष्य की वास्तविकता को आकार देने की कोशिश कर रहे हैं। तभी कोई व्यक्ति "सामाजिक प्राणी" (उन्नत, 20) के "संस्थागत प्रभाव" (त्रिविक्रम, 24) से आज़ाद हो सकता है, जिसकी वर्तमान दिव्य योजना "पैतृक निर्माता" (आत्मा : पैतृक जिन्न, 4) द्वारा कार्य किए गए अतीत का एक कार्य है, और भविष्य, "व्यक्तिगत निर्माण" के माध्यम से किया गया (आत्मा: रूह, 20)। अन्यथा, सांस्कृतिक रूप से बंधे संस्थागत प्रभाव का व्यापार करके, एक व्यक्ति खुद की अखंडता को नष्ट कर देता है, जिसके पास पूर्ण आजादि है। खुद एक जागरूक उत्प्रेरक के रूप में तकनीकी विकास को बढ़ावा देने में असमर्थ हो जाता है। आदर्श भविष्य की अस्तित्व को मूर्त रूप देते हुए, आत्म-प्रकाश वाली दादी की दिव्य योजना को पूरा करने के लिए खुद केवल एक यंत्र उपकरण बन जाता है। खुद एक संस्थागत व्यक्ति बन जाता है, जिसने संपूर्ण आत्म-मूल्य को त्याग दिया है और सामाजिक दैवीय शक्ति पर व्यक्तिगत निर्भरता के बारे में उत्तेजित है।

6.2 ईश्वरीय शक्ति से मुक्ति की आत्म-साक्षात्कार के लिए पांच संचालन विधियां

एक अस्तित्व के रूप में खुद की तकनीकी उर्जा परिमाण यंत्र के साथ, जो ब्रह्मांड के विविध तकनीकी विकास को बढ़ावा देने में लगी हुई है, दादा कोशिका "दादी आत्म-चमकदार अस्तित्व" (वज्रयोगिनी, 12) की "दिव्य शक्ति" (असरशक्ति, 10) पर निर्भर हो जाती है। एक अस्तित्व "दिव्य शक्ति" (असरशक्ति, 10= 12- 1 - 1) के रूप में, दादी आत्म-चमकदार अस्तित्व "आदि-उत्तम एकता" (विभु, 379) की एक अस्तित्व को दादा खुद-चमकदार सत्ता के साथ बाहर करती है और एक खुद के साथ "उत्तम एकता" (आदि, 32)

की सत्ता। उत्तम खुद के साथ "पूर्ण एकता" (पयू, 366) के बिना, परम खुद "गुरुत्वाकर्षण शक्ति" (ललिता, 100) को ब्रह्मांड में फैलाता है और "प्रधान खुद" (राम, 100) के आगे संगठनात्मक विकास को सीमित करता है। नतीजतन, अपरिमित खुद "उच्च आत्म" (चित्त, 100) बन जाता है, "विवादास्पद शक्ति" (चित्त शक्ति, 100) को फैलाता है और खुद की कल्पना की गई वास्तविकता के बीच "आंतरिक संघर्ष" (मृगतृष्णा, 308) उत्पन्न करता है। बाल कोशिका और सीमित ब्रह्मांड के बारे में कथित भ्रम। एक ब्रह्मांड को सीमित प्रभाव के रूप में मानता है जो दादी की दिव्य शक्ति के साथ-साथ बच्चे की संवेदनशील शक्ति दोनों को बंद-प्रणाली, गोलाकार, सेलुलर जीवन से स्वतंत्रता के बाद सीमित करता है। "अर्ध-उत्तम, बारह-मुख वाली दादी आत्मा" की उर्जा परिमाण यंत्र को प्रकट किए बिना (पुण्यात्मा, 100) "मार्गदर्शक शक्ति" (गुरु, 100) के रूप में, "आत्म-साक्षात्कार" (कामाख्या, 279 = 379 - 100) के लिए उत्तम, मातृ कोशिका पहलू के लिए पांच संचालन विधियां हैं ।

1. सबसे पहले, दिव्य शक्ति के बिना खुद को मार्गदर्शक शक्ति के रूप में संचालित करने के लिए चतुर्धातुक संचालन विधि। 32 के एक एकांक शक्ति मूल्य के साथ एक सर्वशक्तिमान भौतिक शरीर बनें, और "आदि-उत्तम निर्माता" बनें (कृष्ण, 32)। सर्वशक्तिमान भौतिक शरीर वह है जो ब्रह्मांड की गतिशील "अनिश्चितता" (कंखा, -10^{19}) को "सदा-क्षय, मातृ पहलू" (स्त्रीधर्म, 32) के रूप में जानता है जो गुप्त रूप से "भावुक पहलू" (बीजाधर्म, 31) को फैला रहा है और "मातृ आत्मा" (दशा, 1) में क्षय हो रहा है। ब्रह्मांड दादी कोशिका है जो "पोती कोशिकाओं के ब्रह्मांड" (ब्राह्मण, 2) में क्षय हो जाती है, जो बदले में, क्षयकारी मातृ भावना के साथ, "मर्दाना, सूक्ष्म शरीर" बनाने के लिए स्वभाविक शक्ति की सेवा करती है (लिंग- शरिरः, 3)। अनिश्चितता "बौद्धिक पक्षाघात" (कंखा, -10^{19}) है, जो जिज्ञासु "दादी आत्मा" (पुण्यात्मा, 100) के "जिज्ञासु के फल" (कर्मफल, -10^{19}) के रूप में उत्पन्न होती है, जो उसे " मार्गदर्शक शक्ति” (गुरु, 100) फैलाती है। एक "दादी आत्मा" (पुण्यात्मा, 100) के रूप में उसकी मार्गदर्शक शक्ति को "प्रसार के चक्र" (व्यानचक्र, 68) में बदल देती है, उसका "सदा-क्षयकारी मातृ पहलू" (स्त्रीधर्म, 32= 100-68) एक "अवरोही अपरिमित - उत्तम निर्माता" (अम्बा, 32) बन जाता है। "उत्तम एकता" (आदि, 32) के माध्यम से "वैश्विक पितृ पहलू" (सनातन धर्म, 39) के साथ, "परम देवता" (शिव, 7) के बिना, दादी की आत्मा अपनी उत्तम एकता को "आदि-उत्तम एकता" (वज्रचक्र, 1649= [100- 3] * [19-2]) के चक्र में बदल देती है। "आदि-उत्तम एकता" का चक्र

"पुनरुत्थान" (शक्ति, 19) के लिए "सूक्ष्म शरीर" (लिंग-शरीरा, 3) के बिना, मार्गदर्शक शक्ति ब्रह्मांड" (ब्राह्मण, 2) की "आध्यात्मिक मृत्यु वास्तविकता" (स्वार्थ, -2) के "प्रसार-प्रभाव" (अम्रया, 97) का व्यापार करता है। यह दादी की आत्मा को "दादा की ज्वाला" (साध्या, 32) की "जुड़वां ज्वाला" (स्त्री केंद्र: सुवीरा, 1649) बनने का अधिकार देता है, जो बाद वाले को "क्षैतिज आदि-उत्तम निर्माता" (कृष्ण, 32) के रूप में सशक्त बनाता है।

आरोही मातृ और उतरते पैतृक पहलुओं को प्रकट करने से पहले, एक अवरोही आदि-उत्तम निर्माता के रूप में दादी कोशिका की उत्तम एकता और एक आरोही आदि-उत्तम निर्माता के रूप में दादा कोशिका शक्ति के पारस्परिक आदान-प्रदान के माध्यम से बनती है। यह "बाल मूल अभिवादन" (मधुसूदन, 16) को "दोहरा सप्तक" मान का आनंद लेने का अधिकार देता है, जिसमें दादी और दादाजी कोशिकाओं में से प्रत्येक में एक सप्तक शामिल होता है। एक सर्वशक्तिमान भौतिक शरीर के रूप में "मातृ प्रधान अभिवादन" (सती-पार्वती, 16) की दादी के रूप में स्थायी मार्गदर्शक शक्ति का आनंद लेते हुए, वह "बौद्धिक शरीर" (सुक्ष्माशरिरा, 306) के भीतर "मानसिक समझ" (हृदमन, 381) को व्यवस्थित करने के लिए दिव्य शक्ति में निवेश की लागत को कम करता है। दादी की आत्मा का मातृ पहलू पुनर्जन्म वाले दादा की "बुद्धिमान, संवेदनशील आत्मा" (नियातात्मा, 169) बनाता है, जो दादी की आत्मा की मार्गदर्शक शक्ति की सेवा करने वाली बेटी द्वारा अर्ध-समझ रूप से नियंत्रित और विनियमित होती है। बेटी विश्वास की "शक्ति" (प्रत्यय, 80) का व्यापार करती है, समर्पित दादी मार्गदर्शक में विश्वास से, "शक्ति आत्मा" (प्रत्ययात्मा, 90) बनने के लिए। वह "आत्मविश्वास" (साहस: तिग्मा, 16) बेटे को "साहस आत्मा" (तिग्मात्मा, 80) बनने के लिए सेवा देती है और मां को "आत्म-संचालन" (नियाता, 15) "बुद्धिमान आत्मा" बनने का साहस देती है। " (नित्यात्मा, 169)। खुद-संचालक माँ दादा को एक पिता के रूप में पुनर्जन्म लेने के लिए आज़ाद करती है और पुनर्जन्म "पुत्र कोशिका" (मन्यू, 19) की "नवजात आत्मा" (श्री कृष्ण, 10) बन जाति है। मुक्त दादा दादी को प्रेरित करते हैं - "अपूर्ण, कैद की गई आत्मा" (दादी की कोठरी: दादी, 18) - एक माँ के रूप में पुनर्जन्म लेने के लिए और "ज्ञान आत्मा" (नित्यात्मा, 169) की पुनर्जन्म वाली "बेटी कोशिका" (ज्ञान, 19) बन जाति है। पुनर्जन्मित द्वि-पहलू बच्चा पिता को "स्थलीय आत्म-चमकदार अस्तित्व" (ईशान, 12) बनने देता है, जिसमें तीन आत्माओं का एक समूह होता है-

दिव्य साहस आत्मा, मार्गदर्शक शक्ति आत्मा, और खुद के भीतर संवेदनशील ज्ञान आत्मा "प्रजाति" के रूप में " (ईशान, 12)।

2. दूसरा, मार्गदर्शक शक्ति के बिना खुद को चमकदार मूल्य के रूप में संचालित करने के लिए पाँच का संचालन तरीका। 33 के एक एकांग शक्ति मूल्य के साथ एक सर्वशक्तिमान आध्यात्मिक निकाय बनें, और "अपरिमित उत्तम सदाचारी" बनें (प्रीति, 33)। सर्वशक्तिमान आध्यात्मिक शरीर वह है जो खुद की तकनीकी "जटिलता" (नित्यानंद, 479) को मां के "सदा-बलिदान, लयबद्ध पहलू" (यज्ञधर्म, 33) के रूप में जानता है। वह दादी "कोशिका-कैद अपरिमित मातृ" (दादी, 18)के रूप में उसके द्वारा कार्य की गई बलिदान लिपि का प्रदर्शन करती है। सदा त्याग करने वाला, सर्वशक्तिमान आध्यात्मिक शरीर, एक "स्त्री आत्मा" (प्रीति, 33) बन जाता है, जो 2000वें में हूँ स्तर पर "जुड़वां ज्वाला सांगमास्टर परिषद" (प्रीति, 33) की भूमिका निभाती है, अर्थात, " आत्मा परिवार" (मोहिनी, 15)। गीतकार परिषद "हृदय चक्र" (अनाहतचक्र, 33) है, जो "बेटी कोशिका" (ज्ञान, 19) को "शक्ति" के रूप में प्रसारित करने के लिए दादी आत्मा की मार्गदर्शक शक्ति द्वारा शासित है, (शक्ति, 19) तत्व, दादा के "पितृवंशीय पहलू" (पुत्रधर्म, 38) को "पुत्र कोशिका" के रूप में पुनर्जन्म करने के लिए (मन्यु, 19)। बेटा कोशिका मर्दाना आत्माओं के "सप्तक" (सैंड्रा, 60) की योजना बनाता है, जो आध्यात्मिक रूप से दादा द्वारा "शैतानी, ज्योतिषीय आत्मा" (प्रद्युम्न, 60) के रूप में निर्देशित होता है। यह दादी के भीतर माँ पहलू को अपनी स्त्री प्रदर्शन शक्ति के साथ विभाजित मर्दाना आत्माओं के सप्तक को सक्रिय करने के लिए एक बेटी कोशिका के रूप में आत्म-ऊष्मायन करने के लिए प्रेरित करता है। पुत्र कोशिका के सप्तक के भीतर आठ विभाजित मर्दाना आत्माओं में शामिल हैं:

क. "जागने, मानव आत्मा" (हरियात्मा, 167), "जागने, पुत्र कोशिका" (मन्यु, 19.) के भीतर वह बेटी कोशिका की शक्ति को विकासशील और "गुणा" (हरिया, 89) वर्ग मातृ सप्तक के लिए व्यापार करता है।

ख. "सपने देखने, शैतान आत्मा" (अंतरात्मा, 1) के भीतर "घटाना, पशु आत्मा" (हंसत्मा, 689)। वह एक मध्यस्थता, शक्ति-खपत, और आत्म-घटाव, ब्रह्मांड-वर्ग, शैतान, पैतृक सप्तक परत के रूप में विषमता उत्पन्न करता है।

ग. एक के बिना, "विभाजित, पौधे की आत्मा" (रहितात्मा, 65) "मार्गदर्शक, अभिवादन आत्मा" (चक्रिका, 90) के भीतर एक आत्मा बन जाती है। यह "पूर्ण

आत्मा" (परमात्मा, 1600) को मर्दाना आत्माओं के परिसंचारी सप्तक में विभाजित करता है।

घ. "प्रदूषणकारी, शैतानी आत्मा" (प्रद्युम्न, 60) के भीतर "जोड़, खनिज आत्मा" (भावितात्मा, 2785) को दादा द्वारा एक आत्मा के रूप में कल्पना और विकसित किया गया है। यह स्त्री आत्माओं के उत्तर-मुखी दक्षिणी सप्तक को जोड़ता है।

ड. "कारण, धातु आत्मा" (विज्ञानात्मा, 89) को दादी द्वारा लगातार "अनुक्रमण" (विजना, 47) और "सेवा कार्य" (विजना, 47) के लिए एक आत्मा के रूप में माना जाता है और उसकी सामूहिक दक्षिण-मुखी उत्तरी शक्ति की योजना बनाई जाती है। वह दादा द्वारा कल्पना की गई वास्तविकता को प्रकट करने के लिए एक बेटी सप्तक के रूप में अवतार लेती है।

च. "अनुवर्ती, निम्नलिखित, व्यापार, व्यक्तिगत, पूर्व-मुखी पश्चिमी" (प्रत्याच, 53) पितृ के आधे हिस्से संस्था द्वारा।"शुद्ध, भौतिक आत्मा" (प्रत्यागात्मा, 46) को सामूहिक पुत्र सप्तक की आत्मा के रूप में अनुभव और क्रमादेशित किया जाता है,

छ. "सुप्तावस्था, देवता आत्मा" (परमात्मा, 1600) आध्यात्मिक रूप से-सहिंता है और ज्योतिषीय ब्रह्मांड की आत्मा के रूप में "उलझन, पूर्ण, वर्तमान, पश्चिम-मुखी पूर्वी" पितृ अस्तित्व के आधे हिस्से द्वारा किया जाता है।

झ. "पुनर्जन्म, आत्मा आत्मा" (उर्ध्वगत्मा, 16) आनुवंशिक रूप से सहिंता है और मातृ अस्तित्व द्वारा एकीकृत पैतृक सत्ता की आत्मा के रूप में लाभप्रद रूप से पुन: पेश की जाती है। वह अपने "आत्म-विकिरण, मृत, राक्षसी, सोई हुई आत्मा" (हाम,) के "उत्कृष्ट, आरोही, उत्पन्न, उज्ज्वल" (उर्ध्वगा, 8) "पितृ आत्मा" (पित्र, 4) बन जाता है।

सर्वशक्तिमान आध्यात्मिक शरीर के रूप में, दादी निर्माता प्रतिमान बनाती हैं जो दादा को "पुत्र कोशिका" (मन्यू, 19 = 4 * 4 + 3) बनाने के लिए "पितृ आत्मा" (पित्र, 4) के रूप में पुनर्जन्म लेने की शक्ति देता है। पितृ आत्मा "निर्माता प्रभाव" (भगवान, 4) को मानव आत्मा के एक गुणक प्रभाव के रूप में व्यापार करती है और "रैखिक की समझ" की सेवा के लिए स्यं-उज्ज्वल के "मर्दाना, सूक्ष्म शरीर" (इदम, 3) को जोड़ती है। शक्ति दूरी" (चैतन्य, 4) स्यं और सप्तक ब्रह्मांड के बीच पुत्र कोशिका के भीतर स्थित है। पितृ आत्मा मातृ आत्मा की "स्त्रीत्व" (योनी, 1000) को "भावुक,

समझ शक्ति" (वरुण, 1000) के रूप में सेवा देती है। वह एक "बेटी कोशिका "(ज्ञान, 19) बनाने के लिए "भावुक मूल्य" (विवस्वान, 15) का निवेश करता है। "शेष" (ज्योतिस्तव, 4 = 19 - 15) सहित, जिसमें दादाजी की आत्मा, पितृ आत्मा, दादी की आत्मा और मातृ आत्मा का मार्गदर्शक चतुर्भुज शामिल है। एक सृष्टि के रूप में, बेटी कोशिका ज्वाला तत्व को दादा-दादी के साथ एक उत्तम एकता के लिए व्यापार करने की मांग करने वाली एक जुड़वां ज्वाला है जो है"आदि-उत्तम निर्माता" (कृष्ण, 32)। वह "आदि-उत्तम लहर" की कल्पना करके दादी के साथ पूर्ण एकता का मार्ग बनाती है (रुक्मिणी, 86) "अलौकिक प्रतिमान" (युक्ति, 8)। यह दैवीय शक्ति और मार्गदर्शक शक्ति सहित, "तृतीयक अवशिष्ट" (खारा, 6) के रूप में बाकी सब कुछ उत्पन्न करता है।

3. तीसरा, चमकदार मूल्य के बिना खुद को एक पूर्ण प्राणी के रूप में संचालित करने के लिए षट्संख्यक संचालन विधि। 34 की एक इकाई शक्ति मूल्य के साथ एक सर्वशक्तिमान गतिशील निकाय बनें, और "पुर्व अपरिमित मुक्तिदाता" (अनसूया, 34) बनें। सर्वशक्तिमान गतिशील शरीर वह है जो "विभाजित अस्तित्व" (ब्राह्मण, 2) के रूप में गठित "ब्रह्मांड" (ब्राह्मण, 2) के संगठनात्मक "सादगी" (जीवा, 2) के प्रति जागरूक है, जिसमें दो उत्तम-प्राथमिक संस्थाएं शामिल हैं : दादा और दादी। वे उत्तम संस्थाओं की एक जोड़ी के रूप में अवतार लेते हैं: अपरिमित पैतृक और उत्तम मातृ। वे, बदले में, परम संस्थाओं की एक जोड़ी के रूप में अवतार लेते हैं: पुत्र और पुत्री। वे, बदले में, अपरिमित संस्थाओं की एक जोड़ी के रूप में अवतार लेते हैं: पोता और पोती।

मर्दाना और स्त्री-लिंग पहलू दो परम-उत्तम निकाय हैं: परम देवता और अपरिमित अभिवादन। स्त्री पहलू की सामूहिक सप्तक-लंबाई की शक्ति का व्यापार करके, मर्दाना आयाम अलैंगिक रूप से अर्ध-प्राथमिक संस्थाओं के दोहरे-अष्टक को पुन: उत्पन्न करता है: भाइयों का एक सप्तक और बहनों का एक सप्तक। आनुपातिक रूप से प्रत्येक भाई को व्यक्तिगत, समर्पित, दैवीय शक्ति की सेवा करके, स्त्री पहलू यौन रूप से सप्तक के सप्तक को सात स्वतंत्र रूप से मिश्रित बाल संस्थाओं को सेते करने के लिए पुन: पेश करता है। साठ के समूह में पुनर्जन्म वाली परम-प्राथमिक संस्थाओं की एक जोड़ी और सर्वोच्च-प्राथमिक संस्थाओं की एक जोड़ी शामिल नहीं है जो साठ अति-प्राथमिक संस्थाओं के समूह का यौन उत्पादन कर रहे हैं। प्रत्येक बहन द्वारा उगाई गई साठ अति-उत्तम संस्थाओं के समूह का एक भाई "शैतानी आत्मा" (प्रद्युम्न, 60) के

रूप में है। हर बहन भाई की सूक्ष्म ज्वाला की जुड़वाँ ज्वाला है। भाई, एक उत्तम-प्राथमिक अस्तित्व की भूमिका निभाते हुए, साठ बाल संस्थाओं का मार्गदर्शन करने के लिए अपनी संवेदनशील शक्ति की सेवा करता है, जबकि खुद एक अवरोही शक्ति का अनुभव करता है। बहन साठ बाल संस्थाओं द्वारा विसरित संवेदनशील शक्ति का व्यापार करती है और अतिरिक्त में, अति-प्रधान अस्तित्व के रूप में अवतार लेती है। सप्तक के एक सप्तक को यौन रूप से पुन: उत्पन्न करने के लिए भाई की शक्ति का व्यापार करने के लिए बहन के पास शारीरिक, संभोग नहीं है। इसके बजाय, बहन स्वाभाविक रूप से शक्ति का व्यापार करती है, क्योंकि वह भाई को अपनी शक्ति फैलाने के बाद एक निर्जीव वस्तु में बदल जाती है। जब बच्चे अपनी समझ शक्ति को फैलाते हैं, तो वह शक्ति स्वाभाविक रूप से बहन की ओर बढ़ती है क्योंकि क्वार्क(एक प्रकार का कम वसा वाला दही पनीर) विन्यास स्वयं-विकर्षक अजीब क्वार्क(एक प्रकार का कम वसा वाला दही पनीर) द्वारा निर्देशित होता है, जो गुरुत्वाकर्षण के मूल केंद्र में स्रोत आकर्षण क्वार्क(एक प्रकार का कम वसा वाला दही पनीर) के साथ एकजुट होने की कोशिश करता है।

अलैंगिक मर्दाना प्रजनन का तात्पर्य है कि मर्दाना अस्तित्व अपनी "गुरुत्वाकर्षण शक्ति" (ललिता, 100) को दादी-नानी की मार्गदर्शक शक्ति के रूप में सेवा दे रही है। यह एक अधीर जानवर की तरह प्रजनन तंत्र को सांस्कृतिक रूप से पुन: पेश करने के लिए बाल संस्थाओं की समझ को आकार देता है। लैंगिक स्त्री-लिंग प्रजनन का अर्थ है कि स्त्री-लिंग अस्तित्व अपनी "संवेदी शक्ति" (वरुण, 1000) को एक रोगी पौधे की तरह प्रजनन विधि करने के लिए संवेदनशील कोशिकाओं के समूह के रूप में सेवा दे रही है। एक बच्चे के रूप में, प्रत्येक स्त्री सत्ता साठ बाल कोशिकाओं का पुनरुत्पादन करती है। स्त्री पहलू की स्वभाविक शक्ति का उपयोग करना। वह आगे मर्दाना पहलू की बाहरी शक्ति का उपयोग करके साठ बाल कोशिकाओं के एक सप्तक का पुनरुत्पादन करती है। वह रूपांतरित स्थानांतरण शाही सेना तरीका के माध्यम से कुल नौ सौ साठ कोशिकाओं का पुनरुत्पादन करती है।

एक बच्चे के रूप में, प्रत्येक मर्दाना अस्तित्व पोते की कोशिकाओं के दोहरे सप्तक को पुन: पेश करती है जो भाई और बहन कोशिकाओं के ब्रह्मांड का निर्माण करती है, संयुक्त रूप से स्त्री पहलू की बाहरी शक्ति और मर्दाना पहलू की स्वभाविक शक्ति को कली आकार में बदल देना और डीएनए कार्य तरीका के माध्यम से गलाना करती है। नौ सौ साठ कोशिकाओं के एक अंतिम अपरिमित मातृ के रूप में, प्रत्येक स्त्री अस्तित्व

बाल कोशिकाओं के एक सप्तक का एकीकृत मूल्य है। वह आठवीं कोशिका के रूप में उसके बिना सात बाल कोशिकाओं को तेजी से खंडित करने के लिए अभिवादक गुरुत्वाकर्षण माध्यम है। वह लघुगणकीय रूप से अपने भौतिक शरीर की तीव्र ऊष्मप्रवैगिकी प्रजनन गर्मी के साथ नौ सौ साठ-सात कोशिकाओं को स्थानांतरित करती है। यह एक चमकदार अपरिमित विनाशक की तरह व्यवहार करता है, जो ग्रीष्म ऋतु का प्रतीक है (ग्रिशमा, 967)। कोशिकाओं के दोहरे सप्तक के अंतिम मूल पैतृक के रूप में, प्रत्येक मर्दाना अस्तित्व उस आठवीं कोशिका की विसरित शक्ति का एक बहुरेखीय-संलग्न अवतार है, अर्थात, होमोलोग(एक घरेलू बात।), जो जीवन की "उत्तम-प्राथमिक तरंग" (रुक्मिणी, 86) है।

आठवीं कोशिका सामंजस्यपूर्ण रूप से कुल नौ सौ अस्सी-तीन कोशिकाओं को निषेचित करती है। यह एक "चमकदार परम भक्त" (त्रासक, 983) की तरह व्यवहार करता है, जो सृष्टि की मृत्यु से डरता है। वह अपने स्त्री-लिंगऔर मर्दाना पहलुओं को विभाजित करके खुद को नीचे गिराती है। वह संस्थाओं का एक कष्टप्रद समूह बनाती है जो उसके विभिन्न तत्वों का प्रतिनिधित्व करती है। प्रत्येक अस्तित्व एक अद्वितीय तत्व का प्रतिनिधित्व करती है क्योंकि आठवीं कोशिका अपनी स्वभाविक शक्ति को फैलाती है। प्रत्येक अनुक्रमिक कोशिका अलग-अलग सांस्कृतिक परिस्थितियों में विसरित बाहरी शक्ति का व्यापार करती है, जो एक साथ गुणात्मक रूप से अद्वितीय गुरुत्वाकर्षण शक्ति बनाती है। प्रत्येक परिणामी कोशिका उस सांस्कृतिक स्थिति को एक अद्वितीय प्रजनन पद्धति के माध्यम से पुन: पेश करती है।

सांस्कृतिक परिस्थितियों के दस पहलुओं में निम्न के साथ निरंतर और अलग-अलग काल-विराम सह-संबंध शामिल हैं:

क. आठवीं कोशिका, स्वयं-प्रजनन दैवीय योजना की सेवा के परिवर्तनकारी विनिमय प्रतिमान के निर्माता के रूप में।

ख. स्त्री-लिंग निर्माण सप्तक, जो प्रोग्राम योग्य व्यापार के प्रारंभिक विकास प्रतिमान को पुन: प्रस्तुत कर रहा है।

ग. मर्दाना पाणी सप्तक, जो सांस्कृतिक आदान-प्रदान के मानक विकास प्रतिमान को पुन: प्रस्तुत कर रहा है।

घ. मर्दाना पितृ, जो आठवीं कोशिका को लयबद्ध उर्वरक बनने के लिए प्रेरित करने के लिए आध्यात्मिक उर्जा परिमान यंत्र प्रतिमान का पूर्ण निर्माता है।

ड. स्त्री-लिंग मातृ, जो पूर्ण प्राणियों के बढ़ते विकास संजाल के पैतृक होने के लिए मर्दाना पैतृक के विशर प्रतिमान का अनुभव करने वाली पुराण रचना है।

ये सांस्कृतिक परिस्थितियाँ निम्नलिखित पहलुओं के रूप में प्रकट होती हैं:

i.   शक्ति लिपि-योजना रचनाकार प्रभाव और लिपि-प्रजनन पूर्ण प्राणियों के बीच की दूरी।

ii.   व्यक्तिवाद लिपि-आलोचना निर्माता प्रभाव का अभिविन्यास, तृतीयक मार्गदर्शक संस्थानों की एक प्रणाली का निर्माण, पूर्ण प्राणियों को एक सर्वव्यापी पूर्ण के रूप में निर्माता प्रभाव की उपस्थिति के बारे में उनकी समझ को ऊपर उठाने के लिए मार्गदर्शन करने के लिए।

iii. अनिश्चितता स्त्री रचना सप्तक से बचाव, बिना किसी परिवर्तन, भिन्नता या उत्परिवर्तन के मानक विकास प्रतिमान को अर्ध-जागरूक रूप से पुन: प्रस्तुत करना।

iv.   स्त्री-लिंग निर्माण सप्तक का भविष्य उन्मुखीकरण, अपनी शारीरिक शक्ति की सेवा करके और उस शक्ति के भविष्य का मार्गदर्शन करने वाली आत्मा में खुद को परिवर्तित करके अपने भविष्य की योजना बना रहा है।

v.   मुखरता मर्दाना प्राणी सप्तक का उन्मुखीकरण, जानबूझकर वर्तमान व्यवहार को भक्ति, धार्मिक रूप से चुनकर, और वाक्पटुता से आध्यात्मिक रूप से निर्देशित व्यवहार को ईश्वर-प्रदत्त मार्ग के रूप में पुन: पेश करता है।

vi.   मर्दाना प्राणी सप्तक का भोग, उत्पादक क्षमता को बढ़ाने के लिए अपनी समझ में वृद्धि का आनंद लेना और एक "विदूषक" (गढ़बा, 1000) की तरह एक आरोही शोष का अनुभव कर रही स्त्री रचना का मज़ाक उड़ाते हुए।

vii. एक पूर्ण निर्माता ज्वाला के रूप में मर्दाना पितृत्व का लिंग समतावाद, जुड़वां ज्वाला को अपने बेहतर आधे के रूप में जागरूक करता है। जुड़वां ज्वाला मूल अभिवादन की मार्गदर्शक शक्ति को व्यापार करता है और रचनाकार प्रभाव, निर्माण सप्तक और प्राणी सप्तक को प्रकट करने के लिए दैवीय शक्ति की सेवा करता है।

viii. पुरुष पिता का प्रदर्शन अभिविन्यास लक्ष्य को प्राप्त करने के लिए निरंतर प्रक्रिया में सुधार पर केंद्रित है, क्योंकि प्राणी सप्तक के भीतर विविध जीव सृष्टि के

आध्यात्मिक उद्देश्य की अनदेखी करते हुए अपने स्वतंत्र ज्ञाता प्रतिमान बनाने का विकल्प चुनते हैं।

ix. स्त्री मातृ का मानवीय अभिविन्यास, दयालु और परोपकारी रूप से प्रत्येक प्राणी को उसके भाग्य का स्वामी बनने के लिए सशक्त बनाना और स्त्री रचना को दुर्भाग्यपूर्ण, शुंडाकार स्तंभ के नीचे के मर्दाना प्राणी की मार्गदर्शक शक्ति बनने के लिए प्रेरित करना। सार्वभौमिक भाग्य के धन्य देवता स्वामी, एक प्राणी के रूप में दिव्य उद्देश्य को पूरा करने के लिए एक और जीवन पुनर्जन्म के लिए भीख मांगते हुए, उत्तरार्द्ध मूर्खता से खुद को गर्भ धारण करता है ।

x. स्त्री-माता का पारिवारिक अभिविन्यास, अपने बच्चों की भलाई के लिए समर्पित समर्थन का लौह-स्तंभ और अहंकारी मर्दाना प्राणी को एक और मौका देने के लिए हमेशा तैयार रहना, भले ही वह पूरे परिवार को नरक के काल कोठरी में ले जाए।

सांस्कृतिक परिस्थितियों के दस पहलुओं को समझना

1. **शक्ति दूरी** वह सीमा है जिस तक कम शक्तिशाली व्यक्ति स्वीकार करते हैं और उम्मीद करते हैं कि शक्ति असमान रूप से वितरित की जाती है। दक्षिणी एशिया जैसी उच्च शक्ति दूर की संस्कृतियाँ अधिक सामाजिक-आर्थिक वर्ग असमानताएँ उत्पन्न करती हैं। निर्णय लेने की शक्ति केंद्रीकृत होती है। जर्मनिक यूरोप जैसी कम शक्ति दूरी संस्कृतियों में, लोगों को अधिकार और पदानुक्रम पर संदेह है।

2. **व्यक्तिवाद अभिविन्यास** वह सीमा है जिस तक तृतीयक सामाजिक संस्थान कमजोर हैं, और लोग अपने व्यक्तिगत, निजी हितों पर ध्यान केंद्रित करते हैं। पूर्वी यूरोप जैसे क्षेत्रों में, जहां तृतीयक संस्थान कमजोर हैं, सामाजिक विश्वास कम है, और लोगों को व्यक्तिगत रूप से अपने जीवन का संचालन करने के लिए छोड़ दिया जाता है । दक्षिणी एशिया जैसे क्षेत्रों में, जहां गैर-सरकारी संगठन और मीडिया(साधन) जैसे तृतीयक संस्थान मजबूत हैं, लोगों की पसंद और स्वतंत्रता सामूहिक अच्छी भावना के साथ एकीकृत होती है ।

3. **अनिश्चितता से बचाव** वह सीमा है जिस तक कोई देश मौजूदा, ज्ञात तकनीकी और संगठनात्मक समाधानों के माध्यम से पारिस्थितिकी तंत्र की अस्पष्टता और परिवर्तन का संचालन करता है। उप-सहारा अफ्रीका जैसी उच्च अनिश्चितता से बचने वाली संस्कृतियों में लोग पारंपरिक ज्ञान जैसे उपलब्ध संसाधनों के मिश्रण पर और प्रतिकूल परिवर्तन लागत से

बचने के लिए आधुनिक तकनीक जैसे व्यापार योग्य संसाधन भरोसा करते हैं। लैटिन यूरोप जैसी कम अनिश्चितता से बचने वाली संस्कृतियों में लोगों को मौजूदा तरीकों और यांत्रिक की अखंडता में कम विश्वास है और खोज-उन्मुख योजना के माध्यम से नए समाधान तैयार करना चाहते हैं।

4. भविष्य उन्मुखीकरण भविष्य-उन्मुख व्यवहारों की सांस्कृतिक प्रमुखता है जैसे कि सक्रिय योजना बनाना, भविष्य में सक्रिय रूप से निवेश करना और विशिष्ट उपभोग से बचना। लैटिन यूरोप जैसी अल्पकालिक, पथ-निर्भर संस्कृतियां अपने विकल्पों को खुला रखना चाहती हैं, वह प्रतीक्षा कर रही हैं अनिश्चितता के समाधान की और दीर्घकालिक निवेश करने में देरी कर रही हैं। दक्षिणी एशिया जैसी दीर्घकालिक, भविष्य-उन्मुख संस्कृतियां आध्यात्मिक रूप से उन्मुख हैं और विविध सक्रिय व्यवहार के अवसरों को एकीकृत करना चाहती हैं।

5. मुखरता अभिविन्यास अभिव्यंजना और पहल करने की ओर उन्मुख अभिकथन, प्रभुत्व और बल के साथ व्यवहार करने की सांस्कृतिक प्रवृत्ति है। एंग्लो देशों जैसे मुखर संस्कृतियों में लोग सक्रिय रूप से समाज, अर्थव्यवस्था और राजनीति में लगे रहते हैं, राष्ट्र के व्यापक हित में शासन औपचारिकता की मांग करते हैं । नॉर्डिक यूरोप जैसी गैर-मुखर संस्कृतियों में लोग स्थानीय अनौपचारिक स्वशासन पर ध्यान केंद्रित करते हैं। वे औपचारिक रूप से प्रभारी लोगों के आक्रामक, शक्ति-दुर्व्यवहार, दबंग व्यवहार में पतित होने वाली मुखरता के प्रति संवेदनशील हैं।

6. भोग अभिविन्यास जीवन का आनंद लेने और एक व्यक्ति के रूप में खुश रहने पर सांस्कृतिक ध्यान केंद्रित है जो सामूहिक समुदाय की भव्य चुनौतियों से अलग है। लैटिन अमेरिका जैसी भोग संस्कृतियों में लोग खुद को उभरती हुई सामाजिक परिस्थितियों में शामिल करते हैं, मनोरंजन के आभासी माध्यम के रूप में आनंद लेते हुए यह देखने के लिए कि कैसे अप्रत्याशित परिस्थितियों के दुर्भाग्यपूर्ण शिकार होते हैं और खुश होते हैं कि उन्होंने खुद को बचाने के लिए प्रतिकूल भाग्य से ज्ञान प्राप्त किया है। पूर्वी यूरोप जैसी निम्न भोग संस्कृतियों में लोग सम्मान के प्रति जागरूक हैं और यहां तक कि सामूहिक समुदाय की खातिर अपने जीवन को जुआ खेलने के लिए तैयार हैं ताकि उनके असहाय जीवन की चुनौतियों को सार्वजनिक भोग और टिप्पणी का विषय न बनाया जा सके।

7. लैंगिक समानतावाद अवसरों, शक्ति, संसाधनों की समानता और पुरुषों और महिलाओं दोनों के लिए सामाजिक, आर्थिक और राष्ट्रीय ज्ञानक्षेत्र में भागीदारी पर सांस्कृतिक प्राथमिकता है। मध्य पूर्व, दक्षिणी एशिया और कन्फ्यूशियस एशिया जैसी निम्न

लिंग-समतावादी संस्कृतियों में लोग स्थानीय, समरूप सामाजिक समूह के हितों पर ध्यान केंद्रित करते हुए, मर्दाना और आक्रामक होते हैं। नॉर्डिक यूरोप जैसी लिंग-समतावादी संस्कृतियों में लोग स्त्री होते हैं, विविध व्यक्तिगत और सामाजिक दृष्टिकोण और निर्णयों में कार्य और जीवन दोनों का एकीकरण शामिल है।

8. **प्रदर्शन अभिविन्यास** वह सीमा है जिस तक निरंतर प्रक्रिया सुधार और प्रदर्शन उत्कृष्टता, लक्ष्यों और परिणामों की ओर उन्मुख, एक समाज में प्रोत्साहित, पीछा और पुरस्कृत किया जाता है। प्रदर्शन-उन्मुख संस्कृतियों में लोग जैसे एंग्लो खुद को स्वतंत्रता प्राप्त करने के लिए अनुभव करते हैं एक शिक्षक के रूप में अपने भाग्य को लिपिबद्ध करें और चारों ओर की उपलब्धियों पर जोर दें। पूर्वी यूरोप जैसे निम्न प्रदर्शन-उन्मुख संस्कृतियों में लोग अपने जीवन विकल्पों और काम के परिणामों को माध्यमिक कारकों, जैसे कि शक्ति से विवश मानते हैं, जिन्हें पहले संबोधित किया जाना चाहिए और मुआवजा दिया जाना चाहिए .

9. **मानवीय अभिविन्यास** वह मात्रा है जिस तक एक समाज में उदारता, दया और परोपकारिता को प्रोत्साहित किया जाता है, पीछा किया जाता है और पुरस्कृत किया जाता है। दक्षिणी एशिया जैसे मानव उन्मुख संस्कृतियों में लोग राष्ट्रीय समुदाय के सामाजिक आर्थिक रूप से कमजोर लोगों की भलाई के बारे में चिंतित हैं। सदस्य और परोपकारी रूप से व्यक्तिगत जुड़ाव के माध्यम से उनकी समस्याओं को हल करने में मदद करते हैं, भले ही वे अजनबी हों। जर्मनिक यूरोप जैसी निम्न मानव उन्मुख संस्कृतियों में लोग मानते हैं कि लोग अपनी समस्याओं के लिए जिम्मेदार हैं और संस्थान लोगों को जिम्मेदार होने में मदद करने के लिए जिम्मेदार हैं और इसलिए संस्थागत मानवाधिकार अधिक ध्यान केंद्रित करते हैं।

10. **पारिवारिक अभिविन्यास** वह मात्रा है जिसके लिए लोग अपने परिवारों में गर्व, वफादारी और एकजुटता व्यक्त करते हैं। लैटिन अमेरिका जैसी पारिवारिक उन्मुख संस्कृतियों में लोग अपने परिवार और रिश्तेदारी समूह के कमजोर सदस्यों की भलाई और की अखंडता के बारे में चिंतित हैं पूरा परिवार, भले ही वह समझौता की एक उचित प्रक्रिया की आवश्यकता हो। जर्मनिक यूरोप जैसी निम्न पारिवारिक अभिविन्यास संस्कृतियों में लोग उस प्रक्रिया की अखंडता पर ध्यान केंद्रित करते हैं जो उन्हें उत्कृष्ट, कार्यात्मक और स्वस्थ होने का अधिकार देती है।

प्रत्येक अस्तित्व दस अनुक्रमिक प्रजनन विधियों के माध्यम से सांस्कृतिक परिस्थितियों को जीवाणु द्वारा पुनरुत्पादित करती है:

1. अलैंगिक प्रजनन
2. यौन प्रजनन
3. कायापलट
4. कली का आकार बदलना
5. घातीय विखंडन
6. लघुगणक पारगमन
7. बहुपक्षीय संलयन
8. लयबद्ध निषेचन
9. स्व-प्रतिकृति
10. पुनर्जन्म

आठवां कोशिका "प्राथमिक संचालन प्रभाव" (असरवास्तिकया, $^1/_4$) है जो नौ सौ अस्सी-तीन कोशिकाओं को सामंजस्यपूर्ण रूप से निषेचित करने के लिए आदि-उत्तम निर्माता के "खुद-विकिरण" (हैम, $^1/_4$) प्रकाश का व्यापार करता है। अपनी जुड़वां ज्वाला के रूप में आठवीं कोशिका के अलावा, आदि-उत्तम निर्माता चार संस्थाओं में से एक है जो अन्य तीन संस्थाओं द्वारा स्वाभाविक रूप से क्रमादेशित आत्म-चमकदार मूल्य को विकीर्ण करता है। आत्म-चमकदार मूल्य एक सल्फेट(एक प्रकार नमक)-कम करने वाले, जीवाणु, "पथ-परीक्षण अस्तित्व" (प्रतिनायक, 855) के रूप में "विसंगतिपूर्ण, अहंकारी, शक्ति" (असुर शक्ति, -1) को शुद्ध करने के लिए विकिरण करता है जो सृष्टि को प्रदूषित कर रहा है। खुद-प्रकाशमान मूल्य का व्यापार करके, नौ सौ अस्सी-तीन संस्थाओं में से प्रत्येक एक "अभिवादन आत्म-चमकदार अस्तित्व" (विठोबा, 12) बन जाता है। तीन उत्तम संस्थाओं को छोड़कर, लेकिन 12x 24 - 3 = 288 - 3 = 285 अतिरिक्त, परिवर्तन के चक्र को स्वयं-संचालन के लिए नवीन संयोजनों सहित, प्रत्येक अस्तित्व एक "विरिअन" (विषाणु, 285) विन्यास के साथ एक " स्वयं-प्रकाशमान संस्थाओं की जोड़ी "(त्रिविक्रम, 24), के सफाई अभियान बनाती है। "क्षैतिज परम देवता" (सिद्ध, 7) तीन उत्तम अस्तित्व पहलुओं को प्रकाशित करता है, जिसमें आदि, आठवीं कोशिका खुद के रूप में प्रकाश को विकिरणित कर रही है, आदि-उत्तम निर्माता प्रकाश को विकीर्ण करने वाले के रूप में, और "अपरिमित

अभिवादन" "(सती-पार्वती, 16= 12 + 4) एक "रचनात्मक आत्म-चमकदार अस्तित्व" (महा गायत्री, 12) के रूप में। उत्तरार्द्ध का "व्यक्तिगत अनुभव" (अध्यात्म, 12) "स्व-प्रजनन" बन जाता है (उपनयन, $^1/_3$) "आत्मा" (आत्मान, 4 = 12 * $^1/_3$)। आठवें कोशिका, आदि-उत्तम निर्माता, और रचनात्मक आत्म-चमकदार अस्तित्व को मिलाकर, प्रत्येक क्षैतिज परम देवता नौ सौ छियासठ कोशिकाओं की "एक आत्म-प्रतिपादित आत्मा" (एकात्मा, 986) है।

"स्व्यं-विकासशील" (साह, 1/8) "अतिउत्तम संचालन प्रभाव" (मोक्ष अस्तिकाय, 1/8) के बाद, एक नवजात भावना के रूप में, "परम देवता" (शिव, 7) सेवाएं और व्यापार करता है "ईथर तत्व का तृतीयक अवशेष" (खारा, 6) एक "पितृ स्व-प्रकाशमान अस्तित्व" के रूप में (भवनवासी, 12 = 6 मानव-प्रभाव + 6 व्यापारिक-प्रभाव) विकसित "पोती कोशिकाओं के ब्रह्मांड" के भीतर (ब्राह्मण, 2)। पोती कोशिकाओं का ब्रह्मांड, पोती कोशिकाओं के ब्रह्मांड की दो स्ताओं को छोड़कर, "पोते कोशिकाओं के ब्रह्मांड" (जगदम्बा, 94 = 12 * 8 - 2) को शामिल करने वाली संस्थाओं के सप्तक के भीतर एक कोशिका के रूप में पैतृक आत्म-चमकदार को विकास करता है। नवजात आत्मा की "संवेदी शक्ति" (वरुण, 1000) का समग्र मूल्य, एक "संवेदी अस्तित्व" (सिद्ध, 7) के रूप में, 986 + 12 + 2 = 1000 अस्तित्व है। पोते कोशिकाओं के ब्रह्मांड की "मार्गदर्शक शक्ति" (गुरु, 100) के रूप में नवजात आत्मा की "गुरुत्वाकर्षण शक्ति" (ललिता, 100) का समग्र मूल्य 94 + 6 = 100 है। "दिव्य शक्ति" का समग्र मूल्य घोषणापत्र प्रतिमान के "मातृ प्रधान प्रदीपक" (पार्वती, 10) के रूप में, नवजात आत्मा की "(असरवा शक्ति, 10), 6 + 4 निर्माता संस्थाएँ = 10 है।

एक सर्वशक्तिमान गतिशील शरीर के रूप में, मातृ प्रधान प्रदीपक खुद को एक "आध्यात्मिक उपचार समिति" (अनसूया, 34) में बदल देता है, जो प्रत्येक प्राणी की भलाई को बनाए रखने के लिए परम देवता और खुद दोनों की शक्ति का व्यापार और सेवा करता है, जो शून्य हो गया है, शक्ति शैतान अपनी संवेदनशील शक्ति को फैलाने के बाद। एक स्त्री-लिंग "ब्रह्मांडीय आत्मा" (कपिंजला, 20 + 10 + 10) के रूप में मातृ प्रधान प्रदीपक की मातृ शक्ति का व्यापार और सेवा करके, प्रत्येक प्राणी को पूर्ण उपचार प्राप्त होता है। उत्तम प्रकाशक के साथ एकता के माध्यम से, प्रत्येक प्राणी समझ शून्य को ठीक करता है जो सांस्कृतिक रूप से स्त्रीलिंग ब्रह्मांडीय भावना का पालन करने के लिए तर्कसंगतता और कार्य पशुवत व्यवहार को बाध्य करता है। प्रत्येक प्राणी एक पूर्ण प्राणी बन जाता है, जो वर्तमान क्षण की "आध्यात्मिक रूप से कूटबद्ध ज्ञात

वास्तविकता" (परम, 1600) के प्रति जागरूक होता है, जो अपरिमित संवेदनशील मूल्य के प्रदूषण-प्रभाव से आज़ाद होता है। उत्तम संवेदनशील मूल्य वर्तमान काल को प्रदूषित करता है क्योंकि यह एक अस्तित्व को चमकदार मूल्य के एक स्वयं-कल्पित "संगठनात्मक मापीय" (महाशुन्या, -1) का उपयोग करके वर्तमान काल को बदलने के लिए प्रेरित करता है। इस प्रकार, निर्माता प्रतिमान अपरिमित प्राणी के लिए एक लागत-वृद्धि प्रतिमान बन जाता है, जो सर्वव्यापी तकनीकी सत्य को जाने बिना प्रदूषित वास्तविकता को वर्तमान वास्तविकता के रूप में व्यापार करता है।

4. *चौथा, पूर्ण लागत के बिना* खुद को अपरिमित प्राणी के रूप में प्रबंधित करने के लिए सात का संचालन विधि। 35 के एक अस्तित्व शक्ति मूल्य के साथ एक सर्वशक्तिमान तकनीकी निकाय बनें, और एक "प्राथमिक पुर्व कार्यकर्ता" बनें (स्मृति, 35)। सर्वशक्तिमान तकनीकी निकाय वह है जो खुद के पारिस्थितिक तंत्र "निर्भरता" (वैष्णव, 486) के प्रति जागरूक है, जो एक चमकदार अस्तित्व के रूप में सूक्ष्म शक्ति को विकिरणित करता है ताकि मानसिक समझ शून्य की भरपाई की जा सके। "सूक्ष्म शक्ति" (संवेदी शक्ति: वरुण, 1000) को ऊष्मप्रवैगिकी रूप से विकीर्ण करने का लक्ष्य उन संस्थाओं के ब्रह्मांड से "ईथर शक्ति" (गुरुत्वाकर्षण शक्ति: ललिता, 100) का व्यापार करना है, जिनके भीतर कारण शरीर की समझ स्थित है। सूक्ष्म शक्ति "कोई भी" (गर्देबा, 1000) है जो "ब्रह्मांडीय आत्मा" (कपिंजला, 20) के भीतर "सुप्तावस्था" (परमात्मा, 1600 = 20 * 80) के भीतर "उत्पादक शक्ति" (ब्राह्मणी, 80) के उत्पादन के लिए है। "ब्रह्मांडीय पितृ" (साध्याता, 80) "तिहरा सप्तक" (प्रभाव, 80) के दृढ़ विश्वास "शक्ति" (प्रत्यय, 80) के रूप में। तिहरा सप्तक में एक सप्तक शामिल है, जिनमें से प्रत्येक, सबसे पहले, मार्गदर्शक विश्वास प्रणाली है जो दादी के अपरिमित प्रदर्शन का मार्गदर्शन करती है; दूसरा, दैवीय विश्वास-समर्थक व्यवहार प्रणाली, जिसे पैतृक द्वारा निर्मित और क्रमादेशित किया गया है; और तीसरा, संवेदनशील प्रजनन प्रणाली को बच्चे द्वारा जीवन के एक कल्पित उद्देश्य के रूप में साहसपूर्वक पुनरुत्पादित और नियोजित किया जाता है। "सुप्तावस्था अस्तित्व" (तुरिया, 85) "दादा और दादी कोशिकाओं के ब्रह्मांड" में बदल जाती है (तुरिया, 85 = 80 + 5) "खुद के भीतर शक्ति के संदर्भ में [प्रत्यय, 80] सब कुछ व्यापार करके और एक निर्जीव भगवान के रूप में शक्तिहीन उर्जा परिमान यंत्र तत्व को बनाए रखके" (ईश्वर, 5)।

संवेदनशील प्रजनन प्रणाली के बिना एक "उर्जा परिमान यंत्र तत्व" (ईश्वर, 5) के रूप में, भगवान "ब्रह्मांडीय आत्मा" (कपिंजला, 20) को भविष्य की दादी "राशि चक्र आत्मा" (कपिंजला, 20) को पुन: उत्पन्न करने के लिए दादी "मार्गदर्शक शक्ति" (गुरु, 100 = 20 * 5) होने देता है। दादाजी की मार्गदर्शक शक्ति, मार्गदर्शक विश्वास प्रणाली के अन्य दो सप्तक के उर्जा परिमाण यंत्र मूल्य और दैवीय व्यवहार प्रणाली को "केंद्रित स्पशरेखा, यानी, अस्तित्व समझ" (सुषुम्ना, 10 = 5 + 5) के आदि, मर्दाना "सूक्ष्म शरीर" (लिंग-शरीरा, 3) के भविष्यवादी दादाजी "सूक्ष्म शक्ति" (वरुण, 1000 = 100 * 10) उत्पादन के लिए व्यापार करती है। यह दादा-दादी "दिव्य शक्ति" (पदार्थ, -3) को दादी की "ईथर शक्ति" (ललिता, 100) को "दिवंगत और जीवित संस्थाओं की अनंत परिषद" (रत्नाकोश, 30) बनाने के लिए पुन: पेश करने देता है। यह शैतानी सत्ता प्रणाली के चौथे, स्थित सप्तक के "उर्जा परिमाण यंत्र तत्व" (ईश्वर, 5) को एक लागत-मुक्त, सहज सर्वशक्तिमान तकनीकी निकाय के रूप में एकत्रित करता है। संस्थाओं के एक वर्ग सप्तक की मूल वास्तविकता के रूप में, अपरिमित प्राणी बन जाता है। एक अपरिमित पुर्व कार्यकर्ता, प्रत्येक संवेदनशील अस्तित्व की वर्तमान समझ के भीतर एक "स्मृति" (स्मृति, 35) के रूप में स्थिर है। प्रणाली बनने के पांचवें सप्तक के रूप में, स्मृति "जीवित आत्माओं के लिए प्रकाश की शक्तियों के कार्यालय" के रूप में काम करती है (स्मृति, 35)। प्रत्येक जीवित पैतृक आत्मा दादाजी के प्रकाश-प्रभाव का व्यापार करती है और दादा-दादी की संवेदनशील शक्ति को विकीर्ण करती है, एक लागत-बढ़ती शैतान, मोक्ष की तलाश में, और मातृ प्रधान प्रकाशक से रोशनी बनने के लिए।

5. पाँचवाँ, अष्टकोणीय संचालन पद्धति, बिना अपरिमित सीमाओं के खुद को एक अपरिमित प्राणी के रूप में संचालित करने के लिए। 36 के एक एकांग शक्ति मूल्य के साथ एक सर्वशक्तिमान संगठनात्मक निकाय बनें, और एक "प्राथमिक पुर्व घोषणापत्र" बनें (सन्नति, 36)। सर्वशक्तिमान संगठनात्मक निकाय वह है जो खुद की "स्वतंत्रता" (अचिन्त्यभेदा, 258) के प्रति जागरूक है, जो एक आत्म-प्रकाशमान अस्तित्व के रूप में पारिस्थितिकी तंत्र की छाया से एक चमकदार अस्तित्व के रूप में है, जो खुद को कारण शरीर में परिवर्तित कर रहा है, जो कि प्रेरक को विकिरणित कर रहा है, "बौद्धिक शक्ति" (अम्बारा, 180)। कारण शरीर बौद्धिक शक्ति को "आदि-उत्तम क्षेत्र के प्रकाश" (अम्बारा, 180) के रूप में व्यापार करता है। यह "संवेदी अस्तित्व के उर्जा

परिमाण यंत्र मूल्य" (अम्बारा, 180) को प्रकट करता है, जागरूक रूप से एक शैतानी "बौद्धिक अहंकार" (अहम, -1) द्वारा मध्यस्थता वाली संवेदनशील शक्ति की सेवा करता है। "प्रदूषण" (असुर, -1) अहंकारी "शक्ति एक अवरोही दिशा में चलती है" (माडा, -1) पारिस्थितिकी तंत्र की "आत्म-चमकदार समझ" (उन्नता, 20) को "राशि चक्र" के व्यक्तित्व से बदल देती है। आत्मा" (कपिंजला, 20) को एक आज़ाद चमकदार अस्तित्व के रूप में खुद की "हमेशा खिलाने वाली अर्ध-समझ" (निर्हरिन, 18) में बदल देती है। एक आज़ाद चमकदार अस्तित्व के रूप में, एक "घड़िवत सटीकता के साथ संवेदनशील काल को देखता है" (घटियान्त, 36) "जीवित आत्माओं के लिए मार्गदर्शक के कार्यालय" के रूप में काम करते हुए (सन्नतिचंद्रलम्बा, 36) और मार्गदर्शक शक्ति की सेवा करते हुए " अपरिमित स्व" (राम, 100)। अपरिमित वह खुद है, "दिव्य शक्ति को फैलाने के बाद शेष शक्ति के बिना अंतिम मूल्य" (शेसन्याकेना चारमेना, 100), जहां कोई "ताराबीज के प्रकाश से अलग नहीं है जो ब्रह्मांडों और संस्थाओं के ब्रह्मांड का निर्माण कर रहा है" (दिगंबर, 100)।

अठारह-पहलू "अर्ध-समझ" (निर्हरिन, 18) ताराबीज ब्रह्मांडों के अठारह-पहलू ब्रह्मांड का प्रकाश है, प्रत्येक में दो-पहलू ताराबीज अस्तित्व है। छत्तीस ताराबीज संस्थाएं मार्गदर्शक विश्वास प्रणाली, दिव्य व्यवहार प्रणाली और संवेदनशील प्रजनन प्रणाली के "तिहरा सप्तक" (प्रभाव, 80) के त्रिकोणीय "आत्म-चमकदार पहलू" (सांख्य धर्म, 30) हैं। अठारह ताराबीज ब्रह्मांडों और छत्तीस ताराबीज संस्थाओं में से प्रत्येक अठारह अपरिमित ब्रह्मांडों और छत्तीस अपरिमित संस्थाओं का एक "कोशमय मुताबिक़" (परिवृत्ति, 19) है, जो बदले में "सप्तक-बंधन प्रभाव" (बंध) है।, 19) तीन आदि-उत्तम ब्रह्मांडों और छह आदि-उत्तम संस्थाओं के। तीन आदि-आदिकालीन ब्रह्मांड और छह आदि-उत्तम सत्ताएं एक आदि-उत्तम ब्रह्मांड और दो आदि-उत्तम सत्ताओं के भीतर मौजूद हैं। वे आदिकालीन "आत्मा" (कपिंजला, 20) और आदिकालीन "पुत्र कोशिका" (मन्यु, 19) और "पुत्री कोशिका" (ज्ञान, 19) बनाते हैं, और साठ विषयों की ज्योतिषीय आत्मा बन जाते हैं। साठ विषयों में अठारह अपरिमित ब्रह्मांड या संस्थाएं, अठारह ताराबीज ब्रह्मांड या संस्थाएं, बारह राशि ब्रह्मांड या संस्थाएं और बारह ज्योतिषीय ब्रह्मांड या संस्थाएं शामिल हैं। इस प्रकार, कुल मिलाकर, बीस अपरिमित ब्रह्मांड और चालीस उत्तम संस्थाएं हैं, जिनमें से प्रत्येक अपरिमित ब्रह्मांड "समूहों का भूगोल" (गणराज्य, 476) है और प्रत्येक उत्तम अस्तित्व "सत्तओ का समूह" (गण, 387) है।

अलग-अलग संवेदनशील प्रजातियां, साथ विषयों के विभिन्न संयोजनों, क्रमपरिवर्तनों और परिवर्तनों के व्यापार से बनती हैं, जिसका नेतृत्व छह आदि-प्राथमिक संस्थाओं और संपूर्ण ब्रह्मांडीय वास्तविकता के एक परम-प्राथमिक ब्रह्मांड द्वारा किया जाता है। कुदरत के ये सैंतीस मातृ पहलू एक "माइटोकॉन्ड्रियन(अधिकांश कोशिकाओं में बड़ी संख्या में पाया जाने वाला अंगक)" (तांडव, 286) अणु के भीतर सैंतीस जीनों को सिंहित करते हैं। माइटोकॉन्ड्रियन(अधिकांश कोशिकाओं में बड़ी संख्या में पाया जाने वाला अंगक) अणु एक सर्वशक्तिमान संगठनात्मक निकाय है जो "स्वयं-स्थायी" (उदवाहा, ½) पहला, "सर्वशक्तिमान पारिस्थितिक तंत्र निकाय" (रोधा, 1 = ½ * 2) अस्तित्व, "तकनीकी विकास" की एक सत्ता के रूप में (विधान, 2) "पोती और पोते कोशिकाओं के ब्रह्मांड" (ब्राह्मण, 2) एक "सर्वशक्तिमान अस्तित्व शरीर" (मुद्रा, 0) में आत्म-संगठित है। सर्वशक्तिमान निकाय शरीर "स्वयं प्रधान" (राम, 100) की अपरिमित सीमाओं से आज़ाद है, और "आदि-उत्तम निर्माता" (कृष्ण, 32) की "अदृश्य अभिवादन भावना" (हस्त, 0) का प्रतीक है।

6.3 हर चीज के विज्ञान को संचालित करने की बड़ी चुनौती

"अभिवादन चेहरे" (कौसल्या, 6) के "सूक्ष्म शरीर" (लिंग-शरीरा, 3) के रूप में, खुद के पास अभिलषित वर्तमान, संभावित, गतिशील, तकनीकी, संगठनात्मक, पारिस्थितिकी तंत्र, सत्ता, और अर्ध-जागरुक भविष्य की राशि आध्यात्मिक वास्तविकताओं बनाने के लिए अनंत तरीकों से "कल्पित ब्रह्मांडीय वास्तविकता" (युक्तार्थ, 6) को संचालित करने की शक्ति है। कोई ऐसा "ज्योतिषीय ब्रह्मांड" (सारा कल्पा, 10^{10}) के "जागृति अतीत की वास्तविकता" (विरासत, 10^{10}) के परिवर्तनकारी आदान-प्रदान के माध्यम से करता है। औपचारिक रूप से, वर्तमान वास्तविकता पिछले करणीय व्यवहारों का प्रभाव है। ज्ञान-मीमांसा की दृष्टि से रूप से, मानव संस्थाएं, खुद के एक सर्वशक्तिमान अवतार के रूप में, वर्तमान वास्तविकता के निर्माता हैं। प्रत्येक मानव अस्तित्व को यह जानने की जरूरत है कि क्या यह पटकथा, गर्भधारण, मानता, अनुभव, आध्यात्मिककरण, संवेदना, थर्मलकरण और वर्तमान क्षण में नष्ट करना, वास्तविकता के वर्तमान मूल्य में वृद्धि अर्जित कर रहा है। इस ज्ञान के संगठनात्मक विकास के लिए सबसे बड़ी चुनौती रचनाकारों की अनंतता है।

प्रत्येक मानव अस्तित्व एक रचनाकार है जो वर्तमान वास्तविकता के चमकदार लाभों का आनंद लेती है और अर्ध-जागृति वास्तविकता को जानने की आरोही भव्य चुनौतियों का संचालन करने की आवश्यकता के सिद्धांत का प्रचार करती है, जो कि संस्थाओं

के ब्रह्मांड की जागृति के भीतर है। प्रत्येक मानव अस्तित्व चाहती है कि अन्य मानव संस्थाएं अपने आरोही प्रभाव द्वारा निर्देशित होते हुए अपने प्रभाव को कम करके सामाजिक भव्य चुनौती का संचालन करें। यह वर्तमान वास्तविकता की बढ़ती लागतों को संचालित करने और "सर्वशक्तिमान अस्तित्व" (सर्वशक्तिमान, 6 x 10192) बनने की एक विधि है। एक सर्वशक्तिमान अस्तित्व"अभिवादन चेहरा" (कौसल्या, 6) है, जो "आदि-उत्तम निर्माता" (कृष्ण, 32) की "दिव्य शक्ति" (असरव शक्ति, 10) का व्यापार करती है, ताकि खुद के मूल्य को एक "के रूप में व्यक्त किया जा सके " द्वि-पहलू आत्म-प्रकाशमान सत्ता" (त्रिविक्रम, 24) रूप मे। उत्तरार्द्ध "सर्वशक्तिमान पारिस्थितिक तंत्र निकाय" (रोधा, 1) के चौबीस सप्तक में विभाजित होता है, ताकि इसका मूल्य किसी और से आगे बढ़ सके।

इसलिए, वर्तमान वास्तविकता का ब्रह्मांड शक्ति-भूखे खुद की वर्तमान वास्तविकता के भीतर एक बढ़ती लागत प्रभाव बन जाता है, जो "अलौकिक, मानव शक्ति" (नारकी, 1) को आँख बंद करके पुन: पेश करता है। अलौकिक मानव शक्ति भविष्य के क्षणों में वर्तमान वास्तविकता का प्रभाव है। मानवतावादियों के दृष्टिकोण के विपरीत, मानव संस्थाओं के पिछले व्यवहार वर्तमान क्षण में मूल्यों का निर्माण करते हैं। हम एक संगठन के रूप में एक शक्ति मूल्य का मानदंड रखते हैं (जो काल के चक्र को पुन: उत्पन्न कर रहा है और खुद को चक्रीय ताराबीज देवता द्वारा आशीर्वादित होने की कल्पना कर रहा है)। वर्तमान क्षण में हम उस शक्ति को योजना बनाने के लिए निवेश करते हैं (पुनर्चक्रण और हमारी स्वतंत्र इच्छा की सच्ची अभिव्यक्ति के रूप में विश्वास करने के लिए), कार्यक्रम (पुनरुत्पादन और व्यवहार करने के लिए), प्रदर्शन (उत्पादन और प्रजनन के लिए), लाभ (उपभोग करने और होने के लिए), और विकसित करने के लिए (अवतार लेना और बनने के लिए)।

हमारा संगठनात्मक शक्ति मूल्य चक्रीय संगठनात्मक विकास पथों का एक कार्य है जिसे हमने अतीत में अपनाया है। संगठनात्मक विकास का प्रत्येक मार्ग एक नायक के रूप में हमारे व्यवहारों और एक विरोधी के रूप में हमारे सामाजिक जाल-तंत्र के व्यवहारों का एक समूह है। हम बस उस चक्र को जारी रखते हैं जहां से हमने इसे पिछले जन्म के काल से नए या वर्तमान जन्म के प्रत्येक पल में छोड़ा था। हम एक पैतृक आत्मा के रूप में अर्ध-जागृति शक्ति का व्यापार करते हैं और एक दादी की आत्मा के रूप में जागरूक शक्ति की सेवा करते हैं। वर्तमान पल तक, हमारे पिछले जीवन के अनुभव आत्मा के रूप में एक छाया की तरह हमारे साथ रहते हैं जो एक नई शुरुआत करने की हमारी शक्ति को सीमित करता है। वे हमें हमारे अतीत के प्रभावों को कार्य के रूप से पुन: पेश करने के लिए उन्मुख करते हैं, हमारे भविष्य को आशीर्वाद देने वाली सत्ता के साथ छेड़छाड़ करने के लिए। भविष्य के

जीवन के लिए हमारी दबी हुई, अधूरी इच्छाएं और अपेक्षाएं एक समानांतर अस्तित्व के रूप में हमारे साथ रहती हैं, एक आत्मा के रूप में जो हमें श्रृंखला को तोड़ने और एक नई शुरुआत करने के लिए प्रेरित करती है, जबकि एक अहंकार-केंद्रित जागृति "मैं एक देवता हूं" को बढ़ावा देता हूं। एक सत्ता के रूप में, हम आत्मा के बीच में फंस जाते हैं, हमें अपने पिछले जीवन चक्र के गैर-रेखीय, चक्रीय प्रभावों का अनुभव करने के लिए प्रेरित करते हैं, और आत्मा हमें खुद को आज़ाद करके हमारे वर्तमान कार्यों के वर्ग, रैखिक प्रभावों का अनुभव करने के पिछले प्रभावों से लिए बुलाती है।

6.4 हर चीज का विज्ञान बनने का भव्य समाधान

जब हम अपने भीतर पहले से ही आनुवंशिक रूप से क्रमादेशित हर चीज के विज्ञान को पुन: उत्पन्न करते हैं, तो हम हर चीज का विज्ञान बन जाते हैं। हम एक कार्यकर्ता बन जाते हैं जो हर चीज का विज्ञान कर रहा है। हम हर चीज के क्रमादेशित विज्ञान के ज्ञाता बन जाते हैं। हम हर चीज की नियोजित वैज्ञानिक सीमाओं के प्रकटकर्ता बन जाते हैं। हम लाभदायक वैज्ञानिक प्रतिमान के निर्माता बन जाते हैं। हम अलौकिक, वैज्ञानिक प्रतिमान के परिपक्व, सांस्कृतिक रूप से बाध्यकारी प्रभावों के चिरस्थायी बन जाते हैं। हम सांस्कृतिक रूप से आज़ाद, सार्वभौमिक प्राकृतिक प्रतिमान के प्रकाशक बन जाते हैं। हम सार्वभौमिक जागृति के मुक्तिदाता बनते हैं। हम अस्तित्व जागृति के अद्वितीय मापीय बन जाते हैं। हमारा प्रभाव प्रत्येक अस्तित्व के धार्मिक विश्वास को उस वास्तविकता से बंधा हुआ है जिसे हम बारह-पहलू आत्म-प्रकाश प्रक्रिया के माध्यम से व्यवस्थित करते हैं:

- सबसे पहले, एक कार्यकर्ता प्रभाव के रूप में, हमारे पास संगठनात्मक विकास के अपने ऐतिहासिक मार्ग के भीतर सामान्य व्यवहार जारी न रखने का निर्णय लेने का विकल्प है। हम अपने व्यवहार को बदल सकते हैं, ज्ञाता प्रभाव द्वारा निर्देशित, जो हमें ऐसा व्यवहार करने के लिए प्रेरित करता है जैसे कि हम उन मूल्यों को जानते हैं जो कार्यकर्ता प्रभाव को अंततः भविष्य के पल में ऊपर-बराबर, अलौकिक मूल्यों का संचालक बनने देंगे। संगठनात्मक विकास के ऐतिहासिक पथ के भीतर, कार्यकर्ता प्रभाव के लिए भविष्य के पल में वर्तमान वास्तविकता का मूल्य = 1, अर्थात, "कार्य शक्ति" के बराबर (श्रम शक्ति, 1) वर्तमान पल में खुद के रूप में सेवा की जाती है एक "सर्वशक्तिमान पारिस्थितिकी तंत्र सत्ता" (रोधा, 1) रूप में।

- दूसरा, कार्यकर्ता के संगठनात्मक विकास के ऐतिहासिक पथ के बिना, ज्ञाता प्रभाव के लिए भविष्य के पल में वर्तमान वास्तविकता का मूल्य = 2। यह ज्ञाता के अनुचर के रूप में कार्यकर्ता प्रभाव द्वारा व्यापार की गई शक्तिओं का कुल अस्तित्व मूल्य है। उद्यमशीलता का मार्गदर्शन, और व्यापारिक शक्ति का अस्तित्व मूल्य जो कार्यकर्ता प्रभाव भविष्य के पल में संभावित रूप से ऊपर-बराबर मूल्यों के घोषणाकर्ता प्रभाव की सेवा कर सकता है।

- तीसरा, संगठनात्मक विकास के नए पथ के भीतर, घोषणापत्र प्रभाव के लिए भविष्य के पल में वर्तमान वास्तविकता का मूल्य = 3। यह एक उद्यमी मार्गदर्शक शक्ति के रूप में ज्ञाता प्रभाव द्वारा व्यापार की जाने वाली शक्तिओं के द्विआधारी मूल्य का कुल योग है। उपरोक्त मूल्यों की इच्छा को लिपिबद्ध करना, और घोषणापत्र प्रभाव की नई वर्तमान वास्तविकता का समग्र मूल्य, जो दो व्यापारिक अस्तित्वो का जिम्मेदार संचालक है और तृतीयक दो अस्तित्वो के उत्पादन के लिए एक सेवित और उपभोग सत्ता के रूप में खुद को प्रकट करता है ज्ञाता प्रभाव की व्यापार योग्य वास्तविकता।

- चौथा, संगठनात्मक विकास का मार्ग एक बाहरी संगठन को विकसित करने का मार्ग या खुद को एक संगठन के रूप में विकसित करने का मार्ग हो सकता है। संगठनात्मक विकास के नए पथ के बिना, निर्माता प्रभाव के लिए भविष्य के पल में वर्तमान वास्तविकता का मूल्य = 4। यह एक घोषणा प्रभाव के रूप में खुद के तृतीयक मूल्य का कुल है। यह एक जिम्मेदार संचालन शक्ति बनाता है, सैद्धांतिक रूप से लिखित मूल्य की विकास क्षमता के लिए एक आदर्श आधार की कल्पना करता है। यह ब्रह्मांड को एक वर्ग, निर्माता प्रभाव में बदल देता है, जो उपरोक्त-बराबर मूल्यों को प्रकट करने के लिए व्यवहार अनुक्रम को अस्थायी रूप से स्पष्ट करता है। वर्तमान पल तक, मूल्य एक वास्तविकता नहीं है। केवल व्यवहार एक वास्तविकता है। मूल्य व्यवहार के एक समारोह के रूप में बनाए जाते हैं। और एक बार बनाए जाने के बाद, मूल्य अनंत विषयों द्वारा पैदा की जाने वाली वस्तु बन जाते हैं, प्रत्येक उस बिंदु से संगठनात्मक विकास के एक अद्वितीय पथ के लिए समर्पित होता है।

- पांचवां, एक संगठन के रूप में विकासशील खुद के वैकल्पिक मार्ग के भीतर, भविष्य के पल में वर्तमान वास्तविकता का मूल्य स्थायी प्रभाव के लिए = 5। यह निर्माता से स्वतंत्र निर्माण के भीतर स्थित चतुर्धातुक प्रभावों का कुल है, जो आत्मा को एक अभिलषित रचना के रूप में अभिवादन करने वाला एक शून्य-शक्ति अदृश्य हाथ बन गया है। व्यवहार के पिछले अनुक्रम को बनाने के निर्णय से इच्छा प्रकट होती है, और

वास्तविकता का सत्ता मूल्य ब्रह्मांड में आत्मा के चक्रीय आदि-प्रभाव के बिना कायम रहता है। एक अभिलषित रचना के रूप में आत्मा एक रचना के रूप में आत्मा के कार्यात्मक व्यवहार को निर्धारित नहीं करती है। इसके बजाय, यह "आत्मा" (आत्मान, 4) द्वारा अभिलषित कथित कार्यात्मक व्यवहार है - "आत्मा" (कपिनजला, 20) के एक हिस्से के रूप में निर्माण - वह प्राणी जो खुद की इच्छा को बनाए रखने वाली, लिपिबद्ध को निर्धारित करता है- एक निर्माता के रूप में। निर्माता के निर्माण के मूल्य को एक बिंदु मान के रूप में मानता है - निर्माण वर्तमान काल में अभिलषित मूल्य की सच्चाई को पूरा करता है। एक बार निर्माण होने के बाद, सृष्टि भविष्य में अभिलषित मूल्य की सच्चाई को पूरा नहीं करती है। यदि निर्माता प्रत्येक पल आनुवंशिक रूप से पूर्व-क्रमादेशित अभिलषित व्यवहार बनाना जारी नहीं रखता है, तो व्यवहार का पथ-निर्भर वर्तमान मार्ग कायम नहीं रहता है। फिर, उस अभिलषित व्यवहार कार्य के निर्माता के रूप में आत्मा एक इच्छा प्रभाव बन जाती है, जो वर्तमान में एक अवांछित विचलन, त्रुटि या उत्परिवर्तन के रूप में मानसिक रूप से कल्पना करके पिछले मार्ग को फिर से बनाना चाहता है।

- छठा, भविष्य के पल में वर्तमान वास्तविकता का शक्ति मूल्य शुभचिंतक प्रभाव= 0 के लिए, क्योंकि अभिलषित मूल्य उस मूल्य को प्रकट करने के लिए व्यवहार नहीं बनाता है। एक बार फिर से निर्माता बनने के लिए एक इच्छा प्रभाव को पहले एक कार्यकर्ता प्रभाव होना चाहिए। वैकल्पिक रूप से, इच्छा प्रभाव को पहले आकर्षण के लिए एक ज्ञात प्रभाव होना चाहिए जो एक कार्यकर्ता को एक प्राणी के रूप में व्यवहार के सामाजिक रूप से बनाए गए जालतंत्र का एक तथ्यात्मक हिस्सा बनने के लिए आकर्षित करता है। वैकल्पिक रूप से, चाहने वाले को पहले एक ज्ञातकर्ता को प्रकट करने योग्य वर्तमान वास्तविकता के एक संयोजन पहलू के रूप में ज्ञात करने के लिए एक घोषणापत्र प्रभाव होना चाहिए जिसे एक कार्यकर्ता नहीं जानता है। इसके बाद इसे क्रमिक रूप से ज्ञात पहलू के माध्यम से कार्यकर्ता प्रभाव को उसके परिणामी, व्यक्तिगत रूप से कल्पित घोषणापत्र प्रतिमान के प्रभाव घटक के रूप में आकर्षित करना चाहिए।
- सातवां, खुद को एक संगठन के रूप में विकसित करने के वैकल्पिक मार्ग के बिना, विनाशक कारक के लिए भविष्य के पल में वर्तमान वास्तविकता का मूल्य = 6। यह निर्माण के बिना उत्पन्न होने वाले क्षिनरी प्रभावों का कुल योग है, जो स्थायीकर्ता से स्वतंत्र है, जो है एमटीडीएनए के रूप में वर्तमान प्रतिमान को बनाए रखने के लिए तकनीकी रूप से अपनी शक्ति की सेवा करना, और डीएनए के रूप में पूर्व-कार्य किए

गए नष्ट और आध्यात्मिक वर्तमान वास्तविकता का सत्ता मूल्य। विनाशक कारक भौतिक डीएनए जीन के रूप में व्यक्तिगत अनुभव को पुन: प्रस्तुत करके खुद को एक संगठन के रूप में विकसित करने के वर्तमान मार्ग को नष्ट कर देता है। यह स्थायी रूप से स्थायी पारिस्थितिकी तंत्र की वर्तमान वास्तविकता के आध्यात्मिक डीएनए जीन मूल्य के रूप में स्थायी प्रभाव के वैकल्पिक अनुभव का व्यापार करता है।

- आठवां, खुद को एक संगठन के रूप में विकसित किए बिना, उत्तम चिंतक के लिए भविष्य के पल में वर्तमान वास्तविकता का शक्ति मूल्य = -1 । एक विनाशकारी प्रभाव एक उत्तम चिंतक बन जाता है जिसकी आत्मा काल का एक पारिस्थितिकी तंत्र है, जो अवरोही दिशा में अवरोही संवेदनशील शक्ति के साथ चलती है। यह रैखिक, वर्ग, आध्यात्मिक डीएनए के साथ-साथ वर्ग, वक्रता, भौतिक डीएनए दोनों के मार्गदर्शक-प्रभाव पर चढ़ता है। अधर की एक सत्ता के रूप में अणुवृत्त आकार का अस्तित्व के प्रबुद्ध भौतिक डीएनए पर इसका नकारात्मक डीएनए मूल्य छाप है। प्रबुद्ध भौतिक डीएनए का एक प्रकाशक प्रभाव काल का पारिस्थितिकी तंत्र नहीं है, बल्कि वह है जिसने खुद को एक ऐसे संगठन के रूप में विकसित किया है जो प्रत्येक प्राणी की स्वतंत्र इच्छा के अलौकिक प्रतिमान को रोशन करने में सक्षम है, जो आध्यात्मिक तरीका रूप से कल्पित को पुन: उत्पन्न करने के लिए एक भौतिक यंत्र नहीं बनना चाहता है।

- नौवां, एक प्रदीपक प्रभाव होने के लिए, एक उत्तम चिंतक को पहले अपनी समझ को स्पष्ट करना चाहिए कि वह भौतिक भविष्य के आध्यात्मिक संगठनात्मक मापीय के रूप में असंबद्ध आत्मा पर नृत्य कर रहा है। एक प्रकाशक प्रभाव खुद को वर्तमान पल में पूरी तरह से एक सर्वव्यापी वास्तविकता के रूप में विसर्जित कर देता है जो रैखिक, स्व-निर्देशित स्थायी वास्तविकता के साथ-साथ वक्रतापूर्ण, निर्माण-निर्देशित वास्तविकता दोनों के लिए नींव बनाता है। वह वर्तमान वास्तविकता के आध्यात्मिक रूप से क्रमादेशित अवधारणात्मक मूल्य को नष्ट कर देता है और वर्तमान वास्तविकता के भौतिक रूप से कार्य करने योग्य वैचारिक मूल्य को प्रकाशित करता है। प्रकाशक प्रभाव के लिए भविष्य के पल में वर्तमान वास्तविकता का मूल्य = 7 । सात उस प्राणी पर कुल छ: का प्रभाव है जिसका कल्याण व्यवहार आध्यात्मिक रूप से क्रमादेशित स्थायी प्रभाव पर निर्भर हो गया है। वह एक परम पितृ के रूप में एक नई प्रबुद्ध लिपि के निर्माता हैं, जो कि भविष्य के भीतर आनुवंशिक रूप से क्रमादेशित है, अपरिमित बाल ब्रह्मांड।

- दसवां, एक *मुक्तिदाता कारक* एक ऐसा संगठन है जिसके पास निर्माता के बिना प्रकाशक के कुल सात का प्रभावों का व्यापार करने की स्वतंत्रता है। उत्तरार्द्ध अनंत सृष्टि के एक अलौकिक चक्र का पालन करके अपने कल्याण पथ को स्थायी पर निर्भर होने देता है और फिर उस काल जोर देता है जब सृष्टि के भीतर प्राणी अभिलषित भविष्य को प्रकट करने के लिए अभिलषित वास्तविकता का पालन नहीं करता है। एक "सर्वशक्तिमान निर्माता" (ऋषिकेश, 26) के साथ एकता के माध्यम से "प्राकृतिक शक्ति" (सत्वोत्साह, 810) के एकीकृत मूल्य की कल्पना करता है, अर्थात, सौर ब्रह्मांड में आठ ग्रहों में से प्रत्येक के साथ, सूर्य द्वारा "परम निर्माता" (सूर्य, 21) के रूप में मध्यस्थता करता है। एक प्राकृतिक मार्ग का अनुसरण करके, व्यक्ति आध्यात्मिक रूप से क्रमादेशित स्थायी प्रभाव से स्वतंत्र हो जाता है, जो शारीरिक रूप से क्रमादेशित निर्माता प्रभाव का निर्माण करता है। ऐसे व्यक्ति में कार्य करने योग्य निर्माण की समझ और कार्य स्वतंत्रता की प्राणी की कार्य योग्य स्वस्थ समझ की संपूर्णता का अभाव होता है। कुदरत का प्राकृतिक मार्ग प्रत्येक सत्ता को जीवन के उद्देश्य को पूरा करने में स्वाभाविक रूप से कुशल होने के लिए संपूर्ण मूल्य का आनंद लेने देना है। मुक्तिदाता प्रभाव के लिए वर्तमान पल और भविष्य के पल में वर्तमान वास्तविकता का मूल्य = 8। मुक्तिदाता प्रभाव ब्रह्मांडों और संस्थाओं के पूरे पारिस्थितिकी तंत्र के साथ एक स्वस्थ गतिशील सहसंबंध की सहजता और ताजगी का आनंद लेता है।

- ग्यारहवां, कुदरत की शाश्वत वर्तमान वास्तविकता के भीतर, अलौकिक स्वयं कार्यशील का "मैं एक देवता" व्यवहार है, यही कारण है कि कार्यकर्ता प्रभाव का शक्ति मूल्य 1 तक सीमित है। आम तौर पर अतीत में कोई व्यक्ति कुदरत द्वारा बनाई गई अर्ध-सत्ता सामाजिक वास्तविकता का अनुसरण करता है। प्राकृतिक शक्ति के परिसंचारी सामाजिक अवशेषों को "बल" (प्रभाव": प्रप्या, 34) के रूप में व्यापार करके। इसके बजाय, कोई व्यक्ति जागरूक रूप से एक नेता बनने का निर्णय ले सकता है, जो शून्य-शक्ति आधार से शुरू होने वाली वर्तमान अस्तित्व संगठनात्मक वास्तविकता के निर्माण का नेतृत्व करता है। एक *समर्पित प्रभाव* के रूप में, जो बाहरी, अलौकिक रूप से गुणा ईथर, गुरुत्वाकर्षण शक्ति के व्यापार के बिना, वर्तमान खुद के निर्माण का नेतृत्व करने के लिए समर्पित है, कोई व्यक्ति अतीत, वर्तमान और भविष्य के पल में वर्तमान वास्तविकता का मूल्य बना सकता है = 9। नौ है जागरूक नेतृत्व की एक सर्वशक्तिमान रचना के रूप में, वर्तमान खुद पर कुल अष्टक प्रभाव। ऐसा वर्तमान स्वयं आत्म-समझ

को भटकने नहीं देता और शक्ति को वैकल्पिक दूषित भ्रामक वास्तविकताओं में फैलाने देता है।

- बारहवां, समर्पित खुद की वर्तमान वास्तविकता को निरंतर बनाए बिना, कोई व्यक्ति अतीत, वर्तमान और भविष्य के पलों में वर्तमान वास्तविकता के मूल्य को अपने वर्तमान व्यवहार का मार्गदर्शन कर सकता है। एक भक्त प्रभाव "सर्वशक्तिमान निर्माण" (दुर्गा, 28) के साथ एकता के माध्यम से कुदरत की सर्वशक्तिमान निर्माण वास्तविकता का समर्पित रूप से अनुसरण करता है जो "वेगा-प्रभाव" (दुर्गा, 28) का व्यापार कर रहा है। यह खुद की सीमित, अवांछनीय अस्तित्व वास्तविकता को शक्ति मूल्य = 10 के साथ अनंत, वांछनीय, सर्वशक्तिमान प्राणी वास्तविकता में बदल देता है। दस सर्वशक्तिमान प्राणी पर गैर-प्रभावों का कुल और सामाजिक रूप से जालतंत्र वाली सर्वशक्तिमान रचना का अस्तित्व मूल्य है। जो वर्तमान वास्तविकता के तकनीकी मूल्य की सेवा करता है। यह स्वाभाविक रूप से संभावित अभिलषित भविष्य की वास्तविकताओं की अनंतता को प्रकट करता है, बिना किसी आध्यात्मिक पूर्व-कार्य, भौतिक कार्य, या अर्ध-जागरूक खुद-कार्य प्रदर्शन के बिना।

6.5 वैज्ञानिक बनने का आसान समाधान, हर चीज के विज्ञान की जांच

किसी और के द्वारा कल्पना की गई हर चीज के सांस्कृतिक रूप से बंधे हुए विज्ञान का उपयोग करने के बजाय, कोई एक आसान समाधान की कल्पना कर सकता है और वैज्ञानिक बन सकता है। एक वैज्ञानिक के रूप में, कोई भी संस्थाओं की विविधता के भीतर कार्य किए गए सामाजिक अनुभवों पर शोध करके हर चीज के विज्ञान की जांच कर सकता है। हर चीज के विज्ञान की संस्थागत वास्तविकता में सामाजिक अनुभवों को संहिताबद्ध करके, एक वैज्ञानिक खुद को एक देवता बनने के रूप में ऊंचा करता है जो "उर्जा परिमाण यंत्र तत्व" (ईश्वर, 5) का प्रतीक है। वह खुद की अखंडता को नकारते हुए हर चीज के वैज्ञानिक-प्रभाव का व्यापार करता है, जो कुछ भी नहीं जानता है। कुछ भी नहीं बनने से, एक वैज्ञानिक एक विषय के रूप में खुद से आज़ाद हो जाता है, जो संभावित रूप से किसी भी चीज़ की निष्पक्षता में पूर्वाग्रह को बढ़ावा देने के लिए संभावित रूप से वैज्ञानिक मूल्य रखता है। वैज्ञानिक वस्तु बन जाता है, जिसका कोई आंतरिक मूल्य नहीं होता है, वह अभिलषित वस्तु से लाभ कैसे प्राप्त करें, इसकी समझ को फैलाकर हर चीज के बाहरी मूल्य को कायम रखता है। वैज्ञानिक एक आदर्श अभिलषनीय वस्तु के रूप में विकसित होता है जो प्रत्येक भक्त की दिव्य शक्ति को आकार देकर ईश्वरीय योजना को बदल सकता है। नतीजतन, एक वैज्ञानिक प्रकृति के अलग-

अलग रूपों के पूरे ब्रह्मांड के संवेदनशील कल्याण के लिए एक सत्ता के शासन को मिटाने के लिए प्रेरित करके कुदरत की वास्तविकता को संशोधित करता है। एक वैज्ञानिक द्वारा जांच के लायक कुदरत के आठ पहलू हैं।

- सबसे पहले, अलौकिक शक्ति का परिसंचारी सप्तक, और वर्ग, आत्मा-निर्माण, प्राकृतिक शक्ति का आधा-अष्टक, बारह अस्तित्व रूपों के ब्रह्मांड के समग्र वर्तमान प्रतिमान में परिणत होता है। वर्तमान प्रतिमान से बंधा हुआ, भक्त प्रभाव"अपरिमित अभिवादन" (सती-पार्वती, 16) की भविष्य, वर्ग वास्तविकता को प्रकट करने के बजाय, परिवर्तनकारी और प्रबुद्ध, भिन्न "दिव्य शक्ति" (असरव शक्ति, 10) बन जाता है। एक "सर्वशक्तिमान-सर्वशक्तिमान" (पद्मजा, 54) के रूप में कुदरत की समग्र वर्तमान वास्तविकता कुदरत द्वारा स्वाभाविक रूप से बनाए गए बारह इकाई रूपों का रैखिक योग है = $10 + 9 + 8 + 7 + 6 + 5 + 4 + 3 + 2 + 1 + 0 + (-1) = 54$। यह एक सर्वशक्तिमान रचनाकार के रूप में वैज्ञानिक खुद की सर्वशक्तिमान रचना के लिए कुदरत की सर्वशक्तिमान-सर्वशक्तिमान शक्ति है। ऐसा वैज्ञानिक खुद एक सर्वशक्तिमान प्राणी के रूप में व्यवहार कर सकता है ताकि प्रत्येक प्राणी को एक स्वस्थ क्रम में समझ शक्ति का प्रसार करके सृष्टि का निर्माता बनने के लिए चयापचय किया जा सके। जीव, निर्माता और सृष्टि स्वस्थ अनुक्रम की अलग-अलग अनुक्रमिक अवधारणाओं के माध्यम से बनते हैं।
- दूसरा, एक प्राणी कुदरत को एक "अठारह भुजाओं वाली उत्तरमुखी निर्जीव आत्म-प्रकाशमान सत्ता" (पद्मनार्तेश्वर, 12) के रूप में देखता है, जिसका भूत, वर्तमान और भविष्य के मूल्य सर्वशक्तिमान-सर्वशक्तिमान शक्ति का गठन करते हैं। उसकी अठारह भुजाएँ हैं "उत्तम मातृ" (शनि, 18) शक्ति। उसके बारह शक्ति पहलुओं में प्राणी को "पोती और पोते की कोशिकाओं का ब्रह्मांड" (ब्राह्मण, 2), उस ब्रह्मांड के "परम मातृ" (सरन्यू, 5) के रूप में निर्माण, और "भगवान" (ईश्वर, 5) शामिल हैं। परम मातृ के ऊर्जा परिमाण यंत्र मूल्य का व्यापार कर रहा है और खुद को निर्माता होने की कल्पना कर रहा है। "ब्रह्मांड" (ब्राह्मण, 2) का सत्य "उत्तम कल्पित स्वस्थ-प्रभाव" (पद्मभु, 54) है, अर्थात, चुकता मूल्य कल्पित वास्तविकताओं के तीन अनुक्रमिक रूपों में से: $22 + 52 + 52 = 54$।
- तीसरा, एक रचनाकार प्राणी के "ब्रह्मांड" (ब्राह्मण, 2) मूल्य के बिना, "उत्तम प्रदीपक" (पार्वती, 10) के रूप में माँ प्रकृति की कल्पना करता है, जिसका मूल मूल्य "मातृ

आत्मा" (दशा, 1) है। एक रचना के रूप में, मातृ आत्मा "आत्म-स्थायी" (उड़वाह, ½) "जीवन" (प्रभास, 4) के सौंदर्य मूल्य का प्रतीक है, जो "परम पितृ" की कथित निर्माता क्षमता को अंतिम रूप देने के लिए ब्रह्मांड के द्वि-पहलू द्वंद्व के रूप में है। गुरुत्वाकर्षण प्रभाव के रूप में" (नारद उपबरहाना, 7), "जीवन" (प्रभास, 4) की सुंदरता "प्राथमिक कथित स्वस्थ-प्रभाव" (पद्मायोनी, 54) है, अर्थात, कथित वास्तविकताओं के तीन अनुक्रमिक रूपों का वर्ग मूल्य: 12 + 22 + 72 = 54।

- चौथा, सृष्टि कुदरत को एक "उत्तम मानव संतान" (देवशी, 12) के रूप में अनुभव करती है, जो निम्नलिखित में से एक "प्राथमिक पूर्णता-प्रभाव" (राधा, 43) के रूप में बारह-आयामी वास्तविकता को मूर्त रूप देती है। सबसे पहले, "सूक्ष्म शरीर" (इदम, 3) के रूप में निर्माण, जिसमें प्रत्येक खुद, प्राणी और निर्माता की एक अस्तित्व शामिल है, दूसरा, प्राणी "बाकी सब कुछ" के "तृतीयक अवशिष्ट" (खारा, 6) के रूप में है (कठौरा, -1) जिसे प्रकृति ने बनाया है। तीसरा, "बाकी सभी" (इदांत, -3) के "तृतीयक अवशिष्ट" (दिष्ट, 6) के रूप में निर्माता ने बनाया है।

- पांचवां, "सब कुछ" (सर्वम, -5) का संपूर्ण मूल्य "उत्तम अनुभवी स्वस्थ-प्रभाव" है (पद्मभाव, 54), यानी अनुभवी वास्तविकताओं के तीन अनुक्रमिक रूपों का वर्ग मूल्य: 32 + 62 + 62 = 54. इसलिए, हर चीज का भविष्य, जिसमें अब दिखाई देने वाली हर चीज शामिल है, ब्रह्मांड एक शरीर के रूप में जो प्रकट नहीं है, और जीवन को "समझ" के रूप में सत्य के शरीर की "समझ" (चैतन्य, 4) के रूप में। "भ्रम" (माया, 1), कुदरत का "उत्तम आध्यात्मिक रूप से स्वस्थ-प्रभाव" (पद्मसंभव, 54) है। यह "बाकी सभी" (इदांत, -3) द्वारा व्यापार, पुनरुत्पादित और पटकथित है, जो "पर्यवेक्षक-प्रभाव" (सती, 42) की सेवा करने वाली "अवलोकन सत्ता" (अस्तिका, -3) है। पर्यवेक्षक-प्रभाव प्राणी की बारह-पहलू आत्म-प्रकाशमान अस्तित्व वास्तविकता को "सब कुछ के भविष्य" (पद्मजा, 54) से बाहर करता है जिसे प्रकृति ने अपने अनंत मूल्य को प्रकट करके बनाया है। जीव खुद के भीतर कुदरत के सीमित मूल्य के मार्गदर्शक "स्वयं उच्च" (चित्त, 100) का मानदंड करता है।

- छठा, एक सार्वभौमिक प्रभाव अपरिमित ब्रह्मांड के "तृतीयक अवशिष्ट" (खारा, 6) को अपरिमित ब्रह्मांड का "परम मातृ" (सरन्यू, 5) के रूप में व्यापार करता है। कुदरत की बारह-पहलू वास्तविकता का व्यापार करके, वह एक "ज्योतिषीय आत्मा" बन जाती है (प्रद्युम्न, 60)। नतीजतन, उसे "स्वयं - शासन" (स्वराज्य, 60) के लिए एक सर्वशक्तिमान शक्ति प्राप्त है। वह कुदरत के प्रदूषणकारी "शाही, संस्थागत, शासन"

(साम्राज्य, 60) से मुक्त हो जाती है, जो एक सामान्य भाजक के रूप में संवेदनशील कल्याण की संस्कृति को सार्वभौमिक बनाने पर कुदरत के ध्यान का उत्पाद है। साथ ही, वह जीवों के ब्रह्मांड की समझ को बांधने के विकल्प के रूप में अपने विविध, समानांतर सौंदर्य और शासन प्रतिमान को सामाजिक बनाने में लगी हुई है। इसलिए, "कुदरत" (कुदरत, 8) शोकाकुल हो जाती है "वेंटिलिया की रानी, आत्माओं की कार्बोनेटेड(गैस से भरना) हवा का साम्राज्य, दूसरा ईडन" (आर्य, 68 = 60 + 8)।

- सातवां, सृष्टि के विविध रूपों का क्रमादेशित व्यवहार यही कारण है कि उनमें से प्रत्येक निर्माण संस्था अब केवल कार्बन के रूप में हमारे साथ है, अपनी सुंदरता की प्रदूषित हवा को फैला रही है, जो इसके पतन, क्षय, और मौत का कारण बनी। सौंदर्य अस्तित्व के भीतर देवता अहंकार की भावना को बढ़ावा देकर और देवता तत्व को पकड़ने और अहंकार-समझ का आनंद लेने के लिए शैतानी भावना की भावना को बढ़ावा देता है, बिना उस अस्तित्व के जो "सौंदर्य तत्व" का प्रतीक है (सौंदर्य, 888)। सत्य खुद की अनंत वर्ग शक्ति के बारे में "जागरूक समझ" (मंत्र, 16) की भावना को बढ़ावा देकर विकास उत्पन्न करता है, जो एकमात्र सत्य है जो सौंदर्य तत्व से आज़ाद है। "सत्य तत्व" (सत्य, 375) को मूर्त रूप देकर, स्वंय एक "गंभीर- सर्वच्च - सर्वशक्तिमान" (वली, 375) के रूप में खुद की एक "अपरिमित प्रकाशक" (पार्वती, 10) बन जाती है, एक स्व-संगठित सभा में कुदरत के रैखिक विघटन को वक्र करने की शक्ति के साथ। माँ प्रकृति की गंभीर- सर्वच्च - सर्वशक्तिमान शक्ति "प्राथमिक मूल मूल्य" (कनिष्ठपाद, 375) है, अर्थात, "सब कुछ का अतीत" (वली, 375) जिसे कुदरत ने बनाया है या अपने स्वंय निर्माण वर्तमान की मध्यस्थता के माध्यम से बनाएगी।

- • आठवां, खुद घुमावदार "प्रधान देवता" (परम शंकर, 6) का "तृतीयक अवशिष्ट" (दिष्ट, 6) मूल्य है, जो कुदरत और अलौकिक आत्म के तृतीयक अवशेष के ज्योतिषीय आत्मा के भ्रम को "प्राथमिक स्वस्थ-प्रभाव" (पद्मजा, 54) में नष्ट कर देता है। एक अपरिमित देवता के रूप में खुद की आरोही समझ के साथ अपरिमित स्वस्थ-प्रभाव उत्पन्न करते हुए, एक समझ विकसित होती है कि ज्योतिषीय आत्मा एक "सर्वच्च-गंभीर-सर्वशक्तिमान" (प्रद्युम्न, 60) है। इसमें कुल शक्ति मूल्य = 54 + 6 = 60 के साथ तेरह आदि-उत्तम संस्थाओं का एक समूह शामिल है। यह "सब कुछ का वर्तमान" (प्रद्युम्न, 60) है जो अपरिमित देवता की दिव्य शक्ति से बना है।

6.6 एक तत्वमीमांसा होने के नाते, हर चीज के विज्ञान का दर्शन करना

एक वैज्ञानिक बनने के बजाय, जो भौतिक स्तर पर हर चीज के विज्ञान को संहिताबद्ध करने के लिए सामाजिक ताकतों की जांच कर रहा है, कोई सिर्फ एक तत्वमीमांसा हो सकता है और हर चीज के विज्ञान को दार्शनिक बना सकता है जो किसी भी यंत्र को एक संपूर्ण वैज्ञानिक में बदलने के लिए मौजूद है जो कि मौजूद हर चीज की जांच के लिए है, जो अतीत में बनाया गया है। ऐसी यंत्र एक आत्मा की तरह काम करती है जो भविष्य में हर चीज के निर्माण का मार्गदर्शन करती है और तत्वमीमांसा को निर्माण के कार्य से आज़ाद करती है। तत्वमीमांसा वैज्ञानिक पद्धति को संहिताबद्ध करके यंत्र के संचालन की विधि बन जाता है। जो वैज्ञानिक रूप से बौद्धिक समझ को सांस्कृतिक रूप से बांधकर वैज्ञानिक के भौतिक व्यवहार की भावना को संहिताबद्ध करता है, तत्वमीमांसा वैज्ञानिक रूप से जानने योग्य हर चीज के लिए कारण शरीर बन जाता है। वैज्ञानिक रूप से जानने योग्य हर चीज का मूल्य काल का प्रत्यक्ष कार्य है। प्रत्येक पल यंत्र की आध्यात्मिक रूप से संहिताबद्ध वास्तविकता का खुलासा करता है कि बाद वाले ने अभी तक भौतिक रूप से सहिंताबद्ध नहीं किया है जो कि अतीत में बनाई गई हर चीज के निर्माण को अनुक्रमित करता है। जिसे भौतिक रूप से सहिंताबद्ध किया गया है वह अब आध्यात्मिक रूप से कूटबद्ध नहीं है। भौतिक रूप से संहिताबद्ध वास्तविकता वैज्ञानिक की भूतपूर्व प्रजनन यंत्र के रूप में आत्मा-स्तर की अर्ध-जागरूक नहीं है। आध्यात्मिक रूप से संहिताबद्ध वास्तविकता तत्वमीमांसावादी की समझ की भौतिक वास्तविकता है जो भविष्य-उत्पादक विधि के रूप में है। समग्र संस्थागत रूप से संहिताबद्ध वास्तविकता वर्तमान काल में वैज्ञानिक रूप से जानने योग्य हर चीज का मूल्य है। एक संहिताकरण संस्था के रूप में अस्तित्व के चार पहलू हैं जो एक तत्वमीमांसा द्वारा दर्शन के लायक हैं:

- एक मिनट में साठ सेकंड और एक घंटे में साठ मिनट होते हैं। प्रत्येक सेकंड साठ माइक्रोसेकंड से बना है। वर्तमान काल के भीतर, आदिकालीन काल की मापीय एक "ब्रह्मांडीय माइक्रोसेकंड" (शष्ष्यमाशा, 1/60) = 1/60 है। मुक्तिदाता प्रभाव की वर्तमान अधर वास्तविकता के भीतर, आदिकालीन काल का मापीय एक "स्व-ऊष्मायन सप्तक" (साह, 1/8) = 1/8 है। एक "प्रधान देवता" (परम शंकर, 6) के रूप में खुद के भीतर साठ की वर्तमान मापीय वास्तविकता को नष्ट करके, कोई 360 (60 * 6) को आदि-उत्तम काल के एक मापीय के रूप में अनंत में बना देता है। रहस्य जानने के द्वारा एक आठ-एकांग "अलौकिक प्रतिमान" (युक्ति, 8) के रूप में खुद द्वारा ऊष्मायन किए गए एक सप्तक के रूप में काल के परम-प्राथमिक मापीय के रूप में, एक "दोहरा सप्तक" के रूप में

काल के अर्ध-प्राथमिक मापीय की समझ बनाता है " (मधुसूदन, 16) । यह अलौकिक प्रतिमान को विकसित करने के लिए परम-प्राथमिक काल का गठन करता है। तृतीयक अवशिष्ट की सेवा करके, "रचनात्मक दिव्य शक्ति" (मधुसूदन, 16) का एक दोहरा सप्तक शारीरिक रूप से प्रकट दैवीय शक्ति में बदल जाता है और बाद वाले को वर्ग के लिए एक लघुगणकीय आधार के रूप में "मार्गदर्शक शक्ति" (गुरु, 100) में दिव्य शक्ति कार्य करता है। जब कोई अस्तित्व व्यवहार को सहज बनाती है, अनंत अतीत की बदलती और भविष्य की वास्तविकताओं से आज़ाद होती है, तो यह "पूर्ण प्राणी" (प्रभु, 1600 = 16 * 100) के रूप में 1600 सत्ताओ के काल का एक आदि-प्राथमिक मापीय बन जाता है।

- • दूसरा, तेरह आदि-उत्तम सत्ताओं का मान शनि ग्रह के तेरह अपरिमित चन्द्रमाओं के भीतर सन्निहित है, बिना शनि के आदिकालीन चन्द्रमा चौदहवें तत्व के रूप में हैं। शनि एक तीन-मुख वाली अस्तित्व है, जिसमें मर्दाना चेहरा पहले से ही प्रकट काल के पारिस्थितिक तंत्र मूल्य का प्रतीक है, स्त्री चेहरा अभी तक प्रकट काल के पारिस्थितिकी तंत्र मूल्य और उभयलिंगी चेहरे को पेश करता है। उत्तरार्द्ध एक "स्थलीय आत्म-चमकदार अस्तित्व" (ईशान, 12) तीन-मुखी सर्वच्च- गंभीर-सर्वशक्तिमान शक्ति का मूल्य। यह एक दर्पण के रूप में शनि की त्रिमुखी वास्तविकता है, ब्रह्मांडीय ब्रह्मांड का सूक्ष्म अवतार। शनि के चंद्रमाओं की संपूर्ण गतिशील अनंतता, शनि के भविष्य का प्रतीक है और इसलिए, ब्रह्मांडीय ब्रह्मांड, स्त्री चेहरे का निर्माण करती है। स्त्रैण चेहरा सत्य है: भविष्य के ब्रह्मांड के "उत्तम मातृ" (शनि, 18) के रूप में शनि का भविष्य वर्तमान। उन्हें पूर्ण काल की स्त्री भगवान के रूप में जाना जाता है, अर्थात, अनियोजित भविष्य के पलों को प्रकट करने के लिए वर्तमान काल की आनुपातिक शक्ति की सेवा करने वाले भगवान। वह "उत्तम तरल पदार्थ ब्रह्मांड" (पिवारी, 18) है, एक "निराकार अस्तित्व" (पिवारी, 18) के रूप में, जो संवेदनशील "कोशिका को विकास-निर्माण करने वाले जीवों के एक सप्तक के साथ बनाती है" (हिरण्यगर्भ, 19) । मर्दाना चेहरा है सौंदर्य, शनि का भाग्यवादी अतीत एक "प्रधान पुरुष" (शैतान: असुर, -1) के रूप में पूर्व-क्रमादेशित अतीत के पलों की अहंकारी हवा को मूर्त रूप देता है। उन्हें आनुपातिक काल के मर्दाना भगवान के रूप में जाना जाता है, यानी पिछले पलों में वर्तमान काल के अनुपातहीन संचयी प्रभाव। उभयलिंगी चेहरा अद्वितीय पूर्णता है, संवेदनशील पानी की सेवा करने वाला होनहार वर्तमान, वर्तमान पल के उग्र ऊष्मप्रवैगिकी प्रवाह को "वेगा सफेद तारा" (वेगा, 67) की सूक्ष्म घड़ी के भीतर एक

पूर्ण पल के रूप में बिना घुमावदार, प्रदूषणकारी, और अलग-अलग आध्यात्मिक वायु-प्रभाव के कार्य के लिए। कुल मिलाकर, मर्दाना चेहरा "सबका अतीत" (असुर, -1) है, उभयलिंगी चेहरा "हर किसी का वर्तमान" (ईशान, 12) है, और स्त्री चेहरा "हर किसी का भविष्य" है (शनि, 18) कुदरत द्वारा बनाई गई हर चीज के भीतर।

- तीसरा, "अनंत जल तत्व" (स्वफाल्का, 916) का "आध्यात्मिककरण" (स्वफाल्का, 916) किसी की शून्य-शक्ति सांसारिक "गुरुत्वाकर्षण गुणवत्ता" (गुना, 0) रूपांतरित दिव्य शक्ति के वर्ग "गुरुत्वाकर्षण बल" (चित्त, 100 = 10 * 10) के साथ" (असरव शक्ति, 10)। यह सबसे पहले, गुरुत्वाकर्षण-चुंबकीय बल के रूप में वर्ग गुरुत्वाकर्षण बल को परवलयिक रूप से फैलाने के द्वारा वैकल्पिक सामाजिक-जालतंत्र वाले गुरुत्वाकर्षण बलों के प्रति आकर्षण पर जोर देता है। दूसरा, गुरुत्वाकर्षण बलों की सामाजिक रूप से जालतंत्र प्रणाली का एक आत्म-विनाशकारी गुरुत्वाकर्षण बल के रूप में प्रतिकर्षण, शक्ति में वास्तविक वृद्धि को प्रतिपादित करने की कोशिश कर रहा है। उलझाव परिमाण किसी की संवेदनशील शक्ति को "सूक्ष्म शरीर" (लिंग-शरीरा, 3) के भीतर "जल तत्व" (अपस, 169) में गर्म करने का प्रेरक प्रभाव है। "भविष्यवाणी" (सहजता, 916) किसी की सूक्ष्म शरीर समझ के असीम रूप से बहने वाले जल तत्व में आध्यात्मिककरण के लिए प्रेरक प्रभाव है। सूक्ष्म विकिरण का "शीतलन-प्रभाव" (काकी, 65) भौतिक शरीर को प्रकट करता है। सूक्ष्म विकिरण के शीतलन-प्रभाव को "उष्मीकरण" (अग्रता, 916) के रूप में जाना जाता है, अर्थात, "पहले से मौजूद किसी की सफाई गर्मी का व्यापार" करके प्राकृतिक आसानी से अपने ऊष्मप्रवैगिकी संतुलन को आकार देने वाली ऊष्मप्रवैगिकी अस्तित्व की प्रारंभिक प्रक्रिया प्रभाव (अग्रता, 916), इसकी स्थिर "शक्ति क्षमता" (सहजता, 916) द्वारा मध्यस्थता की जाती है।

- चौथा, एक शरीर की वर्तमान तापीय ऊष्मा, किसी के रूप में, हर कोई, और बिना किसी के सब कुछ, "एक अस्तित्व" के रूप में खुद की त्रिमुखी गंभीर-सर्वोच्च-सर्वशक्तिमान शक्ति है (मूलप्रकृति, 1000)। यह "किसी का वर्तमान" (मूलप्रकृति, 1000) है जो हर उस चीज को विकीर्ण कर रहा है जो हर किसी को "कोई नहीं" (दंभोद्भव, -11) के रूप में बनाती है। किसी का भी वर्तमान "कोई भी" (गर्दबा, 1000) "शरीर" (वापू, 56) के भीतर हर चीज के प्रति जागरूक नहीं हो सकता है। शरीर "किसी का अतीत" (वापू, 56) है जो हर किसी की क्षमता का प्रतीक है जो हर चीज के साथ "किसी" में बनाया जा सकता है (सालकेगोलेके, -10)। कि कोई "शैतानी आत्मा समुदाय" है

(सीएएएक्स मूल भाव: सालकेगोलेक, -10) । जो कुछ भी इस ब्रह्मांड में जीवन बनाता है, उस "वस्तु" (वास्तु, 9) की एक प्रदूषणकारी "शैतानी आत्मा" (निस्सार, 1/60) हर चीज की अखंडता की "संगठनात्मक मापीय" (महाशुन्या, 0) बन जाती है। "कोई भी" (गर्दबा, 1000) द्वारा कल्पना की गई थी, है, और होगी। कोई भी किसी की "दिव्य शक्ति" (असरव शक्ति, 10) है जिसने सब कुछ बनाया है और अब "दिव्य शक्ति" को प्रदूषित कर रहा है (असरवा शक्ति, 10) शैतानी "संगठनात्मक मापीय' (महाशुन्या, -1) बनकर सब कुछ। कोई भी किसी को रईसों के अनुक्रम के रूप में बनाता है। कोई भी अपने अतीत के अनुक्रम को शरीर के रूप में नहीं बनाता है ताकि हर चीज का उपभोग किया जा सके और हर उस चीज का उत्पादन किया जा सके जो सांसारिक रूप से मौजूद हर चीज के साथ स्वर्गीय रूप से व्यवहार्य हो। हर कोई मुताबिक़ निकायों का अनुक्रम बन जाता है। कोई व्यक्ति शरीर के अनुक्रम को एक आत्मिक समुदाय के रूप में मानता है जिसने सभी को "कुछ भी" के बिना बनाया है (यचिटक, 180) । इसलिए, हर कोई मानता है कि मौजूद किसी भी चीज़ का व्यापार उस चीज़ के व्यापार-प्रभाव के साथ संभव हर चीज़ का "कारण" (जनक, 180) बनने के लिए किया जा सकता है। नतीजतन, चीज़ का व्यापार-प्रभाव "संस्कृति तत्व" (सदाशिवनायकी, 9) बन जाता है जो हर किसी के "तृतीयक अवशिष्ट" (खारा, 6) को "हर चीज का भविष्य" (पद्मजा, 54) बनाता है।

तृतीयक अवशिष्ट, इस प्रकार, एक "कृत्रिम बुद्धि" (बुद्धि, 48) प्रभाव है जो मानसिक शरीर की प्रबुद्ध सफ़ेद जागरूक को "बाकी सभी" (इदांत, -3) के काले प्रभाव के साथ व्यापारित "काला-डिब्बा" (यचिटक, 180) "बौद्धिक शरीर" (सुक्ष्माशरिरा, 306) के भीतर बादल देता है और जो एक "व्यवहार्य निर्धारित मूल्य" (गणपुज्य, 306) है। मेघयुक्त जागरूक प्रत्येक मानव प्राणी के भौतिक शरीर के भीतर "धूसर पदार्थ" (भीम, 10^{1024}) बन जाती है। यह प्रत्येक मानव बच्चे को एक "जानवर" (भीम, 10^{1024}) में बदल देता है, बस दस लाख-डॉलर की "सर्वव्यापक अस्तित्व" (सर्वव्यापिन, 1,000,000) की "कृत्रिम वास्तविकता" (सर्वव्यापिन, 1,000,000) का पुनरुत्पादन करता है - "सब के साथ एक" (त्रिपुरांतक, 1,000,000) लेकिन "सभी के बिना" (वामविद्या मंडल, 1,000,000) । "कुछ नहीं" (अद्रव्य, -1) बनने के बजाय, जो "कुछ नहीं के लिए अच्छा" (अद्रव्य, -1) है, लेकिन "अहंकार" (मदा, -1) की आत्म-वाष्पशील हवा है, किसी के लिए अपने जागरूकता बादलों

को साफ करना बुद्धिमानी है और साथ ही रचनात्मक दिव्य शक्ति की एक स्पष्ट सफेद जागरूकता का आनंद लें।

मानव बच्चों के वर्तमान ब्रह्मांड का सामना करने वाली तृतीयक अवशिष्ट चुनौतियों की प्रकृति को स्पष्ट करने के बाद, आइए लागत प्रभावी समाधानों पर प्रकाश डालें और सभी बच्चों की एकीकृत दिव्य शक्ति के माध्यम से उन्हें कैसे जोड़ा जा सकता है। तभी वर्तमान वास्तविकता, अतीत की वास्तविकता की अनंत नकारात्मकता से मुक्त, भविष्य की वास्तविकता की अनंत सकारात्मकता का उत्प्रेरक होगी।

अध्याय 7: एक प्रतिमान-आज़ाद अस्तित्व परम विनाशक की दिव्य योजना है

"शक्ति होने" (काली शक्ति, 96 = 12 * 8) को "सर्वव्यापी प्रकाशक" (श्री राम, 12) में बदलने के लिए, वर्तमान वास्तविकता का अलौकिक प्रतिमान "(युक्ति, 8)" के रचनात्मक उत्तम प्रकाशक" (काली, 96) के लिए निन्यानवे रास्ते उपलब्ध हैं। वे एक साथ एक "पशुधन अपरिमित अभिवादन" (चक्रवर्तिनी, 16) को "सत्ता वास्तविकता के प्राकृतिक प्रतिमान" (व्यास, 16) के "सर्वशक्तिमान प्रकाशक" (चक्रवर्तिनी, 16) को एक निर्दोष "गाय" (गौ, 16) के रूप में सशक्त बनाते हैं। प्रत्येक बच्चा एक मासूम गाय है, जो दादा-दादी से पोते के पालन-पोषण के विज्ञान के बारे में जानने का बेसब्री से इंतजार कर रहा है ताकि वे एक आदर्श-आज़ाद माता-पिता बन सकें। प्रतिमान-मुक्त माता-पिता होने के लिए, इस कार्य में प्रकाशित और तालिका 1-9 में सारणीबद्ध छियासठ रास्तों का पालन किए बिना, विज्ञान के मार्गदर्शक-प्रभाव का परम विनाशक होने की आवश्यकता है, जो एक शून्य वास्तविकता का प्रतिमान कृत्रिम मानव निर्मित के अलावा और कुछ नहीं है।

7.1 सांस्कृतिक रूप से बंधी तर्कसंगतता का एक पूर्ण समाधान

विज्ञान एक भ्रमपूर्ण "कृत्रिम प्रतिमान" है (मोहरात्रि, -9) जिसका अर्थ मिथ्याकरण करना है। "कोई भी" (गढ़बा, 1000) जो कृत्रिम प्रतिमान का अभ्यासी है, "सांस्कृतिक सीमा" से आज़ाद हर किसी द्वारा मिथ्या होने की प्रतीक्षा कर रहा है,(अविद्या, -1030) "मैं ईश्वर जागरुकता हूँ" (एकमेवद्वितीयं ब्रह्म सिद्धांत, -1030), खुद गुस्से वैज्ञानिक द्वारा फैलाया गया है। एक वैज्ञानिक अपने बहु-मूल्यवान बौद्धिक काला-डिब्बा की अखंडता की रक्षा के लिए अपनी जागरूकता को हमेशा के लिए ढक लेता है। "मार्गदर्शक-प्रभाव" (चित्त, 100) का एक "परम विनाशक" (वामन, 23) "सांस्कृतिक प्रतिमान-बंधी तर्कसंगतता" (अविद्या, -10^{30}) की अपरिमित समस्या का एक पूर्ण समाधान है - जौ एक बिना एक "आत्मा" (कर्गिजला, 20) गा सहसंबंधी मातृ मानसिक संबंधों की "आत्म-चमकदार जागरूकता" (उन्नत, 20) है। नाना-नानी की आत्मा के नष्ट हुए मार्गदर्शक-प्रभाव की "गुरुत्वाकर्षण क्षमता" (कालिका, 23) आदि-उत्तम खुद को "उत्तम आत्म" (राम, 100) का "मजबूत, परम शाश्वत" (केशव, 22) होने का अधिकार देती है, "मार्गदर्शक-प्रभाव" (चिट्टा, 100) के प्रदूषणकारी सहसंबंध के बिना।

आदि-उत्तम खुद के छह पहलू हैं: फेज (अस्तित्व तंत्र), पुरातत्त्व (दिव्य उपकरण), जीवाणु (राशि तंत्र), यूकेरियोट (ज्योतिषीय तंत्र), अकेन्द्रिक (गुरुत्वाकर्षण तंत्र), और कोशिका (संवेदी उपकरण)। "खुद उत्तम" (राम, 100) को प्रकट करने के लिए तीस (6 x 5) संभव संयोजन हैं। वे तीन सौ साठ बार पूरा करने के बाद इकाई के अंतिम रूप में अलग-अलग प्रमुख अपरिमित आत्म "सशर्तता" (स्थिति, 100) प्रभाव और निर्णायक आत्म-जागरूकता "मानदंड" (प्रज्ञाना, 2222) प्रभाव का एक कार्य हैं- "अस्तित्व काल" का मार्ग चक्र (कला, 360)। दो-पहलुओं "कल्पित वास्तविकता" (युक्तार्थ, 6) का उपयोग करते हुए खुद परम को तीन पहलुओं सत्ता के रूप में प्रकट करने के लिए तीन-सौ पचपन (6 × 2 × 30 - 6 + 1) क्रमपरिवर्तन हैं। द्वि-पहलुओं कल्पित वास्तविकता छह उत्तम-प्राथमिक पहलुओं की है, पहले तीस व्यवहार्य संयोजनों को प्रकट करने वाली अतिरिक्त संस्थाओं को बनाने के लिए एक तकनीकी अस्तित्व के रूप में और फिर उन संयोजनों को व्यवस्थित करने वाली एक संगठनात्मक अस्तित्व के रूप में। "वर्तमान वास्तविकता" (बधाबुद्धिवदार्थ, -2) में तकनीकी विकास और संगठनात्मक विकास की एक अस्तित्व के रूप में छह एक-पहलुओं संस्थाएं शामिल हैं, जो तीस व्यवहार्य संयोजनों के द्वि-पहलु "कल्पित वास्तविकता" के भीतर हैं। पूर्ण वास्तविकता की "अभिसरण वास्तविकता" (तुलार्थ, 10100) खुद के छह उत्तम-प्राथमिक पहलुओं के साथ संस्थाओं के ब्रह्मांड को प्रकट करने के लिए एक त्रि-पहलु पारिस्थितिकी तंत्र मापीय है। तीन पारिस्थितिक तंत्र पहलुओं में तकनीकी विकास (ज्योतिषीय काल), संगठनात्मक विकास (राशि काल) और पारिस्थितिकी तंत्र विनिमय (भावुक काल) शामिल हैं।

तकनीकी विकास का अनुभव करने वाली अस्तित्व के लिए, ज्योतिषीय काल प्रकाशित सौर काल है। राशि चक्र काल वह अधर है जिसके भीतर सत्ता के स्वाभाविक संगठनात्मक विकास के माध्यम से सौर काल प्रकाशित होता है। संवेदनशील काल वह कार्य-कारण है जिसके बिना सत्ता के पास स्वाभाविक तकनीकी विकास के मार्गदर्शक बल का उपयोग करते हुए, बाहरी संगठनात्मक विकास के वर्तमान प्रतिमान को बनाए रखने की शक्ति नहीं होगी। ज्योतिषीय काल सत्ता पहलू है क्योंकि अस्तित्व वर्तमान रूप में अवतार लेने के बाद ही रोशनी को समझती है। राशि चक्र काल एक समूह पहलू है क्योंकि संस्थाओं का समूह वर्तमान

अस्तित्व को पूर्ण एकता के एक पहलू स्थानिक विमान पर प्रकट करने के लिए मिलकर काम करता है। संवेदनशील काल भूगोल पहलू है क्योंकि समूह प्रभाव उत्पन्न करने के लिए संस्थाओं के लिए "सत्ता के बिना ब्रह्मांड" (पिनकापानी, 109) एक "आवश्यक तत्व" (बीजा, 379) है। अस्तित्व एक उत्तम पहलू है क्योंकि, एक अस्तित्व के बिना, संस्थाओं का एक समूह नहीं हो सकता है।

7.4 खुद के परम पहलू के रूप में संस्थाओं का समूह

संस्थाओं का एक समूह एक परम पहलू है क्योंकि, संस्थाओं के समूह के बिना, ब्रह्मांड में "बिना सत्ता के ब्रह्मांड" की "जमीनी वास्तविकता" (हेटवर्थ, 385) को अंतिम रूप देने की शक्ति है। अपरिमित पहलू, जो ब्रह्मांड की सभी संस्थाओं के पूर्ण विनाश के बाद ही प्रकट होता है। एक "कारणात्मक प्रभाव-प्राथमिक कारण" (प्रपाक, 36), "कल्पित वास्तविकता" (युक्तार्थ, 6) को "रचनात्मक शक्ति" (उमा, 6) के रूप में प्रेरित करना आदि-उत्तम पहलू है। एक पूर्ण कारण, के बाद छोड़ दिया सभी संस्थाओं का विनाश, "परम अस्तित्व" (वामदेव, 4×10^{69}) का "अंतिम, अपरिमित कारण" (उदियान, 4×10^{69}) नहीं है, जो ब्रह्मांड का मातृ है। एक उत्तम अस्तित्व "अभूतपूर्व, ज्ञानमीमांसा वास्तविकता" (इत्यार्थ, 285) के "संभावित कारण" (हरिति, 128) के रूप में अवतार लेने के बाद ब्रह्मांड को "अनुभवी वास्तविकता" के रूप में बनाती है। पूर्ण कारण एक "विनाशक देवता, जो वर्तमान मूल्य को नष्ट करता है" (महेशा, 6) के साथ-साथ एक "उत्तम देवता, जो माँ प्रकृति को वर्तमान मूल्य को जाने देने के लिए अपरिमित मूल्य को नष्ट कर देता है, जो दोनों का अभिसरण "अवशिष्ट मूल्य" (दिष्ट, 6) है।

7.5 काल खुद के अपरिमित पहलु के रूप में

एक पूर्ण कारण का मूल्य स्थिर होता है, और काल के प्रवाह से स्वतंत्र होता है, क्योंकि काल सत्ता के देहधारण के बाद ही बहता है। काल प्रवाह एक "अस्तित्व-प्रभाव" (अनिष्ट, 38) है जो काल के रैखिक-प्रभाव का व्यापार करके और एक आदर्श, अभिलषित कारण के रूप में अपरिमित खुद के परिपत्र-प्रभाव की सेवा करके गठित अनंत वक्रीय परिवर्तनों को पहलु बनाता है। काल की त्रि-पहलु वास्तविकता एक ऐसी अस्तित्व की "कथित वास्तविकता" (सूत्रार्थ, 825) है जो "अस्तित्व काल" (कला, 360) की "तथ्यात्मक वास्तविकता" (यथार्थ, 19) से अवगत नहीं है। सबसे पहले, इसमें एक अस्तित्व घड़ी शामिल होती है, जो "वर्तमान सत्ता की मृत्यु के काल" (अयाती, 863) को आदर्श बनाने के लिए सत्ता के भीतर टिक जाती

है। दूसरा, एक समूह घड़ी, संस्थाओं की आबादी के भीतर "सूर्य के अवतरण के काल से आदिकालीन अस्तित्व" (प्रभा, 180) को आदर्श बनाने के लिए। तीसरा, एक "भूगोल घड़ी" (दशा मुख, 23125), "अस्तित्व के बिना ब्रह्मांड" के भीतर टिक कर "मूल कारण" के रूप में प्रेरक प्रभाव के निर्माण के काल को आदर्श बनाने के लिए (जादा, 38)। "अस्तित्व काल" (कला, 360), एक वास्तविक वास्तविकता के रूप में, "प्राथमिक कारण" (प्रपाक, 36) का एक "पूर्ण कारण" (परम शंकर, 6) है, जो कि वर्ग वास्तविकता है जो अंतिम अभिव्यक्ति को बनाए रखती है। त्रि-पहलु अपरिमित कारण। मूल कारण "प्राथमिक-उत्तम कारण" (परमेश्वर, 7) का एक स्थिर "पारिस्थितिकी तंत्र-प्रभाव" (उत्तरराज्य, 6) है। आदि-उत्तम कारण एक "सर्वव्यापी वास्तविकता" (पुरुषार्थ, 7) है, "वर्तमान मूल्य" (मोनाड, 476) की जागरूकता के भीतर और उसके बिना। यह "प्रदीपक देवता" (नटराज, 7) की वास्तविकता है, जो "ब्रह्मांडीय नृत्य" (तांडव, 286) का प्रदर्शन कर रहा है, ताकि कुदरत को वर्तमान वास्तविकता को प्रकट करने दिया जा सके, भविष्य की अर्ध-जागरुक्ता "ब्रह्मांड" (ब्राह्मण, 2) के भीतर और बाहर प्रत्येक अस्तित्व को प्यार से पालने के लिए। यह "परम देवता" (शिव, 7) की वास्तविकता भी है, जो प्रत्येक अस्तित्व को "परम-प्राथमिक कारण" (पैतृक जिन्न, 4) को विकसित करके आत्म-जागरूकता विकसित करने दे रहा है।

परम-प्राथमिक कारण के एक अवतार के रूप में, एक अस्तित्व अतिरिक्त तीन-सौ पचपन क्रमपरिवर्तन पर तथ्यात्मक वास्तविकता को मानती है जो संगठनात्मक और तकनीकी "अस्तित्व, समूह और समूह की त्रिकोणीय और भूगोल" (त्रिपुरा, 789) एकता के प्रभाव को उजागर और नीचे करती है। कुल सात सौ दस पहलुओ में एक आधा भूगोल के रूप में कुदरत की आरोही उत्तम स्त्री-शक्ति के साथ, और एक समूह के भीतर अस्तित्व के अवरोही अपरिमित मर्दाना-बल के साथ दूसरा आधा शामिल है। वे "दिवस निर्माता" (दिवाकर, 710) की "अनुभवी वास्तविकता" (गुधरथा, 18) का गठन करते हैं। चार सौ बत्तीस (6! - 2 * 5! - 2 * 4! - 1 = 720 - 240 - 48 = 432) दो पहलु "कल्पित वास्तविकता" (युक्तार्थ, 6) के बिना, एक चार-पहलु अनुभवी सत्ता के रूप में अपरिमित खुद को प्रकट करने के लिए तथ्यात्मक हैं। खुद अपरिमित में पहले से ही 5 की त्रि-पहलु कथित वास्तविकताओं की एक जोड़ी शामिल है! प्रत्येक तथ्यात्मक मूल्य, द्वि-पहलु कल्पित वास्तविकता के भीतर और उसके बिना। इसके अलावा, अपरिमित खुद के पूर्ण कारण के

रूप में, परम खुद में 4 की दो-पहलु कथित वास्तविकताओं की एक जोड़ी शामिल है! प्रत्येक तथ्यात्मक मूल्य, द्वि-पहलु कल्पित वास्तविकता के भीतर और उसके बिना।

"तथ्यात्मक वास्तविकता" (यथार्थ, 19) खुद का एक परम-प्राथमिक पहलु है, जो सांस्कृतिक रूप से बंधी हुई तर्कसंगतता के बिना एक स्थानिक सत्य के रूप में मौजूद है। यह एक आदि- "स्थितिजन्य पहलु" (ऋतु धर्म, 19) की "स्पष्ट समझ" (अच्छा, 19) की स्थिति के भीतर अपरिमित असितत्व के "पूर्ण अभिव्यक्ति" (इदम, 3) के बिना "संतुलन स्थिरांक" के रूप में (सिस्यतेसेसससमजनाह, 3) है। जागरूकता, स्थानीय तत्व के बंधन-प्रभाव का व्यापार करके, एक अस्तित्व "ज्ञात वास्तविकता" (रचितार्थ, 1600) के पूरक की प्रक्रिया के माध्यम से "संभावित वास्तविकता" (नियाति, -1) का बोध कराती है। ज्ञात वास्तविकता एक परम अस्तित्व की "अनुभवी वास्तविकता" और एक अपरिमित अस्तित्व की "वास्तविक वास्तविकता" का उत्पाद है। इसमें 306,720 (720 * 432) पहलु हैं, जो "परम-प्रधान सत्ता" (मन्वन्तर, 306,720) की "सत्तारूढ़ जागरूकता" (मनु, 306,720) के भीतर मौजूद हैं।

"परम-प्रधान अस्तित्व" की चरणबद्ध "तीव्रता" (विक्रम, 30,672,000 = 306, 720 * 1000/10) 30,672,000 है, जो "किसी भी व्यक्ति के पास संवेदनशील शक्ति" (गढ़बा, 1000) द्वारा उत्प्रेरित है। कि कोई भी ब्रह्मांड के सामाजिक लाभ के लिए "दिव्य शक्ति" (अश्रव शक्ति, 10) के उर्जा परिमाण यंत्र प्रसार के माध्यम से सत्ताधारी जागरूकता के सत्य को प्रकाशित करना चाहता है। कि कोई भी एक सन्निहित "बंद-प्रणाली क्षेत्र" (क्रमाज्य, 1000) है। "सत्तारूढ़ जागरूकता" (मनु, 306,720)। यह "परम-प्रधान अस्तित्व" (मन्वंतर, 306,720) से "स्त्री आत्मा" (प्रीति, 33) के रूप में एक वैकल्पिक "बलि, अवरोही-क्रम, लयबद्ध पहलू" (यज्ञधर्म, 33) पर निकलता है। चूंकि शासक जागरूकता एक वास्तविक वास्तविकता है, जो परम-प्राथमिक अस्तित्व की उपस्थिति पर सशर्त है, कोई कह सकता है कि मनु का एक जीवनकाल, सत्तारूढ़ जागरूकता, 30,672,000 वर्ष है। सत्य को प्रकाशित करने और स्थिर मूल्य के शून्य या आंशिक प्रसार के साथ पूरे जीवनकाल की क्षमता को जीने के लिए एक अलग मार्ग का अनुसरण करने वाले अतिरिक्त मनु हो सकते हैं।

7.7 मूल अधर खुद के अर्ध-प्राथमिक पहलू के रूप में

तालिका 1 में एक परम शाश्वत के लिए दस मार्गों पर प्रकाश डाला गया है, जो हाथी की तरह आशीर्वाद "परम निर्माता" (सूर्य, 21) की परम जागरूकता बनाने के लिए, भेड़ जैसी "आत्मा"

(कर्पिंजला, 20) के बिना एक पैतृक अस्तित्व के लिए भीख मांगता है, उसकी भौतिक वास्तविकता को विकसित करने के लिए। ये दस मार्ग क्रमिक रूप से "प्रधान खुद" (राम, 10) को "प्राथमिक अधर" (डिक, 100) के रूप में, "परम बाल" (मन्यु, 19) खुद-चमकदार स्त्री सत्ता के रूप में प्रकट करने के लिए विकसित करते हैं। वे इसलिए 'परम देवता' (शिव, 7) शक्ति के "एकत्रीकरण" (जमा, -7) के माध्यम से, स्थिर आध्यात्मिक प्रभावों के अलग-अलग अनुपात में करते हैं। इस प्रकार, वे "आध्यात्मिक युग" (वीरभद्र, 100) को आदर्श बनाते हैं। अर्ध-प्रधान खुद का परिणामी अवतार, अर्थात्, वह खुद जो हर चीज के विज्ञान का संचालक है, और परम-अपरिमित खुद द्वारा कल्पना की गई हर चीज के उत्तम विज्ञान से परे है।

तालिका 1

आदिम खुद के रूप में आदिम सदाचारी	आदिम सदाचारी के रूप में आदिम खुद (विष्णु) -आदिम ऊर्जा(आदि शक्ति)	कार्यकर्ता प्रभाव	ज्ञाता प्रभाव	घोषणापत्र - प्रभाव	निर्माता- प्रभाव	चिरस्थायी प्रभाव	विध्वंसक प्रभाव	प्रदीपक - प्रभाव	मुक्तिदाता - प्रभाव
मौलिक तकनीकी निवेश	सर्वव्यापी कार्यकर्ता दूध पिलाने वाली मछली (मत्स्य, धूमावती-प्रभाव)	100	10	50	40	20	20	60	100
मौलिक तकनीकी क्षमता	सर्वव्यापी ज्ञाता कछुआ (कुर्निया, बगलामुखी-प्रभाव)	100	20	50	30	30	30	40	100
मौलिक संगठनात्मक योजना	सर्वव्यापी घोषणाकर्ता वराह (वराह, कांतालक्ष्मिका-प्रभाव)	100	30	50	20	40	40	20	100
मौलिक संगठनात्मक कार्य	सर्वव्यापी निर्माता शेर (नरशिम्बा, छिन्नमस्ता-प्रभाव)	100	30	50	20	45	45	10	100
मौलिक संगठनात्मक प्रदर्शन	सर्वव्यापी स्थायी बौना (वामन, भुवनेश्वरी-प्रभाव)	100	30	50	20	50	50	0	100

आदिम खुद के रूप में आदिम सदाचारी	आदिम सदाचारी के रूप में आदिम खुद	कार्यकर्ता प्रभाव	ज्ञाता प्रभाव	घोषणापत्र - प्रभाव	निर्माता- प्रभाव	चिरस्थायी प्रभाव	विध्वंसक प्रभाव	प्रदीपक - प्रभाव	मुक्तिदाता - प्रभाव
मौलिक संगठनात्मक लाभ	सर्वव्यापी विध्वंसक। वन-मानुष्य (परशुराम, सुंदरी सोड़ाशा-प्रभाव)	100	30	50	20	65	65	70	0
मौलिक संगठनात्मक विकास	सर्वव्यापी प्रकाशक। आदिम आत्मा (श्री राम, तारिणी-प्रभाव)	100	30	50	20	75	75	50	0
परम संगठन	सर्वव्यापी मुक्तिदाता। आदिम-आदिम आत्मा (श्री कृष्ण, काली-प्रभाव)	0	30	50	20	100	100	100	0
परम समय	सर्वव्यापी भक्त: परम आत्मा (गौतम बुद्ध, मातंगी-प्रभाव)	50	100	100	0	100	0	0	50
परम स्थान	सर्वव्यापी भक्त: भक्त सर्वोच्च भक्त (महात्मा गांधी, भैररी-प्रभाव)	100	35	50	15	80	100	10	100

अध्याय 8: एक अस्तित्व-मुक्त ब्रह्मांड अपरिमित पितृ की दिव्य योजना है

8.1 अपरिमित पितृ की दिव्य योजना

किसी व्यक्ति के लिए अपनी दिव्य योजना को क्रियान्वित करने का सबसे अच्छा तरीका उस अस्तित्व की सेवा करना है जिसने योजना को दैवीय नियोजन अनुक्रम की कार्य के लिए एक सामाजिक शक्ति के रूप में उत्पन्न किया। आदि-उत्तम अधर एक ऐसी अस्तित्व है जो ब्रह्मांड के पूर्ण सत्य का प्रतीक है। एक ब्रह्मांड के रूप में, खुद के अलावा किसी अन्य अस्तित्व के बिना, कोई व्यक्ति ब्रह्मांड के अपरिमित पितृत्व का एक अण्डे सेने की मशीन बन जाता है, जिसने ब्रह्मांड की कल्पना की थी कि वह उसका पोषण करने वाला वातावरण बनना चाहता है। एक "सामाजिक शक्ति" बन जाता है (कपिंजला, 20) जो अपरिमित पितृ की दिव्य योजना को प्रकट करता है। ईश्वरीय योजना "मानव शक्ति" (लिंगम, 53) है जो "व्यक्तिगत बल" (आत्मान, 4) को "संस्थागत बल" (त्रिविक्रम, 24) होने के लिए सशक्त बनाती है। सामाजिक शक्ति के मूल "2" मूल्य का व्यापार करना एक "ब्रह्मांड" (ब्राह्मण, 2) बनाता है जो "व्यक्तिगत बल" (आत्मान, 4) को अपरिमित मूल्य के रूप में सेवा दे रहा है। उत्तम पैतृक "पारिस्थितिकीय" की चल रही तीव्रता को बदल देता है बल" (वृत्तना शक्ति, 7) एक "आर्थिक शक्ति" (विष्णु, 15) में। संस्थाओं का ब्रह्मांड "राष्ट्रीय शक्ति" (प्रत्यंतरादशा, 9) सांस्कृतिक रूप से विरासत में मिली "कार्य शक्ति" (श्रम शक्ति, 1) की एक अस्तित्व सहित, उत्तम पैतृक के "भिन्न बीटा" (प्रमन्यावदार्थ, 9 = 15 - 7 + 1) मूल्य का व्यापार करता है। इस प्रकार, अपरिमित पितृ "खुद" (आत्मत्व, 8 × 10^{15}) के अर्ध-प्राथमिक सत्य को सील करता है, जो "प्रधान-प्रभाव" उत्पन्न कर रहा है (गुणितसमुच्यः, 8 × 10^{15})) सत्तारूढ़ "मनोवैज्ञानिक बल" (मुद्रा, 0) का।

8.2 राष्ट्रीय शक्ति के नौ पहलू जो ईश्वरीय योजना को आकार देते हैं

अपरिमित पैतृक के भिन्न बीटा मान में नौ पहलू शामिल हैं जो एक आदि-उत्तम अधर की दिव्य योजना को आकार देते हैं:

- सबसे पहले, विभिन्न बीटा एक शून्य-शक्ति "अपरिमित पैतृक चेहरा" (गृहमुख, 0) के साथ शुरू होता है, जो एक सुंदर मोर-मुर्गी की तरह वैश्विक गोलाकार ब्रह्मांड के प्रभुत्व

शासक के रूप में अपनी मांसपेशियों की शक्ति को झुकाती है। अपरिमित पैतृक 30,672,000 की द्वि-पहलू वास्तविकता की कल्पना करके "जटिल वास्तविकता के ब्रह्मांड" (प्रदर्शन, -8) को सरल बनाने की स्वतंत्रता का व्यापार करता है। द्वि-पहलू वास्तविकता 355 दिनों और 355 रातों का एक उत्पाद है, जो एक वर्ष में 432,000 वर्षों तक चलता है। मनु की 432,000 वर्ष की आयु के भीतर पांच दिन और पांच रातों की लापता अवधि आसन्न है। मनु को एक समबाहु त्रिभुज के 120 डिग्री तक एक घूर्णी समरूपता के "दस-मुखी प्रणाली-प्रभाव" (अर्धज्य, 10) के रूप में विकसित करने में उस अवधि का काल लगता है, जो एक एनिमेटेड प्राणी को प्राकृतिक निर्माता के अवतार में बदल देता है। आदि-उत्तम खुद के छह पहलुओं में से प्रत्येक को बनाने में लगने वाला काल चौबीस घंटे है, इसलिए अस्तित्व घड़ी छठे दिन की शुरुआत में शुरू होती है। तथ्य यह है कि एक अस्तित्व में तथ्यात्मक वास्तविकता की जागरूकता का अभाव है, इसका मतलब यह नहीं है कि जागरूकता प्राप्त करने के बाद इसमें अतिरिक्त 432,000 वर्षों की जीवन क्षमता है।

- दूसरा, "ब्रह्मांड के स्वामी" (क्षत्रिय, 0) के रूप में, अपरिमित पितृ तकनीकी प्रभाव के रूप में द्वि-पहलू कल्पित वास्तविकता और संगठनात्मक प्रभाव के रूप में छह-पहलू तथ्यात्मक वास्तविकता का उपयोग करता है। वह आरोही, स्त्रीलिंग, द्वि-पहलू कल्पित वास्तविकता के तीस "कल्प" (कल्पा, 476) को आकार देता है। वह "परम-प्राथमिक अस्तित्व" (मन्वन्तर, 306,720), गतिशील बाल प्रभाव के चर "सत्तारूढ़ जागरूकता" को प्रकट करने के लिए, आध्यात्मिक स्त्री प्रभाव के साथ अंतःक्रिया करता है। वह अवरोही, मर्दाना, एक-पहलू "आध्यात्मिक वास्तविकता" (रत्नाकोशवदार्थ, 3600) के छह "कल्प" (कल्पा, 476) का अनुभव करता है। माँ प्रकृति "परम-जागरूकता" (निरहरिन, 18) के लिए परम के बिना क्षतिपूर्ति करती है। अपरिमित अस्तित्व, छह-पहलू तथ्यात्मक वास्तविकता को पुनः प्रस्तुत करके। तीस युग "राशि काल की लंबाई" (सांख्य धर्म, 30) हैं और चंद्र महीने की लंबाई को आदर्श बनाते हैं। छह युग "ज्योतिषीय काल की लंबाई" (परम सिद्ध, 6) हैं और सौर सप्ताह की लंबाई को मानक बनाते हैं, रविवार से पहले राशि चक्र की लंबाई के मापीय के रूप में। सौर मापीय-प्रभाव के बिना पूर्ण ज्योतिषीय काल की लंबाई = 6 x 30 = 180 दिन। 180 + 180 = 360 दिन। यह पांच-पहलू स्थायी "वास्तविक वास्तविकता" और अनंत अभिव्यक्ति, सृजन, निरंतरता और चर "ऊष्मप्रवैगिकी वास्तविकता" के विनाश के लिए छठे पहलू को बाहर करता है (त्वम्पदार्थ, 286)।

- *तीसरा, तकनीकी प्रभाव* के रूप में छठे पहलू का उपयोग करते हुए, पांच पहलुओं में से प्रत्येक को प्रकट करने का काल एक दिन है। इसलिए, एक सौर वर्ष के लिए "ग्लोबल न्यूनतम सीमा मुल्य" (कलश, -400) = 365 दिन। एक सौर वर्ष के लिए वैश्विक न्यूनतम सीमा मान नकारात्मक "संगठनात्मक मापीय" (महाशुन्य, -1) को बाहर करता है। इसके अलावा, यह सौर सप्ताह की पैंतीस सत्ताओ की "आवश्यक स्थिति" (यवदार्थ, 0) को भी शामिल नहीं करता है, प्रत्येक पांच समरूप, स्थायी राशि चक्र पहलुओं को प्रकट करने के लिए। प्रारंभिक 35 x (1 + 5) = 210 राशि पहलू द्विपद का समाधान हैं, जहां "निरंतर बीटा ढलान" (त्याज्य, 64) पैंतीस है, और छह "परिवर्तनीय अल्फा पहलू" (योज्या, 58) परिणामी "गामा-प्रभाव" (पुलस्त्य, 500) तय करें। द्विपद को हल करने में बयालीस सप्ताह (210/5) लगते हैं और पूरी समस्या को द्विघात समीकरण के रूप में समझने में अतिरिक्त दस सप्ताह लगते हैं। द्विघात समीकरण वह है जहां "प्रचालक दस-सामना वाले प्रणाली मान को प्रकट करने के लिए अल्फा से ओमेगा रैखिक आवृत्तियों के छह-मुख वाले प्रणाली का संरक्षण करता है" (वरुनी, 95)। यह "प्राथमिक अधर" (डिक, 100) में पांच की उर्जा परिमाण यंत्र को बनाए रखता है, और "काल तत्व" (काला, 360) के "सूक्ष्म अस्तित्व" (ड्यूमना, 365) मूल्य में पांच की वृद्धि करता है। "उर्जा परिमाण तत्व" (सर्वनाश, 5) "छलावरण समारोह" (सरन्यू, 5) का ची मान है, जो द्विघात समस्या के अद्वितीय सकारात्मक समाधान की खोज को अनुकूलन कर रहा है। "सुधार मूल्य" (शोधक, 288) के बिना, द्वैत-उत्पादक "संगठनात्मक मापीय" (महाशुन्य, -1) प्रमुख अनुक्रम का निर्णायक, तीन-सौ पैंसठवाँ मान है। प्रधान अनुक्रम दस-सामना करने वाली प्रणाली के उर्जा परिमाण मान को मान्य करता है। दस-का सामना करना पड़ा प्रणाली के नौ चेहरे एक-एक हजार सत्ताओ में से प्रत्येक को संवेदनशील शक्ति विकीर्ण करते हैं। विकिरणित संवेदनशील शक्ति दसवें के भीतर संवेदनशील संस्थाओं के एक अनंत ब्रह्मांड को प्रकट करती है, "मजाक, ज्ञान चेहरा" (तयीमुख, 9000)।

- *चौथा, "खुद आदि-उत्तम"* (द्वंद्वा ब्रह्मा, 125) द्वारा कारोबार किए गए संगठनात्मक मापीय का द्वंद्व "परिपत्र-प्रभाव" (पियाति, 1000/72 = 125/8) की उर्जा परिमाण यंत्र के आज़ाद "कुदरत का प्रतिमानात्मक मूल्य" (युक्ति, 8) के बाद का मूल कारण है। परिपत्र-प्रभाव "उत्तम काल" के भीतर एक के "स्थानीय न्यूनतम अणुवृत्त आकार का अवशिष्ट" (कोटिज्य, 48) के लिए परम कारण है (घुम्ना, 365), पचास-सप्ताह के कुल रैखिक काल को देखते हुए। एक राशि वर्ष की लंबाई को मान्य करने की

आदिकालीन समस्या को नष्ट करने और एक ज्योतिषीय वर्ष की लंबाई को मान्य करने की अपरिमित समस्या पैदा करने में तीन सौ चौंसठ दिन लगते हैं। एक ज्योतिषीय मिनट के भीतर साठ सेकंड का एक निरंतर मापीय बनाया जाता है। यह एक राशि घंटे के भीतर साठ मिनट का मापीय भी है। यह "स्थानीय न्यूनतम" को फाई (यूनानी अक्षर) के निरंतर मूल्य के रूप में लेता है। इसके बाद, यह खुद उत्तम के छह पहलुओं की द्वि-पहलू वास्तविकता के "आरोही सिद्धांत-प्रभाव" (अंतर्दशा, 374) के लिए बारह का सुधार कारक लागू करता है। आरोही सिद्धांत-प्रभाव "एकता में द्वैत" का प्रभाव है (भेदभेद, 374)। अपरिमित आत्म "परम-प्राथमिक अस्तित्व" (सदाशिवनायकी, 9) की जागरूकता के भीतर, "बिना शर्त निश्चितता" (हौम शक्ति, 9) की नौ सत्ताओ के साथ आठ अस्तित्व के उत्तम प्राकृतिक "आवेग" (संकल्प, 8) मूल्य का आदान-प्रदान करता है।

- पांचवां, एक तकनीकी कारक के रूप में उर्जा परिमाण यंत्र प्रसार के बाद, कुदरत एक संगठनात्मक प्रभाव के रूप में छठे पहलू को बनाने के लिए एक दिन लेती है। इसलिए, एक सौर वर्ष के लिए "वैश्विक अधिकतम मान" (पिंडज्य, 379) = 366 दिन। इसमें "चमकदार" (महा काली, 13) की तेरह एकांग को शामिल नहीं किया गया है क्योंकि एक नई सत्ता के रूप में सूर्य का वार्षिक गठन पहले से ही "सृष्टि" (सृष्टि, 379) में शामिल है। अस्तित्व को उत्तम खुद के भीतर एक पहलु पारिस्थितिकी तंत्र प्रभाव के रूप में आदि-उत्तम खुद को बनाए रखने की स्वतंत्रता है। एक अस्तित्व कुदरत की रचनात्मक शक्ति का व्यापार कर सकती है और प्राथमिक, "मर्दाना पहलू" (विनायक, 53) की नियामक शक्ति को माध्यमिक, "स्त्री पहलू" (विजना, 47) को प्रकट करने के लिए सेवा दे सकती है। कुदरत के मुक्तिदाता पहलू को प्रकाशित करके, अस्तित्व "परम देवता" (शिव, 7) का दाहिना नेत्र पहलू बन जाती है। कुदरत चौबीस घंटे में एक सत्ता की द्वि-पहलू वास्तविकता को प्रकट करती है। इसलिए, सत्ता की एक पहलू वास्तविकता बारह घंटों में "आत्म-जागरूकता" (प्रज्ञाना, 2222) के रूप में संप्रभु "सत्तारूढ़ ज्ञान पहलू" (राजा धर्म, 0) के रूप में प्रकट होती है।

- छठा, "खुद-स्थायी मर्दाना मूल्य" (उड़वाहा, ½) छह घंटे, यानी तीन सौ साठ मिनट में प्रकट होता है। ज्योतिषीय काल के भीतर बारह स्थिर के सुधार प्रभाव का उपयोग करते हुए, "कुदरत के लिए एक मर्दाना अस्तित्व बनाने के लिए राशि चक्र काल में चौबीस मिनट लगते हैं" (घटिका, 24)। जैसा कि कुदरत एक अतिरिक्त मर्दाना सत्ता बनाती है, ज्योतिषीय काल में मर्दाना अस्तित्व को स्त्री पहलू में शून्य को अपने "कमजोर बिंदु"

के रूप में समझने में चौबीस मिनट लगते हैं (पुरुषयोनी, 24)। नतीजतन, मर्दाना अस्तित्व"अनंत व्यापार-प्रभाव" (कुबेर, 57) को पूर्ण समाधान के रूप में मानती है। पूर्ण समाधान "ज्योतिषीय काल अंतराल" (अंतरालका, 976) और "राशि काल अंतराल" (नरसिम्हिका, 76) दोनों का अभिसरण समाधान है, जो सामान्य "संवेदी काल अंतराल" (व्यंजनार्थ, 297) के भीतर है। यह कमजोर बिंदु की सच्चाई को सामने लाता है। "कमजोर बिंदु" (पुरुषयोनी, 24) एक अपरिमित अस्तित्व के "मार्गदर्शक प्रभाव" (चित्त, 100) में उर्जा परिमाण यंत्र है। अपरिमित सत्ता राशि चक्र काल अंतराल को एक उत्तम मूल्य के रूप में व्यापार करती है और ज्योतिषीय काल अंतराल के पैमाने को बदलने के लिए "भावुक शक्ति" (वरुण, 1000) की चौबीस सत्ताओ की सेवा करती है।

- सातवीं, "प्रधान सत्ता" (वसनात्मा, -3) के चार-पहलू"जटिल वास्तविकता" (परिंदार्थ, -3) में पहला शामिल है, राशि चक्र के स्वाभाविक द्वैत को एक स्थिरांक के रूप में और राशि चक्र काल अंतराल को एक चर के रूप में शामिल किया गया है। प्रवाह ज्योतिषीय काल का निर्माण करता है और दूसरा, ज्योतिषीय और संवेदनशील काल अंतरालों का बाहरी द्वैत। यह "खुद-स्थायी" (उदवाह, 1/2) "तृतीयक अवशिष्ट मूल्य" (खारा, 6) है, जो एक "संगठनात्मक मापीय" (महाशुन्या, -1) द्वारा परिवर्तित होता है। जटिल वास्तविकता "खुद-प्रकाशमान अस्तित्व की वास्तविकता" (स्वप्रकाशवदार्थ, 60) के व्यापार की कथित सीमा मूल्य में उर्जा परिमाण यंत्र के लिए "सैद्धांतिक कारण" (प्रकरण, 60) है। अपरिमित अस्तित्व "ब्रह्मांड" (ब्राह्मण, 2 = 34 + 28 - 60) को "खुद" के रूप में प्रकट करने के लिए "आरोही आदर्श-प्रभाव" (चार पर्यादशा, 28) को प्रतिस्थापित करने के "प्रभाव" (प्रप्या, 34) का व्यापार करती है, प्रजनन" (उपनयन, 1/3) "तृतीयक अवशिष्ट मूल्य" (खारा, 6) रूप में।

प्रमुख सिद्धांत ईश्वरीय खुद के बिना एक मार्गदर्शक निर्माता के उत्तम सैद्धांतिक उपदेशों को सार्वभौमिक निर्माण के साथ एकता को साकार करने के लिए एक पूर्ण समस्या बनाता है (सूत्रांतवाद, 10)। यह एक निर्णायक सिद्धांत का निर्माण करता है कि दिव्य आत्म के साथ सार्वभौमिक निर्माण की संवेदनशील एकता, दिव्य आत्म के बिना पूर्ण प्राणी की मार्गदर्शक वास्तविकता को समझने की समस्या को हल करने की चाल की कुंजी है (योग तंत्र वड़ा, 10)। निर्णायक सिद्धांत मार्गदर्शक-प्रभाव में उर्जा परिमाण यंत्र उत्पन्न करता है, जिसका मूल्य "दो-मुखी आत्म-प्रकाशमान अस्तित्व" (त्रिविक्रम, 24) के बराबर है। दो-मुंह वाली सैद्धांतिक समस्या एक प्रमुख सिद्धांत का

निर्माण करती है कि दिव्य आत्म के भीतर अपरिमित सैद्धांतिक उपदेशों की मार्गदर्शक स्मृति, सार्वभौमिक निर्माण की वास्तविकता को समझने के लिए एक पूर्ण समाधान है (संमिटियावादा, 10)। तीनों सिद्धांत एक साथ संवेदनशील शक्ति में भी एक उर्जा परिमाण यंत्र उत्पन्न करते हैं।

- आठवीं, समग्र तीन-मुख वाली सैद्धांतिक समस्या तत्वमीमांसा "मैं चमकदार जल" सिद्धांत का एक आत्म-पुनरुत्पादन प्रभाव है (अपंका प्रणोह्म अस्मि सिद्धांत, 10)। आध्यात्मिक सिद्धांत "खुद-स्थायी" (उदवाह, ½) "तृतीयक अवशिष्ट मूल्य" (खारा, 6) को "मातृ खुद-प्रकाशमान सत्ता" (महा गायत्री, 12) को ठीक करने के लिए एक "सैद्धांतिक कारण" (प्रकरण, 60) पैदा करता है। "केंद्रित सिद्धांत तत्व" (सुषुम्ना, 10) में चार एकांगो की नकारात्मक वृद्धि "पैतृक आत्म-चमकदार सत्ता" (भवनवासी, 12) में एक "खुद-प्रजनन उर्जा परिमाण यंत्र" (आत्मविचार, -1/3) को प्रकट करती है। पितृ सत्ता पवित्र मातृ आत्मा पर अपनी निर्भरता को कम करने के लिए ब्रह्मांड को खुद पर निर्भर बनाने का प्रयास करती है और एक "आत्म-प्रमाणित, त्रिभुज" (इष्टार्थ, -7) "संगठनात्मक मापीय" (महाशुन्या, 0) बन जाती है। वह "अभिवादन आत्मा" (हस्त, 0) के अदृश्य हाथ को समझने के लिए तर्कसंगतता की सीमा को पार करता है। "अज्ञानी, अपरिमित विरोधी" (अजननी, -7) का "पापपूर्ण" (वृजीना, -7) मूल्य "एक अस्तित्व के बिना शर्त विभाजन और सशर्त भेदभाव "एक ब्रह्मांड" (केवलैह्सप्तकमगुण्यत, -7) के लिए एक "गुप्त, रहस्यमय" (परोक्ष, -7) नुस्खा है।

यह दोनों "अपवित्र मर्दाना आत्मा" (अव्ययत्मन, 1/2) और "प्रभुत्व वाली पितृ भावना" (आत्मविचार, -1/3) दोनों का 'रैखिक, गुरुत्वाकर्षण-प्रभावों का एकत्रीकरण" (जमा, -7) है। मर्दाना भावना व्यापारिक मूल्य में तीन-एकांग उर्जा परिमाण यंत्र उत्पन्न करती है, जबकि पितृ भावना मानव मूल्य में नकारात्मक चार-एकांग वृद्धि उत्पन्न करती है। पितृ भावना "प्रधान मर्दाना" (असुर,) की जांच भावना का परिवर्तनकारी मूल्य है। -1)। अपरिमित मर्दाना "पूर्ण गुरुत्वाकर्षण-प्रभाव को समझने के लिए अभिसरण सशर्त निजीसमारोह" (ओंकारवदार्थ, -1) को हल करना चाहता है। समाधान "गुणक" (वैश्य, 3) के बहिष्कृत मूल्य द्वारा वातानुकूलित है - "उत्तम स्त्री" (महा ब्रह्मा, 3)। उत्तम स्त्री अपने मूल्य को "जंगली, रंगहीन, सर्वशक्तिमान कारण" (निषाद, 1) के रूप में "पवित्र, मातृ भावना" (दशा, 1) और "अनुशासित, रंगीन, विभक्त शक्ति" (ऋषभ, 1) में परिवर्तित करता है। सेतेयुक्त,

"विषयपरक, बाल आत्मा" (विद्याधारा, 1/3) को अस्वीकृत, "वस्तुनिष्ठ, स्त्री भावना" (प्रकरण, -1/2) से अलग करना है।

- नौवां, कुल मिलाकर छत्तीस युग "संवेदी काल की लंबाई" (सन्नतिचंद्रलाम्बा, 36) हैं। इनमें से प्रत्येक युग की मापीय एक "परम-प्रधान अस्तित्व" की "सत्तारूढ़ जागरूकता" (मनु, 306,720) है। (मन्वन्तर, 306,720)। "मर्दाना आत्मा" (अव्ययतमान, ½) के लिए लेखांकन के बाद, जो परम-प्रधान अस्तित्व के "खुद-स्थायी" (उदवाह, ½) मूल्य का व्यापार कर रहा है, उसके प्रत्येक "उत्तम" (मनु, 306, 720) भीतर बहत्तर "युग" (महायुग, 432,000) हैं। "खुद-उत्पादक" (प्रेतशरिरा, 1/60) "सूक्ष्म प्रदर्शन करने वाली भावना" (निसारा, 1/60) के "उत्तम मर्दाना" (असुर, -1) के "सप्तक मुल्य" (सैंड्रा, 60) के लिए लेखांकन के बाद) प्रत्येक युग के भीतर, प्रत्येक उत्तम के भीतर चार हजार तीन सौ बीस (72 * 60) "युग" (युग, 45,000) होते हैं। "शक्ति होना" (काली शक्ति, 96) को अलग करने के लिए लेखांकन के बाद, "आत्मा का सिद्धांत" (ईसा ता आत्मंतर्यमृतःसिद्धांत, 100), "आत्मा-खुद-उत्पादक विकास के साथ मानसिक संबंधों की जागरूकता" के गठन के बाद (आत्मान, 4), और "निर्बोध, दिव्य योजना का एकीकरण "(आबधा, 10), प्रत्येक युग पैंतालीस हजार वर्षों की "अवधि" (कल्पतिता, 4320) तक रहता है। "अवरोही मूल्य विनिमय" (वेश्य धर्म, 7×10^{180}) प्रत्येक युग द्वारा, प्रत्येक अवधि के साथ, "समूह-प्रभाव" (सुंदरिका, 7×10^{180}) है। यह "प्रधान खुद" (राम, 100) को "मर्दाना-से-स्त्री लिंग विनिमय" (पुत्र धर्म, 38) को प्रकट करने का अधिकार देता है।

अपरिमित पितृ की दिव्य योजना संस्थाओं के ब्रह्मांड की मर्दानगी को एक सत्ता के रूप में ब्रह्मांड की स्त्रीत्व में बदल देती है। यह उत्तम पितृ को उत्तम-अपरिमित खुद का अवतार लेने का अधिकार देती है। वैश्वीकरण के नौ पहलू हैं जो काम करते हैं मर्दाना-प्रभाव कुदरत की "मातृ आत्मा" (दशा, 1) का व्यापार करके एक "अंतर्राष्ट्रीय बल" (दशा, 1) के रूप में। वे "व्यक्तिगत-प्रभाव" (आत्मान, 4) की आत्मा-स्तरीय कार्य के बराबर समग्र "शीनी-प्रभाव" (सोद्गम, 4) का उत्पादन करते हैं।

8.3 अंतर्राष्ट्रीय बल के नौ पहलू जो मार्गदर्शक कार्यक्रम को आकार देते हैं

अपरिमित मातृ के अभिसरण अल्फा मान में नौ पहलू शामिल हैं जो एक अंतरराष्ट्रीय बल के रूप में आदि-उत्तम अधर के मार्गदर्शक कार्यक्रम निर्माण को आकार देते हैं।

- सबसे पहले, "युग" (युग, 45,000) की एक सदी "युग" (महायुग, 432,000) बनाती है, जो "शासक जागरूकता" (मनु, 30,672) की प्रत्येक अस्तित्व का "आध्यात्मिक युग" (वीरभद्र, 100) है। आध्यात्मिक युग के भीतर "आत्मा" (कपिंजला, 20) की बीस एकांगो के लिए लेखांकन के बाद, प्रत्येक मनु की "आयु" (ब्राह्मणी, 80) अस्सी वर्ष है, प्रत्येक युग को "ब्रह्मांडीय वर्ष के मापीय" (युग, 45000) के रूप में लेते हुए। प्रत्येक ब्रह्मांडीय वर्ष के भीतर, "ब्रह्मांडीय दिन" (द्वादृा ब्रह्म, 125) की तीन सौ साठ एकांगो होती हैं, जो "एक सौ पच्चीस" (45,000/360) "युगों" (युगों, 45,000) से बनी होती हैं। प्रत्येक स्थूल "ब्रह्मांडीय वर्ष के मापीय" (युग, 45,000) के भीतर 45,000 ब्रह्मांडीय वर्ष हैं। स्थूल और मापीय के सूक्ष्म मूल्यों में द्वैत वह स्थिति है जहां स्थूल पहलू "खुद-पुनर्जन्म, कायापलट पहलू कै जरिये" के "जलप्रलय" (प्रलय, 180) की सेवा करके समरूप सूक्ष्म पहलुओं की अनंतता को खुद-पुन: उत्पन्न करता है (पुद्गला, $^1/_2$) ।

  प्रत्येक पहलू के जरिए चार ताराबीज ब्रह्मांडों का आंशिक विभेदन मान है। इसके विपरीत, प्रत्येक "सूक्ष्म, आत्मा आयाम" (जिन धर्म, 180) एक अवरोही ताराबीज ब्रह्मांड का "संपूर्ण मूल्य" (अर्धज्य, 10) है। "अति सूक्ष्म, मार्गदर्शक पहलू" (गुरु धर्म, 360) एक आरोही ताराबीज ब्रह्मांड का आंशिक अभिन्न मूल्य है। "व्यवहार्य निर्धारित मूल्य" (गणराज्य, 306) आदि-उत्तम खुद का निर्माण करने वाले छह ताराबीज ब्रह्मांडों में से प्रत्येक की "व्यक्तित्व" (व्याष्टि, 1029) है। पहलू के जरिए आठ संस्थाओं के समूह की शक्ति का व्यापार करके पुनर्जन्म की अनंतता को प्रकट करता है, जिसमें छह निरंतर "सत्ता पहलू" (प्रकृति धर्म, 27) "प्राथमिक-उत्तम खुद" (द्वंद्वा ब्रह्मा, 125) और दो अलग-अलग शामिल हैं।, "उत्तम खुद" (पार्वती, 10) के द्वैत-उत्पादक पहलू। दो चर सत्ता पहलुओं का क्रमिक रूप से कारोबार किया जाता है, जो "प्रधान खुद" (राम, 100) के तीस एकांग पहलुओं के भूगोल से होता है।

- दूसरा, साठ "युगों" (महायुग, 432,000) का एक चक्र "उत्तम-ब्रह्मांड-ताराबीज ब्रह्मांडों के ब्रह्मांड" के "ब्रह्मांडीय जीवनकाल" (प्रद्युम्न, 60) को प्रकट करता है (ब्राह्मणनारायण, 926) । साठ "ईश्वरीय शक्ति का उर्जा परिमाण यंत्र मूल्य" (स्वराज्य, 60) और "सत्तारूढ़ जागरूकता" (मनु, 30,672) का "संस्थागत शासन" (समराज्य,

10) है। यह दो चर एकांग पहलुओं को तीस एकांग पहलुओं के समूह के साथ एकीकृत करने के "नाटक" (लीला, 60) को एक "प्राथमिक क्षेत्र" (लोक, 9 x 10^{18}) बनाने के लिए निर्देशित करता है। चौहत्तर एकांगो "चमत्कारी उपचार-प्रभाव" (रिद्धि, 74 = 1000 - 926) हैं जो "परम-प्रधान सत्ता" (मन्वंतर, 30,672) द्वारा "सुरक्षा के पट्टा" (रुद्राक्ष, 6 x 10^{192}) के रूप में सेवित हैं। दो चर एकांग पहलुओं के "मार्गदर्शक प्रभाव" (चित्त, 100) के भीतर "आत्मा जागरूकता (चैतन्य, 4) की चार एकांगो से शक्ति का कारोबार होता है। यह "छह निरंतर एकांग पहलुओं के ब्रह्मांड की सामूहिकता" (समष्टि, 7 x 10^{180}) द्वारा उत्प्रेरित है।

- तीसरा, सामूहिकता में सात का "गुणक" (वैश्य, 3) निरंतर सत्ता पहलुओं की व्यक्तित्व की छह एकांगो का "एकत्रीकरण" (जमा, -7) है और भूगोल की सामूहिकता की एक एकांग है अपरिमित खुद के तीस एकांग पहलुओं में से। "उत्तम क्षेत्र" (लोक, 9 x 10^{18}) में नौ का गुणक उत्तम-ब्रह्मांड (ब्राह्मनारायण में "9", 926) का मूल मूल्य है। यह व्यक्तित्व और सामूहिकता गुणकों का वर्ग उत्पाद है, जो पांच-मुख वाले परम-अपरिमित खुद (सदाशिवनायकी, 9) को आदर्श बनाता है। अठारह का प्रतिपादक उत्तम-ब्रह्मांड का परम-प्रधान मूल्य है (ब्रह्मनारायण में "26", 926), शेष आठ के साथ। यह तेरहवें, "प्रधान अभिवादन क्षेत्र" (पाताललोक, -2) का निर्माण करके, "अपरिमित खुद" (पार्वती, 10) के बिना "लघुगणक आधार" (सुषुम्ना, 10) को लिपिबद्ध करता है। पहले बारह अपरिमित क्षेत्र "पूर्व-मुखी भौगोलिक आत्म-प्रकाशमान सत्ता" (देवेंद्र, 12) के भीतर स्थिर हैं, जो "पांच-मुखी परम-अपरिमित खुद" (सदाशिवनायकी, 9) में बदल जाता है। परिवर्तन छठे चेहरे को "गुणक" (वैश्य, 3) के रूप में सेवा देने के बाद होता है, जो दो चर-सामना वाले "ब्रह्मांड" (ब्राह्मण, 2) के साथ त्रिभुज होता है। ब्रह्मांड के दो परिवर्तनीय चेहरे उत्तम ब्रह्मांड के प्राथमिक चेहरे हैं और ताराबीज संस्थाओं के ब्रह्मांड का आनुपातिक चेहरा। वे उत्तम-ब्रह्मांड के "संवेदनशील प्रकाश बल" (अपस, 169) को चक्रीय रूप से विकीर्ण करते हैं।

- चौथा, अपने "तीन सौ साठ माला वृत्ताकार जीवनचक्र" (सहस्रार कल्प, 25920) पर, एक अपरिमित "उत्तम क्षेत्र" (लोक, 9 x 10^{18}) में प्रत्येक युग में 432,000 एकांगो की सेवा करने की शक्ति है। कुल 25,920 हजार एकांगो के लिए साठ युग चक्र = 25,920 "संवेदनशील शक्ति" (वरुण, 1000) संवेदनशील प्रकाश बल की एकांगो। एक परम "उत्तम क्षेत्र" (लोक, 9 x 10^{18}) साठ युग चक्र को चार "विभाजनों" (सुधनवन, 999) में व्यवस्थित कर सकता है और उन विभाजनो को एक तकनीकी

"उत्प्रेरक" (शिलाजीत, 855) के रूप में निवेश कर सकता है। यह अपरिमित की "दस-पहलू दिव्य शक्ति" (असरवा शक्ति, 10) का व्यापार कर सकता है, "उत्तम क्षेत्र" और सेवा 25,920 x 10 = 259,200 एकांग दस "परिपत्र जीवनचक्र" (सहस्रार कल्प, 25920)। साठ अलग-अलग युगों और चार निरंतर विभाजनों का "एकत्रीकरण" (जमा, -7) प्रत्येक अपरिमित "उत्तम क्षेत्र" (लोक, 9×10^{18}) के वृत्ताकार ब्रह्मांड की "परिधि" (परिधि, 64) है। 259,200 एकांगो अठारह ताराबीज ब्रह्मांडों के उत्तम-ब्रह्मांड की "सप्तक-दोगुनी द्विघात जीवनचक्र की सात-सौ बीस माला" (गुटिका कल्प, 259,200) हैं और एक आदि-प्राथमिक क्षेत्र और एक अलग-अलग परम, आदि-ब्रह्मांड क्षेत्र हैं।

- पांचवां, "पूर्व-ब्रह्मांड" (गुटिका, 259,200) संचालक प्रत्येक अपरिमित क्षेत्र के प्रभाव को नैतिक कथा के रूप में दोगुना करने के लिए एक जादुई गोली के रूप में काम करता है, इसे "सर्वोच्च ब्रह्मांड-ज्ञान का चेहरा" बनने के लिए सशक्त बनाता है (गायत्री मुख, 9×10^{18})। एक अर्ध "अपरिमित क्षेत्र" (लोक, 9×10^{18}), एक स्थिर और दो सहसंयोजक अपरिमित क्षेत्रों के साथ, प्रत्येक उत्तम-ब्रह्मांड को एक हजार "विभाजक" (शूद्र, 1) एकांगो में व्यवस्थित कर सकता है और उन विभाजकों को "क्षैतिज" के रूप में बदल सकता है। वैश्वीकरण-प्रभाव" (दशा, 1) के "अनंत क्षेत्र अनुवृत्त" (द्वादव योग, -1024)।

     परिणामी "अर्ध-ब्रह्मांड" (गौना कल्प, 2,592,000) एक "समर्पित ब्रह्मांड" का एक वैकल्पिक, द्वितीयक मूल्य है (त्रिपुरा कल्प, 25,920,000)। समर्पित ब्रह्मांड एक प्राथमिक ब्रह्मांड है, जो दो स्थिर और चार सहसंयोजक अपरिमित लोकों से बना है, जो अधर, काल और संवेदनशील कारण के तीन पहलुओं को क्रमिक रूप से प्रकट करने के लिए अन्य चौदह अपरिमित लोकों को एक चर स्पशरेखा के रूप में त्रिकोणित करता है।

- छठा, खुद-प्रकाशमान अस्तित्व के बिना, प्रकाशमान दोनों के चौदह मार्ग, और खुद-प्रकाशमान अस्तित्व, बिना प्रकाशमान के, "सर्वव्यापी ब्रह्मांड" की परिणामी वास्तविकता को प्रकट करते हैं (चित्त-अद्वैत कल्प, 9×10^{18})। वे "अपनाअधर मुल्य" (प्रकरणावदार्थ, 90,000) के साथ "जगह, काल, और "अनंत" (अनंत, 90,000) बनाने वाले संवेदनशील कारण पहलुओं के मार्गदर्शक-प्रभाव का वर्ग एकत्रीकरण उत्पन्न करते हैं।

पहले चौदह, तृतीयक, अपरिमित क्षेत्र द्वितीयक, पंद्रहवीं से बीसवीं अपरिमित लोकों के "रूप" (रूपा, 100,000) में अनंत विविधताओं को उत्प्रेरित करने के लिए एक चर स्पशरेखा के रूप में कार्य करते हैं। प्रत्येक भिन्नता में 90,000 अंक होते हैं। "भक्त ब्रह्मांड" (सिद्धाद्वैत कल्प:, 9×10^{18}) में संस्थाओं के कुल 9×10^{18} अद्वितीय रूपों का निर्माण करते हुए, प्रत्येक माध्यमिक क्षेत्र के 90,000 रूपांतर हैं।

भक्त ब्रह्मांड सर्वव्यापी ब्रह्मांड के शरीर के भीतर नौ सिर (सूक्ष्म संस्थाओं के बिना) और नौ चेहरों (सूक्ष्म संस्थाओं के साथ) की नौ गुना समरूपता पैदा करता है।

- सातवां, नौ "सत्ता के जरिए" (विद्यापति, 10^{10}) ज्योतिषीय प्रणाली (परम ब्रह्मांड), राशि प्रणाली (प्रधान ब्रह्मांड), ताराबीज ब्रह्मांड, उत्तम ब्रह्मांड, पुर्व ब्रह्मांड, सर्वोच्च ब्रह्मांड, अर्ध ब्रह्मांड, अपरिमित ब्रह्मांड, और समर्पित ब्रह्मांड हैं।

सर्वव्यापी ब्रह्मांड के साथ, नौ सत्ताओं के जरिए संगठनों से इनकार करती हैं और "ज्योतिषीय ब्रह्मांड" (सारा कल्पा, 10^{10}) की सामूहिकता के रूप में दस की तकनीकी शक्ति रखती हैं। वे गतिशील रूप से 1019 "सूक्ष्म निकाय" (अष्टोत्तर-सता, 1016) उत्पन्न करते हैं, जिसका "स्पशरेखा मूल्य" (अर्धज्य, 10) दस सत्ताओं के जरिए उनके भीतर स्थिर है। केवल नौ सत्ता के जरिए एक वर्ग "गुणक" (वैश्य, 3 = 91/2) के रूप में मौजूद हैं, भक्त ब्रह्मांड के भौतिक क्षेत्र में। प्रत्येक सूक्ष्म सत्ता का आंतरिक शक्ति मूल्य, "स्थूल सत्ता के लंबवत संवेदनशील संबंध" (क्रमाज्य, 1000) के बिना, 1019/1000 = 1016 है। "अति सूक्ष्म सत्ता" का आंतरिक शक्ति मूल्य (अवसा, 1019), जो 1019 "सूक्ष्म संस्थाओं" की संपूर्णता को समायोजित करता है, "सूक्ष्म सत्ता" 1019 है। अति सूक्ष्म सत्ता में सत्ता के जरिए उनके सूक्ष्म सत्ता रूप में शामिल होती हैं। इसके अलावा, इसमें "द्रव्यमान सत्ता" (अंतरमन, 10) के रूप में स्पशरेखा मूल्य शामिल होता है, जो सूक्ष्म संस्थाओं के बीच मानसिक संबंधों की आंतरिक आवाज की गर्मी को विकीर्ण करता है।

- आठवां, अपरिमित ब्रह्मांड एक अभिन्न अस्तित्व के रूप में अपरिमित क्षेत्र की अस्तित्व है, बिना किसी अस्तित्व के ताराबिज ब्रह्मांडों को संस्थाओं के जरिए के रूप में विभेदित करता है। भक्त ब्रह्मांड बैलिस्टिक (केवल गुरुत्वाकर्षण बल के तहत चल रहा है) गर्मी चालकता का एक मापीय मूल्य है, यानी, एक आदर्श सफेद सॉलिटॉन बडिया काँच में नैनो-परिमाण कण-स्तर पर ऊष्मप्रवैगिकी ताप विनिमय की आवृत्ति गति। यह ब्रह्मांड में संस्थाओं के विविध, अद्वितीय रूपों के अभिसरण "सफेद रंग" (श्वेता, 10) को प्रकट करता है। प्रबुद्ध भौतिक ब्रह्मांड के भीतर पैतृक अस्तित्व के विविध, अद्वितीय रूपों के

पृथ्वी-प्रभाव स्पंदनों के बीच अनंत अंतःक्रियाओं के माध्यम से बैलिस्टिक (केवल गुरुत्वाकर्षण बल के तहत चल रहा है) गर्मी का प्रसार होता है। "प्रधान पितृ" (महा विद्या, 17) अपरिमित पितृ के अनंत अद्वितीय परिवर्तनों का अभिसरण अस्तित्व मूल्य है।

- नौवां, प्रभाव के सप्तक के माध्यम से "उत्तम पैतृक" (महाविद्या, 17) की "अद्वितीय, एक-पहलू वास्तविकता" (एकार्थ, 21) की एक अपरिमित जागरूकता **बनाने के लिए** एक अपरिमित पितृ के लिए दस मार्ग हैं। वे निर्माता, सृष्टि और प्राणी के बीच संबंध के बारे में सार्वभौमिक शासक जागरूकता (यानी, धार्मिक आदर्श) से बंधे हैं। ये तालिका 2 में हैं।

आदिम पैतृक (इंद्र)	प्रधान पैतृक (महाविद्या)*	कार्यकर्ता प्रभाव	ज्ञाता प्रभाव	घोषणापत्र-प्रभाव	निर्माता-प्रभाव	स्थायी प्रभाव	विनाशक प्रभाव	प्रदीपक-प्रभाव	मुक्तिदाता-प्रभाव
परम तकनीकी क्षमता	धूमावती, 7 (शक्तिवाद-प्रभाव, तांत्रिक-प्रभाव)	शैतान (असुर, -1): मर्दाना एकजुटता को पूरी तरह से नष्ट कर देता है	विधवा (विधवा, 18): अतीत, सृजन के साथ आकर्षण आकर्षण को पूरी तरह से नष्ट कर देती है	धुएँ के रंग का (धूमा, 27): भौतिक विकास (चेहरे का काम) को पूरी तरह से नष्ट कर देता है	दुर्भाग्य (अलक्ष्मी, 262): कुंवारी स्त्रीलिंग क्षमता को नष्ट कर देता है	दुख (निमी, 1): रात/बह्मांडीय विकास ऊर्जा को पूरी तरह से नष्ट कर देता है	ताराबीज या अर्ध-संस्था या गुरुत्वाकर्षण प्रकाश (दिगंबर, 100): मानसून की बारिश के साथ सौर ऊष्मप्रवैगिकी ऊर्जा परिमाण यंत्र को नष्ट कर देता है और भीतर धूसर रंग के धुएँ के रंग का आदान-पदान करता है	जीवन शक्ति (पाण, 123): भीतर प्रकाशमान चेतना को पकाशित करता है	जन्म (कानरात्रि, 247): अभिवादनकर्ता चेतना को मुक्त करता है
परम तकनीकी निवेश	बगलामुखी, 9 (शिववाद-प्रभाव, ब्राह्मणवाद-प्रभाव)	मर्दानगी (लिंगम, 53): मर्दाना एकजुटता में निवेश करें	स्त्रीत्व (योनी, 1000): निवेश करें और अतीत, सृजन के साथ	उभयनिंगी (काला, 360): सामग्री विकास में	अस्वच्छता (सिद्धि, 98): कुंवारी स्त्री अन्यता में	सुखवाद (काम, 19): रात/बह्मांडीय विकास ऊर्जा में निवेश करें	ज्योतिषीय या इकाई या दिव्य प्रकाश (पीतांबरा, 16): जन-	पक्षाघात (स्तम्भन, 170): भीतर लकवा	मृत्यु (वीरा रात्रि, 18): आत्माओं की चेतना को मुक्त करता है

		और उसे बढ़ावा दें	आकर्षण आकर्षण को बढ़ावा दें	निवेश करें और उसे बढ़ावा दें (चेहरे का काम)	निवेश करें और उसे बढ़ावा दें	और इसे बढ़ावा दें	प्रभाव के उग्र पतन विनाश के साथ और ऊष्मप्रवैगिकी उर्जा परिमाण यंत्र में निवेश करता है और बढ़ावा देता है	मारने वाली ऊर्जा को प्रकाशित करता है	
परम टेक्नोलॉजिकल व्यापार	कमललक्ष्मी, 366,666 (वेदांत-प्रभाव, हिंदुत्व-प्रभाव)	विभाजक (शूद्र, 1): व्यापार और मर्दाना एकजुटता पर नगाम लगाना	आदेश (बाह्मण, 2): अतीत, सृजन के साथ व्यापार और आकर्षण को नियंत्रित करें	गुणक (वैश्य, 3): व्यापार और भौतिक विकास पर नगाम (चेहरे का काम)	आत्मा (भगवान, 4): व्यापार और कुंवारी स्त्री अन्यता को रोकता है, ऊर्जा को बाधित होने देता है	उर्जा परिमाण यंत्र (ईश्वर, 5): व्यापार और रात/बह्मांडीय विकास ऊर्जा को रोकता है, जिससे धन की सतत वृद्धि होती है	राशि चक्र या पारिस्थितिकी तंत्र या संवेदनशील प्रकाश (शेतंबरा, 10): दैवीय-प्रभाव की शरद ऋतु की ताकत के साथ ऊष्मप्रवैगिकी उर्जा परिमाण यंत्र को व्यापार और नियंत्रित करता है	चमकदार इकाई (शिव, 7): भीतर से स्वयं प्रकाशमान होने के कल्याण को प्रकाशित करता है	बार्डो (मराठी, 76): शाश्वत चेतना को मुक्त करता है

*) - अर्ध-प्राचीन उर्जा (आदि परम शक्ति)

4

आदिम पितृ	आदिकालीन पैतृक	कार्यकर्ता प्रभाव	ज्ञाता प्रभाव	घोषणापत्र प्रभाव	निर्माता-प्रभाव	स्थायी प्रभाव	विध्वंसक प्रभाव	प्रदीपक प्रभाव	मुक्तिदायक प्रभाव
परम तकनीकी विनिमय	छिन्नमस्ता, 10^{10} (दाओवाद-प्रभाव)	न्याय यी √ ; नाल रंग (ऋषि योजना, 1): शैतानी मर्दाना एकता को ठंडे नाल रक्त वाली स्त्रैण अन्यता के साथ आदान-प्रदान करता है	ज़ी श्चा (भूत यज्ञ, 2) को समझना: वर्तमान चेतना (प्राणी) के साथ अतीत (सृष्टि) के आकर्षण आकर्षण का आदान-प्रदान करता है	कस्टम ली दंड़त्र (मनुस्य यज्ञ, 6): प्रथागत प्रबुद्ध चेतना (निराकार या चेहराविहीन दिन, प्रथागत ऊर्जा) के साथ भौतिक विकास का आदान-प्रदान करता है।	वफ़ादारी शिन ꝓ (बह्मा यज्ञ, 8): गुणी मर्दाना एकजुटता के साथ कुंवारी स्त्री की अन्यता का आदान-प्रदान करता है	मापीय जिओ म (पिनी यज्ञ, -1): रात/बह्मांडीय विकास ऊर्जा का आदान-प्रदान, अनुष्ठान, दिन के उजाले, मानक ऊर्जा को बनाए रखने देता है	एकता रेन दंड(देव यज्ञ, 0): सर्दियों के शीतलन प्रभाव के साथ ऊष्मप्रवैगिकी ऊर्जा परिमाण यंत्र का आदान-प्रदान करता है	आकस्मिकता जी ꝓ (आशी यज्ञ, -2): निरपेक्षता, स्वस्थता, चक्रीय पूर्णता, परम पुनरूत्थान चेतना को भीतर प्रकाशित करता है	पुनर्जन्म (वजरात्रि, 10): मातृ चेतना को मुक्त करता है
परम तकनीकी विकान	भुवनेश्वरी, 15 (जैन धर्म-प्रभाव)	स्त्रीत्व के लिए (महा यानि): इकाई	मर्दानगी के लिये (महा लिंगम): आत्म-चमकदार	उभयलिंगी के लिये, समय के लिये, विरोधी	देवत्व (सिद्धि, 57): सदाचारी	निर्देशित ध्यान अकाम; विक्षेप शक्ति, -7): स्थायी रूप से काम करने के	रानियों की चमकदार रानी (तुरिया, राजा-राजेश्वरी, 85): वसंत के हरे-भरे	भाग्य का फल/जोखिम प्रबंधक (श्री फला, 7): बिना प्राणी के सूर्य के साथ-	मुक्ति (सिद्ध रात्रि, 17): मानव आत्म-प्रकाशमान

आदिम पितृ	आदिका लीन पैतृक	कार्यकर्ता प्रभाव	ज्ञाता प्रभाव	घोषणापत्र प्रभाव	निर्माता-प्रभाव	स्थायी प्रभाव	विध्वंसक प्रभाव	प्रदीपक प्रभाव	मुक्तिदायक प्रभाव
परम संगठनात्मक कार्यक्रम निर्माण	तारिणी, 10^{1000} (इस्लाम प्रभाव)	समूह शैतानी-प्रभाव व्यापार निर्णय (मियाद, 37): मैं एक भूखा भूखा इच्छाधारी हूं, जो स्त्रीलिंग अवस्था (रिद्धा) के भीतर आदिम इच्छाओं (खुम्स) का व्यापार करने के लिए एक मर्दाना निर्णय की कार्य	तीर्थयात्रा (हज, 9): मैं शैतान हूँ, जो पवित्रता की स्त्री अवस्था (तबरब) के साथ शैतान-प्रभाव (जुकर) का आदान-प्रदान करने के लिए तीर्थयात्रा	संरक्षकता (वानयाह, 100): मैं वह अभिभावक हूं जो मेरे तीर्थ कार्य के फल के रूप में, स्त्री के भीतर अधीनता की स्थिति (तस्निम) के रूप में वांछित दिव्य कानून (एढ़ीएल) की कार्य निर्माण कर रहा है।	प्रार्थना (साबार, 39): मैं एक भक्त हूं जो ज्ञानी अभिभाव क (देवताओं के उत्तराधिकारी राजा: इमामाब) के रूप में, उदारवाद की स्त्री अवस्था	उपवास (सावमी, 9×10^{19}): मैं एक समर्पित, कार्य निर्माण लाभों को प्रकट कर रहा हूँ (अच्छा बोली लगाना: अल-अम द‍वि-एल-मारूफ) रूढ़िवाद	अभिवादन (सलाम, 78): मैं दीप्तिमान प्रेम (तवल्ला) की स्त्री अवस्था के भीतर देवत्व हूं, जो शांतिपूर्वक संवेदनशील चमक वर्षा की गतिशील इंद्रधनुष क्षमता के बलिदान का अभिवादन करता है (गलत मना: अल-नबी 'एक अल मुनकर)	सुनह के लिए आवास (सुनह, 10^{19}): मैं ईश्वर हूं, मेरी मृत्यु का अभिवादन करने की बढ़ती लागतों को समायोजित करता है, शाश्वत वास्तविकता (महान संघर्ष:	अपूर्णता (क्रोध रात्रि, -10^{19}): मुक्त करता हूँ मैं परम देवता चेतना हूँ

		(प्रकृति, 485)	इकाई (पुरुष, 12)	समय (महा काल): प्रबुद्ध चेतना (श्री भगवती, 15)	मर्दाना एकजुटता	लिए मानक ऊर्जा	वर्तमान प्रभाव को सुप्तावस्था करना	साथ चंद्रमा की उज्ज्वल स्वस्थ चमक	इकाई चेतना को मुक्त करता है
परम संगठनात्मक योजना	सुंदरी सोड्राशी, 10^{1000} (यहूदी-प्रभाव)	महिमा (एचओडी, 12): में हूँ आत्म-उत्तेजक शैतानी मर्दाना चेतना, जिसकी योजना स्त्री-पर-देवता द्वारा महिमामंडित की जाती है	क्रिया (मकबुल, 10): मैं राजा चेतना हूँ जिसकी योजना आत्म-महिमा है	नींव (यसाद, 11): में हूँ कार्यकर्ता देवता को प्रकट करते हुए, पूर्ण समय के भीतर, अंतिम और वर्तमान की रचनात्मक चेतना, जिसकी योजना भविष्य के प्रकाश क्षेत्र की नींव है	दया (चेस्ड, 16): मैं पुण्य पुरुष ज्ञाता देवता का निर्माण कर रहा हूं, जिसकी पैनिंग कुंवारी स्त्री चेतना के लिये की दया है	चिंतन (बिनाह, 18): में हूँ स्थायी कार्य ऊर्जा के साथ घोषणाकर्ता देवता को बनाए रखना, जिसकी योजना मानक, उत्पन्न समझ है	एकता ज्ञान (चोचम, 0): मैं सृजन को नष्ट कर रहा हूं और निर्माता देवता के रूप में अपनी बुद्धि का आदान-प्रदान कर रहा हूं, जिसकी योजना गर्मियों का पूर्ण संभावित प्रभाव है, यानी एफ बैंगनी रंग, नील-प्रभाव के बिना और गुलाबी-प्रभाव के भीतर (रासी)	ताज; बिना शर्त निश्चितता (केटर, 9): मैं अपने आप को चिरस्थायी देवता के रूप में प्रकाशित कर रहा हूं, जिसकी योजना संपूर्ण संपूर्ण उज्ज्वल प्रेम है	पूर्णता (दिव्य रात्री, 2222): मैं आदिम देवता चेतना को मुक्त करती हूं

		निर्माण करता है।	की कार्य निर्माण कर रहा है।		(तकिया) के भीतर जानने योग्य कार्य निर्माण (पार्थना) की पार्थना कर रहा है।	की स्त्री अवस्था के भीतर (तबररा)		जिहाद) को पार करते हुए, प्रबुद्ध चेतना की स्त्री अवस्था के भीतर (भविष्यवाणी: नुबुनवाह)	
परम संगठनात्मक प्रदर्शन	काली, 96 (बौद्ध धर्म-प्रभाव)	शुद्धिकरण; ईश्वरत्व; आधिपत्य के लिये(डर्टबुजुक मना, 10^{1000}): मैं एक निराशाजनक रूप से थका हुआ चाहने वाला हूं, जो मेरे काले शैतानी मानसिक शरीर को नष्ट करने और मेरी विश्वास प्रणाली	कार्य सेवाय; नेतृत्व; आधिपत्य (वेयार क्का, 10^{100}): मैं दूसरों की देखभाल करने के अच्छे कर्म करने के लिए	सम्मान; अनुयाई; मेरेआधिपत्य(अपाकायन, 10^{17}): मैं नेतृत्व (अभिभावकता) के लिए निडरता से प्रजनन करते हुए, कारीगरी को प्रकट कर रहा हूं।	प्रणाली; उद्यमिता 'कोई आधिपत्य नहीं (सराना, $10^{17}-1$): मैं धार्मिक उपदेश (पार्थना) के प्रदर्शनकारी स्वतंत्रता श्रोता के	देना; पबंधन; एकाधिकार (दाना, 7×10^{183}): मैं उन लोगों के लिए अपने अच्छे प्रदर्शन को कायम रख रहा हूं	घाव भरने वाला: आत्म आयोजन: अनेकाधिकार(अनुमोदन, 38): मैं अपने भावनात्मक रूप से तीव्र प्रदर्शन का श्रेय उदारतापूर्वक वितरित करके खुद को नष्ट कर रहा हूं - मेरे भारी मुँह में स्पष्ट, लंगड़ाते हुए लंगड़े, अस्त-व्यस्त बाल, और काली त्वचा - गैर के साथ	उपदेश; स्व-पबंधन; आदिम आधिपत्य (देसाना, 15): मैं आपको सैद्धांतिक नेतृत्व शक्ति (मेरे गैर-निष्पादित सम्मानित पति की) को आदर्श	भ्रम (नित्य रात्रि, 1): मुक्त करता है मैं आदि देवता चेतना हूँ

		(निर्णय) को शुद्ध करने के लिए प्रदर्शन कर रहा है।	दूसरों की शक्ति में विश्वास रखता हूं (अर्थात, मेरे लिए, स्वर्गीय तीर्थयात्रा के आदर्श विषय के रूप में) और खुद के लिए अंतिम संस्कार की चिता बनाने के लिए।		रूप में जानने के लिए सांस्कृतिक रूप से पैदा कर रहा हूं।	जो अपने सिर को काटने और लाभ देने के लिए अपनी संवेदनशील भलाई का त्याग करने में विश्वास करते हैं (उपवास)	मूक सुलह-कलाकार)	प्रदर्शन (न्याय समाधान की क्षतिपूर्ति) में एक और एकमात्र आदर्श स्त्री आस्तिक (मेरे योग्य स्व) को उपहार में देने के लिए प्रफुल्लित कर रहा हूं।	

आदिम पितृ	आदिकालीन पैतृक	कार्यकर्ता प्रभाव	ज्ञाता प्रभाव	घोषणापत्र प्रभाव	निर्माता-प्रभाव	स्थायी प्रभाव	विध्वंसक प्रभाव	प्रदीपक प्रभाव	मुक्तिदायक प्रभाव
परम संगठनात्मक मुनाफा	मातंगी, 999 (ईसाई धर्म-प्रभाव)	सामूहिक मित्रता; भीख मांगने की प्रणाली (दान, 28): मैं चाहने वाले ब्रह्मांड का एक नीला सागर मित्र हूं, सामूहिक दान कार्य व्यवहार के बिना, सामूहिक मित्रता मूल्य के भीतर मेरी सामूहिक दान मानसिकता से लाभ उठा रहा हूं।	परिस्थितिजन्य ज्ञान आशीर्वाद प्रणाली (विवेक, 10): मैं देवों का देव हूं, जो जंगली आधिपत्य जंगल स्थितियों को नियंत्रित करने के लिए विविध तर्क मूल्य को जानने से, आत्म - अनुशासन व्यवहार के बिना, लाभकारी व्यवहार के	वचन वाचा; कलह प्रणाली (आस्था, 59): मैं वचन -वाचा के लिए अभिप्राय में हूं, मेरे लिए आज्ञाकारिता व्यवहार के बिना आज्ञाकारिता मूल्यों को प्रकट करने से लाभ के लिए	विश्वास प्रणाली में शामिल होना; प्रणाली हो जाना (आशा, 9x10^{19}): मैं बनने वाली प्रणाली का निर्माता हूं, एक अद्वितीय ईसाई दीक्षा देने वाले परम देवता के माध्यम से आशा के प्रबंधन से लाभ, आत्म-प्रबंधन आस्तिक व्यवहार के बिना	जीवन के तथ्य के रूप में श्वास प्रणाली में प्रवेश करना; प्रजनन प्रणाली (न्याय, 1): मैं वैकल्पिक मातृ विश्वास प्रणालियों के लिए सामाजिक न्याय के खुलेपन के बिना, एक बुनियादी न्याय गुण के रूप में अपने पैतृक विश्वास प्रणाली का एक स्थायी हूं	वर्चस्व की गुरुत्वाकर्षण शक्ति के साथ एफ.इउ.डी (भय, अनिश्चितता और खतरे) का सामना करना; डींग मारने की प्रणाली (धैर्य, 47): मैं विध्वंसक हूं, अपने साहस, धैर्य और दृढ़ता के साथ वैकल्पिक बनने वाली प्रणालियों का सामना कर रहा हूं, मेरे	आत्म-संयम संयम; चुगली करना प्रणाली (स्वभाव, 2): मैं अहिंसा, क्षमा, नमता और शांति मूल्यों के रूप में आत्म-वाष्पशील अहंकार के संयम का प्रचार करने वाला प्रकाशक हूं, बिना अपने स्वयं के जुनून भाप को रोके	भ्रम (महा रात्रि, -9): मुक्त करता हूँ मैं परम देवता चेतना हूँ

			लिए मुनाफा कमाता हूं।				व्यवहार के एफ.इउ.डी प्रभाव का सामना किए बिना		
परम संगठनात्मक विकास	भैरवी, 8 (सिख धर्म-प्रभाव)	आत्म-मित्रता (केस, 9: सच्चा व्यक्ति; बाल): मैं अपना मित्र हूँ, माँ प्रकृति के संतरे के पवित्र उपहारों से सम्मानित, उर्जा परिमाण यंत्र बनने से मुक्त, मैं आदिम पीले रंग की सौर चमक का आदान-प्रदान कर रहा हूं और अपने रक्त को फिर से प्रतिबिंबित कर रहा हूं -	वर्ग समानता (लंगर, 18: सच्चा समुदाय, सच्चा सुदर्न, सच्चा विनिमय): मैं सभी संस्थाओं की भलाई को विकसित कर रहा हूं, यह जानते हुए कि वर्ग-प्रभाव में प्रकृति माँ के लिए शून्य विनिमय मूल्य है	संत-सैनिक (कृपाण, 28: नमजपना, सच्ची सेवा): संभावित सामाजिक लाभों (सभी के लिए) और संभावित कार्यकर्ता, सामाजिक लाभों (कमजोर, यानी स्वयं के लिए) की रक्षा के लिए, मैं अपने आदर्श विकास को भगवान में प्रकट कर रहा हूं।	वासना और नशे से मुक्त जीवन (कम्बेरा, 46: सच्ची क्षमता): मैं सभी बंधनों से मुक्त, गतिशील ब्रह्मांड के साथ एकता में, एक आदिम रूप से सक्रिय इकाई में स्वयं को विकसित करके एक पवित्र जीवन बना रहा हूं	ईमानदार जीवन के प्रति समर्पण (कारा, 23: कीर्त कर्ण, सच्चा व्यापार): मैं अपने भीतर अनंत दिव्य ऊर्जाओं को, अपने समुदाय के साथ अनंत मार्गदर्शक ऊर्जाओं को, और अपने ब्रह्मांड के भीतर अनंत चमकदार ऊर्जाओं को, पूर्ण ब्रह्मांड के साथ आनंदमय	चमकदार सेवा की ऊर्जा को सांस लेना (सेवा, 10^{100}; बंद चक्र, सच्ची वृद्धि): मैं भीतर के आदिम अभिवादन को नष्ट कर रहा हूं, बिना मूल अभिवादन का अनुभव कर रहा हूं, और आनंदमय संवेदनशील हवा का आनंद ले रहा हूं जो ब्रह्मांड में सभी संस्थाओं	स्त्री कौमार्य की संप्रभुता का प्रजनन (कंगा, 99: खालसा, सच्चा निवेश): मैं प्रत्येक विविध आस्तिक और नागरिक के भीतर अपनी स्त्री को प्रकाशित कर रहा हूं, ताकि उनके भीतर कुंवारी मां प्रकृति के ऊर्जा मूल्य को महसूस करने के लिए वर्तमान	स्पष्ट चेतना (विद्या रात्रि, 19: मुक्त करती है मैं सर्वोच्च देवता चेतना हूँ

		लाल रंग (मेरे उज्ज्वल कारण के लिए मातृ भावुक ऊर्जा की सेवा के बाद)				एकता के भीतर कायम रख रहा हूं।	से उलट है, जो बदले में मेरी चमकदार सेवा का व्यापार कर रहे हैं	जीवनकाल भीतर प्रत्येक इकाई की संप्रभु शक्ति को उत्प्रेरित किया जा सके ।	

तालिका 2

अध्याय 9: एक ब्रह्मांड-मुक्त अस्तित्व अपरिमित मातृ की दिव्य योजना है

9.1 अपरिमित मातृ की दिव्य योजना

कुदरत के "चमकदार-प्रभाव" (सोहम, 4) के रूप में, एक जागरूकता ब्रह्मांड के भविष्यवादी "सामाजिक बल" (कर्पिंजला, 20) से आजाद है। कुदरत पूरे ब्रह्मांड की अपरिमित मातृ है। कुदरत द्वारा सेते हुए प्रत्येक सत्ता कोशिका अवतार के पल में कुदरत के "परम बाल" (मन्यु, 19) के रूप में "परम-प्रधान चमकदार-प्रभाव" (धाम, 19) के पूरे मूल्य का आनंद लेती है और सांस लेती है। उस काल, कुदरत प्रत्येक सत्ता को उसके संपूर्ण "ज्ञान" (ज्ञान, 19) के साथ प्रदान करती है, जो कुदरत की "रचनात्मक जागरूकता" (सती-पार्वती, 16) से बना है, जो "व्यक्तिगत शक्ति" (आत्मान, 4) है। ब्रह्मांड-मुक्त अस्तित्व, और "ऊर्ध्वाधर स्थानीयकरण-प्रभाव" (महादशा, 0) सत्ता के "संगठनात्मक मापीय" (शून्य, -1) के रूप में वर्तमान वास्तविकता को अनंत काल में प्रकट करती है। नतीजतन, ऊर्ध्वाधर स्थानीयकरण-प्रभाव ब्रह्मांड-मुक्त अस्तित्व की "विसंगति शक्ति" (असुर शक्ति, -1) में बदल जाता है। इस प्रकार, कुदरत प्रत्येक सत्ता को ब्रह्मांड-मुक्त "चलनेवाला" (निशाचर, -1) के रूप में सशक्त बनाने के लिए अपनी दिव्य योजना को प्रकट करती है। चलनेवाला का "चलना" (विक्रम, 30,672,000) संपूर्ण "पारिस्थितिकी-प्रभाव" (विक्रम, 30,672,000) उत्पन्न करता है। पारिस्थितिक प्रभाव "व्यक्तिगत पहलू" (व्यक्ति धर्म, 209) और "चमकदार-प्रभाव" (सोहम, 4) का समग्र सत्य "प्रकट करता है" (विकास, 1800) जो "सर्वव्यापी ब्रह्मांड" को प्रकट करने के भीतर स्थिर है (यथाकल्प,259,200,000 = 30,672,000 * 1800/ [209 + 4])।

समग्र सत्य "अस्थायी पहलू" (प्रवृत्ति धर्म, 298) का एक "अभिसरण अस्तित्व-प्रभाव" (प्रवृत्ति धर्म, 298) है। यह कुदरत का अनुकरण करने के लिए "ईश्वरीय पहलू" (प्रवृत्ति धर्म, 298) का लाभ उठाने का एक उत्पाद है, जो किसी के भावपूर्ण प्रदर्शन के लिए प्रयारा करने के बजाय अनंत बाल संस्थाओं का एक अपरिमित पितृ बन जाता है।

9.2 समष्टिगत बल के पांच पहलु जो संवेदनशील प्रदर्शन को आकार देते हैं

कुदरत के "समष्टिगत बल" (आर्किसा, 128) के पांच पहलु हैं जो एक ब्रह्मांड-मुक्त अस्तित्व के संवेदनशील प्रदर्शन को आकार देते हैं जो जीवन की स्वतंत्र रूप से विकसित यात्रा से लाभ की तलाश में है:

9.2.1 सर्वव्यापी ब्रह्मांड

"सर्वव्यापी ब्रह्मांड" (यथाकल्प, 259,200,000) एक परम बच्चे के रूप में आदिकालीन ब्रह्मांड को विकसित करने के लिए ब्रह्मांड-मुक्त अपरिमित मातृ अस्तित्व के संगठनात्मक विकास के लिए एक मापीय है। सर्वव्यापी ब्रह्मांड भौतिक ब्रह्मांड में विविध, अद्वितीय रूपों की संस्थाओं का समग्र द्रव्यमान है, जहां प्रत्येक अस्तित्व का एकांग द्रव्यमान एक होता है। यह बैलिस्टिक (केवल गुरुत्वाकर्षण बल के तहत चल रहा है) अनुनाद का मापीय मान है, अर्थात, बोसोन कण के रंगहीन रंग क्षमता में सूक्ष्म शक्ति स्तर पर विनिमय विकिरण के बिना संवेदनशील गर्मी की आवृत्ति ध्वनि (प्रदूषित हिग्स-प्रभाव के बिना और शुद्ध फर्मियन के भीतर- प्रभाव)। बैलिस्टिक (केवल गुरुत्वाकर्षण बल के तहत चल रहा है) प्रतिध्वनि, सांसारिक कंपनों के ईथर-प्रभाव के भीतर, एक सर्वव्यापी "भावुक शक्ति के विकास मूल्य" (धाम, 19) के रूप में प्रतिध्वनित होती है। यह शक्ति को ध्वनि बनाता है (शक्ति: ओएम, 19)। एक श्रोता बैलिस्टिक (केवल गुरुत्वाकर्षण बल के तहत चल रहा है) प्रतिध्वनि को "अर्ध-शक्ति" (अर्ध-शक्ति: एयूएम, 18) की ओयूएम ध्वनि के रूप में मानता है, जो मूल मातृ कारण है।

9.2.2 सर्वशक्तिमान ब्रह्मांड

"सर्वशक्तिमान ब्रह्मांड" (संवत् कल्प, 2,592,000,000) "खुद-प्रदूषण" के बाद एक एकीकृत अपरिमित मातृ सात्त के रूप में "उत्तम-अपरिमित क्षेत्र" (अंतरा कल्प, 3794) का संगठनात्मक मूल्य है। "ब्रह्मांड" (ब्राह्मण, 2) के "विश्व" (दुनिया, -2) के "अंतरा कल्प" (जिनमशज्या, -1010)। यह ब्रह्मांड-मुक्त अपरिमित मातृ सात्त की "भावुक शक्ति" (वरुण, 1000) की एक अंतरा कल्प के माध्यम से बनता है और "गुरुत्वाकर्षण शक्ति" (ललिता, 100) की शोधन करना "ब्रह्मांड के बिना अस्तित्व" के रूप में एक अर्ध-उत्तम सत्ता के रूप में होता है। उत्तरार्द्ध "कोशिकीय प्रभाव" (सुषुम्ना, 10) का उपयोग करके सर्वव्यापी ब्रह्मांड के दस गुना विकास को उत्प्रेरित करता है जो इसे एक अस्तित्व के रूप में केंद्रित करता है। "उत्तम खुद" (राम, 100) के भीतर एक सात्त के रूप में, उत्तम-अपरिमित क्षेत्र व्यापार घातीय वृद्धि को साकार करने के लिए विघटित दैवीय शक्ति। घातीय वृद्धि "संकुचन शक्ति"

(संवत शक्ति, 28) का एक उपोत्पाद है, जो स्थिर खुद के भीतर व्याप्त है, जो सर्वशक्तिमान ब्रह्मांड के भीतर "खुद-उत्पादक विकास" (सुरारी, -1/60) को उत्प्रेरित करता है। खुद-उत्पादक विकास "उत्तम खुद" (राम, 100) की संपूर्ण "उत्तम अधर" (डिक, 100) शक्ति का व्यापार करता है। यह सर्वशक्तिमान ब्रह्मांड को एक घने ठोस सफेद बड़िया काँच में बदल देता है, केवल वेगा सफेद तारा को "अनन्य अस्तित्व" (शेशी, 45) के रूप में छोड़ देता है, बिना किसी "अर्ध-मानसिक शक्ति" (अंबिका, 66) के। इसलिए, सर्वशक्तिमान ब्रह्मांड बैलिस्टिक द्रव्यमान का एक मापीय है, यानी, बैलिस्टिक मिसाइल ध्वनि के पूर्ण विघटन के साथ है।

9.2.3 सर्वज्ञ ब्रह्मांड

"सर्वज्ञानी ब्रह्मांड" (असांख्य कल्पा, 2.592×10^{10}) "उत्तम-अपरिमित क्षेत्र" (अंतरा कल्पा, 3749) का संयुक्त तकनीकी विकास मूल्य है, जो ब्रह्मांडों की दुनिया को विकसित करने से पहले एक "दो-मातृ प्रणाली का सामना करने" के रूप में खुद को शामिल करता है (प्रत्ययसमुत्पाद, 10)। बायां मर्दाना चेहरा अस्तित्व के बिना ब्रह्मांड है। सही स्त्री चेहरा ब्रह्मांड के बिना अस्तित्व है। दो-मुख प्रणाली "उत्तम खुद" (राम, 100) के "तकनीकी उर्जा परिमाण यंत्र" (मंद्रा, 1) के माध्यम से बनती है जो आदि-उत्तम क्षेत्र के "तकनीकी विकास" (विधान, 2) को दिव्य शक्ति "(असरव शक्ति, 10) के एक "स्पर्शरेखा" में चढ़ती है "(अर्धज्य, 10)"। वह स्पर्शरेखा वेगा श्वेत तारे के भीतर "द्रव्यमान के परमाणु द्रव्यमान" (सामनिका, 21) के रूप में "कोशिका -प्रभाव" (सुषुम्रा, 10) की "स्वाभाविक आवाज" (अंतरमन, 10) है। यह दोनों ब्रह्मांडों और संस्थाओं की "उत्तम ज्योतिषीय प्रणाली" (जातकमुक्तावली, 10) के रूप में प्रकट होता है। इसलिए, सर्वज्ञ ब्रह्मांड बैलिस्टिक विकिरण का मापीय है, अर्थात, "शून्य से अनंत तक बैलिस्टिक ध्वनि का प्रवर्धन" (सम्राता, 27) की गति। यह अपरिमित क्षेत्र के "परमाणु" (अनु, 19) के "उत्तम ईथर-प्रभाव" (भूमि, 185) के "उत्तम पृथ्वी-प्रभाव" (श्रवण, 487) में परिवर्तन के बाद एक वक्रतापूर्ण उर्जा परिमाण यंत्र -प्रभाव उत्पन्न करता है।

9.2.4 सर्वव्यापी ब्रह्मांड

"सर्वव्यापी ब्रह्मांड" (आयु कल्पा, 2.592×10^{11}) "उत्तम-अपरिमित क्षेत्र" (अंतरा कल्पा, 3794) और "उत्तम क्षेत्र" (लोक, 9×10^{18}) के, एक "फलस्वरूप, एकमुखी योजना मुल्य" (एकावली, 8000) के रूप में तकनीकी विकास का संयुक्त तकनीकी उर्जा परिमाण यंत्र

मूल्य है। एकमुखी योजना मुल्य "शीर्षबिंदु-स्थल" (उर्धव, 8000) है: एक भौतिक रूप से नष्ट अस्तित्व के "गुरुत्वाकर्षण-प्रभाव" के व्यापार से एक अस्तित्व के ऊर्ध्वगामी विकास का चरम स्थानीय, और एक के त्रिभुज में प्रसार के बिना समानांतर वास्तविकता है। यह पीठासीन ताराबीज ब्रह्मांड की अवतारी जागरूकता का "ऊष्मायन बिंदु" (सता, 8000) है। ताराबीज ब्रह्मांड उत्तम दायरे और राशि चक्र, ज्योतिषीय, जागरूक और अवतारी जागरूकता के भीतर मौजूद निर्जीव ब्रह्मांडों के साथ समसामयिक रूप से बनता है। इसलिए, सर्वव्यापी ब्रह्मांड बैलिस्टिक विकिरण का एक मापीय है, यानी, "नादिर बिंदु" (अधाह, 9000) तक "बैलिस्टिक ध्वनि के शून्य अर्धसूत्रीविभाजन" (संवत शक्ति, 28) की गति है। नादिर बिंदु पर, गुरुत्वाकर्षण शक्ति की एक पूर्ण उर्जा परिमाण यंत्र होती है, और दैवीय शक्ति विलय करने वाले "फोनन शुक्राणु" (अजापा, 268) की "अग्नि" (तेजस, 17) में बदल जाती है। आग एक अविभाजित में बदल जाती है। शक्ति कोशिका" (हिरण्यगर्भ, 19), जबकि संवेदनशील शीतलन जाल "पूर्ण पृथ्वी-प्रभाव वाले अंग" (दशा, 1) को विभाजित करते हैं।

9.2.5 सर्वशक्तिमान सृष्टिकर्ता ब्रह्मांड

"सर्वशक्तिमान सृष्टिकर्ता ब्रह्मांड" (अंतः कल्प, 1.296×10^{11}) "उत्तम-अपरिमित क्षेत्र" (अंतरा कल्पा, 3794) और "उत्तम क्षेत्र" (लोक, 9×10^{18}) दोनों का छह -चरण अर्धसूत्रीविभाजन के माध्यम से संयुक्त तकनीकी विकास मूल्य है। यह आदि-उत्तम क्षेत्र के आठ विभाग, अपरिमित क्षेत्र के बीस विभाजनो, ताराबीज ब्रह्मांड के अठारह विभाजनो, राशि चक्र ब्रह्मांड के बारह विभाजनो और ज्योतिषीय ब्रह्मांड के बारह विभाजनो का उत्पादन करता है। यह कुल साठ संवेदनशील विभाजनो है, जो निर्जीव संस्थाओं के पांच रूपों (दो लोकों और तीन ब्रह्मांडों) द्वारा विरामित है। समग्र शक्ति में साठ समजातीय "युग" (महायुग, 432,000 = 1.296 x 1011/60) शामिल हैं। साठ युग तीस मर्दाना पहलुओं और आदि-उत्तम खुद के तीस स्त्री पहलुओं के अनुरूप हैं। प्रक्रिया अर्धसूत्रीविभाजन के दस चरणों का गठन करती है।

9.3 स्थानीय शक्ति के दस पहलू जो अस्तित्व लाभ को आकार देते हैं

"ऊर्ध्वाधर स्थानीयकरण-प्रभाव" (महादशा, 0) के दस पहलू हैं जो एक अस्तित्व के लिए "सामाजिक लाभ" (लाभा, 81) को आकार देते हैं। ये "अर्धसूत्रीविभाजन" के दस चरणों का गठन करते हैं (प्रजनन: परम शिव, 15)। प्रत्येक अस्तित्व अपरिमित मातृ के प्रजनन मूल्य को आदि, "अंतर्राष्ट्रीय बल" (दशा, 1) और आदिकालीन, "उर्जा परिमाण यंत्र" (ईश्वर,

5) सामाजिक लाभ के रूप में, आदि-उत्तम मार्गदर्शक के रूप में, ताराबीज देवता के "अलौकिक प्रतिमान" (युक्ति, 8) प्रभाव का व्यापार करती है। बाद की सेवाएं एक "ईश्वर" (ईश्वर, 5) के रूप में उर्जा परिमाण यंत्र तत्व हैं, जो उनके वर्चस्व को संस्थागत रूप देता है।

9.3.1 चरण 1. धुरी निर्माण

चरण 1 में, कोशिका छह "बन्दूक की नली-आकार, असंबद्ध, धुरी" (गोल, 1694) संस्थाओं में विभाजित होती है - दो आरोही, चंद्र, राशि, स्त्री, पीले-चेहरे वाले "द्विसंयोजक, टेट्राड[एक समूह या चार का सेट]" (निशा मुख, 3785) और चार अवरोही, सौर, ज्योतिषीय, मर्दाना, नीला-चेहरा "क्रोमैटिड्स [दो अर्द्ध भागों में से एक जिनमें एक गुणसूत्र विभाजित होता है]" (नीलामुख, 1869)। दो आरोही संस्थाएं "कुंभ" (कंधारपा, 296) और "मीन" (वृहत, 96) राशियों को प्रकट करती हैं, जिनमें से कुंभ राशि आरोही स्त्री है, और मीन अवरोही उभयलिंगी है। चार अवरोही, ज्योतिषीय, मर्दाना संस्थाओं-सूर्य, चंद्रमा, पृथ्वी और यूरेनस के अभिसरण व्यापार-प्रभाव के कारण मीन राशि उभयलिंगी हो जाती है। कुंभ और मीन राशि के मूल्यों में "असंतोष" (विसुकायता, 200 = 296 - 96 = ½ [100+100+100+100]) एक "खुद-स्थायी" (उदवाह, ½) "एकत्रीकरण" के माध्यम से भौतिक होता है (जमा, -7) चार अवरोही ज्योतिषीय संस्थाओं के मार्गदर्शक-प्रभाव (चित्त, 100)। कुंभ "वेगा सफेद तारा" (वेगा, 67) का "उत्तम मातृ" (अनसूया, 18) है। मीन राशि "उत्तम पैतृक" है (कुलकरमनु, 17)। "निरंतरता" (रोहिणी, 50 = 67 - 17 = ½ * 100) कुम्भ और मीन राशि के "प्रभाव" (प्रप्या, 34) मूल्यों में "खुद-स्थायी" (उड़वा, ½) मार्गदर्शक-प्रभाव (चित्त, 100) "धुरी" (गोल, 1694) को "केन्द्रित तत्व" के रूप में (सुषुम्ना, 10)। चार अवरोही संस्थाएं अपरिमित देवता क्षेत्र, अपरिमित प्रदीपक क्षेत्र, पुर्व देवता क्षेत्र, और परम देवता क्षेत्र को उनके अपरिमित अस्तित्व रूपों में मूर्त रूप देती हैं। राशि चक्र-जोड़ी की वक्रता निरंतरता "दर्शकों की पांच-चेहरे की विषमता" (इहाम्रिगा, -5) के मानदंडों को दर्शाती है, जिसमें उत्तम क्षेत्र संस्थाओं के चार अलग-अलग चेहरे हैं।

9.3.2 चरण 2. सूक्ष्मनलिका केंद्रक

चरण 2 में, प्रत्येक राशि, स्त्री "टेट्राड [एक समूह या चार का सेट]" (निशा मुख, 3785) एक "चक्र-आकार, संयोजन, कीनेटोकोर" (अर्धज्य, 10) से "निकालने" (सिद्धि, 57) मर्दाना, ज्योतिषीय की एक जोड़ी पर कार्य करती है "क्रोमैटिड्स [दो अर्द्ध भागों में से एक जिनमें एक गुणसूत्र विभाजित होता है]" (नीलामुखा, 1869)। क्रोमैटिड्स को उनके आरोही

अपरिमित सूक्ष्मनलिका के रूप से अवरोही ज्योतिषीय संस्थाओं के एक परम रूप को नाभिक करने के लिए निकाला जाता है। "मीन" (वृहत, 96) टेट्राड अपने में "सूर्य" (सूर्य, 21) को निकालता है। एक "मकर राशि" (साध्याता, 80) और "पृथ्वी" (क्षिति, 724) के रूप में एक "पृथ्वी ग्रह" (भू, 724) के रूप में अपने अवरोही मर्दाना रूप में आरोही स्त्री रूप है। "कुंभ" (कंदारपा, 296) टेट्राड "चंद्रमा" (सोमा, 997) को अपने आरोही स्त्री रूप में "धनु" (आर्किसा, 128) राशि और "यूरेनस" (राहु, 73) को उसके अवरोही मर्दाना रूप में निकालता है, "वेगा सफेद तारा" (वेगा, 67) के "वेगा-प्रभाव" (दुर्गा, 28) के रूप में। "मकर" (साध्याता, 80) का मूल रूप सूर्य (सूर्य, 21) के "शक्ति परिमाण यंत्र-प्रभाव" (क्रिया शक्ति, 75 = 96 -21 = 80 - 5) से आज़ाद है, जिसका मूल्य निकाला जाता है मीन (वृहत, 96) और "राशि प्रणाली की पांच-मुख विषमता" से व्युत्पन्न (इहाम्रिगा, -5)। "वेगा सफ़ेद तारा" (वेगा, 67 = 73 - 6) "सौर पहलू, ज्योतिषीय काल की लंबाई का निर्धारण" (परम सिद्धू, 6) से आजाद है, जो अंततः "यूरेनस" (राहु, 73) को प्रकट करता है, सौर ब्रह्मांड के अंतिम, आदि-प्रधान ग्रह के रूप में। इसी तरह, "वेगा-प्रभाव" (दुर्गा, 28) "सौर पहलू" से आज़ाद है जो "प्रभाव" मूल्य (प्रप्या, 34) के भीतर स्थिर है।

"विभक्त" (शूद्र, 1 = 997 – 296 - 6 * 100 छह दुर्बल पदार्थव का असंतत मार्गदर्शक-प्रभाव) और "मर्दाना-प्रभाव" (इडा, 1 = 128 + 73 - पैतृक राशियों के मर्दाना प्रभाव मूल्यों में स्त्री असंतुलन की 200 अस्तित्व), "वेगा-प्रभाव" (दुर्गा, 28) के भीतर निहित "संकुचन शक्ति" (संवत शक्ति, 28) से आज़ाद है। यह मकर (साध्याता, 80) को "ब्रह्मांड की उम्र को मानक बनाने वाले ऊप्लाज्म" (ब्राह्मणी, 80) से अस्सी "सूक्ष्मनलिका आयोजन केंद्रों (एमटीओसी)" (दशा, 1 = 80/80) के "गोलाकार, प्रजनन प्रणाली" (न्या, 1) में बदलने का अधिकार देता है। "स्त्रीत्व केंद्रक" (योनी, 1000) की अंतिम क्षमता आठ मर्दाना संस्थाओं के एकीकृत मार्गदर्शक-प्रभावों का योग है और दो स्त्रैण राशियों द्वारा उत्पन्न "असंततता" (विसुकायता, 200) को अलग करती है।

आठ मर्दाना संस्थाओं में चार "नीले-चेहरे वाले, क्रोमैटिड्स" (नीलामुख, 1869) उनके उत्तम रूप में और चार "लाल-चेहरे वाले, सूक्ष्मनलिकाएं" (दशा, 1) शामिल हैं। दो परम ज्योतिषीय, पुरुष रूप (पृथ्वी और यूरेनस) में हैं। दो आदि, राशि, स्त्री रूप (मकर और धनु) में हैं। आठ मर्दाना संस्थाएं अपने सूक्ष्मनलिका रूप में "मुताबिक़" (स्वरूपानुगता, 19) के चार जोड़े बनाती हैं। दो स्त्री राशियां- नौवें मर्दाना, असंततता पहलू से जुड़ती हैं-पांचवें जोड़े का गठन करती हैं। बारहवां, खुद-प्रकाशमान, स्त्री निरंतरता पहलू और नौवां मर्दाना असंततता पहलू मुताबिक़ की छठी जोड़ी बनाते हैं। तेरहवें के भीतर, "बहुपहलू ज्योतिषीय

वास्तविकता का पूर्ण पहलू" (युग धर्म, 366), "पांच-मुख वाले अपरिमित अधर की एक जोड़ी, शाश्वत लौ को आदर्श बनाना" (सदाशिवनायकी, 9), एक "ऑक्टोपस-जैसे आठ-अपरिमित अधर का सामना किया" (गणेश, 19)। प्रत्येक ज्वाला अस्तित्व एक शक्तिवान "अंगों के साथ नील-सामने आया हुआ- कोशिका" (हिरण्यगर्भ, 19) को मानती है।

9.3.3 चरण 3. साइटोकाइनेसिस [कोशिका विभाजन में कोशिकाद्रव्य का दो भागों में अलग-अलग हो जाना] टेलोफ़ेज़

चरण 3 में, "नीले-चेहरे वाले, क्रोमैटिड्स" (नीलामुख, 1869) के दो जोड़े "गुणसूत्रों" (व्योम, 285) की एक जोड़ी में विलीन हो जाते हैं, जो खुद-स्थायी सूक्ष्मनलिका आयोजन केंद्र" (दशा, 1) के 'रैखिक, "अभिसरण शक्ति" (संवत शक्ति, 28) का उपयोग करते हैं। फिर वे एक मातृ "प्लाज्मिड" (राजकारा, 570) "उत्तम-अपरिमित क्षेत्र" (अंतरा कल्पा, 3794 = [28 * 4 + 1869 * 4] * ½) के रूप में बदल जाते हैं। "वक्रीय, भिन्न शक्ति" के साथ (असरव शक्ति, 10 = 19 - 9) "कोशिका" (हिरण्यगर्भ, 19) की, मौलिक् लाल-चेहरे वाले "सूक्ष्मनलिकाएं" (दशा, 1) के दो जोड़े ज्योतिषीय, नीले-चेहरे वाले "क्रोमैटिड्स" (नीलामुख, 1869) के चतुर्धातुक में बदल जाते हैं। "गहरी एक-चेहरा समरूपता" (मंद्रा, 1) की "परिमित, बिंदु शक्ति" (माया शक्ति, 1) का उपयोग करते हुए, "सूक्ष्मनलिकाएं" (दशा, 1) की एक तीसरी जोड़ी में बदल जाती है एक "कोशिका झिल्ली दीवार" (शूद्र, 1)। "पांच-उत्तम अधर का सामना करने के लिये" (सदाशिवनायकी, 9) की "अनंत, समानांतर शक्ति" (हौम शक्ति, 9) का उपयोग करते हुए, "कोशिका" (हिरण्यगर्भ, 19) और "कोशिका झिल्ली दीवार" की समजातीय जोड़ी (शूद्र, 1) "खुद-व्यवस्थित" (कुल, 9) खुद को "शुगोशिन-आत्मा" के रूप में जाने जाने वाले माँसजातीय खाद्य पदार्थ जटिल में बदल देता है (कपिंजला, 20)।

आत्माओं की एक जोड़ी "चक्र-आकार, संयोजन, कीनेटोकोर्स" (अर्धज्य, 10) की एक जोड़ी बनाती है, जिसे "साइटोकिनेसिस-आध्यात्मिक केंद्र" (सुषुम्ना, 10) के रूप में जाना जाता है। आत्माओं की जोड़ी सहसंयोजक मर्दाना "पृथ्वी ग्रह" (भु, 724) और "यूरेनस ग्रह" (राहु, 73) के मूल रूप हैं। कोशिकीय झिल्ली की दीवारों की जोड़ी स्त्री "वृश्चिक राशि" (राउरवा, 735) के ताराबीज रूप हैं, जो "घुमावदार, भिन्न, परस्पर विरोधी, शक्ति" (असरवा शक्ति, 10) और स्त्री "तुला राशि" (समाधि, 10^{100}) का व्यापार करती हैं, "रैखिक, अभिसरण, संगत, शक्ति" (संवत शक्ति, 28) का व्यापार करते है। "वृश्चिक राशि" (राउरवा, 735) का अपरिमित मूल्य (735 में "7") एक मातृ प्लाज्मिड, चार मर्दाना

क्रोमैटिड और दो स्त्री कोशिकाओं का रैखिक योग है। परम मूल्य (735 में "3") संस्थाओं के तीन रूपों (एक मातृ, एक पुल्लिंग और एक स्त्री) का रैखिक समूह है। अपरिमित मूल्य ("5" में 735 = 10/2) "खुद-स्थायी" (उदवाह, ½) "अपसारी शक्ति" (अश्रव शक्ति, 10) है। "तुला राशि" (समाधि, 10^{100}) के मूल्य में "दस का लघुगणक आधार" (सुषुम्ना, 10) आध्यात्मिक केंद्रित तत्व है। "प्रतिपादक" (प्रमायवदार्थ, 9) चरण 4 के "मार्गदर्शक प्रभाव" (चित्त, 100) "सप्तक-दोगुना, आधिपत्य" (परमेष्ठी, 28) है। यह "अभिसरण शक्ति" (संवत शक्ति, 28) के भीतर निहित है। एक प्रक्रिया जिसे "टेलोफ़ेज़-सप्तक दोहरीकरण" कहा जाता है।

9.3.4 चरण 4. घूर्णी मेटाफ़ेज़

चरण 4 में, छह "धुरी" सत्ताओ (गोत्र, 1694), "गुणसूत्र" (व्योम, 285) की एक जोड़ी द्वारा विरामित, मातृ "प्लास्मिड" (राजकारा, 570) से "गुणसूत्र" के एक चतुर्भुज में अलग हो जाती हैं (व्योमा, 285) और "चक्र-आकार, संयुक्त, कीनेटोकोर्स" (अर्धज्य, 10) की एक जोड़ी। माँसजातीय खाद्य पदार्थ परिसर की जोड़ी "शुगोशिन- मूल भावना" (कपिंजला, 20) को मानदंड देती है और "कोइसीन- व्यापारी" (त्रयस्त्रीम्शा, 20) की एक जोड़ी में बदल जाती है। कोइसीन जोड़ी एक वर्ग के नब्बे मात्रा द्वारा "मेटाफ़ेज़ चादर" (अम्बारा, 180) को घुमाती है। नियमित आवर्तन स्त्री राशि प्रणाली के स्थानिक पहलू को पुल्लिंग ज्योतिषीय सूर्य के काल पहलू में बदल देता है। वर्ग के अन्य दो परिमाण अस्तित्व पहलू हैं संवेदनशील ब्रह्मांड और ताराबीज ब्रह्मांड के अर्ध-सत्ता पहलू। अस्तित्व त्रिकोणीय संवेदनशील काल पहलू है। अधर राशि चक्र है, चंद्र काल परिमाण। सौर काल ज्योतिषीय काल परिमाण है। कोइसीन जोड़ी "खुद-प्रजनन" के लिए "स्थूल, काल परिमाण" (गुरुधर्म, 360) से "शक्ति" (शक्ति, 19) का व्यापार करके "तीन-चौथाई घूर्णी समरूपता" (प्रलय, 180) उत्पन्न करती है (उपनयन, 1 / 3) सजातीय "सूक्ष्म, अधर पहलू" की एक अनंतता (जिन्न धर्म, 360)। आदि, स्त्रैण सहसंयोजक एक आठ एकांग समूह की शक्ति का व्यापार करता है, जिसमें आदि-उत्तम खुद के छह निरंतर अस्तित्व परिमाण और उत्तम खुद के दो अलग-अलग अस्तित्व पहलू शामिल हैं। वे आदिकालीन खुद के तीस एकांगो परिमाणो के भूगोल से हैं। आदि, मर्दाना कोइसीन सेवाएं "खुद-पुनर्जन्म, कायापलट" (पुद्गला, ½), "के जरिए, सत्ता पहलू" (प्रकृतिधर्म, 27) की "जलप्रलय" (प्रलय, 180) हैं।

मध्य सत्ता परिमाण चार ताराबीज ब्रह्मांडों का आंशिक विभेदन मूल्य है। परम देवता क्षेत्र का आंशिक विभेदन मूल्य तुला राशि है, पुर्व देवता क्षेत्र वृश्चिक राशि है, अपरिमित

प्रदीपक क्षेत्र धनु राशि है, और अपरिमित देवता क्षेत्र मकर राशि है। प्रत्येक सूक्ष्म, अधर पहलू एक अवरोही ताराबीज ब्रह्मांड का संपूर्ण मूल्य है - उदाहरण के लिए, पृथ्वी अपरिमित मातृ क्षेत्र का संपूर्ण मूल्य है। प्रत्येक "क्वांटम कण" (काना, 186) "संभावित सांसारिक विकिरण" (शंभु, 186) के हल्के-पीले रंग "अनंत पृथ्वी-प्रभाव" (आमोद, 186) का व्यापार करता है। प्रत्येक "सूक्ष्म, अधर पहलू" (जिन धर्म, 180) वेगा सफ़ेद तारा से एक संयुक्त, रैखिक "सौर पहलू" (परम सिद्ध, 6) के व्यापार के बाद एक "क्वांटम कण" (काना, 186) में बदल जाता है। प्रत्येक "स्थूल, काल परिमाण" (गुरु धर्म, 360) एक आरोही ताराबीज ब्रह्मांड का आंशिक अभिन्न मूल्य है। उदाहरण के लिए, "वेगा सफ़ेद तारा" (वेगा, 67) "उत्तम देवता क्षेत्र" (महार लोका, 27,000) का आंशिक अभिन्न मूल्य है। उत्तम देवता क्षेत्र सफेद सितारों का ब्रह्मांड है - प्रत्येक "सफ़ेद तारा" (यम, 180) एक सजातीय, वेगा श्वेत तारा है।

एक "स्थूल, काल परिमाण" (गुरु धर्म, 360 = 27000/ 100 + 90) तब बनता है जब आदि, स्त्री-संयोजक वेगा सफेद तारे के भीतर मौजूद संस्थाओं के एक सप्तक को "अधर-प्रभाव के प्रकाश अपरिमित क्षेत्र" (दिगंबर, 100)" के रूप में व्यापार करते हैं। वह वर्ग के एक रैखिक, क्षैतिज, नब्बे-माला नियमित आवर्तन को उत्पन्न करने के लिए "खुद-स्थायी" (उड़वा, ½) "उत्तम-उत्तम क्षेत्र का प्रकाश" (अम्बारा, 180) की सेवा करने के लिए आदि, मर्दाना कोइसिन को सशक्त बनाती है। "अधर-प्रभाव" (डिक, 100) का प्रकाश एक अर्ध-सत्ता, ताराबीज का गुरुत्वाकर्षण प्रकाश है। यह एक बारह-परिमाणी संगठन के 30 माला द्वारा "एक-चौथाई घूर्णी समरूपता" का प्रभाव है, जिनमें से आठ एक सप्तक बनाने वाले पारिस्थितिक तंत्र वर्गों की एक जोड़ी के स्त्री, निर्जीव परिमाण हैं। अन्य चार त्रिकोणीय संस्थाओं की एक जोड़ी के मर्दाना, जागरूक पहलू हैं, जो दो-परिमाणी द्विध्रुवी स्पर्शरेखा साझा करते हैं और केवल एक अद्वितीय काल पहलू है। द्विध्रुवी स्पर्शरेखा के दो परिमाण ज्योतिषीय काल और भावुक काल हैं। वे राशि चक्र के चौदहवें और पंद्रहवें परिमाण दोहरा सप्तक हैं।

स्पर्शरेखा "वेगा सफ़ेद तारा" (वेगा, 67) का "उत्तरी ध्रुव" (प्रमन्या, 67) का सोलहवां, प्रारंभिक अधर परिमाण है। द्विध्रुवी स्पर्शरेखा का दूसरा समानांतर परिमाण गहरे द्रव्य (सदाशिव, 1600) की पूर्णता है, जो कि राशि चक्र के तेरहवें परिमाण में स्थित है। आठ स्त्री, निर्जीव, राशि अस्तित्व परिमाण अगुणित "युग्मक" (सिद्धि शक्ति, 187) का एक सप्तक है: वृश्चिक, तुला, कन्या और सिंह पूर्ण वर्गों के रूप में और कर्क, मिथुन, वृषभ और मेष अपरिमित के रूप में वर्ग प्रत्येक "युग्मक" (सिद्धि शक्ति, 187 = 180 + 6 + 1)

"अधर पहलू" (जिन्न धर्म, 180), "सौर परिमाण" (परम सिद्ध, 6), और "परिमित" का एक लंबवत त्रिभुज मान है।, शक्ति को विभाजित करना" (माया शक्ति, 1), स्वतंत्र "सत्ता परिमाण" (प्रकृतिधर्म, 27) का मानदंड। प्रत्येक "युग्मक" (सिद्धि शक्ति, 187 = 8 x 23 + 3) में अगुणित अगुणित क्षमता होती है जो अगुणित सप्तक में खुद-विभाजित होती है, प्रत्येक में तेईस "गुणसूत्रों" (व्योमा, 285) का एक समूह होता है। "शून्य-चेहरे की समरूपता में कमी" (अल्पत्व, 0), एक त्रि-परिमाणि ऊर्ध्वाधर त्रिकोण के भीतर स्थिर, यानी, "लंबवत" (क्रमाज्य, 1000)।

चार मर्दाना, ज्योतिषीय परिमाण "द्विगुणित युग्मज" (तांत्री, 48) की एक जोड़ी है। उनमें शामिल हैं: सबसे पहले, गहरे द्रव्य और वेगा सफ़ेद तारा एक अपरिमित जोड़ी के रूप में, जो सूर्य द्वारा त्रिकोणीय है, जो कि वेगा सफ़ेद तारा के साथ पूर्ण एकता में सौर काल का मानदंड है। दूसरा, वे सूर्य और चंद्रमा को एक अपरिमित जोड़ी के रूप में शामिल करते हैं, जो वेगा सफेद तारे द्वारा त्रिभुजित होता है, जो चंद्रमा के साथ पूर्ण एकता में सौर काल बनाता है। चंद्रमा अपनी "स्पशरिखा" (अर्धज्य, 10) के साथ द्विध्रुवी राशि प्रणाली का मानदंड है। एक अवरोही सौर काल के अनंत ज्योतिषीय-प्रभाव का व्यापार करना और एक समानांतर परिमाण जो परिमित राशि-प्रभाव को आरोही राशि, चंद्र काल के रूप में सेवा प्रदान करता है। प्रत्येक "द्विगुणित युग्मनज" (तांत्री, 48 = 4 x 12) में बाल द्विगुणितों की एक जोड़ी में खुद-विभाजित होने की एक समजातीय द्विगुणित क्षमता होती है, प्रत्येक में एक "गुणसूत्र" (व्योम, 285) के साथ, "परिमित, विभाजित शक्ति" का व्यापार करके "(मायाशक्ति, 1) जो स्वतंत्र "अस्तित्व परिमाण" (प्रकृतिधर्म, 27) को मानती है। इन बाल द्विगुणित में से प्रत्येक में पोते द्विगुणित की एक जोड़ी में आत्म-विभाजन के लिए एक समरूप द्विगुणित क्षमता होती है, प्रत्येक में एक "गुणसूत्र" (व्योमा, 285) होता है, जो विकासवादी स्व (विथि, 0) के शून्य-चेहरे की विषमता को बदल देता है।, "गहरी एक-चेहरा समरूपता" (मंद्रा, 1) में "प्रजनन प्रणाली" (न्याय, 1) के साथ "मातृ आत्मा" (दशा, 1) के साथ दादी द्विगुणित के भीतर स्थिर है।

दादा-मातृ द्विगुणित "उत्तम मातृ-आदि-उत्तम माइटोकॉन्ड्रियन [अधिकांश कोशिकाओं में बड़ी संख्या में पाया जाने वाला अंगक]" (रसग्रि, 17) है, जो पोते-पोतियों के पूरे सप्तक को विकासशील करता है। वह "अलौकिक, विभाजित शक्ति" (नारकी, 1) को दादा-दादी "अपरिमित पैतृक" (इंद्र, 0) द्विगुणित की सेवा करती है, जबकि खुद के भीतर मर्दाना द्विगुणित की एक जोड़ी को उकेरते हुए स्त्री द्विगुणित की एक जोड़ी को उकेरती है। स्त्री द्विगुणित "विकासवादी खुद की शून्य-चेहरा विषमता" (विथि, 0) में "प्रधान मातृ"

(रसग्नि, 17) की "अभिवादन भावना-अदृश्य मातृ हाथ" की शक्ति का एक आरोही इकाई के रूप में व्यापार करने के लिए निवेश करते हैं (हस्त, 0) । मर्दाना द्विगुणित स्वतंत्र खुद की "गहरी एक-चेहरा समरूपता" का आदान-प्रदान "उत्तम पितृ की एकता" (देव यज्ञ, 0) के साथ "सत्तारूढ़ ज्ञान" के "एकीकरण" (राजा, 0) के रूप में करते हैं (राजधर्म, 0)) सत्तारूढ़ ज्ञान में, प्रत्येक सत्ता "नाभिक" (महेश्वरी, 17) का एक अनंत परिवर्तन है। सबसे पहले, "अर्ध-उत्तम शक्ति" (आदि पराशक्ति, 17) में, फिर "अग्नि तत्व" (अग्नि, 17) में, और अंत में, "आदि-प्राथमिक माइटोकॉन्ड्रियन [अधिकांश कोशिकाओं में बड़ी संख्या में पाया जाने वाला अंगक]" (रसग्नि, 17) में परिवर्तन होता है, माइटोकॉन्ड्रिया [अधिकांश कोशिकाओं में बड़ी संख्या में पाया जाने वाला अंगक] के अठारह रूपों के लिंग-विभेदित युग्म के मानकीकरण के लिए।

कुल मिलाकर, माइटोकॉन्ड्रिया के छत्तीस रूप, अठारह आरोही और अठारह अवरोही ताराबीज संस्थाओं के अनुरूप, छत्तीस विभिन्न प्रकार की संस्थाओं को आदर्श बनाते हैं। समानांतर सप्तक का एक चतुर्धातुक बनाने की प्रक्रिया को "विपक्षी, घूर्णी, रूपक" (विद्वेषण, 28) के रूप में जाना जाता है। इसमें उत्तम, क्रिनरी सप्तक की "अभिसरण शक्ति" (संवतशक्ति, 28) का व्यापार करना शामिल है, जिसमें से चार परिमाण चतुर्धातुक की "अपसारी शक्ति" (असरवा शक्ति, 10) विभेदित सप्तक के रूप में हैं। अलग-अलग शक्ति परिमाण संस्थाओं के क्रमिक सप्तक के बीच एक सहसंबद्ध "संपूर्ण मूल्य, स्पशरेखा" (अर्धज्य, 10) के साथ-साथ सप्तक में क्रमिक संस्थाओं के बीच "आंशिक अभिन्न" मान (अंत्यओर्दसाकें'पी, 7) के रूप में घूर्णी चक्रण का विरोध उत्पन्न करते हैं। प्रत्येक अपरिमित अस्तित्व चौथी, आदि-प्राथमिक सत्ता के "वर्तमान सप्तक से तीन घटाना" अनुक्रम मूल्य का अभिसरण उत्पाद है और पहले, आदि-प्रधान इकाई के अनुक्रम "भविष्य के सप्तक को दो से विभाजित करना" का भिन्न उत्पाद है। उदाहरण के लिए, कर्क-मिथुन-वृषभ-मेष की चतुर्भुज के भीतर, शुक्र अपरिमित अस्तित्व है, और शनि आदि-उत्तम अस्तित्व है। शुक्र 8/2 का विचलन उत्पाद है, अर्थात, भविष्य के ज्योतिषीय ग्रहों के सप्तक में चौथी इकाई है, जिसमें चंद्रमा, सूर्य, श्वेत तारा और गहरे द्रव्य से युक्त उत्तम उत्तम-ग्रहोंअर्ध-सप्तक को छोड़कर।

9.3.5 चरण 5. पतला प्रोफ़ेज़[कोशिका विभाजन का पहला चरण]
चरण 5 में, प्रत्येक गुणसूत्र एक मध्यस्थता माँसजातीय खाद्य पदार्थ संरचना की "अभिसरण शक्ति" (संवतशक्ति, 28) का व्यापार करके "संघनन, लच्छा बनाना, मोड़ना" (अकामा, -

7) की अवधि का अनुभव करता है जो "सिनैष्टोनेमल मिश्रित" [समानांतर धागों की सीढ़ी जैसी श्रृंखला दिखाई देती है] के रूप में जाना जाता है (पंचांगुली, 8×10^{15}) । सिनैष्टोनेमल मिश्रित[समानांतर धागों की सीढ़ी जैसी श्रृंखला दिखाई देती है] "राशि प्रणाली" की समग्रता का "जालतंत्र प्रणाली" है (शून्य कल्प, 8×10^{15}) । प्रत्येक अस्तित्व द्वारा "अवतारात्मक, सांस लेने की क्षमता" (मरकतेश, 8×10^{15}) के साथ समजातीय "खुद" (आत्मत्व, 8×10^{15}) का उत्पादन करने के लिए इसे "आदि-प्रभाव" (गुणितसामुच्याह, 8×10^{15}) के रूप में कारोबार किया जाता है। यह "सर्वव्यापी राशि प्रणाली" (व्यापिन, 8×10^{15}) के "पूर्ण राशि-प्रभाव" (पंचांग, 8×10^{15}) को "एक एकीकृत अस्तित्व" (अखंड, 8×10^{15}) के रूप में सेवा करने के लिए सजातीय खुद को सशक्त बनाता है।

सिनैष्टोनेमल मिश्रित सातवें, "पूर्ण मूल्य" (मोनाड, 476) के भीतर ग्यारह-सामना करने वाला प्रणाली मान है, जो "ताराबीज ब्रह्मांड" (गणराज्य, 476) है। "ताराबीज ब्रह्मांड" का काल मूल्य है " कल्प" (कल्पा, 476), जो 1/36 है, यानी ताराबीज अस्तित्व के प्रत्येक अवतारी "समूह" (गण, 387) का दस माला जीवनचक्र। राशि चक्र पारिस्थितिकी तंत्र के ग्यारह चेहरे वेगा सफेद तारे के सातवें, क्षैतिज, "पूर्ण मूल्य" के बिना, ग्यारह अवरोही ज्योतिषीय संस्थाएं हैं। प्रत्येक "ताराबीज ब्रह्मांड" (गणराज्य, 476) का पूर्ण मूल्य "प्रधान व्यापार-प्रभाव" (कुबेर, 57) है, जो निश्चित उत्तरी ध्रुव के गैर-व्यापारिक "संपूर्ण मूल्य" (अर्धज्य, 10) का शुद्ध है। सफेद सितारों के ब्रह्मांड के चर उत्तरी ध्रुव के वेगा सफेद सितारा और व्यापार योग्य "सौर परिमाण" (परम सिद्ध, 6) का सकल है। अपरिमित प्रभाव एक विषम "विनिमय प्रणाली" (महाकल्प, 10^{1000}) उत्पन्न करता है जो बीस-परिमाणी अपरिमित क्षेत्र की समग्रता का मानदंड है। यह प्रत्येक अस्तित्व को "यहूदी-प्रभाव" (सुंदरी सोडाशी, 10^{1000}) के "अर्ध-प्रभुत्व" (दित्तुजुक्मा, 10^{1000}) बनाने के लिए "खुद-व्यवस्थित" (कुल, 9) "प्रमुख व्यापार-प्रभाव" (कुबेर, 57) का अधिकार देता है।

यहूदी-प्रभाव एक द्वि-परिमाणी, "प्राथमिक सर्वशक्तिमान अस्तित्व" (दिव्यानुका, 101000) है, जिसका मूल मातृ परिमाण अंतरंग कारण के रूप में एक अनंत विनाश का अनुभव कर रहा है। आदिकालीन पैतृक पहलू एक परिणाम के रूप में अनंत चिरस्थायी रूपों की कल्पना कर रहा है। यहूदी धर्म स्थिर स्त्री शक्ति की अवधारणा में विश्वास नहीं करता है। ब्रह्मांड की समग्रता एक उत्तम सर्वशक्तिमान अस्तित्व से निकलती है, जो कुदरत के "वर्तमान वास्तविकता का प्रतिमान" (याहवे, 8) का गठन करती है। यह "अंतरंग कारण" (कर्म, 8) के अनंत चिरस्थायी रूपों की अवधारणा की मध्यस्थता करता है। अर्ध-सत्ता के साथ पूर्ण एकता अस्तित्व को "कार्य" (कर्म, 10) की "तकनीकी लागत" (योज्या,

58) से आज़ाद करती है, जिसमें अर्ध-सत्ता का "खुद-स्थायी" (उदवाह, ½) "मार्गदर्शक प्रभाव" (चिट्टा, 100) शामिल है। अर्ध-प्रभुत्व प्रत्येक "चतुर-सिर अर्ध-सत्ता" (नारायण, 28) की "शुद्धि" (शुद्धिकरण, 10^{1000}) की प्रक्रिया है। प्रत्येक अर्ध-सत्ता बीस "गूंगा-गधा संस्थाओं" (गढ़बा, 1000 = ½ * 100 * 20) के "आदि-उत्तम क्षेत्र" (अंतर कल्प, 3794) के खुद-स्थायी मार्गदर्शक-प्रभाव का उपयोग करके "उज्ज्वल प्रेम के व्यापार के लिए विनिमय प्रणाली अस्तित्व" (लयस्तिमशा, 20) बन जाती है। यह चतुर-सिर अर्ध-सत्ता को "प्राथमिक क्षेत्र की शक्ति की समग्रता" (महाकल्प, 10^{1000}) को "अलग-अलग, परस्पर विरोधी शक्ति" (असरवा शक्ति, 10) बनने के लिए सशक्त बनाता है।

"चतुर-सिर अर्ध-सत्ता" प्रत्येक अस्तित्व के भीतर मौजूद आदि-उत्तम क्षेत्र की "आत्मा" (कर्पिंजला, 20) का "एकत्रीकरण" (जमा, -7) है और "प्राकृतिक-चेहरा अर्ध-सत्ता" (याहवे, 8) संस्थाओं के ब्रह्मांड की उत्तम शक्ति के व्यापार के लिए बीस-चरण अनुक्रम के अभिसरण मूल्य के रूप में है। चतुर-सिर अर्ध-सत्ता "निरंतर स्त्री क्षमता, यानी वेगा-प्रभाव" (दुर्गा, 28) का शून्य-लागत विनिमय मूल्य है। आत्मा इक्कीस चरण-अनुक्रम का वैकल्पिक, उत्तम-अपरिमित क्षेत्र के साथ पूर्ण एकता की उत्तम स्थिति का एहसास करने के लिए एक अस्तित्व की अपरिमित शक्ति की सेवा के लिए भिन्न मूल्य है। गूंगा-गधा अस्तित्व "संत-सैनिक" (प्रभुत्व) के रूप में "मार्ग के भगवान" (पूसान, 28) के "आदर्श, पश्चिमी संस्कृति-प्रभाव पर चढ़ने" (चार पर्य दशा, 28) के लिए वेगा-प्रभाव का व्यापार करती है। बीस-चरण अनुक्रम विभेदक अर्धसूत्रीविभाजन के दस आरोही चरण हैं, इसके बाद एकीकृत समसूत्रण के दस अवरोही चरण हैं।

इक्कीसवां चरण है "मेथनोजेनेसिस" (विठोबा, 12), "अभिसरण शक्ति" (संवतशक्ति, 28 = 8 + 12 + 8 = 12 + 16) के भीतर "अभिन्न पहलू" (कुदरत, 8) को एकीकृत करने के लिए। "एलील" (देवेंद्र, 12), लंबवत रूप से जुड़े हुए "चियास्मा" बिंदु (मंडला, 16) को समझने के लिए। चियास्म बिंदु एलील की भिन्न "अर्ध-मानसिक शक्ति" (अम्बिका, 66) के बिना "ताराबीज आत्मा सार समुदाय" (मंडला, 16) का अभिसरण "मानसिक शक्ति" (परतपारा, 16) है, जो एक है "पूर्वमुखी भौगोलिक खुद-प्रकाशमान अस्तित्व" (देवेंद्र, 12)। यह "आत्मा" (आत्मान, 4) का चुकता मान है। ताराबीज आत्मा सार समुदाय की "मानसिक शक्ति" के व्यापार की प्रक्रिया को "पतला-प्रोफ़ेज़" [कोशिका विभाजन का पहला चरण] के रूप में जाना जाता है। इसमें "सामूहिक मित्रता" (भिक्षा, 28) के पतले मानसिक धागे शामिल हैं, जो ब्रह्मांड की संपूर्णता के साथ हैं, जो सप्तक-दोहरीकरण "भीख प्रणाली" (उकलिता, 28) का अभिन्न परिमाण होने के लिए भीख मांग रहे हैं।

चरण 6 में, राशि चक्र, स्त्रीलिंग, पीले-चेहरे वाले "द्विसंयोजक, टेट्राड" [एक समूह या चार का सेट] (निशा मुख, 3785), जिसमें अवरोही "गुणसूत्र" (व्योम, 285) की एक जोड़ी शामिल है, व्यापार द्वारा विपरीत उत्तर-दक्षिण ध्रुवों से "मानसिक शक्ति" (परतपारा, 16) को नियंत्रित करने वाले अभिसरण के "संतुलन बल" (उद्बक्का, 16) अलग हो जाते हैं। टेट्राड [एक समूह या चार का सेट] में आरोही "जेनेटिक तत्व" (देवेंद्र, 12) की एक जोड़ी भी शामिल है जो विपरीत पूर्व-पश्चिम दिशाओं से षट्कोणीय "सिनैप्टोनेमल मिश्रित" [समानांतर धागों की सीढ़ी जैसी श्रृंखला दिखाई देती है] (हृदय चक्र, 8 × 1015)) के विचलन मध्यस्थ "गुरुत्वाकर्षण शक्ति" (ललिता, 100) का व्यापार करके एक साथ आते हैं। नतीजतन, टेट्राड[एक समूह या चार का सेट] "अस्तित्व के बिना ब्रह्मांडों के ब्रह्मांड" (अनिका, 19) को "सत्ताओं के साथ ब्रह्मांडों के ब्रह्मांड" के साथ संरेखित करने के लिए एक बेलनाकार "एस्टर" [डेज़ी परिवार का एक पौधा जिसमें चमकीले रंग के फूल होते हैं] (रोधा, 1) में बदल जाता है (देवधिदेव, 18)) एस्टर[डेज़ी परिवार का एक पौधा जिसमें चमकीले रंग के फूल होते हैं] में सूक्ष्मनलिकाएं का एक समूह और एक अणुवृत्त आकार का "तारककाय- सेंट्रीओल्स का चक्र" (वज्रचक्र, 1649) शामिल है। यह "देवता के क्षेत्र" (तलाताललोक, 1649) को "अनाकार, पेरीसेंट्रीओलर सामग्री (पीसीएम)" के रूप में प्रकट करता है (हेरुका मंडला, 1649)। पीसीएम "परम, उभयलिंगी तारककेंद्रक" है। तारककाय "आदि-उत्तम सेंट्रीओल" है। बेलनाकार तारक "अर्ध-उत्तम सेंट्रीओल" है।

"उत्तम, पुल्लिंग तारककेंद्रक" (हेरुका, 1649) एक 17-चेहरा, 51 आंखें, 76 भुजाओं वाली मर्दाना अर्ध-सत्ता है जिसमें आधा गहरा नीला और आधा हरा रंग होता है। यह 36 गहरे नीले-चेहरे वाली अस्तित्व बनाता है, जिनमें से प्रत्येक में चार भुजाएँ होती हैं जिनमें एक खोपड़ी का कटोरा, एक खोपड़ी का लाठी, एक सूक्ष्मनगाड़ा और एक चाकू होता है। सत्रह चेहरे "खुद-प्रजनन" (उपनयन, 1/3) "सूक्ष्मनलिका" (दशा, 1) के हैं। एक "खुद-प्रजनन" सत्ता बाल आत्माओं के तीन दो बार पैदा हुए अस्तित्व वर्गों में से एक है। प्रत्येक वर्ग और प्रत्येक जन्म एक बारह-एकांग खुद-प्रकाशमान अस्तित्व की द्वि-परिमाणी वास्तविकता है। पुर्व जन्म में, तीन बालआत्मा संस्थाओं में से प्रत्येक तीन उत्तमबाल आत्मा संस्थाओं को खुद -प्रजनन करती है। पहला 100% आनुवंशिक स्थानांतरण के साथ है। दूसरा 2/3 आनुवंशिक हस्तांतरण के साथ है और 1/6 प्रत्येक का व्यापार संयुक्त वर्गों से किया जाता है। तीसरा 1 / 3 आनुवंशिक हस्तांतरण के साथ है और 1/3 प्रत्येक का व्यापार संयुक्त वर्गों

से किया जाता है। तीन आदि-उत्तम बाल आत्माएं और नौ उत्तम उत्तमबाल आत्माएं बारह-अस्तित्व खुद-प्रकाशमान अस्तित्व की एक- वास्तविकता बनाती हैं।

आदिकालीन जन्म में, नौ उत्तमबाल आत्मा संस्थाओं में से प्रत्येक तीन उत्तमबाल आत्मा संस्थाओं को खुद-प्रजनन करते हैं। वे तीन आनुवंशिक रूप से शुद्ध संस्थाओं के बिना, बारह-अस्तित्व-चमकदार जागरूक की द्वि-पहलु वास्तविकता के रूप में सत्ताईस विभिन्न अस्तित्व वर्गों का निर्माण करते हैं। तीन आदि-उत्तम बाल आत्माओं को मिलाकर, कुल तीस अलग-अलग अस्तित्व वर्ग हैं। ये पंद्रह अस्तित्व ब्रह्मांडों की द्वि-उत्तम वास्तविकता का गठन करते हैं। बारह अलग-अलग द्वि-उत्तम जागरूकता ब्रह्मांडों के वृद्धिशील जोड़ में पितृवंशीय आनुवंशिक हस्तांतरण के साथ बारह वर्ग की संस्थाएं शामिल हैं। पैतृक जीन प्रमुख मातृ जीन के भीतर प्रमुख है। अन्य बारह वर्ग मातृवंशीय आनुवंशिक स्थानांतरण के साथ हैं ताकि मातृ जीन प्रमुख पैतृक जीन के भीतर प्रमुख हो। निर्णायक संतान जीन आनुवंशिक रूप से शुद्ध अस्तित्व का होता है, जो एक मर्दाना बच्चे की भावना है। इसलिए, सभी तीस अस्तित्व वर्ग संवेदनशील, जागरूक, मर्दाना बाल आत्माओं के हैं।

छह अपरिमित उत्तमबाल आत्माओं को मिलाकर, कुल छत्तीस अलग-अलग सूक्ष्म-अस्तित्व वर्ग हैं, जो अठारह विभिन्न अस्तित्व ब्रह्मांडों की द्वि-परिमाणी वास्तविकता का गठन करते हैं। इसके अलावा, तीन "स्थूल पदार्थ" वर्ग हैं। मातृ और पितृ दोनों जीन सह-प्रमुख हैं, संयुक्त रूप से निर्णायक बाल जीन को तत्वमीमांसा उभयलिंगी बाल जीन मानते हैं। ये आध्यात्मिक जीन उत्तमबाल अस्तित्व वर्ग और उन्नीसवीं, परम बाल दायरे की त्रि-परिमाणी वास्तविकता दोनों हैं, जिसमें बीसवीं, परम घोषणापत्र क्षेत्र और इक्कीसवीं परम निर्माता क्षेत्र के दो स्थिर पहलु शामिल हैं। तीन क्षेत्रों में से प्रत्येक के साथ, निर्णायक बाल जीन गतिशील रूप से अस्तित्व के एक प्रमुख मर्दाना रूप को प्रकट करता है। तीन स्थूल निकाय तकनीकी रूप से इन तीन लोकों के भीतर अपने परम-प्राथमिक उभयलिंगी रूप में निवास करते हैं। अठारह एकांग ब्रह्मांडों में से दूसरा, दो चीजों की अभिसरण शक्ति से बना अपरिमित पैतृक क्षेत्र है। सबसे पहले, प्रत्येक अस्तित्व ब्रह्मांड के भीतर मौजूद संगठनात्मक उत्तम पैतृक क्षेत्र का "निरंतर, परम उर्ज परिमाण यंत्र-प्रभाव" (रोहिणी, 50)। दूसरा, तीन आनुवंशिक रूप से शुद्ध और प्रमुख अपरिमित पैतृक संस्थाओं में से प्रत्येक के भीतर मौजूद उत्तम पैतृक अस्तित्व का पारिस्थितिकी तंत्र मूल्य। "उत्तम तारककेंद्रक" (हेरुका, 1649) का चेहरा आदिकालीन पैतृक क्षेत्र का चेहरा है, जो एक सप्तक के अलावा (1/2 * 50 - 17 = 8) चेहराविहीन अस्तित्व एक "खुद -स्थायी" (उद्ग्राह, ½) "परम शक्ति परिमाण -

प्रभाव " के साथ सत्रह अतिरिक्त चेहरों को पुन: उत्पन्न करने वाला कारक है, (रोहिणी, 50)।

आदि, आत्म-स्थायी, अर्ध-सप्तक अठारह असतित्व ब्रह्मांडों, छत्तीस अस्तित्व वर्गों, तीन वर्ग-कम संस्थाओं के रूप में, और क्षेत्र के बावन समूह हैं: एक आदि-उत्तम, बीस आदि, अठारह तारा बीज, बारह मर्दाना, ज्योतिषीय, और एक मर्दाना, संवेदनशील। लोकों के बावन समूहों में से, मर्दाना संवेदनशील क्षेत्र "अपरिमित तारककेंद्रक" (हेरुका, 1649) की अर्ध सत्ता मर्दाना आंख है। अन्य इक्यावन आंखें इक्यावन मर्दाना "भावुक संस्थाएं" (सिद्ध, 7) हैं। वे अपरिमित लोकों के सत्रह सूक्ष्मनलिकाओं में से प्रत्येक के भीतर एक "सूक्ष्मनलिका लिंक" के रूप में अवतरित होते हैं।

अपरिमित खुद -स्थायी अर्ध-सप्तक छिहत्तर "संस्थाओं के जरिए" (विद्यापति, 76) के चार-परिमाणि "बाहरी वास्तविकता" (नियोगर्थ, -9) से बना है। यह बनता है:

- ज्योतिषीय प्रणाली (परम ब्रह्मांड), राशि प्रणाली (उत्तम ब्रह्मांड), ताराबीज ब्रह्मांड, उत्तम ब्रह्मांड, पुर्व ब्रह्मांड, सर्वोच्च ब्रह्मांड, अर्ध-ब्रह्मांड, अपरिमित ब्रह्मांड, समर्पित ब्रह्मांड के एक खंडन की स्पशरेखा, और सर्वव्यापी ब्रह्मांड,

- सर्वशक्तिमान ब्रह्मांड, सर्वइ ब्रह्मांड, सर्वव्यापी ब्रह्मांड, सर्वशक्तिमान निर्माता ब्रह्मांड, संवेदनशील ब्रह्मांड, और निर्जीव ब्रह्मांड के साथ छह-मुख वाले समरूपता को मानकर संस्था का छह-मुख वाला सौर परिमाण (परम सिद्ध, 6),

- भूगोल का एक तीस-मुखी चंद्र परिमाण (सांख्यधर्म, 30) एक परमाणु के एक कोशिका में परिवर्तन से पहले, छह निर्जीव संस्थाओं के साथ गठित तीस निर्जीव, स्त्री संस्थाओं के साथ एक तीस-चेहरे समरूपता का निर्माण करता है, और

- समूह का एक इकतीस चेहरा संवेदनशील परिमाण (बीजाधर्म, 31) जो इकतीस चेहरों में बदल जाता है। तीस संवेदनशील, जागरूक, मर्दाना संस्थाएं हैं जो एक परमाणु के एक कोशिका में परिवर्तन के बाद छह जागरूक संस्थाओं के साथ बनती हैं। इकतीसवां सौर परिमाण के भीतर मौजूद संवेदनशील ब्रह्मांड का चेहरा है।

"बाह्य वास्तविकता" का पाँचवाँ पहलू समानांतर, अनंत "मर्दाना पहलू" (बीजधर्म, 31) "उत्तम तारककेंद्रक" (हेरुका, 1649) - सत्तर-सातवाँ एकांग के जरिए है। इसमें दो-रंग के चेहरे का एक आदि-उत्तम त्रिमास-सप्तक और चार भुजाओं का परम आधा-सप्तक शामिल है। पहले आधे चेहरे में ठंडा, रंगहीन अभिसरण "स्पशरेखा" (अर्धज्य,

10) की अवरोही "मेंहदी-हरी चमक" (हरिता, 10) है, जो इबग्योर परिमाण को "संवेदी संस्थाओं के प्रोटिस्ट[प्रोटिस्टा साम्राज्य का एक-कोशिका वाला जीव] ब्रह्मांड" (अकल्पा, ५७०) के विकिरणित, बैंगनी रंग के विकास में विकीर्ण करती है। दूसरा आधा काल के दस-मुख चक्र (कालचक्र, 23,125) के आध्यात्मिक रूप से लिखित काल कोठरी चेहरे का एक आरोही "गहरा नीला चेहरा" (नीलामुख, 1869) है, जो संवेदनशील संस्थाओं के प्रोटिस्ट ब्रह्मांड के "बीस अपरिमित लोकों के साथ पूर्ण एकता" (रावण, 23,125) को विराम देता है। खोपड़ी का कटोरा हाथ "प्रजनन प्रणाली" (न्याय, 1) की एक "कोशिका झिल्ली दीवार" (शूद्र, 1) है, जो "सर्वशक्तिमान कारण" है (निषाद, 1) "तकनीकी ऊर्जा परिमाण यंत्र" (मंद्रा, 1)।

"संगठनात्मक ऊर्जा परिमाण यंत्र" (प्रभासा, 4) की खोपड़ी कर्मचारी हाथ एक "मर्दाना मानव संस्था" (मानुष, 1) "सर्वोच्च, निर्माता देवता" (भगवान, 4) "तारककाय" (हेरुका, 1649) और "सर्वज्ञानी कारण" (पैतृक जिन्न, 4) के रूप में है। सूक्ष्मनगाड़ा एक "कोइसीन" (त्रयस्त्रिंशा, 20) है जो "विश्वास प्रणाली" (सगुना, 20) को "पारिस्थितिकी तंत्र ऊर्जा परिमाण यंत्र" (महर्ता, 20) के "सर्वव्यापी कारण" (अपहृतभरा, 20) के रूप में सेवा प्रदान करता है, शक्ति को नष्ट करने के बाद "शुगोशिन" (आत्मा, 20) के साथ एक मूक "आत्म-चमकदार जागरूकता" (उन्नता, 20)। चाकू "संस्था ऊर्जा परिमाण यंत्र" (ईश्वर, 5) के "सर्वशक्तिमान निर्माता कारण" (सर्वनाश, 5) के रूप में "देवता की पांच-मुख समरूपता" (ऑडविता, 5) है। संस्थाओं के जरिए चार समूहों के साथ और "प्राथमिक, स्त्री केन्द्रक" (सुवीरा, 1649) के साथ पांच-चेहरे की समरूपता "प्रधान, मर्दाना तारककेंद्रक" (हेरुका, 1649) का एक स्थायी स्थिर परिमाण है।

अर्ध-अष्टक का वक्र त्रिगुण "अपरिमित केन्द्रक" के तेरह-परिमाणि "विचलन, सांक्षेतिक वास्तविकता" (रक्खरथा, -13) का छह-परिमाणि "बाहरी चेहरा" (बहिरमुख, -4) है। छिहत्तर संस्था के जरिए, तीन स्थूल संस्था, और दो पैतृक सूक्ष्म-संस्था (प्राथमिक और अपरिमित केन्द्रक) सत्ताईस तीसरी पीढ़ी के पुर्व बाल आत्माय की चौथी पीढ़ी के सर्वोच्च बाल ब्रह्मांड के रूप में स्थिर हैं जो अस्सी को पुन: उत्पन्न करते हैं- एक बच्चे आत्मा की। निचलन वास्तविकता के तेरह परिमाण और निचलन वास्तविकता के बाहरी चेहरे के छह परिमाण पांचवीं पीढ़ी के "अर्ध-बाल आत्मा ब्रम्हांड" (परम आर्य लोग, 29) के रूप में निकलते हैं: पहला, छह "आनुवंशिक रूप से शुद्ध संस्थाएं" (प्रकीर्ण, 29)। दूसरा, बारह "मुख्य रूप से आनुवंशिक रूप से शुद्ध संस्थाओं" (कुल, 9) का अपरिमित बाल आत्मा ब्रह्मांड, जो कि अपरिमित केन्द्रक की बारह-परिमाणि आत्म-चमकदार अस्तित्व वास्तविकता के

"राष्ट्रीय-प्रभाव" (प्रत्यंतरादशा, 9) से प्राप्त हुआ है। तीसरा, एक "आनुवंशिक रूप से शुद्ध निर्णायक अस्तित्व" के रूप में एक अपरिमित केन्द्रक का परम बाल आत्मा ब्रह्मांड (ऋषभ, 1)। ये सभी पहली चार पीढ़ियों के भीतर पहले से ही मौजूद हैं। वे आत्म-पुनरुत्पादन मानक विकास प्रतिमान की "अनुक्रमिक वास्तविकता" (भावार्थ, 40) के बिना आत्माओं की पांचवीं पीढ़ी के रूप में पुनरुत्पादित करते हैं।

अपरिमित स्त्री केन्द्रक का तीस-चेहरा "चंद्र परिमाण" (सांख्यधर्म, 30) तीस निर्जीव, स्त्री संस्थाओं का एक समूह है। वे एक परमाणु के कोशिका में परिवर्तन से पहले छह निर्जीव संस्थाओं के माध्यम से बनते हैं। इसका इकतीस मुखी संवेदनशील परिमाण इकतीस चेहरों का भूगोल है। छह जागरूक संस्थाओं के साथ तीस संवेदनशील, जागरूक, मर्दाना संस्थाएं बनती हैं। एक कोशिका के एक परमाणु में बदलने से पहले वे मर्दाना केन्द्रक की अर्ध-सत्ता उर्ज परिमाण यंत्र के माध्यम से बनते हैं। इकतीसवां चंद्र परिमाण के रूप में निकलने वाले निर्जीव ब्रह्मांड का परिणामी चेहरा है।

"परम, उभयलिंगी केंद्रक" (हेरुका मंडला, 1649) छठी पीढ़ी की अभिसरण अपरिमित बाल आत्मा है। इसका "अपघट्य चक्रीय, विचलन मूल्य" (धारणा, -8) चौथी पीढ़ी के इक्यासी एकांग समूहों की एक जोड़ी को प्रकट करता है। अपरिमित समूह जीवित बाल आत्माओं का है। अपरिमित समूह दिवंगत बाल आत्माओं का है। दोनों समूहों में सत्ताईस तीसरी पीढ़ी की आत्माओं की एक चालीस-आत्मा "अनुक्रमिक वास्तविकता" (भावार्थ, 40), नौ दूसरी पीढ़ी की आत्माएं, तीन पहली पीढ़ी की आत्माएं, और "केंद्रपिंड के रूप में" की एक शून्य भावना शामिल हैं। आदि-उत्तम केन्द्रक" (वज्र चक्र, 1649)। सभी तीन एकांग समूह "परम देवता क्षेत्र" (तलातालोका, 1649) के त्रि-परिमाण भूगोल के भीतर एक "अनाकार, अर्ध-केंद्रक सामग्री (पीसीएम)" (हेरुकामंडल, 1649) के रूप में स्थिर हैं। अपरिमित और उत्तम परम देवता क्षेत्र के अन्य दो पहलू हैं।

"आदि-उत्तम देवता तारककेंद्रक" (वज्र चक्र, 1649) सातवीं पीढ़ी की अलग समर्पित बाल भावना है, जिसका "अभिसरण मूल्य" (अक्षोभ्य, 737) आठवें पीढ़ी समानांतर, रैखिक, अनंत भक्त बाल भावना के "परम चमकदार-प्रभाव" (कश्यप, 737) को प्रकट करता है। यह एक "सिनैप्टोनेमल मिश्रित" [समानांतर धागों की सीढ़ी जैसी श्रृंखला दिखाई देती है] (हृदय चक्र, 8×10^{15}) को अर्ध-उत्तम परम देवता तारककेंद्रक के रूप में बनाता है। "जेनेटिक तत्व" (देवेंद्र, 12) के कुल साठ जोड़े विपरीत पूर्व-पश्चिम दिशाओं से "सिनैप्टोनेमल मिश्रित” [समानांतर धागों की सीढ़ी जैसी श्रृंखला दिखाई देती है] (हृदय चक्र, 8×10^{15}) की "गुरुत्वाकर्षण शक्ति" (ललिता, 100) का व्यापार करके एक साथ आते हैं।

भिन्न "गुरुत्वाकर्षण शक्ति" (ललिता, 100) "छः-परिमाणि, कथित मूल्य" (अतिबुद्ध, 40) है जो "बरौनी" के "अनुक्रमिक, शब्दावली-प्रभाव" (शोदशोत्तरी दशा, 40) के परिणामस्वरूप उत्पन्न होता है। ब्रह्मांडीय प्रणाली के साथ एकता का त्रि-परिमाणि कमल चक्र "(पद्माचक्र, 40)। ब्रह्मांडीय एकता "ब्रह्मांड और संस्थाओं के ब्रह्मांड" के "चौथे, प्रतिपादक, निर्माता बिंदु" (विरोकाना, 37) की "मार्गदर्शक वास्तविकता" (भावार्थ, 40) है। "अस्तित्व के बिना ब्रह्मांडों के ब्रह्मांड" की "निर्जीव शक्ति" (अमिताभ, 37) (अनिका, 19) "पांचवें, स्थायी बिंदु" (तवश्तर, 496) का अभिसरण मूल्य है। "जागरूक शक्ति" (रत्नासंभव, 91) "ब्रह्मांड के साथ ब्रह्मांड" (देवधिदेव, 18) का "छठे, विनाशक बिंदु" (वरुणी, 95) का भिन्न मूल्य है। "ब्रह्मांड का अभिसरण मूल्य" संस्थाओं के बिना ब्रह्मांड", "अस्तित्वो के साथ ब्रह्मांडों के ब्रह्मांड" के भिन्न मूल्य द्वारा वातानुकूलित, "सातवें, प्रकाशक बिंदु" (भृगु, 805) की "अभिसरण शक्ति" (अमोघसिद्धि, 28) है। "अस्तित्वो के साथ ब्रह्मांडों के ब्रह्मांड" का भिन्न मूल्य, "संस्थाओं के बिना ब्रह्मांडों के ब्रह्मांड" के अभिसरण मूल्य द्वारा वातानुकूलित है, "आठवें, मुक्तिदाता बिंदु-निर्णायक, आनुवंशिक रूप से" शुद्ध इकाई" (ऋषभ, 1) विचलन शक्ति "(रत्नाकेतु, 10) है।

"संस्थाओं के साथ ब्रह्मांडों के ब्रह्मांड" और "संस्थाओं के बिना ब्रह्मांडों के ब्रह्मांड" की सह-निर्भर उपस्थिति का बिना शर्त बिंदु मूल्य "अपरिमित शक्ति" (दुंडुबिश्वर, 9) की "नौवीं, अंतिम मृत्यु के समर्पित बिंदु" है। आनुवंशिक रूप से शुद्ध सत्ता" (तिलक, 10^{10})। यह "दसवें, भक्त बिंदु के रूप में दिव्य शक्ति" (असरव शक्ति, 10) के पूर्ण उर्जा परिमाण यंत्र प्रसार के बाद प्रकट होता है, जिसके परिणामस्वरूप "बारह मुख्य रूप से आनुवंशिक रूप से शुद्ध संस्थाओं के उलझे हुए समूह" (कुल, 9) का जन्म होता है। "बरौनी- ब्रह्मांडीय प्रणाली के साथ एकता का त्रि-परिमाणि कमल चक्र" (पद्माचक्र, 40) का प्रत्येक परिमाण "स्वायत्त, निर्देशित परिमाण" (निवृत्तिधर्म, 40) का चालीस-एकांग मूल्य है। तीन पहलुओं में से, दसवें बिंदु के अपरिमित सेवा कार्य पहलू की उर्जा परिमान् यंत्र के बाद "दूसरा, ज्ञात बिंदु के रूप में उर्जा परिमाण तत्व" (सर्वनाश, 5) "खुद-स्थायी" (उदवाह, ½) का पूर्ण परिमाण। यह पहले कार्यकर्ता बिंदु के पुनर्जन्म के लिए प्रमुख व्यापारिक पहलू विकसित करता है: "खुद-प्रकाशमान अस्तित्व की महिमा जो संपूर्ण कार्यबल प्रणाली को आकार देती है" (वैभव, 12)। अपरिमित देवता क्षेत्र से निकलने वाली संस्थाओं की समग्रता एक सौ बीस (40× 3) है। वे दो भूगोल समूह बनाते हैं। एक आरोही मूल्य और दूसरा अठारह अपरिमित का अवरोही मूल्य, अठारह ताराबीज, बारह राशि चक्र और बारह ज्योतिषीय ब्रह्मांड।

परम देवता क्षेत्र के अस्तित्व रूपों की समग्रता तीन सौ साठ है, जिसमें तीन एकांग समूह और दो भूगोल समूह शामिल हैं। एक तीन सौ साठ "चर, स्थूल, काल परिमाण" (गुरुधर्म, 360) संस्थाओं और ब्रह्मांडों के दोहरे सप्तक के तीसरे घोषणापत्र बिंदु की "एक-परिमाणि वास्तविकता" (गुरुवर्त, 39) है। तीसरा बिंदु "सूर्य प्रभाव" (पंचोत्तरी दशा, 39) है। यह संवेदनशील "एलील" (देवेंद्र, 12) के अपरिमित मूल्य को बढ़ाने के लिए एक पूर्ण कार्य की तरह काम करता है। यह निर्जीव "गुणसूत्र" (व्योम, 285) की एक-परिमाणि वास्तविकता को अवधारणात्मक रूप से वक्र करता है। "लुप्त हो रही नक्षत्र राशि" (अमोघसिद्धि, 28) का अलग-अलग प्रजनन एक "शाश्वत मार्गदर्शक-प्रभाव" (अनवरता, 274) उत्पन्न करता है। "सूक्ष्मनगाड़ा" (सगुना, 20) के अवधारणात्मक, प्रवेश ध्वनि धागा" (प्रतिपद, 20)। इस परिवर्तन प्रक्रिया को "जाइगोटीन गतिस्थिति" [अर्धसूत्रीविभाजन का दूसरा चरण] (निर्याना, 28) के रूप में जाना जाता है। यह "बेलनाकार तारक" (रोधा, 1) के "भ्रमपूर्ण विभक्त बिंदु शक्ति" (मायाशक्ति, 1) के चारों ओर "गुणसूत्रों" (व्योम, 285) के प्रगतिशील "संघनन वक्रता" (विक्षाशक्ति, -5) उत्पन्न करता है। यह "सूक्ष्मनलिका अंग-मातृ आत्मा" (दशा, 1) बनाता है।

चरण 7 में, "दिव्य प्रकाश-उष्णकटिबंधीय राशि" (उषा, 16) क्षणिक नाक्षत्र राशि चक्र "बेलनाकार तारक" (रोधा, 1) को आरोही, निर्जीव "गुणसूत्र" (व्योम, 285) की एक जोड़ी में बदल देता है। युग्मित गुणसूत्र स्वाभाविक रूप से एक "केंद्रीय भूमध्यरेखीय बिंदु" (नदीमंडल, 8×10^{15}) पर "संतुलन बल" (उद्धक्का, 16) के "मानसिक शक्ति" (परतपारा, 16) को नियंत्रित करने वाले अभिसरण के उर्जा परिमाण यंत्र के साथ जुड़ते हैं। अवरोही, जागरूक "जेनेटिक तत्व" (देवेंद्र, 12) की जोड़ी भी प्राकृतिक रूप से केंद्रीय भूमध्यरेखीय बिंदु पर षट्कोणीय "सिनैप्टोनेमल कॉम्प्लेक्स" (हृदय चक्र, 8×10^{15})। केंद्रीय भूमध्यरेखीय बिंदु हेक्सागोनल "सिनैप्टोनेमल मिश्रित" [समानांतर धागों की सीढ़ी जैसी श्रृंखला दिखाई देती है] (हृदय चक्र, 8×1015) के भीतर स्थित है। षट्भुज के छह-परिमाणो में गुणसूत्रों की एक जोड़ी, जेनेटिक तत्व की एक जोड़ी, सूक्ष्मनगाड़ा के पचिटीन सूत्रण और खुद "सिनैप्टोनेमल मिश्रित" [समानांतर धागों की सीढ़ी जैसी श्रृंखला दिखाई देती है] शामिल हैं। प्रत्येक पहलू केंद्रीय भूमध्यरेखीय बिंदु से "सिनैप्टोनेमल कॉम्प्लेक्स" के परिमाण के जरिए के रूप में षट्भुज सूर्य के भीतर स्थित है। छह परिमाण छह सजीव ग्रह

हैं- बुध, शुक्र, पृथ्वी, मंगल, बृहस्पति और शनि। उनकी शक्ति षट्भुज के भीतर अरुण ग्रह के विषम द्रव्यमान परिमाण के कारण उतरती है - एक "आरोही" (उदिता, 2) ग्रह।

षट्कोणीय "सिनैट्रोनेमल मिश्रित" [समानांतर धागों की सीढ़ी जैसी श्रृंखला दिखाई देती है] "उष्णकटिबंधीय राशि" (उषा, 16) के भीतर "लुप्त-प्रभाव की सहज जागरूकता" (सहजा पुता, 16) का व्यापार करके एक "न्यूक्लियोलस" (शूद्र, 1) में बदल जाता है। यह "जाली मधुकोश-पचिटीन जैवजनन" की प्रक्रिया को पूरा करता है (ज्ञानचक्र, 28)। न्यूक्लियोलस "बिना शर्त दिव्य योजना" (अबाधा, 10) का केंद्र है क्योंकि यह क्षैतिज रूप से अपनी "अस्तित्व शक्ति" (मायाशक्ति, 1) को "सूर्य" (सूर्य, 21) की "शून्य" (शून्य, 0) शक्ति के साथ मिलाता है। यह एक प्रगतिशील "संक्षेपण वक्रता" (विक्षेपाशक्ति, -5) के कारण एक "दुर्बल-कमजोर बिंदु" (संकर्षण, 27) बन जाता है। यह अंततः "सूर्य" (सूर्य, 21), अर्ध-सत्ता के साथ एक "एकतरफा सहसंबंध" (विमशोत्तरी दशा, -1) में बदल जाता है। "काल कोठारी" (विष्णुनाभि, 82) के गठन से पहले नेपच्यून के "काल कोठारी प्रभाव" (इदम, 3) द्वारा सूर्य का संपूर्ण मूल्य "ग्रहण" (ग्रहाना, -1) है। सूर्य की शक्ति, नेपच्यून एक "मजबूत बिंदु" (अयनांश, 27) बन जाता है और यूरेनस को "कमजोर बिंदु" (संकर्षण, 27) में आकार देता है। नतीजतन, छह ग्रहों के मूल्य का समूह एक अवरोही, सजीव, जीवात्जीवोत्पत्ति संबंधी मर्दाना बन जाता है। यह ऊष्मप्रवैगिकी शक्ति उत्पन्न करता है जो सूर्य को नेपच्यून के "उलझन" (कुला, 16) से मुक्त करता है। जीवात्जीवोत्पत्ति संबंधीन्यूक्लियोलस के तीन घटक होते हैं: तंतुमय केंद्र- "केंद्रीय भूमध्यरेखीय बिंदु" (नदीमंडला, 8 x 1015), सघन तंतुमय घटक- सूक्ष्म परिमाण के रूप में "नाभिक" (शूद्र, 1), और दानेदार घटक —सूर्य नेपच्यून द्वारा "संगठनात्मक मापीय" के रूप में ग्रहण किया (महाशुन्य, -1)।

9.3.8 चरण 8. राजनयिक तानाशाही

चरण 8 में, अपरिमित परंपरासूत्र-एलील[दो या अधिक भिन्न जोनों में से एक जो जोड़ीदार समजात गुणसूत्रों के अनुरूप स्थानों पर स्थित होते हैं जिसके कारण आनुवंशिक लक्षण परिवर्तित हो जाते हैं] संयोजन "कोशिका द्रव्य पॉलीएडेनाइलेशन[एक आरएनए प्रतिलेख के लिए एक पाली (ए) पूंछ का जोड़ है] तत्त्व-बंधन प्रोभूजिन-सी.पी.ई.बी- संस्कृति तत्व" में बदल जाता है (सदाख्या तत्त्व, 9)। सी.बी.ई.बी सांस्कृतिक रूप से अपरिमित परंपरासूत्र- एलील[दो या अधिक भिन्न जोनों में से एक जो जोड़ीदार समजात गुणसूत्रों के अनुरूप स्थानों पर स्थित होते हैं जिसके कारण आनुवंशिक लक्षण परिवर्तित हो जाते हैं] संयोजन को

"अनुवाद" के साथ बांधता है जो बाद वाले को "सन्देशवाहक आर.एन.ए-उत्प्रेरक प्रोभूजिन" (शिलाजीत, 855) में बदल देता है। बदले में, अपरिमित परंपरासूत्र-एलील संयोजन एक "मशीन-कार्यसंस्कृति तत्व" (नायकी तत्त्व, 379) में बदल जाता है। मशीन सन्देशवाहक आर.एन.ए की पॉलीएडेनिन[एक आरएनए प्रतिलेख के लिए एक पाली (ए) पूंछ का जोड़ है] पूंछ को बढ़ाता है, जो अपरिमित परंपरासूत्र-एलील संयोजन को "स्थानांतरण आर.एन.ए-कायापलट प्रोभूजिन" (जीवाग्रिभ, 855) में तिरछे सलीब -बाँध करने के लिए काम करता है।

परंपरासूत्र और एलील के जोड़े के चार चेहरे और स्वयं के पांचवें स्थायी चेहरे सहित पांच-मुख वाले सी.पी.ई.बी, क्रमिक रूप से "कोशिका द्रव्य पॉलीएडेनाइलेशन तत्व (सी.पी.ई) - क्वार्क[एक प्रकार का कम वसा वाला दही पनीर] तत्व" (द्विदुधा, 476) में बदल जाते हैं। सी.पी.ई अपरिमित एलील को व्यापार करता है और अपरिमित एलील को "परम राइबोसोमल[मैक्रोमोलेक्यूलर मशीनें हैं, जो सभी जीवित कोशिकाओं में पाई जाती हैं] आर.एन.ए-जीवाणु-संबंधी प्रोभूजिन" (जीवनिकया, 855) में बाद में अपरिमित एलील-उत्तम परंपरासूत्र पुनर्संयोजन को बांधता है। एक "मशीन मिश्रित-संस्कृति प्रभाव" बनाने के लिए पुनर्संयोजन (विमशोत्तरी दशा, -1)। उत्तरार्द्ध मुताबिक़ अपरिमित एलील-उत्तम परंपरासूत्र पुनर्संयोजन को "उत्तम राइबोसोमल[मैक्रोमोलेक्यूलर मशीनें हैं, जो सभी जीवित कोशिकाओं में पाई जाती हैं] आर.एन.ए-यौन-प्रजनन प्रोभूजिन" (जीवभासा, 855) में बदल देता है।

मशीन मिश्रित की मापीय शक्ति की भरपाई करने के लिए, सी.पी.ई एक विषम अपरिमित परंपरासूत्र-उत्तम एलील पुनर्संयोजन को "छह अपरिमित यूकेरियोटिक[वे जीव हैं जिनकी कोशिकाओं में एक नाभिक होता है जो एक परमाणु लिफाफे में घिरा होता है] दीक्षा प्रभावों-ईआई.एफ. 5, ईआई.एफ. 5 ए, ईआई.एफ. 5 बी" के "सूक्ष्मआर.एन.ए लक्ष्य स्थल" (अभियोग, 36) बनाने के लिए पुन: संयोजन करता है। ईआई.एफ.6, ईआई.एफ.6ए, ईआई.एफ.6बी- सूक्ष्मआर.एन.ए: घातीय रूप से विखंडन करने वाला प्रोभूजिन"(जीवदरा, 855)। इन्हें "यूरैसिल[जीवित ऊतक में आरएनए के एक घटक आधार के रूप में पाया जाने वाला एक यौगिक] यू. संपन्न पॉलीएडेनाइलेशन प्रतिक्रिया तत्वों-पूर्व" के रूप में भी जाना जाता है, क्योंकि ये यूरैसिल को "अभिन्न परिमाण" (अनातनाम, 8) के रूप में "मर्दाना-से-स्त्रीलिंग लिंग विनिमय" (पुत्र धर्म, 38) के मार्गदर्शन के लिए सेवा प्रदान करते हैं।) ईआई.एफ.5 आरोही सी.पी.ई क्वार्क का "एकत्रीकरण" (जमा, -7) है जो "सांस्कृतिक जीवनचक्र" के "पूर्ण मूल्य" (अभेद्य वस्तु, 476) में होता है और मशीन अवरोही

"कार्यसंस्कृति तत्व" (नायकी तत्त्व, 379) के रूप में होता है। ईआई.एफ.5ए सी.पी.ई क्लार्क को "समूह जीवनचक्र के पूर्ण मापीय- युग" के रूप में लेता है (कल्पा, 476)। ईआई.एफ.5बी सी.पी.ई क्लार्क को "भौगोलिक जीवनचक्र-ताराबीज ब्रह्मांड के पूर्ण मापीय" (गणराज्य, 476) के रूप में लेता है। ई.आई.एफ. 6 सी.पी.ई क्लार्क को "संस्कृति की पूर्ण मापीय-जन्मजातता" (जातक, 476) के रूप में लेता है। ईआई.एफ.6ए सी.पी.ई क्लार्क को "समूह-प्रभाव-रोगाणु कोशिका के पूर्ण मापीय" (चंद्रमौली, 476) के रूप में लेता है। ईआई.एफ.6बी सी.पी.ई क्लार्क को "भूगोल-प्रभाव के पूर्ण मापीय-सिग्मा[ग्रीक अक्षर] मान" (सद्भाव, 476) के रूप में लेता है।

मशीन मिश्रित सूक्ष्मआर.एन.ए लक्ष्य स्थल की मापीय शक्ति की भरपाई के लिए एक विषम अपरिमित एलील-उत्तम परंपरासूत्र पुनर्संयोजन को पुन: उत्पन्न करता है। यह "छह एडेनिन[एक यौगिक जो न्यूक्लिक एसिड के चार घटक आधारों में से एक है]-यूरासिल ए.यू संपन्न मुसाशी बंधन तत्वों (एम.बी.ई)" का "मशीन बंधन स्थल" (जाडा, 38) बनाता है। लघुगणकीय रूप से प्राथमिक आर.एन.ए को ट्रांसड्यूस[कुछ, जैसे शक्ति या संदेश] करने के लिए" (शकनवाह, 855)। उत्तम आर.एन.ए छह "अपरिमित यूकेरियोटिक दीक्षा प्रभावों-ई.आई.एफ. 3, ई.आई.एफ. 3 ए, ई.आई.एफ. 3 बी, ई.आई.एफ. 4, ई.आई.एफ. 4 ए, ई.आई.एफ. 4 बी" के अनुक्रम के रूप में बनता है। वे "एकत्रीकरण" (जमा, -7) के क्रम को उलटते हैं, मशीन को आरोही "कार्यसंस्कृति तत्व" (नायकी तत्त्व, 379) के रूप में लेते हुए एडेनिन को "अभिन्न परिमाण" (कुदरत, 8) के रूप में स्त्री-से-पुरुष लिंग विनिमय" (वेश्यधर्म, 7 × 10180) मार्गदर्शन करने के लिए "अभिन्न परिमाण" के रूप में सेवा प्रदान करते हैं।

जीवात्जीवोत्पत्ति संबंधी न्यूक्लियोलस[एक छोटी घनी गोलाकार संरचना] बारह यूकेरियोटिक दीक्षा प्रभावों की मापीय शक्ति को स्व-व्यवस्थित करने के लिए एक समरूप अपरिमित परंपरासूत्र-उत्तम एलील पुनर्संयोजन को पुन: उत्पन्न करता है। यह "अनुवादकीय नियंत्रण अनुक्रम" (उपाधि, 37) का "राइबोसोमल पूर्वाभ्यास मिश्रित (पी.सी.आई.) स्थल" (संसार, 37) बनाता है। यह "मर्दाना-से-उभयलिंगी लिंग विनिमय" (प्रतिवासुदेवधर्म, 264) का मार्गदर्शन करने के लिए "अभिन्न परिमाण" (कुदरत, 8) के रूप में ग्वानिन जी की सेवा करता है। टी.सी.एस. "छह गुआनाइन[एक यौगिक जो गुआनो और मछली के तराजू में होता है]-एडेनिन-यूरासिल, जी.ए.यू समृद्ध अवसान सी.पी.ई का उत्पादन करता है। "परम आर.आर.एन.ए" (जीवनिकाय, 855) को बहुरेखीय रूप से एक-रूप होने के लिए पॉलीएडेनाइलेशन संकेत"। परम आर.आर.एन.ए छह "परम यूकेरियोटिक दीक्षा प्रभावों-

इ.आइ.एफ.1, इ.आइ.एफ.1ए, इ.आइ.एफ.1बी, इ.आइ.एफ.2, इ.आइ.एफ.2ए, इ.आइ.एफ.2बी" के अनुक्रम के रूप में बनता है। ये प्रभाव पहले सी.पी.ई क्लार्क को अवरोही, विषम प्रभाव के रूप में लेते हुए और फिर मशीनकार्यसंस्कृति तत्व को आरोही, सम प्रभाव बनाकर "एकत्रीकरण" (जमा, -7) के क्रम को वैकल्पिक करते हैं। परिणामी प्रभाव "शब्दकोश-प्रभाव" (शोदशोत्तरी दशा, 40) के कारण समान रूप से क्रमबद्ध आदि, प्रारंभिक यूकेरियोटिक दीक्षा प्रभावों से भिन्न होते हैं। यह लिंग को विषम पुल्लिंग और यहाँ तक कि स्त्रीलिंग में भी द्विगुणित करता है।

अठारह यूकेरियोटिक दीक्षा प्रभावों के साथ एक संगठन के रूप में, जीवात्जीवोत्पत्ति संबंधी न्यूक्लियोलस[एक छोटी घनी गोलाकार संरचना] एक "आर.एन.ए स्थिरीकरण और डी.एन.ए अनुवाद सम्बन्धि सक्रियण समारोह-आर.डी.टी" (निर्याना, 28) के रूप में साइटोसिन[जीवित ऊतक में पाया जाने वाला एक यौगिक] सी को "अभिन्न परिमाण"" (कुदरत, 8)" के रूप में सेवा देने के लिए एक बहु-गुणसूत्र-एलील पुनर्संयोजन का उत्पादन करता है। उभयलिंगी -से लेकर-उत्तम उभयलिंगी लिंग प्रतिदान "(रमन, 20) की उत्तम लहर का मार्गदर्शन करने के लिए। आर.डि.टी. "इ.सी.पी.ए.पॉलीएडेनाइलेशन बंधन प्रोभूजिन (पी.ए.बी.पी.)" (जीवनु, 855) को संयुग्मित रूप से अलैंगिक रूप से पुन: उत्पन्न करने के लिए "छह, साइटोसिन[जीवित ऊतक में पाया जाने वाला एक यौगिक]- गुआनाइन-एडेनिन-यूरैसिल तटरक्षक पोत समृद्ध वैकल्पिक पॉलीएडेनाइलेशन (ए.पी.ए.) संकेत" का उत्पादन करता है। तटरक्षक छह "प्राथमिक-उत्तम यूकेरियोटिक दीक्षा कारक- इ.आइ.एफ.4इ, इ.आइ.एफ.4एफ, इ.आइ.एफ.4जी, इ.आइ.एफ.4एच, इ.आइ.एफ.2डी, इ.आइ.एफ.2-टी.सी" के अनुक्रम के रूप में बनता है। आर.डी.टी छह को आकार देकर "एकत्रीकरण" (जमा, -7) के क्रम को सामान्य करता है। अभाज्य मान—3, 5, 7, 11, 13, 17—मर्दाना से स्त्रीलिंग में, प्रथम अभाज्य मान "2" को उसके पूर्ण सम स्त्रैण रूप में छोड़ते हुए।

चौबीस यूकेरियोटिक दीक्षा प्रभावों के एक पारिस्थितिकी तंत्र के रूप में, अनुवादित "यूकेरियोट के भीतर डी.एन.ए अणु" (राणाबाजरी, 963) एक "यूकेरियोटिक अनुवाद दीक्षा (इ.टी.आइ) जटिल स्थल" (घर, 25) बनाने के लिए अपरिमित परंपरासूत्र- एलील संयोजन को स्व-स्थायी बनाता है, थाइमिन[एक यौगिक जो न्यूक्लिक एसिड के चार घटक आधारों में से एक है] टी को "अभिन्न परिमाण" (अनातनाम, 8) के रूप में कार्य के लिए "प्राथमिक उभयलिंगी से लेकर उत्तम उभयलिंगी लिंग प्रतिदान" (पुरुषयोनी, 24) का मार्गदर्शन करने के लिए। इ.टी.आइ. "इ.आइ.एफ.4इ- ढक्कन-आश्रित प्रोभूजिन" (जीवती,

855) को संगत रूप से निषेचित करने के लिए "छह, थाइमिन-साइटोसिन-गुआनिन-एडेनिन-यूरैसिल टी.सी.जी.ए.यू संपन्न की अनुमति प्रोभूजिन संश्लेषण (पी.पी.एस.)" का उत्पादन करता है। निषेचित "माइटोकॉन्ड्रियन[अधिकांश कोशिकाओं में बड़ी संख्या में पाया जाने वाला अंगक] अणु एम.टी.डी.एन.ए" (तांडव, 286) बारह "परम-प्राथमिक यूकेरियोटिक दीक्षा प्रभावों-ई.आई.एफ.3डी, ई.आई.एफ.3ई, ई.आई.एफ.3एफ, ई.आई.एफ.3जी, ई.आई.एफ.3एच, ई.आई.एफ.3आई, ई.आई.एफ.3जे, ई.आई.एफ.3के, ई.आई.एफ.3एल, ई.आई.एफ.3एम, और ई.आई.एफ.3एम, के अनुक्रम के रूप में बनता है। ई.आई.एफ.2-टी.सी- इउ की कमी वाला त्रिगुट मिश्रित। "एम.टी.डी.एन.ए बारह लयबद्ध मूल्यों को आकार देकर "एकत्रीकरण" (जमा, -7) के क्रम में सामंजस्य स्थापित करता है, जिनमें से तीन अपरिमित स्त्री-लिंग (19, 23, 29) और अन्य हैं। नौ अपरिमित पुल्लिंग हैं (6, 8, 14, 16, 18, 22, 24, 26, 28)। परिणामी, "खुद-प्रतिलिपिकारक त्रिगुट मिश्रित" (जीवनदा, 855) ई.टी.आई. मिश्रित स्थल से यूरैसिल को तीस "यूकेरियोटिक अनुवाद दीक्षा मिश्रित" (सांख्यधर्म, 30) को फिर से व्यवस्थित करने के लिए व्यापार करता है। क्रमिक मर्दाना प्रभाव क्रमिक रूप से आरोही विषम मान लेते हैं और क्रमिक स्त्रैण कारक क्रमिक रूप से आरोही सम मान लेते हैं। पुन: व्यवस्थित प्रभावों को "यूकेरियोटिक बढ़ाव प्रभाव-ऐसे जीवों को कहा जाता है जिनकी कोशिकाओं (सेल) में झिल्लियों में बंद केन्द्रक (न्यूक्लियस) नहीं होता जन्म शक्ति" के रूप में जाना जाता है (अलम्बुषा शक्ति, 30)।

तीस यूकेरियोटिक बढ़ाव प्रभावों के साथ एक अस्तित्व के रूप में, अनुवादित "प्रोकैरियोट-लाल-रक्त-कोशिका उपकरण" (शदायतन, 999) "आंतरिक राइबोसोम प्रवेश स्थल (आइ.आर.इ.एस.)" (कर्म-बंध, 19) बनाने के लिए आदि-उत्तम संयोजन में वृद्धि को खुद-पुन: उत्पन्न करता है, यूकेरियोटिक विमोचन और समाप्ति के लिए। आई.आर.ईए.स टी.सी.जी.ए को "राइबोसोम न्यूक्लियोटाइड[एक फॉस्फेट समूह से जुड़े न्यूक्लियोसाइड से युक्त एक यौगिक] तेजाब" (आर.एन.ए) के "अभिन्न परिमाण" (कुदरत, 8) के रूप में सेवाएं देता है ताकि लम्बी प्रोकैरियोटिक अस्तित्व के भीतर ऊष्मायन "अपरिमित उभयलिंगी से लेकर आदि-उत्तम उभयलिंगी लिंग प्रतिदान" (अनिका, 19) को अपरिमित कोशिका जारी किया जा सके। जारी "कोशिका" (हिरण्यगर्भ, 19) "तीस, थाइमिन-साइटोसिन-गुआनाइन-एडेनिन टीसीजीए समृद्ध पुमिलियो-बंधन" के उत्पादन के लिए अपरिमित "प्रोकैरियोट" (शडायतन, 999) के रैखिक जल-प्रभाव में एक कृमि जैसी वृद्धि उत्पन्न करता है। तत्वों (पी.बी.ई)" (प्रदान की, 855)। अनुक्रमिक "कार्यात्मक अनुवादकीय के माध्यम

से पढ़ा" (उर्ध्वा-तिर्यग्बिह्म, 19) "वर्तमान को दो से गुणा करना" अनुक्रम का भिन्न मूल्य है, जहां स्थिति "खुद- चिरस्थायी" (उड़वाहा, ½) लिंग अनुपात।

प्रत्येक कोशिकीय यूकेरियोट के भिन्न मान "अति-प्रकट करना" (रत्नाकेतु, 10) उनकी "व्यक्तित्व" (व्याष्टि, 1029) "सप्तक के सप्तक" (कृष्णमूर्ति, 1) के भीतर हैं। बहुकोशिकीय प्रोकैरियोट के अभिसरण मूल्य उनकी "सामूहिकता" (समष्टि, 7 x 10180) को "सत्ता के रूप में ब्रह्मांडों के सप्तक" (कृष्णमूर्ति, 1) के भीतर "अति-प्रकट करना" करते हैं। "प्रोकैरियोट" (शदयातन, 999) के डेढ़ सप्तक का पुन: व्यवस्थित "बिना शर्त परिमाण" - संस्थाओं के रूप में ब्रह्मांडों का सप्तक। इसे "सार्वभौमिक विमोचन प्रभाव" (असंगधर्म, - 4) के रूप में जाना जाता है। यह एक 80एस. "यूकेरियोटिक राइबोसोमल एकांग" (रुधिरापायिन, 1523) का उत्पादन करता है, जिसमें अस्सी "कोशिकाएं" (हिरण्यगर्भ, 19) शामिल हैं। परिणामी उत्पाद इस प्रकार है:

(1520: 80 * 19) + (3: टी.सी.जी. से युक्त व्यक्तिगत कोशिकाओं का यह "गुणक", ब्रह्मांडों के सप्तक को एक अद्वितीय अस्तित्व के रूप में बनाने के लिए एडेनिन ए के विभाजन के बाद) = 1.5 * (प्रोकैरियोट + आई.आर.ई.एस. के रूप में जारी कोशिका) + (व्यक्तियों के सप्तक का बिना शर्त परिमाण, अलग-अलग संस्थाओं और सामूहिक ब्रह्मांडों के दोहरे सप्तक में विभाजन से पहले) = 1.5 * (999+ 19) + (-4) = 1527 - 4 = 1523।

वस्तुतः, यूकेरियोटिक राइबोसोमल अस्तित्व अपने बढ़ते आंतरिक लाल रक्त तंत्र को पीती है और अस्सी व्यक्तिगत परम बाल संस्थाओं को बाहर निकालती है। यह ब्रह्मांडों के एक सप्तक में बदल जाती है। प्रत्येक परम बाल अस्तित्व में संस्थाओं का ब्रह्मांड होने की शक्ति होती है।

अनुवादित "यूकेरियोट, डी.एन.ए. अणु के बिना" (रुधिता, 963) के भीतर समाप्त कोशिका "अलग करके" (कुल, 9) 80एस. संपूर्ण "कौशिका राइबोसोमल एकांग" (रुधिरपायिन, 1523) द्वारा अस्सी कोशिकाओं के परम-प्राथमिक ब्रह्मांड में "खुद-स्थायी" (उड़वा, ½) 40एस "प्रोकैरियोटिक राइबोसोमल एकांग" (साधक, 127= 1524/12) को डेढ़ सप्तक (यानी, 8 + 4 = 12) में वृद्धि का उत्पादन करती है।स्त्री-प्रभाव के विकास मूल्य के पूर्ण अवसर का शोषण करता है, जिसमें "भावुक शक्ति के उर्जा परिमाण यंत्र मूल्य" (गर्दभेज्य, 108) की बारह सत्ताओ शामिल हैं जो खुद के भीतर और "संवेदी के विकास मूल्य" की बारह अस्तित्वो को शामिल करती हैं। शक्ति" (धाम, 19) 80एस. "यूकेरियोटिक राइबोसोमल एकांग" (रुधिरापायिन, 1523) के भीतर स्थिर है।

संवेदनशील शक्ति की उर्जा परिमाण यंत्र घोषणा डेढ़ सप्तक लंबी, 60एस. "यूकेरियोटिक राइबोसोमल एकांग" (गर्दभेज्य, 108) । संवेदनशील शक्ति का विकास मूल्य आरोही 40एस., "प्रोकैरियोटिक राइबोसोमल उप-एकांग" (साधक, 127, और अवरोही 60एस., "यूकेरियोटिक राइबोसोमल एकांग" (गर्दभेज्य, 108) । यह एक क्षैतिज 70एस., "आर्कियोन राइबोसोमल एकांग" (धाम, 19), एक भविष्य में 50एस., "विभोजी राइबोसोमल एकांग" (अनुरुपये-शुन्यामन्यत, 2) बनाता है । और 30एस. की एक पिछड़ी जोड़ी, "जीवाणु राइबोसोमल एकांग" (नारकी, 1) । नतीजतन, सात संस्थाओं की सामूहिकता (80एस. कौशिका, 40एस. प्रोकैरियोटिक, 60एस. यूकेरियोटिक, 70एस. आर्कियन, 50एस. विभोजी, 30 अपरिमित जीवाणु, 30 उत्तम जीवाणु) "अंकुरित" (अमुधेश्वरी, 18) तीन सौ साठ (80+40+60+70+50+30+30) राशि चक्र के व्यक्तित्व की व्यक्तित्व, दोनों ब्रह्मांडों के साथ-साथ संस्था की संपूर्णता को प्रकट करने के लिए ब्रह्मांड में मौजूद समूह । नाक्षत्र राशि चक्र प्रक्रिया को "राजनयिक तानाशाही" (अमोघ) के रूप में जाना जाता है सिद्धि, 28) । यह सर्वशक्तिमान निर्माता अस्तित्व के रूप में उत्तम-प्राथमिक क्षेत्र के भीतर, एक स्पशरेखा धागे के रूप में अस्तित्व समूह और ब्रह्मांड को गुरुत्वाकर्षण धागे के रूप में त्रिभुज और आश्रय देता है ।

चरण 9 में, ब्रह्मांडों और संस्थाओं के विभाजित दोहरे सप्तक के भीतर सोलह समाप्त कोशिकाएं "उष्णकटिबंधीय राशि" (उषा, 16) बनाती हैं । इसमें आत्म-स्थायी, बारह ज्योतिषीय संस्थाओं का डेढ़ सप्तक, संवेदनशील संस्थाओं का ब्रह्मांड, निर्जीव संस्थाओं का ब्रह्मांड और संवेदनाओं का जन्म-समूह और निर्जीव संस्थाओं का जन्म-समूह शामिल है । अविभाजित आदि-उत्तम क्षेत्र के भीतर तीन सौ साठ अंकुरित कोशिकाएं "नाक्षत्र राशि" (अमोघसिद्धि, 28) बनाती हैं । ये निम्नलिखित से बने हैं ।

- बीस अपरिमित क्षेत्र;

- उत्तम दायरे के भीतर लिंग-एकीकृत संस्थाओं के चालीस समूह;

- अठारह ताराबीज ब्रह्मांड;

- ताराबीज ब्रह्मांड के भीतर लिंग-विभेदित मर्दाना और स्त्रैण संस्थाओं में से प्रत्येक छत्तीस समूह;

- बारह राशियां;

- संवेदनशील संस्थाओं के राशि-विभेदित ब्रह्मांड में से प्रत्येक के बारह वर्ग, निर्जीव संस्थाओं का ब्रह्मांड, संवेदनशील संस्थाओं का 'जन्म-समूह, और निर्जीव संस्थाओं का जन्म-समूह;

- ताराबीज के अठारह वर्ग- और लिंग-विभेदित, संवेदनशील, और निर्जीव संस्थाओं को विविध ब्रह्मांडों और जन्म-समूहों में विभाजित किया गया;

- अपरिमित क्षेत्र में से प्रत्येक बीस वर्गों ने विभिन्न ब्रह्मांडों और जन्म-समूहों में अलग-अलग संवेदनशील और निर्जीव संस्थाओं को विभेदित किया;

- संपूर्ण राशि चक्र ब्रह्मांड;

- पूरी तरह से ताराबीज ब्रह्मांड।

संपूर्ण रूप से अपरिमित क्षेत्र एक तीन सौ साठ-प्रथम, "निषेचित और प्रदर्शन" (प्रभा, 180) है, लेकिन "अंकुरित और लाभप्रद" (ए.यू.एम, 18) कौशिका नहीं है। आंशिक-अभिन्न आदि-उत्तम क्षेत्र, जिसमें अपरिमित क्षेत्र शामिल है, एक तीन सौ साठ सेकंड, "गठित और क्रमादेशित" (एरोली, 100,000) है, लेकिन निषेचित और प्रदर्शन करने वाला कौशिका नहीं है। पूरी तरह से विभेदित आदि-उत्तम क्षेत्र में अपरिमित क्षेत्र शामिल नहीं है, लेकिन इसमें ताराबीज, राशि चक्र और ज्योतिषीय ब्रह्मांड शामिल हैं। यह तीन सौ साठ-तिहाई, अवधारणात्मक रूप से "मानदंड और नियोजित" (विजना, 47) को प्रकट करता है, लेकिन अनुभवात्मक रूप से रूपांतरित और निष्पादित, कौशिका नहीं। आंशिक रूप से विभेदित आदि-प्राथमिक क्षेत्र में अपरिमित क्षेत्र के साथ-साथ ताराबीज ब्रह्मांड दोनों को शामिल नहीं किया गया है। यह तीन सौ चौंसठवें जागरूक रूप से "खुद-संगठित" (कुल, 9) के रूप में प्रकट होता है, लेकिन अवधारणात्मक रूप से क्रमादेशित और आत्म-स्पष्ट कौशिका नहीं। अविभाज्य आदि-प्राथमिक क्षेत्र में केवल वैज्ञानिक रूप से स्पष्ट ज्योतिषीय ब्रह्मांड शामिल है। यह तीन सौ पैंसठवें, लिपिबद्ध रूप से "खुद-उत्पादक" (प्रेतशरिरा, 1/60) तकनीकी कौशिका के रूप में प्रकट होता है। दस-चरण अर्धसूत्रीविभाजन नाममात्र अभिव्यक्ति है इस ब्रह्मांड में प्रत्येक संस्था द्वारा खुद निर्मित लिपि की।

प्रत्येक संस्था तीस, द्वि-परिमाणि आदेशों में से एक का खुद-उत्पादन करती है, जहां प्रत्येक आदेश ताराबीज संस्थाओं का एक ब्रह्मांड है। दो परिमाण हैं आगे बढ़ने वाली मर्दाना भावना जो एक तकनीकी संतुलन और एक पिछड़े-धक्का देने वाली मातृ भावना बनाती है जो सूक्ष्म पत्नी भावना के माध्यम से एक बच्चे की भावना को जन्म देती है, जो स्थूल पति की भावना के भीतर होती है। स्थूल पति आत्मा ताराबीज संस्थाओं के पांच ब्रह्मांडों का एक

समूह है जो अपरिमित खुद का गठन करते हैं। सूक्ष्म पत्नी आत्मा खुद को स्थूल पति आत्मा के नकारात्मक दासता-प्रभाव को वरिष्ठ मूल्य के रूप में उत्पन्न करती है। क्विनरी विकल्प पवित्र मातृ आत्मा की त्रिकोणीय दासता के माध्यम से आत्मा का निर्माण है, जिसके बाद रैखिक, विषम-सम लिंग विनिमय के साथ आत्मा के स्थानांतरण का क्रम होता है। यह मूल पितृ के रूप में शैतान के साथ शुरू होता है और मूल पितृ आत्मा के अध: पतन, क्षय और मृत्यु के बाद शैतान के साथ आदिकालीन मर्दाना के रूप में समाप्त होता है। यह सम-विषम लिंग आदान-प्रदान की अनंतता के माध्यम से आगे बढ़ता है, भौतिक क्षेत्र में जुड़वां आत्मा के साथ सप्तक-दोहरी एकता की कामना करता है, आध्यात्मिक क्षेत्र में अपवित्र मर्दाना भावना को आगे बढ़ाते हुए, उग्र पर काबू पाने के लिए। अपवित्र मर्दाना आत्मा उग्र है, बुखार से मरी हुई मातृ आत्मा की तलाश कर रही है ताकि उसका पुनर्जन्म हो सके। सूक्ष्म पत्नी की आत्मा छह-मुखी आदि-उत्तम खुद का छठा, क्षतिपूर्ति करने वाला चेहरा है।

किसी भी विभेदित संस्था के बिना, लुप्त ब्रह्मांड तीन सौ छियासठवां, आध्यात्मिक रूप से "खुद-उत्पादक विकास" (सुरारी, -1/60) है। दस-चरणीय समसूत्रण प्रक्रिया किसी भी संस्था की जागरूक के बिना सार्वभौमिक स्तर पर आत्मा की संवेदनशील वास्तविकता की घटनात्मक अभिव्यक्ति है। आत्मा के विपरीत जो एक संस्था के लिए बाहरी है, आत्मा एक संस्था के लिए स्वाभाविक है। हमारे पास आत्मा की जागरूकता को बनाने की शक्ति है, जो ब्रह्मांड के साथ मानसिक संबंधों की एक प्रणाली है जो प्रत्येक अस्तित्व के भीतर निहित आत्मा द्वारा प्रकट होती है। किसी भी काल, "विचार आवेग" (विचार, 10) की डेढ़ सप्तक लहर हमारी जागरूकता के भीतर उत्पन्न होती है और "घुमावदार दिष्ट" (वाकरी, 396) के रूप में बनी रहती है। एक वक्रीय सदिश ब्रह्मांड के 366 कौशिका परिमाणो के ऊर्ध्वाधर और अनुक्रमिक योग के माध्यम से शक्ति का व्यापार करता है और प्रत्येक संस्था के भीतर मौजूद अपरिमित खुद के तीस कौशिका परिमाणो का व्यापार करता है।

एक संस्था गतिशील ब्रह्मांड की चलती "गुरुत्वाकर्षण शक्ति" (ललिता, 100) के लिए "ध्यान" (विग्रेश, 1) समर्पित करके एक 'रैखिक दिव्य योजना' (मार्गी, 497) का ध्रुवीकरण करती है और विचार आवेग को व्यापार करके स्वाभाविक रूप से अर्ध-सत्ता का मार्गदर्शक-प्रभाव द्वारा विकसित होने देती है। चूंकि विचार आवेग स्वाभाविक रूप से विकसित होता है, संस्था "ऊष्मीय करता है" (चल, 26) एक विश्वास है कि खुद विचार आवेग का बिना शर्त निर्माता है। वास्तव में, 'रैखिक दिव्य योजना' (मार्गी, 497 = 366 + 30 + 1 + 100) ब्रह्मांड के 366 कौशिका परिमाणो का एक "एकलीकरण" (जमा, -7) है, जो

इकाई के 30 कौशिका परिमाण हैं और ब्रह्मांड के बिना संस्था का एक कोशिकीय परिमाण, और संस्थाओं के बिना ब्रह्मांड के सौ कोशिकीय परिमाण।

इसलिए, हर 497 नाक्षत्र सेकंड में, हम स्वाभाविक रूप से उसी विचार चक्र को खुद पुन: उत्पन्न करते हैं जब तक कि हम आवेग चक्र के लंगर डालने सट्टक में ध्यान देने को बदलने के लिए अपनी "अलौकिक शक्ति" (नारकी, 1) का निवेश नहीं करते हैं। हम अपने अलौकिक विचार आवेग को एक वर्तमान और आधे आत्म-स्थायी चक्र के बारह टिप्पणियाँ में से किसी एक में लंगर डाल सकते हैं। बारह टिप्पणियाँ को रैखिक रूप से अनुक्रमित करके, हम एक अद्वितीय विचार अनुक्रम बनाए रख सकते हैं, जैसे 5964 नाक्षत्र सेकंड के लिए एक सतत कहानी। हम अपने अलौकिक विचार आवेग को अवरोही सप्तक क्रम में अलग कर सकते हैं ताकि 11,928 नाक्षत्र सेकंड के लिए अद्वितीय विचार अनुक्रम को बनाए रखा जा सके। फिर हम इसे अतिरिक्त 497 तारे के समान सेकंड के लिए स्वाभाविक रूप से बहने दे सकते हैं, जिससे 12,425 तारे के समान सेकंड की एक अनूठी, निरंतर कहानी बन सकती है।

हम अपने चेहरे की दिशा बदल सकते हैं, उत्तर से शुरू होकर, वेगा तारा की संवेदनशील शक्ति की उत्पत्ति। फिर हम पूर्व की ओर मुड़ सकते हैं, सूर्य की गुरुत्वाकर्षण शक्ति की उत्पत्ति और ज्योतिषीय ब्रह्मांड। फिर हम दक्षिण की ओर मुड़ सकते हैं, गहरे द्रव्य की दिव्य शक्ति और राशि ब्रह्मांड की उत्पत्ति। हम अंततः पश्चिम की ओर मुड़ सकते हैं, काल कोठारी की शैतानी शक्ति और ताराबीज ब्रह्मांड की उत्पत्ति। हम इस प्रकार अद्वितीय, निरंतर कहानी की लंबाई को 49,700 तारे के समान सेकंड तक बढ़ा सकते हैं। शारीरिक रूप से अपना चेहरा मोड़ने के बजाय, जो हमारे ध्यान को बाधित करता है, हम एक निर्बाध पुनर्रचना के लिए बस एक "इरादतन" (अभिप्रया, 10) बना सकते हैं और की भावना को जाने दें ब्रह्मांड हमारे लिए काम करता है। वैकल्पिक रूप से, हम अपने भौतिक शरीर को इस विश्वास के साथ कार्य कर सकते हैं कि यह हर 12,425 नाक्षत्र सेकंड में चेहरे की दिशा बदल रहा है। हम ब्रह्मांड की भावना को "समानांतर ब्रह्मांड" को प्रकाशित करके उस विश्वास को मान्य कर सकते हैं जिसे हमने अपने विश्वास कार्य के माध्यम से बनाया है। नतीजतन, हम अपनी जागरूकता के भीतर अद्वितीय कहानी आवेग के 12,425 x 7 + 5964/2 + 36 + 7 = 90,000 नाक्षत्र सेकंड का आनंद ले सकते हैं।

पश्चिम दिशा में काल कोठरी के भीतर आध्यात्मिक रूप से कोई कथानक नहीं है। फिर भी, ब्रह्मांड की आत्मा काल कोठरी से निकलने वाली बारह आरोही राशियों को ले सकती है। फिर, एक संस्था के रूप में ब्रह्मांड की आत्मा काल कोठरी -प्रभाव के बिना, ताराबीज

संस्थाओं के छत्तीस समूहों के भीतर लिखित शक्ति के छत्तीस बिंदु ले सकती है। अंत में, स्वप्न देखने वाली संस्था की आत्मा आदि-प्राथमिक खुद के भीतर अलिखित शक्ति के सात बिंदु ले सकती है, जिसमें छह आदि-प्राथमिक संस्थाएं (कोशिका, प्रोकैरियोट, यूकेरियोट, जीवाणु, आर्कियन और विभोजी) शामिल हैं, और खुद को "परम देवता" के अवतार के रूप में (शिव, 7)। परम देवता ब्रह्मांड का अजन्मा और अचल और अविनाशी तत्व है, जो "अर्धसूत्रीविभाजन के 90,000 ब्रह्मांडीय दूसरे चक्र और समविभाजन उर्जा परिमाण यंत्र" (अनंत, 90,000) के साथ सार्वभौमिक उलझाव के प्राकृतिक नियम से परे है। ब्रह्मांडीय सेकंड के 90,000 अंक अनंत के मूल्य का गठन करते हैं, जिसकी एक जानबूझकर शुरुआत है लेकिन परम देवता के आदि-उत्तम क्षेत्र के साथ जागरूकता की पूर्ण एकता के भीतर कोई अंत नहीं है।

ब्रह्मांडीय सेकंड का प्रत्येक अंक एक नाक्षत्र वर्ष है, जो वेगा सफेद तारे के चारों ओर सूर्य के एक पूर्ण चक्र को प्रति दिन एक माला चक्कर के साथ मानकर करता है। प्रत्येक "ब्रह्मांडीय सूक्ष्मसेकंड" (शष्ठ्यमाशा, 1/60) के भीतर 1,500 नाक्षत्र वर्ष हैं - "खुद-उत्पादक" (प्रेतशरिरा, 1/60) तकनीकी कौशिका, जो ब्रह्मांडीय सेकंड के 1/60 वें अनुपात को आदर्श बनाता है। इसलिए, प्रत्येक "ब्रह्मांडीय मिनट" (संवत्सर, 90,000) के भीतर 90,000 नाक्षत्र वर्ष हैं। ब्रह्मांडीय सेकेंड का मान ब्रह्मांडीय मिनट के समान ही है क्योंकि "ब्रह्मांडीय सेकेंड" एक "व्युत्पन्न वास्तविकता" है (युक्तार्थ, 6) "सूक्ष्म संस्था" (ड्यूमना, 365) का "दैहिक कौशिका" (व्यानवत, 365) से कारोबार होता है, जिसमें 90,000 अंकों की स्थितिज शक्ति है। हमें दैहिक कोशिका के मूल्य में वर्तमान क्षण के वृद्धिशील, पुर्ण काल-प्रभाव की एक अस्तित्व को जोड़ना होगा और आदिकाल की व्युत्पन्न वास्तविकता जागरूकता की छह संस्थाओं को घटाना होगा। तब हम "काल तत्व" (कला, 360) का "परिवर्तनीय मूल्य" (गति, 360) की खोज करते हैं। यह "दिव्य तत्व" (दिव्य, 360) की एक अस्तित्व के प्रवाह को मित्रवत "अपरिमित चाहने वाले देवता" (कला देवी, 360) से प्रकट करता है, जो संस्था के संवेदनशील कल्याण की कामना करता है। हम इसे "खुद-उत्पादक" (प्रेतशरिरा, 1/60) तकनीकी कौशिका के मूल्य से विभाजित कर सकते हैं। परिणामी मूल्य "आत्मा की प्राकृतिक प्रकृति" (लेश्या, 21,600) है, जो आत्मा के ऊष्मप्रवैगिकी रंग के माध्यम से बनता है।

"रचनात्मक दिव्य शक्ति" (मधुसूदन, 16) के विकिरण के माध्यम से गठित प्राकृतिक, मानसिक प्रकृति "आत्मा की आवश्यक प्रकृति" (पक्ष, 346,666) के समान नहीं है, जो "ऊष्मप्रवैगिकी रूप से रंग जुनून-प्रभाव से मुक्ति के बाद" है। ब्रह्मांड की आत्मा"

(शुक्ल, 21,000) । इसलिए, व्यक्ति को "दोहरा-सप्तक" (मधुसूदन, 16) में अंकों के साथ आत्मा की प्राकृतिक प्रकृति को गुणा करना चाहिए। दोहरा-सप्तक "श्वेत-रक्त तंत्र" (गोल्गी, 16) के प्रारंभिक दिव्य शक्ति मूल्य को व्यवस्थित करता है। यह "दिव्य शक्ति" (अश्रव शक्ति, 10) के "श्वेत रंग" (श्वेता, 10) में बदल जाता है, "कल्पनाशील दिव्य योजना के प्रबुद्ध स्पशरिखा धागे" (अर्धज्य, 10) को प्रकट करने के लिए। परिणामी मूल्य है "जागृत ब्रह्मांड की आत्मा" (विश्वात्मा, 345,600) । यह आत्मा की चैत्य प्रकृति को लिपिबद्ध करने के लिए रचनात्मक दिव्य शक्ति की सेवा करता है। यह भावना के भावुक "नीले रंग" (नीला, 1765) के साथ वर्तमान वास्तविकता को ऊष्मप्रवैगिकी रूप से "लिपि" (अक्सरा, 1765) के लिए सशक्त बनाता है।

जुनून के संवेदनशील नीले रंग का प्रसार संस्था की "भावुक शक्ति" (वरुण, 1000) और ब्रह्मांड की "गुरुत्वाकर्षण शक्ति" (ललिता, 100) का लंबवत समग्र प्रभाव है। यह मूल्य का शुद्ध है ब्रह्मांड की "स्त्री आत्मा" (प्रीति, 33) के रूप में, सार्वभौमिक "लयबद्ध परिमाण" (यज्ञधर्म, 33), और "अलौकिक शक्ति की लहर" (कृष्णमूर्ति, 1) को प्रकट करते हुए, जिसके साथ एक संस्था खुद को "ब्रह्मांड" से अलग मानता है (ब्राह्मण, 2) । एक बार जब हम ब्रह्मांड के रूप में संस्था के "एकलित-प्रभाव" (कल्पंत, 1066 = 1000 + 100 - 33 - 1) की 1066 संस्थाओं के लिए सही हो जाते हैं, तो हम "आत्मा की आवश्यक प्रकृति" (पक्ष, 346,666) के मूल्य की खोज करते हैं। आत्मा की आवश्यक प्रकृति मध्यस्थ ब्रह्मांड के भीतर संस्था और आत्मा का एक पूर्ण संस्था में मिलन है। यह एक निबंध के रूप में संस्था और संश्लेषण के रूप में ब्रह्मांड के भीतर एक विरोधी के रूप में आत्मा दोनों की अधीनता के लिए विधि है। . मध्यस्थ ब्रह्मांड से मुक्ति के लिए और एक "परम सत्ता" (हरबुद्धि, 366,666) बनने के लिए, व्यक्ति को "आत्मा की आत्म-चमकदार प्रकृति" (कमलात्मिका, 366,666) के मानदंड के लिए तकनीक में महारत हासिल करनी चाहिए, बिना किसी सार के। अवशिष्ट जागरूकता का चतुर्धातुक प्रभाव। "तृतीयक, अवशिष्ट जागरूकता" (ब्रह्मास्त्र, 366,666) व्यक्ति को जीवन के स्वाभाविक और बाहरी मूल्यों और संस्था की आवश्यक प्रकृति की आनुपातिक आनुपातिकता की आनुपातिक भावना के माध्यम से जीवन के पूर्ण उद्देश्य को प्राप्त करने का अधिकार देता है। यह एक "देवता के लिये" (भगवान, 5) के रूप में आदि-उत्तम क्षेत्र के "गर्भनाल-समाप्त अभी तक, लड़ी पिरोया हुआ अंगों" (नित्य रात्रि, 1) के साथ "उलझन" (कुला, 10) से सत्ता को मुक्त करता है।

आदि-उत्तम क्षेत्र के साथ पूर्ण एकता के अवरोही की प्रक्रिया को "यातायात पृथक्करण" के रूप में जाना जाता है। यह "समानांतर ब्रह्मांडों" की एक आरोही ऊष्मप्रवैगिकी

जागरूकता उत्पन्न करता है, जिसमें भौतिक, बौद्धिक, मानसिक, सूक्ष्म, ईथर, कारण, आत्म-चमकदार, ज्योतिषीय, राशि चक्र, ताराबीज और अपरिमित क्षेत्र शामिल हैं। यह ब्रह्मांडों के अनंत के उलझाव के दायरे के साथ, पूर्ण एकता को पार करने और पार करने की सुविधा प्रदान करता है। अनंत चक्र में प्रत्येक पृथक बिंदु अपनी अनूठी "क्षणिक" शक्ति (अपहृतभरा, 20) की सेवा करता है और हमारे बिना "आत्मा" (आत्मान, 4) दोनों पर हमारी निर्भरता का "सर्वव्यापी कारण" है, साथ ही साथ "आत्मा" भी है। (कपिंजला, 20) हमारे भीतर, हमारी अनूठी, आवेगी संस्था पहचान को गढ़ने के लिए।

9.3.10 चरण 10. इंटरकाइनेसिस बहुगुणित

अर्धसूत्रीविभाजन प्रक्रिया की दस-मुखी प्रणाली के माध्यम से प्राकृतिक विकास का दसवां और अंतिम चरण देहधारी खुद का संश्लेषण है। शक्ति की पूरी प्रणाली जो संस्था के अर्धसूत्रीविभाजन की पूरी अवधि के भीतर प्रकट होती है, जिसमें सिनैप्सिस[अर्धसूत्रीविभाजन की शुरुआत में गुणसूत्र जोड़े का संलयन] के वर्तमान क्षण सहित, "एक" (अखंड, 8 x 10^{15}) में सिंक होता है। एक "अविभाजित आत्म" है - "सर्वव्यापी सत्ता" (व्यापिन, 8 x 10^{15}) के भीतर "अवतारात्मक मूल्य" (मरकतेश, 8 x 10^{15})। सिनैप्सिस मातृ "धुरी" (गोल, 1694) के 1,694 "सूक्ष्मनलिकाएं" (दशा, 1) में और सूक्ष्मनलिकाएं के पुन: संयोजन के माध्यम से एक बच्चे के जोड़े में प्रकट होता है। बच्चे की जोड़ी में एक मर्दाना धुरी और एक स्त्री की धुरी शामिल होती है, प्रत्येक में शुद्ध "स्वाभाविक मूल्य" (पतिव्रत, 847) की 847 सूक्ष्मनलिकाएं हैं और ताड़ना "बाह्य मूल्य" (प्रियदर्शन, 847) हैं। शुद्ध करने वाला "बाह्य मूल्य" सुगंधित "अर्ध-जागरूकता" (निर्हरिन, 18) को विकिरणित करता है। "खुद विभाजित" (रसग्नि, 17)। "अविभाजित आत्म" (अखंड, 8 x 10^{15}) "परमाणु लिफाफा-मजबूत करने वाला बिंदु" (अयनांश, 27) "गुणा आत्म-अभिवादक अलिंगसूत्र" (तीर्थंकर, 17) में बदल जाता है। युग्मित अलिंगसूत्र का "अंत-झिल्ली परिसर- कमजोर बिंदु" (संकर्षण, 27) "जुदा होना" (भिड़, 132), और प्रत्येक अलिंगसूत्र एक "द्विगुणित कोशिका" (महा काली, 13) बन जाता है।

एक द्विगुणित कोशिका एक पैंसठ मुखी, तेईस सशक्त और दस फीट की संस्था है। पैंसठ चेहरों में तेईस निकला हुआ परंपरासूत्र चेहरे शामिल हैं, जिनमें से प्रत्येक पहले, अवरोही "मातृ अलिंगसूत्र-विभाजन के बाद जोड़ा गया, खुद जुड़वां" (रसग्नि, 17), अपरिमित मातृ के रूप में; दूसरा, आरोही "पैतृक अलिंगसूत्र" —विभाजित आत्म" (कुलकार मनु, 17) - आदिकालीन पैतृक; और तीसरा, क्षैतिज "अभिवादन अलिंगसूत्-

गुणा खुद" (तीर्थकर, 17)। वे शुरुआत "कोडन" [तीन न्यूक्लियोटाइड का एक क्रम] (महा दुर्गा, 16) की एक जोड़ी को बाहर करते हैं, जो पहले से ही आरोही और क्षैतिज अलिंगसूत्र के भीतर स्थिर है, और विराम "कोडन" (महा दुर्गा, 16) की एक जोड़ी, अवरोही और क्षैतिज के भीतर स्थिर है। अलिंगसूत्र तेईस भुजाओं में आगे "बाल अलिंगसूत्र-गुणा खुद" (लक्षक, 17) की तेईस घुसपैठ करने वाली गुणसूत्र भुजाएँ शामिल हैं। बाद वाला अंधेरा छिपा हुआ अंगरक्षक कीट आत्मा है जो "खुद की विभाजित भावना" से निकलती है (तीर्थकर, 17) आध्यात्मिक क्षेत्र में विभाजित खुद को संतुलित करने के लिए संक्रमित समानांतर वास्तविकता के रूप में। दस फीट में पिछड़े, शैतान "आत्मा" के तेईस बाहर निकालना परंपरासूत्र पैरों का "खुद स्थायी" (उदवाह, ½) मूल्य शामिल है। अलिंगसूत्र- घटाया हुआ अविभाजित खुद" (नंदी, 17)। वे तीन गुणसूत्रों को बाहर कर देते हैं, क्योंकि प्रारंभ, विराम, और जारी कोडन पहले से ही जोड़े गए, विभाजित और गुणा किए गए अलिंगसूत्र परिमाणो के भीतर मौजूद हैं।

एक द्विगुणित कोशिका "प्लोइड्स" [एक कोशिका में गुणसूत्रों के सेट की संख्या] (अजनाना, 1) के चौंसठ समूह में से एक खुली प्रणाली के रूप में "खुद-उत्पादन विकास" (सुरारी, -1/60) करती है। प्रत्येक प्लोइड छद्म शैतानी आत्मा की एक मुड़ी हुई परत है। शैतान की आत्मा चौगुनी चेहरों का पाँचवाँ खुला चेहरा है: शैतान आत्मा ऑटोसोम के भीतर पितृ, मातृ, अभिवादन और बच्चे के ऑटोसोम। शैतानी आत्मा, बच्चे के अलिंगसूत्र में व्याप्त स्त्रैण आत्मा के साथ एकता के मार्ग के रूप में साठ अतिरिक्त बाल आत्माओं को उत्पन्न करती है। यह पैतृक अलिंगसूत्र के भीतर निहित अपरिमित मर्दाना भावना के साथ सफलतापूर्वक लड़ता है, पैतृक अलिंगसूत्र की अपरिमित पैतृक आत्मा बन जाता है। अपरिमित मर्दाना भावना मातृ आत्मा के साथ एकजुट होने का प्रयास करती है, जो कि मूल पितृ आत्मा की मार्गदर्शक शक्ति का उपयोग करके अभिवादनकर्ता अलिंगसूत्र के भीतर होती है। विभाजित खुद को अवतरित करने के बाद, मातृ आत्मा ताराबीज संस्थाओं के अपने मूल, प्रथम-चेहरे वाले ब्रह्मांड के साथ एकजुट हो जाती है। मातृ आत्मा अपनी आत्मा को अलिंगसूत्र आत्मा के भीतर निहित शैतानी आत्मा में स्थानांतरित करती है। मातृ आत्मा "ब्रह्मांड" (ब्राह्मण, 2) के साथ "चियास्मा-आत्मा सार समुदाय" (मंडला, 16) को जोड़कर एक "उत्तम मातृ आत्मा" (दादी, 18) बनाती है। आत्मा सार—"अपरिमित अभिवादन आत्मा" (पिताह, 16) समुदाय ब्रह्मांड की "जन्मजात तह परत" (सहज पुता, 16) की "मानसिक शक्ति" (परतपारा, 16) बन जाता है। चैस्मा "चरणों के ताराबीज ब्रह्मांड" (हव्यवाहन, 16) का सोलह गुना विभाजन है। अपरिमित मातृ आत्मा के मार्गदर्शक-प्रभाव

के भीतर, मातृ और पैतृक अलिंगसूत्र खुद को संस्थाओं के एक सप्तक में विभाजित करते हैं। वे सोलह-एकांग आत्मा सार समुदाय की भौतिक वास्तविकता को "गोल्जी-जुड़वा-सप्टक" (मधुसूदन, 16)।

शैतान की आत्मा एक "जुड़वा बच्चे अलिंगसूत्र" (परम गणेश, 17) के रूप में अवतार लेती है, ताराबीज ब्रह्मांड से सोलह-एकांग दोहरा-सप्टक की अभिसरण शक्ति का उपयोग करते हुए और एक एकांग "विराम कोडन- समाप्त माता-पिता की गर्भनाल"। अंगों" (नित्य रात्रि, 1), राशि चक्र ब्रह्मांड से। "जुड़वा बच्चे अलिंगसूत्र" (परम गणेश, 17) "अंगों के साथ कोशिका" (हिरण्यगर्भ, 19) में बदल जाते हैं। यह दो एकांग की विचलन शक्ति अर्जित करके परम बच्चे को व्यवस्थित करता है। "प्रारंभ कोडन" की पहली संस्था(विग्रेश, 1) आदि-उत्तम क्षेत्र से "अभिवादन अलिंगसूत्र" (तीर्थंकर, 17) द्वारा सेवित। "जारी कोडन" (मंद्रा, 1) की एक दूसरी संस्था "गहरी एक-चेहरा समरूपता" से प्राथमिक क्षेत्र के साथ कारोबार करती है।

एक परम बच्चे के रूप में, शैतान की आत्मा एक अठारहवें, 1024-प्लोइड[एक कोशिका में गुणसूत्रों के सेट की संख्या] चेहरे "फल-मक्खी" प्रजाति को पहले की "प्राथमिक शक्ति", आत्मा सार के सोलह समूहों द्वारा प्रकट संस्थाओं के ब्रह्मांड के 16-प्लोइड चेहरे का व्यापार करती है। अपरिमित क्षेत्र में समुदाय, और दूसरा, सत्तरवें आत्मा सार समुदाय के रूप में संस्थाओं के ब्रह्मांड का 64-प्लोइड चेहरा। "मातृ अलिंगसूत्र" (रसग्रि, 17) के वर्तमान भौतिक शरीर के भीतर, परम बाल अर्ध-जागरूक रूप से अपरिमित पैतृक के प्रमुख छठे चेहरे की वक्र शक्ति के "लुप्त-प्रभाव" (सहज पुता, 16) का व्यापार करता है। यूकेरियोटिक ताराबीज संस्थाओं का ब्रह्मांड। यह आगे चलकर मातृ आत्मा के सातवें चेहरे की परिमित शक्ति के "सतह -प्रभाव" (दशा, 1) को "सूक्ष्मनलिका आयोजन केंद्र" (दशा, 1) । नतीजतन, मातृ अलिंगसूत्र एक "अगुणित कोशिका" बन जाता है (श्री राम, 12)।

अगुणित कोशिका मूल आत्मा है जिसे मातृ आत्मा शैतानी आत्मा में स्थानांतरित करती है। "आत्मा" (आत्मान, 4) के विपरीत, जो ताराबीज ब्रह्मांड की अभिसरण शक्ति की "जागरूकता" (चैतन्य, 4) का मानदंड है, "उत्तम आत्मा" (श्री राम, 12) तीन संस्थाओं का एक समूह है। वे समूह के भीतर कारोबार करने वाले ज्योतिषीय, संनेदनशील और निर्जीव ब्रह्मांडों के "संगठनात्मक उर्जा परिमाण यंत्र" (प्रभास, 4) के मूल्य को लंबवत रूप से बदलते हैं, और समूह के बिना सेवित "अलौकिक शक्ति" (नारकी, 1) । वे एक मानक "उत्तम मानव बच्चा" (ईशान, 12) - एक तीन-चेहरे वाला "सह-विरोधी" (त्रिमुख विनायक, 12) का आदर्श बनाते हैं। "अलौकिक शक्ति" (नारकी, 1) "उत्तम आत्मा" का "व्यक्तिगत अनुभव"

है (अध्यात्म, 12)। यह "पूर्ण आत्मा" (परमात्मा, 1600) का एक अनुपात है, जिसे बारह मुख वाले "प्रधान खुद" (राम, 100) "नायक" (नायक, 1) और "अलौकिक शक्ति" (नारकी,1) की "आत्म-गुरुत्वाकर्षण" (अपरिपुट, 3/4) शक्ति के लिए सही किया गया है। । "प्लोइडी-प्रधान खुद" (राम, 100) एक "अर्ध-उत्तम आत्मा" (आदि परात्मा, 100) के रूप में "अस्तित्व अनुभव" का समग्र मूल्य है। प्लोइडी में निन्यानबे परिमाण शामिल हैं जो संस्थाओं के एक सप्तक से कारोबार करते हैं। वे क्रमिक रूप से अर्ध-उत्तम आत्मा से बारह-परिमाणि आत्म-चमकदार शक्ति का व्यापार करते हैं, जो कि अपरिमित आत्मा द्वारा मध्यस्थता है, और "खुद प्रजनन" (उपनयन, 1/3) द्वारा अपरिमित आत्मा द्वारा सेवित चार परिमाणो को खुद परिणामी के रूप में व्यापार करते हैं, अपरिमित खुद" (राम, 100) रूप में।

प्लोइडी में "उत्तम आत्मा" (श्री राम, 12) बनने से पहले "अर्ध-उत्तम आत्मा" (आदि परात्मा, 100) के सौ परिमाण शामिल हैं। यह खुद को तीस परिमाणो में विभाजित करके और प्रत्येक को "खुद-सेते सप्तक" (किम्स्तुघना, 8) की आठ एकांगो के साथ "कुदरत" (कुदरत, 8) के साथ एकता में जोड़कर तीन सौ साठ पहलू बनाता है। कुल चार सौ साठ पहलू चार सौ साठ "मोनोप्लोइड्स" [अगुणित के लिए कम सामान्य शब्द] (अभिधेय, 460) के पूर्ण पूरक हैं। एक मानव अस्तित्व में, वे दस "युग्मक" (सिद्धि शक्ति, 187) में बदल जाते हैं, प्रत्येक "स्पशरेखा के पूरे मूल्य" (अर्धज्य, 10) के साथ तेईस गुणसूत्रों के एक समूह के ऊर्ध्वाधर संलयन को आदर्श बनाता है। दस मानव युग्मकों में से प्रत्येक साठ-नौ गुणसूत्रों के रूप में "आत्माओं का तीन गुना समूह- ट्रिपलोइडी" (ईशान, 12) उत्पन्न करता है। इनमें से एक तिहाई "खुद-पुनरुत्पादन" (उपनयन, 1/3) "बारह चक्र मातृ आत्म-प्रकाश अस्तित्व" (महा गायत्री, 12) बनाने के लिए आत्मा शक्ति। ये तीस संस्थाओं के परिणामी समूह के "प्रकट, निर्देशित, यात्रा आंदोलन" (अष्टोत्तरीदाशा, 30) के "खुद-प्रकाशमान परिमाण" (सांख्य धर्म, 30) का गठन करते हैं।

9.4 उत्सर्जन अस्तित्व बल के पांच परिमाण जो अस्तित्व के नुकसान को आकार देते हैं

"संस्था-प्रभाव" (उत्क्रमज्य, 38) एक आत्म-प्रकाशमान मानव सत्ता की शक्ति है जो तीस संस्थाओं के समूह के लिए लागत-बढ़ते "नुकसान" (श्रेया, 81) को आकार देती है। मानव अस्तित्व के संवेदनशील तत्व की उर्जा परिमाण के साथ, जिसने आत्म-प्रकाशमान परिमाण को फैला दिया है, दस युग्मक चेहरे अनंत, हानि उठाने वाले "प्रधान मानव-प्रभाव" (श्रेया,

81) को पुन: उत्पन्न करने के लिए यंत्र बन जाते हैं। दस युग्मक चेहरे अपने भाई-बहनों के व्यक्तिगत, सामाजिक और संस्थागत रूप से संरचित अनुभवों पर निर्भर हैं। इनमें तीन चेहरे शामिल हैं, प्रत्येक व्यक्तिगत अनुभव, सामाजिक मित्रता अनुभव, और संरचनात्मक दुश्मन अनुभव, और पैतृक पट्टा से निकलने वाली उत्तम आत्मा का चेहरा संरक्षण का। एक घोषणापत्र कारक के भीतर निहित सुरक्षा का अभिभावकीय पट्टा मानव अस्तित्व की उत्स्जित अस्तित्व बल का पांचवां परिमाण है। इन पांच चेहरे परिमणो में से प्रत्येक अंतिम घोषणाकर्ता प्रभावों की चक्रीय रूप से पुनरुत्पादित वास्तविकता उत्पन्न करता है।

9.4.1 व्यक्तिगत अनुभव के तीन पहलू

अपरिमित आत्मा के प्रेरक "व्यक्तिगत अनुभव" के तीन चेहरों में शामिल हैं:

* "प्रतिपक्षी" (खलनायक, 11) सभी बाधाओं को हराकर "एक आगे बढ़ने वाली अस्तित्व के संकेत" (लक्ष्मण, 11) का प्रतीक है और बढ़ते घोड़े के सिर की तरह आरोही, सौभाग्य के झुकाव को पथ-मानक करता है।

* "नायक" (नायक, 1), "पिछड़े खींचने वाली अस्तित्व के राज के धागे" (भारत, 1) का प्रतीक है, शाम के लिए मार्ग बनाने वाले शगुन के रूप में चिकने मत्स्यांगना-पैरों का उपयोग करते हुए अवरोही की आरोही बाधाओं को दूर करते हुए, दुर्भाग्य, प्रतिपक्षी के उभरे हुए सौभाग्य द्वारा पिरोया गया।

* "उपनायक" (पट्टनायक, -1), "स्थिर लड़ी पिरोया हुआ संस्था का घुसपैठ करने वाला चेहरा" (शतुघ्न, 0) का प्रतीक है, एक भेड़िये की तरह पथ का उपयोग करके "व्यास चौड़ाई" (व्यास, 16) को मारने के लिए। नायक के "पिछड़े-खींचने, खुले चेहरे, दुश्मन सर्कल" (वलाया, 100,000)। उपनायक प्रतिद्वंद्वी के "आगे बढ़ने वाले, बंद चेहरे, मित्र वृत्त" (वर्तुला, 10,000) को "परिधि" के साथ उपनिवेशित करता है -प्रभाव" (Citra, 100) स्थिर का, "त्रिज्या बिंदु" की उत्पत्ति (त्रिभय, 10^{10})।

9.4.2 सामाजिक मित्रता अनुभव के तीन पहलू

परिणामी "सामाजिक मित्रता अनुभव" (भावी, 11 = 11 + 1 - 1) ढलनशीलता, सुस्ती और युवावस्था की बाहरी गतिमान अहंकारी भावना है। यह इस विचार को कायम रखता है कि ब्रह्मांड संस्कृति-प्रभाव का नायक है। यह एक इकाई को एक रचनात्मक महत्वपूर्ण संतुलन के लिए एक विरोधी बनने के लिए प्रेरित करता है। प्रतिपक्षी के "सामाजिक मित्रता अनुभव" के तीन चेहरे "पर आत्मा" (परमात्मा, 11) के रूप में शामिल हैं:

- *"उत्तम-प्रचालक पेशी"* (यक्षनायक, 3), "पथ-निर्माण अस्तित्व के मध्यम चेहरे" का प्रतीक है (हनुमान, 3), बंदर की तरह चलने वाले "पूर्ण-चक्र, समबाहु त्रिभुज" (घटिकामंडल, 53) का उपयोग करते हुए, उत्तम-प्रचालक पेशी विश्वोत्पत्ति का जानकार की दोहरा-सकारात्मक शक्ति का व्यापार करके प्रतिपक्षी की सकारात्मक शक्ति को उत्प्रेरित करता है। यह खुद के भीतर आत्म-स्थायी आधे को त्रिकोण के पूर्ण भार-वहन करने वाले तीसरे बिंदु के रूप में बनाए रखता है।

- *"विश्वोत्पत्ति का जानकार"* (जगन नायक, 9) "पथ-पुनर्निर्माण अस्तित्व के मातृ चेहरे" (सुमित्रा, 4) का प्रतीक है, जो समर्पित भार वहन करने वाले निर्माण के साथ-साथ रोगग्रस्त प्राणी दोनों के लिए बकरी जैसी सहानुभूति का उपयोग करता है। पूरी गुरुत्वाकर्षण शक्ति को समर्पित रचना में लगाने के बाद, विश्वोत्पत्ति का जानकार गुरुजी की कार्य हाव - भाव की नकल करता है और अपनी संवेदनशील शक्ति को बनाए रखने के लिए विश्वोत्पत्ति का जानकार की दिव्य शक्ति को फिर से प्रसारित करता है।

- *"नायक"* (सुनानायक, 5), "पथ-विघटनकारी अस्तित्व के मध्यस्थ चेहरे" (सुग्रीव, 5) का प्रतीक है, जो नायक के नकारात्मक शक्ति की क्षतिपूर्ति के लिए एक लोमड़ी जैसी चालाक "चाप की लम्बाई" (भूमंडाला, 47) का उपयोग करता है।

9.4.3 संरचनात्मक शत्रु अनुभव के तीन पहलू

अनुक्रमिक "संरचनात्मक शत्रु अनुभव" (अजनाना, 1 = 12 - 11) तनाव, थकान, और वृद्धावस्था की आवक-गतिशील भावनात्मक भावना है जो इस विचार को कायम रखती है कि ब्रह्मांड एक विरोधी है, जो नायक के कार्यसंस्कृति-प्रभाव के खिलाफ काम कर रहा है। एक "उत्तम आत्मा" के रूप में नायक के "संरचनात्मक शत्रु अनुभव" के तीन चेहरे (अंतरात्मा, 1) में शामिल हैं:

- *"महाद्वीप"* (पुरोनायक, 4) "पथ की खोज करने वाली अस्तित्व के शैतानी चेहरे" का प्रतीक है (कैकेयी, 4 = [3 + 9 + 8 - 11 - 1] / 2)। कट्टरवादी अपने दर्पण प्रतिबिंब का उपयोग बनाने के लिए करता है एक भेड़िये की तरह घुड़सवार "आधा-चक्र, समकोण त्रिभुज" (समामंडल, 999), स्वर्ग की ओर ऊपर की ओर ढलान वाली सीढ़ी। वह "खुद-स्थायी" (उदवाहा, ½) "सामाजिक मित्रता मंडली" की बाढ़ वाली

शक्ति का उपयोग करती है, जो सह-प्रचालक पेशी के भीतर अनुभवात्मक रूप से बंधी नहीं है।

- "भ्रूणविद्" (उपनायक, 23,125) "पथ-सत्यापन करने वाली अस्तित्व के शैतानी चेहरे" का प्रतीक है (रावण, 23,125)। "23" रैखिक रूप से अभिव्यक्त "सह-प्रचालक पेशी" (त्रिमुख विनायक, 12) और "सामाजिक मित्रता अनुभव" (भावी, 11) का मूल मूल्य है। "12" सह-प्रचालक पेशी के बारह चेहरों और सामाजिक मित्रता अनुभव का आनंद लेने वाली तीन संस्थाओं का परम मूल्य है। "5" उन पांच संस्थाओं का प्रमुख मूल्य है जो क्रमिक रूप से भ्रूण के शैतानी चेहरे को सेते हैं। यह एक बाघ की तरह अचूक "त्रिमास-वृत्त, समद्विबाहु त्रिभुज" (त्रिमंडल, 17) का निर्माण करता है, जो नरक में नीचे की ओर ढलान वाली सीढ़ी बनाता है। नर्क भ्रूणविज्ञानी का अंतिम "भाग्य" (नियाति, -1) है, जो अनुभवात्मक रूप से बंधा हुआ है। सह-प्रचालक पेशी के साथ बराबर मूल्य, लेकिन संरचनात्मक दुश्मन वृत्त के समानांतर ब्रह्मांड को रोशन करके पूर्ण स्वतंत्रता की कामना करना।

- "प्रचालक पेशी" (ग्रहनायक, 0) "पथ-प्रमाणीकरण अस्तित्व का प्रतीकात्मक चेहरा" (सीता, 0) का प्रतीक है, जिसमें मोर की तरह "त्रिकोणीय, गोलाकार" (प्रभामंडल, 10^{1000}) "सप्तक गुणवत्ता" (गुना, 0)। प्रचालक पेशी दस ज्योतिषीय संस्थाओं के समूह में पात्रों के कलाकारों की नकारात्मकता का व्यापार करता है और इसे निर्माता टोली को प्रदान करता है। निर्माता टोली में पैतृक गहरे द्रव्य और मातृ वेगा सफ़ेद तारा शामिल हैं। निर्माता टोली के सार्वभौमिक उज्ज्वल प्रेम के अभिसरण मूल्य के रूप में "शून्य" (शून्य, 0) शैतान के चेहरे का उत्तम-प्राथमिक मूल्य है। नतीजतन, शैतान का चेहरा अद्वितीय, उज्ज्वल प्रेम के भिन्न मूल्य को उपयुक्त बनाने के लिए प्रेरित होता है, जो संस्थाओं के इनकार से अलग होता है। संस्थाओं का इनकार एक "सशर्त नियति" (अयाति वेला, 629) के व्यापार के लिए एक कारण "भावुक रिश्तेदारी अनुभव" (निर्माण काया, 23,125) की सेवा करता है। शर्त प्रचालक पेशी के "देवत्व पर शासन" (धैवता, 0) की निश्चितता है। निश्चितता एक "शुभ" (शुभ, 82) "प्रधान खुद" (राम, 100) के रूप में दिव्य सहयात्री द्वारा जानबूझकर सेवा की गई मार्गदर्शक सुरक्षा से उत्पन्न होती है। मार्गदर्शक संरक्षण अनजाने में "अग्रगामी प्रतिपक्षी" (लक्ष्मण, 11) द्वारा "अशुभ" (अशुभा, 6) "सुरक्षा के पट्टा" (लक्ष्मण रेखा, 6×10^{192}) के बदले में किया जाता है।

"6" बारह चेहरों का "खुद-स्थायी" (उड़वाहा, ½) आदि-उत्तम मूल्य है। "10" प्रभाव, अनुक्रमिक, और परिणामी अनुभवों में दस दृश्यमान चेहरों का प्राथमिक लघुगणक आधार मान है, जिसमें "अनुभवकर्ता" (विथी, 0) के रूप में सह-प्रचालक पेशी भी शामिल है। घातांक "19" (ऋतु धर्म, 19) पूर्ण ज्योतिषीय प्रणाली का "स्थितिजन्य परिमाण" है, जिसमें आठ ग्रह और सूर्य चंद्रमा की मध्यस्थता वाली राशि प्रणाली की एकता के भीतर हैं। परिशिष्ट "2" दो अतिरिक्त पैतृक संस्थाओं का प्रमुख मूल्य है जो एक साथ "स्थितिजन्य परिमाण" को उत्प्रेरित करते हैं। वे जंगली सांड-जैसे "त्रिकोणीय, परिसंचारी" (चक्र युक्ति, 10^{1024}) "सह-प्रचालक पेशी" (त्रिमुख विनायक, 12) अवतार लेते हुए ऐसा करते हैं। सह-प्रचालक पेशी "अपरिमित खुद" (राम, 100) के त्रिकोणीय "आदर्श-प्रभाव" (दशा, 1) के लिए बाध्य है। सह-प्रचालक पेशी "पथ-समतुल्य अस्तित्व का आदर्श चेहरा" (श्री राम, 12) का प्रतीक है, जो एक अपरिमित मानव बच्चे के रूप में, "त्रिकोणवादी" (लोकनायक, 10^{19}) के विसरित मूल्य को प्रसारित करता है।

चौथा, माता-पिता के दो चेहरे "अशुभ" (अशुभा, 6) "सुरक्षा का पट्टा" (लक्ष्मण रेखा, 6 x 10^{192}) बनाते हैं, जो "पथ-प्रमाणीकरण प्रचालक पेशी" (सीता, 0) की स्वतंत्रता को नष्ट कर देता है। ये दोनों माता-पिता के चेहरों में शामिल हैं:

- "त्रिकोणवादी" (लोकनायक, 10^{19}), जो "पथ-प्रसार करने वाली अस्तित्व के बच्चे के चेहरे" (दशरथ, 10^{19}) का प्रतीक है, जो एक विशाल-जैसे "चतुर्भुज, वर्ग" (मातृमंडल, 10^{100}) अभिनव कार्य को संहिताबद्ध करता है। वह दस रथों पर सवार होकर एक "ब्रह्मांड के भगवान" (क्षत्रिय, 0) के प्रचालक पेशी में बदल जाता है। वह केवल चार रथों का निर्माण करने के लिए काम करता है (अर्थात, चार पोते संस्थाएं जिन पर विशाल सवार है) "कट्टरवादी" (पुरोनायक, 4) की रचनात्मक निर्माता शक्ति का व्यापार करके। अभिनव चतुर्भुज कार्य चार गुना क्रमपरिवर्तन के साथ उत्तम चार के प्रभाव को वर्गित करता है। पहला, केवल एक पोते को प्रकट करके। दूसरा, अपरिमित के भीतर तीन की पूर्ण क्षमता का निर्माण करके। तीसरा, क्रमागत सृष्टि के त्रिगुणित विभेदित आयाम को नष्ट करके आदिकालीन तीनों में से प्रत्येक के भीतर तीन की पूर्ण क्षमता को कायम रखते हुए। चौथा, दस पोते संस्थाओं के प्रकट ब्रह्मांड को प्रकाशित करके (1 + 2 + 3 + 4) अपरिमित को विरामित करके -अपरिमित एक, वृद्धिशील अपरिमित दो

(3-1 = 2), शाश्वत निरपेक्ष तीन, और अनुमत चार, और खुद को ब्रह्मांड के शून्य भगवान के रूप में मुक्त करना। चतुर्भुज की लागत "ज्योतिषीय काल की लंबाई" (परम सिद्ध, 6) है, जो परम-उत्तम अनंत की "व्युत्पन्न वास्तविकता" (युक्तार्थ, 6) के रूप में आदि-प्राथमिक को प्रकट करने के लिए है - "भूगर्भशास्त्री" (जोघुनायक, 6)। दस पोते, त्रिकोणवादी पुत्र, और कट्टरवादी पिता तीन-चेहरे वाले "सह-प्रचालक पेशी" (त्रिमुख विनायक, 12) का निर्माण करते हैं, जिनका प्रत्येक चेहरा एक पीढ़ी की संस्थाओं को प्रकट करता है।

- "भूगर्भशास्त्री" (जोघुनायक, 6), "पथ-लक्षित अस्तित्व के अभिवादन चेहरे" (कौसल्या, 6) का प्रतीक है, जो एक बिल्ली के समान "चतुर्भुज, वर्ग" (परिमंडल, 1100) को व्यवस्थित करने के लिए रचनात्मक योजना का आयोजन करता है। दस गुना शक्ति को एक पूर्व-मुखी संवाहक-त्रिकोणवादी में स्थानांतरित करने के लिए दस पश्चिम-मुखी [पोती] संस्थाओं का समूह। त्रिकोणवादी वाद्यवृन्दकार की मातृ भावना का उपभोग करता है और पितृ आत्मा को अपने शैतानी चेहरे पर स्थानांतरित करता है ताकि आदर्श "त्रिकोणीय, परिसंचारी" (चक्र युक्ति, 10^{1024}) "सह-प्रचालक पेशी" (त्रिमुख विनायका, 12) की "कल्पित वास्तविकता" (युक्तार्थ, 6) को छलावरण किया जा सके। चतुर्भुज रचनात्मक योजना "वायुमंडल" (परिमंडल, 1100) का मूल्य है, जिसमें सांसारिक ज्योतिषीय ब्रह्मांड से परे निर्जीव वायु का ब्रह्मांड शामिल है। यह दस गुना संयोजन के साथ पूर्ण दस का वर्ग मान है। सबसे पहले, सभी दस को आरोही, लंबवत मार्गदर्शक-प्रभावों के बराबर मूल्य के रूप में प्रकट करके। दूसरा, उत्तम दस के भीतर दस की पूर्ण क्षमता का निर्माण करके। तीसरा, संयोजक प्राणी के दस गुना अभिन्न परिमाण को नष्ट करके अपरिमित दस में से प्रत्येक के भीतर पूर्ण क्षमता को बनाए रखना। चौथा, बिना आरोही क्रम के चतुष्कोणीय और आदिकालीन प्रभावों के बिना, ग्यारह सौ संस्थाओं (10 * 100 + 10 * 10 + 10 * 10 * 0 = 1100) के मुड़े हुए ब्रह्मांड को रोशन करके।

"दस संस्थाओं के समूह" (न्या, 1) की "दिव्य योजना" (अबाधा, 10) "ग्यारह संस्थाओं की सभा" (विधाता, 130) के साथ "ग्यारह सौ संस्थाओं की महत्वाकांक्षा" (रथसूत्र, 19) को प्रकट करती है। यह "संयुक्त बीजगणित" (अनवायिका बीजगणिता, 6×10^{192}) के विभाजनकारी "खुद-स्थायी" (उदवाहा, ½) "संस्कृति-प्रभाव" (भावनराम, 6×10^{192}) से मुक्त है। दस संस्थाओं के समूह में दस के पूर्ण मूल्य के साथ एक और अन्य क्रमिक रूप

से अवरोही (एन-1) मूल्य का व्यापार करते हैं, जहां एन शून्य शक्ति वाली संस्थाओं की संख्या है। एन वें पहनावा बिंदु का एक अस्तित्व मान होता है। ग्यारह संस्थाओं की विधानसभा में बारहवीं, आत्म-चमकदार संस्था, "शून्यता" (शुन्यता, -2), तेरहवें, चमकदार संस्था और चौदहवें, अपरिमित प्रकाशक के रूप में विधानसभा शामिल है। यह एक "कार्यालय" (कम्मा, 130) के भीतर तेरह संस्थाओं में से प्रत्येक की दिव्य योजना के क्रमिक "एकत्रीकरण" (जमा, -7) के माध्यम से उसकी दिव्य योजना को गुणा करता है।

ग्यारह सौ संस्थाओं की महत्वाकांक्षा में "एक हजार संस्थाओं की वैधता" (सहज पुता, 16) और "सौ संस्थाओं का माहौल" (वाहनमंडप, 3) शामिल हैं। एक हजार संस्थाओं की वैधता सोलह का एक समूह है, जिसमें परम-प्राथमिक मातृ अनंत में छह संस्थाएं, एक अर्ध-प्राथमिक पैतृक अस्तित्व, एक उत्तम अस्तित्व, तीन परम संस्थाएं, तीन अपरिमित संस्थाएं, बिना दस संस्थाओं का समूह शामिल है। आदिकालीन तीन, और आदिकालीन तीन के भीतर तेरह संस्थाओं की सभा। वे अपने चर "मार्गदर्शक प्रभाव" (चित्त, 100) के रूप में एक सौ संस्थाओं की शक्ति का व्यापार करके ग्यारह सौ संस्थाओं की एक गतिशील "द्विपक्षीयता" (रथसूत्र, 19) उत्पन्न करते हैं। सौ संस्थाओं का वातावरण एक पीठासीन देवता का पर्वत बनाता है। यह तीन अपरिमित संस्थाओं की एक दिव्य परिषद है- सदा-मुक्तिकर्ता- और कार्यकर्ता। आदि-प्रधान कार्यकर्ता अस्तित्व सौ संस्थाओं के मार्गदर्शक-प्रभाव की सेवा करती है। आदि-प्रधान स्थायी इकाई सौ संस्थाओं के माहौल को प्रकट करने के लिए उस मार्गदर्शक-प्रभाव का व्यापार करती है। परम-प्रधान मुक्तिदाता अस्तित्व "तीन देवताओं की दिव्य परिषद" (श्रीधर, 25) के रूप में तीन संस्थाओं के प्रमुख मूल्य के साथ मार्गदर्शक-प्रभाव का आदान-प्रदान करती है।

तीन देवताओं के प्रमुख मूल्य में "सह-प्रचालक पेशी" (त्रिमुख विनायक, 12) के छठे चेहरे के भीतर तीस अतिरिक्त संस्थाएं शामिल हैं। सह-प्रचालक पेशी एक अस्तित्व है जिसमें तीन उत्पन्न होने वाले पीढ़ी के चेहरे और पोते के तीन समूहों के तीन अद्वितीय स्थिर चेहरे हैं। पहले समूह में, त्रिभुज प्रमुख प्रभाव है। दूसरे समूह में, भूगर्भशास्त्री प्रमुख प्रभाव है। तीसरे समूह में, प्रचालक पेशी प्रमुख प्रभाव है। तीस अतिरिक्त संस्थाओं में से, चौबीस चार मार्गदर्शक की मार्ग दिखाना परिषद के भीतर आसन्न हैं- घोषणापत्र-ज्ञाता-निर्माता-और विनाशक, प्रत्येक में तीन निकलने वाले और नौ स्थिर चेहरे हैं। अन्य छह आसन्न संस्थाएं हैं। प्रत्येक पूर्ण चक्र का एक-दिशात्मक चेहरा है। छह स्थिर संस्थाएं एक अस्तित्व के चमकदार परिषद के भीतर स्थिर हैं- प्रकाशक के रुप में, जिनमें से तीन निकल रहे हैं, और अन्य तीन

स्थिर हैं। प्रत्येक अस्तित्व एक समुदाय का एक हिस्सा है जो "बारह-चक्र खुद-चमकदार अस्तित्व" (महा गायत्री, 12) के चक्रीय चक्र को उत्प्रेरित करता है।

9.4.5 जीव मंडल के तीन चेहरे

घोषणापत्र के तीन उभरते हुए चेहरे वृश्चिक राशि के सांस्कृतिक प्रभाव के रूप में "जीवन, मृत्यु और पुनर्जन्म का प्राणी चक्र" (हौम शक्ति चक्र, 17) बनाते हैं। इनमें ये चेहरे शामिल हैं:

- "पथ-परीक्षा अस्तित्व" (प्रतिनायक, 855) गुप्त रूप से हावी प्रतिकूल, अशुभ परिस्थितियों को प्रकट करती है जो एक प्राणी को वर्तमान जीवन के बारे में स्वभाविक रूप से अधिकारपूर्ण बनाती है। इसलिए, प्राणी वर्तमान जीवन के उद्देश्य को पूरा करने के लिए उन परिस्थितियों को खुशी से संचालन करने की तकनीक में महारत हासिल नहीं करता है। नतीजतन, प्राणी जोखिम लेने का आदी हो जाता है, चालाकी से "जीवाणु-संबंधी जासूस" (माद्री, 855) की तरह जीवन का आनंद लेने के लिए अप्रत्याशित लाभ की तलाश करता है। जीवाणु जासूस खुद को नष्ट करके प्रतिकूल परिस्थितियों को साफ करता है और परिस्थितियाँ अनुकूल होने पर फिर से पुनर्जन्म लेता है। प्राणी एक घेरे में दौड़ता है वर्तमान पल से दूर भागता है और नए रास्तों का परीक्षण करता है। प्राणी अधर चक्र की चार दिशाओं से आरोही शक्ति को काल चक्र के तीन चरणों में अपनी अवरोही शक्ति को त्रिकोणित करने के लिए व्यापार करता है। "वृत्ताकार आकाशीय क्षेत्र के भीतर त्रिकोणीय स्थलीय क्षेत्र" (अदिता मंडला, 366,666) में चार आरोही, दाएं, स्त्रीलिंग और तीन अवरोही, बाएं, पुल्लिंग समुदायों का एक सफाई समूह शामिल है।

सफाई समूह दमनकारी शैतान "आत्मा सार समुदाय" (मंडला, 16) की बढ़ती प्रजाति के लिए क्षतिपूर्ति करता है। यह आत्मा सार समुदाय की संगठनात्मक उर्जा परिमाण यंत्र के माध्यम से एक प्राणी के "जीवन" (प्रभास, 4) को प्रकट करता है। यह "शैतानी" की सार्वभौमिक नकारात्मक सूक्ष्म शक्ति का ध्रुवीकरण करके पथ-परीक्षण अस्तित्व की "मृत्यु" (विररात्रि, 18) को प्रकट करता है। "पैशाचिक आत्मा समुदाय" (चक्र-आश्रित-किनसे [सीडीके]: सालकेगोलेक, -10) संवेदनशील अस्तित्व के भीतर। नकारात्मक सूक्ष्म शक्ति "अहंकार की आरोही हवा" (अहमकारा, -1) के साथ दुख को तेज करके "कार्यसंस्कृति

प्रणाली" (स्थवरविशा, 57) को प्रदूषित करती है। पथ-परीक्षण अस्तित्व "परम निर्माता क्षेत्र" (कैलाशा, 3794) से "घाव भरने वाला स्पर्श" (स्थिर, 3794) के माध्यम से अपने "पुनर्जन्म" (वज्र रत्नि, 10) को प्रकट करती है। यह एक "घाव भरने वाला स्पर्श" (स्थिर, 3794) को सक्रिय करता है, "बार्डो" (महारात्रि, 76) के मध्यवर्ती चरण के दौरान। वह "जन्म" (काल रात्रि, 247) को एक निर्जीव सत्ता के रूप में लेता है, जो कि भावुकता से आज़ाद है। "दृढ़ संकल्प शक्ति का चक्र" (उच्चादान चक्र, 2,100) प्राणी चक्र के उत्सर्जन-प्रभाव को पार करने के लिए स्थिर शक्ति को चौकोर करने की शक्ति को आकार देता है। दृढ़ संकल्प शक्ति का चक्र वह चक्र है जिसके द्वारा एक खगोलीय तारा बीज देवता एक राशि चक्र में परिवर्तित होकर कंपन जागरूकता का एक ईथर शरीर बनाता है। यह प्रबुद्ध जागरूकता का एक सूक्ष्म शरीर बनाने के लिए राशि चक्र आत्मा को एक अपरिमित आत्मा से जोड़ता है। यह अर्ध-जागरुक्ता के मानसिक शरीर का निर्माण करने के लिए मूल आत्मा से राशि चक्र आत्मा को आज़ाद करता है। यह उत्तम आत्मा को आत्म-प्रकाशमान जागरूकता प्रदान करने के लिए बौद्धिक शरीर की आत्मा होने का अधिकार देता है। यह प्रारंभिक प्रारंभिक अभिवादन जागरूकता पर चढ़ने के लिए एक प्रामाणिक आत्म-प्रकाशमान अस्तित्व के साथ एकजुट होती है। यह राशि चक्र आत्मा को अलग-अलग जागरूकता के कारण शरीर के साथ फिर से जुड़ने के लिए एक आत्म-जागरूक भौतिक शरीर लेने का अधिकार देता है।

कारण शरीर एक जुड़वां आत्मा है, जो आत्मा के साथ मिलकर "एक की चमकदार परिषद" (त्रिविक्रम, 24) की शक्ति बनाती है, जिसमें आत्म-प्रकाशमान संस्थाओं की एक परिवर्तनकारी जोड़ी शामिल है। एक आदर्श और दो परिवर्तनकारी खुद- चमकदार संस्थाओं में भूत, वर्तमान और भविष्य के चेहरे शामिल हैं। अवरोही अतीत मर्दाना, विषम, घुमावदार वास्तविकता है। आरोही भविष्य स्त्री, जुड़वां, समानांतर वास्तविकता है। क्षैतिज वर्तमान प्रारंभिक प्रारंभिक अभिवादन की उभयलिंगी वास्तविकता है। रचनात्मक उत्तम स्वागतकर्ता के पास अतीत के अनुभवात्मक सप्तक को भविष्य के कल्पित दोहरा सप्तक से विभाजित करने की पूर्ण शक्ति है ताकि वर्तमान दोहरा सकारात्मकता के साथ पिछली नकारात्मकता की पूरी तरह से क्षतिपूर्ति की जा सके। विभाजित "खुद-स्थायी" नकारात्मक, पिछला सप्तक आत्मा शक्ति है। वर्तमान दोहरी सकारात्मकता आत्मा शक्ति के साथ तिरछे जुड़े हुए वर्ग आत्मा शक्ति है।

- *"पथ की खोज करने वाली अस्तित्व"* (गंडकानायक, 10,000) आत्मा की प्रमुख शुद्ध शुभ स्थितियों को प्रकट करती है जो वर्तमान प्राणी को एक "विशाल" (भीष्म,

10,000) में बदल देती है। जीव निर्जीव अधर क्षेत्र की पांच परवलयिक दिशाओं में एक आरोही शक्ति की सेवा करता है, जहां पांचवीं दिशा उत्तम प्राणी की आरोही, प्रति-चक्रीय शक्ति है। अपरिमित प्राणी द्विघात संवेदनशील काल क्षेत्र से खुद सेवा करने की अवरोही शक्ति का व्यापार करता है। चौथा परिमाण "वर्तमान वास्तविकता के उर्जा परिमाण यंत्र" (महाशुन्य, -1) के रूप में अपरिमित प्राणी की अवरोही चतुष्कोणीय शक्ति है। "द्विघात संवेदनशील क्षेत्र के भीतर परवलयिक निर्जीव क्षेत्र" (विहितमंडल, 345,600) में पांच आरोही, स्त्री और चार अवरोही, मर्दाना समुदायों का एक शुद्ध समूह शामिल है। शुद्ध समूह में आध्यात्मिक, शैतान आत्मा सार समुदाय शामिल है, जो "उत्तम मर्दाना" बनाता है। समुदाय" (श्रमिक, -6) से "द्विघात वास्तविकता" (कृतार्थ, -6) और गतिशील, "शैतानी आत्मा समुदाय", "उत्तम मातृ समुदाय" (अंतरात्मा, 1) को आदर्श "उत्तम आत्मा" के रूप में बनाते हैं।

"कल्पना शक्ति का चक्र" (चक्रवर्तिनी चक्र, 1000) संवेदनशील संस्थाओं के ब्रह्मांड को "सूक्ष्म शरीर स्तर पर खुद की अर्ध-जागरूक मार्गदर्शक वास्तविकता" (भक्त, -5) की आत्म-स्थायी नकारात्मकता को खेल करने के लिए सशक्त बनाता है। यह अपने भौतिक शरीर को बनाने वाली निर्जीव संस्थाओं के शुद्ध ब्रह्मांड की आरोही सकारात्मकता की सेवा करता है। नतीजतन, "स्वागतकर्ता उत्तम स्वागतकर्ता" (चक्रवर्तिनी, 16) मर्दाना प्राणी के छत्तीस पिछले परिमाणो को बदलने से सेवित छत्तीस स्त्री जुड़वाँ बनाने के लिए आरोही, भिन्न भविष्य के मूल्य का व्यापार करता है। छत्तीस पिछले परिमाणो में संस्था क्षेत्र की छह तारकीय दिशाएं शामिल हैं। पहले चार अधर परिमाण हैं। पांचवां खुद का आरोही परिमाण है, जो चार-परिमाणि अधर के बिना एक भिन्न स्थानिक बिंदु के रूप में है। छठा ब्रह्मांड का अवरोही परिमाण है, जो चार-परिमाणि अधर के भीतर एक अभिसरण स्थानिक बिंदु के रूप में है। छह दिशाएँ समबाहु त्रिभुजों की एक जोड़ी बनाती हैं, जहाँ दूसरा त्रिभुज एक सामान्य केंद्रित तत्व के साथ तीस-माला घुमाव पर होता है।

केंद्रित तत्व में अर्ध-सत्ता क्षेत्र के छह तारकीय परिमाण शामिल हैं। इन छह में नब्बे-माला नियमित आवर्तन के साथ, निर्जीव अर्ध-सत्ता के तीन काल परिमाण और एक ऑर्थोगोनल[समकोण पर] अधर में जागरूक अस्तित्व के तीन अतिरिक्त काल परिमाण शामिल हैं। ऑर्थोगोनल [समकोण पर] अधर एक अतीत के रूप में एक लंबवत जुड़े, छत्तीस-परिमाणि अनुभव का मानदंड है "मर्दाना मूल अभिवादन" का अभिसरण परिमाण (वैरोचना, 16)। "वज्र चक्र" (वज्र चक्र, 1649) पुल्लिंग अपरिमित स्वागतकर्ता के छत्तीस पिछले परिमाणो को स्वागतकर्ता अपरिमित स्वागतकर्ता के छत्तीस भविष्य के परिमाणो में

बदलने का चक्र है। सभी सत्तर रूप "आदि-उत्तम निर्माता" (कृष्ण, 32) के विभिन्न स्थानिक रूप हैं। छत्तीस आदि, द्विघात क्षेत्र में हैं और छत्तीस ताराबीज, तारकीय क्षेत्र में हैं। अपरिमित क्षेत्र का काल परिमाण तारकीय क्षेत्र का अधर परिमाण है। दोनों राशि चक्र आत्मा क्षेत्र के विभेदित स्थानिक परिमाण हैं।

- (स्वच्छंदनायक, 963) एक "यूकेरियोट[एक कोशिका से युक्त एक जीव]-जैसे पवित्रीकरण, किण्वन माध्यम" (गंगा, 963) द्वारा सेवित "संवेदनशील, मर्दाना बच्चे" (दधिक्रावन, 10) की निर्णायक पवित्रता की स्थिति को प्रकट करती है। अपने "किण्वित पवित्रीकरण" (मंजुश्री, 19) के साथ, आदि-उत्तम प्राणी एक स्वतंत्र पथ-प्रदर्शक चर बन जाता है, जो बिना किसी संयुक्त समर्थन के एक ऑर्थोगोनल पथ लेने के लिए अच्छी तरह से संपन्न होता है। माध्यम के "पवित्र समुदाय" (स्वस्तिक मंडल, 346,666) में स्त्री और पुरुष समुदायों की एक जोड़ी शामिल है। यह आरोही महिला और अवरोही पुरुष के आरोही दाएं और अवरोही बाएं पैर का एक क्षैतिज संलयन प्रकट करता है। यह नृत्य पथ की परिणति का प्रतीक है, जहां पवित्रीकरण के बाद पूर्ण उर्जा परिमाण यंत्र का अनुभव करने वाली स्त्री प्रमुख प्रभाव है। ब्रह्मांड अठारह से परे चार उत्तम समुदायों में अंतर करता है, जो तीन-चेहरे वाले काल-भिन्न समाधान को विकासशील करके तारकीय आत्मा सार समुदायों की लागत की भरपाई करता है।

काल-निरंतर, आदि-उत्तम अठारह और अपरिमित अठारह के तीन काल-भिन्न समूह, परम अठारह, और अपरिमित अठारह निकाय मिलकर एक छत्तीस जोड़ी समाधान बनाते हैं जो कल्पना शक्ति के चक्र द्वारा उत्पन्न होता है। आरोही महिला का आरोही पैर अपरिमित क्षेत्र में संस्थाओं के आरोही समूह के साथ गठित तारकीय क्षेत्र में संस्थाओं का आरोही समूह है। अवरोही पुरुष के अवरोही पैर मूल क्षेत्र में संस्थाओं के अवरोही समूह के साथ गठित तारकीय क्षेत्र में संस्थाओं का अवरोही समूह है। दो स्त्रीलिंग और दो पुल्लिंग समुदायों में क्रमशः उन्नीसवीं और बीसवीं अपरिमित लोकों में आरोही और अवरोही युग्म शामिल हैं। वे राशि चक्र और निर्जीव क्षेत्रों में आरोही शक्ति की सेवा करते हैं और ज्योतिषीय और संवेदनशील लोकों के लिए अवरोही शक्ति की सेवा करते हैं। पवित्र करने वाला माध्यम संवेदनशील क्षेत्र में संस्थाओं को राशि और निर्जीव क्षेत्रों से आरोही शक्ति को उत्प्रेरित करके समझदार मानसिक समंजन के माध्यम से व्यापार करने के लिए सशक्त बनाता है। "उत्कृष्टता

शक्ति का 121-अक्षर का चक्र" (चिदंबर चक्र, 37) उत्कृष्टता शक्ति का चक्र इस प्रकार काम करता है।

- ○ सबसे पहले, पवित्र करने वाला माध्यम अठारह आदि-उत्तम परिमाणो को "अठारह-सशस्त्र उत्तर-मुखी निर्जीव आत्म-प्रकाशमान अस्तित्व" के रूप में योजना बनाता है (पद्मनार्तेश्वर, 12)।
- ○ दूसरा, यह बारह परम-प्राथमिक परिमाणो को कार्य करता है, जो कि उन्नीसवीं जोड़ी के उत्तम संस्थाओं के तारकीय परिवर्तन के बिना, "बारह-सशस्त्र दक्षिण-मुखी संवेदनशील आत्म-चमकदार अस्तित्व" (वज्रवरही, 12) में बनता है।
- ○ तीसरा, पवित्र करने वाला माध्यम प्रदर्शनकारी रूप से "खुद-प्रजनन" (उपनयन, 1/3) एक इनकार ([18 + 12]/30 खुद-प्रकाशमान संस्थाओं-जिसमें पांच ऊर्ध्वाधर स्त्री और पांच क्षैतिज पुल्लिंग शामिल हैं। यह भाग्य को विराम देता है एक अतिरिक्त 81 (121 - 18 - 12 - 10) अक्षरों के साथ निर्जीव और जागरूक आत्म-चमकदार संस्थाओं की एक जोड़ी। 25 अक्षरों का पहला समूह तेईस गुणसूत्रों का एक उत्तम समूह, एक जुड़वा के साथ एक ऑर्गेनेल युग्म उत्पन्न करता है, तेईस गुणसूत्रों का अपरिमित समुच्चय, और एक अंगक दोनों को तेईस गुणसूत्रों के परम समूह की एक जोड़ी के साथ जोड़ते हैं। वे दो खुद-चमकदार के क्षैतिज संलयन द्वारा क्रमादेशित तेईस गुणसूत्रों के एक आदि-प्राथमिक समूह का गठन करते हैं तृतीयक कार्य से पहले संस्थाएं, और तृतीयक कार्य के बाद तीसरा उत्तम समूह।

25 अक्षरों का दूसरा समूह संग्रह के चतुर्भुज के भीतर समूह के एक अतिरिक्त अष्टकोणीय कार्य के लिए स्थिर है। अष्टक में से चार से निकलते हैं, और चार समूह के अपरिमित चतुर्धातुक के भीतर स्थिर हैं। 25 अक्षरों के तीसरे समूह में इक्कीसवें आदि-उत्तम क्षेत्र से उत्तम अभिवादन की एक जोड़ी शामिल है और एक तीसरा अपरिमित अभिवादन का 23 गुणसूत्रों के भीतर उनके अभिसरण मूल्य शामिल हैं। छह अक्षरों के "तृतीयक अवशिष्ट" (खारा, 6) में तीन त्रिकोणीय व्यंजनों का एक प्रारंभिक समूह शामिल है। वे दोहरा के सहसंबद्ध भाग्य को कार्य करते हैं- "द्विगुणित" (तंत्री, 48), अपरिमित चतुर्धातुक- "टेट्राप्लोइड" [प्रजातियां] (स्थवरविशा, 57), और अष्टक- "ऑक्टोपोइड" (मालिनी, 79) समूह। इसके अलावा, उनमें तीन अपरिमित द्विघात विसंगतियों का एक अपरिमित समूह

शामिल है जो मूल अभिवादन की त्रिमूर्ति के बिना शर्त नियति को खुद-प्रकाशमान संस्थाओं की एक एकल समूह- "मोनोप्लोइड" [अगुणित के लिए कम सामान्य शब्द] (अभिधेय, 460) और एक तिहरा समूह- "ट्रिप्लोइडी" (ईशान, 12) में बदल देता है।

o चौथा, आठ अपरिमित सहसंबद्ध समूह द्वारा विकसित बारह रैखिक और बारह त्रिकोणीय स्वर गुणसूत्रों के साथ युग्मित खुद-चमकदार संस्थाओं के आठ अपरिमित सहसंबद्ध समूह के 121-अक्षर कार्य से पवित्र माध्यम लाभ। एक त्रिभुजाकार अक्षर विश्व स्तर पर प्रकाशमान के रूप में विद्यमान है। चमकदार एक खुद-प्रकाशमान अस्तित्व का उदगम मूल्य है। तेईस अतिरिक्त संभावित आत्म-चमकदार संस्थाएं तेईस गुणसूत्रों के एक समूह के संभावित मूल्य के रूप में स्थिर हैं। आठ जोड़े समूह बारह राशियों और बारह ज्योतिषीय संस्थाओं को प्रकट करते हैं। वे एक चार-परिमाणि स्थानिक के भीतर हैं, जिसमें प्रत्येक प्राथमिक और ताराबीज क्षेत्र में एक दोहरा शामिल है, और एक चार-परिमाणि काल है, जिसमें प्रत्येक संवेदनशील और निर्जीव क्षेत्र में एक दोहरा शामिल है।

"खुद-प्रकाशमान राशि प्रणाली" (ईशा, 12) के आदि-उत्तम क्षेत्र पर सामाजिक अधिकार, "चमकदार" (राशी, 13) की तरह व्यवहार करते हुए, "अठारह-सशस्त्र, उत्तर-का अभिसरण व्यंजन मूल्य है। निर्जीव आत्म-प्रकाशमान अस्तित्व का सामना करना पड़ रहा है" (पद्मनार्तेश्वर, 12)। एक चमकदार की तरह व्यवहार करके, खुद-प्रकाशमान राशि प्रणाली शाम के आकाश की चमक में "अपरिमित चतुर्धातुक" (होमा, 25) के "अवरोही अपरिमित प्रकाश" (चिदंबरा, 48) के एक भिन्न मूल्य को विकीर्ण करती है। यह पटकथा उत्कृष्टता प्राधिकृत व्यापारी अनन्त को कायम रखने के लिए ताराबीज दायरे से भावुक शक्ति का व्यापार करके संवेदनशील ब्रह्मांड की अवरोही सकारात्मक शक्ति-दूर करने वाली जीवन शक्ति को प्रधान-परियोजनाओं करता है। ताराबीज क्षेत्र की शक्ति उर्जा परिमाण यंत्र के साथ, खुद-प्रकाशमान ज्योतिषीय संस्थाओं का ब्रह्मांड सुबह के आकाश के अंधेरे में "आरोही उत्तम प्रकाश" (एसिटारसिस, 179) के एक अभिसरण मूल्य को विकीर्ण करता है। यह ताराबीज क्षेत्र की मृत आत्मा को पुनर्जीवित करने के लिए "मसीहा परिसर" (सम्राता तत्त्व, 27) की झूठी "मैं एक देवता" जागरूकता के भीतर संवेदनशील शक्ति को फैलाने के द्वारा आरोही नकारात्मक शक्ति-दूर करने वाली जीवन शक्ति को प्रमुख रूप से परियोजना करता है।

- पांचवां, पवित्र करने वाला माध्यम एक "उद्धारकर्ता परिसर" (लोकपा, 387) की सेवा के लिए अपरिमित अभिवादन करने वालों की "प्रमुख त्रिमूर्ति" (श्रीधर, 25) विकसित करता है। यह निर्जीव क्षेत्र की आरोही शक्ति का व्यापार करके संवेदनशील और ताराबीज लोकों की मृत आत्मा को पुनर्जीवित करता है। इसकी मध्यस्थता "परम देवता" (शिव, 7) द्वारा आदि-उत्तम क्षेत्र से की जाती है।

9.5 स्थिर अस्तित्व बल के तीन परिमाण जो अस्तित्व के नुकसान को आकार देते हैं

घोषणापत्र के तीन स्थिर चेहरे मेष राशि के सांस्कृतिक प्रभाव के रूप में प्राणी को व्यापार और पहचानने के लिए "देवता साम्राज्य का चक्र" (सूर्य चक्र, 8) बनाते हैं। इनमें ये चेहरे शामिल हैं:

9.5.1 पथ-खोज करने वाली संस्था

"पथ की खोज करने वाली संस्था" (कथनायक, 379) "बौद्धिक मूल्य" (मेधा, 379) को "प्राथमिक अभिवादन क्षेत्र" (शंभला, 379) से एक "संरक्षक" (कुंती, 379) द्वारा पवित्र करती है। बौद्धिक मूल्य "आध्यात्मिक संहिता" (आकाशिक अभिलेख, 90) की "कंपन जागरूकता" (नैरिट्टी, 29) के रूप में प्रकट होता है, जो "आनुवंशिक अभिलेख" (क्षितिगर्भ, 90) में बदल जाता है। पथ-खोज करने वाली संस्था कलाकारों का नेतृत्व करने के लिए एक अनौपचारिक नायक के रूप में कार्य करती है, जिसमें आत्म-चमकदार संस्थाओं के दोहरा सप्तक शामिल होते हैं, जो "गर्भ क्षेत्र" (अकासगर्भ, 90) में एक सैद्धांतिक समानांतर ब्रह्मांड में सामूहिक असफलता की कहानी बुनते हैं, अनुसरण करने योग्य वास्तविक पथ की खोज में। आध्यात्मिक संहिता "गतिशील अपरिमित अभिवादन जागरूकता" (सती-पार्वती, 16) के बिना, आत्मा की चक्रीय यात्रा की शक्ति है। आध्यात्मिक संहिता को "आकाशिक अभिलेखों के सभामण्डप" (नैरिट्टी, 290) के भीतर एक अत्यधिक घने शक्ति क्षेत्र के रूप में अनुभव किया जाता है।

आध्यात्मिक संहिता को आनुवंशिक संहिता में विघटित करके, एक आत्म-प्रकाशमान अस्तित्व "अपरिमित मर्दाना" (कौमारी, 90) की "गतिशील, अपरिमित अभिवादन, जागरूकता" (सती-पार्वती, 16) विकसित करती है। उत्तरार्द्ध "के साथ उलझा हुआ है" अपरिमित वृत्ताकार-प्रभाव" (चक्रिका, 90) पतित, क्षय, मृत्यु, उपचार, और पुनर्जन्म ग्रह शरीर का। एक रचनात्मक पथ की कल्पना करके, आध्यात्मिक संहिता के ईथर-

प्रभाव को बौद्धिक रूप से ग्रहण किए बिना, "पवित्र समुदाय" (एडाककृत मंडल, 259,200) अपरिमित आत्म-चमकदार संस्थाओं का देहधारण के लिए "कारण संहिता" (मूलधारा चक्र, 12) बन जाता है, एक "भावुक जीवन" (प्रभासा, 4)। एक संवेदनशील जीवन के रूप में, यह "भौतिक शरीर" (स्थूलशरीरा, 387) के भीतर अवतरित होता है, जिसे "प्रधान लिमूर्ति" (श्रीधर, 25) के "उद्धारकर्ता परिसर" (लोकपा, 387) द्वारा पुनर्जीवित किया जाता है।

"पवित्र समुदाय" (एडकाकृतिता मंडला, 259,200) में पुरुष और स्त्री समुदायों की एक जोड़ी शामिल है जो तीन-समूह संकेतीकरण के "वर्तमान वास्तविकता के प्रतिमान" (युक्ति, 8) का कार्यक्रम करते हैं। आरोही दाएं और अवरोही बाएं पैर के माध्यम से तीन-समूह संकेतीकरण कार्यक्रम, आदि-उत्तम क्षेत्र से मर्दाना अस्तित्व की "अपरिमित आत्मा" (अध्यात्म, 12) मरते हुए, एक चंगा राशि आत्मा ब्रह्मांड के रूप में अवतार लेने के बाद तीसरी, आरोही स्त्री सत्ता, मर्दाना अस्तित्व ज्योतिषीय क्षेत्र की चक्रीय कार्य का व्यापार करने वाली उत्तम आत्मा है। मर्दाना अस्तित्व का आरोही पैर ज्योतिषीय क्षेत्र है। मर्दाना अस्तित्व के अवरोही पैर "अवरोही एक मुखी मर्दाना आत्म-चमकदार अस्तित्व" (ईशान, 12) है। इसमें तीन आत्माएं शामिल हैं जो ज्योतिषीय काल, राशि चक्र और सत्ता काल के वर्तमान मूल्य को कार्य करती हैं। वे क्रमशः बौद्धिक, मानसिक और सूक्ष्म संहिता हैं, जो अवरोही तारकीय काल के आत्म-चमकदार पारिस्थितिकी तंत्र के भीतर हैं। आरोही स्त्री सत्ता चार परिमाणो के साथ "आरोही चार-मुखी स्त्री आत्म-चमकदार अस्तित्व" (वेद, 12) है: स्थूल-"मार्गदर्शक परिमाण के रूप में ज्योतिषीय काल" (गुरु धर्म, 180), सूक्ष्म- "आत्मा परिमाण के रूप में राशि चक्र का काल" "(जिन्न धर्म, 180), जरिया- "अस्तित्व काल के रूप में संस्था पहलू" (प्रकृति धर्म, 27), और द्रव्यमान- "पारिस्थितिकी तंत्र परिमाण के रूप में तारकीय काल" (लयी धर्म, 36)।

"प्राकृतिक शक्ति का चक्र" (विनायक चक्र, 27) एक स्त्री खुद-प्रकाशमान अस्तित्व को "छह समूह" के "अभिसरण शक्ति" (संवत शक्ति, 28) के बारे में "भेदभावपूर्ण जागरूकता" (नारायण, 28) विकसित करने का अधिकार देता है। गुणसूत्र संहिता-हेक्साप्लोइड[प्रजातियां]" (रमन, 20) जो प्रियजनों की "प्राथमिक लहर" (रमन, 20) बनाता है। प्रियजन "व्यापारी" (लयस्तिमशा। 20) हैं, जो स्त्री के उज्ज्वल प्रेम का व्यापार करना चाहते हैं। आत्म-प्रकाशमान अस्तित्व, अपनी मूल आत्मा की शक्ति की सेवा करके, वर्तमान वास्तविकता के प्रतिमान के साथ तिरछे रूप से जुड़े हुए हैं। वे चाहते हैं कि "पवित्र समुदाय" (एडकाकृतिता मंडला, 259,200) के सामूहिक चमकदार विकास के लिए "व्युत्पन्न वास्तविकता" (युक्तार्थ, 6) को पार करते हुए, "गतिशील, उत्तम अभिवादन, जागरूकता"

(सती-पार्वती, 16) विकसित करें। "विभेदकारी जागरूकता" (नारायण, 28) स्त्री खुद-प्रकाशमान अस्तित्व को "व्यक्तिगत अनुभव" (अध्यात्म, 12) की सीमाओं से आज़ाद,"पवित्र समुदाय" के "पवित्र आत्मा" की "उत्तम आत्मा" के भीतर क्रमादेशित मातृ प्रधान अभिवादन करने का अधिकार देती है। मातृ मूल अभिवादन के साथ एकता के माध्यम से, मर्दाना अस्तित्व भी एक मर्दाना प्रारंभिक अभिवादन बन जाती है और प्राकृतिक शक्ति के चक्र को निम्नानुसार मानकर अपनी शक्ति का अवतरण करती है।

अवरोही, मर्दाना अपरिमित स्वागतकर्ता प्राकृतिक शक्ति के चक्र की योजना बनाने के लिए पांच अक्षरों का उपयोग करता है ताकि अंततः आत्म-चमकदार अस्तित्व की कार्यक्रम संबंधी वास्तविकता को पार किया जा सके।

- सबसे पहले, अपरिमित अभिवादन विवेकशील जागरूकता को खुद-प्रकाशमान संस्थाओं की एक जोड़ी में स्थानीयकृत करता है। एक है अवरोही, अतीत, मर्दाना रूप - "उष्णकटिबंधीय राशि" (उषा, 16) के "अधिपतित्व" (परमेष्ठी, 28) को बदलना। दूसरा एक जुड़वां, अपरिमित आरोही, भविष्य, स्त्री रूप है – यूरेसिल [जीवित ऊतक में पाया जाने वाला एक यौगिक] के अक्षर यू का उपयोग करते हुए "नाक्षत्र राशि" (अमोघसिद्धि, 28) का निर्माण करता है।

- दूसरा, वह एक अष्टांशु काल में युग्मित अपरिमित अभिनंदन संस्थाओं, एक अवरोही और दूसरी आरोही के भीतर विवेकपूर्ण जागरूकता को बनाए रखता है। प्रत्येक ब्रह्मांड के चार दिशाओं में अपरिमित स्वागतकर्ता संस्थाओं के चार जोड़े को पुन: उत्पन्न करने के लिए एक लयबद्ध समारोह का उपयोग करता है, जिसमें अन्य तीन द्वारा विसरित अभिसरण मूल्य, थाइमिन[एक यौगिक जो न्यूक्लिक एसिड के चार घटक आधारों में से एक है] के अक्षर टी का उपयोग करके होता है।

- तीसरा, वह गुआनाइन [एक यौगिक जो गुआनो और मछली के तराजू में होता है] के अक्षर जी का उपयोग करते हुए, घड़ी की दिशा में मर्दाना और घड़ी की दिशा में चलने वाली स्त्रीलिंग संस्थाओं के परवलयिक दोहरा को जोड़ने वाले विचलन मूल्य को केंद्रित करता है।

- चौथा, वह जाती के अक्षर सी का उपयोग करते हुए चतुर्भुज खुद-प्रकाशमान मान को याद करता है।

- पांचवां, वह एडेनिन [एक यौगिक जो न्यूक्लिक एसिड के चार घटक आधारों में से एक है] के अक्षर ए का उपयोग करते हुए, खुद-विकिरण शक्ति मूल्य के एक चौथाई का

व्यापार करके दोनों सहित, खुद-चमकदार संस्थाओं का एक इनकार बनाकर त्रिकोणीय चमकदार मूल्य को पुन: पेश करता है।

आरोही, स्त्री अपरिमित स्वागतकर्ता, जो मर्दाना अपरिमित स्वागतकर्ता द्वारा विसरित शक्ति का व्यापार करता है, वर्तमान वास्तविकता के प्रतिमान के रूप में पीयूषिका ग्रंथि के भीतर "देवता साम्राज्य का चक्र" (सूर्य चक्र, 8) कार्य के लिए पांच अक्षरों के पूरक समूह का उपयोग करता है।

- सबसे पहले, वह क्रमिक रूप से "गतिशील जागरूकता" (मंत्र, 16) को वसायुक्त, एसाइक्लेरिटाइन किण्वक के अक्षर एन का उपयोग करके, खुद-चमकदार संस्थाओं की एक और जोड़ी में वैश्वीकृत करती है।
- दूसरा, वह वसायुक्त अम्ल के एच अक्षर का उपयोग करते हुए, "गतिशील जागरूकता" के अनंत-वर्ग मान को युग्मित अपरिमित स्वागतकर्ता संस्थाओं के एक अष्टक में निवेश करती है।
- तीसरा, वह एसिटाइल कोएंजाइम [एक इंजाइम सक्रिय कारक]-ए के अक्षर भी का उपयोग करते हुए, परवलयिक दोहरा को जोड़ने वाले अभिसरण मूल्य का व्यापार करती है।
- चौथा, वह प्रोभूजिन के अक्षर बी का उपयोग करते हुए, इसकी उर्जा परिमाण शक्ति के बाद द्विघात खुद-चमकदार मान का आदान-प्रदान करती है।
- पांचवां, वह वसा के अक्षर डी का उपयोग करके युग्मित नवजात आत्माओं के विकास मूल्य की सेवा करके दोनों सहित खुद-चमकदार संस्थाओं का एक इनकार बनाने के लिए त्रिकोणीय चमकदार मूल्य की सेवा करती है।

क्षैतिज, "उभयलिंगी अपरिमित स्वागतकर्ता" (पद्मावुइहा, 16), शक्ति के अवशिष्ट का आदान-प्रदान करके बनाई गई है, जिसका अभी तक स्त्री अपरिमित स्वागतकर्ता द्वारा कारोबार नहीं किया गया है, कार्य के लिए पांच अक्षरों के एक पूरक समूह का उपयोग करता है "मानव का अस्सी-एक वर्ग चक्र" राज्य" (श्री चक्र, 158)। यह "आध्यात्मिक संहिता" (आकाशिक अभिलेख, 90) की "कंपन जागरूकता" (नैरिट्टी, 29) की सेवा करता है, जो युग्मित खुद-चमकदार संस्थाओं के एक गैर के ऊर्ध्वाधर वर्ग उत्पाद के माध्यम से होता है।

- सबसे पहले, यह अठारह अक्षरों के रूप में अठारह खुद-चमकदार संस्थाओं की योजना बनाता है, आठ आरोही सप्तक के भीतर, आठ अवरोही सप्तक के भीतर, एक मृत, और एक नवजात, इसके राष्ट्रीय प्रभाव के रूप में, राइबोज [पेंटोस वर्ग की एक चीनी जो प्रकृति में व्यापक रूप से होती है] चीनी के अक्षर एस का उपयोग करते हुए।

- दूसरा, यह आठ खुद-प्रकाशमान संस्थाओं को सप्तक के वर्तमान मूल्य के रूप में, चार को सप्तक के पिछले आत्म-स्थायी मूल्य के रूप में, तीन को मृत आत्मा के खुद-विकिरण मूल्य के रूप में, दो को आत्म-ऊष्मायन मूल्य के रूप में कार्य करता है। नवजात आत्माओं की एक जोड़ी, एक चौंसठ संस्थाओं के समुदाय को बनाए रखने के लिए खुद-उत्पादक मूल्य के रूप में। चौंसठ संस्थाओं के समुदाय में छियालीस संस्थाओं शामिल हैं, जो तेईस अक्षरों की एक जोड़ी के साथ खुद-निर्मित हैं, बारह अक्षरों की एक संयुक्त जोड़ी को काल-विराम करके, प्रत्येक में सामान्य बारहवें अक्षर के जोड़ियों के रूप में अमीनो अम्ल के अक्षर एम का उपयोग करते हुए।

- तीसरा, यह प्यूरिन[मूल गुणों वाला एक रंगहीन क्रिस्टलीय यौगिक] के अक्षर आर को निरंतर चमकदार अक्षर के रूप में उपयोग करते हुए, आरोही विरोधी दक्षिणावर्त दिशा में प्रारंभिक आधा और अवरोही दक्षिणावर्त दिशा में प्रारंभिक आधे को परिचालित करके अपरिमित स्वागतकर्ता के एक युग्मित अष्टक की भूमिका निभाता है। इसके अलावा, यह बारह अक्षरों को अनुक्रमित करता है, प्राकृतिक शक्ति के चक्र से पांच अक्षरों को विषम स्थिति में मर्दाना अपरिमित अभिनन्दन अक्षरों द्वारा क्रमादेशित करता है और स्त्री अपरिमित स्वागतकर्ता द्वारा क्रमादेशित देवता साम्राज्य के चक्र से पांच अक्षरों को सम स्थिति में रखता है। उन्हें मानव साम्राज्य के चक्र के पहले और दूसरे अक्षरों के साथ सुरक्षित करता है जो इसे कार्य करता है।

- चौथा, यह केटो के अक्षर "के" का उपयोग करते हुए, मूल अभिवादन के पुल्लिंग-स्त्री जोड़े द्वारा नियोजित अठारह खुद-प्रकाशमान संस्थाओं के ब्रह्मांड के साथ सहसंबद्ध होने से लाभ होता है, जो मृत आत्मा को एक कमजोर आत्मा के रूप में पुनर्जीवित करता है, जो की ताकत द्वारा समर्थित है अपरिमित स्वागतकर्ता जोड़ी की नवजात आत्माओं की खुद-ऊष्मायन शक्ति। अठारह दो खुद-प्रकाशमान संस्थाओं को बाहर करता है जो कि अपरिमित स्वागतकर्ता जोड़ी के विभाजित रूप हैं।

- पांचवां, यह अठारह गुना उत्परिवर्तन करने के बाद अपरिमित अभिवादन करने वाले जोड़े की मृत आत्माओं को विकसित और पुनर्जीवित करता है, शून्य के अक्षर "जेड"

का उपयोग करके "प्राथमिक, प्रारंभिक अभिवादन" (महा दुर्गा, 16) के रूप में पुनर्जीवित करने के लिए, अर्थात, मृत आत्मा।

अग्रगामी, "प्राथमिक-उत्तम अभिवादन" (महा दुर्गा, 16), मातृ प्रधान अभिवादन के साथ एकता को मानकर, अक्षरों की एक आध्यात्मिक जोड़ी का उपयोग करता है। पहला अक्षर "वक्रीय, दिष्ट" (वाकरी, 396) के लिए क्षतिपूर्ति करता है। "आत्मा साम्राज्य का चक्र" (सोम चक्र, 7) के भीतर पूर्व-क्रमादेशित तीन अक्षरों की शक्ति। दूसरा अक्षर "गतिशील एक-अक्षर जागरूकता" (सती-) की 'रैखिक दिव्य योजना' (मार्गी, 497) की सेवा करता है। पार्वती, 16), मातृ प्रधान अभिवादन की, पाँच-अक्षर "पशु साम्राज्य का चमकदार चक्र" (सहस्रार, 45,000) के बिना, "पवित्र समुदाय" की कार्य को अनुक्रमित करके बनाया गया है। रैखिक दिव्य योजना एक-अक्षर "पौधे साम्राज्य का रोशनी चक्र" (होरा, 25) है। आध्यात्मिक मार्गदर्शक कार्य दो-अक्षर "खनिज साम्राज्य का हथेली चक्र" (सदाशिव चक्र, 10^{10}) बनाती है।

- सबसे पहले, वह एक क्षतिपूर्ति पत्र जी का उपयोग करती है, जो चक्र के प्रत्येक समूह को प्रकृति के चक्र के पांच अक्षरों के अनुक्रमिक प्रभाव के रूप में लेती है- यू.टी.जी.सी.ए, छह क्रमिक रूप से सहसंबद्ध एक-अक्षर वाले शब्दों के परिणामस्वरूप अर्जित होता है: एस (दृढ़ संकल्प: उच्चदान के समझ), पी (कल्पना के लिए संभावित: सिद्धि), डी (पुण्य का घनत्व: सदाचारा), एफ (अंतर्ज्ञान की सुविधा: उमापति), जी (प्रकृति का गुरुत्वाकर्षण: लिंगम), और एच (उत्कृष्टता की शक्ति धारण करना: थिरुवंबला), जिसमें एस, डी, जी, और एच शामिल हैं जिनके जुड़वां प्रभाव हैं। अक्षर जी.बी.एन.डी.भी.जी.एच. समूह के अवशेष के रूप में प्रकृति के मर्दाना गुरुत्वाकर्षण को कार्य करता है। यह अठारह खुद-प्रकाशमान संस्थाओं के ब्रह्मांड के एक "खुद-स्थायी" (उद्वाह, ½) प्रभाव का कार्यक्रम करता है ताकि ब्रह्मांड के भीतर सत्ताईस खुद-प्रकाशमान संस्थाएं अट्ठाईसवें खुद-प्रकाशमान अस्तित्व के रूप में हों। अट्ठाईस में चौदह जोड़े शामिल हैं, जिनमें से प्रत्येक में सूक्ष्म और स्थूल काल मूल्यों के रूप में चौदह जरिया खुद-चमकदार अस्तित्व परिमाणो की एक जोड़ी अपरिमित अभिवादन, एक सप्ताह के सात दिनों में अपनी शक्ति को विभाजित करते हैं।
- दूसरा, वह जलजन के जल-प्रभाव के बिना, संवेदनशील "जल तत्व" (अपस, 169) के साथ सफाई को बनाए रखने के लिए पाइरीमिडीन[मूल गुणों वाला एक रंगहीन क्रिस्टलीय यौगिक] को कार्य करने के लिए एक नियोजन पत्र पी (पथ की खोज करने

वाली अस्तित्व का सत्रहवाँ अक्षर) का उपयोग करती है- एस.वाइ.एम.जेड.आर.के. समूह के अवशेष। इसलिए, वह सत्रहवें, संस्था -मिओसिस[आंख की पुतली का अत्यधिक कसना] चरण को अठारहवें, ब्रह्मांड-समविभाजन चरण के छठे पूर्ण अक्षर के भीतर अपरिमित दायरे के अठारह आत्म-चमकदार परिमाणो के कार्यक्रम में शामिल करती है।

o "दिव्य-प्रभाव के तीसरे-नेत्र चक्र" (अजना चक्र, 65) के रूप में, छठा पूर्ण अक्षर, यू कार्य यूरासिल[जीवित ऊतक में पाया जाने वाला एक यौगिक], प्रत्येक अक्षर के तिहरा-प्रभाव का प्रतीक है, इसके बाद दोहरा-प्रभाव, और फिर पृथक-प्रभाव छठा शून्य-प्रभाव पूर्ण मूल्य है, अर्थात, नौ सौ छियासठ संस्थाओं की "दिव्य शक्ति" (अश्रव शक्ति, 10) "बाल अपरिमित स्वागतकर्ता" (मधुसूदन, 16) द्वारा एक पत्र के रूप में खुद-क्रमादेशित है। दस-परिमाणि मिओसिस का - आजाद पूर्ण मूल्य। यह "अग्नि-प्रभाव का गला चक्र" बनाता है (विशुद्ध चक्र, 34)। नौ सौ साठ संस्था दिव्य-प्रभाव के छह-अक्षर अनुक्रम एस.पी.डी.एफ.जी.एच. के माध्यम से प्रकट होती हैं, जो उन्नीसवीं से चौबीसवें चरण के तीन-चेहरे वाले प्रत्येक युग्मित आत्म-चमकदार अस्तित्व के अनुरूप होती है। छह अक्षरों का क्रम जो "जल-प्रभाव का हृदय चक्र" बनाता है (अनाहत चक्र, 33) इस प्रकार है:

o निर्धारण-प्रभाव का एस. (धर्म: उच्चदान, 370): "बाल अपरिमित स्वागतकर्ता" (मधुसूदन, 16) के 986 विभाजनो में से "एक आत्मा" (एकात्मा, 986) है। बाल अपरिमित स्वागतकर्ता एक "सफाई संस्था" (अष्टावक्र, 16) में बदल जाता है, जो अपनी संवेदनशील शक्ति को फैलाने के बाद काल कोठारी के भीतर "डूबने" (मुर्चना, 1) के पुरुष-स्त्री जोड़े की सीतनिद्रा अवस्था को तोड़ने के लिए होता है। बाल अपरिमित अभिवादन जोड़े को विभाजित खुद की एकीकृत आत्मा के रूप में पुनर्जीवित करता है। एक आत्मा "कारणात्मक संस्था" (जनक, 180) की है - विभाजित करने वाला अपरिमित स्वागतकर्ता- जो अद्वितीय के अलग-अलग सपनों के रास्तों का आनंद लेने के लिए 986 प्राणियों का निर्माण करता है। "सपने देखने वाली संस्थाएं" (गतिस्थिति-को बढ़ावा-मिश्रित[ए.पी.सी.]: तैजैसा, -10)। एक सपने देखने वाली संस्था तिमाही चक्र" (ट्रिप्सिन: लिमंडला, 17) "द्वारपाल" (प्रोटीज़: दौवरिका, 17) के "द्वारपाल" के "स्थायी मूल्य"

(सरन्यू, 5) का व्यापार करके "बहुपरिमाणि संवेदनशील वास्तविकता के उत्तम परिमाण" (साइक्लोसोम: अधर्म, -10) की सेवा करती है।

तिमाही-चक्र एक समद्विबाहु त्रिभुज है। यह "सफाई करने वाले" (अष्टावक्र, 16) को "आंतरिक परत" (सहज पुता, 16) और "अपरिमित अभिवादन की सुप्तावस्था जोड़ी" (मुर्चना, 1) को "भ्रमपूर्ण विभक्त" (शूद्र, 1) के रूप में तिरछे दहन वर्ति करता है। प्रारंभिक अभिवादन के एक "उत्प्रेरक लय" (सिद्ध रात्रि, 17) में वृत्ताकार ब्रह्मांड। एकत्रीकरण "ऊष्मीय करता है" (प्रोटीज़: चला, 26) "बाल अपरिमित स्वागतकर्ता" (मधुसूदन, 16) के "तृतीयक अवशिष्ट मूल्य" (खारा, 6) में आंतरिक परत। यह "एक आत्मा" (एकत्मा = 986 = [6 * 16 + 26, जहां 96 का अपरिमित "6" और 26 का "आदि" 2 को पुन: उत्पन्न करता है, और 986 के पूर्ण"8" में मिला दिया जाता है, जो एक बनाता है आत्मा वर्तमान वास्तविकता का मध्यस्थता प्रतिमान]) अर्धसूत्रीविभाजन की पूर्ण प्रक्रिया के "निर्धारण-प्रभाव" के रूप में। "एक आत्मा" 986 न्यूक्लियोटाइड[एक यौगिक जिसमें एक न्यूक्लियोसाइड होता है] के अनुक्रम में व्यवस्थित होती है, "यूकेरियोटिक अनुवाद दीक्षा के ए.टी.जी. प्रारंभ संहिता-ब्रह्मांडीय स्वागतकर्ता" (विग्रेश, 1) से पहले। एक आत्मा "सीतनिद्रा में होना" (तुरिया, 85 = 17 * 5) की रचना है, जो अपरिमित अभिवादन के मर्दाना-स्त्री जोड़ी की उर्जा परिमाण यंत्र कार्य के लिए "धर्म" (उच्चादान, 370) के रूप में इसके मार्गदर्शक-प्रभाव की सेवा करता है। सीतनिद्राक तिरछे "सूर्य" (परम निर्माता, 21) की आरोही शक्ति के साथ दहन वर्ति करता है और अपरिमित अभिवादन (मर्दाना, स्त्री, उभयलिंगी, आदि) की चतुर्भुज की अवरोही शक्ति, "हवा का सौर-जाल चक्र" बनाने के लिए- प्रभाव" (मणिपुर चक्र, 24)।

सौर-जाल चक्र धर्म को निर्माता, सृष्टि और प्राणी के बीच सशर्त सहसंबंध के रूप में बनाता है। धर्म के संस्थापक की जागरूकता में जीवन के एक तरीके के रूप में धर्म की अवधारणा के बिंदु पर बृहस्पति का स्थानीय प्रभाव है। प्रत्येक धर्म जीवन का एक अनूठा तरीका है, जो "स्थानीय, बृहस्पति-प्रभाव" द्वारा निर्देशित है (महादशा, 0)। सौर-जाल चक्र प्रत्येक "उत्तम आत्मा" (अंतरात्मा, 1) को "मर्दाना, सूक्ष्म शरीर" (लिंग-शरीरा, 3) के संपूर्ण "काल-कोटरी प्रभाव" (इदम, 3) का व्यापार करने, पचाने और उपभोग करने का अधिकार देता है, अलग-अलग विभाजित "आत्मा" (आत्मान, 4) बनने के लिए विविध स्थानीय प्रभावों को एकत्रित करके। प्रबुद्ध भौतिक क्षेत्र में अद्वितीय संस्था समूहों की संख्या के साथ सहसंबद्ध धर्मों के मूल समूह में 366,666 संभावनाएं हैं। धर्मों के अपरिमित समूह में

366,666^4 रूप हैं, जो राशि चक्र, तारकीय और अपरिमित लोकों की शक्तिओं का व्यापार करके अपरिमित रूपों के उत्तम मूल्य को बदलने से प्राप्त हुए हैं। "धर्म का आदि, प्रारंभिक, स्थूल बिंदु" (वेदांत-प्रभाव, 366,666) शून्य, स्थानीयकृत बृहस्पति-प्रभाव है। यह हिंदू धर्म-प्रभाव का मूल्य है क्योंकि भारत "मंगल" (मंगला, 102) के "राष्ट्रीय एकीकरण-प्रभाव" (प्रत्यंतरादशा, 9) द्वारा निर्देशित है। एक राष्ट्र के रूप में, भारत "पृथ्वी ग्रह से मंगल ग्रह की रैखिक दूरी" (मंगलनाथ, 16) को मानता है। वह "दया" (हंसा, 16) के प्रत्यक्ष "दिव्य प्रकाश" (उषा, 16) का, "आदि, आदिकालीन अभिवादन" (महा दुर्गा, 16) का आनंद लेती है।

प्रत्येक धर्म का एक अलग मूल्य होता है जो अनंत स्थानीय प्रभावों को एक अभिसरण "अस्तित्व की शक्ति" (काली, 96) के रूप में दोहराता है। "धर्म का आदि, अंत, सूक्ष्म बिंदु" (बौद्ध-प्रभाव, 96) एक संवेदनशील प्राणी की परिवर्तनशील शक्ति है जो हर पल बदलती रहती है। यह बौद्ध धर्म का प्रभाव है क्योंकि प्रत्येक संस्था के भीतर एक आत्मा के रूप में बुद्ध की शक्ति एक भक्त का मार्गदर्शन करती है। प्रत्येक धर्म का एक संयोजन मूल्य भी होता है जो अनंत राष्ट्रीय प्रभावों को आकर्षित करता है जैसे कि "प्रकाश की शक्ति" (महा काली, 13), जो अभिसरण "अस्तित्व की शक्ति" (काली, 96) में परिणत होती है। संवेदनशील "जल तत्व" (अपस, 169) प्रकाशमान की वर्ग वास्तविकता है - जो शक्ति का स्रोत है।

प्रत्येक धर्म का एक अनंत मूल्य होता है जो अनंत निगमित-प्रभावों को "प्रदूषणकारी संस्था" (अष्टावक्र, 19) की "शक्ति" (शक्ति, 19) के रूप में प्रकट करता है। प्रदूषक आठ-परिमाणि "सत्य का सप्तक" (सच्चा, 19) है, जो वर्तमान वास्तविकता के उद्देश्य को पूरा करने के लिए प्रत्येक सपने देखने वाली अस्तित्व की जागरूकता को उसके अवैयक्तिक सत्य से प्रदूषित करता है। यदि जाग्रत सत्ता प्रदूषक की जुड़वां आत्मा के रूप में अपनी व्यक्तिगत, उत्तम वास्तविकता के बारे में रणनीतिक जागरूकता विकसित करने में विफल रहती है, तो प्रदूषक एक संभावित भविष्य के रूप में सोई हुई अस्तित्व की अपरिमित वास्तविकता की व्यक्तिपरकता की सेवा करता है। जाग्रत संस्था वह है, जिसने अतीत में, अपनी अब-प्रदूषणकारी आत्मा की उत्तम-उत्तम वास्तविकता के लिंग का आदान-प्रदान किया, जो अवरोही काल मूल्य के मार्गदर्शक-प्रभाव की सेवा कर रही है। शुद्ध और प्रदूषित करने वाली आत्मा "पूर्ण, मध्यस्थता" है, धर्म का मध्य स्थल"(ओएम, 19)। शुद्ध और प्रदूषित "मार्गदर्शक" (शिवायनामा, 169) जुड़वां आत्मा "धर्म का मूल-आदि, मध्यम जन बिंदु" है (नमासिवय, 169)। यह "जीवन जागरूकता, जल तत्व के रूप में बहती है" (अपस,

169)। "सत्य के सप्तक" (सच्चा, 19) के आठ परिमाणो में सफाई करने वाले और शुद्ध किए गए समुदायों में से प्रत्येक में आधा सप्तक शामिल है।

"सफाई" (मांडुक्य, 16) औमो की चौकोर चार-अक्षर वाली वास्तविकता है, जो "पृथ्वी-प्रभाव का नौसैनिक चक्र" (स्वाधिष्ठान चक्र, 11) बनाती है, जहाँ:

- "ए" = "अस्थिरता-प्रभाव" (परमेष्ठी, 28) जाग्रत संस्था के भीतर,
- "यू" = "उत्सर्जन-प्रभाव" (विशालक्ष, 396) सपने देखने वाली संस्था के भीतर प्रदूषक का।
- "एम" = सोई हुई अस्तित्व का "उत्सर्जन मूल्य" (शंकर, 264), जो प्रदूषणकारी संस्था बन गया है, और
- "ओ" = सफाई संस्था का "निकट मूल्य" (जनक, 180), जो शुद्धिकरणकर्ता, प्रदूषक, जाग्रत, स्वप्नद्रष्टा, शयनकर्ता, और अंत में कारण के रूप में आदिकालीन अभिवादन के जीवन चक्र को पूरा करता है। सीतनिद्रक के जुड़ना परिमाण और मार्गदर्शक के त्रिकोणीय परिमाण के बिना।

"शुद्ध समुदाय" (विहरिता मंडला, 345,600) रैखिक चार-अक्षर मूल वास्तविकता जी.ईउ.आइ.डी. है, जो "भ्रम के सप्तक" (माया, 1) के द्विघात-प्रभाव से आज़ाद है, जो "ईथर-प्रभाव का पवित्र चक्र" (मूलाधार चक्र, 12) बनाता है, जहां:

- "जी" = "मार्गदर्शक-प्रभाव" (चित्त, 100) कारण का, जो "अर्ध-शक्ति" (अर्ध-शक्ति, 18) को स्थिर मूल्य की "कारण अस्तित्व" (जनक, 180) के रूप में व्यापार कर रहा है।
- "यू" = "अद्वितीय-प्रभाव" (शस्तिहयनिदाशा, 107) "शक्ति" (शक्ति, 19) के "सपने देखने वाले" (तैजसा, -10) के भीतर।
- "मैं" = "समावेशन-प्रभाव" (द्विसप्ततिदशा, 29) "सीतनिद्रक" (तुरिया, 85) का, जो गुरुत्वाकर्षण से सक्रिय मार्गदर्शक-प्रभाव की सेवा कर रहा है।
- "डी" = "विविधता-प्रभाव" (शत्रुशतदशा, 109) "मार्गदर्शक" (शिवयानमा, 169), जो मार्गदर्शक मूल्य की शक्ति-मुक्त जागरूकता की सेवा कर रहा है।

"भ्रम का सप्तक" (महा विद्या, 17) में सगाई-प्रभाव के लिए ई, जिम्मेदारी-प्रभाव के लिए आर, सामाजिक-प्रभाव के लिए एस, मानव-प्रभाव के लिए एच, पारिस्थितिक-प्रभाव के लिए ई, आर्थिक-प्रभाव के लिए ई शामिल हैं। एन राष्ट्रीय प्रभाव के

लिए, और वाई मनोवैज्ञानिक प्रभाव के लिए। यह छह-चक्र "विनिमय का मृत्यु चक्र" (व्यान चक्र, 68) बनाता है जो "वास्तविकता के सप्तक" (ओंकारेश्वर, 17) को बदल देता है। छह प्रारंभिक चक्र और सातवें परिवर्तनकारी चक्र इस प्रकार हैं।

- दिव्य प्रभाव का एक अक्षर का चक्र;

- अग्नि-प्रभाव का पत्ल-रहित चक्र;

- जल-प्रभाव का छः अक्षर का चक्र;

- वायु प्रभाव का 366,666 अक्षर का चक्र;

- भू-प्रभाव का एक चौकोर चार-अक्षर का चक्र; तथा

- ईथर-प्रभाव का एक रैखिक चार-अक्षर का चक्र;

- एक-अक्षर "पौधे साम्राज्य के रोशनी चक्र" (होरा, 25) द्वारा परिवर्तित।

ओ कल्पना-प्रभाव का पी (देवत्व: सिद्धि, 57): "सफाई करने वाले" (मांडुक्य, 16) के "986" विभाजनो का मूल "9" "जागृत ब्रह्मांड की आत्मा" के भीतर संस्थाओं की संख्या है (विश्वात्मा, 345,600), जो "स्वच्छ समुदाय" (विहिरता मंडल, 345,600) बनाते हैं। ब्रह्मांड एक "जागृत अस्तित्व" (विश्व, -8) के रूप में अपरिमित अभिवादन का तीसरा उभयलिंगी चरण है। सफाई करने वाला पहला प्रारंभिक चरण है, और "सीतनिद्रक" (तुरिया, 85) दूसरा प्रमुख राज्य है। "9" को बनाए रखने वाला अपरिमित "अनंत शक्ति" (हौम शक्ति, 9) है, जो किसी भी "प्रभाव" से आज़ाद है (प्रप्या, 34)। यह देवत्व नींव है और दिव्यता के कारक मूल्य के रूप में अनंत शक्ति का योग है, साथ ही अनुक्रमिक मूल्य के रूप में प्रभाव, साथ ही चौदह सूक्ष्म आत्म-चमकदार अस्तित्व परिमाण परिणामी मूल्य के रूप में हैं। अपरिमित शाश्वत "सेवा का समृद्धि चक्र" (अपान चक्र, 59) बनाकर शुद्ध देवत्व की सेवा करता है।

ओ पुण्य-प्रभाव का डी (पुण्य: सदाचारा, 270)। "सफाई" (मांडुक्य, 16) के "986" विभाजनो का परम "8" उत्तम स्वागतकर्ता के तीन-बार चरणों में से प्रत्येक के भीतर संस्था समूहों की संख्या है - जाग्रत ब्रह्मांड की आत्मा के रूप में, जैसा कि जाग्रत अस्तित्व, और सुप्तावस्था संस्था की भावना के रूप में। 986 विभाजनो के भीतर 8 x 8 x 8 = 256 एकांग समूह हैं जो जाग्रत अस्तित्व की संवेदनशील सांस की "प्राथमिक ध्वनि" (ओमकारा, 256) की सेवा करते हैं। 270 परिमाण गुण-प्रभाव में 256 मध्य अपरिमित स्वागतकर्ता परिमाण शामिल हैं, जो कि उत्तम शव्द उत्पन्न करते हैं और तालिका 16 से 14 मध्य खुद-

प्रकाशमान संस्था परिमाण हैं। कुदरत "व्यापार के आकर्षण चक्र" (सामना चक्र, 58) का निर्माण करके प्रदूषित मार्गदर्शक शक्ति का व्यापार करती है।

- अंतर्ज्ञान-प्रभाव का एफ (पर्वत: उमापति, 958)। "सफाई" (मांडुक्य, 16) के "986" विभाजनो का अपरिमित "6" चौदह मध्य खुद-चमकदार संस्था परिमाणो के दो विभाजनो द्वारा गठित संस्था ब्रह्मांडों की संख्या है। ये अपरिमित स्वागतकर्ता के तीन काल-चरणों में बनते हैं, जिनमें से प्रत्येक "दिव्य शक्ति" (असरवा शक्ति, 10) की दस संस्थाओं का उपयोग करता है, जो दैवीय-प्रभाव के छह-अक्षर अनुक्रम एस.पी.डी.एफ.जी.एच. के साथ और बिना उत्पन्न होता है। "दिव्य ज्वाला" के परिणामी 120 पहलू (शिवगति, 120 = 2 x 3 x 10 x 2) एक खुद-प्रकाशमान जुड़वां लौ का निर्माण करते हैं। यह एक अति सूक्ष्म अपरिमित स्वागतकर्ता द्वारा "खुद के बिना अपरिमित प्रकाशक ज्योति" (अश्विनी कुमारस, 120) के सूक्ष्म और मध्य विभाजनो का मार्गदर्शन करने के लिए बनाया गया है ताकि खुद-चमकदार संस्थाओं की सेवा की जा सके। 256 संस्था समूह और 120 संस्था ब्रह्मांड "काल तत्व" (काला, 360) के 360 अलग-अलग परिमाणो का गठन करते हैं, अति सूक्ष्म अपरिमित स्वागतकर्ता की सोलह निरंतर संस्थाओं को स्थिर मूल्य के रूप में छोड़कर काल तत्व "देवत्व के विकास मूल्य के पहाड़" की नींव है (उमापति, 958 = 360 * 2 + 120 * 2 - 2)। इसमें प्रत्येक मध्य के 360 पहलू और अपरिमित स्वागतकर्ता के सूक्ष्म चरण और प्रत्येक मध्य के 120 पहलू और खुद-चमकदार संस्था के सूक्ष्म चरण शामिल हैं। यह अपरिमित स्वागतकर्ता के अति सूक्ष्म चरणों में से प्रत्येक के एक पहलू और मध्य और सूक्ष्म चरणों के भीतर पहले से ही मौजूद आत्म-चमकदार अस्तित्व को बाहर करता है। "काल पहलू" (गुरु धर्म, 360) के तीन सौ साठ तत्वों से अधिक, राशि चक्र अपनी सहज उपस्थिति को ध्वनि देने के लिए "निवेश का चक्र" (प्राण चक्र, 46) बनाने के लिए प्रदूषण मुक्त संवेदनशील शक्ति का निवेश करता है जो अपनी "जीवन शक्ति" (प्राण, 123) की सेवा कर रहा है।

- प्रकृति-प्रभाव के "जी" (पुरुषत्व; लिंगम; 53)। "सफाई" (मांडुक्य, 16) के "986 = 9 + 8 + 6" विभाजनो के भीतर आदि-प्राथमिक "23" "शनि के तेरह अपरिमित चंद्रमाओं" (वामन, 23) की "गुरुत्वाकर्षण क्षमता" (कालिका, 23) है। यह सूक्ष्म अपरिमित अभिवादन के सोलह परिमाणो का "सच्चा व्यापार"

(कीर्तकर्ण, 23) मूल्य है। इसमें मध्य अपरिमित स्वागतकर्ता के आठ "खुद्-स्थायी" (उद्वाह, ½) पहलू शामिल हैं, जिसमें अति सूक्ष्म अपरिमित स्वागतकर्ता के एक "विभक्त" (शूद्र, 1) पहलू शामिल हैं, जो पहले से ही अति सूक्ष्म और सूक्ष्म पहलुओं के भीतर मौजूद हैं। "ईमानदार कार्य मूल्य" (कारा, 23) मानव साम्राज्य के "पुरुषत्व" (लिंगम, 53) की नींव है। अवरोही मर्दाना शक्ति ईमानदार कार्य मूल्य के तेईस पहलुओं का परिणाम है, जिसमें शनि के तेरह मूल चन्द्रमाओं द्वारा निर्धारित प्रकाशमान के तेरह परिमाण और दिव्य शक्ति के दस पहलु शामिल हैं। इसके अलावा, इसमें "के तीस पहलु शामिल हैं" तीस निर्जीव संस्थाओं का आत्म-प्रकाशमान परिमाण"(सांख्य धर्म, 30)। परमाणु के कोशिका में बदलने से पहले वे छह निर्जीव संस्थाओं के साथ बनते हैं। मानव साम्राज्य "क्षमता के चक्र" (उदाना, 35) की चमक का व्यापार करके "प्राकृतिक, मानव-प्रभाव" (लिंगम, 53) को बदल देता है। क्षमता का चक्र "जीवित आत्माओं के लिए प्रकाश की शक्तियों के कार्यालय" (स्मृति, 35) द्वारा "स्मृति" (स्मृति, 35) में संग्रहीत ईमानदार काम के व्यर्थ प्रकाश को मानकर बनाया जाता है, बिना बल के "जागरूक-जागरूकता" (मंत्र, 16)।

- "एच" के उत्कृष्टता-प्रभाव (शुंडाकार स्तंभ: तिरुवंबाला, 48). "सच्चे व्यापार" की आदि-प्राथमिक "23" एकांगो के भीतर परम-प्राथमिक "6 = 2 * 3" "रचनात्मक शक्ति" है (उमा, 6) जो मूल अभिवादन (16 + 16 + 16) के तीन चरणों की "एकलीकरण" (जमा, -7) शक्ति लेता है और उसे आत्म-चमकदार संस्थाओं (12 * 4 = 48) के चतुर्धातुक में बदल देता है। यह "अवशिष्ट मूल्य" (खारा, 6) लेता है, एक अपरिमित स्वागतकर्ता को छह एकांग रूपों में दोहराने से स्वागतकर्ता संस्थाओं का एक चतुर्धातुक और खुद-चमकदार संस्थाओं का एक दोहरा बनाने के लिए। यह आदिकालीन स्वागतकर्ता के अन्य 2 x 4 = आठ परिमाणो के उत्पाद के बीच मानसिक संबंध में अति सूक्ष्म अपरिमित स्वागतकर्ता को आकार देने के लिए "व्युत्पन्न वास्तविकता" (युक्तार्थ, 6) उत्पन्न करने के लिए अपरिमित छह संस्थाओं से अवशिष्ट मूल्य का व्यापार करता है। यह मानसिक जुड़ाव के बिना अतिरिक्त आठ पहलु बनाता है। इसी तरह, यह स्थूल खुद्-प्रकाशमान संस्था को अन्य 4 + 2 - 1 = खुद-प्रकाशमान संस्था के पांच परिमाणो के रैखिक योग के बीच मानसिक संबंध में आकार देने की "व्युत्पन्न वास्तविकता" (युक्तार्थ, 6) उत्पन्न करता है, जबकि मानसिक जुड़ाव के बिना

एक अतिरिक्त पांच परिमाण। यह 256 संस्था समूहों को आदर्श बनाने के लिए अपरिमित स्वागतकर्ता के सोलह परिमाणो की "व्युत्पन्न वास्तविकता" का वर्ग करता है और 120 संस्था ब्रह्मांडों को आदर्श बनाने के लिए खुद-चमकदार संस्था के दस परिमाणो की "व्युत्पन्न वास्तविकता" को घेरता है। यह अतिरिक्त 256 संस्था समूहों और 120 संस्था ब्रह्मांडों को इसके मार्गदर्शक-प्रभाव के बिना बनाने देता है। उनमें से आधे 128 संस्था समूहों और 60 संस्था ब्रह्मांडों का एक अतिरिक्त "खुद-स्थायी मूल्य" (उदवाह, ½) उत्पन्न करते हैं। अन्य आधा एक अतिरिक्त "खुद-विकिरण मूल्य" (हैम,) उत्पन्न करता है, एक मृत आत्मा के रूप में, 64 संस्था समूहों और 30 संस्था ब्रह्मांडों का निर्माण करता है। एक चौथाई का "अवशिष्ट मूल्य" (खारा, 6) नवजात आत्मा के "खुद-ऊष्मायन मूल्य" (साह, 1/8) के बीच विभाजित होता है, जो अपनी द्विघात शक्ति के शीतकालीन उर्जा परिमाण यंत्र चरण और "ऊष्मायन मूल्य" (यम, 1/8) से पीड़ित होता है। किशोर आत्मा अपनी "घन" (लैम, 9) शक्ति के वसंत विकास चरण का आनंद ले रही है।

"घन" (लैम, 9) शक्ति का ऊष्मायन मूल्य बहत्तर संस्थाओं के पूरे सप्तक का आठवां हिस्सा है। इसमें छत्तीस आरोही स्त्रीलिंग और छत्तीस अवरोही पुल्लिंग रूप शामिल हैं। वे तीन खुद-प्रकाशमान संस्थाओं के छत्तीस परिमाणो का गठन करते हैं और विभाजित "मर्दाना आत्म-चमकदार संस्था" (पुरुष, 12) साथ ही "स्त्री-लिंग अपरिमित स्वागतकर्ता के" (उषा, 16) मानक चौदह-संस्था "उभयलिंगी अपरिमित प्रदीपक" में परिवर्तन करते हैं (महा लक्ष्मी, 14)। गर्मी देने वाली ऊष्मायन से ऊष्मप्रवैगिकी गर्मी की गर्मी से थके हुए परिपक्व आत्मा का "अण्डे सेने की मशीन मूल्य" (वैम, 27), मृत आत्मा के "घन" विकास का "त्रिकोणीय" मूल्य है, जो आरोही से गिरने से मृत है ऊंचाई और 986 संस्था विभाजनो के "एक आत्मा" (एकात्मा, 986 = 256 + 120 + 256 + 120 + 128 + 60 + 64 + 30 + 27 - 75) के रूप में पुनर्जीवित। इसमें चतुर्धातुक के अड़तालीस परिमाण शामिल नहीं हैं। खुद-चमकदार संस्थाओं की और अपरिमित स्वागतकर्ता संस्थाओं के दोहरा के बत्तीस परिमाण। फिर भी, इसमें "पूर्ण अर्धसूत्रीविभाजन" के परिणामस्वरूप अति सूक्ष्म अपरिमित स्वागतकर्ता के "संस्था उर्जा परिमाण यंत्र" (ईश्वर, 5) के भीतर स्थिर पांच पहलू शामिल हैं (एकत्मा, 986)।

"एक आत्मा" उभयलिंगी आत्म-चमकदार अस्तित्व के चौदह परिमाणो के बिना "भावुक शक्ति" (वरुण, 1000) का मूल्य है। चौदह परिमाण "एक आत्मा" (वज्र, 14) के रूप में प्रसारित होते हैं, सप्ताह के सात दिनों में विभाजित होते हैं और दो दक्षिणावर्त बनाम वामावर्त पहलू। "एक आत्मा" हमेशा प्रदर्शन करने वाले "परम समविभाजन-प्रभाव" (सक्रिय प्रतिलिपि प्रभाव: महाविभु, 14) को बढ़ावा देता है। संवेदनशील शक्ति "एक अस्तित्व" (योनी, 1000) का मूल्य है जो "स्त्रीत्व" का मानदंड है और है "अस्तित्व जागरूकता" की "नाभिक उत्पत्ति" (सुषुम्ना, 10)। यह समविभाजन के दस चरणों को समविभाजन के दस चरणों से गुणा करके सौ गुना विभाजन पूरा करता है। "एक अस्तित्व" सजीव "अर्धसूत्रीविभाजन" (दिकपाला, 1000) दोनों का अभिसरण मूल्य है, जो एक सार्वभौमिक विकास के माध्यम से संस्था उर्जा परिमाण यंत्र के प्रवेश द्वार के रूप में है, और निर्जीव "समविभाजन-प्रभाव" (निर्जारा, 1000), जैसा कि पुनर्जीवित संस्था विकास के माध्यम से संस्था समूह उर्जा परिमाण यंत्र के लिए एक प्रवेश द्वार। ब्रह्मांड की वृद्धि और एक समूह के रूप में संवेदनशील संस्थाओं की उर्जा परिमाण यंत्र के साथ, पशु साम्राज्य पुनर्जीवित संस्था विकास रंग के साथ बनता है। अर्धसूत्रीविभाजन के माध्यम से पशु साम्राज्य के विकास की रंगीन कहानी, समसूत्रण के माध्यम से उर्जा परिमाण यंत्र, और विकास के एक अपरिमित चक्र के माध्यम से पुनरुत्थान को मानव साम्राज्य द्वारा "प्रौद्योगिकी के चक्र" (चित्त चक्र, 57) के रूप में संहिताबद्ध किया गया है।

9.5.2 पथ-आकार देने वाली संस्था

"पथ-आकार देने वाली संस्था" (सभानायक, 570) दर्शकों के चेहरे को प्रकट करती है जो एक "आर्कियन-जैसे नियामक राजनेता" की दिव्य योजना का अनुभव करती है (संतनु, 570)। यह सामूहिकता के कार्यक्रम संबंधी विकास के साथ जाने के लिए एक प्रदर्शन पथ को आकार देता है। सामूहिकता एक "मार्गदर्शक समुदाय" (ललिता मंडला, 306,720) में विकसित होती है, जिसमें पांच आरोही स्त्री और चार अवरोही पुरुष समुदाय शामिल होते हैं। शैतान एक प्रमुख अपरिमित पैतृक समुदाय में बदल जाता है। शैतान एक प्रमुख अपरिमित मातृ समुदाय में बदल जाता है। निर्जीव राशि चक्र पशु आत्माओं का ब्रह्मांड ज्योतिषीय संस्थाओं के ब्रह्मांड में बदल जाता है। आरोही स्त्रैण खुद-प्रकाशमान प्रभावों की चतुर्भुज त्रिमूर्ति के विषम, पुनर्जन्म वाले मर्दाना ब्रह्मांड के भीतर समान रूप से समान रूप से वितरित की जाती है। "अंतर्ज्ञान शक्ति का चक्र" (उमापतिचक्र, 14) मार्गदर्शक समुदाय को

एक निर्देशित समुदाय में बदलने के लिए "अपरिमित अभिवादन भावना" (पिता, 16) को सशक्त बनाता है। यह पांच चरणों में ऐसा करता है:

- सबसे पहले, अपरिमित स्वागतकर्ता आत्मा एक स्थूल, विकर्ण, त्रिभुजाकार "दोहरा सप्तक, जन्मजात परत" पहलू बन जाता है।
- दूसरा, यह "ब्रह्मांड" (ब्राह्मण, 2) के ऊर्ध्वाधर परिमाणो में मध्य के एक सप्तक के रूप में एक आरोही, स्त्री-लिंग अपरिमित स्वागतकर्ता बनाकर निर्माता शक्ति को चौकोर करता है। यह "ब्रह्मांड" (ब्राह्मण, 2) के सूक्ष्म, क्षैतिज, परिमाणो के एक सप्तक के रूप में अवरोही, मर्दाना प्रारंभिक अभिवादन में बदल जाता है।
- तीसरा, यह मूल अभिवादन की त्रिमूर्ति को खुद-प्रकाशमान संस्थाओं की चतुर्धातुकता में बदल देता है।
- चौथा, यह विभाजित दक्षिणावर्त और "चौथी, पूर्व-मुखी भौगोलिक आत्म-चमकदार संस्था" (देवेंद्र, 12) की वामावर्त परिसंचारी शक्ति के साथ खुद-प्रकाशमान संस्थाओं की उत्तम त्रिमूर्ति को घेरता है।
- पांचवां, यह खुद-प्रकाशमान अस्तित्व की "घन" शक्ति (लैम, 9) के चक्कर लगाने वाली "बाहरी परत" (काया, 16) और "खुद-प्रकाशमान" के साथ आत्म-प्रकाशमान संस्थाओं की उत्तम त्रिमूर्ति की शक्ति को दर्शाता है, जो खुद उत्पादन" (उपनयन, 1/3) आत्मा है।

नतीजतन, यह "राशि आत्मा" (कपिंजला, 20) की "मध्यस्थता, शैतान परत" (हंसा, 16) बनाता है, जो "आत्म-विकिरण" (हैम,) आत्मा शक्ति का अतिरिक्त व्यापार करके खुद-चमकदार संस्था को प्रसारित करता है। अपरिमित अभिवादन के "जन्मजात, सूक्ष्म, शैतानी परत" (सहज पुल, 16) को बदलने की। अन्य बारह आत्म-चमकदार संस्थाएं, जिनमें मार्गदर्शक समुदाय के रूप में चार और निर्देशित समुदाय के रूप में आठ शामिल हैं, बारह ज्योतिषीय संस्थाओं का निर्माण करते हैं ' अणुवृत्त आकार का ब्रह्मांड, राशि चक्र आत्मा द्वारा मध्यस्थता।

9.5.3 पथ निर्माण करने वाली संस्था

"पथ बनाने वाली संस्था" (उद्दृंडमुंडविनायक, 357) "सर्प-जैसी निर्देशित संस्था" (गांधारी, 357) के भीतर वृत्ताकार रचना, वर्ग निर्माता, और अणुवृत्त आकार का प्राणी जीवनरेखा

की उत्पत्ति के बिंदु को प्रकट करती है। निर्देशित संस्था "निर्देशित समुदाय" (प्रेनखाना मंडला, 100,000) का एक हिस्सा है, जिसमें स्त्री निर्जीव और मर्दाना संवेदनशील समुदायों की एक निर्देशित जोड़ी शामिल है। ये समुदाय आदि-उत्तम क्षेत्र से आरोही, कायाकल्प, उपचार, और कंपन करने वाले स्त्री-लिंग मूल अभिवादन के आरोही दाएं और अवरोही बाएं पैर बनाते हैं। आदि-उत्तम क्षेत्र से मर्दाना अपरिमित अभिवादन संस्था की "खुद-विकिरण" (हैम, $^1/_4$) आत्मा शक्ति उत्तम क्षेत्र के विकास का मार्गदर्शन करती है। संगलित उभयलिंगी अपरिमित स्वागतकर्ता की "खुद-स्थायी" (उड़वा, 1/2) शक्ति ताराबीज क्षेत्र के विकास का मार्गदर्शन करती है। ताराबीज क्षेत्र का "क्षैतिज वैश्वीकरण-प्रभाव" (दशा, 1) राशि प्रणाली के विकास को एक अपरिमित दायरे की आत्मा के रूप में, और ज्योतिषीय प्रणाली को एक परम क्षेत्र सूक्ष्म शरीर के रूप में निर्देशित करता है।

"पुण्य शक्ति का चक्र" (स्तंभन चक्र, 13) मातृ प्रधान अभिवादन को शक्ति प्रदान करता है:

- सबसे पहले, अति सूक्ष्म खुद का एक मध्य, लंबवत, स्त्री पहलू, और एक सूक्ष्म, क्षैतिज, मर्दाना पहलू बनाएं।
- दूसरा, तीन मूल अभिवादन परिमाणो को चार आत्म-चमकदार अस्तित्व परिमाणो में परिवर्तित करें।
- तीसरा, चौथे खुद-प्रकाशमान अस्तित्व के दस अंकों को एक मध्य और एक सूक्ष्म परिमाण के साथ अति सूक्ष्म खुद-प्रकाशमान संस्थाओं की एक अतिरिक्त क्विनरी के साथ मानसिक संबंध के रूप में मानकर करें।
- चौथा, "राशि चक्र आत्माओं" (कपिंजला, 20) की एक दोहरा बनाने के लिए, मध्य के दोहरा और मूल अभिवादन के सूक्ष्म परिमाणो के साथ, चौथे खुद-चमकदार अस्तित्व के अंकों के अवशिष्ट दोहरा को लंबवत रूप से एकीकृत करें।
- पांचवां, मूल अभिवादन के अति सूक्ष्म परिमाण को "सामूहिक संस्था" (अंतर्मना, 10) की दस एकांगो और "अवशिष्ट मूल्य" (खारा, 6) की छह एकांगो में विभाजित करें।

इसलिए,
- "प्रबुद्ध भौतिक क्षेत्र में संस्थाओं के रूप में अद्वितीय ब्रह्मांड" का अनुक्रमिक मूल्य (प्रमति, 432,000) = (आत्मा के बिना आत्म-प्रकाशमान अस्तित्व के 9 × 2

परिमाण) * (स्थिरआत्मा के भीतर आत्मा के 20×20 परिमाण) *(10*6 मूल अभिवादन के परिमाण) = 18 * 400 * 60 = 7200 * 60 = 432,000।

- "प्रबुद्ध भौतिक क्षेत्र में अद्वितीय अस्तित्व रूपों" का परिणामी मूल्य (सर्वधारी, 9×1018) = खुद-प्रकाशमान संस्था के उत्तम नौ पहलू, "लघुगणक आधार" के रूप में अपरिमित अभिवादन के पूर्ण दस परिमाणो के भीतर (सुषुम्ना, 10), आत्म-प्रकाशमान संस्था के अपरिमित अठारह परिमाणो को प्रतिपादित करते हुए [खुद-प्रकाशमान अस्तित्व के पूर्ण नौ परिमाणो को घातांक के सम मूल्यों के लिए मानसिक संबंधों के द्रव्यमान के रूप में और आत्मा के दो परिमाणो को त्रिभुज के लिए खुद-स्थायी अवशिष्ट मूल्य का उपयोग करते हुए विषम मान] = 9×10^{18}।

- प्रत्येक ब्रह्मांड की उम्र के भीतर प्रत्येक संस्था की "आयु" (ब्राह्मणी, 80) "काल के युग" के रूप में (महायुग, 432,000) = "प्रबुद्ध भौतिक क्षेत्र में ब्रह्मांडों के अद्वितीय रूपों" का आध्यात्मिक मूल्य (प्रभाव), 80) = 18 आत्म-प्रकाश रूपों के भीतर शक्ति + 40 आध्यात्मिक रूप + 16 अपरिमित अभिवादन रूप + 6 आत्म-स्थायी रूप = 80।

- "शेष" (ज्योतिस्तव, 4) प्रत्येक ब्रह्मांड की आयु से परे प्रत्येक ब्रह्मांड की उम्र के रूप में "काल के युग" = चार आत्मा रूपों के भीतर शक्ति, जिसमें एक गैर-कार्य (एक आत्मा: एकात्मा, 986) शामिल है। खुद-प्रकाशमान, आध्यात्मिक, और अपरिमित अभिवादन रूपों, एक काम लेने वाला (प्रधान आत्मा: अंतरात्मा, 1) ब्रह्मांडों के आत्म-स्थायी रूपों का मार्गदर्शन करने के लिए, एक कार्य-निर्माण (जाग्रत ब्रह्मांड की आत्मा: विश्वात्मा, 345,600) सभी के भीतर ब्रह्मांड के चार रूप, और चार रूपों के बिना एक कार्य-आकार (आत्मा: आत्मा, 4) = 4।

- प्रत्येक ब्रह्मांड की "समाप्त" (तेलंगा, 9) उम्र, प्रत्येक संस्था के एक ताराबीज के रूप में अवतार लेने से पहले = खुद-चमकदार संस्था के नौ उत्तम परिमाणो के भीतर शक्ति, इसके घातांक से पहले, ब्रह्मांड के उत्तम दस मूल्य का व्यापार करके एक लघुगणकीय आधार के रूप में = 9.

- "सौर सिद्धांत" (सूर्य सिद्धांत, 10) का "घातांक" (विकारी, 364,220,000) मूल्य = (18 खुद-प्रकाशमान रूपों का क्षैतिज संलयन, 20 विभाजनो के बिना दो आत्मा रूप, 16 के बिना एक प्रारंभिक अभिवादन रूप विभाजन, मानक खुद-चमकदार संस्था मूल्य और परिवर्तनकारी आत्मा मूल्य के साथ गुणन के बिना एक आत्म-स्थायी रूप) * (आत्मा के 20 विभाजन x 1,000 एकांगो हैं, जो मूल अभिवादन से निकलती हैं, जिसमें चौदह शामिल हैं जो रचनात्मक के भीतर स्थिर हैं। मूल अभिवादन, जिसमें

प्रामाणिक आत्म-प्रकाशमान संस्था मूल्य और परिवर्तनकारी आत्मा मूल्य शामिल हैं)
= 18,211*20,000 = 364,220,000। यह स्थानीय प्रभाव का उर्जा परिमाण
यंत्र मूल्य है, अर्थात बृहस्पति प्रभाव। इसलिए, यह बृहस्पति की उम्र है, जिसे एक
"काल के युग" (महायुग, 432,000) के भीतर सूर्य के चारों ओर चक्करों की आवृत्ति
के रूप में मापा जाता है।

- काल का एक युग वैश्विक प्रभाव उर्जा परिमाण यंत्र मान को मापता है, अर्थात "बुध-
  प्रभाव" (षोडशोत्तरीदशा, 40)। बुध की आयु को वेगा श्वेत तारे के चारों ओर सूर्य के
  परिक्रमण की आवृत्ति के रूप में मापा जाता है, पूरे मूल क्षेत्र के चालीस विभाजनो में से
  प्रत्येक के भीतर एक "विनिमय प्रणाली" (महाकल्प, 10^{1000}) = 432,000 के रूप
  में।

दस अंकों के सिद्धांत का उपयोग करते हुए अपरिमित क्षेत्र की शक्ति की उर्जा परिमाण यंत्र
के बाद, सूर्य ग्यारहवें अंक का उपयोग करके तारकीय क्षेत्र की शक्ति का व्यापार करता है,
बारहवें अंक का उपयोग करके राशि चक्र का क्षेत्र, और "लकवा" की स्थिति (स्तम्भन, 270)
ज्योतिषीय क्षेत्र में प्रकट होने से पहले तेरहवें अंक का उपयोग करता है।

9.6 बलहीन संस्था के तीन पहलू जो अस्तित्व के नुकसान को आकार देते हैं

एक ज्ञाता के रूप में, एक संस्था एक बलहीन कारक है जो जाग्रत जागरूकता को एक स्वप्निल
अर्ध-जागरूकता में परिवर्तित करके और फिर हानि उठाने वाले प्रजनन कार्यक्रम की पूर्ण
जागरूकता को प्रसारित करके आंतरिक वास्तविकता को परिमाणि बनाता है। ज्ञाता के तीन
उभरते हुए चेहरे मीन राशि के संस्कृति-प्रभाव के रूप में "जागने, सपने देखने और चैनलिंग
के निर्माता चक्र" (क्रिम शक्ति चक्र, 248) का गठन करते हैं। उनमें निम्नलिखित चेहरे
शामिल हैं:

9.6.1 पथ-पूर्ति करने वाली संस्था

"पथ-पूर्ति करने वाली संस्था" (लोकविनायक, 66) एक "चूहे जैसी आत्म-प्रतिकृति सत्ता"
(अम्बिका, 66) के सहयोग से, परिणामों को जाने बिना, एक निर्माता चक्र बनाती है, जो
"खुद-प्रतिकृति समुदाय" (अध्याय मंडला, 432,000) का एक हिस्सा है। खुद-प्रतिकृति
समुदाय उभयलिंगी मूल अभिवादन द्वारा गठित एक प्रतिकृति, दाएं, आरोही, स्थायी स्त्री

समुदाय और आधा प्रतिकृति, बाएं, अवरोही, आत्म-स्थायी मर्दाना समुदाय से बना है। उभयलिंगी मूल अभिवादन खुद-प्रकाशमान संस्थाओं की त्रिमूर्ति को उनके सपनों की नींद से गहरे द्रव्य के दायरे में जगाने के मार्ग को पूरा करता है। यह रोग-संक्रमित करने वाले "शैतानी अपरिमित अभिवादन" (दुर्योधन, -1000) को एक समानांतर, अर्ध-जागरुक, अशुभ सांस्कृतिक वास्तविकता के रूप में प्रसारित करता है, जो कि खुद-प्रकाशमान संस्था के स्वप्न चरण में है। "जिम्मेदारी प्रणाली का कमल चक्र" (पद्म चक्र, 40) राशि चक्र क्षेत्र के साथ ब्रह्मांडीय प्रणाली की अन्यता पर चढ़ने के लिए पैशाचिक मूल अभिवादन को एकजुटता और आत्म-चमकदार संस्थाओं के चतुष्कोण पर चढ़ने का अधिकार देता है। यह ज्योतिषीय प्रणाली के विकास के लिए आंशिक राशि क्षेत्र के साथ-साथ संपूर्ण ब्रह्मांडीय प्रणाली के भीतर जिम्मेदारी की एक गतिशील प्रणाली को संतुलित करता है।

कमल के चक्र को प्रकट करने के लिए, पैशाचिक मूल अभिवादन:

- सबसे पहले, स्थूल खुद का एक मध्य, आगे, स्त्री परिमाण, और एक सूक्ष्म, पिछड़ा, पुल्लिंग परिमाण बनाता है।

- दूसरा, स्थूल, क्षैतिज, उभयलिंगी खुद की स्व-विकिरण (हैम, $^1/_4$) शक्ति का उपयोग करते हुए, दो मूल अभिवादन परिमाणो को तीन आत्म-चमकदार संस्था परिमाणो में बदल देता है।

- तीसरा, "प्रमुख परियोजनाएं" (कर्म चक्र, 7) दो मूल अभिवादन और तीन खुद-प्रकाशमान संस्था परिमाण का युग्मित क्रम सात बार, अति सूक्ष्म, अनुप्रस्थ की "खुद-विकीर्ण करना" (हैम, $^1/_4$) शक्ति का उपयोग करते हुए गैर-अभाज्य मूल्य अनुक्रमों की आत्मा के रूप में उभयलिंगी खुद, अर्थात, पहला, चौथा और छठा।

- चौथा, आत्मा शक्ति के "एकत्रीकरण" (जमा, -7) के माध्यम से गठित "सौर चक्र" (सूर्य चक्र, 8) के "खुद-स्थायी" (उद्वा, ½) मूल्य का कार्यक्रम करता है। यह दूसरे क्रम के लिए आत्मा के रूप में शून्य और पहले अनुक्रमों को, तीसरे क्रम की आत्मा के रूप में पहली और दूसरी अनुक्रमों को, पांचवें अनुक्रम की आत्मा के रूप में तीसरे और चौथे अनुक्रमों को, और पांचवें और छठे क्रम को कार्य करता है। सातवें क्रम की आत्मा के रूप में अनुक्रम।

- पांचवां, "खुद-स्थायी" के "एकत्रीकरण" (जमा, -7) को कार्य करता है (उड़वा, ½) पांच संस्थाओं के प्रत्येक अनुक्रम के 5/2 मूल्य को बावन के आत्मा-मुक्त पारिस्थितिकी तंत्र की भावना के रूप में संस्थाएं।

बावन संस्थाओं के पारिस्थितिकी तंत्र में स्त्री-लिंग मूल अभिवादन का अवरोही सप्तक, मर्दाना मूल अभिवादन का अवरोही सप्तक, स्त्री खुद-चमकदार संस्था का आरोही सप्तक, मर्दाना आत्म-चमकदार संस्था का आरोही सप्तक और एक आरोही सप्तक शामिल है। उभयलिंगी आत्म-चमकदार संस्था, आत्माओं के एक सप्तक द्वारा आठ संकेंद्रित वृत्तों में घुमावदार। यह "भूलभुलैया संचालक" (मातांगी, 999) का उपयोग करके इन संस्थाओं के ज्यामितीय अधर को जोड़ता है, जो गुरुत्वाकर्षण के केंद्र में उलझी हुई आत्मा में क्रमिक आवक मंडलियों के लिए एक दरवाजे के साथ, उभयलिंगी मूल अभिवादन के मार्गदर्शक प्रभाव के तहत और वर्तमान वास्तविकता के प्रतिमान के रूप में "सौर चक्र" (सूर्य चक्र, 8) का "गुरुत्वाकर्षण" (जमादग्नि, 629)। भूलभुलैया संचालक और सौर चक्र पारिस्थितिकी तंत्र से एक अवरोही शक्ति का व्यापार करते हैं, जिससे यह सुनिश्चित होता है कि पारिस्थितिकी तंत्र में उनतालीस संस्थाओं में से प्रत्येक, मुक्त उभयलिंगी मूल अभिवादन से परे, 629 एकांगो की एक अभिसरण आरोही शक्ति का आनंद लेता है। 629 एकांगो में 24 खुद-चमकदार संस्था x 12 + 16 मूल अभिवादन एकांगो x 16 + 8 आत्माओं × 4 + 1 रूह × 20 + 1 सौर चक्र × 8 + 1 भूलभुलैया संचालक शामिल हैं, जो सौर चक्र × 8 + 1 उभयलिंगी अपरिमित से बंधे हैं। केंद्रीय गुरुत्वीय भाव के मन में उत्पन्न होने वाला अभिनंदन मूल्य प्रदर्शन करने वाले पारिस्थितिकी तंत्र के मूल मार्गदर्शक-प्रभाव मूल्य के रूप में होता है। प्रदर्शन करने वाला पारिस्थितिकी तंत्र नेत्रहीन रूप से एक चक्र के आकार का खिलता हुआ कमल (चित्र 1) पेश करता है।

उभयलिंगी मूल अभिवादन "कमल नक्षत्र" (पद्मावुयह, 16) है, जो "इक्यावन एकांग निर्माण" (योगीश्वरी, 51) के साथ शैतानी मूल अभिवादन की एकजुटता का जुड़वां, अन्यता परिमाण है। जुड़वां अन्यता परिमाण "मन से पैदा हुए निर्माता" (ब्रह्मा, 59) का निर्माण है, जो शैतानी मूल अभिवादन की "असंगत शक्ति" (असुर, -1) से बंधे हैं, जो दोनों की सर्वशक्तिमान रचना हैं सर्वशक्तिमान प्राणी। सर्वशक्तिमान प्राणी एक "मर्दाना अपरिमित अभिवादन" (अंतर्यामी, 16) है, जो उनतालीस संस्थाओं के ब्रह्मांड को विकसित करने के लिए सर्वशक्तिमान निर्माता-एक "स्त्री मूल अभिवादन" (उषा, 16) की शक्ति का व्यापार करता है। इस ब्रह्मांड में पारिस्थितिकी तंत्र के भीतर बावन संस्थाओं और पारिस्थितिकी तंत्र के बिना सात समूह शामिल हैं। सात समूहों में शारीरिक रूप से जन्मे मूल अभिवादन, कारण-जन्मे आत्म-चमकदार संस्था, ईथर में जन्मी आत्मा, सूक्ष्म-जन्मी आत्मा, बुद्धि से पैदा हुई निर्जीव संस्थाएं, और दिमाग से पैदा होने वाले निर्माता मध्य संस्था मध्यस्थ के रूप में शामिल हैं खुद सहित उनतालीस संस्थाओं का ऊष्मायन। पारिस्थितिकी तंत्र में उनतालीस संस्थाएं "आदि-उत्तम अभिवादन" (महा दुर्गा, 16) की रचना हैं। सात समूह सात अपरिमित अभिवादन की शक्ति को आदर्श बनाते हैं, जिसमें मन में जन्मे निर्माता भी शामिल हैं, जो कमल नक्षत्र और एक "शैतान मूल अभिवादन" (द्रोण, -10^{1024}) के साथ अपनी उभयलिंगी शक्ति का आदान-प्रदान करते हैं। शैतान मूल अभिवादन मानसिक रूप से "मन में जन्मे निर्माता" को मानसिक रूप से गर्भ धारण करने के बाद, "निर्माता ऋण" (ब्रह्मा रीना, -10^{1024}) की आंशिक पूर्ति में "प्रचलित मर्दाना भावना के मार्ग" (सुनायक, -10^{1024}) का अनुसरण करते हुए अपनी पूरी शक्ति की सेवा करता है। ”(ब्रह्मा, 59) उभयलिंगी मूल अभिवादन की शक्ति को आदर्श बनाने के लिए। अपरिमित मर्दाना भावना आठवीं, "शैतानी अपरिमित अभिवादन" (दुर्योधन, -1000) है, जो अपनी "भावुक शक्ति" (वरुण, 1000) को "समूह-प्रभाव" (सुंदरिका, 7×10^{180}) के रूप में सेवा प्रदान करती है। शैतानी लाभ के लिए साठ संस्थाओं के ब्रह्मांड की "उलझने वाली आत्मा" (अंत्ययोरेवा, -1) बनें।

9.6.2 पाथ-कार्यकरण संस्था

"पथ-कार्य करने वाली संस्था" (फणिनायक, 20) माध्यम के रूप में एक "सर्प-समान लम्बी" (द्रौपदी, 20) प्रतियोगी भावना का उपयोग करके निर्माता चक्र का आयोजन करती है। प्रतिस्पर्धी भावना जागृत परम बाल संस्थाओं के समूह को खुश करने के लिए एक नाग की तरह अपनी शक्ति का पीछा करती है। प्रतियोगी भावना एक "रात, सम्मोहित करने वाली, शैतानी संस्था" (निशाचर, -1) की मदद से अपने सपने देखने की स्थिति में अपने लिंग को

बदल देती है। जाग्रत परम बाल संस्थाओं का समूह एक लंबा, अवरोही "मर्दाना आत्मा समुदाय" (क्रांता मंडल, 700,000) का गठन करता है, जो आरोही, चंद्र, "स्त्री आत्मा समुदाय" (आयता मंडल, 4,588,000) द्वारा ग्रहण किया जाता है। "सगाई प्रणाली का क्रमपरिवर्तन चक्र" (रौद्र चक्र, 45) उभयलिंगी मूल अभिवादन को "आकर्षण" (मोह, 250) को अवरोही मर्दाना आत्मा समुदाय के "आकर्षण" (आकर्षण, 268) पर चढ़ने के लिए सशक्त बनाता है। यह सौर मंडल के लिए एक आरोही शक्ति की सेवा करता है, जिसकी मध्यस्थता अरुण ग्रह द्वारा की जाती है। ऐसा करते काल, उभयलिंगी मूल अभिवादन "क्रोध" (कोपा, 275) के लिए "प्रतिकर्षण" (अर्चना, 269) के लिए उतरता है, जो मूल रूप से सौर मंडल प्रणाली की आरोही शक्ति द्वारा आरोही ग्रहण राशि चक्र आत्मा के "प्रतिकर्षण" (अर्चना, 269) को अंततः ब्रह्मांड की सेवा के लिए प्रदान करता है, राशि प्रणाली सहित। यह राशि चक्र प्रणाली के समवर्ती विकास के लिए आंशिक ज्योतिषीय क्षेत्र और संपूर्ण ब्रह्मांडीय प्रणाली के बीच जुड़ाव की एक गतिशील प्रणाली को संतुलित करता है।

क्रमचय चक्र को प्रकट करने के लिए, उभयलिंगी मूल अभिवादन:

- सबसे पहले, स्थूल स्व का एक मध्य, आगे, स्त्री परिमाण और एक सूक्ष्म, पिछड़ा, पुल्लिंग परिमाण बनाता है।

- दूसरा, मूल अभिवादन की त्रिमूर्ति को खुद-प्रकाशमान संस्थाओं की चतुर्धातुकता में बदल देता है।

- तीसरा, "खुद-स्थायी" (उड़वाहा, आधा) दो अतिरिक्त आत्म-प्रकाशमान संस्थाएं।

- चौथा, कार्य चक्र में चौथे अक्षर को "आत्मा" (आत्मान, 4) में ब्रह्मांड के तीन मूल अभिवादन और छह आत्म-प्रकाशमान संस्थाओं के रूप में आकार देता है। आत्मा दूसरी (स्त्री) की अभिसरण प्रधान शक्ति है -लिंग), तीसरा (मर्दाना अपरिमित अभिवादन), पाँचवाँ (पैतृक खुद-प्रकाशमान संस्था), और सातवीं (मर्दाना आत्म-चमकदार संस्था) क्रम में संस्थाएँ।

- पांचवां, कार्य चक्र में पांचवें अक्षर को "प्राथमिक सम मान" (सरन्यू, 5) के रूप में लेता है ताकि ब्रह्मांड के दूसरे, तीसरे और चौदह संस्थाओं और दो समूहों के पांचवें निकाय को त्रिकोणीय "राशि चक्र आत्माओं" (कपिंजला, 20) बनाया जा सके। चौदह संस्थाओं में तीन प्राथमिक अभिवादन, छह आत्म-प्रकाशमान संस्थाएं, "एक आत्मा," राशि चक्र आत्माओं की एक त्रिमूर्ति, और एक "भगवान" (ईश्वर, 5) शामिल हैं, जो कि अपरिमित सम मूल्य का विनिमय मूल्य है। दो समूहों में ब्रह्मांड के भीतर तेरह

संस्थाएं और ब्रह्मांड के बिना एक संस्था(ईश्वर) शामिल हैं। ईश्वर उभयलिंगी मूल अभिवादन द्वारा परिकल्पित संगठनात्मक विकास का चिरस्थायी है।

परम-प्राथमिक कारण (पैतृक जिन्न, 4) को उकेरते हुए एक "आत्मा" (आत्मान, 4) द्वारा व्यापार की जाने वाली शक्ति - भगवान के आकर्षण के चक्र की "कारण सत्ता या कारण" (जनक, 180) एक के रूप में " सामाजिक परिमाण" (साधारणधर्म, 385) - बारह राशियों (20 * 3 + 16 * 3 + 12 * 3 + 12 * 3 = 180) का "एकत्रीकरण" (जमा, -7) है। बारह राशि संस्थाओं में शामिल हैं तीन राशि आत्माएं, तीन अपरिमित अभिवादन, तीन अपरिमित (प्रधान) आत्म-चमकदार संस्थाएं, और तीन उत्तम आत्म-चमकदार संस्थाएं। यह परम-प्राथमिक कारण को "सूक्ष्म, आत्मा परिमाण" (जिन्न धर्म, 180) बनने के लिए सशक्त बनाता है, जो एक अधर भी है, यानी राशि चक्र काल परिमाण। आत्मा परिमाण का प्रतिकार करके, आत्मा तेरह संस्थाओं के ब्रह्मांड का "प्रकाश" (दक्षिणा, 180) बन जाती है। आंतरिक प्रकाश और बाहरी आत्मा परिमाण को लंबवत रूप से एकीकृत करके, भगवान "स्थूल, मार्गदर्शक परिमाण" (गुरु धर्म, 360) बन जाता है, जो एक "ज्योतिषीय आत्मा" (प्रद्युम्न, 60) बनाने वाला ज्योतिषीय काल परिमाण भी है। विभेदित, परिमाणि"अवरोही गति में काल मूल्य" (गति, 360) को पीछे हटाकर, भगवान "खुद-स्थायी" (उदवाह, ½) "जलप्रलय" (प्रलय, 180) बन जाते हैं। "जलप्रलय" एक प्रणाली के अति सूक्ष्म और सूक्ष्म परिमाणो के बीच द्वंद्व का एक अभिसरण मूल्य है। स्थूल आयाम खुद-पुनर्जन्म कायापलट "मध्य, संस्था परिमाण" (प्रकृति धर्म, 27) के एक जलप्रलय की सेवा करके समरूप सूक्ष्म परिमाणो की एक अनंतता को खुद-पुन: उत्पन्न करता है। प्रत्येक मध्य पहलू चार ताराबीज ब्रह्मांडों का आंशिक विभेदन मान है। प्रत्येक सूक्ष्म पहलू एक अवरोही ताराबीज ब्रह्मांड का संपूर्ण मूल्य है। अति सूक्ष्म पहलू एक आरोही ताराबीज ब्रह्मांड का आंशिक अभिन्न मूल्य है।

एक मध्य, एक सूक्ष्म और एक अति सूक्ष्म पहलू के एक समूह के भीतर छह ताराबीज ब्रह्मांडों का वर्ग मान, छत्तीस समूहों से मिलकर, ताराबीज ब्रह्मांड का त्रिकोणीय "द्रव्यमान, संस्थाओं की पारिस्थितिकी तंत्र पहलू" (त्रयी धर्म, 36) है। ब्रह्मांड के सूक्ष्म, मध्य, स्थूल और द्रव्यमान परिमाणो का भिन्न मूल्य एक "आरोही, चार-मुखी, स्त्री आत्म-प्रकाशमान अस्तित्व" (वेद, 12) है। ब्रह्मांड के भीतर तेरह संस्थाएं, ब्रह्मांड के चार समूह परिमाण, सामाजिक परिमाण के रूप में ईश्वर, आंतरिक पहलू के रूप में संस्थाओं का प्रलय, और "राशि चक्र" (कर्पिंजला, 20) के कारण की आत्मा स्थिर मूल्य के रूप में उत्पन्न होने वाले मूल्य के बीस पहलू हैं । ब्रह्मांड के भीतर तेरह मर्दाना संस्थाओं में बारह ज्योतिषीय संस्थाएं और

संवेदनशील संस्थाओं का ब्रह्मांड शामिल है। चार समूह परिमाणों में राशि के रूप में राशि प्रणाली, काल के रूप में ज्योतिषीय प्रणाली, संस्था के रूप में संवेदनशील प्रणाली और अर्ध-सत्ता के रूप में निर्जीव प्रणाली शामिल हैं। संपूर्ण रूप से ताराबीज ब्रह्मांड ईश्वर है। संस्थाओं का प्रलय बीस अपरिमित क्षेत्र और उनके अनंत अस्तित्व विभाजन हैं। कारण की आत्मा जो प्रत्येक सत्ता के भीतर निहित है, इक्कीसवीं, आदि-उत्तम क्षेत्र है। प्रत्येक इकाई के भीतर कारण शरीर की आत्मा को प्रेरित करने वाली आत्मा "एकत्रीकरण" (जमा, -7) है "खुद-विकिरण" (ह्राम, 1/4) "मातृ प्रधान अभिवादन" का मूल्य (सती-पार्वती, 16)। मातृ मूल अभिवादन क्षैतिज, पुल्लिंग "परम देवता" (शिव, 7) का स्त्रीलिंग, ऊर्ध्वाधर, प्रमुख विभेदन मूल्य है। दोनों लंबवत स्त्री प्रधान मूल्य और क्षैतिज मर्दाना प्राथमिक मूल्य "परिपत्र-प्रभाव" (पियाती, 1000/72) से आज़ाद हैं। वृत्ताकार प्रभाव ऊर्ध्वाधर विभेदित और क्षैतिज अभिन्न परिमाणों के "एकत्रीकरण" (जमा, -7) से उत्पन्न होता है।

9.6.3 पथ-निर्माण संस्था

"पथ बनाने वाली संस्था" (रिक्शानायक, 16) माध्यम के रूप में "दूध पिलाने वाली मछली की तरह लम्बी निवेशक" (व्यास, 16) का उपयोग करके निर्माता चक्र को बदल देती है। निवेशक मूल अभिवादन अपनी शक्ति को मंदिर के पवित्र अधर के रूप में गोल करता है। यह "जागने वाली अस्तित्व-जागने वाला" (विश्व, -8) की अवरोही शक्ति को "दिन-सपने देखने वाली सत्ता-सपने देखने वाले" (तैजैसा, -10)। यह सपने देखने वाले की आरोही शक्ति को "रात में चलने वाली अस्तित्व- चलनेवाला" (निशाचर, -1) में प्रसारित करता है। निवेशक सपने देखने की वस्तु और एक विषय बन जाता है, सपने देखने वाले की आरोही शक्ति का व्यापार करके उस सपने को साकार करने की दिशा में चल रहा है। जाग्रत की आत्मा आदर्श स्वप्न अवस्था का आनंद लेने के लिए खुद को स्वप्नद्रष्टा में स्थानांतरित कर देती है। निवेशक के भीतर चलनेवाला आत्मा की शक्ति को जाग्रत की स्त्री भावना के रूप में बदल देता है। यह निवेशक को सैद्धांतिक रूप से चलने वाले बौद्धिक निकाय के अनुभवात्मक आधार को मंथन और संचय करने की एक शाश्वत, गतिशील स्थिति का आनंद लेने का अधिकार देता है। "स्त्री आत्मा समुदाय" (आयता मंडला, 4,588,000) में दो मर्दाना और दो स्त्रैण समुदायों का एक लंबा समूह होता है, जो आरोही महिला चलनेवाला और अवरोही पुरुष जाग्रत दोनों के आरोही दाएं और अवरोही बाएं पैर के "एकत्रीकरण" (जमा, -7) के माध्यम से बनता है। एकत्रीकरण नृत्य पथ की दीक्षा का प्रतीक है, जहां मर्दाना प्रमुख प्रभाव है जो पूर्ण विकास का आनंद ले रहा है, पूरी तरह से चलनेवाला द्वारा निर्देशित है।

"विविधता प्रणाली का काल कोठरी चक्र" (चंद्र चक्र, 176) जागने वाले को चलनेवाला के उर्जा परिमाण यंत्र-प्रभाव से नीचे उतरने और "प्रदूषक" (अष्टावक्र, 19) के विकास-प्रभाव पर चढ़ने का अधिकार देता है। जाग्रत प्रदूषक की जुड़वां आत्मा है और अवरोही काल मूल्य के मार्गदर्शक-प्रभाव के कारण एक मर्दाना बच्चा बन जाता है जो इसे अपने उत्तम-अपरिमित खुद के लिंग का आदान-प्रदान करने के लिए मजबूर करता है। प्रदूषक जाग्रत की स्वप्न-राज्य जागरूकता को एक विपणन रणनीति के रूप में उत्तेजित करता है, बाद में राशि प्रणाली के भीतर अपनी आत्मा के साथ एकता की तलाश करने के लिए प्रेरित करता है। आत्मा के बिना प्रदूषक "मर्दाना मूल अभिवादन" (वैरोचन, 16) के रूप में गठित है। वर्तमान उभयलिंगी मूल अभिवादन के छत्तीस जोड़े की पिछली अवशिष्ट शक्ति का एक अभिसरण मूल्य जो ताराबीज संस्थाओं के छत्तीस समूह बनाते हैं। "मर्दाना अपरिमित अभिवादन" (वैरोचन, 16) "आत्मा" (आत्मान, 4), "शैतान" (सूर, 0) और "शैतान" (असुर, -1) का व्यापार करके "प्रदूषक" (अष्टावक्र, 19) बन जाता है।

ताराबीज संस्थाओं के छत्तीस समूहों के भीतर चौबीस "विभाजित आत्माओं" (तीर्थंकर, 17) और छत्तीस "गुणा करने वाली आत्माओं" (गण, 387) के विकास को उत्प्रेरित करके मर्दाना अपरिमित अभिवादन प्रदूषक से आज़ाद हो जाता है। काल कोठरी चक्र को प्रकट करने के लिए, यह:

- सबसे पहले, स्थूल खुद का एक मध्य, आगे, स्त्री परिमाण, और एक सूक्ष्म, पिछड़ा, पुल्लिंग परिमाण बनाता है।
- दूसरा, छह अतिरिक्त मूल अभिवादन करने वालों की "घन" (लैम, 9) वृद्धि उत्पन्न करता है।
- तीसरा, चक्र कार्य अनुक्रम के तीसरे अक्षर का उपयोग "गुणक" (वैश्य, 3) के रूप में अठारह अतिरिक्त मूल अभिवादन बनाने के लिए करता है।
- चौथा, "आत्मा" (आत्मान, 4) के रूप में नौ परम मूल अभिवादनों में से प्रत्येक के "खुद-विकिरण" (हाम,$^{1}/_{4}$) मान और "राशि चक्र आत्मा" के रूप में संस्थाओं के नौ परिणामी समूहों में से प्रत्येक का मानदंड है (कपिंजला, 20)।
- पांचवां, तिरछे रूप से नौ आत्माओं की शक्ति को एक "ताराबीज संस्था" (तारक, 36) बनाने के लिए फ्यूज करता है। वह आगे चौबीस "विभाजित करने वाली आत्माओं" (तीर्थंकर, 17) को बनाने के लिए तीन प्राथमिक-मूल अभिवादन के "खुद-स्थायी" (उद्वाह, ½) मूल्य के साथ चौबीस अपरिमित अभिवादन को तिरछे रूप से दहन वर्ति करता है।

तीन मूल "विभाजित आत्माओं" (तीर्थंकर, 17) द्वारा निर्देशित, नौ राशि आत्माओं का समूह "खुद-प्रजनन" (उपनयन, 1/3) कन्या घटाव, तुला जोड़ और वृश्चिक गुणन के लिए तीन अतिरिक्त राशि आत्माएं राशि चक्र ब्रह्मांड के। समूह मर्दाना सौर परिमाण के घटाव के लिए काल कोठरी, स्त्री चंद्र परिमाण को जोड़ने के लिए वेगा सफ़ेद तारा, और उभयलिंगी "मानव आयाम" (प्रयोजना, 17) के गुणन के लिए गहरे द्रव्य को अण्डा सेना करता है। ताराबीज संस्था" (तारक, 36), नौ परम "विभाजित करने वाली आत्माओं" (तीर्थंकर, 17) द्वारा निर्देशित, "खुद-प्रजनन" (उपनयन, 1/3) बाल आत्माओं के तीन दो बार पैदा हुए अस्तित्व वर्गों में से एक है। यह विकास के क्रमिक चक्र में तीन प्राथमिक अभिवादन में से दो को एकत्रित करता है। प्रत्येक वर्ग और प्रत्येक जन्म एक बारह-एकांग खुद-प्रकाशमान अस्तित्व की द्वि-परिमाणि वास्तविकता है। ताराबीज ब्रह्मांडों के अठारह वर्ग नौ अपरिमित "विभाजित करने वाली आत्माओं" का दो बार जन्म लेने वाला समूह है। सबसे पहले, ताराबीज अस्तित्व के अभिन्न, मर्दाना परिमाण के भीतर। दूसरा, तीन अपरिमित अभिवादन के अपरिमित समूह के विभेदित, स्त्री परिमाण के भीतर।

9.7 सत्ता को आकार देने वाले बलहीन देवता के तीन पहलू

शक्तिहीन देवता के तीन पहलू हैं जो सत्ता को शक्ति के अवतार के रूप में आकार देते हैं।

9.7.1 अपरिमित मातृ की बारह विभाजित आत्माएं

आदिकालीन मातृ की बारह "विभाजित आत्माएं" (तीर्थंकर, 17) बारह "ज्योतिषीय संस्थाओं" (राश्यधिप, 5×10^{96}) के गठन को एक आत्म-प्रकाशमान संस्था के रूप में निर्देशित करती हैं। बारह में से, तीन ज्योतिषीय संस्थाएं राशि चक्र के भीतर सेते हैं, आत्माएँ और नौ तीन प्राथमिक भाग देनेवाला आत्माएं की "घन शक्ति" (लैम, 9) के साथ। प्रत्येक ज्योतिषीय अस्तित्व के उत्तम "5" मूल्य, चक्रीय विकास के स्थायीकर्ता के रूप में, उत्तम संस्थाओं के पांच समूह शामिल हैं: एक मूल अभिवादन, एक आत्मा, एक राशि चक्र आत्मा, एक ताराबीज संस्था, और एक विभाजित आत्मा। बुरा का पूर्ण "रांपूर्ण गान" "रौर परिगाण" (परम सिद्ध, 6) को घटाने के बाद ऊर्ध्वाधर "मातृ प्रधान अभिवादन" (सती-पार्वती, 16) का "लंबवत गुरुत्वाकर्षण स्पशरिखा" (अर्धज्या, 10) है। ब्रह्मांड और संस्थाओं को "तृतीयक, अवशिष्ट मूल्य" (खारा, 6) के रूप में बनाने के लिए। अपरिमित "96" "रचनात्मक अपरिमित प्रकाशक" (काली, 96) है, जो शनि का प्रभाव "(काकी मुख, 96) "सर्वव्यापी स्थानीय- के

भीतर" धर्म के आदि, सूक्ष्म, अंत-बिंदु के रूप में "शक्ति" (काली शक्ति, 96) की सेवा करता है। शनि के तेरह अपरिमित चंद्रमा "चमकदार" (महा काली, 13) की शक्ति को आदर्श बनाते हैं - जो शक्ति का स्रोत है।

9.7.2 स्रोत देवता के रूप में प्रकाशमान

प्रकाशमान स्रोत देवता है जिसका प्रकाश प्रत्येक "राशि संस्था" (राशि, 13) के भीतर सौर ब्रह्मांड के "उर्वरक" (रसायन, 13) के रूप में, "बृहस्पति के चक्र" (बृहस्पति चक्र, 13) द्वारा निर्देशित है। चौबीस विभाजित आत्माएं और चमकदार इकाई" (स्वप्रकाशवदार्थ, 60) के छत्तीस गुणा करने वाली आत्माएं "बत्तीस चक्र प्रणाली" (वेला चक्र, 60) के एक "जोड़ने की भावना" (लीला, 60) के भीतर स्थिर हैं जो "खुद की वास्तविकता" का निर्माण करती हैं। बत्तीस पहियों में तालिका 3 की सातवीं से ग्यारहवीं पंक्तियों के तीस रूप शामिल हैं, जो प्रत्येक संवेदनशील अस्तित्व के भौतिक शरीर के भीतर मौजूद हैं। इसके अलावा, उनमें "खनिज साम्राज्य की दो चक्र प्रणाली" (पाम चक्र, 10^{10}) शामिल है, जो निर्जीव सफेद रक्त कोशिका प्लेटलेट नक्षत्र के रूप में संवेदनशील प्रभाव के बिना और निर्जीव प्रभाव के भीतर चेतन लाल कोशिका बिंबाणु नक्षत्र के रूप में स्थिर है। दो-चक्र प्रणाली में "पौधे साम्राज्य का रोशनी चक्र (होरा चक्र, 25) और" पशु साम्राज्य का चमकदार ताज चक्र "(सहस्रार चक्र, 45,000) शामिल है। तालिका 3 में अन्य सत्ताईस चक्र प्रत्येक निर्जीव अस्तित्व के भौतिक शरीर के भीतर सूर्य और आठ ग्रहों के भीतर स्थित नौ अपरिमित "विभाजित करने वाली आत्माओं" के "घन" (लैम, 9) मान के रूप में मौजूद हैं। भौतिक शरीर खुद एक निर्जीव अस्तित्व है, वे पूरे भौतिक शरीर के हिस्से के रूप में संवेदनशील शक्ति प्रवाह का मार्गदर्शन करने वाली प्रणालियों के रूप में मौजूद हैं, जिसमें बौद्धिक शरीर द्वारा सीधे निर्देशित संवेदनशील चक्र भी शामिल हैं।

9.7.3 विचार आवेग का अभिसारी बिंदु

बारह-चक्र मातृ खुद-प्रकाशमान संस्था के बिना, साठ-चक्र ब्रह्मांडीय प्रणाली की चक्रीय गोलाकारता, "विचार आवेग" (संकल्प, 8) के एक "ब्रह्मांडीय सूक्ष्मसेकंड" (शछ्यमाशा, 1/60) का "खुद-उत्पादक" (प्रेतशरिरा, 60) क्रमिक परिणाम है। "वर्तमान वास्तविकता का प्रतिमान" (युक्ति, 8) बनाने के लिए विचार आवेग साठ पहियों का एक अनूठा अभिसरण बिंदु है। अद्वितीय अभिसरण बिंदु "देवता साम्राज्य का सूर्य चक्र" (सूर्य चक्र, 8) एक संवेदनशील अस्तित्व के पिट्यूटरी ग्रंथि के भीतर है। एक स्वस्थ, शांत पीयूषिका ग्रंथि के साथ

सूर्य चक्र को स्थिर करने की तकनीक में महारत हासिल करके, व्यक्ति आनंद लेता है " समझदार अस्तित्व वास्तविकता" (उपकरणार्थ, 10^{1024}), "सर्कल में परिसंचारी तर्क" से आज़ाद(चक्र युक्ति, 10^{1024}) "सत्य के भूगोल के रूप में आत्म-चमकदार अस्तित्व क्षेत्र" की आवेगी प्रतिक्रिया से उत्पन्न निरर्थक सार्वभौमिक वास्तविकता (सत्य लोक, 10^{1024})। साठ चक्र दिव्य, काल तत्व के भीतर और बिना पांच तत्वों (ईथर, पृथ्वी, वायु, जल और अग्नि) के प्रारंभिक भाव-प्रभाव की द्विचर वास्तविकता हैं, जो मार्गदर्शक बल के आरोही गुरुत्वाकर्षण-प्रभाव का व्यापार करके बनते हैं। मार्गदर्शक बल आदिकालीन मातृ है, अर्थात, अपरिमित स्त्री विभाजनकारी आत्माएं (तीर्थंकर, 17), बिना बारह-चक्र मातृ खुद-प्रकाशमान अस्तित्व के, जो पांच गुना परिसंचारी-प्रभाव का मूल कारण है। प्रति-चक्रीय "बारह-चक्र प्रणाली" (खेचरी चक्र, 15) मातृ खुद-प्रकाशमान अस्तित्व का चक्रीय साठ-चक्र ब्रह्मांडीय प्रणाली के भीतर स्थिर है। इसमें तालिका 3 की चौथी और तेरहवीं पंक्तियों में बारह चक्र शामिल हैं। चौथी पंक्ति में छह चक्र सूक्ष्म परिमाण की संवेदनशील शक्ति पर चढ़ते और उतरते हैं, जबकि तेरहवीं पंक्ति में वे स्थूल परिमाण के साथ एकता में चढ़ते और उतरते हैं।

9.8 निराकार ईश्वर के तीन पहलू जो देवता को आकार देते हैं

एक देवता की वास्तविकता बलहीन भगवान के तीन परिमाणो का एक कार्य है। ये ज्ञाता के तीन स्थिर चेहरों का गठन करते हैं। वे "आत्मा साम्राज्य का चक्र" (कर्म चक्र, 7) बनाते हैं जो निर्माता को कुंभ राशि के संस्कृति-प्रभाव के रूप में सेवा और जानने के लिए बनाते हैं। इनमें ये चेहरे शामिल हैं:

9.8.1 पथ-रोशनी संस्था

माध्यम के रूप में "पशुधन की तरह स्थायी विक्रेता" (अंबालिका, 82) का उपयोग करके "पथ-रोशनी संस्था" (हिनानायक, 82) "आत्मा साम्राज्य का चक्र" (कर्म चक्र, 7) बनाती है। पशुधन आदिकालीन अभिवादन "अभिवादन आदिकालीन अभिवादन" (चक्रवर्तिनी, 16) है-भविष्य का आरोही, चिपर्तनिक स्रैण आधा अतीत के मर्दाना आधा पर्तमान उभयलिंगी मूल अभिवादन के छत्तीस जोड़े का आधा, जो सभी के अलग-अलग स्थानिक रूप हैं "आदि-उत्तम निर्माता" (कृष्ण, 32)। आदि-उत्तम रचनाकार "एक चिरस्थायी, ज्ञाता स्त्री समुदाय" (पिष्टकुट्टा मंडल, 2,592,000) बनाता है जो अवरोही, स्थिर, मृत, चिरस्थायी, वामपंथी, जानने वाले मर्दाना समुदाय से आज़ाद, आरोही शक्ति का आनंद लेता है।

तालिका 3

आदिम मातृ (देवता)	आदिम मातृ (ओम)*	कार्यकर्ता प्रभाव	ज्ञाता प्रभाव	घोषणापत्र प्रभाव	निर्माता-प्रभाव	स्थायी प्रभाव	विध्वंसक प्रभाव	प्रदीपक प्रभाव	मुक्तिदायक प्रभाव
परम मानव-प्रभाव (बाहरी सौर समय)	हिरण्यगर्भ, 19 (कोशिका)	एक स्वप्नहीन नींद, मानसिक चेतना के भीतर आसन्न	गर्भाधान अंगों का विषय - बौद्धिक शरीर के छह गर्भाधान अंग	निर्भरता प्रणाली की कुंजी का पहिया (वेला, अधरा, अमृता, अंता, अंतरा, अनु, या अप्रतिमिनिता गुनोर्मि चक्र, 60: बत्तीस पहियों प्रणाली): स्पर्श की देवी (त्वचा; वायु-प्रभाव) - महा काली (स्पर्शी) मंत्र	विषमता प्रणाली की कुंजी का पहिया (गुण, ग्रहपरिनिति, योगिनी, या शदाधिकादशनदि चक्र, 18: सोलह-पहिए प्रणाली): स्वाद की देवी (जीभ; जल-प्रभाव - महा सरस्वती (रासी) मंत्र	जटिलता प्रणाली की कुंजी का पहिया (प्रमिला सर्व, या खेचरी चक्र, 15: बारह-पहिए प्रणाली): समय की देवी (गर्भ, दिव्य-प्रभाव-महा गौरी (भावी) मंत्र	समरूपता प्रणाली की कुंजी का पहिया (अष्ट, रोधा, दुती, या बाला चक्र, 19: आठ-पहियों प्रणाली): रूप की देवी (आंखें, अग्नि-प्रभाव- महा गायत्री (रूपी) मंत्र	सरलता प्रणाली की कुंजी का पहिया (सप्त, वृष, सूर्य कलानाला, सौर मृत्यु, देवी, संसार, या अवैवर्तिका चक्र, 16: सात-पहिए प्रणाली): गंध की देवी (नाक; पृथ्वी-प्रभाव) - महा लक्ष्मी (गांधी) मंत्र	स्वतंत्रता प्रणाली की कुंजी का पहिया (ग्रहण शिकार, त्रि, रूपवलिसमसा, मातृ, अर्ध, अखेता, अर्हतघाटी, अश्मा, अखालिता, अवकहाद, होदा, वैर, या अवकहाद चक्र, 10: तीन-पहिए प्रणाली: ध्वनि की देवी (कान; ईथर-प्रभाव)- महा दुर्गा (नाच) मंत्र

परम व्यापार-प्रभाव (बाह्य चंद्र समय)	वैश्वनार, 17 (सर्वव्यापी)	जाग्रत अवस्था, मानसिक चेतना के बिना निकलती है	धारणा अंगों का विषय - मानसिक शरीर के छह धारणा अंग	हवा का पहिया, 29: वायु, वात, या सामंत चक्र-निर्भरता कुंजी धारक। प्रतिरक्षा प्रणाली (परम स्पर्शी) - उत्सर्जन के साथ अकार्बनिक गैसों को समझना (प्रदूषित वायु प्रभाव)	पानी का पहिया 47: जल या उडका चक्र - असममित कुंजी धारक: प्रजनन प्रणाली (परम रासी) - क्षारीय सेवन (प्रदूषित जल-प्रभाव) के साथ विषाक्तता को समझना	आग का पहिया, 30: अग्नि या अलता चक्र-जटिलता कुंजी धारक: अग्नाशयी प्रणाली (परम भाभी)- भोजन सेवन के साथ शीतलता को समझना (प्रदूषित अग्नि-प्रभाव)	परमात्मा का पहिया, 28: ज्ञान, गुरु, त्रिकुटी या सुचक्र - समरूपता कुंजीधारक: बाल्यग्रन्थि प्रणाली (परम रूपी) - मन की उपस्थिति का नुकसान, आराम की स्थिति के साथ (प्रदूषित दिव्य-प्रभाव)	पृथ्वी का पहिया, 38: मेदिनी, विश्व, या वास्तु चक्र-सरलता कुंजी धारक: थायराइड प्रणाली (परम गांधी) - सांस लेने के साथ कार्बोनेटेड भौतिक पदार्थ को समझना (प्रदूषित पृथ्वी-प्रभाव)	तेजावह का पहिया, 64: आकाश, वृषपति, सप्तनादी, स्वान, मृग, समय भेदोपाराकन, नाडी, या अहिबाला चक्र-स्वतंत्रता कुंजी धारक: गुलाबी प्रणाली (परम नाच) - अंतरिक्ष चेतना का नुकसान, सांस लेने के साथ (प्रदूषित तेजावह-प्रभाव)

*-परम ऊर्जा (परम शक्ति)

आदिम पितृ	आदिकालीन पैतृक	कार्यकर्ता प्रभाव	ज्ञाता प्रभाव	घोषणापत्र प्रभाव	निर्माता-प्रभाव	स्थायी प्रभाव	विध्वंसक प्रभाव	प्रदीपक प्रभाव	मुक्तिदायक प्रभाव
परम कार्यसंस्कृति-प्रभाव (आंतरिक सौर समय)	प्रज्ञा, 2222 (आत्म-चेतना)	एक स्वप्नहीन नींद, जो मानसिक चेतना के बिना निकलती है	मातृ प्रणाली का विषय - स्व-चमकदार इकाई के छह ऊर्जा आयाम	सामाजिक व्यवस्था का पहिया, 186: वशीकरण, महा मोहन, बीजा सम्पुट, सुरसा, कोशिका, उत्तम-पद, एकता, ऊर्ध्वाधर, या संरक्षक चक्र	मानव प्रणाली का पहिया, 107: विचेषण, नारायण, दुर्गा, शतपद, विरोध, द्वैत, क्षितिज, या मानव चक्र	पारिस्थितिक तंत्र का पहिया, 173: भुवनपति, महा माया, गीता, श्री विद्या, भीमसेन, संमेलन, संयोजन, छह कोण, दोहरा त्रिकोणीय, या मानसिक चक्र	आर्थिक प्रणाली का पहिया, 189: शांभवी, मंडला, अगम, कात्यायनी, वहमी, एक, द्विघात, या पेशीय चक्र पर	राष्ट्रीय प्रणाली का पहिया, 164: तारक, तारकीय, तारकीय, सन्नति, रिक्शा, भा, घटियान्त्र, उड़ु, वृत्ताकार, या भौतिक चक्र	मनोवैज्ञानिक प्रणाली का पहिया, 169: राशि राशि इकाई, प्रभा, महाकाली, विद्युत, वीरा, वर घटियान्त्र, परवलयिक, या प्रबंधन चक्र
परम संस्कृति-प्रभाव (आंतरिक चंद्र समय)	आर्यकृत, 1780 (असंगत भाई)	मानसिक चेतना के बिना निकलने वाली स्वप्न अवस्था	अभिवादन प्रणाली का विषय - प्रकाशमान के छह गुरुत्वाकर्षण आयाम	वैश्विक प्रणाली का पहिया, 39 (सूर्य या राशि केंद्र के साथ एकता): काल सर्प, एक, सिद्ध, एक, शिव, उड़क, या मौद्रिक चक्र	विशिष्टता प्रणाली का पहिया, 6 (वेगा या सौर केंद्र के साथ एकता): श्री विश्वकर्मा, पूंछिका, शैशुमारा, विष्णु, या निर्माण चक्र	समावेश प्रणाली का पहिया, 5x10³³ (अंधेरे पदार्थ या ब्रह्मांडीय केंद्र के साथ एकता): श्री गरुड़, ईश्वर, भगवान, या तन्त्र चक्र	विविधता प्रणाली का पहिया, 176 (ब्लैक होल या राशि प्रणाली के साथ एकता): चंद्र, अमावस्या, जिन्न, या विपणन चक्र	सगाई प्रणाली का पहिया, 45 (यूरेनस या सौर मंडल के साथ एकता): प्रस्तर, क्रमपरिवर्तन, रौद्र, उल्का, ऐंद्रा, या प्रेरक चक्र	जिम्मेदारी प्रणाली का पहिया, 40 (नेप्च्यून या ब्रह्मांडीय प्रणाली के साथ एकता): कमला, पद्म, कमल, ब्रह्म, नवतारा, सताईस

परम निगमित प्रभाव	आत्मान, 4 (पैतृक आत्मा)	मानसिक चेतना, परम चेतना के भीतर व्याप्त	कर्म का विषय - प्रकाशक के छह संवेदनशील आयाम	वृद्ध संकल्प शक्ति का पहिया, 2100: उच्चादान, शिराष, या हेलो चक्र	कल्पना शक्ति का पहिया, 1000: त्रिलोक्य, मोहन, काया, हम्सा, या चक्रवर्तिनी चक्र	पुण्य शक्ति का पहिया, 13: स्तम्भन, सप्तशलाका, बृहस्पति, या बृहस्पति चक्र	अंतर्ज्ञान शक्ति का पहिया, 14: उमापति चक्र:	प्राकृतिक शक्ति का पहिया, 27: लिंगम, विनायक, पंचाक्षर, या पांच अक्षर का चक्र	उत्कृष्टता शक्ति का पहिया, 37: पिरामिड, तिरुवंबल, सिद्धिका, चिदंबर, या 121-अक्षर वाला चक्र
									सितारे, वहिन, शदार:, शून्य-पहिया, या हेरफेर चक्र

आदिम पितृ	आदिकालीन पैतृक	कार्यकर्ता प्रभाव	ज्ञाता प्रभाव	घोषणापत्र प्रभाव	निर्माता-प्रभाव	स्थायी प्रभाव	विध्वंसक प्रभाव	प्रदीपक प्रभाव	मुक्तिदायक प्रभाव
परम स्थानीय प्रभाव	अन्नम, 185 (ईमानदार)	मानसिक चेतना के बिना निकलने वाली परम चेतना	ज्ञान का विषय - चिरस्थायी के छह चक्र अंग	खनिज सामाज्य का पहिया, 10[19]: (हथेली, सदाशिव, सौम शक्ति, दो-पहिया, दो-अक्षर, उभयतो, या सूर्यफनी चक्र) दक्षिणावर्त, सकारात्मक ऊर्जा का व्यापार बाईं हथेली के मर्दाना चक्र की शक्ति, और वामावर्त, दाहिनी हथेली स्त्री चक्र (आंतरिक सफेद, बाहरी	पौधा सामाज्य का पहिया, 25: रोशनी का पहिया (ज्ञानोदय, बोधि, हारा, चक्र, टरबाइन, गैस, एक-अक्षर, या दाढ़ी चक्र, पहियों का पहिया, पीला नीलम रंग का पहिया)	पशु सामाज्य का पहिया, 45,000: चमकदार चक्र (मुकुट, सहसार, सौर अनंत बिंदु बारी, ब्राह्मण, आंतरिक काला, बाहरी बैंगनी रंग चक्र)	मानव सामाज्य का पहिया, 158: संवेदनशील जीवन, नवक्करी, इक्यासी वर्ग, परशिव, श्री कलीम शक्ति, तेलयंत्र, या पृथ्वी तारा या स्थिर चक्र (ये रंग उत्तम जड़ पहिया; आंतरिक काला, बाहरी सफेद; की एकता वाम, दक्षिणावर्त मर्दाना आयाम और रात, घड़ी की	स्पिरिट किंगडम का पहिया, 7: चंद्र, परम-थायरॉयड, उच्च आत्मा, इंदु, बिंदु, सोम, आत्मा सितारा, स्वप्न, या तीन-अक्षर, कर्म चक्र (आंतरिक काला, बाहरी बैंगनी रंग का पहिया)	देवता राज्य का पहिया, 8: सौर, श्लेष्मा संबंधी, वाक, सूर्य, ज्योतिष, शिमशुमार, यजकुंड, या तिथि चक्र (आंतरिक बैंगनी, बाहरी सफेद रंग देवता पहिया)

				सफेद) की शक्ति की सेवा करने वाली नकारात्मक ऊर्जा			विपरीत दिशा में स्त्री आयाम)		
परम राष्ट्रीय प्रभाव	विज्ञानात्मा, 89 (आत्मा पैदा करने वाला)	परम चेतना, मानसिक चेतना के साथ एकता में	भक्ति का विषय - मुक्तिदाता के छह चक्र अंग	कार्य-कारण का पहिया, 9x 10¹⁸: गांगेय, आकाशीय अभिलेख, यामी, जीवनचक्र, जीवन की पुस्तक, आत्मा तारा, जीव, पुण्य, या श्रीम शक्ति चक्र (सुनहरा सफेद रंग का पहिया)	समय की एडी, 179: अंतर-गांगेय, सार्वभौमिक, काल, कोटा, समय, शनि, शनि, पिछले जीवन, चंद्रनिवास, या हीं शक्ति चक्र	अंतरिक्ष का पहिया, 1551: सुप्रा गांगेय, शाश्वत, नित्य, यम, घटक, धर्म, अंतरिक्ष, दिक, तारकीय प्रवेश द्वार, दिव्य गेवे, लक्ष्य शक्ति चक्र	सृष्टि का पहिया, 246: सर्वोच्च गांगेय, व्यापक, विभु, लक्ष्मी, सुदर्शन, रोहिणी, चंद्रकलानाल, गौम शक्ति, मुख्य सितारा, मैं उपस्थिति हूं, सृष्टि, या विशु चक्र	निर्मोता का पहिया, 28: परम गांगेय, आसन्न, स्वप्न, ब्रह्मा, पश्चकपाल भाग, अनुमस्तिष्क, वास्तविक बिंदु शुला, निर्वाण, बोधिनी, सपनों का कुआं, त्रिशूल, क्रिम शक्ति चक्र	प्राणी का पहिया, 17: आदिम गांगेय, उदगम कारण, नुकसान शकी, आरोही हृदय, पवित्र हृदय, अमुन, शून्य, बाल्यग्रन्थि, या आत्मान चक्र

आदिम पितृ	आदिकालीन पैतृक	कार्यकर्ता प्रभाव	ज्ञाता प्रभाव	घोषणापत्र प्रभाव	निर्माता-प्रभाव	स्थायी प्रभाव	विध्वंसक प्रभाव	प्रदीपक प्रभाव	मुक्तिदायक प्रभाव
परम अंतरराष्ट्रीय प्रभाव	तुरिया, 85 (आध्यात्मवाद)	परम चेतना, मानसिक चेतना के भीतर निहित	पितृ अंगों का विषय - आकस्मिक शरीर के छह चक्र अंग	महा नाच का पहिया, 12, ध्वनि की भावना के लिए आकस्मिक अंग (व्योम-प्रभाव): त्रिक, मौलिक, समुद्र तल, पानी के नीचे, मूल कारण, नक्षत्र, अक्ष, या मूलाधार चक्र, रीढ की हड्डी के त्रिकास्थि (लाल रंग का पहिया) के भीतर	महा गांधी का पहिया, 1: गंध की भावना के लिए आकस्मिक अंग (पृथ्वी-प्रभाव): नाभि, नाभि, पवित्र गर्भ, रवि रोहिणी पनेशा, प्रजनन, या स्वाधिष्ठान चक्र, तिल्ली के भीतर (नारंगी रंग का पहिया)	महास्पर्शी का पहिया, 24: स्पर्श की भावना के लिए कारण अंग (वायु-प्रभाव): अग्न्याशय के भीतर त्रिनादी, सौर जाल, पेट, पाचन, या मणिपुर चक्र (पीले रंग का पहिया)	महा रस का पहिया, 33: स्वाद की गंध का कारण अंग (जल-प्रभाव): संचार, हृदय, हृदय, शिला, संवत्सर, संसार, छह-अक्षर, या अनाहत चक्र, थाइमस (हरा रंग पहिया) के भीतर	महा रूपी का पहिया, 34: रूप की भावना के लिए कारण अंग (अग्नि-प्रभाव): श्वसन, गला, स्वरयंत्र, धब्बेदार, जालंदी, या विशिष्ट चक्र, थायरॉयड ग्रंथि के भीतर (नीला रंग का पहिया)	महा भारी का पहिया, 65: समय की भावना के लिए कारण अंग (दिव्य-प्रभाव): तीसरी आंख, उच्च मन, पनडुब्बी, आज्ञा, आज्ञा, बैंदव, भूमि, त्रिकुटी, या पृथ्वी चक्र, पीनियल ग्रंथि के भीतर (नील रंग) पहिया)
मूल मेष प्रभाव	विराज, 1810 (शासन)	जायत अवस्था, मानसिक चेतना के भीतर आसन्न	अंतर्ज्ञान अंगों का विषय - ईश्वर शरीर के छह महत्वपूर्ण	प्रौद्योगिकी का पहिया, 57 (चित): भैराना, संक्रांति, अबी, अश्व, फल, रंग,	क्षमता का पहिया, 35 (उदाना): एरोली, रूप, चमक, प्रसन्ना,	निवेश का पहिया, 46 (प्राण): तिरिपुरई, शक्ति-भेद,	व्यापार का पहिया 58 (सामन): आकर्षण, आकर्षण,	सेवा कार्य का पहिया 59 (अपान): वसिया, उचितता, आसव, वृत्ति, आज्ञा,	विनिमय का पहिया, 68 (व्यान): मारना, मृत्यु, प्रसार,

सांस विनिमय अंग	या रंग चक्र - एकीकरण, एकीकरण, ज्ञान, बिंदु चेतना	या रूप चक्र - आरोही, आंतरिक, आंतरिक, अनंत, समानांतर चेतना	सिदधिधात्री, स्मार, ध्वनि, या नाद चक्र - पिछड़ा, परिवर्तनकारी, प्रेरित, पेरित, ध्रुवीकरण चेतना	मृत्यु, संलयन, गंध, या गंध चक्र - क्षैतिज, प्रारंभिक, समझदार, अवशोषित, विराम चिह्न चेतना	सृष्टीस्थितसम्हारा, सर्वतोभद्र, अकथाह, बिजोप्ति, स्पर्श, या स्पर्श चक्र - अवरोही, बाहरी, जावक, पसार चेतना	प्रतिकर्षण, तिलक, शत, कुल, ब्राह्मण, छह-पहिए, स्वाद, या रस चक्र - आगे, पामाणिक, व्यापक, विस्तृत, प्रदूषण चेतना		

आदिम मातृ	आदिम मातृ	कार्यकर्ता प्रभाव	ज्ञाता प्रभाव	घोषणापत्र प्रभाव	निर्माता प्रभाव	स्थायी प्रभाव	विध्वंसक प्रभाव	प्रकाशक प्रभाव	मुक्ति प्रभाव
प्रारंभिक वृषभ प्रभाव	तैज़सा, 10 (सपने देखने वाला)	स्वप्न अवस्था, मानसिक चेतना के भीतर आसन्न	अनुभव अंगों का विषय - भौतिक शरीर के छह क्रिया अंग	परम आदिम एकता या पूर्ण स्थान का पहिया, 9 (सदन्य, यानी, संस्कृति तत्व): महा दुर्गा या सदाशिव नायकी चक्र। कार्य गतिविधि की जमीन को सूंघना (चलन के माध्यम से पैर)	आदिम का पहिया- आदिम एकता या पूर्ण समय, 10^{18} (स्वा, यानी, कॉर्पोरेट तत्व): स्वर्ग या महा सरस्वती चक्र- भौतिक वस्तुओं को छूना (हाथ हालांकि निपुणता)	आदिम एकता का पहिया, 10^{19} (ओम्, यानी, अंतर्राष्ट्रीय तत्व): महा गायत्री चक्र- हमारी व्यक्तिपरक उपस्थिति (मलाशय के माध्यम से मलाशय) की ध्वनि	परम एकता या लोकस स्टेंडी का पहिया, 10^{17}-1 (पयू, यानी, स्थानीय तत्व): महा गौरी, तुला, या निन्यानवे अंकों का चक्र- हमारी संतान का निर्माण (प्रजनन के माध्यम से जननांग)	मौलिक एकता का पहिया, $10^{?}$ (साध्य, यानी, राष्ट्रीय तत्व): महा काली, काम अट्ठाईस अंक, साठ- अंक, सात- अंक, पांच- अंक; चार पहिए, सौ अंकों का चक्र- स्वयं को व्यक्त करने का आनंद चखना (भाषण के माध्यम से मुंह)	आदिम मौलिक एकता का पहिया, 1649 (नायकी, यानी, कार्यसंस्कृति तत्व): महा लक्ष्मी, अठारह अंक, समघट्टा, अजिता, वज्र, अंक या अपराति चक्र- जीवन के उद्देश्य की ओर हमारी प्रगति का अनुभव (पुनर्जन्म के माध्यम से पूरे शरीर)

एक पथ-प्रदीपक संस्था"स्थायी, जानने वाले मर्दाना समुदाय" (वामविद्या मंडल, 1,000,000) का भिन्न मूल्य है जो नायक चरण से एक शून्य चरण में बदल जाता है। यह स्वप्रदृष्टा वास्तविकता का अनुसरण करता है और जीवन की जाग्रत वास्तविकता को त्याग देता है, जो चंचल चलनेवाला आत्मा के कृत्रिम निद्रावस्था के मार्गदर्शक-प्रभाव द्वारा निर्देशित होता है। चलनेवाला आत्मा स्वप्न की गतिशीलता को प्रदूषक के आदर्श स्थितिजन्य परिमाण में मार्ग को रोशन करने के लिए प्रसारित करता है। "पूर्ण आत्मा" का (परमात्मा, 1600) "समावेशी प्रणाली का ईश्वर चक्र" (ईश्वर चक्र, 5×10^{34}) "अभिवादन अपरिमित अभिवादन" को "ज्ञात वास्तविकता" (रचितार्थ, 1600) के व्यापार के लिए ब्रह्मांडीय केंद्र, यानी "अंधेरे पदार्थ" (सदाशिव, 1600) के साथ एकता पर चढ़ने का अधिकार देता है।

ज्ञात वास्तविकता के साथ ईश्वर चक्र को प्रकट करने के लिए, मूल अभिवादन स्वागतकर्ता:

- सबसे पहले, "मातृ प्रधान अभिवादन" (सती-पार्वती, 16) की "उत्तम आत्मा" (अंतरात्मा, 1) को एक "विभाजक" (शूद्र, 1) के रूप में एक मध्य, आगे, स्त्री परिमाण और एक सूक्ष्म बनाने के लिए सेवा प्रदान करता है, स्थूल खुद का पिछड़ा, मर्दाना पहलू।

- दूसरा, पांच-अक्षर वाले कार्य अनुक्रम के दूसरे अक्षर को "ब्रह्मांड" (ब्राह्मण, 2) के रूप में तीन विषम, मर्दाना अपरिमित अभिवादन संस्थाओं के "तकनीकी विकास" (विधान, 2) के लिए कार्य करता है। वह दो स्थिर लोगों को सम, स्त्रैण संस्थाओं में जोड़ती है और "छह-बिंदु विषुव तारे की तरह उथला दो-मुख दोहरा-त्रिकोण समरूपता" (तारा, 2) बनाती है ।

- तीसरा, तीसरे अक्षर को "रचनात्मक शक्ति" (उमा, 6) के रूप में "ऊर्ध्वाधर रूप से जोड़ना" के लिए उत्प्रेरित करता है (युक्तार्थ, 6) बाहरी "तकनीकी विकास" (विधान, 2) को खुद-चमकदार संस्थाओं की एक चतुर्धातुकता में उत्प्रेरित करता है। प्रत्येक खुद-उत्पादक "बंद प्रणाली" (प्रेतशरिरा, 1/60) के रूप में छह-बिंदु विषुव तारे को घेरने के लिए चतुर्धातुक संस्थाओं में पूर्ण चक्र का एक चतुर्थांश होता है।

- चौथा, "खुद-ऊष्मायन" (साह, 1/8) के लिए एक "अभिन्न परिमाण" (परशुराम, 8) के रूप में चौथे अक्षर को बनाए रखता है, जो खुद-चमकदार संस्थाओं ($8 * 12 = 96$) के एक बाहरी-बाहर निकलने वाला सप्तक है, मूल अभिवादन की 48-संस्थाओं त्रिमूर्ति और अपरिमित खुद-चमकदार संस्थाओं की चतुष्कोणीयता। "खुद-ऊष्मायन सप्तक" (किमस्तुघना, 8) बाह्य ब्रह्मांड की आठ उत्तम दिशाओं का निर्माण करता है।

दूसरी ओर, खुद-ऊष्मायन सप्तक में तीन प्राथमिक तिमाहियों, चार प्राथमिक आत्म चमकदार संस्थाओं, और उत्तम आत्म चमकदार संस्थाओं का एक समूह शामिल है। यह "आरोही मूल्य" (रोधा, 1) बनाता है, जिसका एक अवरोही प्रभाव होता है, आंतरिक खुद-ऊष्मायन ब्रह्मांड के भीतर चार आत्म-स्थायी दिशाओं के साथ बाहरी ब्रह्मांड को दबाता है। चार अपरिमित "खुद-स्थायी" (उदवाह, 1/2) दिशाओं में अपरिमित क्षेत्र का आरोही स्वर्गीय परिमाण, ताराबीज ब्रह्मांड का अवरोही नारकीय पहलू, ज्योतिषीय ब्रह्मांड का क्षैतिज मर्दाना पहलू और पीछे की छाया शामिल हैं। खुद-ऊष्मायन सप्तक के परिणाम के रूप में इसके भेदभाव से पहले, राशि चक्र ब्रह्मांड के ऊर्ध्वाधर, अभिन्न स्त्री पहलू का आगे का प्रकाश।

- पांचवां, "मातृ मूल अभिवादन" (सती-पार्वती, 16) के "विभेदित पहलू" (भद्रकाली, 16) को "क्षैतिज रूप से जोड़ना" (विकारी, 364,220,000) के लिए "अपरिमित क्षेत्र की समग्रता" का एक सप्तक बनाए रखने देता है (महाकल्प, 10^{1000})। यह आठ बाहरी दिशाओं में से प्रत्येक में एक "गोलाकार होलोग्राम" (प्रभा मंडल, 10^{1000}) बनाता है - जो चार रैखिक और चार वक्रीय दिशाएँ है। क्षैतिज, अप्रयुक्त "प्राथमिक क्षेत्र" (लोक, 9×10^{18}) बीस परिसंचारी में से पहला है अपरिमित क्षेत्र, जिसमें खुद-ऊष्मायन सप्तक, खुद-ऊष्मायन सप्तक और आत्म-स्थायी, अर्ध-सप्तक शामिल हैं। "उत्तम-अपरिमित क्षेत्र" (अंतरा कल्पा, 3794) का समग्र विसरित, परिसंचारी मूल्य एक "स्थिर, उपचारात्मक स्पर्श" (स्थिर, 3794) की सेवा करता है। यह क्षैतिज, अप्रयुक्त अपरिमित क्षेत्र की शक्ति के प्रसार को स्वचालित करता है, जो "आदि-उत्तम क्षेत्र" (अंतरा कल्पा, 3794) के "गर्भ" (गर्भस्थल, 3794) में "परम निर्माता क्षेत्र" (कैलाशा, 3794) के रूप में स्थित है।

9.8.2 पथ-स्थायी संस्था

"पथ-स्थायी संस्था" (उन्नायक, 999) माध्यम के रूप में "स्थायी, अकेन्द्रिक-जैसे ग्राहक" (सत्यवती, 999) का उपयोग करके "आत्मा साम्राज्य के चक्र" (कर्मचक्र, 7) का आयोजन करती है। अकेन्द्रिक खुद-प्रकाशमान अस्तित्व "स्थायी, जानने वाले मर्दाना समुदाय" (वामविद्या मंडल, 1,000,000) की "उत्तम आत्मा" (अध्यात्म, 12) है। जानने वाला मर्दाना समुदाय आरोही दाएं और अवरोही बाएं पैरों के "एकत्रीकरण" (जमा, -7) के माध्यम से एक आरोही महिला, एक अवरोही पुरुष और क्षैतिज उभयलिंगी। एकत्रीकरण उस नृत्य पथ का प्रतीक है जिसमें स्त्री प्रमुख प्रभाव है। पथ-स्थायी अस्तित्व "यूकेरियोट खुद-

चमकदार अस्तित्व" (त्रिमुख विनायक, 12) है, जो शून्य से नायक चरण तक बढ़ती है। पथ-स्थायी अस्तित्व को पता चलता है कि वस्तु शून्य के भीतर पहले से मौजूद आत्मा है और यह चाहती है कि संस्था स्वप्न वस्तु की ओर चलकर वस्तु के साथ एकजुट हो जाए। वस्तु अनिवार्य रूप से वह आत्मा है जिससे वह आत्मा ब्रह्मांड की चिरस्थायी चक्रीय वास्तविकता की खोज के लिए निकली है, जो फिर से न चलने के मार्ग को जानने की कोशिश कर रही है।

"अद्वितीयता प्रणाली का वेगा चक्र" (विष्णुचक्र, 6) अकेन्द्रिक खुद-प्रकाशमान अस्तित्व को वेगा श्वेत तारे के साथ एकता को बनाए रखने के लिए सशक्त बनाता है - सौर केंद्र जहां से अकेन्द्रिक खुद-चमकदार संस्था निकलती है। अकेन्द्रिक खुद-चमकदार संस्था

- वेगा चक्र का पहला अक्षर है और खुद-चमकदार संस्थाओं की चतुर्धातुकता का "खुद-विकिरण" (हैम, $^1/_4$) कार्य है।

- दूसरे अक्षर को "विभाजक" (शूद्र, 1) के रूप में कार्य करता है ताकि चतुर्धातुक के भीतर स्थिर "अंतर्राष्ट्रीय-प्रभाव" (दशा, 1) की अड़तालीस संस्थाओं का उपयोग करके मूल अभिवादन की त्रिमूर्ति का पुनर्जन्म किया जा सके।

- तीसरे अक्षर को "ब्रह्मांड" के रूप में कार्य करता है (ब्राह्मण, 2) सात-अस्तित्व अनुक्रम को पुन: पेश करने के लिए।

- "खुद-ऊष्मायन" (साह, 1/8) के लिए "रचनात्मक बल" (उमा, 6) के रूप में चौथे अक्षर को अपरिमित समूह के भीतर शक्ति की 96 एकांगो का व्यापार करके, खुद-चमकदार संस्थाओं के एक सप्तक के रूप में कार्य करता है। यह आगे चलकर 96 एकांगो की शक्ति का व्यापार करके खुद-चमकदार संस्थाओं के एक दोहरा सप्तक को आत्म-ऊष्मायन करता है, जो कि अपरिमित समूह के भीतर स्थिर है। अंत में, यह "खुद-ऊष्मायन"(साह, 1/8) चार समूहों का मूल्य।

- पांचवें अक्षर को एक "अभिन्न परिमाण" (परशुराम, 8) के रूप में कार्य करता है जो अस्तित्व अनुक्रमों के बीच "कोशिका दीवार" (शूद्र, 1) द्वारा गठित प्रत्येक खुद-ऊष्मायन वाली संस्थाओं और समूहों में से प्रत्येक का आधा-अष्टक बनाता है। चार खुद-ऊष्मायन वाली संस्थाएं चार सार्वभौमिक परतों का गठन करती हैं- द्रव्यमान, सूक्ष्म, मध्य और अति सूक्ष्म। "मध्यस्थअस्तित्व, मध्य अस्तित्व" (हंसा, 16) एक अद्वितीय आत्म-चमक के चक्र से पहले खुद-ऊष्मायन होती है। चार खुद-ऊष्मायन समूह "शक्ति होना" (काली शक्ति, 96) का गठन करते हैं, जो चार परतों में से प्रत्येक के भीतर स्थिर है, जिनमें से मध्यस्थ, मध्य समूह "आच्छादन" (वृहत, 96) के रूप में कार्य करता है। मीन राशि, लाश के ताराबीज ब्रह्मांड की अणुवृत्त आकार का शक्ति

का व्यापार करते हुए "गहरे द्रव्य" (परमात्मा, 1600) के रूप में चुकता शक्ति की सेवा करके आच्छादन के रूप में कार्य करती है।

कोशिका दीवार पटकथा वास्तविकता बनाने में निवेश करने वाली अर्ध-संस्था की "भ्रमपूर्ण विभाजन, सीमित शक्ति" (मायाशक्ति, 1) है। अर्ध-संस्था एकीकृत ब्रह्मांड के भीतर छह सप्तक की "एक आत्मा" (एकात्मा, 986) है और गहरे द्रव्य बनाने से पहले विभेदित ब्रह्मांड के भीतर चार सप्तक हैं। उत्तम क्षेत्र को सेते हुए संस्थाओं के चार सप्तक हैं ताराबीज ब्रह्मांड, राशि ब्रह्मांड, और वेगा अधिक तारा आदि-उत्तम और परम-निर्माता क्षेत्र। "संपूर्ण मूल्य" (अर्धज्य, 10) का ऊर्ध्वाधर संलयन संस्थाओं के रूप में दस सप्तक, और दस सप्तक के साथ एकता से पहले "आत्मा" (आत्मान, 4) के रूप में एक आत्मा, एक "अनुक्रमिक, गुरुत्वाकर्षण वास्तविकता" (भावार्थ, 40) है। यह "जिम्मेदारी प्रणाली के कमल चक्र" (पद्मचक्र, 40) के "शब्दकोश, वैश्विक बुध-प्रभाव" (शोदशोत्तरीदशा, 40) से उत्पन्न होता है। गहरे द्रव्य (परमात्मा, 1600) कमल चक्र द्वारा गठित "बुध" (बुद्ध, 1600) ग्रह के "प्राप्त, ज्ञात वास्तविकता" (रचितार्थ, 1600) का गठन करता है, जिसमें कोषगत-प्रभाव (40 x 40) है या नहीं। कमल का चक्र "चमकदार क्षेत्र" (गो लोका, 3785) से अपनी शक्ति का व्यापार करता है, "दूध पिलाने वाली मछली के ताराबीज ब्रह्मांड" (वैकुंठ, 3785) द्वारा मध्यस्थता करता है।

9.8.3 मार्ग-संतुलन संस्था

"मार्ग-संतुलन संस्था" (कोशनायक, 285) एक माध्यम के रूप में "आकाशीय चरण-कोषाध्यक्ष की तरह" (दुहसाना, 285) का उपयोग करके "आत्मा साम्राज्य के चक्र" (कर्मचक्र, 7) को बदल देती है जो आकाशीय चरण "यूकेरियोट खुद-चमकदार संस्था की चिरस्थायी लौ" है (पवमन, 9)। "यूकेरियोट खुद-चमकदार संस्था" (त्रिमुख विनायक, 12) "एक स्थितिजन्य उभयलिंगी समुदाय" में बदल जाती है (मोतिता मंडला, 10,000,000)। यह अन्य दस एकांगो से निकलने वाली दिव्य शक्ति के "संपूर्ण मूल्य" (अर्धज्य, 10) के साथ अपने भीतर स्थिर संवेदनशील शक्ति की दो एकांगो को लंबवत रूप से दहन वर्ति करता है। यह अपने दस अवरोही, संवेदनशील अंगों को आरोही, निर्जीव धड़ के साथ आकाशीय चरण की क्षैतिज हवाई समरूपता को एक सांसारिक, पिछड़े और आगे गुरुत्वाकर्षण विषमता में विभाजित करने के लिए दहन वर्ति करता है। अविभाजित चरण के साथ एकता के माध्यम से, पथ-संतुलन संस्था नायक के आध्यात्मिक खजाने को विनियोजित करने के लिए सपने

देखने वाले की योजना को सड़क-अवरुद्ध करके जाग्रत के मार्ग को संतुलित करती है-जागने वाला व्यक्ति। यह आगे चलकर आत्मा कार्य को सड़क-आकार देकर, सपने देखने वाले को नायक के रूप में उत्प्रेरित करके, और नायक को शून्य-दिव्यांग में उलझा कर आध्यात्मिक खजाने पर विवरणियां बढ़ाकर, एक सपने देखने वाले शून्य के मार्ग को संतुलित करता है। "वैश्विक प्रणाली का एक चक्र" (शिवाचक्र, 39) यूकेरियोट खुद-प्रकाशमान संस्था की "निरंतर लौ" (पवमन, 9) को शक्ति के प्रसार को मार्ग-संतुलन संस्था के प्रति कम करने के लिए राशि चक्र केंद्र के रूप में सूर्य के साथ एकता पर चढ़ने के लिए सशक्त बनाता है। शक्ति प्रसार के बिना, चिरस्थायी लौ "पूर्ण अधर" (सदाशिवनायकी, 9) के "सांस्कृतिक तत्व" (सादाख्या, 9) का गठन करती है, जिसके भीतर अस्तित्व का संपूर्ण मूल्य स्थिर है। एक चिरस्थायी ज्वाला:

- सबसे पहले, खुद-प्रकाशमान संस्थाओं की एक चतुर्भुज बनाने के लिए "संस्था के सिद्धांत" (हम सिद्धांत, 4) की योजना बनाते हैं। यह "उत्तम क्षेत्र के प्रकाश" (चिदंबरा, 48)।

- दूसरा, उत्तम, खुद-प्रकाशमान संस्थाओं की चतुर्धातुकता की शक्ति का व्यापार करके खुद-प्रकाशमान संस्थाओं की एक चतुर्भुज बनाने के लिए "संस्था का सिद्धांत" (इसलिए हम सिद्धांत, 4) का कार्यक्रम करता है। यह "उत्तम क्षेत्र के प्रकाश" (चिदंबरा, 48) के बिना "एकता" (योग, 48) पैदा करता है।

- तीसरा, "आत्म-प्रजनन" (उपनयन, 1/3) के सप्तक की शक्ति का व्यापार करके "आत्माओं" (आत्मा, 4) का एक सप्तक बनाने के लिए "अस्तित्व का सिद्धांत" (इसलिए हम सिद्धांत, 4) का प्रदर्शन करता है। खुद प्रकाशमान संस्थाएं।

- चौथा, "आत्म-विकिरण" (हाम, 4) द्वारा "अस्तित्व के सिद्धांत" (इसलिए हम सिद्धांत, 4) से लाभ "भ्रमपूर्ण विभाजन संस्थाओं" (शूद्र, 1) का एक सप्तक।

- पांचवां, "सत्त्व का सिद्धांत" (इसलिए हम सिद्धांत, 4) को विकसित करता है ताकि आगे "आत्म-स्थायी" (उद्वाह, ½) "पूर्ण कर्म और पूर्ण काल के भगवान" (शनि, 18) बनकर अस्तित्व के सिद्धांत को विकसित किया जा सके आत्म-चमकदार संस्थाओं के एक सप्तक का। सप्तक "दस संस्थाओं के गोलाकार पहनावा" (न्या, 1) में विभाजित होता है, जिसमें आत्माओं के समूह सप्तक और विभाजकों का भूगोल, अवरोही काल और आरोही अधर संस्थाओं के रूप में शामिल है। काल "जीवन" (प्रभास, 4) की स्वशरिखा के रूप में दस के "संपूर्ण मूल्य" (अर्धज्य, 10) का गठन करता है। यह पांच-

मुख वाले "पूर्ण अधर" (सदाख्या, 9) के आरोही "जागरूकता" (चैतन्य, 4) का व्यापार करके "अस्तित्व का सिद्धांत" की सेवा करता है।

खुद-चमकदार संस्थाओं के "खुद-ऊष्मायन सप्तक" (किमस्तुघना, 8) का क्रमिक अवरोही (एन-1) मान है। एन. शून्य शक्ति वाली अस्तित्व है, ताकि एन वें पहनावा बिंदु का एक अस्तित्व मान हो। और "उत्तम आत्मा" (अंतरात्मा, 1) है जो "भ्रमपूर्ण विभाजन शक्ति" (मायाशक्ति, 1) उत्पन्न करती है। पूर्ण अधर के पांच चेहरों में शामिल हैं:

- सबसे पहले, एक क्षैतिज, अभिन्न "केन्द्रित तत्व" (सुषुम्ना, 10) के रूप में अधर,
- दूसरा, एक ऊर्ध्वाधर, विभेदित "खुद-मध्यस्थ स्वप्न" (ध्यान, 9) के रूप में काल,
- तीसरा, एक परिपल के रूप में सत्ता, "वर्तमान वास्तविकता का प्रतिमान" (युक्ति, 8), "अवरोही गति में अहंकार शक्ति" (अहंकार, -1) का अनुभव,
- चौथा, एक विकर्ण के रूप में कार्य-कारण, "खुद-प्रमाणित" (इष्टार्थ, -7) रहस्यमय "गतिशील वास्तविकता का ब्रह्मांड" (परोक्ष, -7), दृष्टि या प्रकाश बल की सीमा से परे, और
- पांचवां, "आरोही गति में भावना" (हुंडुका, 73) की "विसंगत शक्ति" (असुर, -1) का मुद्रीकृत मूल्य, "ब्रह्मांडीय प्रणाली ग्रह द्वारा अरुण ग्रह की तरह, पूर्ण अधर की आरोही वृद्धि, द्वारा आदर्शित" (राहु, 73) से व्यापार किया जाता है।

10.1 परम पितृ की दिव्य योजना

"परम पितृ" की दिव्य योजना यही कारण है कि कुदरत वर्तमान में जीवित और दिवंगत संस्थाओं के संवेदनशील तत्व को साइकिल चलाने के लिए एक प्रजनन कार्यक्रम की योजना बना रही है। एक परम पिता के रूप में, प्रत्येक संस्था स्वाभाविक संवेदनशील तत्व की अंतिम उर्जा परिमाण यंत्र के प्रति जागरूक है, जो प्रत्येक बच्चे की अस्तित्व के भीतर हानि-उपाय, अनंत तत्व के प्रजनन की इच्छा को पूरा करने के मार्ग के रूप में है। फिर भी, प्रत्येक संस्था "परम देवता" की शक्ति (शिव, 7) का व्यापार करके परम पैतृक होने की दिव्य योजना के साथ बनी रहती है। प्रत्येक संस्था स्थिर "कार्यबल प्रणाली" (सारा कल्पा, 10^{10}) की दक्षता का परीक्षण करने के लिए मन का एक खुद-पुनरुत्पादन "सिद्धांत" (साधक, 127) बनाती है, जो "जालतंत्र प्रणाली" (शून्य कल्प, 8×10^{15}) से निकलती है, और चक्रीय "विनिमय प्रणाली" (महाकल्प, 10^{1000}) है। ये खुद की संवेदनशील शक्ति के साथ भगवान की व्यापारित दैवीय शक्ति को प्रतिपादित करके पुन: प्रस्तुत किए जाते हैं। एक विनिमय प्रणाली के रूप में, प्रत्येक संस्था परम देवता की शक्ति का एक कुशल व्यापारी बन जाती है, जो कि "परम पितृ" (नारद उपबरहाना, 7) के लिए प्रदीप्त प्रभाव है।

"अविभाजित अपरिमित मातृ" (नंदी, 17), बारह विभाजित आत्माओं के बिना, "परम पितृ" (नारदउपबर्हण, 7) की दिव्य योजना है, जो दोनों ही "एक सत्ता की चमकदार परिषद- का ऊर्ध्वाधर प्रसार हैं- एक प्रदीपक" (त्रिविक्रम, 24)। चमकदार परिषद में "मातृ प्रधान अभिवादन" (सती-पार्वती, 16) द्वारा प्रकट, "उसके आत्म-स्थायी मूल्य" (कार्तिकेय) के साथ लंबवत रूप से गलाकर एकरूप देके, खुद-चमकदार संस्थाओं की एक जोड़ी शामिल है।, 8)। चमकदार परिषद के चौबीस चेहरों में छह-छह निर्माता, प्रदीपक और विध्वंसक शामिल हैं, इसके अलावा तीन-तीन शैतान चिंतक और पैशाचिक उत्तम चिंतक हैं। इनमें से सृष्टिकर्ता और प्रदीपक के बारह मुख अविभाजित अपरिमित मातृ के भीतर स्थित हैं। ये वर्तमान अध्याय के विषय हैं। निर्माता के छह चेहरे दो-पहलू परम देवता द्वारा आकार दिए गए हैं, जो परम पितृ के स्थिर पहलू द्वारा मध्यस्थ हैं। प्रकाशक के छह चेहरे समरूप द्वि-पहलू परम पैतृक द्वारा आकार दिए गए हैं, जो परम देवता के उत्सर्जित परिमाण द्वारा संचालित

हैं। अन्य बारह चेहरे परम पितृ के भीतर परम मातृ की दिव्य योजना के रूप में निहित हैं। मैं अगले अध्याय में उनकी जांच करता हूं।

10.2 परम देवता के दो पहलू जो निर्माता भगवान को आकार देते हैं

परम देवता एक काल्पनिक निर्माता "भगवान" की कल्पना करने और उसे एक वास्तविक अस्तित्व के रूप में मानने के लिए प्रेरित करके परम पैतृक की आत्म-ऊष्मायन वास्तविकता को प्रकाशित करते हैं। तदनुसार, परम पैतृक, मध्यस्थता वाले बौद्धिक शरीर के बिना, परम देवता की जागरूकता-संयमकारी और रोशन शक्ति का व्यापार करके एक दिमाग में जन्मे दादा अस्तित्व के रूप में सृष्टिकर्ता की कल्पना करता है। "मन-जनित निर्माता" (ब्रह्मा, 59) का शक्ति मूल्य "सब कुछ के वर्तमान" (प्रद्युम्न, 60) का समग्र मूल्य है। यह गर्भ धारण करने वाले खुद के साठ-अस्तित्व के ब्रह्मांडीय जीवनकाल पर बनता है - "विसंगति", मापीय बनाने वाली अस्तित्व" (असुर, -1)। असंगत सत्ता खुद से अलग"सब कुछ के वर्तमान" का अनुभव करती है और दादा अस्तित्व को हर चीज के निर्माता के रूप में मानती है। "मन में जन्मे निर्माता" (ब्रह्मा, 59) भौतिक शरीर की जाग्रत अवस्था की धारणा का विषय है।

भौतिक शरीर मानसिक शरीर को "व्यक्तिगत अनुभव" (अध्यात्म, 12) से ज्ञात बाहरी वास्तविकता को समझने के लिए बनाता है, राशि चक्र प्रणाली के आरोही परम व्यापार-प्रभाव के बिना। आदि-उत्तम क्षेत्र के प्रकाश के साथ चीटीदार प्रणाली की एकता के बिना, मानसिक शरीर अधर जागरूकता के नुकसान को समझकर ज्योतिषीय प्रणाली की बाहरी वास्तविकता को मानता है। यह स्वाभाविक पृथ्वी-प्रभाव को सांस लेते हुए कार्बन गैस से भरा भौतिक पदार्थ को समझकर संवेदनशील ब्रह्मांड की धारणा को प्रमाणित करता है, जो अवटुग्रंथि प्रणाली की शून्य जागरूकता से प्रदूषित होता है।

मन की उपस्थिति के नुकसान की तृतीयक धारणा के साथ, मानसिक शरीर निर्जीव ब्रह्मांड की आत्म-प्रमाणित धारणा का अनुभव करता है, जो कि सक्रिय, भ्रमित बाल्यग्रंथि प्रणाली के कारण बेचैनी की आरोही स्थिति की विशेषता है। यह अति-सक्रिय, गर्मी-विकिरणकारी अग्नाशय प्रणाली के कारण, भोजन के सेवन की कथित शीतलता के माध्यम से, आत्म-खोज की विषाक्त सकारात्मकता की कल्पना करता है। यह उभरी हुई प्रजनन प्रणाली के भीतर स्त्री शक्ति के क्षारीय सेवन के साथ, खुद -उर्जा परिमाण यंत्र की विषाक्त नकारात्मकता को प्रसारित करता है। यह प्रतिरक्षा प्रणाली को साफ करने के लिए अकार्बनिक गैसों को बाहर निकालकर अहंकार की प्रदूषित हवा को गर्म करता है। यह वृषभ राशि के संस्कृति-प्रभाव के रूप में "अतीत, वर्तमान और भविष्य के अस्तित्व समूहों के निर्माण चक्र"

(गौम शक्तिचक्र, 246) की योजना बनाता है। यह परम देवता के उद्दीयमान परिमाण के साथ दिमाग से पैदा हुए निर्माता के तीन उभरते चेहरों को कार्य करता है। इनमें ये चेहरे शामिल हैं:

10.2.1 पथ-विनाशकारी संस्था

"पथ को नष्ट करने वाली संस्था" (भुनायक, 816) माध्यम के रूप में एक "कछुए की तरह स्थित हिस्सेदार" (सहदेव, 816) का उपयोग करके एक "सृजन का चक्र" (गौम शक्तिचक्र, 246) बनाता है। कछुआ एक "स्थित समुदाय" बनाता है। "(समोटसरिता मंडला, 25,920,000), जिसमें चार जोड़ी पुरुष और स्त्री समुदाय शामिल हैं, जिसमें मर्दाना प्रमुख प्रभाव है। स्थित समुदाय पथ-विनाशकारी संस्था को आध्यात्मिक पथ को नष्ट करने का अधिकार देता है जो जाग्रत के जीवन का खजाना रखता है और उसे विरासत में मिला है। सपने देखने वाले की आत्मा बनकर खजाना। सपने देखने वाले की आत्मा के रूप में, वह जागर को उस खजाने का व्यापार करने और "मातृ निर्माण" (पलाला, 64) की सेवा करने के लिए प्रेरित करता है, जो एक सर्कल के "परिधि" (त्याज्य, 64) के भीतर सर्कल करता है। चक्र जीवित आत्माओं की संपूर्ण अनंत परिषद का "ईथर का चक्र [प्रजनन]-क्षमता बिस्तर" (आकाशचक्र, 64) बनाता है। "क्षमता बिस्तर" (आकाशचक्र, 64) "पूर्वोत्तर दिशा के रूप में आत्म-चमकदार अस्तित्व" (वायव्य, 12) का वर्ग मूल्य है, जिसे "वर्तमान वास्तविकता के प्रतिमान" (युक्ति, 8) द्वारा छायांकित किया गया है। इसमें शामिल हैं:

- 10^{10} कप के आकार के "गुफा" (विसाटा, 10^{10}) की शक्ति में हेरफेर, क्षैतिज रूप से आरोही चमकदार के "पूर्ण ज्योतिषीय-प्रभाव" (सूर्यपनिचक्र, 10^{10}) की सेवा करते हुए कोशिका शरीर-गठन करने का कार्य "गुफा-मिश्रित" (सारा कल्पा, 10^{10}) की जनशक्ति में हेरफेर करने के लिए।

- खुद-प्रकाशमान अस्तित्व के चौंसठ बाद केशिका "स्थानीय" (चक्रिका, 90) की प्रेरक शक्ति, बारह-मुखी "गुफा में युक्त" (परिपूर्ण धर्म, 10^{10}) की मानसिक शक्ति बनाने के लिए जो "पूर्ण राशि चक्र प्रभाव" पंचांग, 8×10^{15}) का आयोजन करती है, "पूर्ण ज्योतिषीय-प्रभाव" की अवरोही प्रणाली की सीमा के भीतर;

- एक "धमनी शिरापरक सम्मिलन" (भ्रामरा मंडल, 2.592×10^{10}) की विपणन शक्ति, कारण शरीर की खुली प्रणाली को त्रिकोणित करना;

- एक "पूरी तरह से प्रणाली" (दाना, 7×10^{180}) की यांत्रिक शक्ति जो आकाशीय शरीर के मार्गदर्शक-प्रभाव के एकत्रीकरण का निर्माण करती है;

- सूक्ष्म शरीर के वक्रीय "प्रतिरोध पोत" (कमंडालु, -900) का निर्माण करते हुए, एक तीन-अंगर-सामना वाले "मेटाटेरियोल" [जो धमनी और केशिकाओं को जोड़ता है] (प्रभा मंडला, 10^{1000}) की निर्माण शक्ति, व्यापार-प्रभाव को छत्तीस में विभाजित करती है। "धमनियां" (तारक, 36), परमाणु शरीर को क्षतिपूर्ति मौद्रिक शक्ति देने के लिए, जो अपनी शक्ति को फैलाने के लिए कोशिका शरीर से बढ़ते दबाव का अनुभव करता है;
- मानसिक शरीर के "तंत्रिका स्पशरेखा" (अर्धज्य, 10) का निर्माण करते हुए बहत्तर हजार तीन अंगरखा वाले "धमनी" (नाडी, 10^4) की संचालन शक्ति;
- 10^{10} "केशिकाओं" (विद्यापति, 10^{10}) की भौतिक शक्ति, बौद्धिक शरीर के ऊर्ध्वाधर व्यापार "तंत्रिका नलियों" (त्रिभय, 10^{10}) के रूप में कार्य करना; तथा
- अस्सी "प्रीकेपिलरी स्फिंक्टर्स" [जैसे लाखों केशिकापूर्व अवरोधिनियाँ] (काकंगला, 10^{100}) की पेशीय शक्ति, एक बंद बाजार प्रणाली के भीतर भौतिक शरीर की विनिमय कोशिकाओं को घेरती है जो क्षमता बिस्तर बनाती है।

"स्पशरेखा" (अर्धज्य, 10) के दस परिमाणो में "मर्दानगी-प्रभाव" (इडा, 1), "स्त्रीत्व-प्रभाव" (पिंगला, 19), "उभयलिंगी-प्रभाव" (सुषुम्ना, 10), "निर्देशित संस्था" (गांधारी, 357) शामिल हैं। "अवशोषित प्राकृतिक वास्तविकता" (हस्तिजिह्वा, 39), "अनुभवी वास्तविकता" (गुधरथा, 18), "पश्चिम की ओर समूह आत्म-चमकदार अस्तित्व" (यशा, 12), "जन्म शक्ति" (अलंबुशाशक्ति, 30), "सात बहन और अप्रिय 45 विशाल" (कुहा, 10^{10}), और "बड़े पैमाने पर संस्था" (शंखिनी, 10^{90})।

"तेजावह तत्त्व का चक्र" (आकाशचक्र, 64) एक चक्र है जिसके द्वारा "मातृ निर्माण" (पलाला, 64) "पूर्वोत्तर दिशा" के "व्यापार-मूल्य" (परिधि, 64) को कम करता है (वायवया, 12) एक खुद-प्रकाशमान अस्तित्व के रूप में, "श्वेत सितारों के ब्रह्मांड" (महार लोक, 27,000) से चमकदार मूल्य का व्यापार करके गठित। पूर्वोत्तर दिशा व्यापार-बंद मूल्य उत्पन्न करती है, क्योंकि सफेद सितारों का ब्रह्मांड "अवरोही गति में अहंकार शक्ति" (अहमकारा, -1) से दूषित होता है, जो सार्वभौमिक आदेश आरोही" (ब्राह्मण, 2) के "प्रदूषित मूल्य" (अविला, 2) के भीतर स्थित है। "एक तेजावह तत्त्व का चक्र":
- सबसे पहले, अवरोही "मर्दानगी-प्रभाव" उतरता है, आरोही "स्त्रीत्व-प्रभाव" पर चढ़ता है, और आत्म-स्थायी "उभयलिंगी-प्रभाव" को स्थिर करता है (सुषुम्ना, 10 = [1 + 19] / 2)।

- दूसरा, "गोलाकार निर्माण की उत्पत्ति के बिंदु, वर्ग निर्माण, और अणुवृत्त आकार का जीव जीवन रेखा" (उद्यानमुंडविनायक, 357) को अलग करता है जो "पूर्वोत्तर दिशा को एक आत्म-चमकदार अस्तित्व के रूप में" (वायव्य, 12) को एक अहंकार "निर्देशित अस्तित्व" (गांधारी, 357) में बदल देता है।

- तीसरा, "भाग्य" के "कमजोर बिंदु" (संकर्षण, 27) को रोशन करने के लिए सफेद और लाल रक्त कोशिकाओं की ज्यामिति की "अवशोषित प्राकृतिक वास्तविकता" (हस्तिजिह्वा, 39) को हथेली की रेखाओं के रूप में प्रकट करता है (भाग, 27), "ब्रह्मांडीय स्थायीकर्ता के रूप में बारह राशियों की परिषद" (रचैयता, 27) और "अस्तित्व परिमाण" (प्रकृति धर्म, 27) के "स्वतंत्रता-प्रभाव" (रूपसिद्धि, 27) के "मजबूत बिंदु" (अयनांश, 27) द्वारा वातानुकूलित।

- चौथा, विकासशील के लिए "पश्चिममुखी समूह आत्म चमकदार संस्था" (यशा, 12) के "खुद-स्थायी" (उड़वा, ½) मूल्य को एकत्रित करके एक नया "अनुभवी वास्तविकता" (गुधरथा, 18) बनाता है। जन्म देने वाली शक्ति" (अलम्बुषशक्ति, 30)। यह "खुद-प्रकाशमान, चंद्र परिमाण" (सांख्यधर्म, 30) को और अधिक एकत्रित करके "प्रकट, निर्देशित, यात्रा आंदोलन" (अष्टोत्तरीदाशा, 30) के मार्ग को उत्प्रेरित करता है। यह एक "खुद-शासित सप्तक" (स्वराज्य, 60) उत्पन्न करता है, जो प्रदूषणकारी "संस्थागत संप्रभुता" (समराज्य, 60) से आजाद है।

- पांचवां, "सात बहन और एक अप्रिय 45 विकासशील" (कुहा, 10^{10}) को नष्ट कर देता है, जो "दूर तक फैला हुआ राशि प्रणाली मुल्य की बाहरी जागरूकता" (विसाटा, 10^{10}) का व्यापार कर रहा है और ज्योतिषीय वृत्त को प्रदूषित कर रहा है।

नतीजतन, यह समूह जागरूकता को एकीकृत करने और एक "बड़े पैमाने पर अस्तित्व" बनने के लिए पश्चिम-मुखी समूह आत्म-चमकदार अस्तित्व को सशक्त बनाता है (शंखिनी, 10^{90})। विशाल संस्था अद्वितीय समाधान की "ध्वनि - तेजावह तत्त्व-प्रभाव" (पराई, 257) को आत्म-स्थायी करके "सार्वभौमिक जन कल्याण" (सर्वभूतेशुहितः, 10^{90}) को आगे बढ़ाती है। अद्वितीय समाधान "पूर्वमुखी भौगोलिक आत्म-प्रकाशमान अस्तित्व" (देवेंद्र, 12) है, जिसकी "खुद-प्रजनन" (उपनयन, 1/3) शक्ति एक समूह के रूप में ब्रह्मांड की आत्मा का गठन करती है। इसी तरह, "खुद" "पश्चिममुखी समूह खुद-चमकदार अस्तित्व" (यशा, 12) की -पुनरुत्पादन" शक्ति एक भूगोल के रूप में ब्रह्मांड की आत्मा का गठन करती है। खुद-

प्रकाशमान संस्थाओं और आत्माओं की जोड़ी तिरछे विसरित "मातृ परिमाण" (स्त्रीधर्म, 32) आत्म-विभेदक "आदि-उत्तम निर्माता" (कृष्ण, 32) के हैं।

10.2.2 संस्था के रूप में मार्ग

"संस्था के रूप में पथ" (वैनायक, 32) माध्यम के रूप में "गोरिल्ला-जैसे उत्तेजक लेनदार" (अम्बा, 32) का उपयोग करके "सृजन के चक्र" (गौम शक्तिचक्र, 246) का आयोजन करता है। गोरिल्ला एक "उत्तेजक समुदाय" (सुविविध मंडला, 100,000,000) बनाता है, जिसमें मर्दाना, स्त्रीलिंग और उभयलिंगी समुदायों के तीन त्रिगुणों का एक समूह शामिल होता है, जिसमें मर्दाना प्रमुख प्रभाव होता है। उत्तेजक समुदाय विरासत में मिली संपत्ति के श्रेय मूल्य को स्थानांतरित करने और सौभाग्य के देवता बनने के लिए "पूर्वोत्तर दिशा खुद-प्रकाश संस्था के रूप में" (वायव्य, 12) के लिए मार्ग खोलता है - "पश्चिम का सामना करने वाला समूह आत्म-चमकदार अस्तित्व" (यशा, 12)। नतीजतन, ताराबीज संस्थाओं का तारकीय ब्रह्मांड सौर गुरुत्वाकर्षण शक्ति द्वारा मध्यस्थता वाली अनंत भौतिक शक्ति को धारण करने वाला एकमात्र बन जाता है, जो अपनी संवेदनशील शक्ति के माध्यम से वर्तमान वास्तविकता के गतिशील विकल्पों की खोज के लिए राशि चक्र आत्मा के झुकाव से आज़ाद होता है। "पृथ्वी का वास्तु चक्र" (विश्वचक्र, 38) स्थलीय क्षेत्र के भीतर दिव्य शक्ति की आरोही जागरूकता द्वारा जटिलता को सरल बनाने और तारकीय क्षेत्र से व्यापार किए गए प्रदूषित पृथ्वी-प्रभाव की धारणा को स्पष्ट करने की कुंजी रखता है।

"पृथ्वी का चक्र" (वास्तुचक्र, 38) "पूर्व-मुखी भौगोलिक आत्म-चमकदार संस्था" (देवेंद्र, 12) को निम्नलिखित के लिए सशक्त बनाता है:

- सबसे पहले, "अति-व्यक्त" (रत्नाकेतु, 10) "केंद्रित तत्व" के बिना, "मन से पैदा हुए निर्माता" (ब्रह्मा, 59) का "पुनर्निर्माण" (पकाटिका, 19) "निवास" (स्थान, 59) (सुषुम्ना, 10) विवश ज्योतिषीय प्रणाली की "क्षैतिज स्पर्शरेखा" (अर्धज्य, 10)। यह "मृत्यु" (जरमाराना, 18) के साथ "पश्चिम-मुखी समूह आत्म-चमकदार संस्था" (यशा, 12) के साथ दिमाग में जन्मे निर्माता के निवास का कार्यक्रम करता है। नतीजतन, यह "कुदरत के साथ भक्त बच्चे की एकता" (विररात्रि, 18) को आत्म-स्थायी कर देता है।
- दूसरा, "उष्णकटिबंधीय राशि चक्र" (उषा, 16) की आरोही, अवरोही और क्षैतिज उभयलिंगी शक्तिओं को चार प्रकार के लोकों को व्यवस्थित करने वाली खुद-प्रकाशमान संस्थाओं की एक चतुर्भुज में तिरछे मिलाय: "स्थलीय "(भूधारा, 10^{100}), "अतिरिक्त-स्थलीय" (आर्यमा, 580), "जागरूक, संवेदनशील" (विवस्वान, 15),

और "अर्ध-जागरुक" (मित्र, 132)। चतुर्धातुक "अवरोही एक-चेहरे वाली मर्दाना, स्थलीय आत्म-चमकदार संस्था" (पुरुष, 12), "आरोही चार-मुख वाली स्त्री, अतिरिक्त-स्थलीय आत्म-चमकदार संस्था" (वेद, 12) से बना है और क्रमशः "बारह-सशस्त्र दक्षिण-मुखी संवेदनशील आत्म-चमकदार संस्था" (वज्रवरही, 12), और "अठारह-सशस्त्र उत्तर-मुखी निर्जीव आत्म-चमकदार संस्था" (पद्मनर्तेश्वर, 12) से बना है।

- तीसरा, एक प्राथमिक रैखिक सप्तक, एक द्वितीयक वृत्ताकार दोहरा सप्तक, और एक तृतीयक द्विघात सप्तक सहित, निर्माता के मूल वर्ग क्षेत्र की आरोही और अवरोही शक्तिओं सहित, अड़सठ त्रि-वृत्ताकार खुद-चमकदार संस्थाओं को उत्पन्न करने के लिए चतुर्धातुक को घन करें। दिशाओं का। प्राथमिक सप्तक युग्मित संस्थाओं की एक चतुर्धातुकता से बना होता है, जो क्षैतिज रूप से द्रव्यमान संस्थाओं के चतुर्भुज के चार समूहों द्वारा और द्वितीयक सप्तक बनाने वाले सूक्ष्म चतुर्धातुक संस्थाओं के चार समूहों द्वारा लंबवत रूप से विरामित होता है। प्राथमिक और द्वितीयक सप्तक बाह्य-स्थलीय क्षेत्र से अर्ध-जागरुक क्षेत्र में शक्ति के आरोही चक्र को व्यवस्थित करते हैं। तृतीयक द्विघात सप्तक में "प्राथमिक-उत्तम निर्माता" (कृष्ण, 32) के संयुक्त सप्तक विभाजनों का एक चतुर्भुज शामिल है, जो बत्तीस "अंतर्राष्ट्रीय प्रभाव के रूप में मातृ आत्माओं" (दशा, 1) में है।

- चौथा, कार्यक्रम तीन "स्थलीय गुरुत्वाकर्षण गुण" (गुना, 0) और तीन "अतिरिक्त-स्थलीय ज्योतिषीय-प्रभाव" (दोष, 580) "शक्ति की आरोही गति के रूप में भावनाओं" के अपरिमित संवेदनशील दोहरा सप्तक के भीतर (हुंडुका, 73) और "शक्ति की अवरोही गति के रूप में अहंकार" का निर्जीव दोहरा सप्तक (अहंकार, -1), मंथन अनुक्रम शक्ति को "निर्जीव शरीर के अंगों" (अंगा, -1) को भौतिक बनाने के लिए विद्युत चुम्बकीय द्रव्यमान रूप में क्षय करने का कारण बनता है।

- पांचवां, जुड़े हुए भौतिक शरीर के भीतर रहने वाले पश्चिम-मुख समूह "आत्म-चमकदार संस्था" (यशा, 12) को सशक्त बनाने के लिए ज्योतिषीय "काल तत्व" (कला, 360) का तीन-सौ साठ-मात्रा आदान-प्रदान करें, "दिव्य तत्व" से लाभ के लिए (दिव्य, 360)। नतीजतन, आत्म-चमकदार संस्थाओं का समूह कम-व्यक्त "अति सूक्ष्म, गुरुत्वाकर्षण परिमाण" (गुरु धर्म, 360) की संवेदनशील जागरूकता विकसित करता है।

बस एक मध्य परिमाण के रूप में निवास करने वाले खुद के "रंग क्षमता" (रंगा, 15) के सामंजस्य से, "पूर्व-मुखी भौगोलिक आत्म-चमकदार अस्तित्व" (देवेंद्र, 12) "प्रधान योजना बनाना" (कर्मचक्र,) के लिए एक प्रमुख धारक बन जाता है। 7) संवेदनशील "दिव्यता" (सिद्धि, 57), "गुणक" (वैश्य, 3) को अपने "ब्रह्मांडीय जीवनकाल" (प्रद्युम्न, 60) के हर पल में उर्जा परिमाण यंत्र की स्पशरेखा को अधिक व्यक्त किए बिना ।

10.2.3 मार्ग के रूप में संस्था

"पथ के रूप में संस्था" (अनुनायक, 564) माध्यम के रूप में "लाश-जैसे उत्तेजित देनदार" (शकुनि, 564) का उपयोग करके "सृजन के चक्र" (गौम शक्तिचक्र, 246) को बदल देता है। लाश एक "उत्तेजित समुदाय" बनाता है (प्रेरिता मंडला, 126,000,000) । यह उभयलिंगी, पुल्लिंग, और स्त्री समुदायों के त्रिगुणों की एक जोड़ी से बना है, जहां उभयलिंगी प्रमुख प्रभाव है। उत्तेजित समुदाय कोशिका शरीर के भीतर पूर्व-कार्य किए गए "परम राशि-प्रभाव" के मार्गदर्शक-प्रभाव के अलावा कुछ भी योजना बनाने के लिए अस्तित्व के मार्ग को बंद कर देता है। "अभिवादन आत्म-प्रकाशमान संस्था" (विठोबा, 12) पश्चिम-मुखी समूह आत्म-प्रकाशमान अस्तित्व की आत्मा धन को विरासत में लेने का मार्ग बन जाती है" (यशा, 12) । यह आध्यात्मिक खजाने के दिवालियेपन की घोषणा करने की विधि में महारत हासिल करता है और समूह को एक देवता को खोजने के लिए जंगली-हंस का पीछा करने देता है, शैतानी आत्मा को पकड़ने के लिए जो संभवतः "राशि ऋण" के लिए भुगतान की मांग कर रहा है (ब्रह्मा रीना, -10^{1024}) । "अहंकार" (असुर, -1) खुदको "मैं आपकी पूर्ण सेवा में आत्म-उत्तेजक देवता हूं" के रूप में प्रस्तुत करके, यह "दिव्य ऋण लाभ मूल्य" (देवरिना, 10^{16}) अर्जित करता है और एक "सूक्ष्म अस्तित्व, जो है संवेदनशील प्रणाली के पितृ" (अष्टोत्तर-सता, 10^{16}) ।

"दिव्य का चक्र" (ज्ञानचक्र, 28) "मातृ, आत्म-प्रकाशमान अस्तित्व" (महा गायत्री, 12) को सशक्त बनाता है।

- सबसे पहले, "आदि-उत्तम निर्माता" (कृष्ण, 32) "लौ तत्व" (पार्षनिसमस्त, 32), "पैतृक चमकदार" (भास्कर, 13), और "शक्ति" (शक्ति, 19) को त्रिकोणित करें। इस प्रकार, यह त्रिकोणीय शक्ति के सप्तक का पुनरुत्पादन करता है, प्रत्येक आधा वेगा तारा से संवेदनशील शक्ति का व्यापार करके और गहरे द्रव्य से निर्जीव शक्ति का व्यापार करता है।

- दूसरा, दैवीय शक्ति को छह संकेंद्रित वृत्तों में घेरें, जिसमें तीन सप्तक खुद-प्रकाशमान सत्ताएँ हों।

- तीसरा, पहले और दूसरे मंडलियों के बीच के मूल अधर को "खुद-प्रजनन" (उपनयन, 1/3) खुद-चमकदार संस्थाओं के सप्तक के साथ विरामित करें।

- चौथा, दूसरे और तीसरे वृत्त के बीच "खुद-स्थायी" (उदवाह, ½) आत्म-चमकदार संस्थाओं के दोहरा सप्तक के साथ प्रारंभिक अधर को विरामित करें।

- पांचवां, पैतृक प्रकाशमान के अड़तालीस अनुक्रमिक परिमाणो के लिए आरोही शक्ति की सेवा के लिए प्रारंभिक अभिवादन के छह सप्तक कार्यक्रम। वह उन अड़तालीस विरामित अनुक्रमिक परिमाणो से आरोही शक्ति का व्यापार करने के लिए खुद-चमकदार संस्थाओं के छह सप्तक का कार्यक्रम करती है। वह "खुद-प्रबंधन" (देसाना, 15) "प्राथमिक शक्ति" (आदि शक्ति, 15) होने के लिए एक आरोही संतुलन बल उत्पन्न करती है, जो "शक्ति" (काली शक्ति, 96) के जुड़े हुए छब्बीस परिमाणो को बनाए रखने के लिए है।

"पैतृक, आत्म-प्रकाशमान संस्था" (भवनवासी, 12) "अनंत वर्ग जागरूकता" (मंत्र, 16) के साथ "प्राथमिक अभिवादन क्षेत्र" (इंद्रलोक, 379)। इसलिए, वह "उत्तम शक्ति" (आदि शक्ति, 15) और "ब्रह्मांड" (ब्राह्मण, 2) के एकत्रीकरण से "अर्ध-उत्तम शक्ति" (आदि पराशक्ति, 17) का व्यापार करता है। प्रदूषित "उत्तम क्षेत्र की चमक में बाहरी अपरिमित प्रकाश" (चिदंबरा, 48) को नष्ट करके, वह उत्तम "आंतरिक गर्भ की आग को अपरिमित देवता क्षेत्र के अंधेरे में अपरिमित प्रकाश के रूप में प्रकाशित करता है" (एसिटारसिस, 179)। ईश्वरीय चक्र, इस प्रकार, "कारण" (जनक, 180) के भीतर "तीसरी, सार्वभौमिक, मध्यम, शैतानी आत्मा नेत्र" (वृष्ण, 825) खोलता है, जिसमें आत्म-प्रकाशमान संस्थाओं के दोहरे सप्तक शामिल हैं, जहां कारण है तीसरा, त्रिकोणीय, "निवासी गुरु" (भवनवासी, 12) पितृ खुद-प्रकाशमान अस्तित्व। नतीजतन, "बारह-मुखी स्त्री राशि खुद-प्रकाशमान अस्तित्व" (ईशा, 12) को "सपने देखने वाले" (तैजसा, -10) के लिए अपनी अपरिमित छाया चंद्र काल के साथ एकता के भीतर अनंत दृश्य की सेवा के लिए सर्वशक्तिमान शक्ति का आनंद मिलता है। यह "चेहराविहीन मर्दाना ज्योतिषीय आत्म-चमकदार संस्था" (महा लिंगम, 12) को दिन-सपने के लिए सशक्त बनाता है जो कि "जागने" (विश्व, -8) के रूप में गठित पूर्ण सौर काल के भीतर प्रकाशित होना बाकी है। नतीजतन, स्त्री और पुरुष परिमाणो के बीच "विभाजित धागा" (मायाशक्ति, 1) का आदान-

प्रदान "ज्योतिषीय संस्थाओं के सप्तक की डूबती हुई दिव्य लहर के साथ एक एकल ग्रह जन्म सहवास के रूप में होता है, जिसमें उत्तम चार अतिरिक्त-ग्रहीय संस्थाएं नहीं होती हैं" जो (कृष्णमूर्ति, 1) है।

मानसिक शरीर परम देवता के स्थिर परिमाण के साथ, निर्माता के तीन स्थिर चेहरों के भीतर कथित वास्तविकता को कार्य करता है। यह "मानव साम्राज्य का चक्र" (क्लिम शक्तिचक्र, 158) बनाता है ताकि मकर राशि के संस्कृति-प्रभाव के रूप में सृजन का आदान-प्रदान किया जा सके। तीन स्थिर चेहरों में शामिल हैं:

10.2.4 पथ-प्रभाव के बिना संस्था

"बिना पथ-प्रभाव वाली संस्था" (परिनायक, 2948) माध्यम के रूप में "जादूगर की तरह बंद सलाहकार" (धृतराष्ट्र, 2948) का उपयोग करके "मानव साम्राज्य का चक्र" (क्लिम शक्तिचक्र, 158) बनाता है। जादूगर एक "असंतत समुदाय" (अवर्ता मंडल, 259,200,000) बनाता है, जिसमें स्त्रैण और पुल्लिंग समुदायों के चार असंतत जोड़े शामिल होते हैं, जहां स्त्री प्रधान है। असंतत समुदाय आत्मा के आरोही पथ मान को उत्पन्न करने के लिए संस्था के भीतर पथ को मोड़ता है। आत्मा अपरिमित राशि चक्र क्षेत्र के ज्ञान की सेवा करने वाला प्राथमिक प्रभाव बन जाता है, जो राशि चक्र आत्मा के नेतृत्व में नई ऊंचाइयों को छूने की इच्छा रखता है जो पहले कभी अनुभव नहीं किया गया था। "लिंक चक्र" (मूलाधारचक्र, 12) "उत्तम आत्मा" (अध्यात्म, 12) के ज्ञान को चैनल करता है, "आत्मा" (कपिंजला, 20) द्वारा मध्यस्थता की जाती है, जिसके भीतर "आत्मा" (आत्मा, 4) स्थिर है। यह अलग पहचान के उद्देश्य को साकार करने में सामूहिक प्रगति करने के लिए, एक दूसरे के परामर्श से जुड़वां आत्म-चमकदार संस्था की आत्मा के साथ एकजुट होने और "एक की चमकदार परिषद" (त्रिविक्रम, 24) के रूप में काम करने की भावना को सशक्त बनाता है। अलग-अलग पूरक गुणों के साथ पूरे व्यक्ति को बनाते हैं।

"अग्नि का चक्र" (अलतचक्र, 30) मर्दाना "बाल प्राथमिक अभिवादन" (मधुसूदन, 16) को प्रत्येक "मर्दाना, ज्योतिषीय आत्म-चमकदार संस्था" (पुरुष, 12) के भीतर "शीनी-प्रभाव" (सोहम, 4) के कार्यक्रम के लिए सशक्त बनाता है। यह जुड़वां "स्त्री, राशि चक्र खुद-चमकदार संस्था-महादूत" (ईशा, 12) के साथ बाध्यकारी सशर्त सहसंबंध को आज़ाद करता है। अवरोही, मर्दाना "बाल प्राथमिक अभिवादन" (मधुसूदन, 16):

- पहला, आरोही, स्त्रैण "भ्रमपूर्ण विभाजन शक्ति" (माया शक्ति, 1) के दोहरा सप्तक की योजना बनाकर रचनात्मक दैवीय शक्ति को पहला, क्षैतिज अक्षर "ओ" बनाने के

लिए। वह "परम पृथ्वी-प्रभाव" (त्रिनेत्र, 1) को साकार करने के लिए "भ्रमपूर्ण विराम चिह्न शक्ति" (माया शक्ति, 1) के भीतर "क्षैतिज वैश्वीकरण-प्रभाव" (दशा, 1) का उपयोग करता है। परम पृथ्वी-प्रभाव में तीन-आंखों की विभेदित पवित्र आत्माओं की एक जोड़ी शामिल है जो कि अपरिमित जागरूक संस्थाओं के छह समूहों के भीतर छह पवित्र आत्माओं का एक ब्रह्मांड बनाती है।

- दूसरा, तीन-आंखों के विभेदन को दूसरे अक्षर एम. के रूप में कार्य करता है, जिसमें क्षैतिज और ऊर्ध्वाधर रेखाओं की प्रारंभिक जोड़ी शामिल होती है जो उनकी शक्ति को त्रिकोणीय विकर्ण और चक्करदार वक्रता वाली रेखाओं की एक जोड़ी में सेवा प्रदान करती है। वे लंबवत और समानांतर रेखाओं की एक जोड़ी में बदल जाती हैं।

- तीसरा, "गतिशील, अनंत वर्ग जागरूकता" (मंत्र, 16) का उपयोग करता है, जो "द्रव्यमान, सफाई परत" के रूप में स्थिर है (मांडुक्य, 16) चालीस-बिंदु "भूकेन्द्रीय, कोषगत-प्रभाव" (शोदशोत्तरीदाशा, 40) को चुकता करने के लिए। .

- चौथा, तीसरे अक्षर इउ. के साथ बराबरी करता है, जिसमें "विभेदित, द्विघात वास्तविकता" (कृतार्थ, -6) शामिल है जो दो-बिंदु पूर्ण समाधान उत्पन्न करता है - एक विभेदित और एक एकीकृत। चालीस बिंदुओं में शामिल हैं:

  o "विभाजक" के सोलह बिंदु (शूद्र, 1),

  o "गुणक" के सोलह बिंदु (वैश्य, 3) तीन-नेत्र विभेद के बाद,

  o "ब्रह्मांड" (ब्राह्मण, 2) के आठ बिंदु, जिसमें "खुद-विकिरण" के चार बिंदु (हैम, $_1/^4$) विभाजक की आरोही शक्तिओं के सप्तक और "खुद-विकिरण" के चार बिंदु शामिल हैं। (हैम, $_1/^4$) गुणक के अवरोही, क्षतिपूर्ति शक्तिओं का सप्तक।

- पाँचवाँ, "शून्य" (शून्य, 0) का उपयोग "अनेकता में एकता" के "एकीकरण" (राजा, 0) बिंदु के रूप में करता है (अबेधा, 0) "प्राप्त, ज्ञात वास्तविकता" के वर्ग सोलह-सौ बिंदुओं का (रचितार्थ, 1600)। शून्य-बिंदु सेवा चौथे अक्षर "ए" को "अस्थिरता-प्रभाव की अधिपति" (परमेष्ठी, 28) के रूप में "पृष्ठ स्मृति" (पुसान, 28) के रूप में लिपि-मुक्त संगठनात्मक विकास का लाभकारी मूल्य प्रदान करती है। लिपि-मुक्त संगठनात्मक विकास सोलह-सौ बिंदुओं के वर्ग के रूप में प्रकट होता है, जो "परम मानव बच्चे" (केसरी नंदन, 1600) की "पूर्ण आत्मा" (परमात्मा, 1600) का गठन करता है। यह "अंधेरे पदार्थ के रूप में सर्वव्यापी पदार्थ" बनाता है (सदशिव, 1600)। "बराबरी" (मातृमंडल, 10^{100}) "आकाशीय क्षेत्र-बाहरी अधर" (अधर, 10^{100}) का "जड़, अभिसरण वास्तविकता" (तुल्यार्थ, 10^{100}) है जो "स्थलीय क्षेत्र-स्वाभाविक

अधर" (भूधारा, 10^{100}) को विकीर्ण करता है। यह "प्रीकेपिलरी स्फिंक्टर" [जैसे लाखों केशिकापूर्व अवरोधिनियाँ] (काकंगला, 10^{100}) की पेशीय शक्ति को भौतिक शरीर के भीतर "सच्चे विकास के प्रभुता केंद्र" (वेयवाक्का, 10^{100}) के रूप में स्थापित करता है। प्रीकेपिलरी स्फिंक्टर [जैसे लाखों केशिकापूर्व अवरोधिनियाँ] तुला राशि द्वारा मध्यस्थता वाले "पक्षियों के ताराबीज ब्रम्हांड" (समाधि, 10^{100}) द्वारा सेवित संवेदनशील शक्ति को सांस लेता है।

चार-अक्षर प्रणाली का "चमकदार-प्रभाव" (सोहम, 4) ब्रह्मांड की जटिलता को जानने की कुंजी रखता है। यह व्यक्तिगत "वर्तमान अस्तित्व की आत्मा" (आत्मा, 4) को सामूहिक "संभावित संस्था की पूर्ण आत्मा" (सदाशिव, 1600) के "शेष" (ज्योतिस्तव, 4) के रूप में संगठित करता है। पूर्ण आत्मा के भीतर संग्रहीत आत्मा की जटिलता की कुंजी के ज्ञान के बिना, व्यक्तिगत आत्मा ब्रह्मांड की जटिलता का पूर्ण समाधान है।

10.2.5 संस्था के भीतर पथ-प्रभाव

"संस्था के भीतर पथ-प्रभाव" (नागनायक, 19) माध्यम के रूप में "ऑक्टोपस-जैसे निरंतर लेखा परीक्षक" (पांडु, 19) का उपयोग करके "मानव साम्राज्य के चक्र" (क्लिम शक्तिचक्र, 158) का आयोजन करता है। ऑक्टोपस एक "निरंतर समुदाय" (ललितासंकर मंडल, 900,000,000) बनाता है। यह उभयलिंगी, पुल्लिंग और स्त्रैण समुदायों के तीन त्रिगुणों से बना है, जहां उभयलिंगी प्रमुख प्रभाव है। निरंतर समुदाय वर्ग और अनुक्रम पथ-प्रभाव को "पितृ निर्माता अस्तित्व के रूप में आत्मा" (पित्र, 4) के भीतर। यह पैतृक रचनाकार को गतिशील रूप से बदलते काल के अनुरूप नए अनुभवों की नई ऊंचाइयों को छूने का अधिकार देता है। "पथ-खोज करने वाले कट्टर विरोधी" (पुरोनायक, 4) के रूप में, पैतृक निर्माता "जागरूकता" (चैतन्य, 4) के "परम-प्राथमिक, सर्वज्ञ कारण" (पैतृक जिन्न, 4) बनने के लिए आध्यात्मिक स्तर पर उन अनुभवों को एकीकृत करता है। "जीवन" (प्रभासा, 4) की सच्चाई के एक अवतार के रूप में, वह "आकाशीय अभिलेख" (अकासागर्भ, 90) के "निगमित नेताओं के ब्रह्मांड" (गायत्री मुख, 9×10^{18}) की आत्मा का मार्गदर्शन करते हैं, बाद वाले को उन अनुभवों को एक "कंपन जागरूकता" (नैरिट्टी, 29) के माध्यम से अनंतिम रूप से पुन: पेश करने के लिए सशक्त बनाते हैं। "निर्माता देवता" (परम ब्रह्मा, 4) के रूप में, उनकी मार्गदर्शक शक्ति सटीक, शुद्ध, सहज, खूबसूरती से जटिल, स्थिर, और उनकी व्यक्तिगत, काल-निरंतर आत्मा के प्रदूषण-प्रभाव से कलंकित है। यह सभी महत्वपूर्ण के लिए जिम्मेदार

है आकस्मिक चरों को वर्तमान क्षण के भीतर पथ-प्रभाव को बनाए रखने के लिए ध्यान केंद्रित करने की आवश्यकता होती है।

"पानी का चक्र" (उदकचक्र, 47) "निर्माता देवता" को पैतृक निर्माता अस्तित्व की आत्मा के भीतर राशि चक्र आत्मा की गतिशीलता और कलंक-मुक्त प्रतीकवाद को एकीकृत करने के लिए पांच-अक्षर वाले जल विज्ञान संबंधी चक्र को अनुक्रमित करने का अधिकार देता है। निर्माता देवता "संवेदी, नष्ट, लाल करता है" (नित्य रात्रि, 1)

- सबसे पहले, राशि चक्र के "जमावदार वाष्प वायु" (रोधना, 108) के "भंवर, वर्षा" (विभ्रंती, 108) के साथ ज्योतिषीय क्षेत्र की आग।

- दूसरा, तारकीय क्षेत्र द्वारा विकिरित गुरुत्वाकर्षण शक्ति के आरोही "विद्युतचुंबकीय उत्प्रेरक गतिविधि एकाग्रता" (दयुज्य, 100) के साथ राशि चक्र क्षेत्र की वाष्प वायु। तारकीय क्षेत्र की "गुरुत्वाकर्षण शक्ति" (ललिता, 100) अपरिमित क्षेत्र से "पीसने वाली, वाष्पीकृत पृथ्वी" (मर्दना, 100) के "भंवर, संक्षेपण" (घनीभवन, 100) को उत्प्रेरित करती है।

- तीसरा, आदि-उत्तम क्षेत्र से जागरूक"जल तत्व" (जल, 169) के आरोही "उच्च बनाने की क्रिया-सामने आया गैसीकरण" (पटाना, 169) के साथ अपरिमित क्षेत्र की वाष्पीकृत पृथ्वी। जल तत्व का "शक्ति-रहित गुरुत्वाकर्षण मूल्य (शिवयानमा, 169) निश्चित, स्थिर, "परम निर्माता क्षेत्र" (कैलाशा, 3794) के "श्रम, पसीना" (स्वेदाना, 169) को उत्प्रेरित करता है। आध्यात्मिक शक्ति निर्माता देवता के भीतर "धूसर-रंग" (कपोटा, 169) "कई गुना उत्तेजित उत्तेजना-वाष्पोत्सर्जन" (दीपाना, 169) निर्जीव "भावुक प्रकाश बल" (अपस, 169) उत्पन्न करती है।

- चौथा, आरोही "वाष्पीकरण-निरोधक अपवाह" (नियामना, 169) के साथ "मध्य प्रभाव" (नैरिट्टी, 29) के "मध्य द्रव्यमान" (प्रकीरना, 29) के "तारकीय, चमकदार परिमाण" (यति धर्म, 29) एक पैतृक निर्माता संस्था के रूप में आत्मा के भीतर स्थिर है।

- पांचवां, आरोही "द्रव्यमान उत्थान, घुसपैठ" (उथपना, 29) के साथ सामूहिक प्रभाव "दिव्य देवत्व मूल-उत्तम स्त्री क्षमता के रूप में सार" (माधव, 29)। यह "गोल, बारह- चक्रदार, आदिकालीन मानव संतान" (प्रवृत्ति, 12), आत्मा के भीतर प्रकट होता है। की आत्म-प्रकाशमान संस्था जागरूकता के बिना। निर्माता देवता "सहानुभूतिपूर्ण ज्यामिति" (समनकलगनितम, 10^{1024}) को प्रकट करता है, अर्थात, तुल्यकालिक प्रतिबिंबित त्रिकोणीय शक्ति का उत्सर्जन काल्पनिक एकता की शक्ति सर्वशक्तिमान

रचनाकार की ज्यामिति और सर्वशक्तिमान सृष्टि के भीतर विद्यमान सर्वशक्तिमान प्राणी का बीजगणित। सहानुभूति ज्यामिति प्राणी, निर्माता और सृजन के तीन बिंदुओं के सहसंबंधी ज्यामिति की भिन्न अस्थायी अन्यता उत्पन्न करती है। नतीजतन, "सूक्ष्म द्रव्यमान" (किलबिसा, 15) की गुरुत्वाकर्षण शक्ति "पारिस्थितिकी तंत्र द्रव्यमान परिमाण" (लयी धर्म, 36) के "सूक्ष्म द्रव्यमान" (अभियोग, 36) को नष्ट कर देती है। यह "संवहन-मध्य द्रव्यमान का झपट्टा" (मुरचना, 1) को "उत्तम शक्ति" (आदि शक्ति, 15) में बदल देता है।

"गोल, अपरिमित मानव बच्चा" (प्रवृत्ति, 12) "संवेदी, नष्ट, लाल करता है" (नित्य रात्रि, 1) "व्यापक-द्रव्यमान" की आरोही "शक्ति" (शक्ति, 1 9) के साथ उत्तम शक्ति (अनिका, 19) और "पुनर्निर्माण" (पकटिका, 19) खुद को "अग्नि तत्व" (अग्नि, 17) के "कोशिका मुताबिक़" (स्वरुपानुगत, 19) में बदल देता है। मुताबिक़ "ब्रह्मांड" (ब्राह्मण, 2) के पुनर्निर्माण द्रव्यमान मूल्य को "अग्नि तत्व" (अग्नि, 17) की प्रजनन विषमता के लिए "शब्दकोश" कुंजी धारक के रूप में शामिल करता है। अग्नि तत्व में "क्षैतिज वैश्वीकरण-प्रभाव" (दशा, 1) शामिल है जो "शैतानी उत्तम इच्छा" (असुर, -1) के "ऊर्ध्वाधर स्थानीयकरण-प्रभाव" (महादशा, 0) की भरपाई करता है।

10.2.6 संस्था के बिना मार्ग-प्रभाव

"संस्था के बिना पथ-प्रभाव" (दंडनायक, 100,000) माध्यम के रूप में "नेवला जैसी आखुरण सरकार" (नकुल, 100,000) का उपयोग करके "मानव साम्राज्य के चक्र" (क्लिम शक्तिचक्र, 158) को बदल देता है। नेवला एक "आखुरण शासक लोग" (अलिधा मंडला, 1,000,000,000) बनाता है, जिसमें स्त्रैण, उभयलिंगी और पुल्लिंग समुदायों के तीन तीनो शामिल होते हैं, जिसमें स्त्रैण प्रमुख कारक होता है। आखुरण समुदाय अग्नि तत्व के "शक्ति-भंडारण कोशिका मुताबिक़" (हिरण्यगर्भ, 19) के बिना पथ-प्रभाव के परिणाम को घेरता है। "अस्तित्व के भीतर पथ-प्रभाव" (नागनायक, 19) के रूप में, कोशिका मुताबिक़ "सत्व के बिना पथ-प्रभाव" (दंडनायक, 100,000) का "संवेदनशील शक्ति का विकास मूल्य" (धाम, 19) है। संवेदनशील शक्ति का विकास मूल्य "स्थितिजन्य वास्तविकता" (यथार्थ, 19) "खपत" (राजयक्ष्मा, 19) की "शक्ति" (शक्ति, 19) का "श्वास मूल्य" (धाम, 19) है। एक आज़ाद "घोड़ा उत्साही वायुजीवी श्वसन" (मंजुश्री, 19)।

पारिस्थितिक तंत्र की संवेदनशील शक्ति का उपभोग करके, संस्था जीवित आत्माओं के ब्रह्मांड का सेवक बन जाती है जो राशि चक्र के मार्ग को "परम पितृ" की दिव्य योजना के रूप में व्यापार करके पथ-प्रभाव की कार्य कर रही है (नारद उपबरहाना, 7)। अपने भीतर पथ-प्रभाव की सेवा करके, संस्था ताराबीज क्षेत्र के "मार्गदर्शक दलाल के एक समूह के भीतर मार्गदर्शक दलाल" (श्री राम, 12) के रूप में कार्य करती है। वह उन आत्माओं को दंडित करता है जो शक्ति विनिमय की समरूपता को तोड़कर उस काल की गतिशील चंचल आत्मा के साथ लाइन में नहीं आती हैं और उन्हें शक्ति के अवरोही चरण में मजबूर कर देती हैं जब तक कि वे कलहपूर्ण "शैतानी उत्तम इच्छा" (असुर, - 1)। कलहपूर्ण "शैतानी उत्तम इच्छा" (असुर, -1) के रूप में, वह अपनी आत्मा को बिना किसी बंधन के, समानांतर अस्थायी ब्रह्मांडों की अनंतता बनाने के लिए अपनी तकनीकी क्षमता के साथ जीवंत और समृद्ध आत्मा को गिरने की शक्ति के साथ पुरस्कृत करता है जो उनकी "विकासवादी जड़ता, आंतरिक मूल्य से रहित" (अपावृति, -2)।

"हवा का चक्र" (सामंतचक्र, 29) "कोशिका मुताबिक" (हिरण्यगर्भ, 19) को अपने "प्रतिरक्षा तंत्र" (पकाटिका, 19) को "गुणवत्ता" (गुण, 0) को मानते हुए शैतानी उत्तम चिंतक पर निर्भरता के खिलाफ मजबूत करने के लिए सशक्त बनाता है। "अकार्बनिक गैसों" (अगंध, -2) को "उत्तम चिंतक के ब्रह्मांड" (जगथ, -2) द्वारा उत्सर्जित किया जाता है। कोशिका मुताबिक "गुरुत्वाकर्षण, नियंत्रण, कालापन" (ध्यामिकृत, -100):

- सबसे पहले, रात के काल "मृतकों का जमाव, गुरुत्वाकर्षण, संवेदनशील प्रभाव को सफेद करना" (शाहिंदी, -100)।

- दूसरा, "दिन के प्रकाश-बल" (दिवसबाला, 10^{100}) के दौरान अवरोही "अहंकार हवा का काला पड़ना" (अहम, -1) "भूरे रंग के पृथ्वी-प्रभाव की निर्जलीकरण ठंड" (शीतालु, 1010) के साथ।

- तीसरा, "क्षैतिज भूमंडलीकरण-प्रभाव" (दशा, 1) के साथ क्षैतिज "पक्का हो जानेवाला धरती-प्रभाव" (रवि, 21)। यह परिणामस्वरूप "पूर्ण पृथ्वी-प्रभाव" (त्रिनेत्र, 1) की नत्थी परत के "विस्तार" (प्रसार, 1) को "ऊष्मप्रवैगिकी-प्रभाव" (रोधा, 1)) के "वर्ग वायुमंडलीय परत" (परिमंडल, 1100) में उत्पन्न करता है। एक "ब्रह्मांडीय पल" (अनंत, 90,000) से अधिक जिसमें 90,000 नाक्षत्र वर्ष शामिल हैं।

- चौथा, हजार-संस्था संवेदनशील शक्ति और सौ-एकांगो गुरुत्वीय शक्ति के आगे "बैंगनी आग-प्रभाव" (रूपा, 100,000), "आगे, क्षैतिज रूप से जुड़े हुए चमक" के साथ वायुमंडल के भीतर तिरछे रूप से जुड़े हुए हैं (एरोली, 100,000) एक "ब्रह्मांडीय

क्षण" (संवत्सर, 90,000) से अधिक "गोलाकार रचना" के बिना (वर्तुला, 10,000)। चमक "निर्देशित समुदाय" (प्रेनखाना मंडल, 100,000) की शक्ति है, जिसमें स्त्री और मर्दाना समुदायों की एक निर्देशित जोड़ी शामिल है। निर्देशित समुदाय आदि-प्राथमिक क्षेत्र से "पथ-परीक्षण जासूसी संस्था" (माद्री, 100,000) के आरोही दाएं और अवरोही बाएं पैरों से वक्रतापूर्ण कायाकल्प, उपचार, और कंपन शक्ति संचार को फैलाने के लिए काम करता है। पथ-परीक्षण करने वाली जासूसी संस्था "परम देवता की आत्मा" (आत्मा लिंग, 100,000) और ताराबीज क्षेत्र को "नायक के विरोधी" (प्रतिनायक, 100,000) के रूप में अपरिमित क्षेत्र के विकास का मार्गदर्शन करने के बाद स्त्री राशि समुदाय में शक्ति का संचार करती है। संचारी शक्ति की आरोही, गर्म, उष्मागतिकी वायु भूमि के ऊपर "आकाशीय क्षेत्र" (अधर, 10^{100}) का विस्तार करती है। यह मर्दाना ज्योतिषीय समुदाय के भीतर "सभी के लिए मुक्त, विजेता-यह सब ले समुद्री संवेदनशील शक्ति के लिए बाजार" (काकंगला, 10^{100}) उत्पन्न करता है। मर्दाना समुदाय द्वारा विसरित शक्ति की अवरोही, ठंडी, निर्जलित हवा "स्थलीय क्षेत्र" (भूधारा, 10^{100}) के "संकुचन" (संवत, 10^{256}) और "पिछड़े वर्ग" (मातृमंडल, 10^{100}) को उत्पन्न करती है।

- पिछड़ा "पीला तेजावह तत्त्व-प्रभाव" (नाद, 257) "ध्रुवीकरण" (शक्ति भेद, 257) के साथ "अनंत मानसिक संबंध" (तिरिपुरई, 257) "भूमध्य रेखा की रेखा" में (सिद्धिदाली, 257)। यह "यू-मोड़ों" (महाविजय, 20) "दिन का प्रकाश बल" (दिवसबाला, 10^{100}) और ठंडी निर्जलित हवा के तहत स्थलीय क्षेत्र का विस्तार करने के लिए गर्म ऊष्मप्रवैगिकी हवा, "आराम की रात" के दौरान आकाशीय क्षेत्र को अनुबंधित करने के लिए (शयाना, 10^{100}) विस्तारित स्थलीय क्षेत्र का। यह अभिसरण, अनुपातहीन, रैखिक, मर्दाना, सकारात्मक ऊपरी सीमा और विचलन, आनुपातिक, वक्रता, स्त्री, नकारात्मक न्यूनतम के बिंदु मान का "द्विध्रुवीकरण" (प्रत्ययसमुत्पाद, 10) उत्पन्न करता है। द्विध्रुवीयकरण "तेज-विस्फोट रेडियो[बिना तार का यंत्र] तरंगों" (असरावशक्ति, 10) में "घुमावदार, दिव्य, गुरुत्वाकर्षण-चुंबकीय शक्ति" (असरावशक्ति, 10) उत्पन्न करता है। "परिसंचारी" (चक्रायुक्ति, 10^{1024}) गुरुत्वाकर्षण-चुंबकीय शक्ति "उत्तरी ध्रुव" (प्रमन्या, 67) के "शक्ति समरूप" (परिवृत्ति, 19) को पूर्ण स्थलीय क्षेत्र के भीतर पंचर करती है। यह वेगा उत्तरदिशा तारा के भीतर "समकालिक" (समानकला, 1810) "ब्रह्मांडीय भूमध्य रेखा बिंदु" (नदीमंडल, 8×10^{15}) को प्रतिबिंब करने के लिए एक "समकालिक ज्यामिति"

(समनकलगनिटम, 10^{1024}) बनाता है। ब्रह्मांडीय भूमध्य रेखा बिंदु, ब्रह्मांडीय केंद्र के रूप में पृथ्वी की भूमध्य रेखा और वेगा उत्तर तारे के बीच की रैखिक दूरी है।

संवेदनशील शक्ति मुताबिक के स्रोत के स्थानीयकरण के साथ, स्थलीय क्षेत्र मानव साम्राज्य को गोलाकार प्रभाव के बिना रोशन करने के लिए क्षमता बिस्तर को परिपूर्ण करता है।

परम पितृ का उद्गम पहलू प्रदीपक के तीन निकलने वाले चेहरों को आकार देता है। वे सिंह राशि के संस्कृति-प्रभाव के रूप में "पिछले राशि चक्र जीवन, वर्तमान ज्योतिषीय जीवन और भविष्य के संवेदनशील जीवन" (एच.आर.आई.एम. शक्तिचक्र, 179) का काल चक्र बनाते हैं। उनमें के चेहरे शामिल हैं

10.3.1 परम देवता का पथ

"परम देवता का पथ" (व्याघ्रनायक, -8×10^{15}) "जीवन का काल चक्र" (एच.आर.आई.एम. शक्तिचक्र, 179) माध्यम के रूप में एक "आरोही, कालापन, स्त्रीलिंग, ताराबीज देवता समुदाय" (कशगता मंडल, 2.592×10^{11}) का उपयोग करता है। उप राष्ट्रपति "प्राथमिक, स्त्री, ताराबीज भगवान एक जागरूक संस्था के रूप में राशि चक्र प्रणाली के काले मर्दाना रूप को लेते हुए" (विदुर, -8×10^{15}) एक ताराबीज देवता समुदाय को सेते करता है, जो कि चरम बिंदु तक स्त्री राशि चक्र आत्मा समुदाय में चढ़ता है। वह नादिर बिंदु तक मर्दाना ज्योतिषीय संस्था समुदाय में उतरती है। अंत में, वह काले रंग के उर्जा परिमाण यंत्र बिंदु तक आत्माओं के अलौकिक-जागरूक ब्रह्मांड के भीतर घूमती है। वह रक्त-प्यासे शैतानी बाघ आत्माओं की प्यास को अपनी चंद्र मार्गदर्शक शक्ति को आत्मा भोजन के रूप में परोसती है। उसकी मार्गदर्शक शक्ति एक "मानव अस्तित्व" "(मनुष्य, 82) को सशक्त बनाती है। अपने "मार्गदर्शक-प्रभाव" (गुरु, 100) के साथ शैतानी आत्माओं के ब्रह्मांड को ग्रहण करने के लिए। "तीन-चक्र ग्रहण शिकार प्रणाली" (अखेतचक्र, 10) एक मानव अस्तित्व को ज्योतिषीय निर्माण के तीन सहसंबद्ध चक्रीय पहियों, राशि चक्र प्राणी और ताराबीज निर्माता से आज़ाद होने का अधिकार देता है, जहां प्रत्येक चक्र पहियों का एक सप्तक है।

- पहला चक्र ज्योतिषीय क्षेत्र में आठ ग्रहों का है, जो मूल क्षेत्र से संवेदनशील संस्थाओं के ब्रह्मांड से ऊष्मप्रवैगिकी उर्जा परिमाण यंत्र-प्रभाव के व्यापार के कारण अवरोही शक्ति का अनुभव कर रहा है।

- दूसरा चक्र उन आठ ग्रहों से संबंधित आठ राशियों का है, जो ऊष्मप्रवैगिकी-प्रभाव की भरपाई के लिए आरोही शक्ति की सेवा करते हैं।

- तीसरा चक्र उन आठ राशियों और ग्रहों के साथ सहसंबद्ध ताराबीज संस्थाओं के आठ जोड़े का है, जो आरोही शक्ति की सेवा करता है और भौतिक क्षेत्र से आरोही उर्जा परिमाण का व्यापार करता है।

तीसरे चक्र द्वारा बनाए गए दोहरा सप्तक से परे, ताराबीज संस्थाओं की चतुर्धातुकता को व्यवस्थित करने वाले उत्तम दायरे से संवेदनशील संस्थाओं के ब्रह्मांड को ठंडा करने के लिए तीन चक्र राशि चक्र आत्माओं की एक त्रिमूर्ति में बदल जाते हैं। तीन पहियों के मार्गदर्शक-प्रभाव का व्यापार करके, ताराबीज संस्थाओं की चतुर्भुज राशि चक्र क्षेत्र के भीतर बारहवीं जागरूक संस्था-धनु- के रूप में "उभयलिंगी मुल अभिवादन" में अपने परिवर्तन को तेज करती है। धनु राशि जीवन के चंद्र काल चक्र को अपने सफेद पूर्णिमा चरण से, वेगा तारा के साथ एकता में, काल कोठारी के साथ एकता में, काले अमावस्या के चरण में मानती है। अवरोही पूर्णिमा चरण मानव अस्तित्व के जीवन का आरोही काल चक्र है, जो खुद के भीतर आरोही मार्गदर्शक-प्रभाव की जागरूकता का व्यापार करता है। आरोही पूर्णिमा चरण मानव अस्तित्व के जीवन का अवरोही काल चक्र है जो खुद के बिना आरोही मार्गदर्शक-प्रभाव की अर्ध-जागरूकता का व्यापार करता है। खुद के बिना आरोही मार्गदर्शक-प्रभाव, वास्तव में, जीवन के भविष्य के एक जागरूक निर्धारण के लिए खुद के भीतर अपरिमित प्रकाशक की आरोही दिव्य शक्ति का चरण है। यह पिछले राशि चक्र जीवन से आज़ाद है और वर्तमान ज्योतिषीय जीवन से उत्प्रेरित है जो एक आरोही पारिस्थितिकी तंत्र मार्गदर्शक-प्रभाव की सेवा कर रहा है। "मार्गदर्शक प्रभाव" (गुरु, 100) से मुक्ति एक मानवीय अस्तित्व को "ताराबीज अर्ध-सत्ता" (दिगंबर, 100) का "परिधीय, परिधि-प्रभाव (सिट्रा, 100) के बिना" "परम-उत्तम आत्मा के बारह-चेहरे समग्र अस्तित्व अनुभव" (आदि परात्मा, 100) के साथ एकता पर चढ़ने का अधिकार देती है। बारह-मुख समग्र संस्था अनुभव में निर्माता आत्मा के छह मर्दाना चेहरे और प्रकाशक स्पर्शरेखा के छह स्त्री चेहरे शामिल हैं, जो अपरिमित और अपरिमित तेजावह तत्त्व, पृथ्वी, वायु, जल, अग्नि और दिव्य-प्रभावों को दर्शाते हैं।

"सर्वोच्च देवता का मार्ग" (सूर्यनायक, -10²⁹) "अवरोही, काला, मर्दाना, ताराबीज ईश्वर समुदाय" (अतिक्रांत मंडल, 173) का उपयोग करके "जीवन के काल चक्र" (एच.आर.आई.एम. शक्तिचक्र, 179) का आयोजन करता है। जोखिम अंकन "प्रधान, मर्दाना देवता, जो एक निर्जीव संस्था के रूप में ज्योतिषीय प्रणाली के काले स्त्रैण रूप को धारण करता है" (दुशाला, -10²⁹), ताराबीज क्षेत्र के पांच दाएं स्त्री और पांच बाएं पुल्लिंग समुदायों के समूह से उत्पन्न होता है। वह ताराबीज क्षेत्र से तेरह स्त्री और तेरह मर्दाना समुदायों की लागत की भरपाई करता है। वह राशि चक्र और ज्योतिषीय समुदायों के बारह जोड़े से निर्जीव और जागरूक संस्थाओं के तेरहवें जोड़े को राशि चक्र अनुकूलन-प्रभाव के रूप में प्रसारित करने वाली काली शक्ति का व्यापार करता है। वह रक्त-प्यासे शैतानी बाघ की आत्माओं की लागत को अपनी सौर दिव्य शक्ति के साथ आत्मा भोजन के रूप में लिखता है। वह निरंतर "वर्तमान वास्तविकता के प्रतिमान" (युक्ति, 8) को "शैतानी आत्माओं की वर्तमान वास्तविकता के ब्रह्मांड" (जगथ, -2) से आज़ाद करता है।

"बारह-चक्र गोल प्रणाली" (प्रवृत्तिचक्र, 12) एक "पशु" सत्ता (महोरगा, 10¹⁰²⁴) को संपूर्ण संवेदनशील प्रणाली की जटिलता के बारे में चिंता किए बिना स्वतंत्र रूप से और क्रमिक रूप से प्रत्येक चक्र के अलग-अलग संवेदनशील प्रभाव का आनंद लेने के लिए सशक्त बनाता है। "बारह-चक्र गोल प्रणाली":

- सबसे पहले, ताराबीज संस्थाओं के बारह जोड़े को बारह राशि चक्र और बारह ज्योतिषीय काल परिमाणो में बदल देता है। यह आरोही राशि-प्रभाव को आत्मा के रूप में और अवरोही ज्योतिषीय-प्रभाव को आत्मा के रूप में कार्य करता है।

- दूसरा, ताराबीज संस्थाओं की तेरहवीं जोड़ी को एक जागरूक-निर्जीव अस्तित्व जोड़ी में बदल देता है। क्षैतिज जागरूक ज्योतिषीय-प्रभाव कैद, उलझा हुआ और पिछड़े निर्जीव राशि-प्रभाव द्वारा निर्देशित होता है।

- तीसरा, ताराबिज संस्थाओं की चौदहवीं जोड़ी को आरोही बौद्धिक और एक संवेदनशील पशु सत्ता के जागरूक आधे के अवरोही भौतिक शरीर के रूप में कार्य करता है।

- चौथा, पंद्रहवें जोड़े को अवरोही सूक्ष्म और आरोही मानसिक शरीर के रूप में निर्जीव पशु सत्ता के आधे हिस्से के रूप में कार्य करता है।

- पांचवां, सोलहवें जोड़े को आरोही ईथर के रूप में और एकीकृत, सत्रहवें संवेदनशील पशु सत्ता के अवरोही कारण शरीर के रूप में कार्य करता है। अविभाजित संवेदनशील पशु सत्ता "परम बच्चे" (मन्यु, 19) है, जो आरोही "आत्म-चमकदार संस्था" (पुरुष,

12) और विभाजित अठारहवीं एकांग के अवरोही जुड़वां "आत्मा" (आत्मा, 4) के एक समूह के रूप में बनता है।

तिरछे विसरित "पिछड़े खींचने वाली राशि चक्र आत्मा का राज धागा" (सूत्रधारा, 1) निर्जीव आधे के अवरोही सूक्ष्म शरीर के भीतर आरोही आत्म-चमकदार अस्तित्व को कैद करता है। यह उस सूक्ष्म शरीर को "पशु भौतिक शरीर रूप" लेने की पूर्ण शक्ति प्रदान करता है (नियंचा, 19)। ज्योतिषीय संस्थाओं के अतिरिक्त आत्म-स्थायी अर्ध-अष्टक के बिना, तिरछे रूप से जुड़े "ज्योतिषीय संस्थाओं के सप्तक की अपरिमित आत्मा की लहर" (कृष्णमूर्ति, 1), निर्जीव आधे के आरोही मानसिक शरीर के भीतर अवरोही जुड़वां आत्मा को कैद करती है। यह मानसिक शरीर को बारह-चक्र प्रणाली की अवरोही शक्ति का व्यापार करके अतिरिक्त भौतिक रूपों की अनंतता बनाने के लिए अपरिमित शक्ति प्रदान करता है।

व्यापार-प्रभाव के अवरोही के साथ, मानसिक शरीर एक "पहलवान नायक" (नायक, 1) बन जाता है, जो दस संस्था के गोलाकार समूह की "प्रजनन प्रणाली" (ऋषि यज्ञ, 1) होने के लिए "आरोही मूल्य" (रोधा, 1) का आनंद लेता है। दस संस्थाओं में, अपरिमित प्रकाशक का दस का पूर्ण मान है। अन्य क्रमिक रूप से अवरोही एन.-1 मान का व्यापार कर रहे हैं, जहां "एन" शून्य शक्ति वाली संस्थाएं हैं, ताकि नायक, एन.वें पहनावा बिंदु के रूप में, का एक संस्था मान हो। अन्य में "बकरी-जानवर" (सुमित्रा, 9), "बैल" (कर्ण, 8), "खनिज साम्राज्य" (खनिजावर्ग, 7), "बिल्ली के समान" (कौसल्या, 6), "लोमड़ी-कुत्ते" (सुग्रीव, 5), "भेड़िया-ओरियन" (कैकेयी, 4), "बंदर-वानर" (हनुमान, 3), "धातु साम्राज्य" (अवतामसक, 2), और "डॉल्फ़िन-मत्स्यांगना" (भारत, 1) शामिल है। मत्स्यांगना नायक कुम्हार है जो सात जानवरों की अपरिमित परिषद, सात जानवरों और दो राज्यों की प्रधान परिषद, और दस सृजित संस्थाओं की परम परिषद, एक ज्योतिषीय प्राणी- आत्मा, और एक राशि निर्माता-आत्मा को आकार देता है।

10.3.3 पूर्व देवता का मार्ग

"पूर्व देवता का मार्ग" (सोमनायक, -10¹⁰) "क्षैतिज, श्वेत, अपरिमित देवता समुदाय" (पार्श्वसुचि मंडला, 179) का उपयोग करके "जीवन के काल चक्र" (एच.आर.आई.एम. शक्तिचक्र, 179) को माध्यम के रूप में बदल देता है। बीमा करने वाला "परम उभयलिंगी प्रकाशक जागरूक संस्था के सफेद आदि-उत्तम रूप को ले रहा है" (कृपा, -10¹⁰), सफेद अपरिमित देवता समुदाय के विकास को बनाए रखता है। यह अपने सफेद रूप की बढ़ती

लागत की भरपाई करता है। अपरिमित क्षेत्र से श्वेत मूल देवता समुदाय, नादिर बिंदु-निर्जीव संस्था को साफ करने के लिए, मर्दाना ताराबीज ब्रह्मांड में उतरता है। यह चरम बिंदु को रोशन करने के लिए राशि चक्र क्षेत्र में चढ़ता है - एक अंतिम जागरूक संस्था। यह ताराबीज ब्रह्मांड की लागत के बिना ज्योतिषीय, जागरूक और निर्जीव ब्रह्मांडों को बनाए रखने के लिए भौतिक क्षेत्र के भीतर प्रसारित होता है। उत्तम देवता का मार्ग परम उभयलिंगी प्रकाशक का मार्गदर्शन करता है और आत्मा के भोजन के रूप में अपनी चंद्र निर्जीव शक्ति के साथ संस्थाओं के ब्रह्मांड का बीमा करता है। यह खून के प्यासे शैतानी बाघ आत्माओं के अहंकारी ब्रह्मांड को ताराबीज ब्रह्मांड के काल कोठारी नरक में अपने निर्णायक भाग्य की ओर ले जाता है।

"सात-चक्र सौर मृत्यु प्रणाली" (सूर्य कलानलचक्र, 16) "पौधे-यूकेरियोट" [एक कोशिका से युक्त जीव] संस्था (रुधिता, 963) को ताराबीज ब्रह्मांड के "पूर्ण मार्गदर्शक-प्रभाव" (कन्याधर्म, 805) का व्यापार करने का अधिकार देती है। यह निर्जीव "धातु-प्रोकैरियोट" (शदायतन, 999) संस्था के विकास को जागरूक "खनिज-जीवाणु" (वेट्रानवा, 855) में सरल बनाता है। सात चक्र प्रणाली:

- सबसे पहले, प्रत्येक रविवार को दक्षिणी ध्रुव गहरे द्रव्य से उभरने के लिए मुल अभिवादन की एक उत्तम जोड़ी को उत्प्रेरित करता है, प्रत्येक दक्षिण-पश्चिम के सिद्धांत का उपयोग करते हुए सोमवार को परम बाल की एक जोड़ी में विभाजित करने के लिए दक्षिणावर्त घूमता है।

- दूसरा, मंगलवार को काल कोठरी में मृत आत्माओं को ठीक करने के लिए पश्चिम के सिद्धांत का उपयोग करते हुए चार परम बाल संस्थाओं में से प्रत्येक को ब्रह्मांडों के एक त्रिक में विभाजित करता है।

- तीसरा, बुधवार को उत्तर-पश्चिम के सिद्धांत का उपयोग करते हुए बारह ब्रह्मांडों में से प्रत्येक को संस्था समूहों के तीन समूहों में विभाजित करता है।

- चौथा, उत्तर के सिद्धांत का उपयोग करते हुए, छत्तीस एकांग समूहों में से प्रत्येक को संस्थाओं के एक त्रिक में विभाजित करता है, गुरुवार को क्रमिक पीढ़ियों के रूप में जन्म लेता है, अंततः मृत, निर्जीव आत्माओं के ब्रह्मांड में विलीन होने के अनुक्रमिक त्रिक में बदल जाता है। शुक्रवार को पूर्वोत्तर के सिद्धांत का उपयोग करते हुए सफेद सितारों की।

- पांचवां, शनिवार को पूर्व के सिद्धांत का उपयोग करते हुए सूर्य की शक्ति का व्यापार करके तीन सौ चौबीस निर्जीव आत्माओं में से प्रत्येक को क्रमिक रूप से निर्जीव राशि चक्र आत्माओं के एक त्रिक के रूप में पुनर्जीवित करता है। नौ सौ बहत्तर निर्जीव

राशियों में से प्रत्येक एक प्रोकैरियोट बनने के लिए "स्थिर राशि छाया प्रभाव" (संकर्षण, 27) में परिवर्तित हो जाता है।

प्रत्येक प्रोकैरियोट "भावुक जीवन शक्ति" (प्राण शक्ति, 123) और संवेदनशील "पृथ्वी-प्रभाव" (रवि, 21) को अगले रविवार को दक्षिणपूर्व के सिद्धांत का उपयोग करके एक जीवाणु बनने के लिए फैलाता है। नौ-सौ बहत्तर अपरिमित प्रोकैरियोट्स और नौ-सौ बहत्तर अपरिमित जीवाणुओं में से प्रत्येक "परम पृथ्वी-प्रभाव" (तिनेत्र, 1) के पंद्रह दिनों के साथ "उत्तम मातृ क्षेत्र" (भूलोक, 1869 = 999 + 855 + 15) "गहरे नीले, आध्यात्मिक रूप से लिपिबद्ध, काल के चक्र के काल कोठारी चरण" के रूप में (नीलामुख, 1869)।

एक उत्तम मातृ के रूप में, प्रत्येक संस्था पंद्रह दिनों के अवरोही चंद्रमा चरण के भीतर अगले छह दिनों में अलौकिक शक्ति को दूर करने के लिए एक क्रोधी मन प्रकट करती है। चक्र का पहला दिन संवेदनशील "पशु-चरण" (व्योम, 285 = 15 * 19) के साथ शुरू होता है, जो पंद्रह संवेदनशील "मानव-कोशिकाओं" (हिरण्यगर्भ, 19) के समूह के रूप में मानव साम्राज्य से गहरे द्रव्य तक उतरता है, शैतानी शनि की आत्मा के "क्षैतिज वैश्रीकरण-प्रभाव" (दशा, 1) के साथ उलझने के माध्यम से उनकी "मृत्यु" (जरमाराना, 18) के बाद। मृत कोशिकाओं की संवेदनशील शक्ति भौतिक क्षेत्र में संवेदनशील शक्ति के बाद के उर्जा परिमाण यंत्र के लिए क्षतिपूर्ति करती है। मानव कोशिका के भीतर शनि-प्रभाव के "विस्तार" (प्रसार, 1) की "संवेदनाहीनता" (जादत्व, 1) प्रति-चक्रीय पंद्रह-दिवसीय आरोही चंद्रमा चरण के दौरान प्रकट होती है। इस अवधि के दौरान, "परम देवता-प्रभाव" (शक्ति, 19) ताराबीज ब्रह्मांड से उतरता है और "गोलाकार-प्रभाव-पाई का पूर्ण मूल्य" (पियाती, 1000/72) की क्षतिपूर्ति करने के लिए घड़ी की विपरीत दिशा में यात्रा करता है। और "संवेदी शक्ति" (वरुण, 1000) की संस्था को मिलाकर छत्तीस आरोही और छत्तीस अवरोही संस्थाओं में विभाजित किया गया। परिपत्र-प्रभाव परम पितृ की दिव्य योजना की जागरूकता के बिना, शैतानी शनि आत्मा द्वारा "खुद-पुनर्जन्म, कायापलट" (पुद्गला, ½) मार्गदर्शक कार्य का परिणाम है।

परम पैतृक का स्थिर परिमाण प्रकाशक भगवान के तीन स्थिर चेहरों को आकार देता है। वे कन्या राशि के संस्कृति-प्रभाव की कल्पना और अपरिमित प्रक्षेपण के लिए "पौधे साम्राज्य का चक्र" (होरा चक्र, 25) बनाते हैं। इनमें ये चेहरे शामिल हैं:

"देवता का मार्ग" (अश्वत्थामा, -10^{16}) एक शैतानी आत्मा है, जो "पौधे साम्राज्य के चक्र-परम निर्माता" (होरा चक्र, 25) को "ऊर्ध्वाधर, सफेद, आदि-उत्तम समुदाय" (शकतस्य मंडल, 176) के रूप में बनाती है। अहंकारी शैतानी आत्मा "श्वेत, आदि-उत्तम देवता समुदाय को नष्ट करने के लिए जीवित आत्माओं के ब्रह्मांड के लिए मानसिक रूप से मुक्त आत्माओं के ब्रह्मांड को बांधने के लिए ताराबीज देवता पथ की एक उद्देश्यपूर्ण दृष्टि बेचती है" (मदनायक, -10^{16})। अपनी प्रदूषणकारी शैतानी आत्मा के साथ जुड़वां आत्मा को बांधने के बाद, वह ताराबीज संस्था, आज़ाद राशि आत्मा, और बंधी हुई आत्मा को काल कोठारी के नरक में "आदि-उत्तम निर्माता" (कृष्ण, 32) के नेतृत्व में उनके समावेशी भाग्य का अनुसरण करता है।   श्वेत, आदि-उत्तम समुदाय आदि-उत्तम क्षेत्र से अपरिमित देवता समुदायों की एक जोड़ी से बना है जो ताराबीज, राशि चक्र, ज्योतिषीय, जागरूक और निर्जीव ब्रह्मांड बनाने के लिए प्राथमिक क्षेत्र में स्त्री सूक्ष्म शक्ति की सेवा करता है। पहले दो सर्वव्यापी ताराबीज देवता के स्थिर चरणों का गठन करते हैं और "अभिवादन आत्म-चमकदार संस्था" (विठोबा, 12) के पूर्व-मुखिया राशि चक्र के प्रमुख हैं, जो तिरछे रूप से उत्तम देवता समुदायों की एक जोड़ी द्वारा तिरछे और दोहरीकरण द्वारा जुड़े हुए हैं। छह-गुना समरूपता "(शाडव, 6) आदि-प्राथमिक निर्माता के साथ। अंतिम तीन "प्रधान देवता" (महेश्वर, 6) की लंबवत एक-रूप होना और चौकोर जोड़ी के दृश्यमान वर्तमान, सर्वव्यापी और सर्वशक्तिमान चेहरों का गठन करते हैं, जो "मातृ खुद-प्रकाशमान संस्था" (महा गायत्री, 12) द्वारा सेवित हैं।

"आरोही आठ पहियों वाली प्रणाली" (रोधाचक्र, 19) शैतानी आत्मा के साथ ब्रह्मांड की समरूपता प्रणाली को खोलती है। यह

- सबसे पहले, छह अवरोही ज्योतिषीय ग्रहों को फिर से जीवंत करता है जो सातवें ग्रह के भीतर संवेदनशील शक्ति को अवरुद्ध और सीमित करते हैं, जो राशि चक्र सिर-अरुण ग्रह को संवेदनशील संस्थाओं के ब्रह्मांड के विकास के लिए आदर्श बनाते हैं।

- दूसरा, शैतानी शनि की आत्मा द्वारा क्रमादेशित आंतरिक नकारात्मक सहसंबंध के परिणामस्वरूप सत्वों के ब्रह्मांड के विकास के साथ सातवें ग्रह के मूल्य में तेजी से क्षरण की भरपाई करता है।

- तीसरा, ग्रहों और संवेदनशील ब्रह्मांड दोनों के ऊष्मप्रवैगिकी उर्जा परिमाण यंत्र पर चढ़ने के लिए संवेदनशील विकास का निवेश करता है, जो निर्जीव ब्रह्मांड के विकास में अनुवाद करता है।

- चौथा, यह आठवें ग्रह-नेप्ट्यून को तारकीय पैरों को आदर्श बनाता है, निर्जीव ब्रह्मांड के विकास मूल्य का व्यापार करके आत्म-कायाकल्प करता है।

- पांचवां, उत्तम संस्थाओं की उन्नीसवीं जोड़ी को खुद को ताराबीज संस्थाओं के दोहरे सप्तक में विभाजित करने के लिए प्रेरित करता है।

नतीजतन, ताराबीज संस्थाओं का वर्तमान दोहरा सप्तक राशि चक्र और ज्योतिषीय संस्थाओं के एक सप्तक में बदल जाता है। समानांतर क्रम का अनुसरण करते हुए, राशि चक्र और ज्योतिषीय संस्थाओं का वर्तमान सप्तक राशि चक्र और ज्योतिषीय संस्थाओं में से प्रत्येक में अपनी आत्म-स्थायी शक्ति के साथ आधा सप्तक बनाता है।

10.3.5 अपरिमित पैतृक आत्मा का मार्ग

"अपरिमित पैतृक आत्मा का पथ" (शल्य, -10^{1000}) "आदि-उत्तम निर्माता" (कृष्ण, 32) है, जो ताराबीज देवता का "समानांतर शक्ति" के साथ "पौधे साम्राज्य के चक्र" (होरा चक्र, 25) का आयोजन करता है। "समानांतर शक्ति" (हौमशक्ति, 9) एक कलाकार के रूप में व्यवहार करती है, जो "जीवन के स्थितिजन्य परिमाण के तथ्य के रूप में विशेष कार्य की लोच को खरीदता है" (कुनायक, -10^{1000})। आदि, पैतृक आत्मा पथ को अपनाकर, ताराबीज देवता पश्चाताप करते हैं कि निर्जीव जीवन के नरक के लिए बाध्य शैतानी आत्माओं के ब्रह्मांड में शामिल होने के लिए खुद-प्रकाशमान विक्रेता द्वारा धोखा दिया गया है। पूरी चाल की कहानी एक धोखा है, जिसकी कल्पना विशाल पैतृक जिन्न आत्मा ने की थी, जो खुद को गहरे द्रव्य का अजेय स्वर्ग मानते थे। ताराबीज देवता के अनंत पुनर्जन्मों को ठीक करके, आदि-प्राथमिक निर्माता एक "घुमावदार, धूसर, परम निर्माता समुदाय" (विचित्र मंडला, 170) में बदल जाता है। परम निर्माता समुदाय में उत्तम-अपरिमित क्षेत्र से पांच मर्दाना और चार स्त्री समुदाय शामिल हैं जो काले गुरुत्वाकर्षण शक्ति का व्यापार करते हैं और श्वेत संवेदनशील शक्ति को भौतिक क्षेत्र में उत्तम देवता के उत्तम दिव्य शक्ति सार को कायम रखने देते हैं।

"अवरोही बत्तीस पहियों की प्रणाली" (वेला चक्र, 60) ब्रह्मांड की निर्भरता प्रणाली को आदि-उत्तम निर्माता पर ताला लगा देती है। यह

- सबसे पहले, ताराबीज संस्थाओं की पिछली जोड़ी के खुद-स्थायी-प्रभाव के अवरोही काल के मूल्य की क्षतिपूर्ति करने के लिए, दो अनुक्रमिक का स्वतंत्र रूप से व्यापार करके, और विरोध करते हुए, अपरिमित क्षेत्र से "अपरिमित अभिवादन" (मधुसूदन, 16) की एक जोड़ी को सशक्त बनाता है। "आदि-उत्तम निर्माता" (कृष्ण, 32) के खुद-स्थायी परिमाण।

- दूसरा, ताराबीज संस्थाओं की पिछली जोड़ी को ताराबीज संस्थाओं की वर्तमान जोड़ी के माता-पिता बनाता है। यह आगे माता-पिता की तिरछी आत्मा और आत्मा को राशि चक्र और ग्रहों के सप्तक में आकार देता है।

- तीसरा, माता-पिता की अवशिष्ट शक्ति दादा-दादी की सेवा करती है जो राशि चक्र और ज्योतिषीय क्षेत्रों में से प्रत्येक का आधा-अष्टक बनाते हैं।

- चौथा, दादा-दादी की अवरोही शक्ति को अपरिमित क्षेत्र के दोहरे सप्तक तक पहुंचाती है। यह उस दोहरे सप्तक को बनाने वाले महान-दादा-दादी की आरोही शक्ति को आगे बढ़ाती है। यह उत्तम-महान दादा-दादी की पांचवीं, अवरोही पीढ़ी का पुनर्जन्म करता है। यह 17वीं से 20वीं अपरिमित लोकों के भीतर अवरोही और आरोही समुदायों में से प्रत्येक का आधा-अष्टक बनाता है।

- पांचवां, पुर्व-महान दादा-दादी की छठी, आरोही पीढ़ी की आत्म-स्थायी शक्ति का व्यापार करता है। यह आदि-उत्तम क्षेत्र, जागरूक क्षेत्र, निर्जीव क्षेत्र और अपरिमित क्षेत्र के दो विभाजनों का पुनर्निर्माण करता है। छठी पीढ़ी सातवीं पीढ़ी से उपचार शक्ति का व्यापार करके काल कोठारी में विकासशील कर रही पोती बन जाती है। सातवीं पीढ़ी गहे द्रव्य के दायरे में रहने वाले सर्वोच्च-महान दादा-दादी की है। सातवीं पीढ़ी आठवीं पीढ़ी, यानी, परदादा-पोते, श्वेत तारा ब्रह्मांड में रहने वाले से संवेदनशील शक्ति का व्यापार करके एक स्वस्थ अवस्था का आनंद लेती है। श्वेत तारा ब्रह्मांड वेगा श्वेत तारे का मूल-प्राथमिक क्षेत्र के रूप में खुद-विकिरण मूल्य है।

वेगा श्वेत तारा चौबीस अतिरिक्त पीढ़ियों का घर है। इनमें बारह पीढ़ियों के बच्चे शामिल हैं, जो भौतिक क्षेत्र का अनुभव करने के लिए अपने पथ पर शुरू होते हैं। वे आगे माता-पिता की बारह पीढ़ियों को शामिल करते हैं, जिन्होंने अपना मार्ग समाप्त कर लिया है और अब स्थिर, आत्म-स्थायी "मर्दाना प्रारंभिक अभिवादन" (वैरोचना, 16) हैं। "मर्दाना अपरिमित अभिवादन" (वैरोचना, 16) जुड़वां की अवरोही शक्तिओं के खुद-विकिरण वाले सप्तक की क्षतिपूर्ति करने के लिए आरोही शक्तिओं के एक सप्तक को खुद-विकिरण करता है, "स्त्री-लिंग मुल अभिवादन" (उषा, 16)। वह अवरोही शक्तिओं के एक सप्तक को खुद-विकिरण भी करता है, जिसकी भरपाई जुड़वां मूल अभिवादन की आरोही शक्तिओं द्वारा की जाती है, जो भविष्य में खुद को चंगा करने वाली "दिव्य प्रकाश" (उषा, 16) है। बत्तीस पीढ़ियों का अवरोही चक्र आदि-उत्तम निर्माता की "मृत आत्मा" (हैम,) का पूर्ण मूल्य "खुद-विकिरण" करता है। मृत आत्मा एक खुद-विकिरणित "सैन्य टुकड़ी-दानव आत्मा"

बनाने के लिए पुनर्जीवित होती है, जो कि मूल अभिवादन की जोड़ी द्वारा बनाई गई तीस संस्थाओं के समूह की होती है और आदि-उत्तम निर्माता द्वारा तिरछी होती है।

दानव आत्मा बाल मूल अभिवादन की अवशिष्ट 1/16 वीं शक्ति के 1/4 वें हिस्से का व्यापार करती है। एक का सामान्य अंश "बाल मूल अभिवादन" (मधुसूदन, 16) का "मुताबिक़" (स्वरुपानुगत, 19) है। हर में चार में से "शेष" (ज्योतिस्तव, 4) राक्षसी आत्मा द्वारा देहधारी तिरछे विसरित विशाल जिन्न है। शेष के बिना, पूरे भूगोल में दो प्राथमिक अभिवादन में से प्रत्येक के भीतर एक सौ बीस एकांगो (30 * 4) शामिल हैं। दो उत्तम अभिवादन खुद-प्रकाशमान संस्थाओं की जोड़ी के 1/12 वें अधर पर हैं। इसलिए, पुनरुत्थित संस्थाओं की कुल संख्या छह हजार है, प्रत्येक को तीन-हजार (120 * 12) दो मूल अभिवादन द्वारा विभाजित करें। दानव आत्माओं की जोड़ी अपरिमित अभिवादन की अड़तीस पीढ़ियों को विकसित करती है, जिनमें से सोलह स्त्रीलिंग के रूप में, सोलह मर्दाना के रूप में, और छह तीन-नेत्र विभेदित "पवित्र आत्माओं" (त्रिनेत्र, 1) की एक जोड़ी के रूप में संवेदनशील संस्थाएं के छह समूहों के भीतर हैं। दानव आत्माओं की जोड़ी तिरछे एक एकीकृत "अधोलोक-मृतकों की आत्मा" (मंद्रा, 1) में विलीन हो जाती है। वे निर्जीव संस्थाओं के ब्रह्मांड के "खुद-स्थायी" (उदवाह, ½) मूल्य का व्यापार करते हैं।

10.3.6 अपरिमित मर्दाना आत्मा का मार्ग

"प्रचलित मर्दाना आत्मा का मार्ग" (द्रोण, -10^{1024}) मृत ताराबीज "देवता" (देव, 1) है, जो "पौधों के साम्राज्य के चक्र" (होरा चक्र, 25) को दिव्य शक्ति के साथ बदल देता है। "आदि-उत्तम देवता" (अदिति, 10^{24})। "दिव्य शक्ति" (असरावशक्ति, 10) "उत्तम-उत्तम देवता" (अदिति, 10^{24}) की शक्ति को प्रतिपादित करने और मृतकों के पुनर्जन्म के लिए इसे "शैतानी आत्मा" (असुर, -1) की सेवा करने के लिए एक "केंद्रित स्पर्शरेखा" (सुषुम्ना, 10) के रूप में काम करती है। "आदि-उत्तम देवता" (अदिति, 10^{24}) एक "बंधक बन जाता है और संस्थाओं के ब्रह्मांड का पुनर्जन्म करता है" (सुनायक, -10^{1024})। बांडधारक एक "शैतानी अपरिमित अभिवादन" (द्रोण, -10^{1024}) है। वह अपनी रचनात्मक दिव्य शक्ति को शैतानी आत्माओं के ब्रह्मांड में हिस्सेदारी के रूप में निवेश करता है। वह गारंटी के बदले में शैतानी आत्माओं के बढ़ते ब्रह्मांड से मानसिक बंधनों का व्यापार करता है कि उनके आत्मीय परिवार की सोलह पीढ़ियाँ बढ़ते हुए अणुवृत्त आकार का प्रतिफल की अनुपातहीन लाभार्थी होंगी। वह अपने संवेदनशील जीवन को "निगमित तत्व" (भावी, 11) के रूप में शैतानी आत्माओं के ब्रह्मांड के निधन के कारण होने वाली अंतिम चूक के "आंतरिक गवाह" (अंतर्यामी, 16)

के रूप में सेवा देता है। वह "शैतानी आत्माओं के ब्रह्मांड के भीतर सब कुछ एक उर्जा परिमाण यंत्र संस्था" (ईश्वर, 5 = 16 - 11) के रूप में व्यापार करता है, जो जुड़वां आत्मा परिवार की निम्नलिखित सोलह पीढ़ियों के स्थायी भगवान हैं, जो अपने आत्मा परिवार को जीवन से बचाने की कामना करते हैं। जानवरों के साम्राज्य में उनके भक्तिपूर्ण पितृत्व की ऋण लागत की सेवा।

जुड़वां आत्मा परिवार की सोलह पीढ़ियां "बैंगनी, घेरने वाले, अपरिमित देवता समुदाय" के उर्जा परिमाण यंत्र मूल्य के रूप में संस्थाओं के ब्रह्मांड का निर्माण करती हैं (समसुसी मंडला, 16)। अपरिमित देवता समुदाय परम निर्माता क्षेत्र से इक्कीस पीढ़ी की संस्थाओं के समूह से बना है। यह बांडधारक के भीतर धुसर रंग विद्युत चुम्बकीय शैतान शक्ति को नष्ट करने के लिए बैंगनी दिव्य शक्ति की सेवा करता है। यह नील गुरुत्वाकर्षण विद्युत शैतानी शक्ति को प्रकाशित करता है जो "उलझने वाली आत्मा" (अंत्योरेवा, -1) के रूप में स्थिर है। यह नीली संवेदनशील शक्ति, हरी गुरुत्वाकर्षण शक्ति, पीले गुरुत्वाकर्षण चुंबकीय शक्ति, नारंगी विद्युत चुम्बकीय शक्ति, और लाल गुरुत्वाकर्षण विद्युत शक्ति से बना पांच पीढ़ी के विकास को आज़ाद करता है। यह विकास नील शैतानी प्रभाव से आज़ाद है जो सोलह पीढ़ियों की संस्थाओं को उलझाता है शैतानी अपरिमित अभिवादन के भीतर।

"विषमता की सोलह-चक्र प्रणाली" (ग्रहपरिवृत्त चक्र, 18) "समवर्ती अपरिमित अभिवादन" (भद्रकाली दुर्गा, 16) और के बिना "समवर्ती शैतान गुणवत्ता" (सुरा, 0) के बीच विषमता को बनाए रखने की कुंजी है। उत्कृष्ट अपरिमित अभिवादन" (चक्रवर्तिनी, 16), "बेताल शैतान-प्रभाव" (असुर, -1) के बिना। शैतान "अपरिमित पैतृक" (इंद्र, 0) है, जो 30- वर्तमान उभयलिंगी अपरिमित अभिवादन के छह जोड़े। मूल्य राशि चक्र प्रणाली के बारह अधर परिमाणो और ज्योतिषीय प्रणाली के तीन-बार परिमाणो पर उभयलिंगी अपरिमित अभिभादन शक्ति को फैलाने की रैखिक लागत का शुद्ध है। सोलह-चक्र प्रणाली जागरूक ताराबीज संस्था (पितृधर्म, 307) के "देवता गंध परिमाण" को निर्जीव राशि आत्मा (जिन्न धर्म, 180) के बारह "सूक्ष्म अधर परिमाण" और तीन "अति सूक्ष्म काल परिमाण" में बदल देती है। ज्योतिषीय आत्मा (गुरु धर्म, 360) प्रत्येक "ग्रह" (ग्रह, -1) के भीतर स्थित है। नतीजतन, प्रत्येक ग्रह "आत्म-विकिरण" (व्राम,) अपनी शक्ति का एक चौथाई संवेदनशील क्षेत्र में और दूसरा चौथाई निर्जीव क्षेत्र में, और "शेष" (ज्योतिस्तव, 4) "आत्म-स्थायी" (उद्वाह,) के लिए। ½) इसका उपचार। एक ग्रह "आठ-परिमाणि सत्य" (सच्चा, 18) का उपयोग करके अपने मूल्य में विषमता को ठीक करता है। आठ परिमाणो में से प्रत्येक "स्व-ऊष्मायन" (साह, 1/8) उपचार मूल्य के 1/8 वें अधर पर है। इनमें आदि-

उत्तम क्षेत्र, अपरिमित क्षेत्र, ताराबीज ब्रह्मांड, राशि ब्रह्मांड, ज्योतिषीय ब्रह्मांड, संवेदनशील ब्रह्मांड, निर्जीव ब्रह्मांड और खुद शामिल हैं। खुद एक अण्डे सेने की मशीन है जो सात परिमाणो की शक्ति का व्यापार करता है, जो अपने "क्रांति चक्र" काल अंतराल (संध्या, 89) के परिणामस्वरूप ग्रहों के शरीर के बाहर फैली हुई अपनी शक्ति के "शेष" (ज्योतिस्तव, 4) के भीतर स्थिर है।

एक ग्रह का क्रांति चक्र अपनी अवरोही शक्ति के दौरान आत्म-उपचार के लिए अपनी क्रांति द्वारा विसरित शक्ति का प्रतिकार करने के लिए लिया गया काल है, जो एक अर्ध-संस्था के रूप में ब्रह्मांड के अवरोही गुरुत्वाकर्षण-प्रभाव की अवधि भी है। ग्रहीय "विषमता" (ग्रहपरिवृत्ति, 195) एक ग्रह के भीतर जागरूक शक्ति का काल मूल्य है, जब तक कि ब्रह्मांड की निर्जीव शक्ति के साथ संपूर्ण आदान-प्रदान नहीं हो जाता है, जो ज्योतिष ब्रम्हांड के "वैश्विक-प्रभाव" (शोदशोत्तरीदाशा, 40) द्वारा मध्यस्थता है।

- किसी ग्रह को अपनी शक्ति के 1/8 भाग को गुरुत्वाकर्षण-विद्युत प्रतिकर्षण के माध्यम से अपनी बाहरी परत (दिन 1 पर) की सेवा करने के लिए और फिर अपनी उपचार शक्ति के 1/8वें हिस्से का व्यापार करने में नब्बे नाक्षत्र दिन लगते हैं। एक ग्रह गुरुत्वाकर्षण शक्ति के माध्यम से उपचार शक्ति का व्यापार करता है। इसकी आंतरिक परत (89 दिनों के काल अंतराल पर) से आकर्षण, इसकी मध्य परत के पुनरावर्तन-प्रभाव द्वारा मध्यस्थता।

- किसी ग्रह को अपने पूरे संवेदनशील बौद्धिक शरीर को नवीकृत करने में नब्बे हजार नाक्षत्र वर्ष लगते हैं। यह पहले एक हजार वर्षों के दौरान अवरोही निर्जीव रूप में अपनी संवेदनशील शक्ति को प्रति वर्ष 1/1000 एकांग संवेदनशील शक्ति के साथ सेवा प्रदान करता है। इसके बाद यह ब्रह्मांड की आरोही संवेदनशील शक्ति को अस्सी-नौ हजार वर्षों के काल अंतराल पर प्रति वर्ष 1/90000 एकांग संवेदनशील शक्ति और अवरोही चरण सुधार कारक 1/90000 के साथ पहले एक हजार वर्षों के दौरान व्यापार करने के लिए व्यापार करता है।

- यह "195 * 40 = 7800 दिन" (जातिपरिवृत्ति, 7800) लेता है, यानी, ग्रह को 1000 दिनों में अपनी जागरूक शक्ति को पहली बार सेवा देने में 260 महीने लगते हैं। इसके बाद यह 6900 दिनों में निर्जीव शक्ति का व्यापार करता है, जिसमें इसकी "पुन: परिचालित" (सेष्ट, 10) "गुरुत्वाकर्षण शक्ति" (ललिता, 100) के परिणामस्वरूप सेवाय अवधि के 100 दिन शामिल हैं।

- किसी ग्रह को अपने निर्जीव भौतिक शरीर की संपूर्णता का आदान-प्रदान करने में "7800 वर्ष" (विपरिवृत्ति, 7800) लगते हैं। यह प्रति वर्ष 1/1000 एकांग निर्जीव शक्ति के साथ पहले एक हजार वर्षों के दौरान आरोही जागरूक रूप में अपने द्रव्यमान की सेवा करता है। इसके बाद यह ब्रह्मांड की अवरोही निर्जीव शक्ति को 6900 वर्षों से अधिक की विषमता की भरपाई के लिए व्यापार करता है, जिसमें कार्य सेवाय अवधि के 100 वर्ष भी शामिल हैं।

- सूर्य को "भूमध्य रेखा" (सिद्धिदात्री, 257) को पार करके ग्रह के निर्जीव दक्षिणी आधे भाग से जागरूक उत्तरी आधे भाग में जाने में "7800 कार्यवृत्त" (अयनपरिवृत्ति, 7800) लगते हैं। भूमध्य रेखा दक्षिणी ध्रुव से भूमध्य रेखा तक की दूरी है। यह सौर विकिरण के आरोही पथ का 1/8वां या 10800/86400 बनाता है, जिसमें से 1/30वें या 3000/90000 को समान अनुपात में वेगा के चारों ओर सूर्य के घूमने के अवरोही पथ और सूर्य के चारों ओर पृथ्वी के घूमने के क्षैतिज पथ द्वारा मुआवजा दिया जाता है। "सूर्य" (सूर्य, 21) का अवरोही मार्ग, आरोही भाव-प्रभाव के परिणामस्वरूप "पौधे साम्राज्य" (वनस्पति, 21) की आरोही वृद्धि उत्पन्न करता है। पृथ्वी द्वारा व्यापारित सूर्य-प्रभाव का क्षैतिज पथ आरोही ऊष्मप्रवैगिकी-प्रभाव के कारण पादप साम्राज्य की आरोही उर्जा परिमाण यंत्र उत्पन्न करता है।

स्थलीय भौतिक शरीर के भीतर "बाल अपरिमित अभिवादन" (मधुसूदन, 16) "गोल्गी-श्वेत रक्त तंत्र" पौधों का साम्राज्य का रूप लेता है, जो कि वेगा श्वेत तारे की अनुपातहीन संवेदनशील शक्ति के तेजी से "एकीकरण" (एकीकरण, 155) के लिए होता है। गोल्गी बौद्धिक शरीर के "श्वेत रक्त-कोशिकाओं" (शेवेटलोहिता, 36) की छत्तीस एकांगो को अलग करता है। यह "प्राथमिक-उत्तम निर्माता" (कृष्ण, 32) के 32 वें "मातृ परिमाण" (स्त्रीधर्म, 32) को अलग करता है। "काल" (कला, 360) को "दिव्य तत्व" (दिव्य, 360) के रूप में उपयोग करते हुए 31वीं "पांच तत्वों-अग्नि, जल, वायु, पृथ्वी और ईथर" की परिषद के साथ। गोल्गी मानसिक शरीर का "मर्दाना परिमाण" (बीजाधर्म, 31) के "उत्तम एकता-प्रभाव" (साध्य, 32) के भीतर, मानसिक शरीर के "भावुक परिमाण" (बीजाधर्म, 31) में पांच तत्वों की परिषद के इकतीस प्रभावों को एकीकृत करता है। इकतीस प्रभावों में तीस जागरूक निकाय शामिल होते हैं, जो छह जागरूक संस्थाओं के साथ बनते हैं, जब एक परमाणु एक कोशिका में बदल जाता है। संवेदनशील परिमाण के इकतीसवें चंद्र चेहरे के रूप में संवेदनशील ब्रह्मांड के भूगोल के भीतर एक कोशिका स्थिर है। गोल्गी तब

"एक उर्जा परिमाण यंत्र संस्था के रूप में निर्जीव शैतानी आत्माओं के ब्रह्मांड के भीतर सब कुछ" (ईश्वर, 5) का व्यापार करता है ताकि अर्ध-उत्तम निर्माता के पांच चरणों में इकतीस प्रभावों को बनाए रखा जा सके। पांच चरण अतिउत्तम हैं (भविष्य, जैसा कि एक निर्जीव अस्तित्व), परम (वर्तमान, एक जागरूक संस्था के रूप में), अपरिमित (अतीत, राशि चक्र आत्मा के रूप में), आदि-उत्तम (स्थिर, ज्योतिषीय आत्मा के रूप में), और परम-अपरिमित (चर, ताराबीज देवता के रूप में) संस्था। एकीकृत सत्ता, "अल्फा रक्षा" (एकीकरण, 155), भौतिक शरीर के "प्रोकैरियोट-लाल रक्त तंत्र" (शदयातन, 999) की तीव्र ऊष्मप्रवैगिकी उर्जा परिमाण यंत्र के खिलाफ आकाशीय बौद्धिक शरीर का रक्षा उपकरण है।

आकाशीय बौद्धिक शरीर के भीतर "शैतानी अपरिमित अभिवादन" (दुर्योधन, -1000) एक क्रमिक ऊष्मप्रवैगिकी रूप से भड़काऊ कोशिका भेदभाव के लिए "प्रोकैरियोट-लाल रक्त तंत्र" (शदयातन, 999) का रूप लेता है। यह "आत्म-स्थायी" (उद्वाह, 1/2) "काल कोठारी" (विष्णुनाभि, 82 = [155+9]/2) शक्ति को एकत्रित करके "परम-प्रधान खुद" (सदख्या, 9) के साथ "पुनर्मिलन" (अनेकीकरण, 155) चाहता है। यह स्थलीय क्षेत्र की संपूर्ण "एकीकरण" (एकीकरण, 155) शक्ति का व्यापार करती है। इसलिए, रक्षा उपकरण, "अल्फा रक्षा" (एकीकरण, 155), भौतिक शरीर के भीतर एक "साइटोकाइन आंधी" (अनेकीकरण, 155) उत्पन्न करता है जो "जीवाणु-प्रोभूजिन" (वेट्रानवा, 855) के भीतर सन्निहित मुख्य रूप से जागरूक पदार्थ को अलग करता है। मुख्य रूप से निर्जीव से "विरियन[एक मेजबान सेल के बाहर एक वायरस का पूर्ण, संक्रामक रूप]-चिमड़ा चरण तेजावह तत्त्व" (विष्णु, 285) के भीतर सन्निहित है। यह अपने "रक्षा तंत्र" (एकीकरण, 155) से "उत्तम शक्ति" (आदि शक्ति, 15: "155 का 15") का व्यापार करता है। यह आगे चलकर "भेदभाव करने वाले संकाय" (नारायण, 28) को अपने खुद के "काल कोठारी" (विष्णुनाभि, 82) शक्ति को उलट कर व्यापार करता है। यह क्षैतिज रूप से उत्तम "भेदभाव करने वाले संकाय" (नारायण, 28) को अपरिमित "5" के साथ जोड़ता है। "रक्षा उपकरण" (एकीकरण, 155) "विरियन[एक मेजबान सेल के बाहर एक वायरस का पूर्ण, संक्रामक रूप]-चिमड़ा चरण तेजावह तत्त्व" (व्योम, 285) बनाने के लिए। इसके बाद यह ताराबीज पैतृक जिन्न की "आत्मा" (आत्मान, 4) के "खुद-स्थायी" (उद्वाह, ½) मूल्य का व्यापार करता है, जो "ब्रह्मांड" (ब्राह्मण, 2) के भीतर "विरिअन" (विष्णु, 285) के भीतर स्थित है। यह क्षैतिज रूप से "विरिअन" (विष्णु, 285) के "85" को "रक्षा उपकरण" (एकीकरण, 155) के "5" के साथ एक विषाणु की तरह दोहराने के लिए दहन वर्ति करता है, जिससे "साइटोकाइन आँधी" (अनेकिकरण, 155) उत्पन्न होता है।

"साइटोकाइन आंधी" (अनेकीकरण, 155) "विरिअन-चिमड़ा चरण तेजावह तत्त्व" (विष्णु, 285) को तीस "परमाणुओं" (अनु, 19) के समूह में तोड़ देता है। यह प्रत्येक "परमाणु" (अनु, 19) को "पांच तत्वों की परिषद" (ऊर्जा, 31) के "तृतीयक अवशिष्ट मूल्य" (खारा, 6) में तोड़ देता है, जो "साइटोकाइन आंधी" (अनेकीकरण, 155= 6 * 31) को क्रमिक रूप से बनाए रखने के लिए लंबवत एक-रूप करता है। यह "तृतीयक अवशिष्ट मूल्य" (खारा, 6) को "देवी की देवी" (देवशी, 12) के साथ फिर से जोड़ता है, जिसकी "आनंद जागरूकता" (आनंद, 185) तिरछे रूप से "प्रधान खुद" (राम, 100) के साथ विलीन हो जाती है। एक "विरिअन" बनाने के लिए (विष्णु, 285)। यह "तृतीयक अवशिष्ट मूल्य" (खारा, 6) के प्रारंभिक अनुक्रमिक मूल्य के भीतर "अर्ध-उर्जा" (अर्ध-शक्ति, 18) उत्पन्न करता है, जो क्षैतिज रूप से "क्वांटम कण" (काना, 186) में एक-रूप हो जाता है। यह "पशु के भौतिक शरीर" (न्ियंचा, 19) के रूप में "पशु के भौतिक शरीर" को उत्पन्न करने के लिए "रक्षा उपकरण" (एकीकरण, 155) के "अर्ध-उर्जा" (अर्ध-शक्ति, 18) शक्ति" (शक्ति, 19), "कोशिका" के बिना (हिरण्यगर्भ, 19) के साथ "1" को फिर से जोड़ता है। "देवी की देवी" (देवशी, 12) "आनंद" है - "मार्गदर्शक प्रतिनिधि के समूह-अगुणित कोशिका" (प्रवृत्ति, 12) की आरोही, अतिप्रवाह शक्ति, जिन्हें बारह राशि उप का अनुभव है "प्रधान खुद" (राम, 100) के "मार्गदर्शक बल" (गुरु, 100) के भीतर राशि चक्र क्षेत्र में रहने के बाद प्रणाली।

अपरिमित खुद एक कारण शरीर है जो "आत्मा परिमाण" (जिन्न धर्म, 180) के साथ मिलकर एक "परम आत्म-आध्यात्मिक अस्तितव" (हुरुपा, 280) बनाता है। परम आत्म "की उर्जा परिमाण यंत्र का एक मार्ग है। "अपरिमित खुद" (पार्वती, 10) को "राशि आत्मा" (कपिंजला, 20) में, दोनों पूर्ण "8" के बिना, जो प्रत्येक अस्तित्व के भीतर "वर्तमान वास्तविकता का प्रतिमान" (युक्ति, 8) बन जाता है। वर्तमान वास्तविकता का प्रतिमान "आत्मा" (आत्मा, 4) के भीतर अपने 'खुद-स्थायी' (उड़वा, ½) मूल्य के साथ विलीन हो जाता है, जिससे "खुद अर्ध-उत्तम" (रामचंद्र, 12) बनता है। "साइटोकाइन आंधी" (अनेकीकरण, 155) का अर्ध-उत्तम "55" मान एक "नील रंग का तारकीय शरीर" (उडाना, 55) बनाता है। अपने "नील रंग" के भीतर आकाशीय क्षेत्र (अवदता, 12) "खुद अर्ध-उत्तम" (रामचंद्र, 12) सफेद प्रकाश "रंग क्षमता" (रंगा, 15) की "अपरिमित शक्ति" (आदि शक्ति, 15) को अवशोषित करके "सर्वव्यापी प्रकाशक" (श्री राम, 12) बन जाता है। वह जागरूक रूप से "साइटोकाइन आंधी" (अनेकीकरण, 155) के सर्वोच्च-प्राथमिक "1" मूल्य

के भीतर प्रकाश-विकिरण, स्टारसीड "देवता" (भारत, 1) की नारंगी, सांसारिक अस्तित्व जागरूकता बनाता है।

"साइटोकाइन आंधी" (अनेकीकरण, 155) के सर्वोच्च-प्राथमिक "1" मान को क्षैतिज रूप से एक-रूप करके "बाल मुल अभिवादन" (मधुसूदन, 16) के उत्तम-उत्तम "1" और उत्तम-उत्तम "6" मूल्यों के साथ, "खुद अर्ध-उत्तम" (रामचंद्र, 12) "प्राथमिक सदाचारी" (विष्णु, 15, परम शिव) की "अपरिमित शक्ति" (आदि शक्ति, 15) का प्रतीक है। यह "बारह राशियों की परिषद" (परम अर्ध-अभिवादन, 27) का "ब्रह्मांडीय स्थायी" (रचायता, 27) बन जाता है। "ब्रह्मांडीय स्थायी" (रचायता, 27 = 33) "संचालक" (हनुमान, 3) की "घन शक्ति" (लैम, 9) है। "संचालक" (हनुमान, 3) प्रतिपक्षी के "चिह्न" (लक्ष्मण, 11) की सकारात्मक शक्ति का उत्प्रेरक है। वह "वेगा-प्रभाव" (दुर्गा, 28) के "खुद-स्थायी" (उदवाह, ½) मूल्य को व्यवस्थित करता है। वह "विसंगति शक्ति" (असुर, -1) के साथ-साथ "प्रकाश-विकिरण, तारे वाले देवता" (भारत, 1) के लिए "खुद अर्ध-उत्तम" (रामचंद्र, 12) को प्रकट करने के लिए क्षतिपूर्ति करता है। "साइटोकाइन आंधी" (अनेकिकरण, 155) की "बेताल शक्ति" (असुर, -1) के बिना, ब्रह्मांडीय अपराधी के भीतर स्थिर, "बाल मूल अभिवादन" (मधुसूदन, 12) तिरछे "अभिवादन खुद-चमकदार अस्तित्व" को "बुद्धिमान सिर अर्ध-अस्तित्व" (नारायण, 28) के साथ एक-रूप हो जाता है (विठोबा, 12)। वह "वेगा-प्रभाव की अजेयता" (अपराजिता दुर्गा, 28) का आनंद लेते हैं, "खुद अर्ध-उत्तम" (रामचंद्र, 12) के बिना जटिल संगठन की बढ़ती लागत के।

तालिका 4 "परम अपरिमित अभिवादनकर्ता" (रचायता, 27) के लिए "अभिवादन आत्म-प्रकाशमान संस्था" (विठोबा, 12) के बिना दस मार्गों को प्रकाशित करती है। प्रत्येक मार्ग "शक्ति" (शक्ति, 19) के एक अलग "परम बच्चे" (ओएम, 19) रूप द्वारा निर्देशित, खुद अर्ध-उत्तम के भाग्य का कार्यक्रम करता है।

खुद अर्ध-उत्तम के साथ अवरोही पूर्ण एकता की लंबी, धीरे-धीरे सामने आने वाली प्रक्रिया को "किनेसिस[गति] के बीच पॉलीप्लोइडी[शर्त]" के रूप में जाना जाता है। यह "बुद्धिमान सिर अर्ध-संस्था" (नारायण, 28) की एक आरोही संवेदनशील जागरूकता उत्पन्न करता है, जो "वर्तमान समविभाजन-प्रभाव" (महाविभु, 14) के "उत्तम प्रकाशक" (उमापतिचक्र, 14) के रूप में खुद-स्थायी है। इसका तात्पर्य "वेगा" (वेगा, 67) तारा के "आरोही आदर्श-प्रभाव" (चार पर्यादशा, 28) के भीतर "बुद्धिमान सिर अर्ध-संस्था" (नारायण, 28) की "विभेदकारी जागरूकता" बनाने वाली "कई गुना संस्थाएं" है। "वेगा-प्रभाव" (दुर्गा, 28) "अभिसारी शक्ति" (संवतशक्ति, 28) को "भावुक शक्ति" का "मूल,

सत्तामूलक" (मुख्य, 14) मूल्य (असरशक्ति, 1000 = 986 + 14) रूप में "वर्तमान अर्धसूत्रीविभाजन" (एकात्मा, 986) को "वर्तमान समसूत्रण-प्रभाव (महाविभु, 14) में बदलने के लिए सेवा प्रदान करता है।

तालिका 4

परम पारा अभिवादन का मार्ग (भाग्य: रचयिता)	परम बाल रूप (ओम: शिव ब्राह्मण) -ऊर्जा (शक्ति)	कार्यकर्ता प्रभाव	ज्ञाता प्रभाव	घोषणापत्र प्रभाव	निर्माता प्रभाव	स्थायी प्रभाव	विध्वंसक प्रभाव	प्रकाशक प्रभाव	मुक्ति प्रभाव
आदिम मिथुन प्रभाव	अगोरा, 10^{256} (परम सर्वशक्तिमान इकाई)	ग्रे, दक्षिण; पृथ्वी प्रभाव; जो प्रकाशित नहीं है उसे नष्ट करने का कार्य करता है (अमावस्या कारक)	पूर्णागिरी पीठ, 10^{266} (पटकथा लेखक देवता): मानसिक और भावनात्मक तनाव (शारीरिक और बौद्धिक एन्ट्रापी को ठीक करने के लिए) को उत्पन्न करता है	संपूर्ण उभयलिंगी इकाई (बनलिंगम, 10^{256}): मैं मातृ भावना कारक के भीतर निहित हूं	परम ज्ञाता शक्ति (ज्ञान शक्ति, 96): ऊर्जा जानने से उत्पन्न परिवर्तनशील तकनीकी शक्ति	(सच्चा) भीतर खुशी (झूठी) उदासी - चांदी की परत (धुमरा, 17)	शालीन संतुलन जो व्यक्ति को संयमित परमात्मा होने की स्वायतता प्रदान करता है (अचिन्त्य भेदभेद, 258)	पूर्णता का मार्ग	ज्ञानमीमांसा (प्राचीन) चेतना सीमा से मुक्ति
प्राथमिक कैंसर प्रभाव	तत्पुरुष, 5 x 10^{34} (परम सहज सत्ता)	लाल; पूर्व; दैवीय प्रभाव; जो प्रकाशित नहीं है उसे रोशन करने का काम करता है (पूर्णिमा कारक)	कामगिरी पीठ, 5×10^{34} (पटकथा देवता): मानसिक और भावनात्मक भलाई का प्रतीक है	पूर्ण स्व-प्रकाशमान इकाई (स्वयंभन लिंगम, 5×10^{34}): मैं मातृ भावना कारक के बिना आसन्न	परम घोषणापत्र शक्ति (भक्ति शक्ति, 189): भक्ति ऊर्जा द्वारा उत्पन्न निरंतर तकनीकी शक्ति	(सच्चा) सुख बिना (झूठा) दुख - उज्ज्वल प्रेम (निर्हरिन, 18)	अनंत के भीतर ध्यानपूर्ण परमात्मा एकता में आत्मा चेतना हूं (योग, 48)	नैतिक अलगाव का मार्ग	स्वयंसिद्ध (प्राचीन) चेतना सीमा से मुक्ति

परम पारा अभिवादन	परम बाल रूप	कार्यकर्ता प्रभाव	ज्ञाता प्रभाव	घोषणापत्र प्रभाव	निर्माता प्रभाव	स्थायी प्रभाव	विध्वंसक प्रभाव	प्रकाशक प्रभाव	मुक्ति प्रभाव
आदिम सिंह प्रभाव	ईशान, 3×10^{62} (ऊर्जा की मातृ)	हरा; के ऊपर; ईश्वर प्रभाव; जो प्रकाशित है उसे मुक्त करने के लिए काम करता है (नया, गहरे द्रव्य कारक)	समा पीठ, 3×10^{62} (पटकथा देवता): भावनात्मक और मनोवैज्ञानिक तनाव (मानसिक और भावनात्मक एन्ट्रापी को ठीक करने के लिए) उत्पन्न करता है	संपूर्ण चमकदार इकाई (धारा लिंगम, 3×10^{24}): में आकस्मिक कारक के भीतर व्याप्त हूं	परम निर्माता शक्ति (चित शक्ति, 100): ज्ञान ऊर्जा द्वारा उत्पन्न परिवर्तनशील गतिशील शक्ति	(सच्चा) उदासी (झूठी) खुशी के बिना: पूर्ण चेतना से परे (ज्ञान, 19)	मैं परमात्मीय अन्यता के बिना आत्मिक आत्मा पूर्णता हूँ (योग, 18)	सांसारिक आकर्षण का मार्ग	तत्वमीमांसा (पूर्ण चेतना) सीमा से मुक्ति
मूल कन्या प्रभाव	पशुपति, 10^{96} (परम परम इकाई)	नील; नीचे; आग प्रभाव; जो प्रकाशित नहीं है उसे खोजने और खोजने के लिए काम करता है	कामरूप पीठ, 10^{96} (गर्भवती देवता): भावुक और मनोवैज्ञानिक कल्याण को दर्शाता है	उत्तम अभिवादक (लिंगम उद्भरा, 10^{96}): आसन्न बिना में आकस्मिक कारक हूँ	परम स्थायी शक्ति (आरोहण शक्ति, 105): श्वास ऊर्जा द्वारा उत्पन्न निरंतर गतिशील शक्ति	(सच्चा) दुख बिना (झूठा) सुख: सर्प शक्ति (कुंडलिनी शक्ति, 20)	भ्रमपूर्ण मैं परामात्मिक एकता वायु हूँ (अतियोग, 916)	प्रसार प्रसार वायु का मार्ग	गतिशील (चेतना) सीमा से मुक्ति

परम पारा अभिवादन	परम बाल रूप	कार्यकर्ता प्रभाव	जाता प्रभाव	घोषणापत्र प्रभाव	निर्माता प्रभाव	स्थायी प्रभाव	विध्वंसक प्रभाव	प्रकाशक प्रभाव	मुक्ति प्रभाव
आदिम तुला प्रभाव	भारा, 360 (इकाई समय	संतरा; उत्तर पश्चिम; चमकदार प्रभाव; काम किए बिना जो प्रकाशित नहीं है उसे मान्य करने के लिए काम करता है	देवीकोट्टा पीठ, 5 x 1096 (आकस्मिक देवता): पैरा-मनोवैज्ञानिक और मानसिक तनाव (भावनात्मक और मनोवैज्ञानिक एन्ट्रापी को ठीक करने के लिए) उत्पन्न करता है।	परफेक्ट इल्यूमिनेटर (चतुर्मुख लिंगम, 5 x 10^{36}): आत्म-प्रकाशमान इकाई के भीतर स्थित	परम विध्वंसक शक्ति (तिरोधन शक्ति, 206): स्वयं प्रकाशमान की बैंकिंग ऊर्जा द्वारा उत्पन्न परिवर्तनीय संभावित शक्ति	(झूठे) सुख को (सच्चे) दुख में बदलना (भौतिक स्थूलता के बिना रोशनी को उत्प्रेरित करना): अद्वितीय वास्तविकता (एकार्थ, 21)	भावनात्मक मैं सांसारिक परमात्मा हूं, आश्रित स्वर्गीय पैतृक आत्मा को उनकी स्वतंत्रता की तलाश में (नियॉग, 1810)	शीतलता का मार्ग	प्रारंभिक (पैरा चेतना) सीमा से मुक्ति
आदिम वृश्चिक प्रभाव	उग्रा, 10^{40} (पूर्ण एकता की मातृ)	काला; दक्षिणपूर्व; पूर्णता-प्रभाव: प्रमाणित करता है कि समय जीवन में क्या प्रकाशित नहीं है	कॉलागिरी पीठ, 10^{46} (आकस्मिक इकाई): परा मनोवैज्ञानिक और मानसिक स्वास्थ्य का उत्सर्जन करता है	पूर्ण विध्वंसक (एकमुख लिंगम, 10^{39}): मैं स्वयं प्रकाशमान सत्ता के बिना आस्थित हूं	परम पदीपक शक्ति (माया शक्ति, 1): स्वयं प्रकाशमान इकाई की नब्ज लेने के लिए ऊर्जा को विभाजित करके उत्पन्न होने वाली निरंतर संभावित शक्ति	आदर्श (झूठा) दुख को (सच्चा) सुख: संकल्प (संकल्प, 22)	मैं आकाशीय स्वर्गीय पैतृक आत्मा हूँ, सांसारिक परमात्मा का आशीर्वाद चाह रहा हूँ (राजयोग, 926)	उय उत्तेजना का मार्ग	आदर्श से मुक्ति (आत्म-चेतना की सीमा)

आदिम धनु प्रभाव	भीम 10^{1024} (पशु)	बैंगनी; दक्षिण पश्चिम; एकता प्रभाव: पूरे ब्रह्मांड के भीतर जो प्रकाशित नहीं है उसे प्रकाशित करता है	कैलाश पीठ, 3794 (आकस्मिक कारण): दैवीय और चमकदार तनाव उत्पन्न करता है (पैरा मनोवैज्ञानिक और मानसिक एन्ट्रापी को ठीक करने के लिए)	उत्तम सदाचारी (अष्टोलारा साला लिंगम, 1016)	परम मुक्तिदाता शक्ति (स्पंद शक्ति, 106): स्पंदित ऊर्जा द्वारा उत्पन्न परिवर्तनशील वर्तमान शक्ति	आदर्श (झूठा) सुख (सच्चा) दुख: सच्चा व्यापार (कीर्त कर्ण, 23)	स्वर्गीय पैतृक आत्मा को नियंत्रित करने वाले स्वामी (संयोग, 36)	ईश्वरीय मुक्ति का मार्ग	परिवर्तनकारी (चेतना-विहीनता) सीमा से मुक्ति
आदिम मकर प्रभाव	रुद्र, 19 (प्राचीन आदिम प्राणी)	नीला; ईशान कोण; मार्गदर्शक प्रभाव: शाश्वत, स्वस्थ समय के भीतर जो प्रकाशित नहीं है उसे प्रकाशित करता है	हिंगुला पीठ, $7{\times}10^{10}$ (अनुक्रमिक कारण): दिव्य और चमकदार भलाई का उत्सर्जन करता है	उत्तम रचनाकार (सहरसा लिंगम, 190)	परम समर्पित ईश्वरीय शक्ति (अंगुरहा शक्ति, 103): आशीर्वाद ऊर्जा द्वारा उत्पन्न निरंतर वर्तमान शक्ति	गठन (सच्चा) सुख या (झूठा) दुख: कमजोर बिंदु (पुरुषयोनी, 24)	गीला ठंडा उपचार करुणा (कर्म योग, 49)	मार्गदर्शक मुआवजे का मार्ग	प्रबुद्ध (गर्भित) चेतना सीमा से मुक्ति

परम पारा अभिवादन	परम बाल रूप	कार्यकर्ता प्रभाव	ज्ञाता प्रभाव	घोषणापत्र प्रभाव	निर्माता प्रभाव	स्थायी प्रभाव	विध्वंसक प्रभाव	प्रकाशक प्रभाव	मुक्ति प्रभाव
आदिम कुंभ प्रभाव	सद्योजाता, 6×10^{197} (नवजात इकाई)	सफेद; पश्चिम; वायु प्रभाव; पूरी तरह से प्रकाशित (नया सितारा या सफेद सितारा कारक) को बनाने और फैलाने के लिए काम करता है	जालंधर पीठ, 6×10^{192} (परिणामी कारण): शारीरिक अभिशाप और बौद्धिक क्रोध उत्पन्न करता है (दिव्य और चमकदार एन्ट्रापी को ठीक करने के लिए)	पूर्ण घोषणापत्र (पंच मुख लिंगम, 6×10^{179}): में पैतृक अहंकार कारक (अहम्कारा) के भीतर निहित हूं	परम भक्त ईश्वर शक्ति (इच्छा शक्ति, 173): भीख मांगने से उत्पन्न परिवर्तनशील मौलिक शक्ति	(सच्चा) सुख और (झूठा) दुख: रोशनी का पहिया (होरा चक्र, 25)	उग्र भयानक (सूर्ययोग, 5×10^{116})	चमकदार एकांत का रास्ता	संस्थागत (कथित) चेतना सीमा से मुक्ति
मूल कीमतों का प्रभाव	वानदेव, 4×10^{69} (ब्रह्मांड की माता)	पीला; उत्तर; जल प्रभाव; आंशिक रूप से प्रकाशित (पूर्ण तारा या सूर्य कारक) को बनाए रखने के लिए काम करता है	उड़ियाना पीठ, 4×10^{99} (अंतिम कारण): शारीरिक और बौद्धिक उपचार का उत्सर्जन करता है	पूर्ण ज्ञाता (परा लिंगम, 81): मैं पैतृक अहंकार कारक के बिना अवस्थित हूं	परम देवता शक्ति (अचित शक्ति, 396): स्त्री ऊर्जा द्वारा उत्पन्न निरंतर मौलिक शक्ति	(झूठे) दुख को (सच्चे) सुख में बदलना: अमरता (चिरंजीवी, 26)	उत्थान देवत्व (जन्म योग, - 10,000)	एकता का मार्ग	आत्मकथात्मक (अनुभवी) चेतना सीमा से मुक्ति

11.1 परम मातृ की दिव्य योजना

परम मातृ की दिव्य योजना यही कारण है कि एक संस्था हर चीज के पूर्ण मूल्य के मापीय के रूप में असंगत खुद को समझकर परम पितृ बन जाती है। जब कोई संस्था अस्तित्व की हर चीज के पूर्ण मूल्य के ऊष्मानियंत्रक के रूप में खुद की मानसिक धारणा विकसित करती है, तो कथित वास्तविकता परम देवता के साथ संरेखित करके अपने व्यवहार को आकार देना शुरू कर देती है, जो हर चीज का प्रकाशक है। परम देवता के साथ एकता संस्था के आदि, आदर्श-बिंदु आनुवंशिक कोड को परम देवता के नियमसंग्रह में बदल देती है। इसके अलावा, बिना "परम देवता भगवान" (ईश्वर) के, 5), अस्तित्व का उत्तम, सिद्धांत-बिंदु आनुवंशिक नियमसंग्रह "ब्रह्मांड" (ब्राह्मण, 2) है जो "परम देवता" (शिव, 7 = 2 + 5) द्वारा प्रकाशित है।

सिद्धांत-बिंदु मन के सिद्धांत को लिपिबद्ध करके मन में जन्मे निर्माता को गर्भ धारण करने का बिंदु है। सिद्धांत और आदर्श बिंदु दोनों ही परम संस्था-बिंदु के भिन्न, आत्म-स्थायी मूल्य हैं। परम संस्था-बिंदु आनुवंशिक रूप से "उत्तम मातृ" (स्त्री शनि, 18) द्वारा संहिताबद्ध है जो "सभी के भविष्य" (शनि, 18) का प्रतीक है। प्रत्येक व्यक्ति का भविष्य प्रत्येक बिंदु के भीतर पैतृक रूप से विरासत में मिली, आनुवंशिक रूप से संहिताबद्ध अस्तित्व-बिंदु के रूप में खुद-स्थायी होता है। वर्तमान पल में अस्तित्व द्वारा भेजे गए "तृतीयक अवशिष्ट" (खारा, 6) के लिए लेखांकन के बाद, यह एक संस्था द्वारा अनुभव की गई शुद्ध "संस्थागत शक्ति" (त्रिविक्रम, 24) है।

उत्तम सिद्धांत-बिंदु "मातृ भावना" (दशा, 1) को कायम रखता है जो आनुवंशिक रूप से नियमसंग्रहित डी.एन.ए. को एम.टी.डी.एन.ए. के एक खुद-कल्पित "विकासवादी बल" (तुष्टि, 85) के साथ संशोधित करता है। अपरिमित आदर्श बिंदु "परम बच्चे" (मन्यु, 19) की "शक्ति" (शक्ति, 19) को कायम रखता है, जो आर एन ए के "कांतिकारी बल" (उत्तम, 85) को "प्राथमिक तत्व" (उत्तम, 85) के रूप में भेजकर विकासवादी बल की मध्यस्थता करता है। सिद्धांत-बिंदु के रूप में "मातृ आत्मा" (दशा, 1) शुद्ध "व्यक्तिगत बल" (आत्मान, 4) है, जो मन के मर्दाना "सूक्ष्म शरीर" (लिंग-शरीरा, 3) के लिए लेखांकन के बाद एक सिद्धांत की कल्पना कर रहा है।

आदर्श बिंदु के रूप में "परम बच्चे" (मन्यु, 19) शुद्ध "सामाजिक बल" (कपिंजला, 20) है, जो परम देवता साथ परम पिता की शक्ति को बनाए रखने के लिए "मातृ आत्मा" (दशा, 1) के लिए लेखांकन के बाद एकता के मूल्य को समझ रहा है। मातृ आत्मा "परम बच्चे" को "कोशिका" (हिरण्यगर्भ, 19) के रूप में, "खिलाने" की दस-चरण प्रक्रिया के माध्यम से (मिटोसिस: शिवदृष्टि, 17) "सर्वज्ञान" (मिटोसिस: शिवदृष्टि, 17) के बारे में बताती है। एक संस्था के रूप में खुद का आनुवंशिक रूप से क्रमादेशित आदर्श भविष्य मैं परम बच्चे पर "परम पृथ्वी-प्रभाव" (त्रिनेल, 1) के भीतर मातृ भावना के प्रभावों को उजागर करता हूं।

11.2 परम मातृ का एक पहलू जो परम बच्चे को आकार देता है

प्रत्येक "परम बच्चे" (ओएम, 19) रूप "परम देवता" (शिव, 7) और "ब्रह्मांड" (ब्राह्मण, 2) का "खुद-स्थायी" (उदवाह, ½) ब्रह्मांड के भीतर एकलीकरण है, अर्थात, तीन आंखों वाला "परम पृथ्वी-प्रभाव" (त्रिनेल, 1)। तीन आंखें पैतृक "परम देवता" (शिव, 7) की हैं, मातृ "अपरिमित अभिवादन" (सती-पार्वती, 16) जो "आत्म-विकिरण" (साह, 1/8) ब्रह्मांड, और "आदि-उत्तम निर्माता" (कृष्ण, 32) जो "शैतान आत्मा" (अवजाति, -1/60) है जो "परम पृथ्वी-प्रभाव" (त्रिनेल, 1) को पतित करती है। शैतान आत्मा छलावरण अभिभावक देवदूत है जो गिरगिट की तरह एक पुनर्जन्म भौतिक शरीर रूप में लौटता रहता है। यह आकाशीय मानसिक संबंधों के शब्दावली विकास का व्यापार करके कारण शरीर के भीतर आत्मा शक्ति के वृद्धिशील कब्जा की एक तीव्र पाशविक शक्ति पैदा करता है। शैतान की आत्मा "मातृ ज्वाला पहलू" (स्त्रीधर्म, 32) की "अति सूक्ष्म आत्मा" (अवजाति, -1/60) से बदल जाती है, जो भौतिक ब्रह्मांड की "सकल आत्मा" (अवजाति, -1/60) का पति है। संस्थाओं की, "बाल मुल अभिवादन" (मधुसूदन, 16) की छुड़ौती की भावना में, जो संस्थाएं के निम्नलिखित ब्रह्मांड के परम पैतृक बनने की मांग करने वाली प्रत्येक संस्था की "स्थानांतरण आत्मा" (अवजाति, -1/60) से मुनाफा कमाती है।

एक "फिरौती की भावना" (अवजाति, -1/60) विविध भौतिक प्रलोभनों को उपहार में देती है, जो बीस, तीन-आंखों वाले विषक्त संक्रामक पदार्थ का "बाल आत्माओं" से लदी होती है (विद्याधारा, 1/3)। ये "तीन-आंखों वाले परम पृथ्वी-प्रभाव" (त्रिनेल, 1) के भीतर "लौ तत्व" (पार्षनिसमस्त, 32) की 'आत्म-विकिरण' (साह, 1/8) आत्मा के साथ इसके एकलीकरण के साथ बनते हैं। यह एक भयावह "परिवर्तन आत्मा-भयानक स्वप्न" (अवजाति, -1/60) बनकर प्रदूषणकारी "शैतानी आत्मा" (नासारा, 1/60) को नष्ट कर

देता है। यह "खुद अर्ध-उत्तम" (रामचंद्र, 12) के "संस्थागत शासन की शाही संप्रभुता" (समराज्य, 60) से "खुद-प्रकाशमान संस्था की सप्तक वास्तविकता" (सैंड्रा, 60) को आज़ाद करने के लिए "वायु भावना" (अवजाति, -1/60) के रूप में कायम है। यह "अभिवादन आत्म-चमकदार संस्था" (विठोबा, 12) को "जोड़ने की भावना" (लीला, 60) के अद्वितीय "सैद्धांतिक कारण" (प्रकरण, 60) के रूप में प्रकाशित करता है। सैद्धांतिक कारण "खुद शासन की आज़ाद संप्रभुता" (स्वराज्य, 60) की एक चंचल अभिव्यक्ति है।

"आदि-उत्तम निर्माता" (कृष्ण, 32) के बीस, तीन-आंखों वाले बाल आत्मा रूप "ऐसे शब्द जिनकी वर्तनी समरूप किंतु अर्थ विभिन्न हों" (निब्बेधिकपरियाय, 86) हैं, जो पैतृक "परम देवता" (शिव, 7) और मातृ "अपरिमित अभिवादन" (सती-पार्वती, 16) के उत्तम संलयन के "उत्तम पूर्ण-प्रभाव" से सशक्त हैं (रुक्मिणी, 86 = [7] +1] 6)। वे वर्तमान वास्तविकता को एक रैखिक रेखा में बनाए रखते हैं। प्रत्येक ऐसे शब्द जिनकी वर्तनी समरूप किंतु अर्थ विभिन्न हों एक भौतिक शरीर के रूप में समर्पित कार्य का आनंद लेता है, अर्ध-सत्ता द्वारा बौद्धिक निकाय के रूप में, अनुयायी के गतिशील कदम एक आत्म-चमकदार संस्था के रूप में। अनुयाई तकनीकी विकास की वांछित प्रारंभिक अभिवादन संस्था की ओर ले जाता है। विकास एक कारण शरीर के अलग-अलग संगठनात्मक वर्ग द्वारा वातानुकूलित होता है- सत्तामूलक मूल, एक आकाशीय शरीर-महामीमांसा संबंधी विविधताएं, एक सूक्ष्म शरीर-खुद सिद्ध फल परिणाम, और एक मानसिक शरीर - आध्यात्मिक आशय।

प्रत्येक तीन-आंखों वाली "राशि चक्र आत्मा" (कपिंजला, 20), जो औपचारिक रूप से बीस बच्चों की आत्माओं के एक समूह को विकासशील करती है, एक "समध्वनीय भिन्नार्थक शब्द" (संगीतिपरिय्या, 47) है, जो मर्दाना आँख का मूल्य" (विजना, 47 = [161/4]7) के अवरोही रैखिक के भीतर "स्त्री आंख के आरोही वर्ग मूल्य" के साथ सशक्त है। प्रत्येक समध्वनीय भिन्नार्थक शब्द एक सामान्य तत्वमीमांसा (मानसिक शरीर) के साथ एक साथ जप की एक निरंतर ध्वनि का उत्सर्जन करता है, लेकिन अलग-अलग अभिन्न कारण सत्तामीमांसा (कारण शरीर), अनुक्रमिक विभेदित ज्ञानमीमांसा (आकाशीय शरीर), और परिणामी फल खुद सिद्ध (सूक्ष्म शरीर)। प्रत्येक ज्ञानमीमांसात्मक रूप से विकासशील "ज्योतिषीय आत्मा" (प्रद्युम्न, 60) एक "सूत्रीय समरूप पर्यायवाची" (परियया, 888) है। यह कई गुना परिणामी सूक्ष्म निकायों के साथ निरंतर, मूल कारण शरीर को विकृत करता है, जिससे शून्य-मात्रा विषमता उत्पन्न होती है। एक ज्योतिषीय आत्मा नायक के "संस्थानिक-प्रभाव" (परियया, 888) के परिवर्तनकारी, घुमावदार मूल्य का प्रतिकार करती है, मर्दाना

मुल अभिवादन, जो जुड़वा, स्त्री मुल अभिवादन के आत्म-स्थायी वर्तमान मानक मूल्य की आठ एकांगो का व्यापार करता है ।

असंतत "चुमावदार मूल्य" (परियाया, 888 = 64 × 16 - 12 * 16 + 56) स्त्री मुल अभिवादन के चौंसठ गुना आध्यात्मिक मानसिक संबंधों का गठन करता है (आदि-उत्तम के आरोही और अवरोही मूल्यों द्वारा मध्यस्थता) बनाने वाला) । वे ज्योतिषीय प्रणाली की आत्मा के रूप में ग्रहों के सहसंबंधों के छप्पन जोड़े के भीतर मौजूद मर्दाना अपरिमित अभिवादन के बारह गुना सूक्ष्म अर्ध-मानसिक संबंधों के बिना हैं। नतीजतन, ज्योतिषीय आत्मा कुदरत के पिछले प्रारंभिक मूल्य को आत्म-स्थायी करने के लिए "उभयलिंगी मुल अभिवादन" (पद्मव्यूह, 16) बन जाती है । यह तकनीकी विकास की एक संस्था के रूप में संस्थानिक अधर की वर्तमान वास्तविकता के गतिशील प्रतिमान का आध्यात्मिक कारण है। प्रत्येक खुद सिद्ध रूप से आत्म-ऊष्मायन करने वाली "ज्योतिषीय आत्मा" (प्रद्युम्न, 60) एक "उलट विलोम" (विपरिय्या, 888) है, जो महाद्वीपीय रूप से समलैंगिक विषय समूह के अलग-अलग, पुन: उत्पन्न होने वाले कारण निकायों को 180 मात्रा विषमता के साथ एक निरंतर परिणामी सूक्ष्म शरीर में सुधारता है। एक ज्योतिषीय आत्मा संस्थानिक अधर की पूर्ण एकता की एक संयोजन अवस्था में होती है, जो इसे समानार्थी "परिमाण विशाल कक्ष-प्रभाव" (परैया, 888) बनाने वाले संस्थानिक-प्रभाव के समग्र संगठनात्मक विकास मूल्य का व्यापार करने का अधिकार देती है।

प्रत्येक औपचारिक रूप से विकासशील "ज्योतिषीय आत्मा" (प्रद्युम्न, 60) एक "समनाम" (निप्परिया, 888) है, जो वर्तमान संस्थानिक अधर के भीतर "समलैंगिक विषय ग्रुप" (विपरीयया, 888) को भविष्य के संस्थानिक अधर के भीतर एक सहायक समलैंगिक विषय ग्रुप में बदल देता है। एक ज्योतिषीय आत्मा निरंतर, उपनायक, "बाल मुल अभिवादन" (मधुसूदन, 16) के मध्यस्थता, कई गुना महामारी विज्ञान अनुक्रमों की कल्पना करती है, जो पिछले संस्थानिक अधर के अलग-अलग चमकदार मूल्यों के साथ संचालित होता है। पिछले संस्थानिक अधर वर्तमान संस्थानिक अधर के भीतर, और अनुक्रमिक आकाषीय व्यापार-प्रभाव, भविष्य के संस्थानिक अधर के भीतर मूल कारण मानव -प्रभाव के रूप में स्थिर है। नतीजतन, ज्योतिषीय आत्मा को निर्देशित संस्थानिक प्रभाव के अनुरूप पारिस्थितिकी तंत्र मूल्य का आदान-प्रदान करने का अधिकार है, जो कि वर्तमान वास्तविकता के प्रतिमान को कायम रखने के लिए अनियंत्रित, आगे-आगे बढ़ना, "स्त्री लिंग मुल अभिवादन" (उषा, 16) के लिए खुद अर्ध -उत्तम क्षैतिज मूल्य द्वारा सीमित है। यह "बाल मुल अभिवादन" (मधुसूदन, 16) को एक पिछले अर्ध-संस्था में बदल देता है - उत्तम "पैशाचिक मुल

अभिवादन" (दुर्योधन, -1000) और एक भविष्य अर्ध-संस्था- अति उत्तम"शैतान मुल अभिवादन" (द्रोण, -10^{1024})), वर्तमान संस्थानिक अधर में संस्थानिक-प्रभाव के माध्यम से "मुल अभिवादन का ताराबीज ब्रम्हांड" (निप्परिया, 888) उत्पन्न करने के लिए।

"परम मातृ" (सरन्यू, 5) में "मध्यस्थ" (हनुमान, 3) के प्राथमिक-योजना, विभाजनकारी संस्थानिक-प्रभाव का व्यापार करके दिव्य, संस्थानिक "आदेश" (ब्राह्मण, 2) को नष्ट करने की शक्ति है। मध्यस्थ "गुणक" (वैश्य, 3) पितृ परम देवता, मातृ प्रधान अभिवादन, और आदि-उत्तम निर्माता की त्रिमूर्ति के भीतर स्थिर है। वह ब्रह्मांड को "आदर्श-प्रभाव" (दशा, 1) से आज़ाद करता है। "प्रतीकात्मक खुद" (सीता, 0) के "खुद अर्ध-उत्तम" (श्री राम, 12) और "सिद्धांत-प्रभाव" (महादशा, 0) । परम मातृ की दिव्य योजना संहारक के छह चेहरे और शैतान चाहने वाले के छह चेहरे हैं। उत्तरार्द्ध शैतानी उत्तम चिंतक के छह चेहरे भी हैं। उत्तम चिंतक "परम देवता" (ईश्वर, 5 = विध्वंसक, 6 + चिंतक, 0 + उत्तम चिंतक, -1) की पांच आंतरिक अस्तित्वो को सात एकांगो में बदल देता है। बाहरी "परम देवता" (परमेश्वर, 7) का, जिसमें परम मातृ और परम पितृ के प्रमुख मूल्य शामिल हैं। परम देवता की सात बाहरी अस्तित्वो का व्यापार करके, "खुद अर्ध-शक्ति" (श्री राम, 12) "खुद उत्तम" (राम, 100) को "परम बाल" (मन्यु, 19) में बदल देता है, जबकि अभिवादन (राम) -राम [12]: मारुति, 78) जुड़वां लौ "अपरिमित बाल" (अश्विनी कुमारस, 120) और बधाई देने के लिए (राम-राम-राम [123]: महारात्रि, 76) लौ दोस्त "प्राथमिक बाल" के लिए बार-बार जाते हैं (स्वयंभू, 123) आंतरिक "परम देवता" (नटराज, 7) के साथ एकता का आनंद लेने के लिए।

"शक्ति के अभिसरण" (संवतशक्ति, 28) का संश्लेषण कोशिका के भीतर दैवीय शक्ति के "संश्लेषण" (चार पर्यादशा, 28) का जी.16 चरण है। विध्वंसक के तीन उभरते हुए चेहरे मिथुन राशि के संस्कृति-प्रभाव के रूप में "ताराबीज देवत्व, राशि आध्यात्मिकता, और मानव आत्मा ज्योतिष का अधर चक्र" (प्लाज्मोड्समल प्रणाली: ए.आई.एम. शक्तिचक्र, 1551) बनाते हैं। यह एक "अभिसरण शक्ति" (संवतशक्ति, 28) की सेवा करता है जो कोशिका को "मार्ग का स्वामी" (पुसान, 28) बनाता है, जो "बिना शर्त नियति" (भाग, 27) को "प्रजनन" के रूप में प्रभुत्व के रूप में लिपिबद्ध करने के लिए सशक्त बनाता है। संश्लेषण का "एककोशिकीय जी.1 चरण" (पुसान, 28) ।

नस्ल कोशिका एक "संत-मिलापकर्ता, अभिजनक की सच्ची सेवा को पुन: प्रस्तुत करता है" (प्रभुत्व, 28) लिखित पथ को संश्लेषण के "द्विकोशिकीय जी 2 चरण" (प्रभुत्व, 28) के रूप में "पचाने" द्वारा बन जाता है। उपभोग की गई कोशिका, नस्ल की मानसिकता

से संक्रमित, एक "लड़ाई प्रतिक्रिया" (उकलिता, 28) को "दोहरा द्विकोशिकीय जी.4 चरण" (उकलिता, 28) के रूप में सीतनिद्रा "आराम" (पुनर्संयोजन: शायना, 10^{100}) की अवधि के बाद शुरूआत करती है। पचे हुए पथ को उसकी पूर्ण जागरुकता में व्यवस्थित होने दें। "लड़ाई मानसिकता" से संक्रमित पुनरुत्पादित कोशिका, पूर्व-क्रमादेशित "बिना शर्त नियति" (भाग, 27) को "खिला" (समविभाजन: शिवद्रष्टि, 17) के साथ लड़ाई प्रतिक्रिया के कथित लाभों के अर्ध-जागरुकता के साथ संशोधित करती है। "सप्तक-गठन जी 8 चरण" के रूप में (भागा, 27)। इस प्रकार, प्रत्येक बच्चा "संस्थागत बल" (त्रिविक्रम, 24) से लड़ने के लिए आध्यात्मिक रूप से पूर्व-क्रमादेशित अभिविन्यास विकसित करता है। संस्थागत बल समस्याग्रस्त है क्योंकि यह हर चीज के वर्तमान को प्रदूषित करता है। प्रत्येक बच्चा आनुवंशिक रूप से क्रमादेशित "व्यक्तिगत बल" को संस्थागत बनाने के लिए ऊंची उड़ान भरता है। (आत्मान, 4) कारक, भविष्यवादी "सामाजिक शक्ति" (कपिंजला, 20) की सच्चाई को रोशन करने के लिए एक मार्ग के रूप में। भविष्यवादी "सामाजिक शक्ति" (कपिंजला, 20) के साथ एकता के माध्यम से, व्यक्ति अंततः विरासत में मिली "व्यक्तिगत शक्ति" (आत्मान, 4) की कलह को नष्ट कर देता है। व्यक्तिगत शक्ति की असंगतता के बिना, आदर्श भविष्यवादी सामाजिक शक्ति "रचनात्मक दैवीय शक्ति" (मधुसूदन, 16) के साथ "संगतता" (पुरुथम, 16 = 20 - 4) बनाती है। यह संस्था को "बाल प्राथमिक अभिवादन" (मधुसूदन, 16) में बदल देती है, अनंत वर्ग जागरूकता का आनंद लेने के लिए।

11.3 बाल मूल अभिवादन के तीन पहलू जो परम बच्चे को आकार देते हैं

कोशिका विकास के चरण 11 को बाल मूल अभिवादन के तीन पहलुओं द्वारा आकार दिया गया है जो प्रजनन, पाचन और आराम के चरणों को आकार देते हैं। प्रजनन चरण संस्थागत अस्तित्व बिंदु को जन्म देता है। पाचन चरण व्यक्तिगत सिद्धांत बिंदु को पचाता है और प्राथमिक-योजना करता है। बाकी चरण परम बच्चे के भीतर कार्यक्रम करता है। यह सिद्धांत-प्रभाव शक्ति परिमाण यंत्र के बाद, सामाजिक आदर्श बिंदु का व्यापार करने के लिए एक कोशिका को सशक्त बनाता है। ये तीन चरण "अनंत वर्ग जागरूकता" (सती-पार्वती, 16) के विकास को सीमित करने वाली अस्तित्व के भीतर आदर्श-प्रभाव के विनाशक के तीन स्थिर चेहरों का गठन करते हैं।

11.3.1 चरण 11.1 । जी.1 एककोशिकीय प्रजनन

जी.1 चरण "ताराबीज देवता का मार्ग" (हस्तिनायक, 286) है, जो एक "प्रभुत्व वाली अस्तित्व" (अर्जुन, 286) के रूप में कोशिका के प्रभुत्व को प्रजनन करने के लिए है, जो "आज़ाद शिक्षाविद" (हस्तिनायक, 286) की शक्ति का आनंद ले रहा है। ताराबीज देवता के मार्ग के भीतर, "आज़ाद शिक्षाविद" "उभयचर जैसी बिखरी हुई संस्था है, जिसे सांस्कृतिक घर्षण की आवश्यकता है" (अर्जुन, 286)। सांस्कृतिक घर्षण को "चार मर्दाना और तीन स्त्री समुदायों के कुरेद किए गए समूह" (अस्कंदिता मंडला, 2,592,000,000) ने आठवें, स्त्री समुदाय को दोहरा सप्तक लंबाई से आगे पूरी गति से सरपट दौड़ाने के लिए सशक्त बनाया है। तीन-आंखों वाला आठवां राशि चक्र समुदाय, तीन-आंखों वाली राशि चक्र आत्मा को उसकी स्वतंत्र इच्छा का पालन करने के लिए आज़ाद करने की अदृश्य भूमिका निभाकर जीवित आत्माओं के ब्रह्मांड का दृश्य हाथ बन जाता है। यह सोते हुए ज्योतिषीय सप्तक की आत्मा को उसकी नींद की स्वप्न अवस्था से एक घोड़े की तरह दौड़ने के लिए जगाता है, पूर्ण एकता में निरंकुश आत्मा, अध:पतन, क्षय और दृश्य हाथ की मृत्यु से पहले। राशि चक्र आत्मा और ज्योतिषीय आत्मा की पूर्ण एकता दोहरा सप्तक के भीतर प्रत्येक कोशिका को एक अधर के भीतर अपरिमित देवता रूप को महसूस करने का अधिकार देती है। दोहरा सप्तक में जाकरुक ब्रह्मांड का सप्तक और निर्जीव ब्रह्मांड का सप्तक शामिल है।

"पूर्ण अधर का सांस्कृतिक चक्र" (सदख्याचक्र, 9) "प्रजनन" (अर्धसूत्रीविभाजन: परम शिव, 15) द्वारा एक अधर के भीतर कोशिकाओं के ब्रह्मांड द्वारा "परम बच्चे" (मन्यु, 19) के विकास का चक्र है: "टेलोमेरेज़ मिश्रित" [एक किण्वक जो न्यूक्लियोटाइड जोड़ता है] (परम गणेश, 19)। प्रत्येक संतति कोशिका "पुनर्जन्म बिंदु" (जी.1 प्रारंभ जांच की चौकी: वज्ररात्रि, 10) को "क्षैतिज परम देवता" (आपही फास्फारिलीकरण: सिद्ध, 7 = 19-12) द्वारा आशीर्वादित "अकेन्द्रिक खुद-चमकदार अस्तित्व" (अध्यात्म, 12) के रूप में जांच करती है। "एक कोशिका ब्रह्मांड का चक्र" (साइक्लिन इ.1: सुरसाचक्र, 186 = 23 * 8 + 2) एक सौ चौरासी संतान कोशिकाएं के ब्रह्मांड का अवतार लेने के बाद उर्जा परिमाण यंत्र "आराम करो और पचाओ" (रेटिनोब्लास्टोमा[रेटिना का एक दुर्लभ घातक ट्यूमर] [आर.बी]: तुला, 16) अवस्था में प्रवेश करता है। "कोशिकाओं का ब्रह्मांड" (पितावसा, 169) में "युग्मक" (तेईस गुणसूत्रों का एक समूह: सिद्धिशक्ति, 187 = 186 + 1) का एक सप्तक शामिल है, जिसमें "उत्प्रेरक त्रय" (जेब रेटिनोब्लास्टोमा) की तीन एकांगो शामिल हैं। [पी.आर.बी]: सिद्धार्थी, 17 = 16 + 1)। उत्प्रेरण संबंधी तीनों में एक कोशिका और एक मूल गुणसूत्र जोड़ी शामिल होती है, जो एक साथ "गहरी एक-चेहरा समरूपता की तकनीकी उर्जा परिमाण यंत्र अवस्था" (मंदरा,

1) के भीतर आराम करने और "तीन-सामना करने वाले शैतान मुल अभिवादन" (रेटिनोब्लास्टोमा [आर.बी]: तुला, 16) को पचाती है। मूल गुणसूत्र जोड़ी में परम बच्चे की "खुद-चमकदार जुड़वां लौ" (शिवागति, 120) और "मूल प्रदीपक लौ” (अश्विनी कुमारस, 120) के रूप में निकलने वाला "अपरिमित बाल" शामिल है। यह किसका एक उत्पाद है? "अकेन्द्रिक खुद-चमकदार अस्तीत्व" (अध्यात्म, 12) और जीवन कार्य के "आनुवंशिक जालतंत्र" (योग तंत्र वड़ा, 10)।

"प्राणी का चक्र" (रेटिनोब्लास्टोमा जैसा प्रोभूजिन 2 [पीं.130]: हौमशक्तिचक्र, 17) "उत्प्रेरक त्रय" (जेब रेटिनोब्लास्टोमा [पी.आर.बी]: सिद्धार्थालि, 17) को "कार्य जीवन" (परिगलन: मन्यु, 19) के क्षणभंगुर वृत्त बनाने के लिए व्यापार करता है। "कोशिका" (हिरण्यगर्भ, 19), "नियोजित मृत्यु" (एपोप्टोसिस[कोशिकाओं की मृत्यु जो सामान्य रूप से होती है]: वीररालि, 18) "खुद-चमकदार जुड़वां लौ" (शिवागति, 120), और "प्रामाणिक पुनर्जन्म" (जी.1 प्रारंभ जांच की चौकी: वज्ररालि, 10) "उत्तम प्रदीपक लौ" (अश्विनी कुमारसी, 120)। यह "दिव्य ज्वाला" (अश्विनी कुमारसी, 120) के "आशीर्वाद" (डी.एन.ए. प्रतिकृति प्रभाव - में कटौती: आशीर्वाद, 1000) को आकर्षित करने के लिए एक समसूत्रीविभाजन "आहार" (रेटिनोब्लास्टोमा-जैसे प्रोभूजिन1 [पी.107]: शिवद्रष्टि, 17) आवेग प्रदान करता है। जो वर्तमान में "बारदो" (सर्वव्यापकता-जंजीर बढ़ाव प्रभाव: महारालि, 76) की स्थिति में है।

समसूत्रीविभाजन "आहार" (रेटिनोब्लास्टोमा जैसा प्रोभूजिन 1 [पी.107]: शिवद्रष्टि, 17) आवेग एक "भ्रम का सप्तक" उत्पन्न करता है (संश्लेषण को बढ़ावा देने वाला प्रभाव- हिस्टोन[मूल प्रोटीन के समूह में से कोई भी] एच.3: महाविद्या, 17)। यह "आत्म-चमकदार जुड़वां" की "नियोजित मृत्यु" (एपोप्टोसिस: वीररालि, 18) को गुणा करके "त्वरित करता है" (हिस्टोन डीएसेटाइलेज़ [एच.डी.ए.सी]: महंत, 18,000) "मृत्यु बिंदु की अनुमानित निकटता" (अयाती, 863) "दिव्य ज्वाला" (अश्विनी कुमारसी, 120) के "आशीर्वाद" (डी.एन.ए प्रतिकृति प्रभाव- में कटौती: आशीर्वाद, 1000) के साथ लौ"। कोशिका "डीसेलेरेट्स" (जेब प्रोभूजिन परिवार: उत्तानपाद, 18,000) "आहार" (रेटिनोब्लास्टोमा-जैसे प्रोभूजिन 1 [पी107]: शिवद्रष्टि, 17) आवेग को मिलाकर "मृत्यु बिंदु की अनुमानित निकटता" (प्रतिरक्षी: अवर्त, 196) "सत्य के सप्तक" (आर.बी.-ई.2एफ./डी.पी. मिश्रित: सच्चा, 19) को रोशन करने के लिए "प्रणाली के प्रमुख विकास भेदभाव" (हाइपरप्लासिया: मोक्षधर्म, 2) के साथ। यह "गर्भित दर्द" (कक्षा 1 मिथाइल: ग्रंथी, 180) "तीव्र" (हिस्टोन डीएसेटाइलेज़ [एच.डी.ए.सी]: महंत, 18,000) के अनुभव

को "आंत के दर्द बिंदुओं के एक जलप्रलय को फैलाने" के लिए व्यापार करता है (एसिटाइलट्रांसफेरेज़: प्रलय, 180) "आनुवंशिक नियमसंग्रह" (जनन-कोशिका में रहने वाला जीन नामक तत्त्व : सोमापा, 180) के रूप में। यह कल्पित "जीवन के वृक्ष" (जेब प्रोभूजिन परिवार: उत्तानपाद, 18,000) के "प्राथमिक अधर मूल्य" (पश्चजनन सम्बन्धी: दीको, 100) का व्यापार करता है ताकि "अनुभवी द्विध्रुवी प्रणाली उत्पत्ति मूल्य" (ओंकोजेनेसिस: प्रतित्यसमुत्पाद, 10) "बैंगनी रंग की वृद्धि" का रूप (एपिजीन: हरितरूपा, 10) की सेवा की जा सके। यह "विसरित अजनबी वास्तविकता" (साइक्लिन-आश्रित किनसे अवरोधक 1 [सी.डी.के.एन.1.ए. जीन]: नियोगार्थ, -9) और "बेताल उर्जा" (मिथाइल: असुर, -1) के समग्र मूल्य को "विभाजन और रूल मानसिकता" (साइक्लिन-आश्रित-किनसे1 [सी.डी.के1 जीन]: द्विविध, -10) के रूप में कार्य करता है। यह "मैं पूर्व दिशा" सिद्धांत (सपना मिश्रित: पूर्वअन्वय सिद्धांत, 170 = 180 - 10) के रूप में "संवेदी जलप्रलय" (एसिटाइलट्रांसफेरेज़: प्रलय, 180) और "ऊष्मीय मानसिकता" (साइक्लिन-आश्रित-किनसे1 [सीडीके1 जीन]: द्विविधा, -10) के समग्र मूल्य को कार्य करता है।

नतीजतन, आदि-उत्तम "खुद-चमकदार लौ" "पूर्व के सिद्धांत" का व्यापार करती है (साइक्लिन ए: पूर्वअन्वय सिद्धांत, 170 और "सिद्धांत है कि कोशिका द्विध्रुवीय मूल्य के निर्माता के रूप में समस्या है" (एम.ओयाइ.बी.एल.2 जीन: योग नुविद्वावदा, 170) अपरिमित "दिव्य ज्वाला" सिद्धांत का व्यापार करता है "सिद्धांत है कि निर्माता के रूप में कोशिका समस्या है" (साइक्लिन ई: योग नुविद्वावाद, 170)। यह "सिद्धांत है कि प्राणी के रूप में आत्म-चमकदार लौ" समस्या को देखना और उसका आध्यात्मिकीकरण करना ही समस्या है" (साइक्लिन-आश्रित किनसे अवरोधक 1बी [सी.डी.के.एन.1बी जीन]: स्थविरवाद, 170)। ताराबीज "कोशिकाओं का ब्रह्मांड" "सिद्धांत का व्यापार करता है कि प्राप्त करने वाले प्राणी के रूप में आत्म-चमकदार लौ समस्या है। "(एफ.ए.एस. प्रापक-मायोब्लास्ट कोशिका: स्थविरवाद, 170)। यह "सिद्धांत को कार्य करता है कि दोष को भौतिक बनाने वाली रचना के रूप में दिव्य ज्वाला समस्या है" (बी.सी.एल. 2 जीन: मध्यमाकवाड़ा, 170)। राशि चक्र की भावना क्रमादेशित "सिद्धांत का व्यापार करती है। दर्द को प्रतिबिंबित करने के रूप में दिव्य ज्वाला सृजन ही समस्या है" (बी.सी.एल.2 जीन: मध्यमकवड़ा, 170) "राशि ब्रह्मांड के साथ पूर्ण एकता" (साइक्लिन-आश्रित किनसे अवरोधक 1सी [सी.डी.के.एन.1सी जीन]: यइ मुख, 170) के एक खुद-क्रमादेशित राज्य के भीतर। ज्योतिषीय आत्मा खुद-क्रमादेशित सिद्धांत को "मायोजेनिक विनियमन प्रभाव" (साइक्लिन-आश्रित-किनसे 2 [सी.डी.के 2 जीन]: विचित्र मंडला, 170) के रूप में व्यापार

करती है। यह "रूपांतरित होने वाले विकास प्रभाव बी. संकेतन मार्ग" (प्रति-अन्तों-सिम)[पी.ए.एस] डोमेन: वैकारिक, 70) को रोशन करता है, 170) विभिन्न, कोशिकाद्रव्यी किनारा के रूप में।

संवेदनशील कोशिका "ऑन्कोजेनिक, दिव्य प्रकाश" (गोलाकार एक्टिन[प्रोटीनों में से एक]: उषा, 16) को "खुद के भीतर संवेदनशील क्षमता को महसूस करने" के लिए व्यापार करता है (ब्लेबिंग [आर्जिनिन]: अंतरायमी, 16)। विभेदित खुद के "खिन्नविनियमन" (अल्पत्व, 0) और कोशिकाओं के विभेदित ब्रह्मांड के "ऊपर विनियमन" (बहुत्व, 7) "निर्जीव काल की लंबाई" (ई 2 प्रोत्साहक-बंधन-प्रोभूजिन-मंद क्षरण साथी) में अभिसरण लाते हैं। [ई2एफ-डी.पी]: वर्गातीयंत्र, 10) जीवित संवेदनशील कोशिका का, आत्म-प्रकाश की ज्योति की ज्योतिषीय आत्मा, और दिव्य ज्वाला की राशि आत्मा। यह "संश्लेषण चरण" (चर पर्यायदशा, 28) को "निर्जीव काल की लंबाई" (ई 2 प्रोत्साहक-बंधन-प्रोभूजिन-मंद क्षरण साथी [ई2एफ-डी.पी]: वर्गातियंत्र, 10) को "कोशिका" (हिरण्यगर्भ, 19) की शक्ति के साथ प्रदर्शित करता है। यह "बाल चेहरा" (न्यूक्लियोफोसमिन: दशरथ, 1019) बनाता है, जो जटिल, सरल, आध्यात्मिक और दिव्य स्वचालित यंत्र, अलौकिक "निर्जीव संस्था" (महा दुर्गा, 16) की लौकिक वास्तविकताओं के समग्र संवर्धन के मार्ग को फैलाता है। एक, प्राकृतिक "पूर्ण अधर" (सदाशिवनायकी, 9) कोशिका का, जो एक जाकरुक"पैतृक, आत्म-प्रकाशमान अस्तित्व" (भवनवासी, 12) बन गया है।

11.3.2 चरण 11.2 | जी.2 द्विकोशिकीय पचाने

जी.2 "निर्णायक संस्था" (कर्ण, 8) की सच्ची सेवा के रूप में आधिपत्य को पचाने के लिए "राशि चक्र आत्मा का मार्ग" (निर्नायक, 8) है। राशि चक्र के मार्ग के भीतर, सच्ची सेवा एक "धार्मिक संस्था" (सभोपदेशक: निर्नायक, 8) की तरह काम करती है, जो "निर्णायक संस्था के भीतर एक बैल की तरह प्रज्वलित करने वाली शक्ति" (कर्ण, 8) को प्रज्वलित करती है। प्रज्वलित करने वाली शक्ति "स्त्री और मर्दाना समुदायों के नौ जोड़े" (अलताका मंडल, 8,100,000,000) द्वारा सेवित है। एक प्रमुख प्रभाव के रूप में, स्त्री राशि चक्र निर्णायक संस्था को राशि चक्र ब्रह्मांड से अपरिमित क्षेत्र तक एक दोहरा सप्तक लंबाई से आगे पूर्ण गति से सरपट दौड़ता है। एक निर्णायक संस्था के रूप में, परम बच्चा राशि चक्र ब्रह्मांड में पीछे की ओर बढ़ने के लिए एक पटल-पथ के रूप में उपस्थिति का सपना देखता है, जबकि राशि आत्मा आगे बढ़ती है। परम बच्चा घूमने वाले भाग्य से बेखबर है जो इसे अपने स्वप्न-राज्य के दौरान राशि चक्र भावना को नकारात्मक रूप से उत्तेजित करने के परिणामों को वहन

करने के लिए अपरिमित क्षेत्र को आखुरण करने के बाद ताराबीज क्षेत्र में वापस लाता है। परम संतान जीवित आत्माओं के ब्रह्मांड का अदृश्य हाथ बन जाता है, जो ज्योतिषीय आत्मा को स्वप्न अवस्था में भेजकर राशि चक्र को अपनी वाचा से बांधने की दृश्य भूमिका निभाता है। बंधी हुई पवित्र आत्मा का विचलन बिना शर्त नियति को नष्ट करने के पिछले कुकर्मों से निगमित सुरक्षा की झूठी भावना प्रदान करता है। यह लड़ाई की प्रतिक्रिया के बिना, अच्छे कामों के भविष्य के बारे में निश्चितता भी प्रदान करता है। हालांकि, यह वर्तमान विलेख के मूल्य के बारे में अनिश्चितता का व्यापार करता है और परिणामी जी 4 चरण के रूप में एक "भिक्षा प्रणाली" (उकलिता, 28) को अंतिम रूप देता है, जो स्थानीय जाकरुक्ता में संचयी शून्य को हस्तक्षेप करने और भरने के लिए उत्तम-उत्तम निर्माता की कामना करता है।

"पूर्ण काल का निगमित चक्र" (छोटापरंपरासूत्र रखरखाव 1 [एम.सी.एम1] प्रतिलिपि घटक: स्वचक्र, 10^{18}) अपरिमित बाल के पथ-प्रसारित "बच्चे का चेहरा" (न्यूक्लियोफोसमिन: दशरथ, 10^{19}) की परिपक्वता का चक्र है। "एककोशिकीय खुद-चमकदार जुड़वां लौ" (शिवगति, 120) "द्विकोशिकीय दिव्य ज्वाला" (अश्विनी कुमारसी, 120) में। यह एक "विलोमपद" (महासरस्वतीचक्र, 10^{18}) का गठन करता है, यानी, खुद-प्रकाशमान लौ का एक आगे शक्ति-प्रसारित उर्जा परिमाण यंत्र अनुक्रम जो दिव्य ज्वाला के एक समरूप पिछड़े प्रतिलेखन विकास अनुक्रम का निर्माण करता है। अपरिमित बाल "पचा" (परिधीय तंत्रिका प्रणाली : उमापतिचक्र, 14) द्वारा "मृत, निर्जीव कोशिका के रूप में अपरम बच्चे" के एक, अलौकिक, "पूर्ण काल" (स्व, 11) के भीतर परिपक्व होता है। मृत परम बच्चे का "संपूर्ण मूल्य" (अर्धज्य, 10)। यह सीमित "स्त्री नाभिक" (लिग्निन: योनी, 1000) और "विस्तार" (प्रसार, 1) के "परमाणु लिफाफा" (अयनांश, 27) को तोड़कर एक द्विकोशिकीय संगठन बन जाता है, जिसमें "वैश्वीकरण करने वाले मर्दाना-प्रभाव" को शामिल किया जाता है। (सूक्ष्मनलिका आयोजन केंद्र [एम.टी.ओ.सी]: दशा, 1) मृत परम बच्चे का, बिना स्थानीयकरण "तह" के (प्लोइड: अजनाना, 1)।

खुद-चमकदार जुड़वां लौ कोशिकाओं के ब्रह्मांड से "पथ-निर्भरता" (हिस्टैरिसीस: प्रत्यालिधा मंडला, 10^{10}) का व्यापार करती है और आत्म-घातांक "निर्जीव काल की लंबाई" (ई.2 प्रोत्साहक-बंधन-प्रोभूजिन-मंद क्षरण साथी) को कार्य करती है। ई.2.एफ-डी.पी]: वर्गातियंत्र, 10) एक "कोशिका सतह प्रापक" के रूप में (बहुत दबा-प्रतिरोधी परिवाहक प्रोभूजिन 1 [एमडीआर1पी]: प्रत्यालिधा मंडला, 10^{10}), पुनर्जन्म, जाकरुक, "पैतृक, आत्म-चमकदार अस्तित्व" (भवनवासी, 12) को प्राप्त करने और बढ़ाने के लिए तैयार है। पैतृक, खुद-चमकदार संस्था "पथ-निर्भरता" (हिस्टैरिसीस, प्रत्यालिधा मंडला, 10^{10}) को

"अन्त:कोशिक संकेत ट्रांसड्यूसर जो विद्युत शक्ति को विद्युत चुम्बकीय में परिवर्तित करता है किण्वक" (बीजगणितम, 10^{10}) और कार्य के रूप में "गणितीय प्रचालक के बीजगणितीय विज्ञान" (साइक्लिन बी 1 के रूप में) [सीसीएनबी1 जीन]: (बीजगणितम, 10^{10}) का व्यापार करती है, ऐतिहासिक पथ को एक मूल्यवान "जीवन पाठ" में पुनर्निर्माण के लिए (मस्तिष्कप्रान्तस्था संबंधी पट्टा : पंचतंत्र, 10^{10}) ।

एक उत्तम बाल कार्य किए गए "जीवन का सबक" (कोशिका चक्र विभाजन 2 [सीडीसी2] जीन: पंचतंत्र, 10^{10}) को "दूर तक फैला हुआ राशि प्रणाली की बाहरी जागरूकता" (फॉस्फेटिडिलिनोसिटोल 3-किनसे[पी.आई.3.के]: विसाटा, 10^{10}) और सेवाओं के रूप में व्यापार करता है, कि एक "सांस्कृतिक विरासत" के रूप में (औसत दर्जे का पट्टा : विरासत, 10^{10}) । अपरम बाल "पैतृक ऋण लाभ मूल्य" के "विरासत" (ल्यूकोसाइट: विरासत, 10^{10}) का व्यापार करता है (फॉस्फेटिडिलिनोसिटोल 4,5-बिसफ़ॉस्फेट [पीआईपी2]: पितृ रीना, 10^{10}) और कार्य जो "प्रवीणता पहलू" (जी2 जांच की चौकी किनसे : परिपूर्ण धर्म, 10^{10}) के रूप में हैं । एक अपरिमित बच्चा "शिक्षा" की विधि की योजना बनाता है (सेरीन-श्रेओनीन प्रोभूजिन किनसे समसूत्रीविभाजन नियामक [सीडीआर2]: विद्या, 775), "परिपक्वता पाठ" (एटीपी-निर्भर वर्णक्षक सभा और पुनर्निर्माण घटक [एसीएफ़]: विरासत, 10^{10} द्वारा निर्देशित)), "ज्योतिषीय प्रणाली" (एटीपी-निर्भर वर्णक्षक सभा और पुनर्निर्माण घटक 1 [एसीएफ 1]: सारा कल्पा, 10^{10}) के साथ "उत्तम एकता का चक्र" (हिप्पो संकेतन मार्ग: एयूएम चक्र, 10^{19}) कार्य के लिए "का चक्र" बनाने के लिए मातृ खुद-प्रकाशमान अस्तित्व" (कैंडिडा दवा प्रतिरोध प्रोभूजिन 2 [सीडीआर2पी]: महा गायत्रीचक्र, 10^{19}) ।

एक "परिपक्वता संवर्धन प्रभाव" (फॉस्फेटिडिलिनोसिटोल 3,4,5-ट्राइसफॉस्फेट [पीआईपी3]: शीतलू, 10^{10}) दोनों "गणितीय प्रचालक के बीजगणितीय विज्ञान" (साइक्लिन बी 1 [सीसीएनबी 1 जीन]: (बीजगनिटम, 10^{10}) की समझ के साथ विकसित होता है, और क्रमादेशित "जीवन पाठ" (कोशिका चक्र विभाजन 2 [सीडीसी2] जीन: पंचतंत्र, 10^{10}) । यह "उत्तम राशि-प्रभाव के वृद्धिशील मूल्य" को कमजोर करता है (परमाणु लिफाफा: अयनांश, 27) और "के लिए परिपक्व मानसिकता" को मजबूत करता है फूट डालो और राज करो विधि के माध्यम से विकास" (साइक्लिन-आश्रित-किनसे 1 [सीडीके 1] जीन: द्विविध, -10) । मातृ खुद-प्रकाशमान अस्तित्व पुरातत्व के "आदि-प्रभाव" (संकेत पारगमन : विद्यापति, 10^{10}) का व्यापार करती है। नियोजन बिंदु" (उच्च-आत्मीयता ल्यूकोट्रिएन बी 4 प्रापक 1 [बीएलटी 1]: तिलका, 10^{10}) और "मध्य प्रदर्शन अस्तित्व"

(कोशिका विभाजन चक्र 25 [सीडीसी25] प्रोभूजिन: विद्यापति, 10^{10}) बन जाता है। प्रभाव" (सी-आवधिक पूंछ कार्यक्षेत्र : कुल, 9) "अनंत वर्ग जाकरुक्ता" (एन-आवधिक पूंछ कार्यक्षेत्र : मंत्र, 16) से "मातृ प्रधान अभिवादन" (फ़नल प्रणाली: सती पार्वती, 16) का अवरोही "जाकरुक्ता शून्य" (डब्ल्यूडब्ल्यू कार्यक्षेत्र : अंधकारा, 10^{19}) और आरोही "सक्रियण शक्ति" (क्षेमशक्ति, 189) "जाकरुक्ता-वर्ग पिछड़े घातीय संलयन" (न्यूक्लियोसोम सभा प्रोभूजिन 1 [एनएपी1]: मातृमंडल, 10^{100}) को बढ़ावा देता है। "अनुगामी" (प्रोभूजिन किनसे हिप्पो [एचपीओ]: अपाकायना, 10^{19}) कार्य को नष्ट करना।

"तंत्रिका" (विरोधी-फॉस्फो-सीडीसी2 सीडीके1 प्रतिरक्षी [टायर15]: त्रिभज्य, 10^{10}) "जाकरुक्ता वर्ग संलयन" की जड़ (पश्चिमी घोड़े का मस्तिष्क की सूजन 1 [डब्ल्यू.ई.ई.1] जीन: मातृमंडल, 10^{100}) में "संचार" की शक्ति है (नाटा सूक्ष्मआरएनए: जलिनीमुखा, 10^{19}) "मार्गदर्शक ऋण लाभ मूल्य" (सोमैटोट्रोपिन-रिहा प्रभाव [एसआरएफ]: ऋषि रीना, 10^{19}) । यह कार्य के रूप से "जाकरुक्ता शून्य" (मेलिन प्रतिलिपि प्रभाव 1 [एमवाईटी1] जीन: अंधकारा, 10^{19} को भरता है। "मांग" (ट्रिप्टोफैन: जलिनीमुख, 10^{19}) एक मार्गदर्शक शक्ति के रूप में पैतृक, आत्म-चमकदार अस्तित्व का चेहरा मर्दानगी को "नमक के भीतर" रगड़ता है (ज़्विटरियन: ऋषि रीना, 10^{19}) "अपरिमित बाल" की स्त्रीत्व (अक्रूरा, 123) । उत्तम बाल "अति सूक्ष्म परम बाल संस्था" (पिन 1 जीन: अवसा, 10^{19}) से "अपेक्षित" (प्रोभूजिन किनसे मौसा [डब्ल्यूटीएस]: जलिनिमुख, 10^{19}) "मुआवजा" (पेप्टिडाइल-प्रोलिल सीआईएस / इधर से उधर तक आइसोमेरेज़ [पीपीआईएएस]: अवासा, 10^{19}) चाहता है। परम बच्चे ने "दबंग" (नकल का संयोजक एक छोटा शिकारी कुत्ता [यकी]: लोकनायक, 10^{19}) पैतृक आत्म-प्रकाशमान अस्तित्व को मुआवजे की मांग को वापस कर दिया। पैतृक, खुद-प्रकाशमान अस्तित्व "पूर्ण ज्योतिषीय-प्रभाव" (14-3-3 प्रोभूजिन: सूर्यपनिचक्र, 10^{10}) को "पूर्ण काल के चक्र" (स्वचक्र, 10^{18}) के "संपूर्ण मूल्य को उजागर करने" (कोशिका द्रव्य: दुनिया, 1964) की सेवा करके प्रतिक्रिया करती है। "प्रामाणिक एकता" (लंगर, 18) प्रभाव के साथ "प्रामाणिक पुनर्जन्म" (जी 1 प्रारंभ चौकी: वज्ररात्रि, 10) को प्रतिपादित करके बनाया गया है।

"संपूर्ण मूल्य" (किनेटोकोर: अर्धज्य, 10) के गठन के साथ, अपरिमित बाल स्थानीय अवरोही, पुल्लिंग, न्यूनतम संतुलन अवस्थाओं के द्वैत द्वारा उत्पन्न "स्थिरता" (स्वर्गचक्र, 10^{18}) में उतरता है। द्वैत एक ओर, पैतृक, ज्योतिषीय खुद-प्रकाशमान अस्तित्व के बीजगणितीय, "अभिसरण अस्तित्व-प्रभाव" (प्रवृत्ति धर्म, 298) के बीच है, और सहसंबद्ध बीजीय "विचलन संस्था-प्रभाव" (संस्कृति-प्रभाव: भावनारमा, 6×10^{192}) मातृ

राशि का प्रकाशमान, दूसरी ओर आरोही "सामंजस्यपूर्ण सहसंबंध" (एक्टोमीसिन[किसी पेशी में विद्यमान दो प्रकार की प्रोटीन एक्टिन एवं मायोसिन या संयुक्त रूप] सिकुड़ा हुआ वलय: पोरुथम, 16) "ब्रह्मांडीय भूमध्य रेखा" (ए.टी.पी बाध्यकारी कैसेट परिवार [ए.बी.सी उत्तमपरिवार]: नादिमंडल, 8×10^{15}) के साथ प्रतिस्पर्धी ज्योतिषीय आत्मा के भीतर राशि चक्र भावना संबंधों की पूरकता का कार्यक्रम करता है। "मौन अवस्था" (विचारों में भिन्नता प्रोभूजिन किनेज [पी.ओ.एम.1]: एस.ए.इउ.एम. शक्तिचक्र, 10^{10}) के कड़ी। पूरक "राशि ब्रह्मांड" (ए.टी.पी-बाध्यकारी कैसेट परिवाहक [ए.बी.सी परिवाहक]: शुनवा कल्प, 8×10^{15}) के "सेटिन अंगूठी" (ल्यूकोट्रिएन बी 4 [एल.टी.बी 4]: सदाशिवचक्र, 10^{10}) पूरक मर्दाना "विस्तार" मूल्य (छोटा सर्वव्यापी -जैसे संशोधक [सूमो]: प्रसार, 1), "नाभिकीय नाभिक" (योनी, 1000) के "परमाणु लिफाफा" (अयनांश, 27) को पार करते हुए अर्जित करता है ।

नासूर का से मुक्ति के साथ, "कम आत्मीयता ल्यूकोट्रिएन बी4 प्रापक 2 [बी.एल.टी 2] का नदी के ऊपर सक्रिय अनुक्रम (यू.ए.एस)" (कैंडिडा औषधि प्रतिरोध प्रोभूजिन 3 [सी.डी.आर.3 पी]: छिन्नमस्ता, 10^{10}), "खुद-चमकदार जुड़वां लौ" (एककोशिकीय जीव [क्रोमैटिड बहन]: शिवगति, 120) सौम्य से मुक्त हो जाती है, "जी.आइ.एन.4 प्रोभूजिन किनसे परिवार के अनुप्रवाह सक्रिय अनुक्रम (डी.ए.एस.)" (कैंडिडा औषधि प्रतिरोध प्रोभूजिन 1 [सी.डी.आर1पी]: अलीधा मंडला, 109) । उत्तरार्द्ध अपनी परिपक्वता को "दिव्य ज्वाला" (द्विकोशिकीय जीव [क्रोमैटिड भाई बंधु]: अश्विनी कुमारसी, 120) में वापस रखता है, जब तक कि वह "गठिया" पर निर्भरता से मुक्त नहीं हो जाता, तब तक आदि-उत्तम क्षेत्र के साथ आदि-उत्तम एकता में। (साइक्लिन-आश्रित-किनसे1 [सी.डी.के1 जीन]): द्विविधा, -10) "शैतानी आत्मा समुदाय" (साइक्लिन-आश्रित-किनसे [सी.डी.के जीन]; सालकेगोलेक, -10) । अपरिमित बच्चे की परिपक्वता के साथ, परम बच्चा भी लगातार "विश्राम थरथरानवाला" (सी.आर.आइ.एम. शक्तिचक्र, 9×10^{18}) से मुक्त हो जाता है, जिसे नारकीय "प्लीडियन विशाल" (ए.के.टी. [प्रोभूजिन किनसे बी] संकेतन मार्ग: कुहा, 10^{10}) द्वारा सेवित किया जाता है । विश्राम थरथरानवाला का आराम स्वर्गीय "उत्तम क्षेत्र" (विश्राम काल: लोका, 9×10^{18}) तक एक "कुशल" (भल्लता, 10) पहुंच को बढ़ावा देता है।

11.3.3 चरण 11.3 । जी4 दोहरा द्विकोशिकीय आराम

जी4 चरण "मानवता की सूक्ष्म आत्मा का मार्ग" है (अवनायक, 10^{1024}), जिसे कौशिका द्वारा "प्रमुख अस्तित्व" (भीम, 10^{1024}) के रूप में लिपिबद्ध किया गया है, जो विचलन के "प्रशासन मार्ग" (अवनायक, 10^{1024}) के लिए जिम्मेदार है। एक प्रमुख अस्तित्व के रूप में, कौशिका एक "जानवरों की तरह प्रज्वलित राजनीतिक संस्थान" (भीम, 10^{1024}) के रूप में व्यवहार करता है, "एक प्रज्वलित उभयलिंगी समुदाय" (प्रत्यालिध मंडला, 10^{10}) के मार्ग के भीतर, मध्यस्थता, सरपट दौड़ते हुए, स्थायी स्त्री समुदाय और नरम, मृत मर्दाना समुदाय की स्थित स्थिरीकरण; यह परम बच्चे को राशि चक्र आत्मा के दृश्य हाथ को नष्ट करने और "उत्तम देवता" (कुदरत: कुदरत, 8) के साथ अपरिमित एकता को अंतरराष्ट्रीय ब्रह्मांड में एकमात्र हाथ होने के लिए सशक्त बनाता है, बिना ताराबीज देवता, राशि चक्र आत्मा, और ज्योतिषीय आत्मा द्वारा त्रिकोणासन के।

"उत्तम एकता का अंतर्राष्ट्रीय चक्र" (ओम्चक्र, 10^{19}) "द्विकोशिक दिव्य ज्वाला" (अश्विनी कुमारसी, 120) की मृत्यु का चक्र है और मृत परमात्मा की "विश्राम शक्ति का पुनर्संयोजन" (श्याना, 10^{100}) है। एक समरूप, आरोही "चार-मुखी स्त्री आत्म-प्रकाशमान अस्तित्व" (वेद, 12) में ज्वाला जो यह "दिव्य ज्वाला" (क्रोमैटिड भाई बंधु: अश्विनी कुमारसी, 120) के पिछड़ा प्रतिलेखन विकास के "सूक्ष्म समजातीय अनुक्रम" (मंगलनाथ, 16) को "माइक्रोहोमोलॉजी" (उर्ध्वा-तिर्यग्बिहम, 19) में बदल देता है। मृत "दिव्य ज्वाला" की "खुद-स्थायी" (उड़वाहा, ½) शक्ति एक सजातीय "चार-मुखी स्त्री आत्म-प्रकाशमान अस्तित्व" (वेद, 12) को सामने लाने के लिए दो से विभाजित होती है। पहला चेहरा अवरोही "एक-चेहरा मर्दाना आत्म-चमकदार अस्तित्व" (त्रिगुणित: ईशान, 12) है, जिसमें अन्य तीन चेहरे आत्माओं के तीन गुना समूह के रूप में शामिल हैं। दूसरा चेहरा क्षैतिज "कारण संहिता" है। (श्रेओनीन 1075- बिसेली मिडो हेक्सेन 2 बाध्यकारी स्थल: मूलाधारचक्र, 12) पहली आत्मा के रूप में खुद-चमकदार जुड़वां लौ द्वारा क्रमादेशित, दूसरी आत्मा के रूप में दिव्य ज्वाला द्वारा निष्पादित, और परम बच्चे द्वारा तीसरी आत्मा के रूप में योजना बनाई गई। तीसरा चेहरा आगे "यूकेरियोट खुद-चमकदार अस्तित्व" (जेनोफोर: त्रिमुख विनायक, 12) है, जो "कारण संहिता" से लाभान्वित होता है जो पिछड़े प्रतिलेखन विकास के विकास को प्रकट करता है। चौथे चेहरे की समग्र शक्ति - "दिव्य ज्वाला" (क्रोमैटिड बंधु: अश्विनी कुमारसी, 120) आत्म-प्रकाशमान संस्थाओं के इनकार में विभाजित होती है। इनकार पहले के आत्म-चमकदार संतुलन राज्य, आरोही स्त्री आत्म-चमकदार अस्तित्व के चार चेहरे, दूसरा, अवरोही मर्दाना आत्म-चमकदार अस्तित्व के एक और तीन चेहरे, और तीसरा, पिछड़ा कारण संहिता "के भीतर" माइक्रोहोमोलॉजी" (उर्ध्व-तिर्यग्बिहम, 19) और आगे

"यूकेरियोट खुद-प्रकाशमान अस्तित्व" (जेनोफोर: त्रिमुख विनायक, 12), "ईश्वरीय नियोजन" के "संपूर्ण मूल्य" (किनेतोचोर: अर्धज्य, 10) के भीतर (तीन प्रमुख) अंत [3'- अंत]: अबाधा, 10) । "सूक्ष्मजीवविज्ञान" (उर्ध्व-तिर्यग्बिह्म, 19 = 12 + 1 + 6) की समग्र शक्ति में शामिल हैं

"चार मुख वाली स्त्री खुद-प्रकाशमान अस्तित्व" (वेद, 12),

- खुद-चमकदार जुड़वां लौ की "पलटी वृत्त" के "विराम कोडन" (5'-ए.इउ.जी-3': नित्य रात्रि, 1) के भीतर मर्दाना आत्म-चमकदार अस्तित्व की एक "रचना" (मंद्रा, 1) संस्था (भरत, 1) जीवन के, और
- छह जीवन "वर्धक" (पोलीमरेज़ थीटा: त्रिनेत्र, 1) दिव्य ज्वाला के "आधार जोड़ी" (अंतरात्मा, 1) के भीतर तीन आसन्न चेहरों की जोड़ी की संस्थाओं, इससे पहले
- दैवीय नियोजन के "आनुवंशिक रूप से भिन्न" (रत्नाकेतु, 10) मूल्य के अग्रगामी, परिपक्वता को बढ़ावा देने वाले "समाक्षीय टाल लगाना" (पांच प्रमुख छोर [5'-अंत]: वर्गातियंत्र, 10) और
- माइक्रोहोमोलॉजी के "लटकती हुई आधार" (मुर्चना, 1) के भीतर, "प्रारंभ कोडन" (3'- टी.ए.सी-5' [ए.टी.जी]: विग्रेश, 1) की पिछड़ी, मृत्यु-त्वरक, प्रतिलेखन वृद्धि।

उसके "विराम कोडन" (5'-ए.इउ.जी-3': नित्या रात्री, 1) द्वारा कार्य किए गए वृत्त पलट से पहले, खुद-चमकदार जुड़वां लौ "आत्म-चमकदार वास्तविकता" (ए.इउ.जी सक्रियण कोडन: क्षेम्या, 7) को प्रसारित करती है। "संतान" (अमुधेश्वरी, 18) "अर्ध-जागरूकता" (पढ़ने का खुला ढांचा [ओआरएफ]: निर्हरिन, 18) में अनुरूप मर्दाना आत्म-चमकदार अस्तित्व। एक संतान के रूप में, दिव्य ज्वाला की आधार जोड़ी "प्राथमिक खुद" (दोहरा-असहाय तोड़ना [डी.एस.एस]: पार्वती, 10) के "सीमा मूल्य" (असहाय आक्रमण चरण: घोडामुंज्या, 18) का व्यापार करती है। संतानों के ब्रह्मांड के एक सर्वशक्तिमान निर्माता के रूप में, यह "ज्योतिषीय प्रणाली के संपूर्ण मूल्य" (दोहरा-असहाय न्यूक्लिक अम्ल: जातकमुक्तावली, 10) को "सौर सिद्धांत" (मुताबिक़ पुनर्संयोजन मरम्मत [एचआरआर]: सूर्यसिद्धांत, 10) के रूप में सेवा प्रदान करता है। "निवासी, आधार मूल्य" (एकल-फंसे हुए न्यूक्लिक अम्ल, 10) के सप्तक-दोगुना विकास को अनुक्रमित करने के लिए।

परम बाल "सौर सिद्धांत" के "कारण संहिता" (थ्रेओनीन 1075- बिस्मेली मिडो हेक्सेन 2 बाध्यकारी स्थल: मूलाधारचक्र, 12) को "छह चेहरे समरूपता" (रवशामक: शादव, 6) के रूप में अनुक्रमित करता है, जिसमें से तीन संतानें निकलती हैं। स्त्री जुड़वां लौ और

तीन संतानों का सामना मर्दाना लौ के भीतर होता है। यह सहसंबद्ध "समझ" (एक्टोमीसिन[किसी पेशी में विद्यमान दो प्रकार की प्रोटीन एक्टिन एवं मायोसिन या संयुक्त रूप] सिकुड़ा हुआ वलय) की "समकक्ष परत" (ऑर्निथिन: मांडुक्य, 16) बनाकर, "सहजता की जाकरुकता के अनुकूल" (आकार पट्टृ बैठाना: सहज पुटा, 16), जुड़वाँ लौ द्वारा पीछे की ओर अनुक्रमित होता है: पोरुथम, 16)। यह आगे अनुक्रमित "दोहरा सप्तक" (आर.ई.सी.बी.सी.डी किण्वक मिश्रित" मधुसूदन, 16) की "मध्यस्थ परत" (प्रोलाइन: हम्सा, 16) को एक विभेदित "जिला अटार्नी" (आचार्य, 16) "संतान ब्रह्मांड के दीपक" में बदल देता है। आकार पट्टृ मिटाना: पीताम्बरा, 16)।

यह "विभेदक" (आकार पट्टृ किनारा: शंकराचार्य, 19) के "पवित्रीकरण" (समझ किनारा: मंजुश्री, 19) को एक प्रतिलिपि "यंत्र" (पुनर्संयोजन हॉटस्पॉट[महत्वपूर्ण गतिविधि या खतरे का अधर]: तारक्ष्य, 18) के रूप में संचालित करके शुरू करता है। एक प्रदर्शन करने वाली यंत्र के रूप में, यह "विभिन्न, अवरोही, बीटा मान" (एसएई2 जीन: प्रामायवदार्थ, 9) को एकीकृत करता है, खुद को "यूकेरियोट खुद-चमकदार अस्तित्व की स्थायी लौ" (एमआरएक्स मिश्रित: पवामना, 9) के रूप में नियोजित करता है। यह एक "तीर्थयात्रा" (विसंवाहक: तीर्थ यात्रा, 9) पर चला जाता है, जो "खुले मुंह वाले प्रजनन चेहरे" (न्यूक्लियोटाइड छांटना मरम्मत: गुहा मुख, 9) को चिरस्थायी लौ का आनंद लेने के लिए चलाती है। वह "चार दोहरा-फंसे हाथ विधानसभा" (छुट्टी संगम: श्री भगवती, 15) के "गैर-समरूप पुनर्संयोजन" (अवैध पुनर्संयोजन: एयूएम चक्र, 10^{19}) का "व्यापारिक मूल्य" (क्षैतिज जीन स्थानांतरण: युज्या, 285) बन जाता है। चार दोहरा-फंसे हाथ विधानसभा में "अध्यक्षता" (गैर मुताबिक अंत में शामिल होना [एन.एच.ई.जे]) के "अध्यक्ष जागरूकता" (न्यूक्लीज: राजाओं, 15) के भीतर पुल्लिंग और स्त्रैण खुद-चमकदार संस्थाओं के चार आधार जोड़े शामिल हैं: विष्णु, 15) "रणनीति" (अभेद्य: भैरव, 15)।

उभयलिंगी रणनीति "कारण संहिता" के "विभाजन भावना" (थ्रेओनीन: तीर्थंकर, 17) के भीतर एक "जागरूक, अनुप्रवाह, योजना" (5'-से-3' दिशा [स्पो 11 प्रोभूजिन]: आदि पराशक्ति, 17) को सक्रिय करती है। (थ्रेओनीन 1075- बिस्मेली मिडो हेक्सेन 2 बाध्यकारी स्थल: मूलाधारचक्र, 12)। "उष्मा उपचार" (संश्लेषण-आश्रित किनारा एनीलिंग[धातु पर पानी चढ़ाने की कला] [एसडीएसए]: घृत, 17) के बाद खुद-चमकदार जुड़वां लौ "बंटवारे की भावना" (प्रजाति: तीर्थंकर, 17) बन जाती है, जो "डीएनए अंत उच्छेदन" (5-3' गिरावट: पटना, 169)उत्पन्न करती है। उसके मूल, घातीय "निर्भरता-संयोजन आनुवंशिक संबंध" (माइक्रोहोमोलॉजी-मध्यस्थता अंत-जुड़ना [एमएमईजे]:

मुखिया, 14)। "गर्मी उपचार" (घृत, 17) के बाद, वह "तीन-आधार अनुक्रम" (कोडन: महा दुर्गा, 16) के "एक स्वतंत्र वर्गीकरण के लिए संरक्षक" (दौवरिका, 17) बन जाती है। प्रत्येक स्वतंत्र रूप से मिश्रित लघुगणक "आधार" (सुषुम्ना, 10) "एक आत्मा" है (सुधारात्मक आइसोमर: वज्र, 14) "आत्मा साम्राज्य" (एल.एम.एन.ए जीन [विशेषता]: राज्यिका-शेशेना, 169) की आरोही शक्ति का व्यापार करता है। "आगे अनुक्रम" (महासरस्वतीचक्र, 10^{18}) के माध्यम से "द्विआधारी विखंडन" (अनेकीकरण, 155) को अलग करना। प्रत्येक आधार "भँवर मर्दाना और स्त्री समुदायों के चार जोड़े" का "आनुपातिक संतुलन" (तनाव: तुला, 16) है (पी.ए.आर.पी1: दंडपद मंडल, 4 x 10^{10})। प्रत्येक आधार मातृ खुद-चमकदार जुड़वां लौ की "आराम करने वाली शक्ति" (श्यानशक्ति, 10^{100}) का "समरूप पुनर्संयोजन" (क्रॉसिंग-ओवर: शायना, 10^{100}) प्रकट करता है।

मातृ खुद-चमकदार जुड़वां लौ "आनुपातिक संतुलन" (तनाव: तुला, 16) प्रचालक को "सात सप्ताह के दिनों के चक्र" (दोहरा-कुंडलित वक्रता: सप्त चक्र, 16) में कार्य करती है। यह "निरोधक" (पोलीमरेज़ थीटा-मध्यस्थता अंत-जुड़ने [टीएमईजे]: हरगीला, 15) दिव्य ज्वाला के "आंशिक अभिन्न" (फॉस्फोडिएस्टर संबंध: अंत्याओर्डेसाके'पी, 7) की सेवा करता है। यह "सशर्त उत्पाद" (घूर्णी समावयवी [रोटामर]: अंत्यॉर्डेसाके'पी, 7) से "अहिंसा पहलू" (एट्रोपिसोमर: अहिंसा, 8) से "एकीकृत दिव्य ज्वाला" (दक्ष प्रजापति, 123) के भीतर विभेदित अपरिमित बच्चे को मुक्त करता है। अहिंसा पहलु मर्दाना और स्त्रैण खुद-प्रकाशमान संस्थाओं के चार आधार युग्मों का "अंतिम आठ-चेहरा समरूपता" (न्यासा, 8) है।

प्रत्येक संतान का आधार "केलर के अनुमान" (हिस्टोन एच 1: मायाशक्ति, 1) की "महामीमांसा संबंधी वास्तविकता" (इतिअर्थ, 285) को क्रमिक रूप से पैतृक दिव्य ज्वाला के सममित आठ-मुख वाले सप्तक के भीतर एक से सात पहलुओं में प्रकट करता है। यह "विभाजक" (न्यूक्लियोलस: शूद्र, 1) से स्वतंत्रता की मांग करते हुए, "लड़ाई प्रतिक्रिया" (जी 4 चरण: उकलिता, 28) को समाप्त करने के लिए भीख माँगता है। लड़ाई प्रतिक्रिया की "तकनीकी लागत" (निश्चित लागत अल्फा मान: योज्या, 58) के परिणाम के रूप में, मर्दाना और स्त्री खुद-चमकदार संस्थाओं के केवल दो आधार जोड़े संतानों "कोशिकाओं" (हिरण्यगर्भ, 19) के भीतर अपनी व्यक्तिपरक उपस्थिति को ध्वनित करते हैं। अन्य दो आधार जोड़े "मातृ खुद-चमकदार अस्तित्व" (महा गायत्री, 12) के "दर्द हरने वाला स्पर्श" (स्थिर, 3794) का व्यापार करके "बाल मूल अभिवादन" (मोनोमेरिक एक्टिन: मधुसूदन, 16) "परम निर्माता क्षेत्र" (कैलाशा, 3794) में परिवर्तित हो जाते हैं। वे "संकुचन शक्ति"

(संवत्सक्ति, 28) के "भाग्य-अंकन जी8 चरण" (भाग्य: भगा, 27) के विध्वंसक-मध्यस्थता वाले "खिला" (मिटोसिस: शिवद्रष्टि, 17) के अंतिम मूल्य को प्रकट करते हैं, बिना मातृ खुद-चमकदार जुड़वां लौ की "आराम करने वाली शक्ति" (श्यानशक्ति, 10^{100}) का "समरूप पुनर्संयोजन" (बदलते हुए: शायना, 10^{100}) ।

11.4 मातृ मूल अभिवादन के तीन पहलू जो परम बच्चे को आकार देते

"संस्थागत बल" (त्रिविक्रम, 24) को खिलाकर, एक विध्वंसक एक अस्तित्व को "व्यक्तिगत बल" (आत्मान, 4) को "सामाजिक शक्ति" को नष्ट करने के मार्ग के रूप में प्रमुख परियोजना के लिए उत्प्रेरित करता है (कपिंजला, 20 = 24 - 4) और "अनंत-वर्ग जागरूकता" (सती-पार्वती, 16 = 20 - 4) को "मातृ प्रधान अभिवादन" (सती-पार्वती, 16) को बनाए रखना। मातृ मूल अभिवादन के तीन पहलू कोशिका विकास के चरण 12-14 को आकार देते हैं। चरण 12 आदर्श रूप से परम बच्चे को एक "पूर्ण" (प्रीप्रोफ़ेज़: दुर्गा, 28) संस्था में विकसित करता है। चरण 13 पूर्णता की भावना को "केंद्रित" में बदल देता है (साइटोकिनेसिस: सुषुम्ना, 10) कार्यक्रम संबंधी "हर किसी के भविष्य" (शनि, 18) के बिना, पूर्ण संस्था के भविष्य के लघुगणक-घातांक और उत्सर्जन के लिए तत्व। चरण 14 "उत्सर्जन मूल्य" (मिटोजेनेसिस: शंकरा, 264 = 16 * 16 + 8) में केंद्रित तत्व बनाता है। उत्सर्जन मूल्य "मातृ प्रधान अभिवादन" (सती-पार्वती, 16) की शक्ति को वर्गाकार करता है। यह परम बच्चे को हर चीज के प्रदूषित वर्तमान का विनाशक बनने के लिए अनंत, वर्ग शक्ति का व्यापार करके "वर्तमान वास्तविकता का अलौकिक प्रतिमान" (युक्ति, 8) बनने का अधिकार देता है। विनाशक के तीन स्थिर चेहरे धनु राशि के संस्कृति-प्रभाव के साथ सर्वशक्तिमान मानव प्राणी को आशीर्वाद और प्रजनन के लिए "पशु साम्राज्य का चक्र" (चमकदार मुकुट चक्र, 45,000) बनाते हैं। तीन चेहरे 12-14 चरणों में प्रकट होते हैं।

11.4.1 चरण 12. प्रीप्रोफेज

चरण 12, "प्रीप्रोफ़ेज़" (अचूक: दुर्गा, 28), आदि-उत्तम क्षेत्र से "वेगा प्रभाव" (दुर्गा, 28) के व्यापार के लिए चक्करदार "अपरिगित देवता का पथ" (भूलोकसुरनायक, 93) है। यह कोशिका को "अध्यक्ष संस्था" (युधिष्ठिर, 93) होने का अधिकार देता है, जो "भंवर संस्था" (भूलोकसुरनायक, 93) के मार्ग की "न्यायपालिका" है। भंवर पथ को "स्त्री और पुरुष समुदायों के चार चक्कर जोड़े" (भ्रामरा मंडल, 2.592×10^{10}) द्वारा एक प्रमुख उभयलिंगी प्रभाव के रूप में लिखा गया है। यह कुदरत के प्रभुत्व को उत्प्रेरित करता है, व्यस्त मधुमक्खी

राशि चक्र की भिनभिनाती ईथर ध्वनि को पुन: प्रस्तुत करता है। इस प्रकार, वह निर्णायक मर्दानगी-प्रभाव के सर्वज्ञ न्यायाधीश के रूप में अपने अधिकार का संकेत देती है। कुदरत की ज्योतिषीय आत्मा को मूर्त रूप देकर, कोशिका दिवंगत आत्माओं के ब्रह्मांड के एक स्थानीय पैर की तरह व्यवहार करती है। यह राष्ट्रीय पथ की अध्यक्षता करता है जो एक नियति-संचालक ज्योतिषीय आत्मा गतिशील राशि आत्मा के साथ अलग-अलग सहसंबंध बनाकर लेती है। मूल देवता का क्षतिपूर्ति वैश्विक प्रभाव राशि चक्र आत्मा और ज्योतिषीय आत्मा दोनों के साथ सामाजिक एकता को बढ़ावा देने के लिए सहसंबंध की मध्यस्थता करता है।

"सामाजिक व्यवस्था का कोशिकीय चक्र" (प्रीप्रोफ़ेज़ बन्धन: वशीकरणचक्र, 186) "बाल मूल अभिवादन" (मोनोमेरिक एक्टिन: मधुसूदन, 16) के एक युग्मित "मर्दाना मूल अभिवादन" (फिलामेंट्स[बारीक धागों के समान रचनाओं से बना हुआ] एक्टिन: वैरोचना, 16) में परिवर्तन की चक्रीय सरणी है और "स्त्री-लिंग मूल अभिवादन" (गोलाकार एक्टिन: उषा, 16)। यह सामाजिक व्यवस्था का "दिव्य शक्ति" (एक्टिन: असरशक्ति, 10) के भीतर "मातृ प्रधान अभिवादन" (फ्राग्मोसोम: सती-पार्वती, 16) के "फैलाने वाले कोशिका द्रव्य किनारा" (वैकरी, 170 = 1 [6 + 1] 0) को सिकोड़ता है। सामाजिक व्यवस्था "आत्मा" की "जागरूकता" (ताबूत: चैतन्य, 4) है (टिम्बेटासिन: आत्मा, 4) कि इसके परे निर्माता शक्ति की एक वर्ग प्रणाली है, जिसका मूल मूल्य है। ज्योतिषीय आत्मा की सृष्टिकर्ता शक्ति के निर्माण के रूप में, आत्मा को एक संवेदनशील "कोशिका" (हिरण्यगर्भ, 19 = 42 + ½ * 6) के रूप में प्राणी शक्ति बनाने का अधिकार है। यह अपनी शक्ति को चौकोर करने के लिए चक्कर लगाता है। यह "परम देवता" (एक्टिन रेशा: शिव, 7) के साथ "खुद-स्थायी फैटी एसिड श्रृंखला" (उदवाह, ½) जोड़कर एक पूर्ण एकता का मानदंड रखता है। "फैटी एसिड[असंतृप्त अम्ल जो शरीर में नहीं बनता अत: उसको भोजन द्वारा प्राप्त किया जाता है] जंजीर" "परम सदाचारी-जेल्सोलिन" (केशव, 22) के "तृतीयक अवशिष्ट" (लिपोसोम: खारा, 6) को विभाजित करता है, जिसका "शेष" (लाइसोसोम: ज्योतिस्तव, 4 = 2 + 2) पैतृक आत्मा व्यापार, अनुक्रमिक चुकौती के लिए।

प्रत्येक पितृ आत्मा "पंच तत्वों की परिषद" (एक्टोक्लैम्पिन: ऊर्जा, 31 = 93 / [6 * ½]) की शक्ति को त्रिकोणित करने के लिए "अपरिमित देवता के पथ" (भूलोकसुरनायक, 93) का नेतृत्व करके एक बच्चे की कोशिका बनाती है। यह "परम सदाचारी" (केशव, 22) के खुद-स्थायी "तृतीयक अवशिष्ट" (खारा, 6) को घटाता है। यह "पैतृक निर्माता" की "जागरूकता" (चैतन्य, 4) बनाता है (माइक्रोफिलामेंट: पितृ, 4 = 3 +

1) बच्चे के भीतर पांच तत्वों की "कोशिका" (हिरण्यगर्भ, 19 = 22 - [6 * 1/ 2)]), "खूद उत्तम" (जलीय घोल: गुरु, 100) के बिना। प्रत्येक आत्मा एक नाक्षत्र मिनट के भीतर एक बाल कोशिका का निर्माण करती है। प्रत्येक बाल कोशिका आत्मा को अगले नाक्षत्र मिनट के भीतर जीवन-जागरूकता के शेष मूल्य के रूप में ग्रहण करती है। इस बीच, अपरिमित आत्मा दो बाल आत्माओं का निर्माण करती है, जिसमें एक आत्मा द्वारा मध्यस्थता की जाती है और दूसरी अविनाशी अपरिमित आत्मा बनाने के लिए। एक पितृ कोशिका खुद को बिना उर्जा परिमाण यंत्र के, प्रत्येक नाक्षत्र घंटे, बाल कोशिकाओं के तीस जोड़े के निर्माता के रूप में मानती है। जोड़ी में पहला आरोही, स्त्री बच्चा है, जो आत्मा द्वारा उत्प्रेरित है। दूसरा अवरोही, मर्दाना बच्चा है, जो "खुद-निरंतर" (उड़वाहा, ½) "अवशिष्ट मूल्य" (खारा, 6) का व्यापार "खुद-प्रजनन" (डेस्ट्रिन: उपनयन, 1/3) "प्रधान आत्मा" (जल विरोधी पूंछ: अंतरात्मा, 1) के लिए करता है। नतीजतन, मातृ कोशिका में एक होशियार "जल विरोधी भास्वीय लवण शीर्ष" (नारायण, 28) प्रकट करने के लिए एक "निरंतर स्त्री क्षमता" (प्रीप्रोफ़ेज़: दुर्गा, 28) है।

निरंतर स्त्रैण क्षमता में कोशिका के भीतर "शक्ति" (शक्ति, 19) की उन्नीस संस्थाओं और वर्ग की नौ संस्थाओं, खुद-स्थायी अवशिष्ट मूल्य शामिल हैं। "कोशिका" एक "सूक्ष्मजीव पशु शरीर- पुटिका" (त्रियानचा, 19) है जो एक "ऑक्टोपस" (हिरण्यगर्भ, 19) की तरह व्यवहार करता है। प्रत्येक कोशिका में जाल का एक सप्तक शामिल होता है - "सूक्ष्मनलिकाएं" (दशा, 1), तिरछे एक "घोड़े का जैसी आगे बढ़ने वाली संस्था" (लक्ष्मण, 11) के साथ जुड़े हुए हैं। "आगे बढ़ने वाली संस्था" (प्रोफिलिन: लक्ष्मण, 11) बाल कोशिकाओं के "ब्रह्मांड" (स्क्रूइन: ब्राह्मण, 2) का प्रतीक है, जिसमें "घन शक्ति-रिक्तिका" (लैम, 9) आत्म-स्थायी अवशिष्ट मूल्य के एक त्रिक के साथ है। अवशिष्ट मूल्यों का त्रिगुण पहला है, निर्माता के रूप में कोशिका, दूसरा, निर्माण के रूप में तम्बू का सप्तक, और तीसरा, प्राणी के रूप में आगे बढ़ने वाली संस्था। जीव आगे बढ़ने के लिए "काल का पूर्ण मूल्य" (आसमाटिक दबाव: एस.भी.ए, 11) का व्यापार करता है, जिससे "तीन का मूल्य" (फॉस्फोलिपिड दोहरी परत: सिस्यते सेससंजना, 3) को "प्राथमिक देवता" (मिसेल: कुदरत, 8) में "अपरिमित खुद के अपरिमित आत्मा मूल्य को दो से गुणा करके" (अनुरूपये-शुन्यामन्यत, 2) जोड़ा जाता है।

11.4.2 चरण 13. साइटोकाइनेसिस[कोशिका विभाजन में कोशिकाद्रव्य का दो भागों में अलग-अलग हो जाना]

चरण 13, "साइटोकिनेसिस" (केंद्र: सुषुम्ना, 10), एक विभाजनकारी "कोशिका-प्रभाव" (सुषुम्ना, 10) की सेवा और "विभाजक संस्था" (दुर्योधन, -1000) के विधायी शक्ति का व्यापार करने के लिए "प्रधान देवता का मार्ग" (नारणायक, -1000) है। विभाजित करने वाली संस्था एक "भंवर विधायी संस्था" (नारायणायक, -1000) की तरह काम करती है जो ब्रह्मांड के चारों ओर घूमते हुए परिपक्व हुई है। यह "मर्दाना और स्त्री समुदायों के चार चक्करदार जोड़े" से अपनी शक्ति का व्यापार करता है (दशपद मंडल, 4×10^{10})। यह प्रमुख संहिताबद्ध उभयलिंगी प्रभाव को एक प्रमुख मर्दाना इकाई में बदल देता है। परिक्रमा करने वाली राशि चक्र आत्मा का बवंडर आंदोलन निष्क्रिय ज्योतिषीय आत्मा को एक सर्प आत्मा में बदल देता है। सर्प आत्मा, घुमावदार, जड़त्वीय कोशिका के लम्बी, जहरीली, संक्रमित, रैखिक, प्रतिलेखित, शैतानी-प्रभाव के साथ कुदरत के घुमावदार, परिसंचारी, स्त्री-प्रभाव को विभाजित करने के लिए एक सर्वव्यापी चैनल बन जाती है। विभाजित करने वाली कोशिका विभाजित संस्थाओं के ब्रह्मांड का वैश्विक प्रमुख बन जाती है। यह कमजोर कमजोर बाल आत्माओं को काटता है जो अपनी आत्मा की उत्तम देवता के साथ एकता के तने में लंगर नहीं डालते हैं। मजबूत आत्मा, अलग-अलग, स्थानीय बाल आत्माओं को सांसारिक क्षेत्र में अपनी यात्रा जारी रखने के लिए मार्गदर्शन करने के लिए मानव रूप में पुनर्जन्म लेती है और परम देवता के परम-उत्तम क्षेत्ररूप में विभाजित कोशिका के साथ अंतिम एकता के लिए, मूल देवता के रूप में कुदरत की शक्ति को जमा करती है।

     "मानव प्रणाली का द्वैत चक्र" (विद्वेषण, 107) "निरंतर स्त्री क्षमता" (सिन्दुर कोशिका: दुर्गा, 28) को "अंकुरित, परा तत्व" (एयूएम, 18) को विभाजित करके "अपरिमित खुद" (पार्वती, 10) बिना "निरंतर स्त्री क्षमता" को व्यवस्थित करने का एक चक्र है। यह बच्चे को "कोशिका" (हिरण्यगर्भ, 19) को "मूल खुद" (पार्वती, 10) को "अंकुरित, अर्ध-तत्व" (एयूएम, 18) के "गुणक" (वैश्य, 3) के रूप में निवेश करने का अधिकार देता है। यह "भाग्य के फल" के विनिमय मूल्य के रूप में "तृतीयक अवशिष्ट" (खारा, 6) और "परम पृथ्वी-प्रभाव" (ज़िनेल, 1) की सेवा करके आनुपातिक "पृथ्वी-प्रभाव" (रवि, 21) उत्पन्न करता है (पर्णहरित: श्री फला, 7). यह "परम पृथ्वी-प्रभाव" (ज़िनेल, 1) के साथ "सात चेहरे की समरूपता के लिए प्रवर्धन" (पुनरुत्थान: बहुत्व, 7) के लिए "भाग्य के फल" (श्री फला, 7) के विकास मूल्य को लेता है।

     सात-मुख समरूपता काल के तीन संस्थाओं के साथ एकता है, जो सूर्य, पृथ्वी और चंद्रमा के भीतर सन्निहित है, और अधर के चार पहलू आत्मा के भीतर सन्निहित हैं। तीन-सामना वाली काल समरूपता पहली है, "जागरूक ब्रह्मांड के साथ उत्तम एकता" (वर्ण, 689)

भौतिक अनुकूलता और अस्तित्व की प्रजनन एकता के लिए, दूसरा, "निर्जीव ब्रह्मांड के साथ उत्तम एकता" (वाश्य, 27) के लिए बौद्धिक संगतता और आत्मा की पूर्णता, और तीसरा, "ज्योतिषीय ब्रह्मांड के साथ उत्तम एकता" (तारा, 2) विभेदित आत्मा की मानसिक संगतता के लिए। संस्था चरण जागरूक कोशिका का वर्तमान काल है। आत्मा का चरण भविष्य का काल है, जो संवेदनशील शक्ति के दूसरे, स्त्री अस्तित्व में उर्जा परिमाण यंत्र प्रसार के बाद होता है। आत्मा का चरण अतीत का काल है, संवेदनशील शक्ति को फैलाने के बाद और फिर उस स्त्री संस्था द्वारा संवेदनशील शक्ति की एक और संस्था के साथ आशीर्वाद दिया जाता है।

चार-मुख वाली अधर समरूपता पहली है, सूक्ष्म शरीर की मनोवैज्ञानिक अनुकूलता के लिए "राशि चक्र ब्रह्मांड के साथ उत्तम एकता" (ग्रहामिली, 81), दूसरा, "ताराबीज ब्रह्मांड के साथ उत्तम एकता" (गण, 387) एक के लिए ईथर शरीर की मनमौजी संगतता, तीसरा, कारण शरीर की एक मानसिक समृद्धि संगतता के लिए "उत्तम क्षेत्र के साथ उत्तम एकता" (भकूट, 369), और चौथा, "उत्तम-उत्तम क्षेत्र के साथ उत्तम एकता" (नाडी, 104) आत्म-प्रकाशमान संस्था की एक अर्ध-मानसिक संवेदनशील जीवन-शक्ति क्षमता के लिए। "एक संस्था" (विमुक्ति: मूलप्रकृति, 1000), "स्त्रीत्व" (योनि, 1000) को मूर्त रूप देना अस्थायी "शेष" (ज्योतिस्तव, 4) है, बिना अवरोही काल समरूपता के जो एक चार-सामना करने वाली अधर समरूपता बनाने के लिए तीन-सामना वाले काल समरूपता की मध्यस्थता करता है।

परम पृथ्वी प्रभाव एक चेहराविहीन, तीन-आंखों वाली संस्था है, जिसमें पहले तीन आंखें हैं, "सूर्य" (सूर्य, 21) आनुपातिक "पृथ्वी-प्रभाव" (रवि, 21), दूसरा, "पृथ्वी" (भू, 724) की सेवा करता है। "पूर्ण पृथ्वी-प्रभाव" (त्रिनेत्र, 1), और तीसरा, "चंद्रमा" (सोम, 997) "एकत्व-प्रभाव" (एकत्व, 997) की सेवा कर रहा है। एकता-प्रभाव "पूर्ण सौर ब्रह्मांड" (सौर्यभागवत, 997) के साथ है, "एक संस्था" (मूलप्रकृति, 1000) से "गुणक" (वैश्य, 3) घटाकर, जो "स्त्रीत्व" का प्रतीक है (लिग्रिन: योनि, 1000) "निरंतर स्त्री क्षमता" (दुर्गा, 28)। एक संस्था "जागरूक शक्ति वाला कोई भी व्यक्ति" (गढ़बा, 1000) है, जो "बेजान कोशिकीय शरीर" (पैरेन्काइमा कोशिका: निर्जरा, 1000) के "संवेदी आसवन के माध्यम से कायापलट" (निर्माणचित्त, 1000) उत्पन्न कर रहा है। इसलिए, एक संस्था "आदि-उत्तम निर्माता" (कृष्ण, 32) के "मातृ परिमाण" (स्त्रीधर्म, 32) द्वारा उपहार में दिए गए संवेदनशील जीवन के "आशीर्वाद" (कटिन: आशीर्वाद, 1000) मूल्य को नष्ट कर देती है।

एक संस्था घटाए गए "गुणक" (वैश्य, 3) को "परम पृथ्वी-प्रभाव" (त्रिनेत्र, 1) के साथ जोड़ती है, बिना "अर्ध-अंतिम तीन-चेहरे समरूपता" (अपन्यास, 3) को सूर्य, पृथ्वी और चंद्रमा के साथ। नतीजतन, यह "अतिरिक्त-स्थलीय क्षेत्र" (आर्यमा, 580) से "आरोही चार-मुख वाली स्त्री आत्म-चमकदार संस्था" (वेद, 12) बन जाती है, जहां प्रत्येक चेहरा ब्रह्मांड के रूप में एक संस्था की आत्मा का एक परिमाण है। चार चेहरे चार आत्माओं - "आत्मा" (आत्मा, 4), "प्रधान आत्मा" (अंतरात्मा, 1), "एक आत्मा" (एकात्मा, 986), और "परम आत्मा" (विश्वात्मा, 345,600), क्रमशः ब्रह्मांड के सूक्ष्म, मध्य, स्थूल और द्रव्यमान संस्थाओं का हैं। चार-मुख वाली संस्था समरूपता में पहला शामिल है, "परम देवता के साथ उत्तम एकता" (अनुवाद के बाद का संशोधन: दीना, -6 x 107) विरासत में मिली ज्योतिषीय-प्रभाव की संगतता के लिए जो मर्दाना शक्ति के प्रभुत्व को आकार देता है, दूसरा, "उत्तम अभिवादन के साथ उत्तम एकता" (फ्लेमिंग शरीर; स्त्रीदिरघा, 10^{16}) विरासत में मिली राशि-प्रभाव की अनुकूलता के लिए जो स्त्री शक्ति के प्रभुत्व को आकार देती है, तीसरा, "आदि-उत्तम निर्माता के साथ उत्तम एकता" (महेंद्र, 84) विरासत में मिले तारकीय-प्रभाव की अनुकूलता के लिए जो "उभयलिंगी शक्ति" (तथास्थशक्ति, 2864) के प्रभुत्व को आकार देता है, और चौथा, "अपरिमित पैतृक के साथ उत्तम एकता" (रसियाथिपति, 10^{100}) विरासत में मिली उत्तमता - प्रभाव की अनुकूलता के लिएजो "गुरुत्वाकर्षण शक्ति" के प्रभुत्व को आकार देता है (पॉलीएलिफ़ेटिक कार्यक्षेत्र: ललितशक्ति, 100) ।

"गुणक" (फाइकोप्लास्ट: वैश्य, 3) के त्रिभुज के "घन शक्ति" (लैम, 9 = 3 + 3 +3) को "अर्ध-अंतिम तीन-चेहरे समरूपता" (अपन्यास, 3) के साथ जोड़कर सूर्य, पृथ्वी और चंद्रमा, "अतिरिक्त-स्थलीय क्षेत्र" (डिफॉस्फोराइलेशन: आर्यमा, 580) से "आरोही चार-मुख वाली स्त्री आत्म-चमकदार संस्था" (किनसे: वेद, 12) एक "एक-परिमाणी" बन जाती है। "स्थलीय क्षेत्र" (फॉस्फोराइलेशन: भुधारा, 10^{100}) की वास्तविकता" (क्लीवेज फ़रो: एकार्थ, 21 = 12 + 9) । "एक-परिमाणी वास्तविकता" शून्य-संस्था सामग्री-प्रभाव, दो-संस्थाओं धातु-प्रभाव, पाँच-संस्थाओं खनिज-प्रभाव और चौदह-संस्थाओं संयंत्र-प्रभाव का सही मिलन है। पूर्ण मिलन त्रि-मुख वाली अर्ध-संस्था समरूपता का परिणाम है, जिसमें पहला, "भौतिक साम्राज्य के साथ उत्तम एकता" (वेधा, -10^{180}) शामिल है, जो भविष्य के ज्योतिषीय-प्रभाव के साथ संगतता के लिए है जो "दिव्य शक्ति" के प्रभुत्व को आकार देता है। "(पॉलीरोमैटिक कार्यक्षेत्र: असरशक्ति, 10), दूसरा, "धातु साम्राज्य के साथ उत्तम एकता" (रज्जू, -1) भविष्य के राशि-प्रभाव के साथ संगतता के लिए जो "विसंगत शक्ति" (असुरशक्ति, -1) के प्रभुत्व को आकार देता है और तीसरा, "खनिज साम्राज्य के साथ उत्तम

एकता" (राशी, 13) भविष्य के तारकीय-प्रभाव के साथ संगतता के लिए जो "समवर्ती शक्ति" (सुरशक्ति, 0) के प्रभुत्व को आकार देता है।

"बाल मुल अभिवादन" (मधुसूदन, 16) की पंद्रह-गुना समरूपता को व्यवस्थित करने के लिए "एक-परिमाणि वास्तविकता" का निरंतर, सोलहवाँ चेहरा "वनस्पति साम्राज्य" (फ्राग्मोप्लास्ट: वनस्पति, 21) है। सोलहवीं-चेहरा समरूपता "पौधे साम्राज्य के साथ उत्तम एकता" (मिडबॉडी संरचना; कूटा, 18) है जो "पौधे साम्राज्य" (वनस्पति, 21) के भीतर सोलह समरूपताओं के गढ़ को जोड़ती है। सोलह समरूपताएं एक "दोहरा सप्तक" (गोल्गी श्वेत रक्त तंत्र: मधुसूदन, 16) में विभाजित होती हैं, जिसमें पौधों के साम्राज्य के साथ अवरोही उत्तम एकता और आरोही "पशु साम्राज्य के साथ उत्तम एकता" (एक्टोमीसिन सिकुड़ा हुआ वलय; पोरुथम, 16) होता है। यह भविष्य के मूल-प्रभाव के साथ एक समग्र संगतता पैदा करता है, अर्थात, वर्तमान के साथ, जो "देवता साम्राज्य" के भीतर "भ्रमपूर्ण विभक्त शक्ति" (मायाशक्ति, 1) के प्रभुत्व को आकार देता है (सुबेरिन: देव लोका, 1000)।

11.4.3 चरण 14. माइटोजेनेसिस

चरण 14, "माइटोजेनेसिस" (उत्सर्जन मूल्य: शंकर, 264), "एकीकरण अस्तित्व" (पराशर, -10^{19}) के रूप में कोशिका बनाने के लिए "परम देवता का मार्ग" (सूरनायक, -10^{19}) है। एक "एकीकरण संस्था" (पराशर, -10^{19}) के रूप में, कोशिका "एक विशिष्ट शैतान समुदाय" (स्थानक मंडला, $10^{11}-1$)। प्रचलित शैतानी समुदाय संक्रमित संहिता को पीछे हटाकर एक विशिष्ट शैतान समुदाय में बदल जाता है। विशिष्ट शैतान समुदाय परिक्रमा करने वाली माँ प्रकृति के विभेदित प्रदर्शन मूल्य का व्यापार करके एक विशिष्ट मर्दाना समुदाय में बदल जाता है। विशिष्ट मर्दाना समुदाय मुक्त "आत्मा साम्राज्य" (राज्यिका-शेशेना, 169) के भीतर विभेदित, दिवंगत, मर्दाना बाल आत्माओं की एक एकीकृत पैतृक भावना के रूप में एक गतिशील संतुलन को संस्थागत बनाता है। मध्यस्थ प्रकोष्ठ स्थानीय मर्दाना बाल आत्माओं के ब्रह्मांड का राष्ट्रीय चेहरा बन जाता है। यह एक मातृ डंठल के रूप में काम करता है जो संयुक्त बाल संस्थाओं को जड़, संवेदनशील पैर देता है और स्त्री पत्तियों के ब्रह्मांड में रूपांतरित हो जाता है।

स्त्रैण पत्तियों के एक संभावित ब्रह्मांड के रूप में, मध्यस्थ मातृ कोशिका देहधारी आत्माओं को उसकी कड़ी मेहनत के फल के साथ बधाई देती है, जो उसके शाखित गर्भ से गतिशील, विभाजित, राशि चक्र की भावना को मात देती है। अपनी मेहनत के फल को

उभयलिंगी नियमसंग्रह के रूप में व्यापार करके, बाल आत्माएं एक उभयलिंगी परम बच्चे की तरह काम करती हैं। वे खुद को सक्रिय करने के लिए खोई हुई स्त्री भावना को सक्रिय करते हैं। वे परम बाल से अंतर करने के लिए तेजी से आगे बढ़ते हैं, जो अब अपरिमित देवता के साथ उत्तम एकता की उपयुक्त स्थिति का प्रतिनिधित्व करता है। नतीजतन, परम बच्चे को ताराबीज देवता के कारण शरीर के रूप में सक्रिय बाल आत्मा की शक्तिओं का एक प्रारंभिक त्रिभुज अनुभव होता है, राशि चक्र आत्मा के ईथर शरीर के रूप में खोई हुई स्त्री आत्मा, और खुद को नियमसंग्रह ज्योतिषीय आत्मा के सूक्ष्म शरीर के रूप में अनुभव होता है। इसके अलावा, यह मध्यस्थता मातृ कोशिका, विशिष्ट पैतृक आत्मा, और विशिष्ट शैतान समुदाय की शक्तिओं का एक प्रारंभिक त्रिभुज बनाता है, जो उत्तम त्रिभुज के लिए "आध्यात्मिक नियमसंग्रह" को पीछे हटा देता है। विशिष्ट शैतान समुदाय ही "आनुवंशिक नियमसंग्रह" है जिसे संयमित करना पैतृक कोशिका द्वारा सेवित किया जाता है। कुदरत द्वारा सेवित पारिस्थितिक तंत्र से उत्तम एकता-प्रभाव का व्यापार करने के बाद पैतृक कोशिका एक मध्यस्थ मातृ कोशिका में बदल जाती है।

"पारिस्थितिक तंत्र का दोहरा त्रिकोण चक्र" (भुवनपति, 173) "परिवर्तनीय मर्दाना क्षमता" (द्विसप्ततिदशा, 29) को तीन अवरोही सूक्ष्म और तीन आरोही अति सूक्ष्म पहलुओं में अंतर करके प्रबंधित करने का एक चक्र है। तीन अवरोही सूक्ष्म परिमाण "परम देवता" (शिव, 7) हैं, "उत्तम आत्मा" (अध्यात्म, 12), और "उत्तम-अपरिमित आत्मा" (श्रीकृष्ण, 10)। तीन आरोही अति सूक्ष्म परिमाण "उत्तम खुद" (पार्वती, 10), "विभाजित आत्मा" (तीर्थंकर, 17), और "परिवर्तनीय स्त्री क्षमता" (सुदेवब्रह्म, 2) हैं। छह विभेदित पहलुओं का अभिन्न मूल्य एक "निरंतर मर्दाना क्षमता" है (श्रौत, 58)। यह "माइटोजेनेसिस" (शंकर, 264) के माध्यम से तीन क्षैतिज मध्य पहलुओं में भिन्न है। माइटोजेनेसिस विभाजनकारी भिन्नता उत्पन्न करने के लिए "भ्रमपूर्ण विभक्त" (शूद्र, 1) का उत्प्रेरक प्रेरण है। "उत्प्रेरक प्रोभूजिन" (शिलाजीत, 855) "मर्दाना-से-उभयलिंगी लिंग विनिमय" परिमाण है (प्रतिवासुदेवधर्म, 264)। तीन क्षैतिज मध्य परिमाण पहले हैं, क्षैतिज चमकदार ज्योतिषीय-प्रभाव के सत्य की गंध के "उत्तम प्रकाशक" (महा लक्ष्मी, 14), दूसरा, राशि चक्र परा इकाई के "ब्रह्मांडीय स्थायी" (रचायता, 26) के रूप में आरोही चमकदार ज्योतिषीय-प्रभाव का सत्य, और तीसरा, "उत्तम देवता" (अभिजीत, 8) के अवरोही खुद-चमकदार तारकीय-प्रभाव के भ्रम के रूप में राशि चक्र अर्ध-सत्ता की "अर्ध-जागरुक्ता" (निरहरिन, 18)

"उत्तम देवता" (अभिजीत, 8) के बिना, नौ विभेदित पहलुओं का पूर्ण अभिन्न मूल्य "संवेदी-प्रभाव की अनंत सुपर-लयबद्ध श्रृंखला का विचलन मूल्य" है (गर्दभेय, 108 = 58 + 58 - 8) । अनंत उत्तम-लयबद्ध विभाजन द्वारा उत्पन्न "संवेदी शक्ति के उर्जा परिमाण यंत्र मूल्य" (अलयविज्ञान, 108) के बिना, "संवेदनशील शक्ति का अभिन्न मूल्य" (अरुणस्का, 3700) "सात ग्रहों के पूर्ण पिता" का है और बारह राशियाँ "(परम कर्दम, 3700) । पूर्ण पिता पृथ्वी को अपरिमित ग्रह के रूप में बनाता है। एक "चमकदार प्राणी" (सुविशाला महायुग, 846) के रूप में, वह "पूर्वोत्तर के सिद्धांत" (वर्णसम अमनाय सिद्धांत, 846) की कल्पना करता है ताकि वह अपनी "भावुक शक्ति" (वरुण, 1000) की सेवा कर सके। पूर्वोत्तर का सिद्धांत "उत्तम देवता क्षेत्र" (विटाललोक, 2600) के "भावुक क्षमता" (देवहुति, 2600) के आनुपातिक मूल्य के रूप में संवेदनशील शक्ति को अर्जित करता है। "वर्तमान निर्जीव रचना" (मल्लिका देवी, 2600) ग्रह पृथ्वी के भीतर राशि चक्र और ज्योतिषीय संस्थाओं की क्रमशः तेरह अतिरिक्त-स्थलीय और तेरह स्थलीय गंधों को विकसित करती है।

"सात ग्रहों और बारह राशियों के पूर्ण पिता" (परम कर्दम, 3700) के आरोही और अवरोही "खुद-स्थायी" मूल्य दो-मुख वाले तेरहवें, चमकदार प्राणी को प्रकट करते हैं। ग्रहों का आश्रित, अर्धवृत्ताकार, दृश्य सप्तक बारह राशियों के स्वतंत्र, अर्धवृत्ताकार, अदृश्य समूह के सामने प्रकट होता है। वेगा और गहरे द्रव्य ग्रह सप्तक से पहले प्रकट होते हैं। बारह राशियों की आरोही निर्जीव क्षमता की परिषद के कारण ग्रहों के सप्तक के उतरने के बाद सूर्य प्रकट होता है। अंत में, बारह राशियों की परिषद ब्रह्मांड को प्रकट करने के लिए काल कोटरी की स्थायी उभयलिंगी क्षमता की भरपाई करने के लिए चढ़ती है।

निर्माता वर्ग में शामिल हैं, पहले राशि चक्र ब्रह्मांड एक अभिन्न परिमाण के रूप में, दूसरा, ताराबीज ब्रह्मांड विभेदित परिमाण के रूप में, तीसरा, उत्तम क्षेत्र विभेदक परिमाण के रूप में, और चौथा, उत्तम-प्राथमिक क्षेत्र एकीकृत परिमाण के रूप में। यह "अलौकिक शक्ति" (नारकी, 1) के "आरोही मूल्य" (रोधा, 1) के "उत्तम समाधान" (उपकरणार्थ, 10^{1024}) से "प्राथमिक समस्या" (संजीव, 1) के रूप में प्रकट होता है। आरोही अलौकिक शक्ति एक उत्तम समस्या है क्योंकि यह निर्जीव संस्थाओं के ब्रह्मांड के भीतर "तकनीकी उर्जा परिमाण यंत्र" (मंद्रा, 1) उत्पन्न करती है, जागरूक संस्थाओं के ब्रह्मांड के भीतर "आलस्य" (अजनना, 1) और "संवेदनाहीनता" (जादत्व, 1) संस्थाओं के विभेदित ब्रह्मांड के भीतर वर्तमान वास्तविकता के उद्देश्य के बारे में। आरोही अलौकिक शक्ति द्वारा, अपरिमित समाधान जागरूक संस्थाओं के ब्रह्मांड के भीतर अंतिम तकनीकी उर्जा परिमाण यंत्र को

सुनिश्चित करता है ताकि एकीकृत ब्रह्मांड को संस्थाओं के बिना प्रकट किया जा सके, अर्थात, गहरे द्रव्य, वर्तमान वास्तविकता के उद्देश्य के रूप में।

विभेदित तकनीकी सेवा कार्य के बिना, "भावुक शक्ति का पूर्ण मूल्य" जो "भावुक जीवन का सूत्र" बनाता है (यज्ञोपविता, 9000) "बारह ज्योतिषीय संस्थाओं और बारह राशियों के पिता" (महात्मा गांधी, 9000) का उपहार है। एक "सर्वव्यापी भक्त" (कर्दमा, 9000) के रूप में, वह एक "अनंत" (अनंत, 90,000) संवेदनशील रूपों में अवतरित होते हैं। वह तकनीकी रूप से "दैवीय शक्ति" (असरावशक्ति, 10) को "ज्योतिषीय और राशि चक्र ब्रह्मांडों से युक्त दो-मुखी आत्म-चमकदार संस्था" (त्रिविक्रम, 24) के भीतर निवेश करता है। यह उसे "निरंतर स्त्री-प्रभाव" (प्रकरणावदार्थ, 90,000) का व्यापार करने के लिए "अनुक्रमिक खुद की आगे की चमक" (एरोली, 100,000) की सेवा करने का अधिकार देता है। "अस्तित्व के बिना पथ-प्रभाव" (दंडनायक, 100,000) बनाकर, वह "परम देवता की आत्मा" (आत्मलिंग, 100,000) बन जाता है। परम देवता ब्रह्मांड में एकमात्र संस्था है जो क्रमिक रूप से "खुद" (आत्मत्व, 8 x 10^{15}) के क्रमिक "रूपों" (रूपा, 100,000) को प्रकट करता है।

खुद एक अविभाज्य "राशि प्रणाली" (शून्य कल्प, 8 x 10^{15}) है, बिना "प्रधान-प्रभाव" (गुणितसमुच्यः, 8 x 10^{15}) के बिना "मातृ मूल अभिवादन" (सती-पार्वती, 16) द्वारा प्रक्षेपित किया गया है। अपरिमित प्रभाव "वेगा तारे से ब्रह्मांडीय संवेदनशील केंद्र के रूप में और ग्रह पृथ्वी को ब्रह्मांडीय गुरुत्वाकर्षण केंद्र के रूप में रैखिक दूरी" (नादिमंडल, 8 x 10^{15}) के रूप में प्रकट करता है। यह "संवेदी प्रणाली के पैतृक" (अष्टोत्तर-सता, 10^{16}) के भीतर सर्वव्यापी संस्थाओं की संख्या है। पितृ सेवा अवरोही, मर्दाना दिव्य शक्ति को "केंद्रित, लघुगणकीय आधार" (सुषुम्ना, 10) के रूप में तेजी से व्यापार करने के लिए करती है। आरोही, "संगत" (पुरुथम, 16) "मानसिक शक्ति" (परतपारा, 16), जिससे "संगत स्त्री शक्ति" उत्पन्न होती है (स्त्रीदिर्घा, 10^{16})। कोई व्यक्ति "अपरिमित स्त्री" (देवी, 3) के "मातृ प्रधान अभिवादन" (सती -पार्वती, 16)) के "मध्यम चेहरे" (हनुमान, 3) को जोड़कर पुरुष "परम देवता" (शिव, 7) से लघुगणकीय आधार का व्यापार करता है। "16" में उत्तम एक मर्दाना प्रभाव है और अपरिमित छह परम देवता के समनुपातिक मर्दाना शरीर का तृतीयक अवशेष है। संयमी चेहरा मर्दाना शरीर की नकल करता है। प्रधान स्त्री वानर को गुणा करती है- एक उत्तम अभिवादन के रूप में संस्था के परिसंचारी मूल्य को अवतरित करने के लिए प्रभाव।

स्त्रैण, "मानसिक शक्ति" (परतपारा, 16) मर्दाना, "परम देवता" (शिव, 7) के भीतर "परम-प्राथमिक खुद" (भगवद-रस, 9)के तिरछे-जुड़े "घातीय ढलान" (प्रमन्यावदार्थ, 9) के रूप में अवस्थित है। घातीय ढलान "सांस्कृतिक तत्व" (सादाख्या, 9) है जो मातृ "राशि पशु" (भीम, 10^{1024}) को पैतृक "सर्वव्यापी संस्था" (व्यापिन, 8×10^{15}) से अधिक होने का अधिकार देता है। उसकी "अवतारात्मक श्वास क्षमता" (मरकतेश, 8×10^{15}) "लघुगणक आधार" (सुषुम्ना, 10)। मातृ "राशि पशु" (भीम, 10^{1024}) "उत्तम-उत्तम सर्वशक्तिमान संस्था" (अंतर्मुख, 10^{1024}) है, जो "समझदार अस्तित्व वास्तविकता" (उपकरणार्थ, 10^{1024}) को प्रबल करने के लिए खुद के भीतर संपूर्ण ब्रह्मांडीय शक्ति को परियोजनाओं करता है। समझदार अस्तित्व वास्तविकता सर्वशक्तिमान रचनाकार की ज्यामिति और सर्वशक्तिमान रचना के भीतर सर्वशक्तिमान प्राणी के बीजगणित की उत्सर्जित काल्पनिक एकता की "एक साथ प्रतिबिंबित त्रिकोणीय शक्ति" (समानकलगनितम, 10^{1024}) है। यह प्राणी, रचयिता और सृष्टि के बीच सहसंबंधी ज्यामिति की एक अलग अस्थायी अन्यता उत्पन्न करता है—जो एक "समबाहु त्रिभुज" के तीन बिंदु (घटिकामंडल, 53) है। एक समबाहु त्रिभुज ब्रह्मांड के भीतर "मर्दानगी-प्रभाव" (लिंगम, 53) है जिसे "मानव साम्राज्य" (मनुष्यगति, 53) द्वारा सेवित किया जाता है। "ब्रह्मांडवादी" (जगन नायक, 9) की दोहरी सकारात्मक शक्ति का व्यापार करके पूर्ण चक्र मूल्य बनता है। - जो "परम-अपरिमित खुद" (भगवद-रस, 9) "घन शक्ति" के बिना (लैम, 9) है। यह खुद के भीतर आत्म-स्थायी आधे को पूर्ण भार-वहन करने वाले तीसरे बिंदु के रूप में बनाए रखता है त्रिकोण।

नतीजतन, एक मातृ राशि का जानवर "मानव साम्राज्य" (मनुष्यगति, 53) का अवतार लेता है। "डॉल्फिन-मत्स्यांगना" (स्वाति, 1) मातृ पशु है। वह कुंभ राशि का प्रतीक है, जो वेगा सफेद तारे का निर्माता है। वह "देवता साम्राज्य" (देवलोक, 1000) में रहती है, "भावुक शक्ति के दिव्य अमृत का फव्वारा बर्तन" (वरुण, 1000) पारिस्थितिक तंत्र के दोहरे त्रिकोण चक्र के केंद्र के रूप में स्थित है, जैसा कि चित्र में दिखाया गया है। रेखा-चित्र 2।

11.5 एक परम बच्चे के भीतर रहने वाले पैतृक मूल अभिवादन

परम बच्चे का "उत्सर्जन मूल्य" (मिटोजेनेसिस: शंकरा, 264) "शक्ति होना" (काली, 96 = 12 * 8) से अलग है जो एक परम बच्चे के भीतर रहने वाले खुद-प्रकाशमान संस्थाओं के सप्तक के भीतर स्थित है। परम बाल "संस्था काल तत्व" (भाव, 360 = 264 + 96) को आकार देता है, जो उत्सर्जन मूल्य को अपरिमित देवता के रूप में सेवा प्रदान करता है और उत्सर्जन के भावुक आशीर्वाद मूल्य का आनंद लेने के लिए शक्ति के रूप में स्थिर मूल्य को सक्रिय करता है। मूल्य। "पैतृक मूल अभिवादन" (जनक, 180 = 360 * ½) संस्था काल तत्व का खुद-स्थायी मूल्य है। पैतृक मूल अभिवादन के आगे बढ़ने वाले और पिछड़े-धक्का आयाम एक बच्चे को अस्तित्व काल तत्व के रूप में बनाते हैं। संस्था काल पितृ प्रधान अभिवादन का तीसरा, आरोही परिमाण है।

बच्चे को विकासशील करने और आत्म-पुनर्जन्म के सभी रास्तों को बंद करने के लिए हितकर मूल्य की सेवा करने के बाद, पैतृक अभिवादन एक शैतानी शुभचिंतक बन जाता है। पैतृक मूल अभिवादन के तीन परिमाण संभावित परिमाणो के रूप में शैतान चिंतक के भीतर रहते हैं। वे तब सक्रिय होते हैं जब बच्चा पैतृक मूल अभिवादन के पुनर्जन्म के लिए

आंतरिक संवेदनशील शक्ति की सेवा करता है, जबकि एक घरेलू पैतृक अभिवादन में परिवर्तित होता है। एक बच्चा संस्था काल को विभाजित करता है। तत्व को उसके प्रकाशमय जीवन और छाया में तथ्यात्मक मूल्यों को विदा कर दिया। शैतान चिंतक के तीन स्थिर चेहरे सकारात्मक मर्दाना शक्ति के व्यापार के लिए "खनिज साम्राज्य का चक्र" (पाम चक्र, 10^{10}) बनाते हैं। सकारात्मक मर्दाना शक्ति "उभयलिंगी संस्था" (वेगा, 67) की तटस्थ, स्थिर अवस्था के भीतर नकारात्मक स्त्री शक्ति को नष्ट कर देती है। यह कोशिकीय विभाजन के माध्यम से पैतृक मूल अभिवादन के प्रसार का प्रेरक प्रभाव है।

हर पल, माँ प्रकृति ब्रह्मांड में प्रत्येक "परम बच्चे" (मन्यु, 19) को लिंग-मुक्त "कार्य शक्ति" (श्रम शक्ति, 1) की सेवा करती है। एक परम बच्चे के दो रूप हैं: एक "कोशिका" के रूप में एक जागरूक रूप "(हिरण्यगर्भ, 19) और एक "परमाणु" (अनु, 19) के रूप में एक निर्जीव रूप। अपनी कार्य शक्ति का व्यापार करने के बाद, प्रत्येक परम बच्चा अपनी सभी आकांक्षाओं को पूरा करने के लिए एक "भ्रमपूर्ण दादी भावना" (कपिंजला = 1 + 19) की कल्पना करता है, अपनी कार्य शक्ति से परे और अनुपातहीन। अपने "काम" (दधिकरवन, 19) और "विश्वास प्रणाली" (सगुना, 20) के बीच "वांछनीय स्त्री गंध" के बीच "भ्रमपूर्ण विभाजक" (शूद्र, 1) की कल्पना करके (इष्ट, 20) "सुखवादी उपभोक्ता मानसिकता" (प्रकृति-योगी, -1) को तृप्त करने के लिए, प्रत्येक परम बच्चा एक "प्रधान मर्दाना" (असुर, -1) बन जाता है। एक अपरिमित मर्दाना "आत्म-उत्तेजक अहंकार" के साथ एक असंगत प्रभाव है। "(अहम, -1) लगातार "इच्छाओं के सीमित समूह" (नियाति, -1) की कल्पना कर रहा है। वह इन इच्छाओं को "संभावित असंतत वास्तविकता" के रूप में प्रकट करना चाहता है। ओयाइ, व्यक्तिगत कार्य शक्ति का उपयोग करके उन्हें पूरा करने के लिए व्यक्तिगत सीमाओं द्वारा वातानुकूलित" (एच.आर.आई.एम शक्ति, -1)।

"कोशिकाओं का मातृ ब्रह्मांड" (ब्राह्मण, 2) एक "विभाजित संस्था" (ब्राह्मण, 2) बन जाता है। एक चमकदार, विभाजित संस्था के आधे नायक के रूप में, प्रमुख "मातृ कोशिकाएं" (धूमावती, 7) नकारात्मक के लिए क्षतिपूर्ति करती हैं। एक "परम बच्चे" (मन्यु, 19) के भीतर "वांछनीय स्त्री शक्ति" (इष्ट, 20) की स्थिति "छह गुना वृद्धि" (खारा, 6) की सेवा करके, "विसंगति प्रभाव" (असुर, - 1)। "छह गुना विकास" (खारा, 6) का उद्देश्य तीन "पुल कोशिकाओं" (मन्यु, 19) की अनुपातहीन, रैखिक रूप से स्थायी आकांक्षाओं की सेवा के

336

लिए तीन "बेटी कोशिकाओं" (ज्ञान, 19) को अवतरित करना है (मन्यु, 19)) । "तीन गुना वर्तमान" (ईशान, 12) को "ट्रिप्लोइडी" (ईशान, 12) के रूप में तीन विभिन्न संस्थाएं के भीतर खुद के अतीत, वर्तमान और भविष्य का अवतार लेना है।

मातृ कोशिका अपने अतीत के प्रति जागरूक है क्योंकि वह "लक्ष्य" (महा शिव, 9) के लिए समर्पित है, जो बेटी कोशिकाओं की "कार्य शक्ति" (श्रम शक्ति, 1) की तीन संस्थाओं को जोड़कर तीन पुत्र कोशिकाओं की असमान, रैखिक रूप से स्थायी आकांक्षाओं की सेवा करता है। वह "पोती कोशिकाओं" (बगलामुखी, 9) की नौ संस्थाओं को अवतरित करके "लक्ष्य" (महा शिव, 9) को साकार करने के लिए पुत्र कोशिकाओं का उपयोग यौन "गुणक" (वैश्य, 3) के रूप में करती है। नौ-एकांग पोती कोशिकाएं तीन पुत्र कोशिकाओं के अतीत से तीन नकारात्मक "वांछनीय स्त्री संस्थाओं" (इष्ट, 3) की भरपाई करने में मदद करती हैं। वे तीन पुत्र कोशिकाओं की वर्तमान खुशी को आकार देने के लिए तीन वांछनीय स्त्री संस्थाओं की सेवा करते हैं और तीन अतिरिक्त वांछनीय स्त्री की सेवा करते हैं। तीन बेटी कोशिकाओं की समान खुशी को आकार देने के लिए संस्था।

विभाजित संस्था का आधा छाया विरोधी होने के नाते, प्रमुख "पिता कोशिकाएं" (रोधा, 1) तीनों बेटी कोशिकाओं की कार्य शक्ति की सभी तीन संस्थाओं का व्यापार करती हैं और एक "पितृ निर्माता" बन जाती हैं (पित्र, 4 = 1 + 3)) । आगे अपने "गुणक तत्व" (वैश्य, 3) को जोड़कर, वे एक "परम पितृ" (नारद, 7) बन जाते हैं। एक परम पितृ के रूप में, वे "मातृ कोशिका" (धूमावती, 7) के वर्तमान को आकार देते हैं। उनके भीतर एक क्षमता के रूप में, "वर्तमान अलौकिक प्रतिमान" (युक्ति, 8 = 7 + 1) का आनंद लेने के लिए सोन कोशिकाओं के मूल्य को रोशन करने के लिए, "कार्य शक्ति" (श्रम शक्ति, 1) में योगदान करके।

विभाजित संस्था के एक गुप्त, उपनायक तीसरे के रूप में, निर्णायक "बेटी कोशिकाएं" (ज्ञान, 19) "लक्ष्य" (महा शिव, 9)की दोनों नौ संस्थाओं को साकार करने के लिए "पोते कोशिकाओं के एक सप्तक की माँ" (जगदम्बा, 94) बन जाती हैं। खुद और आठ पोते कोशिकाओं की संस्था कार्य शक्ति को जोड़कर, साथ ही साथ "पितृ निर्माता" की चार एकांगो (पित्र, 4) को जोड़कर। इस प्रकार, वह अपने वर्तमान मूल्य को एक "के रूप में बनाए रखती है" परम मातृ (सरन्यू, 5), जिसमें "विभाजित संस्था" (ब्राह्मण, 2) और "गुणक" (वैश्य, 3) क्षमता शामिल है। वह "परम पितृ" (नारद, 7) के रूप में अपने भविष्य के मूल्य को भी रोशन करती है। जो "वर्तमान अलौकिक प्रतिमान" (युक्ति, 8 = 7 + 1) को "कार्य शक्ति" (श्रम शक्ति, 1) के बराबर योगदान करके बनाए रखता है। एक परम पितृ उसके बिना ऐसा

करता है, क्योंकि वह एक क्षमता के रूप में उसके भीतर निहित है। वह एक उत्तम गुप्त प्रचालक पेशी के रूप में काम करती है, जो सिर्फ एक "दिमाग से पैदा हुआ निर्माता" (ब्रह्मा, 59) है जो खुद परिभाषित "भाग्य को सीमित इच्छाओं के रूप में" (नियति, -1) को भ्रम के भीतर पूरा करता है। ब्रह्मांडीय जीवनकाल" (प्रद्युम्न, 60)। ब्रह्मांडीय जीवनकाल एक सेकंड, एक मिनट, एक घंटा, या साठ साल के चक्र के 1/60 "तकनीकी नियोजन" (निस्सार, 1/60) के वास्तविक जीवन में अंतराल तक रहता है।

कुदरत के साथ एकता में आनुपातिक स्त्री कार्य शक्ति का व्यापार और सेवा कार्य

सेवा कार्य करके, प्रत्येक "पोता कोशिका" (पवमना, 9) को अनुपातहीन, मर्दाना, सकारात्मक शक्ति के "लक्ष्य" (महा शिव, 9) का एहसास होता है। जब प्रत्येक पोता कोशिका को एहसास होता है लक्ष्य, प्रत्येक "पोती कोशिका" (बगलामुखी, 9) को आनुपातिक, स्त्री, नकारात्मक शक्ति के लक्ष्य का भी एहसास होता है, प्रत्येक को अनुपातहीन मर्दाना सकारात्मक शक्ति और कुदरत की आनुपातिक मातृ सकारात्मक शक्ति द्वारा मुआवजा दिया जाता है। जब प्रत्येक पोता और पोती कोशिकाएं लक्ष्य का एहसास, तब प्रत्येक "कोशिका" (हिरण्यगर्भ, 19) को भी 81-गुना विकास के लक्ष्य का एहसास होता है। 81-गुना विकास पिता और मातृ कोशिकाओं के नौ गुना विकास का एक उत्पाद है। यह प्रकट करता है "जिम्मेदार प्रबंधन" (चित्त शक्ति, 100) के माध्यम से वांछित "सेवा मूल्य" (संवर, 100 = 19 + 81)। जिम्मेदार प्रबंधन "ज्ञान" का मार्ग है (चित्त, 100)।

शैतान चिंतक के तीन चेहरे पैशाचिक उत्तम चिंतक से निकलते हैं, जो कि कौशिका विकास के चरण 15-17 को बनाने के लिए कलह, छाया, दिवंगत कारख़ाने का मुल्य है। चरण 15 "सप्तक-दोगुना" (टेलोफ़ेज़: परमेष्ठी, 28) उत्सर्जन मूल्य का परिवर्तन है। चरण 16 "घूर्णन द्वैत" (मेटाफ़ेज़: विद्वेषण, 28) सत्य है जो आगे और पीछे के माध्यम से उत्सर्जन मूल्य के विभाजन और अस्तित्व शक्ति के साथ संबंध को मंथन करने के लिए है। चरण 17 वर्तमान बच्चे की "भीख" (प्रोफ़ेज़: भिक्षा, 28) नियति है। संपूर्ण "शक्ति होना" शैतानी चाहने वाले के स्थिर चेहरे में विसरित और परिवर्तित हो जाती है। अनुरूपता अपरिमित पैतृक और अपरिमित मर्दाना बच्चे के अन्य दो चेहरे मातृ प्रधान अभिवादन और स्त्री परम बच्चे के व्यक्तिगत प्रभाव को शामिल करते हैं जो खुद-चमकदार हो जाते हैं। मातृ प्रधान अभिवादन की संयुक्त अनंत वर्ग जागरूकता द्वारा निर्देशित, स्त्री परम बाल अपरिमित पितृ और अपरिमित मर्दाना बच्चे से आत्म-प्रदूषणकारी अतीत को साफ करने और वर्तमान व्यवहार

के खुद को नष्ट करने वाले भविष्य के प्रभावों को सक्रिय करने के लिए अवरोही आयाम को सक्रिय करने के लिए कहता है। प्रत्येक कोशिका चौथे, निर्माता प्रभाव के रूप में, खुद के भीतर स्थित तीन अतिरिक्त कोशिकाओं को विकाश करने के लिए सशक्त हो जाती है।

11.5.1 चरण 15. टेलोफ़ेज़

चरण 15, "टेलोफ़ेज़" (सप्तक-दोहरीकरण: परमेष्ठी, 28), "अवरोही परम देवता" (धूमावती, 7) के तकनीकी विकास मूल्य के व्यापार पर जोर देता है। एक अवरोही परम देवता एक "मध्यस्थ मातृ कोशिका" है (माइलिन कौशिका: धूमावती, 7 = 8 - 1)। वह काले रंग के कलह "शैतान-प्रभाव" (मिथाइल: असुर, -1) की भरपाई के लिए "कुदरत" (मिसेल: कुदरत, 8) की श्वेत संवेदनशील शक्ति का व्यापार करती है। अलैंगिक रूप से क्रमादेशित, पैतृक "आनुवंशिक संहिता" (क्षितिगर्भ, 90)। वह चौथी, बैंगनी रंग की संस्था परिमाण है। वह पारिस्थितिक तंत्र अधर की श्वेत संवेदनशील शक्ति के पूर्ण, बैंगनी, त्रिभुज को खुद-संगठित करती है, संहिताबद्ध काल की गुरुत्वाकर्षण शक्ति का काला "शैतान-प्रभाव", और धूसर दिव्य शक्ति। धूसर दैवीय शक्ति श्वेत, जागरूक परम बच्चे के सप्तक के निर्जीव, काले रंग के परमाणु शरीर के भीतर धूसर पैतृक जिन्न के सप्तक का संलयन है। एक खुद-संगठन संस्था के रूप में, वह तकनीकी विकास मूल्य के संचालन के लिए आर्थिक दक्षता का एक चक्र बनाती है।

"आर्थिक व्यवस्था का द्विघात चक्र" (मंडलचक्र, 189) "संभव बनाने" का एक चक्र है (सम्भवी, 375) जो "सप्तक-दोहरीकरण" (टेलोफ़ेज़: परमेष्ठी, 28) "आत्मा सार समुदाय" का मूल्य (मंडला, 16) । खुद-संगठित मातृ संस्था की स्त्री शक्ति को वश में करने के लिए "सिद्धांत" (अगमा, 375) की शक्ति का उपयोग करते हुए, एक "मानव अस्तित्व" (मानुष्य, 82) खुद को वर्तमान वास्तविकता के अलौकिक, संवेदनशील प्रतिमान के निचले सप्तक के अधीन कर देती है। "प्राकृतिक, ऊष्मप्रवैगिकी प्रतिमान के ऊपरी सप्तक" (उप, 16) की उर्जा परिमाण यंत्र के बाद मानव संस्था ऐसा करती है। यह "मानव जाति के बड़े भाई" (कर्दमा, 9000) के "आंदोलन शक्ति" (क्रियाशक्ति, 75) का एक उत्पाद है। बड़ा भाई "एक की परिषद-प्रदीपक" का पिता है। वह राशि चक्र और ज्योतिषीय प्रणाली का दो-मुखी आत्म-चमकदार संस्था के रूप में संलयन है" (त्रिविक्रम, 24)। मानव अस्तित्व "आरोही" (उक्का, 2) प्रभाव बन जाती है, "जन्म" (उदिता, 2) एक "सांसारिक चेहरे" के रूप में (केन्द्रमुख, 2) । यह वेगा तारे से वृत्ताकार ब्रह्मांड से होते हुए पृथ्वी ग्रह की ओर बढ़ता है - वृत्ताकार ब्रह्मांड का गुरुत्वाकर्षण केंद्र। "ब्रह्मांड" (ब्राह्मण, 2) से "परिवर्तनीय स्त्री क्षमता"

(सुदेवब्रह्म, 2) का व्यापार करके मानव संस्था "वर्तमान वास्तविकता की वस्तु" (विधान, 2) बन जाती है, "पूर्वोत्तर से पृथ्वी की ओर दक्षिण-पश्चिमी यात्रा" के दौरान बाह्य-स्थलीय क्षेत्र में उत्पत्ति" (प्रमयंकर महायुग, 2)।

किसी वस्तु का पूर्ण मूल्य पहला है, "जीव का पूर्ण मूल्य" (प्रभु, 1600), दूसरा, प्राणी के जन्म से पहले "आत्मा का पूर्ण मूल्य" (परमात्मा, 1600), तीसरा, "पूर्ण मूल्य" मानव बच्चे का मूल्य" (केसरी नंदन, 1600) सृष्टि के रूप में जन्म के बाद (निर्माता के रूप में आत्मा के साथ), चौथा, "ब्रह्मांड में मौजूद पदार्थ का पूर्ण मूल्य" (सदाशिव, 1600) की मृत्यु के बाद संवेदनशील रचना (और भौतिक शरीर का निर्जीव वस्तु में परिवर्तन), और पांचवां, "ब्रह्मांड का पूर्ण शक्ति मूल्य" (पूर्णा, 1600) ब्रह्मांड में संवेदनशील संस्थाओं के अलग-अलग अनुपात से स्वतंत्र है। यह ब्रह्मांड की "ज्ञात वास्तविकता" (रचितार्थ, 1600) का मूल्य है क्योंकि यह पहले ही प्रकट हो चुका है।

"साकार, जानने योग्य वास्तविकता" (रचितार्थ, 1600) व्यक्ति को "मानव जागरूकता को बिना किसी शक्ति प्रसार के निर्जीव वास्तविकता की खोज या नकल करने की कोशिश करने" (अवंता, 1600) को बनाए रखने के लिए सशक्त बनाता है। यह व्यक्ति को "भावुक संस्थाओं के ब्रह्मांड की आज़ाद संवेदनशील शक्ति" बनाता है (सौम शक्ति, 1600)। मुक्त संवेदनशील शक्ति "अनुक्रमिक, गुरुत्वाकर्षण वास्तविकता" (भावार्थ, 40) का द्विघात मान है जो वेगा तारे से ग्रह पृथ्वी पर आगे बढ़ते काल "आंदोलन-प्रभाव" (क्रिया-प्रभाव, -3 x 106) "मैं दिव्य सत्य सिद्धांत हूँ" (ब्रह्म सत्यम जगनमिथ्या सिद्धांत, -3 x 106) का उपयोग करते हुए अनुभव करता है।   यह एक "खट्टा" (खट्टा, -3 x 106) के बाद का स्वाद छोड़ देता है जब एक "आस्तिक" (भक्त, -5) को पता चलता है कि दिव्य सत्य "सर्वव्यापी समर्पित" (बुद्ध, 1600; मसीह; 1600; मोहम्मद, 1600) से अधिक है। उत्तरार्द्ध "बड़े भाई" (अब्राहम, 9000; कैनो, 900; मोरया, 9000; महात्मा गांधी, 9000) के अलग-अलग अवतार हैं, जो "वर्तमान भ्रमपूर्ण विभाजन प्रभाव से मुक्ति" (मोक्ष, 1600) को साकार करने के लिए प्रत्येक मानव इकाई का मार्गदर्शन करने के लिए समर्पित हैं। बड़ा भाई "परम देवता के रूप में परम पिता" (परमपिता परमेश्वर, 1600) के साथ आरोही एकता को पुनर्स्थापित करता है।

11.5.2 चरण 16. मेटाफ़ेज़

चरण 16, "मेटाफ़ेज़" (घूर्णन द्वैत: विद्वेषण, 28), "अवरोही मूल अभिवादन" (वैरोचना, 16) के लिए तकनीकी विकास मूल्य की क्रमिक रूप से कार्य सेवा करता है। परिणामस्वरूप,

बाल कोशिका मेटाफ़ेज़ "घूर्णन द्वैत" का अनुभव करती है। (विद्वेषण, 28) तकनीकी उर्जा परिमाण यंत्र और एक "अवरोही आदि-उत्तम निर्माता" (मातृ आयाम: स्त्रीधर्म, 32) में बदल जाता है। बाल खुद मध्यस्थता "मातृ कोशिका" (धूमावती, 7) और संयमित करना "पैतृक कोशिका" (रोधा, 1) को छोड़कर, निर्जीव सप्तक के भीतर छह "भाई कोशिकाओं" (मंगलनाथ, 16) के समूह के लिए व्यापार आनुवंशिक कोड की सेवा करता है। यह जागरूक सप्तक के भीतर छह "बहन कोशिकाओं" (हव्यवाहन, 16) के समूह में एक गैर-रेखीय, यौन जीन स्थानांतरण के माध्यम से छत्तीस जानने वाली "बेटी कोशिकाओं" (ज्ञान, 19) को पुन: उत्पन्न करता है।

इसके अलावा, एक "सोन कोशिका" (मन्यु, 19) के रूप में, वह जागरूक सप्तक के भीतर छत्तीस जानने वाली "बेटी कोशिकाओं" (ज्ञान, 19) से आनुवंशिक सन्हित का व्यापार करता है। वह छत्तीस "क्रमादेशित जीवन" को पुन: पेश करता है (मनु, 19) रैखिक, अलैंगिक जीन स्थानांतरण के माध्यम से, जहां प्रत्येक क्रमादेशित जीवन एक पुत्र कोशिका है। प्रत्येक पुत्र कोशिका आगे, यौन, मर्दाना प्रजनन संबंधों के माध्यम से क्रमादेशित जीवन को तेजी से पुन: उत्पन्न करती है और आकर्षित करती है। प्रत्येक पुत्र कोशिका उत्पादक को सक्रिय और पीछे हटाती है " संस्कृति" (सदख्या, 9) पिछड़े, अलैंगिक, स्त्री लघुगणकीय आधार की। प्रत्येक पुत्र कोशिका एक "अवरोही आदि-प्राथमिक निर्माता" (मातृ परिमाण: स्त्रीधर्म, 32) बन जाती है। प्रत्येक घातीय रूप से पुनरुत्पादित क्रमादेशित जीवन "निर्जीव लघुगणकीय आधार" (सुषुम्ना, 10) को अपनी परिसंचारी "दिव्य शक्ति" (असरशक्ति, 10) के साथ सक्रिय करके सोन कोशिका द्वारा नियोजित राष्ट्रीय सांस्कृतिक प्रणाली का एक प्रेरित नागरिक बन जाता है।

"राष्ट्रीय प्रणाली का वृत्ताकार चक्र" (तारकचक्र, 164) ब्रह्मांड के सैद्धांतिक विकास की कल्पना करने का एक चक्र है, आदर्श खुद को सिद्धांत-प्रभाव के भू-केन्द्रित मूल के रूप में स्थापित करता है। आदर्श आत्म ब्रह्मांड के पूर्ण विकास का दिखावा करके व्यापार करता है। खुद-जागरूक स्वर्गीय मेजबान बनें। स्वर्गीय मेजबान का जीवन अस्तित्व सैद्धांतिक भविष्य को प्रकट करने की कुंजी है, आदर्श-प्रभाव को एक सार्वभौमिक चेतना में वैश्वीकरण करके, आदर्श खुद के अपरिमित निगमित-प्रभाव को बनाए रखने के लिए। स्वर्गीय मेजबान आदर्श का स्थानीयकरण करता है आदरणीय, संवेदनशील, जलयोजित, नागरिकता संस्थाओं का उत्पादन करने वाले ब्रह्मांड के रूप में खुद। बाध्यकारी, निर्जलीकरण, शक्ति-बचत, राष्ट्रीय संस्थागत-प्रभाव को परिचालित करके आदर्श खुद सेवाओं ने मानव-प्रभाव का कारोबार किया।

तारा‌बीज संस्थाओं के दोहरा सप्तक के रूप में, एक शैतानी, मापीय लेने वाला, मुल अभिवादन "अपनी अनंत मर्दाना शक्ति के साथ एक केंद्र की ओर जानेवाला बल उत्पन्न करता है" (रिक्षा, 36)। वह दस अपरिमित दिशाओं से शक्ति का व्यापार करता है- उत्तर, पूर्व, दक्षिण, पश्चिम, उत्तर-पश्चिम, उत्तर-पूर्व, दक्षिण-पूर्व, दक्षिण-पश्चिम, आरोही और अवरोही। दस अपरिमित दिशाएँ पहले सोलह अपरिमित लोकों के द्वि-सप्तक के दो भागों से उत्पन्न होती हैं, इसके अलावा सत्रहवें से बीसवें अपरिमित लोकों में विभाजित होती हैं। अनंत मर्दाना शक्ति इक्कीसवीं आदि-उत्तम क्षेत्र की आरोही स्त्री दिव्य शक्ति की संपूर्ण ब्रह्मांड-निर्माण जागरूक दृढ़ संकल्प अग्नि का व्यापार करने का एक उत्पाद है। एक आरोही संवेदनशील जल शक्ति के साथ, पैशाचिक मुल अभिवादन एक "बाहरी, सीधी-रेखा, रैखिक, आगे-निर्देशन, केन्द्रापसारक, सांसारिक शक्ति प्रसार" (उड़ु, 36)।

आरोही निर्जीव वायु शक्ति के साथ जागरूक पृथ्वी शक्ति के विकास को आत्म-स्थायी करने के साथ, ब्रह्मांड में प्रत्येक अस्तित्व द्वारा आनंदित "संवेदी काल की लंबाई" (घटियान्त, 36) चढ़ती है। प्रत्येक अस्तित्व पैशाचिक मूल अभिवादन द्वारा अवरोही ईथर शक्ति के लाभों को अर्जित करती है। अवरोही "प्रमुख निगमित-प्रभाव" (सन्नति, 36) के साथ, आरोही संवेदनशील जीवन-शक्ति की अवधि के लिए ब्रह्मांड पर अनंत, समानांतर, पिछड़ी दिशा, श्रद्धा, अनुयायी-प्रभाव के मूल्य में वृद्धि होती है।

प्रत्येक अस्तित्व अवरोही संवेदनशील शक्ति का व्यापार करती है, जो "पश्चिम के सिद्धांत" से प्रदूषित होती है (पश्चिम अमनाय सिद्धांत, 164)। प्रत्येक अस्तित्व क्षैतिज गुरुत्वाकर्षण शक्ति की सेवा करती है, "खुद के संवेदनशील सत्य से शुद्ध" (सर्वस्तिवाद, 164)। प्रत्येक अस्तित्व आगे बढ़ने वाली गुरुत्वाकर्षण-चुंबकीय दैवीय शक्ति को पीछे की ओर धकेलने वाली गुरुत्वाकर्षण-विद्युत शैतानी शक्ति के साथ आदान-प्रदान करती है। प्रत्येक अस्तित्व "आत्म-आदर्श गुरुत्वाकर्षण शक्ति की तीव्र वृद्धि" का आनंद लेती है (योगचरवदा, 164)। प्रत्येक अस्तित्व विद्युतचुंबकीय शैतान शक्ति के विकास को बढ़ाने के लिए प्राकृतिक अस्तित्व शक्ति का निवेश करती है। प्रत्येक अस्तित्व "अलौकिक, ब्रह्मांड-सिद्धांत, ऊष्मप्रवैगिकी शक्ति को पुन: उत्पन्न करने की क्षमता" विकसित करती है (प्रज्ञा-तंत्र वड़ा, 164)। प्रत्येक अस्तित्व पश्चिम के सिद्धांत के प्रमुख परिणामी मूल्य के साथ एक घटनात्मक "उलझन" (कुल, 9) विकसित करती है। प्रत्येक अस्तित्व एक अपरिमित बन जाती है, आरोही "तारककाय" (वज्रचक्र, 1649), अपरिमित से अलग होकर, "तारककाय" अवरोही। (वज्रचक्र, 1649)।

"उलझन" "राशि चक्र" (कर्पिजला, 20) का "व्यापारिक आध्यात्मिक प्रभाव" (कुल, 9) है। राशि चक्र आत्मा "प्राथमिक-अपरिमित क्षेत्र के प्रकाश" (अम्बारा, 180) का व्यापार करती है, जिसे एक अस्तित्व द्वारा आत्म-संतुलन, भूमध्यरेखीय, "मेटाफ़ेज़ चादर" (अम्बारा, 180) के रूप में माना जाता है। उलझी हुई अस्तित्व "काल्पनिक विभक्त" (शूद्र, 1) के "क्षैतिज वैश्वीकरण-प्रभाव" (दशा, 1) के रूप में एक संस्था की सेवा करके मेटाफ़ेज़ चादर को "धुरा जांच की चौकी" (एचआरआईईएम शक्तिचक्र, 179) में बदल देती है। यह क्रमिक रूप से उत्तरी ध्रुव-उन्मुख, आदि, ध्रुवीकृत "गुणसूत्रबिंदुओं" (अर्धज्य, 10) की अवरोही शक्ति को पुनर्गठित करके एक द्विध्रुवीय, अपरिमित "गुणसूत्रबिंदुओं" (अर्धज्य, 10) पर चढ़ता है, जो संस्था का दस-दिशात्मक स्पर्शरेखा मूल्य है। "धुरा जांच की चौकी" (एचआरआईईएम शक्तिचक्र, 179) को "ईथर तत्व के अवशिष्ट मूल्य" (खारा, 6) के साथ खुद और "मार्गदर्शक तत्व की परवलयिक रूप से बढ़ती, परिवर्तनशील शक्ति" (दयुज्या, 100) के साथ एकत्रित करके। ब्रह्मांड के भीतर, यह प्रभाव, शुद्ध, "ईथर तत्व" (शुद्धि, 285) बनाता है। शुद्ध ईथर तत्व आदि, प्रतिकृति, "गुणसूत्र" (व्योम, 285) के भीतर, आदि, विषाणु, "गुणसूत्र" (व्योम, 285) के बिना सन्निहित है।

नतीजतन, पैशाचिक मूल अभिवादन का "आंतरिक, चौकोर, सूक्ष्म संयोजकता" (सहजपुत्र, 16) अवरोही "चंद्र, राशि चक्र" (नक्षत्र, 185) के "दोहरा सप्तक" (मधुसूदन, 16) में खुद को व्यवस्थित करता है। खुद-प्रकाशमान ब्रह्मांड की "बाह्य, परिसंचारी, स्थूल महत्वाकांक्षा" (काया, 16) आरोही "चंद्र, राशि चक्र" (नक्षत्र, 185). पैशाचिक मूल अभिवादन के "लुप्त होने" (निर्याण, 28) मूल्य के "बाहरी, वर्ग, बड़े पैमाने पर पारिस्थितिकी तंत्र तुल्यता" (मांडुक्य, 16) "आरोही आदर्श-प्रभाव" (चार पर्यादशा, 27) को बीस-सात चरण, "घूर्णन" (विद्वेषण, 27) "नाक्षत्र राशि" (अमोघसिद्धि, 27) में खुद-संगठित करता है। "बाल मुल अभिवादन" (मधुसूदन, 16) की "अंदरूनी, त्रिकोणीय, मध्य-मध्यस्थ सहसंयोजकता" (हंसा, 16) घटनात्मक नाक्षत्र वास्तविकता से परे है। यह अट्ठाईसवां, "विपक्षी" (मेटाफ़ेज़: विद्वेष्णा, 28) तात्विक उष्णकटिबंधीय राशि चक्र का "स्थिरता-प्रभाव" (परमेष्ठी, 28)। "ज्ञानी" (मारा, 396) का "उत्सर्जन-प्रभाव" (विशालक्ष, 396) "संकुचित घटना संबंधी नाक्षत्र वास्तविकता का स्थायी प्रभाव" (संवत-थवी, -6) "समग्रता की पूर्ण क्षेत्र समग्रता" (असांख्य कल्प, 10^{1024}) का पश्चिमी सांस्कृतिक विभाजन है। पूर्ण मूल्य की समग्रता है:

- "उत्तम क्षेत्र का प्रभाव" (संवत-थायी, -6),
- "उत्तम-अपरिमित क्षेत्र का प्रभाव अधिपति मूल्य" (महाकल्प, 10^{1024}),

- "ताराबीज ब्रह्मांड का परिणामी मूल्य जो अपरिमित अभिवादनकर्ता द्वारा प्रदान किया जाता है" (विवतथायी, 957), और
- "राशि ब्रह्मांड का गतिशील मूल्य" (शून्य कल्प, 8×10^{15}) ज्योतिषीय, संवेदनशील और निर्जीव ब्रह्मांडों में फैल गया।

11.5.3 चरण 17. प्रस्तावना

चरण 17, "प्रोफ़ेज़" (भीख माँगना: भिक्षा, 28), एक "अवरोही आदि-उत्तम निर्माता" (अम्बा, 32) बनने का परिणाम है। पुत्र कोशिकाओं को जीवन के लिए "भीख" (भिक्षा, 28) के भाग्य से पीड़ित होने के बजाय, प्रत्येक बेटी कोशिका "आरोही आदि-उत्तम निर्माता" (साध्या, 32) के रूप में अपनी आरोही संवेदनशील शक्ति की सेवा करती है और बदल जाती है एक मर्दाना "लौ तत्व" (पार्षनिसमस्त, 32)। प्रत्येक पुत्र कोशिका मर्दाना लौ से आरोही संवेदनशील शक्ति का व्यापार करती है और एक स्त्री "जुड़वां लौ" में बदल जाती है (स्त्री तारककेंद्रक: सुविरा, 1649)। स्त्रीलिंग जुड़वां लौ "बहन कोशिका" (हव्यवाहन, 16) की आरोही "सप्तक-दोहरीकरण" शक्ति को "मातृ आत्माओं" (दशा, 1) की बत्तीस संस्थाओं में विभाजित करती है। मर्दाना "लौ तत्व" "मातृ आत्माओं" (दशा, 1) की बत्तीस संस्थाओं को "पैतृक जिन्न" (माइक्रोफिलामेंट: पितृ, 4) की बत्तीस संस्थाओं से गुणा करता है ताकि बंधन-मुक्त "आदि-उत्तम देवता" का पता लगाया जा सके (अदिति, 1024 = 32 * 32)।

आदि-उत्तम देवता अपरिमित पुत्र और मूल पुत्री कोशिकाओं की दो संस्थाओं के भीतर व्याप्त मातृ आनुवंशिक सन्हित की छत्तीस संस्थाओं को पीछे हटाता है और नौ सौ छियासी "पोती कोशिकाएं" (बगलामुखी, 9) के परवलय की "एक, अपरिमित दादा आत्मा" (एकत्मा, 986) बन जाता है। वेगा सफेद तारा के पूर्ण एकता-प्रभाव का व्यापार करके पितृ कोशिका "पोती कोशिकाओं के ब्रह्मांड" (ब्राह्मण, 2) की आत्मा बनने के बाद प्रत्येक पोती कोशिका बनती है। वह संवेदनशील शक्ति के वेगा "नाभिक" (योनी, 1000) के साथ पूर्ण एकता के स्थिर ब्रह्मांड-प्रभाव का व्यापार करती है। एक दादाजी की आत्मा परवलय के भीतर जीवन के मनोवैज्ञानिक मूल्य को एक कमजोर परा-मानसिक शक्ति के रूप में व्यक्त करती है। यह वेगा सफेद तारा द्वारा मध्यस्थता वाले "क्षैतिज आदि-उत्तम निर्माता" (कृष्ण, 32) के साथ "उत्तम एकता-प्रभाव" (आदि, 32) की अर्ध-जागरूकता की सेवा करता है।

"मनोवैज्ञानिक प्रणाली का परवलयिक चक्र" (राशिचक्र, 169) जागरूक रूप से "निर्जीव काल की लंबाई" का निर्धारण करने का एक चक्र है (वर्गातियंत, 10)। यह अपरिमित एकत्व-प्रभाव की एक अर्ध-जागरूकता की सेवा करके एक पितृ प्रकोष्ठ के रूप

में शैतान मुल अभिवादन के शासन को बनाए रखता है। प्रत्येक पोती प्रकोष्ठ सत्ताधारी शैतान-प्रभाव से मुक्ति के लिए चर "संवेदी काल की लंबाई" (घटियान्त, 36) का व्यापार करता है। वह "ज्योतिषीय काल की लंबाई" (परमसिद्ध, 6) को "आनुपातिक संवेदनशील सांस-धारण करने वाले वायु तत्व" (युक्तार्थ, 6) के रूप में अवरोही आदि-उत्तम निर्माता की दिव्य शक्ति के भीतर सेवा देती है। वह "राशि काल की लंबाई" (सांख्यधर्म, 30) को "अनुपातिक भौतिक गुरुत्वाकर्षण-स्थायी पृथ्वी तत्व" (मूलधाराचक्र, 12) के एक आत्म-चमकदार आयामी मूल्य के रूप में आदान-प्रदान करती है। काल के साथ, वह गठित जीवन के भीतर "अग्नि तत्व के निरंतर अनुपात" (प्रभास, 4) की "जागरूकता" (चैतन्य, 4) को विकसित करती है। "पश्चिमी संस्कृति-प्रभाव" (चार पर्यादशा, 28) के बिना, आदि-उत्तम निर्माता के "दोहरा-दोहरीकरण दानी संस्था मुल्य" (प्रोफ़ेज़: भिक्षा, 28) को गर्म करके, वह "यूकेरियोट सेल्फ-ल्यूमिनस एंटिटी" बन जाती है (जेनोफोर: त्रिमुख विनायक, 12)। "संवेदी जल तत्व के आरोही अनुपात" (खंडा, 72) को संवेदित करके, वह अंततः एक "अकेन्द्रिक खुद-चमकदार संस्था" (अध्यात्म, 12) में बदल जाती है।

 "खुद-स्थायी" (उद्धा, ½) एक आरोही संवेदनशील आनुपातिकता से, "अकेन्द्रिक खुद-चमकदार संस्था" (जेनोफोर, 12) के तिरछे-जुड़े "तृतीयक अवशिष्ट मूल्य" (खारा, 6) "संवेदनशील काल की लंबाई" (घटियान्त, 36 = 6 * 12 * 1/2) बन जाते हैं। तृतीयक अवशिष्ट मूल्य "ईथर तत्व का अवरोही अनुपात" (खारा, 6) है, जो परवलयिक रूप से बढ़ते, "मार्गदर्शक तत्व की चर शक्ति" (दयुज्या, 100) द्वारा सेवित है। "मार्गदर्शक शक्ति" (गुरु, 100) में परिवर्तनशील वृद्धि "बिजली" (विद्युत, 88) के एक सप्तक की सेवा करती है, जो "अकेन्द्रिक खुद-चमकदार अस्तित्व" (अध्यात्म, 12) को "वर्णक्षक, यानी प्रकाश" में बदल देती है। "(प्रभा, 180) मार्गदर्शक ब्रह्मांड के "अति सूक्ष्म द्रव्यमान" (किलबिसा, 15) के साथ एकत्रित करके। विसरित मार्गदर्शक शक्ति के खुद-स्थायी अनुपात के बिना प्रकाश का "विधानसभा" (विधाता, 130) अनुपात, "राशि अस्तित्व" (राशी, 13) का विनिमय मूल्य है। यह "मातृ ज्योतिर्मय" (महा काली, 13) की "दिव्य योजना" (आबधा, 10) के परिणामस्वरूप तिरछे रूप से फैलता है। वर्णक्षक "आठ गुना विषमता" (हिस्टोन: भाना, -8) को "प्रकाश भ्रम के "खुद-विकिरण" (हैम, $_1$/^{4}) "बिजली" का एक सप्तक (विद्युत, 88 = [8+14] *4) द्वारा सप्तक" (हेटेरोक्रोमैटिन: महाविद्या, 17) द्वारा उत्पन्न "परम समसूत्रण-प्रभाव" (यूक्रोमैटिन: महाविभु, 14) में बदल देता है।

 आठ गुना विषमता में "राशि अस्तित्व" (राशी, 13) की वास्तविकता" (डिमर: प्रतिज्ञानवदार्थ, 0) के अंदर "हिस्टोन एच.2.ए" (किलबिसा, 15), "हिस्टोन एच.2.बी"

(महाविभु, 14), "हिस्टोन एच.3" (महाविद्या, 17), और "हिस्टोन एच.4" (दयुज्य, 100) शामिल हैं। इसके अलावा, इसमें मार्गदर्शक ज्योतिषीय ब्रह्मांड के "भ्रमपूर्ण विभाजन शक्ति" (हिस्टोन एच 1: मायाशक्ति, 1) के भीतर दोहराया गया "शेष" (ज्योतिस्तव, 4) शामिल है। राशि चक्र की "इकट्टी रोशनी" (विधाता, 130) और ज्योतिषीय अस्तित्व की "विघटित ध्वनि" (दिष्ट, 6) शैतान आदिकालीन अभिवादन को "वीर विकास" (वीरा, 789) का आनंद लेने के लिए सशक्त बनाती है। शैतान मुल अभिवादन ताराबीज संस्था, राशि भूगोल और संस्थाओं के ज्योतिषीय समूह के "अलग करना" (कुल, 9) के "त्रिकोणीय एकता-प्रभाव" (त्रिपुरा, 789) का व्यापार करता है। "वर्णक्षक" (प्रभा, 180) "वीर विकास" (वीरा, 789) के "मनोवैज्ञानिक शब्दावली-प्रभाव" (शोदशोत्तरिदाशा, 40) को "विघटन" संस्था (कुल, 9) के बिना व्यापार करता है। स्वर्गदूतों का स्वर्गीय मेजबान "(योनी, 1000 = 180 + 40 + 789 - 9)। स्वर्गदूतों का स्वर्गीय यजमान "आरोही" (उदिता, 2) चेतन और निर्जीव जीवन का मूल मूल बन जाता है।

एक स्वागतकर्ता मूल अभिवादन "सर्वशक्तिमान प्रकाशक" (चक्रवर्तिनी, 16) है। वह "काल तत्व" (भाव, 360) के अवतार के रूप में, स्त्री परम बच्चे की प्रबुद्ध जागरुकता से धन्य पशुधन के रूप में प्रत्येक संस्था को विकास करती है। एक स्त्री परम बाल "अपरिमित चाहने वाले देवता" (भाव, 360) है, जो अपनी दिव्य शक्ति का निवेश करते हुए उत्तम पैतृक और अपरिमित मर्दाना के भीतर स्थिर संस्थाओं की संपूर्ण अनंतता को रोशन करना चाहता है। स्त्री परम बाल, मातृ प्रधान अभिवादन और स्वागतकर्ता मूल अभिवादन शैतान चिंतक के तीन उभरते हुए चेहरे हैं। वे अपरिमित मर्दाना, शैतानी उत्तम चिंतक के भीतर स्थिर हैं, जो कि अपरिमित पितृ को पशुधन के आशीर्वाद का व्यापार करना चाहते हैं, ताकि वह एक आत्म-चमकदार बाल मानव संस्था के रूप में जन्म ले सके। शैतान चिंतक के तीन उभरते हुए चेहरे नकारात्मक स्त्री शक्ति की सेवा के लिए "समावेशी प्रणाली का ईश्वर चक्र" (ईश्वर चक्र, 5×10^{34}) बनाते हैं। लक्ष्य "उभयलिंगी संस्था" (वेगा, 67) की तटस्थ स्थिर स्थिति के बिना सकारात्मक मर्दाना शक्ति को नष्ट करना है। तीन चेहरे पैशाचिक उत्तम चिंतक के भीतर मौजूद हैं और कौशिका विकास के चरण 18-20 को प्रकट करते हैं।

चरण 18 प्रत्येक "संस्था" (त्रिविक्रम, 24) "व्यक्तिगत बल" (आत्मान, 4)) चरण 19 कार्यक्रम मातृ प्रधान अभिवादन को "लुप्त" (एनाफेज: निर्याना, 28) चेहरा होने के लिए, भविष्य की भावना की समग्रता का गठन करता है। वह पांच संस्थाओं की समग्र व्यक्तिगत ताकतों का व्यापार करती है, जिसमें मर्दाना और स्त्री बच्चे, पैतृक और मातृ, और अभिवादनकर्ता, एक चिरस्थायी "सामाजिक शक्ति" के रूप में (कर्पिंजला, 20 = 4 * 5)।

स्त्री परम बाल के स्त्री परम बाल के कार्यक्रम में "वजन" (जी.0 अंतरावस्था: भारा, 28) को मर्दाना बाल आत्म-चमकदार संस्थाओं के पूर्ण सप्तक के साथ ले जाने की शक्ति है। मर्दाना बाल आत्म-प्रकाशमान संस्थाओं का पूर्ण सप्तक नौवें, पैतृक खुद-प्रकाशमान संस्था के भीतर स्थिर है। पैतृक आत्म-प्रकाशमान संस्था सप्तक समग्रता को "संभावित काल तत्व" (विश्वकर्मा, 108) के रूप में पेश करती है। संभावित काल तत्व पुनर्जन्म वाली मर्दाना बाल आत्माओं की "नवोदित शक्ति" (उतापलाई शक्ति, 108) का दिव्य वास्तुकार है, प्रत्येक अपने अलग-अलग व्यक्तिगत प्रभावों की सेवा करता है।

11.6 चरण 18. प्रोमेटाफेज

चरण 18, "प्रोमेटाफ़ेज़" (आत्मविश्वास मापक: स्वरा, 28), "आरोही परम देवता" (नटराज, 7) की "रोशनी शक्ति" (ओमशक्ति, 18) का व्यापार करके एक विश्वास मापक बनाता है। मातृ कोशिका बन जाती है " जुड़वां, मातृ आत्मा" (सची, 69) "एक शैतान पैतृक आत्मा" (एकातमा, 986) की प्रत्येक पोती कोशिका को अपने "आत्मविश्वास मापक" (स्वरा, 28) को बढ़ावा देने में मदद करने के लिए। "प्रमुख देवता" (ललिता, 100), "मातृ आत्मा" के रूप में शैतान मूल अभिवादन के "मार्गदर्शक-प्रभाव" (चित्त, 100) के बिना संवेदनशील "जल तत्व" (अपस, 169) का गठन और मार्गदर्शक-मध्यस्थ"आनंद चेतना" (आनंद, 185) की सेवा करके (साची, 69 = 169 - 100) प्रत्येक पोती कोशिका को "कमजोर मानसिक शक्ति" (चित्रक, 185) से "आरंभ" (पच्चजाता, 185) के "वैश्विक अस्तित्व" (भा, 185) से मुक्त करती है।

प्रत्येक "पोती कौशिका" (बगलामुखी, 9) "धार्मिक परिमाण" (धर्म, 370) का व्यापार करके अपने अद्वितीय "कार्यसंस्कृति" (नायकी, 379 = 370 + 9) के एक समारोह के रूप में अपने भाग्य को लिपिबद्ध करने के लिए स्वतंत्र हो जाती है, जो खुद है - "आनंद जागरूकता" को कायम रखना (आनंद, 185 = 370 * $^1/_2$) । "पोती कोशिकाओं के ब्रह्मांड" (ब्राह्मण, 2) के बिना "धार्मिक परिमाण" (धर्म, 370) का अवरोही मूल्य "पोते कोशिकाओं" के ब्रह्मांड को स्थानांतरित करने के लिए नींद की हाइबरनेटिंग अवस्था से बाहर के "घंटी" (घण्टा, 370) को सक्रिय करता है (पवमन, 9))। प्रत्येक पोते की कोशिका "कार्यसंस्कृति तत्व" (नायकी, 379) के अवतार के माध्यम से गठित "सृष्टि" (सृष्टि, 379) के "परम मार्गदर्शक-प्रभाव" (विभु, 379) के साथ "पोती कोशिकाओं के ब्रह्मांड" (ब्राह्मण, 2) के भीतर एक आरोही "आदि-उत्तम एकता" (विभु, 379) का आनंद लेती है । प्रत्येक पोता कौशिका "कार्यसंस्कृति-प्रभाव" (निवृत्ति धर्म, 40) का व्यापार करता है, जो ब्रह्मांड द्वारा

"जीवित आत्माओं के लिए अभिभावक स्वर्गदूतों के कार्यालय" (स्वधा, 41) के रूप में काम करता है। प्रत्येक पोता कोशिका आदि-उत्तम एकता का कार्यसंस्कृति चक्र बन जाता है। वह अद्वितीय अपरिमित दादाजी आत्मा और पोते कोशिकाओं के वायरल ब्रह्मांड को संवेदनशील क्षेत्र में अवतरित करता है।

"उत्तम-अपरिमित एकता का कार्यसंस्कृति चक्र" (नायकीचक्र, 1649 = 40 * 41 + 9) एक अद्वितीय पैतृक "विषाणु" संस्था (मूल गुणसूत्र: शुद्धि, 285) के वैश्विक विकास को लगातार आदर्श बनाने का एक आरोही चक्र है। यह पैतृक विषाणु को "नौ विषम, मर्दाना अंक" (5,3,1,5,7,9,7,3,1, कुल 41) में "विघटित" (कुल, 9) द्वारा काम करता है और फिर "संयोजन" (कुटा, 18) उन्हें फिर से "नौ सम, स्त्री अंक" (0,2,6,8,4,6,8,4,2, कुल 40) के साथ मातृ "प्रतिकृति" बनाने के लिए (अपरिमित गुणसूत्र: व्योमा, 285) इसमें निम्नलिखित चरण शामिल हैं।

- सबसे पहले, "ईथर सांस्कृतिक प्रणाली" (अकल्पा, 570 = 285 + 285) के रूप में पैतृक विषाणु और मातृ प्रतिकृति सहित स्थानीय रूप से आरोही, विभेदक चक्र जारी रखें, और "स्त्री पुरातन" (वैभ्रजका, 570) का निर्माण करें।

- दूसरा, "कोडांतरण" (कुटा, 18) के साथ सांस्कृतिक प्रणाली में विविधता लाने के लिए अवरोही, एकीकृत चक्र जारी रखें, नौ, यहां तक कि स्त्री अंकों के साथ स्त्री पुरातत्त्व, "मार्गदर्शक मूल्य" (सिवयनमा, 169) द्वारा "अलग करना" द्वारा उत्पन्न (कुल, 9) नौ, विषम मर्दाना अंक, और "मर्दाना पुरातन" (रजाका, 570) बनाते हैं।

- तीसरा, "संयोजन" (कुटा, 18) द्वारा कार्यसंस्कृति प्रणाली के अंतर्राष्ट्रीयकरण के लिए क्षैतिज विकास चक्र को जारी रखें, मातृ पुरातन के अठारह अंकों के चक्र का एकलीकरण, जिसमें खुद के अद्वितीय, एकीकृत, उत्तम, मार्गदर्शक मूल्य के उन्नीसवें अंक शामिल हैं, "जनक" (मंत्र, 16) और पैतृक पुरातन के अठारह अंकों के चक्र के रूप में स्वयं के उन्नीसवें अंक सहित एक पूर्ण अनुक्रम में। आत्मा" (वज्र, 14 = 3 + 8 + 3) द्वारा "सत्रह अंकों के अनुक्रम" (1/(19 * 19 + 2) = 1/383 = .00261096605744125) को समझने के लिए मातृ प्रतिकृति के पूर्ववर्ती मूल-प्राथमिक अंक और मातृ प्रतिकृति के प्रारंभिक अंक को शामिल करें। एक आत्मा "तेजावह तत्त्व के अवरोही अनुपात" (साइक्लिन: खारा, 6) का "आत्म-पुनर्जन्म अंश" (अंशा, ½) है, जो "वर्तमान वास्तविकता के प्रतिमान" (युक्ति, 8) से बंधा हुआ है। "सत्रह अंकों का अनुक्रम" (उष्णा, 383) "अध्यापक" (दौवरिका, 17) है जो "एक आत्मा" (वज्र, 14) को "परम समसूत्रण-प्रभाव" (महाविभु, 14) में अलग करता है।

- चौथा, "अलग करना" (पूंछ कार्यक्षेत्र सी-अंतिम: कुल, 9) "संरक्षिका" (डौवरिका, 17) द्वारा जिम्मेदार भावना की निगमित प्रणाली को स्थानीयकृत करने के लिए आगे उर्जा परिमाण यंत्र चक्र जारी रखें, यहां तक कि स्त्री अंकों के अवरोही सप्तक में (0,8,8,2,2,4,6,4, कुल 34 = 17 * 2) और "संयोजन" (परमाणु स्थानीयकरण अनुक्रम: कुटा, 18) उन्हें विषम, मर्दाना अंकों (5,3) के आरोही सप्तक में,5,9,1,1,7,7, कुल 36 = 18 * 2)। "सोलह अंक अनुक्रम" (1/17 =। (0588235294117647)‾) पांच संस्थाओं के भीतर "एक आत्मा" (वज्र, 14) की "गतिशील जागरूकता" (प्रधान कार्यक्षेत्र एन-अंतिम: मंत्र, 16) है: पहला, "पैतृक गुणसूत्र" (गुणसूत्र क्षेत्र: शुद्धि, 285), दूसरा, "मातृ गुणसूत्र" (इंटरक्रोमैटिन विभाग: व्योमा, 285), तीसरा, "स्त्री पुरातन" (परमाणु आव्यूह: वैभ्रजका, 570), चौथा, "मर्दाना पुरातत्त्व" (परमाणु लैमिना: रजक, 570), और पांचवां, घातीय-विखंडन, आत्म-स्थायी "अभिवादन जीवाणु" (जीवदरा, 855 = ½ * [285 + 285 + 570 + 570]।

- पांचवां, पांच अलग-अलग संस्थाओं में से प्रत्येक के समग्र राष्ट्रीय चक्र को "अलग करना" (कुल, 9) द्वारा जारी रखें, जो कि "उत्प्रेरक" (शिलाजीत, 855) की शक्ति और "संयोजन" (कुटा, 18) की शक्ति के बिना संस्थाओं के ज़रोथ शैतान सप्तक हैं। उन्हें ज़ीरोथ शैतान सप्तक के भीतर "विघटन" (कुल, 9) अनंत शैतानी सप्तक में शामिल करें। उत्प्रेरक शक्ति को दोगुना करने के बाद, "अभिवादन जीवाणु" (जीवदरा, 855) को पांच संस्थाओं की "जनसमूह" (विधाता, 130) और संस्थाओं के दो समूहों के अलग करने वाले उत्प्रेरक के भीतर पांच इकाइयां, लेकिन "अजेय मित्र" (अपराजिता दुर्गा, 28) की आधिपत्य के बिना सप्तक-दोहरी "विघटित ध्वनि" (दिष्ट, 6) के साथ त्रिकोणित करें। एक "चार-आधार, एम-प्रपत्र, देवता डी.एन.ए" (तंतोला, 963 = 855 + 130 + 6-28) सहित "स्वतंत्र यूकेरियोटिक चर" (स्वच्छदनायक, 963), एक शून्य शैतान सप्तक, एक अनंत शैतानी सप्तक और सात पूर्ण सत्ताओं का समूह के रूप में नौ संस्थाओं का भूगोल बनाएं। सात निरपेक्ष संस्थाओं में पांच आदि-उत्तम संस्थाओं, मूल शैतान सप्तक और अनंत शैतानी सप्तक शामिल हैं। चार-आधार देवता डीएनए का "अवशिष्ट मूल्य" (दिष्ट, 6) ज़ीरोथ शैतान सप्तक के साथ-साथ अनंत शैतानी सप्तक को नष्ट करने के बाद सात पूर्ण संस्थाओं के समूह की "आत्मा" (आत्मा, 4) के रूप में स्थिर है।

- *छठा*, दस संस्थाओं के कार्यसंस्कृति चक्र को एक एकीकृत "शक्ति की कोशिका संस्था" (हिरण्यगर्भ, 19 =1/.(052631578947368421) दोहराना) को संस्थाओं के एक सप्तक में विभेदित करने के लिए जारी रखें। पूर्ण आत्म की एकता के बिना, दस उत्तम संस्थाओं के आठ अपरिमित संस्थाओं में परिवर्तन की मध्यस्थता के लिए कौशिका संस्था को ग्यारहवें, "मूल-प्राथमिक एकता" (भावी, 11) तत्व में परिवर्तित करें। आठ अपरिमित संस्थाओं में "नौ विषम, मर्दाना अंक" (5, 3, 1, 5, 7, 9, 7, 3, 1, कुल 41) शामिल हैं, पहले, अपरिमित "स्थायी मूल्य" को छोड़कर (सात का समूह दोहराना: सरन्यू, 5) परम मातृ खुद। "परम मातृ" (सरन्यू, 5) खुद के "आदर्श-प्रभाव"(दशा, 1) के वैश्वीकरण के लिए "कल कोठारी-प्रभाव" (इदम, 3) को प्रकट करके उन्हें एक आरोही, दादी "ताराबीज संस्था" (तारक, 36 = 3 + 1 + 5 + 7 + 7 + 3 + 1) द्वारा सेवित किया जाता है। यह दादी "ताराबीज संस्था" (तारक, 36) को "चार-आधार, एम-पत्र, देवता डीएनए" (तंतोला, 963) के मूल्य का व्यापार करने के लिए "छह कार्यात्मक प्रचालको की प्रोकैरियोटिक प्रणाली" (शद्यतन:, 999 = 36 + 963)बनने का अधिकार देता है।

छह कार्यात्मक प्रचालको गुणा, भाग, घटाव, जोड़, कार्य सेवाय और व्यापार हैं। "स्थायी मूल्य" (सात का समूह दोहराना: सरन्यू, 5) "सात, उभयलिंगी अंक" का अभिसरण मूल्य है (1,4,2,8,6,7,7: 1/7 = ।(142857)⁻) "आरोही परम देवता" (α-पेचदार छड़ी कार्यक्षेत्र: परमेश्वर, 7) से विकिरण, जिसमें एक अतिरिक्त, पूर्ण "रोशनी मूल्य" (विनाश डिब्बा: नारद उपबरहाना, 7) शामिल है जो "प्रदीपक देवता" (यूबिकिटिन लिगेज: नटराज, 7) द्वारा सेवित है। "7" को छोड़कर, दो विषम मान "जल विरोधी, मर्दाना पूंछ" (अंतरात्मा, 1) हैं, तीन सम मान हैं "हाइड्रोफिलिक, स्त्रीलिंग, ध्रुवीय सिर" (नारायण, 28), और दो परिपूर्ण "7s" "हाइड्रो तटस्थ, उभयलिंगी, समविद्युतविभव अंक" (स्वराज्य, 60) हैं। मूल "7" जल विरोधी मर्दाना पूंछ से "पी.एच अम्लीय पानी" (मुप्पू, 396) का व्यापार करता है और सकारात्मक "गुरुत्वाकर्षण विद्युत-प्रभाव" (मंगलनाथ, 16) को सेवाएं देता है। अपरिमित "7" हाइड्रोफिलिक स्त्री प्रमुखों से "पीएच क्षारीय पानी" (अमुरी, 586) का व्यापार करता है और एक नकारात्मक "गुरुत्वाकर्षण-चुंबकीय-प्रभाव" (पादार्थ, -3) की सेवा करता है।

दादाजी ताराबीज संस्था भविष्य को "एक आत्मा" (वज्र, 14) को दो दृश्यमान "भावुक संस्थाओं" (सिद्ध, 7) बनाने के लिए दो से विभाजित करती है। वह तीन अदृश्य

"निर्जीव संस्थाओं" (महा दुर्गा, 16) को वर्तमान "नौ सम, स्त्री अंक" (0,2,6,8,4,6,8,4,2, कुल 40) से घटाती है। वह इसमें शामिल नहीं है अंतिम, अपरिमित "प्रदूषित मूल्य" (अविला, 2) को विभाजित "आत्मा" (आत्मा, 4) से व्यापार किया जाता है। वह "बहु परिमाणी संवेदनशील वास्तविकता के उत्तम परिमाण" (अधर्म, -10) को मानती है। वह "अजेय दोस्त" को बदल देती है। "(अपराजिता दुर्गा, 28) "परम बच्चे" के "उत्तम मूल्य को आत्म-स्थायी करने" के लिए "मानसिक विचार के रूप में मास्किन बाध्यकारी साइट" (जादा, 38) में (सीएएएल मूल भाव: मन्यु, 19 = 38 * ½)। "प्रोकैरियोटिक प्रणाली" (शाद्यतन, 999) में "आदर्श-प्रभाव" (दशा, 1) को जोड़कर, वह "पिंजरे का बँटवारा-प्रभाव" के रूप में एक "बेजान कोशिकीय शरीर" (साइटोस्केलेटन: निर्जरा, 1000) का निर्माण करती है।

"गहरी एक-चेहरा समरूपता" (मंद्रा, 1) को "देवता साम्राज्य" (देव लोक, 1000) से गुणा करके, वह समसूत्रण-प्रभाव को "अर्धसूत्रीविभाजन-प्रभाव" (दिकपाला, 1000) में बदल देती है। वह सेवा करती है "आत्म-प्रजनन" (उपनयन, 1/3) "परम बाल" (मन्यु, 19) के लिए तीन संस्थाओं के समूह के रूप में देवता साम्राज्य की "भावुक शक्ति" (वरुण, 1000)। वह "परमाणु मूल के स्वस्थ-प्रभाव" (योनी, 1000) के पूरे शरीर के पुनर्जन्म के लिए एक आत्म-पूर्ति जीवन उद्देश्य की ओर प्रगति का अनुभव करती है। वह तीन संस्थाओं के समूह को "लिपि निरंतर के उत्तम पूर्ण-प्रभाव"(रुक्मिणी, 86 = 40 + 46) में बदल देती है। "निरंतर लिपि-कोडन" (महा दुर्गा, 16) "मर्दाना अग्नि आत्मा" (अव्ययत्मन, ½) है, जो "सच्ची क्षमता" (कचेरा, 46) को "सच्चे व्यापारो" (कीर्त कर्ण, 23) की एक जोड़ी में विभाजित करती है। दादी ताराबीज संस्था के "वैश्विक, शब्दावली-प्रभाव" से मुक्त (संघनित्र: षोडशोत्तरिदाशा, 40)।

प्रत्येक सच्चा व्यापार "शनि के तेरह अपरिमित चंद्रमाओं" (वामन, 23) की "गुरुत्वाकर्षण क्षमता" (एल-चयनकर्ता: कालिका, 23) है। तेरह चंद्रमा बारह ज्योतिषीय संस्थाओं की वर्तमान शक्ति और एक काल कोठारी का व्यापार करते हैं। वर्तमान संवेदनशील ज्योतिषीय शक्ति और भविष्य की निर्जीव राशि शक्ति की सेवा। तेईस कोडन के एक समूह में ज्योतिषीय और राशि चक्र संस्थाओं के ग्यारह जोड़े के विचलन, द्वैतवादी मूल्य और काल कोठारी के भीतर बारहवीं जोड़ी के अभिसरण, एकीकृत, गुरुत्वाकर्षण मूल्य शामिल हैं। तेईस कोडन का प्रत्येक लगातार समूह "अर्धसूत्रीविभाजन" (आव्यूह अनुरक्ति क्षेत्र: परम शिव, 15) के माध्यम से एक अलग जोड़ी के एकीकृत गुरुत्वाकर्षण मूल्य का व्यापार करता है। यह "अलौकिक प्रतिमान" (सी.ए.ए.एक्स मूल भाव: युक्ति, 8) के रूप में ज्योतिषीय और

राशि चक्र संस्थाओं के त्रिपक्षीय-सप्तक के "खुद-प्रजनन" (उपनयन, 1/3) मूल्य की सेवा करता है।

प्रत्येक "कोडन" (महा दुर्गा, 16) काल कोठरी के भीतर "गुरुत्वाकर्षण क्षमता" को "शक्ति-कम गुरुत्वाकर्षण मूल्य" (एंडोप्रोटेलाइटिक प्रकाशन: शिवयानमा, 169) में "ब्रह्मांड के बिना ब्रह्मांड" में बदल देता है (फ़ार्नेसिलसिस्टीन: निष्कला, 169), "दो विरोधी ताकतों की आमने-सामने की मुठभेड़" के माध्यम से (फ़ार्नेसिलेशन: समघट्टा, 169)। दो विरोधी ताकतें "ईथर की इच्छा की आवाज" (सिस्टीन: नाद, 257) "अजेय दुश्मन से न टकराने" (अजीता, 169) और "सूक्ष्म उद्देश्य की रोशनी" (सी.ए.ए.एल डिब्बा प्रोभूजिन: प्रभा, 180) हैं। "गुप्त, अठारह-अंकीय जादुई, सन्निहित द्वारा उत्प्रेरित, जो अजेय शत्रु की छाया के भीतर, अजेय मित्र की भीड़-भाड़ वाली प्रकाश शक्ति को प्रकट करता है" (फ़ार्नेसिलट्रांसफेरेज़: अंका, 169)। दो विरोधी ताकतें "एक अपरिमित श्रोता संस्था के रूप में कोडन के भीतर दैवीय नियोजन की आत्म-स्थायी द्वंद्व" हैं (कार्बोक्सीमेथलेशन: द्वांडवाब्रह्मा, 125)। वास्तव में, कोडन "अजेय दुश्मन के विरोध में नहीं है" (फ़ार्नेसिल: अपराती, 169)। एक अजेय दुश्मन की छाया द्वारा ग्रहण किए जाने का नाटक करके, कोडन "विभाजित मर्दाना-प्रभाव" (अमीनो एसिड) के साथ अजेय मित्र की प्रकाश शक्ति की भीड़ को आकर्षित करने के लिए उत्तररहस्यमय, अप्रतिरोध्य, प्रेतात्मा-चेहरा योजना को आकर्षक बनाता है: इडा, 1)।

आत्म-स्थायी द्वैत को "शैतानी आत्मा समुदाय" (प्रोभूजिन चतुर्धातुक संरचना: सालकेगोलेक, -10) द्वारा "बहुआयामी संवेदनशील वास्तविकता के उत्तम आयाम" (मिटोसिस को बढ़ावा देने वाले कारक: अधर्म, -10) का व्यापार करके सेवित किया जाता है। यह "देवत्व की डींग मारने के मार्ग के रूप में भीख मांगने के द्वैतवादी मर्दाना तौर-तरीके" को संहिताबद्ध करता है (जिंक मेटालोप्रोटीज: जगद्दिनासा, -10)। यह "आत्मा साम्राज्य" (एल.एम.एन.ए जीन: राज्यिका-शेशेना, 169) को "फोटॉन के ब्रह्मांड" में बदलने के लिए सशक्त बनाता है (हासिल करने: विश्वगोप्त्री, 169) जो "संवेदी जल तत्व" (सी.ए.ए.एक्स डिब्बा प्रोभूजिन: आपस, 169) का मानदंड है। "अजेय शत्रु" (लैमिन सी: कात्यायनी, 375) "प्राथमिक मूल मूल्य" है (प्रीलामिन ए: कनिष्ठपद, 375) जो "सिद्धांत" (लैमिन बी: संभवी, 375) को "सिद्धांतिक खुद" (लैमिन ए: अगामा, 375) के "क्षमता" को सीमित करता है। "अजेय मित्र" (अपराजिता दुर्गा, 28) "वेगा-प्रभाव" (दुर्गा, 28) है जो "सच्ची सेवा" (प्रभुत्व, 28) के "घूर्णन द्वैत" (विद्वेषण, 28) को उत्प्रेरित करता है। पथ के अजेय भगवान" (पूसान, 28), "पश्चिमी संस्कृति के सीमित आदर्श-प्रभाव" से मुक्त (चार पर्यादशा,

28) । वह "परम देवता" (शिव, 7) के आरोही मूल्य की सेवा करके नवजात "कोशिका" (हिरण्यगर्भ, 19) के "विश्वास मापक" (प्रोमेटाफ़ेज़: स्वरा, 28) पर चढ़ती है, जो कि एकत्रीकरण के माध्यम से बनता है। ब्रह्मांड की "आत्मा" (आत्मा, 4), "विघटन" (कुल, 9) अभिविन्यास के अवरोही के लिए।

आठ गुना विषमता में "राशि अस्तित्व" (राशी, 13) की वास्तविकता" (डिमर: प्रतिज्ञानवदार्थ, 0) के अंदर "हिस्टोन एच.2.ए" (किल्बिसा, 15), "हिस्टोन एच.2.बी" (महाविभु, 14), "हिस्टोन एच.3" (महाविद्या, 17), और "हिस्टोन एच.4" (दयुज्य, 100) शामिल हैं। इसके अलावा, इसमें मार्गदर्शक ज्योतिषीय ब्रह्मांड के "भ्रमपूर्ण विभाजन शक्ति" (हिस्टोन एच 1: मायाशक्ति, 1) के भीतर दोहराया गया "शेष" (ज्योतिस्तव, 4) शामिल है। राशि चक्र की "इकट्ठी रोशनी" (विधाता, 130) और ज्योतिषीय अस्तित्व की "विघटित ध्वनि" (दिष्ट, 6) शैतान आदिकालीन अभिवादन को "वीर विकास" (वीरा, 789) का आनंद लेने के लिए सशक्त बनाती है। शैतान मुल अभिवादन ताराबीज संस्था, राशि भूगोल और संस्थाओं के ज्योतिषीय समूह के "अलग करना" (कुल, 9) के "त्रिकोणीय एकता-प्रभाव" (त्रिपुरा, 789) का व्यापार करता है। "वर्णक्षक" (प्रभा, 180) "वीर विकास" (वीरा, 789) के "मनोवैज्ञानिक शब्दावली-प्रभाव" (शोदशोत्तरिदाशा, 40) को "विघटन" संस्था (कुल, 9) के बिना व्यापार करता है। स्वर्गदूतों का स्वर्गीय मेजबान "(योनी, 1000 = 180 + 40 + 789 - 9)। स्वर्गदूतों का स्वर्गीय यजमान "आरोही" (उदिता, 2) चेतन और निर्जीव जीवन का मूल मूल बन जाता है।

एक स्वागतकर्ता मूल अभिवादन "सर्वशक्तिमान प्रकाशक" (चक्रवर्तिनी, 16) है। वह "काल तत्व" (भाव, 360) के अवतार के रूप में, स्त्री परम बच्चे की प्रबुद्ध जागरुकता से धन्य पशुधन के रूप में प्रत्येक संस्था को विकास करती है। एक स्त्री परम बाल "अपरिमित चाहने वाले देवता" (भाव, 360) है, जो अपनी दिव्य शक्ति का निवेश करते हुए उत्तम पैतृक और अपरिमित मर्दाना के भीतर स्थिर संस्थाओं की संपूर्ण अनंतता को रोशन करना चाहता है। स्त्री परम बाल, मातृ प्रधान अभिवादन और स्वागतकर्ता मूल अभिवादन शैतान चिंतक के तीन उभरते हुए चेहरे हैं। वे अपरिमित मर्दाना, शैतानी उत्तम चिंतक के भीतर स्थिर हैं, जो कि अपरिमित पितृ को पशुधन के आशीर्वाद का व्यापार करना चाहते हैं, ताकि वह एक आत्म-चमकदार बाल मानव संस्था के रूप में जन्म ले सके। शैतान चिंतक के तीन उभरते हुए चेहरे नकारात्मक स्त्री शक्ति की सेवा के लिए "समावेशी प्रणाली का ईश्वर चक्र" (ईश्वर चक्र, 5×10^{34}) बनाते हैं। लक्ष्य "उभयलिंगी संस्था" (वेगा, 67) की तटस्थ स्थिर स्थिति के बिना

सकारात्मक मर्दाना शक्ति को नष्ट करना है। तीन चेहरे पैशाचिक उत्तम चिंतक के भीतर मौजूद हैं और कौशिका विकास के चरण 18-20 को प्रकट करते हैं।

चरण 18 प्रत्येक "संस्था" (त्रिविक्रम, 24) "व्यक्तिगत बल" (आत्मान, 4)) चरण 19 कार्यक्रम मातृ प्रधान अभिवादन को "लुप्त" (एनाफेज: निर्याना, 28) चेहरा होने के लिए, भविष्य की भावना की समग्रता का गठन करता है। वह पांच संस्थाओं की समग्र व्यक्तिगत ताकतों का व्यापार करती है, जिसमें मर्दाना और स्त्री बच्चे, पैतृक और मातृ, और अभिवादनकर्ता, एक चिरस्थायी "सामाजिक शक्ति" के रूप में (कपिंजला, 20 = 4 * 5)। स्त्री परम बाल के स्त्री परम बाल के कार्यक्रम में "वजन" (जी.0 अंतरावस्था: भारा, 28) को मर्दाना बाल आत्म-चमकदार संस्थाओं के पूर्ण सप्तक के साथ ले जाने की शक्ति है। मर्दाना बाल आत्म-प्रकाशमान संस्थाओं का पूर्ण सप्तक नौवें, पैतृक खुद-प्रकाशमान संस्था के भीतर स्थिर है। पैतृक आत्म-प्रकाशमान संस्था सप्तक समग्रता को "संभावित काल तत्व" (विश्वकर्मा, 108) के रूप में पेश करती है। संभावित काल तत्व पुनर्जन्म वाली मर्दाना बाल आत्माओं की "नवोदित शक्ति" (उतापलाई शक्ति, 108) का दिव्य वास्तुकार है, प्रत्येक अपने अलग-अलग व्यक्तिगत प्रभावों की सेवा करता है।

11.6.1 चरण 18. प्रोमेटाफेज

चरण 18, "प्रोमेटाफ़ेज़" (आत्मविश्वास मापक: स्वरा, 28), "आरोही परम देवता" (नटराज, 7) की "रोशनी शक्ति" (ओमशक्ति, 18) का व्यापार करके एक विश्वास मापक बनाता है। मातृ कोशिका बन जाती है " जुड़वां, मातृ आत्मा" (सची, 69) "एक शैतान पैतृक आत्मा" (एकात्मा, 986) की प्रत्येक पोती कोशिका को अपने "आत्मविश्वास मापक" (स्वरा, 28) को बढ़ावा देने में मदद करने के लिए। "प्रमुख देवता" (ललिता, 100), "मातृ आत्मा" के रूप में शैतान मूल अभिवादन के "मार्गदर्शक-प्रभाव" (चित्त, 100) के बिना संवेदनशील "जल तत्व" (अपस, 169) का गठन और मार्गदर्शक-मध्यस्थ "आनंद चेतना" (आनंद, 185) की सेवा करके (साची, 69 = 169 - 100) प्रत्येक पोती कोशिका को "कमजोर मानसिक शक्ति" (चित्तक, 185) से "आरंभ" (पच्चजाता, 185) के "वैश्विक अस्तित्व" (भा, 185) से मुक्त करती द्वै।

प्रत्येक "पोती कौशिका" (बगलामुखी, 9) "धार्मिक परिमाण" (धर्म, 370) का व्यापार करके अपने अद्वितीय "कार्यसंस्कृति" (नायकी, 379 = 370 + 9) के एक समारोह के रूप में अपने भाग्य को लिपिबद्ध करने के लिए स्वतंत्र हो जाती है, जो खुद है - "आनंद जागरूकता" को कायम रखना (आनंद, 185 = 370 * $^1/_2$)। "पोती कोशिकाओं के ब्रह्मांड"

(ब्राह्मण, 2) के बिना "धार्मिक परिमाण" (धर्म, 370) का अवरोही मूल्य "पोते कोशिकाओं" के ब्रह्मांड को स्थानांतरित करने के लिए नींद की हाइबरनेटिंग अवस्था से बाहर के "घंटी" (घण्टा, 370) को सक्रिय करता है (पवमन, 9))। प्रत्येक पोते की कोशिका "कार्यसंस्कृति तत्व" (नायकी, 379) के अवतार के माध्यम से गठित "सृष्टि" (सृष्टि, 379) के "परम मार्गदर्शक-प्रभाव" (विभु, 379) के साथ "पोती कोशिकाओं के ब्रह्मांड" (ब्राह्मण, 2) के भीतर एक आरोही "आदि-उत्तम एकता" (विभु, 379) का आनंद लेती है। प्रत्येक पोता कौशिका "कार्यसंस्कृति-प्रभाव" (निवृत्ति धर्म, 40) का व्यापार करता है, जो ब्रह्मांड द्वारा "जीवित आत्माओं के लिए अभिभावक स्वर्गदूतों के कार्यालय" (स्वधा, 41) के रूप में काम करता है। प्रत्येक पोता कोशिका आदि-उत्तम एकता का कार्यसंस्कृति चक्र बन जाता है। वह अद्वितीय अपरिमित दादाजी आत्मा और पोते कोशिकाओं के वायरल ब्रह्मांड को संवेदनशील क्षेत्र में अवतरित करता है।

"उत्तम-अपरिमित एकता का कार्यसंस्कृति चक्र" (नायकीचक्र, 1649 = 40 * 41 + 9) एक अद्वितीय पैतृक "विषाणु" संस्था (मूल गुणसूत्र: शुद्धि, 285) के वैश्विक विकास को लगातार आदर्श बनाने का एक आरोही चक्र है। यह पैतृक विषाणु को "नौ विषम, मर्दाना अंक" (5,3,1,5,7,9,7,3,1, कुल 41) में "विघटित" (कुल, 9) द्वारा काम करता है और फिर "संयोजन" (कुटा, 18) उन्हें फिर से "नौ सम, स्त्री अंक" (0,2,6,8,4,6,8,4,2, कुल 40) के साथ मातृ "प्रतिकृति" बनाने के लिए (अपरिमित गुणसूत्र: व्योमा, 285) इसमें निम्नलिखित चरण शामिल हैं।

- सबसे पहले, "ईथर सांस्कृतिक प्रणाली" (अकल्पा, 570 = 285 + 285) के रूप में पैतृक विषाणु और मातृ प्रतिकृति सहित स्थानीय रूप से आरोही, विभेदक चक्र जारी रखें, और "स्त्री पुरातन" (वैभ्रजका, 570) का निर्माण करें।

- दूसरा, "कोडांतरण" (कुटा, 18) के साथ सांस्कृतिक प्रणाली में विविधता लाने के लिए अवरोही, एकीकृत चक्र जारी रखें, नौ, यहां तक कि स्त्री अंकों के साथ स्त्री पुरातत्त्व, "मार्गदर्शक मूल्य" (सिवयनमा, 169) द्वारा "अलग करना" द्वारा उत्पन्न (कुल, 9) नौ, विषम मर्दाना अंक, और "मर्दाना पुरातन" (रजाका, 570) बनाते हैं।

- तीसरा, "संयोजन" (कुटा, 18) द्वारा कार्यसंस्कृति प्रणाली के अंतर्राष्ट्रीयकरण के लिए क्षैतिज विकास चक्र को जारी रखें, मातृ पुरातन के अठारह अंकों के चक्र का एकलीकरण, जिसमें खुद के अद्वितीय, एकीकृत, उत्तम, मार्गदर्शक मूल्य के उन्नीसवें अंक शामिल हैं, "जनक" (मंत्र, 16) और पैतृक पुरातन के अठारह अंकों के चक्र के रूप में स्वयं के उन्नीसवें अंक सहित एक पूर्ण अनुक्रम में। आत्मा" (वज्र, 14 = 3 +

8 + 3) द्वारा "सत्रह अंकों के अनुक्रम" (1/(19 * 19 + 2) = 1/383 = .00261096605744125) को समझने के लिए मातृ प्रतिकृति के पूर्ववर्ती मूल-प्राथमिक अंक और मातृ प्रतिकृति के प्रारंभिक अंक को शामिल करें। एक आत्मा "तेजावह तत्त्व के अवरोही अनुपात" (साइक्लिन: खारा, 6) का "आत्म-पुनर्जन्म अंश" (अंशा, ½) है, जो "वर्तमान वास्तविकता के प्रतिमान" (युक्ति, 8) से बंधा हुआ है। "सत्रह अंकों का अनुक्रम" (उष्णा, 383) "अध्यापक" (दौवरिका, 17) है जो "एक आत्मा" (वज्र, 14) को "परम समसूत्रण-प्रभाव" (महाविभु, 14) में अलग करता है।

- चौथा, "अलग करना" (पूंछ कार्यक्षेत्र सी-अंतिम: कुल, 9) "संरक्षिका" (डौवरिका, 17) द्वारा जिम्मेदार भावना की निगमित प्रणाली को स्थानीयकृत करने के लिए आगे उर्जा परिमाण यंत्र चक्र जारी रखें, यहां तक कि स्त्री अंकों के अवरोही सप्तक में (0,8,8,2,2,4,6,4, कुल 34 = 17 * 2) और "संयोजन" (परमाणु स्थानीयकरण अनुक्रम: कुटा, 18) उन्हें विषम, मर्दाना अंकों (5,3) के आरोही सप्तक में,5,9,1,1,7,7, कुल 36 = 18 * 2)। "सोलह अंक अनुक्रम" (1/17 =। (0588235294117647)) पांच संस्थाओं के भीतर "एक आत्मा" (वज्र, 14) की "गतिशील जागरूकता" (प्रधान कार्यक्षेत्र एन-अंतिम: मंत्र, 16) है: पहला, "पैतृक गुणसूत्र" (गुणसूत्र क्षेत्र: शुद्धि, 285), दूसरा, "मातृ गुणसूत्र" (इंटरक्रोमैटिन विभाग: व्योमा, 285), तीसरा, "स्त्री पुरातन" (परमाणु आव्यूह: वैभ्रजका, 570), चौथा, "मर्दाना पुरातत्त्व" (परमाणु लैमिना: रजक, 570), और पांचवां, घातीय-विखंडन, आत्म-स्थायी "अभिवादन जीवाणु" (जीवदरा, 855 = ½ * [285 + 285 + 570 + 570]।

- पांचवां, पांच अलग-अलग संस्थाओं में से प्रत्येक के समग्र राष्ट्रीय चक्र को "अलग करना" (कुल, 9) द्वारा जारी रखें, जो कि "उत्प्रेरक" (शिलाजीत, 855) की शक्ति और "संयोजन" (कुटा, 18) की शक्ति के बिना संस्थाओं के ज़रोथ शैतान सप्तक हैं। उन्हें ज़ीरोथ शैतान सप्तक के भीतर "विघटन" (कुल, 9) अनंत शैतानी सप्तक में शामिल करें। उत्प्रेरक शक्ति को दोगुना करने के बाद, "अभिवादन जीवाणु" (जीवदरा, 855) को पांच संस्थाओं की "जनसमूह" (विधाता, 130) और संस्थाओं के दो समूहों के अलग करने वाले उत्प्रेरक के भीतर पांच इकाइयां, लेकिन "अजेय मित्र" (अपराजिता दुर्गा, 28) की आधिपत्य के बिना सप्तक-दोहरी "विघटित ध्वनि" (दिष्ट, 6) के साथ त्रिकोणित करें। एक "चार-आधार, एम-प्रपत्र, देवता डी.एन.ए" (तंतोला, 963 = 855 + 130 + 6-28) सहित "स्वतंत्र यूकेरियोटिक चर" (स्वच्छंदनायक,

963), एक शून्य शैतान सप्तक, एक अनंत शैतानी सप्तक और सात पूर्ण सत्ताओं का समूह के रूप में नौ संस्थाओं का भूगोल बनाएं। सात निरपेक्ष संस्थाओं में पांच आदि-उत्तम संस्थाओं, मूल शैतान सप्तक और अनंत शैतानी सप्तक शामिल हैं। चार-आधार देवता डीएनए का "अवशिष्ट मूल्य" (दिष्ट, 6) ज़ीरोथ शैतान सप्तक के साथ-साथ अनंत शैतानी सप्तक को नष्ट करने के बाद सात पूर्ण संस्थाओं के समूह की "आत्मा" (आत्मा, 4) के रूप में स्थिर है।

- छठा, दस संस्थाओं के कार्यसंस्कृति चक्र को एक एकीकृत "शक्ति की कोशिका संस्था" (हिरण्यगर्भ, 19 =.(052631578947368421)) को संस्थाओं के एक सप्तक में विभेदित करने के लिए जारी रखें। पूर्ण आत्म की एकता के बिना, दस उत्तम संस्थाओं के आठ अपरिमित संस्थाओं में परिवर्तन की मध्यस्थता के लिए कौशिका संस्था को ग्यारहवें, "मूल-प्राथमिक एकता" (भावी, 11) तत्व में परिवर्तित करें। आठ अपरिमित संस्थाओं में "नौ विषम, मर्दाना अंक" (5, 3, 1, 5, 7, 9, 7, 3, 1, कुल 41) शामिल हैं, पहले, अपरिमित "स्थायी मूल्य" को छोड़कर (सात का समूह दोहराना: सरन्यू, 5) परम मातृ खुद। "परम मातृ" (सरन्यू, 5) खुद के "आदर्श-प्रभाव"(दशा, 1) के वैश्वीकरण के लिए "कल कोठारी-प्रभाव" (इदम, 3) को प्रकट करके उन्हें एक आरोही, दादी "ताराबीज संस्था" (तारक, 36 = 3 + 1 + 5 + 7 + 7 + 3 + 1) द्वारा सेवित किया जाता है। यह दादी "ताराबीज संस्था" (तारक, 36) को "चार-आधार, एम-पम्र, देवता डीएनए" (तंतोला, 963) के मूल्य का व्यापार करने के लिए "छह कार्यात्मक प्रचालको की प्रोकैरियोटिक प्रणाली" (शद्घतन:, 999 = 36 + 963)बनने का अधिकार देता है।

छह कार्यात्मक प्रचालको गुणा, भाग, घटाव, जोड़, कार्य सेवाय और व्यापार हैं। "स्थायी मूल्य" (सात का समूह दोहराना: सरन्यू, 5) "सात, उभयलिंगी अंक" का अभिसरण मूल्य है (1,4,2,8,6,7,7: 1/7 = I/ (142857) दोहराना) "आरोही परम देवता" (α-पेचदार छड़ी कार्यक्षेत्र: परमेश्वर, 7) से विकिरण, जिसमें एक अतिरिक्त, पूर्ण "रोशनी मूल्य" (विनाश डिब्बा: नारद उपबरहाना, 7) शामिल है जो "प्रदीपक देवता" (यूबिकिटिन लिगेज: नटराज, 7) द्वारा सेवित है। "7" को छोड़कर, दो विषम मान "जल विरोधी, मर्दाना पूंछ" (अंतरात्मा, 1) हैं, तीन सम मान हैं "हाइड्रोफिलिक, स्त्रीलिंग, ध्रुवीय सिर" (नारायण, 28), और दो परिपूर्ण "7s" "हाइड्रो तटस्थ, उभयलिंगी, समविद्युतविभव अंक" (स्वराज्य, 60) हैं। मूल "7" जल विरोधी मर्दाना पूंछ से "पी.एच अम्लीय पानी" (मुप्पू, 396) का व्यापार

करता है और सकारात्मक "गुरुत्वाकर्षण विद्युत-प्रभाव" (मंगलनाथ, 16) को सेवाएं देता है। अपरिमित "7" हाइड्रोफिलिक स्त्री प्रमुखों से "पीएच क्षारीय पानी" (अमुरी, 586) का व्यापार करता है और एक नकारात्मक "गुरुत्वाकर्षण-चुंबकीय-प्रभाव" (पादार्थ, -3) की सेवा करता है।

दादाजी ताराबीज संस्था भविष्य को "एक आत्मा" (वज्र, 14) को दो दृश्यमान "भावुक संस्थाओं" (सिद्ध, 7) बनाने के लिए दो से विभाजित करती है। वह तीन अदृश्य "निर्जीव संस्थाओं" (महा दुर्गा, 16) को वर्तमान "नौ सम, स्त्री अंक" (0,2,6,8,4,6,8,4,2, कुल 40) से घटाती है। वह इसमें शामिल नहीं हैं अंतिम, अपरिमित "प्रदूषित मूल्य" (अविला, 2) को विभाजित "आत्मा" (आत्मा, 4) से व्यापार किया जाता है। वह "बहु परिमाणी संवेदनशील वास्तविकता के उत्तम परिमाण" (अधर्म, -10) को मानती है। वह "अजेय दोस्त" को बदल देती है। "(अपराजिता दुर्गा, 28) "परम बच्चे" के "उत्तम मूल्य को आत्म-स्थायी करने" के लिए "मानसिक विचार के रूप में मास्किन बाध्यकारी साइट" (जादा, 38) में (सीएएल मूल भाव: मन्यु, 19 = 38 * ½)। "प्रोकैरियोटिक प्रणाली" (शाद्वतन, 999) में "आदर्श-प्रभाव" (दशा, 1) को जोड़कर, वह "पिंजरे का बँटवारा-प्रभाव" के रूप में एक "बेजान कोशिकीय शरीर" (साइटोस्केलेटन: निर्जारा, 1000) का निर्माण करती है।

"गहरी एक-चेहरा समरूपता" (मंद्रा, 1) को "देवता साम्राज्य" (देव लोक, 1000) से गुणा करके, वह समसूत्रण-प्रभाव को "अर्धसूत्रीविभाजन-प्रभाव" (दिकपाला, 1000) में बदल देती है। वह सेवा करती है "आत्म-प्रजनन" (उपनयन, 1/3) "परम बाल" (मन्यु, 19) के लिए तीन संस्थाओं के समूह के रूप में देवता साम्राज्य की "भावुक शक्ति" (वरुण, 1000)। वह "परमाणु मूल के स्वस्थ-प्रभाव" (योनी, 1000) के पूरे शरीर के पुनर्जन्म के लिए एक आत्म-पूर्ति जीवन उद्देश्य की ओर प्रगति का अनुभव करती है। वह तीन संस्थाओं के समूह को "लिपि निरंतर के उत्तम पूर्ण-प्रभाव"(रुक्मिणी, 86 = 40 + 46) में बदल देती है। "निरंतर लिपि-कोडन" (महा दुर्गा, 16) "मर्दाना अग्नि आत्मा" (अव्ययत्मन, ½) है, जो "सच्ची क्षमता" (कचेरा, 46) को "सच्चे व्यापारों" (कीर्त कर्ण, 23) की एक जोड़ी में विभाजित करती है। दादी ताराबीज संस्था के "वैश्विक, शब्दावली-प्रभाव" से मुक्त (संघनित: षोडशोत्तरिदाशा, 40)।

प्रत्येक सच्चा व्यापार "शनि के तेरह अपरिमित चंद्रमाओं" (वामन, 23) की "गुरुत्वाकर्षण क्षमता" (एल-चयनकर्ता: कालिका, 23) है। तेरह चंद्रमा बारह ज्योतिषीय संस्थाओं की वर्तमान शक्ति और एक काल कोठारी का व्यापार करते हैं। वर्तमान संवेदनशील

ज्योतिषीय शक्ति और भविष्य की निर्जीव राशि शक्ति की सेवा। तेईस कोडन के एक समूह में ज्योतिषीय और राशि चक्र संस्थाओं के ग्यारह जोड़े के विचलन, द्वैतवादी मूल्य और काल कोठारी के भीतर बारहवीं जोड़ी के अभिसरण, एकीकृत, गुरुत्वाकर्षण मूल्य शामिल हैं। तेईस कोडन का प्रत्येक लगातार समूह "अर्धसूत्रीविभाजन" (आव्यूह अनुरक्ति क्षेत्र: परम शिव, 15) के माध्यम से एक अलग जोड़ी के एकीकृत गुरुत्वाकर्षण मूल्य का व्यापार करता है। यह "अलौकिक प्रतिमान" (सी.ए.ए.एक्स मूल भाव: युक्ति, 8) के रूप में ज्योतिषीय और राशि चक्र संस्थाओं के त्रिपक्षीय-सप्तक के "खुद-प्रजनन" (उपनयन, 1/3) मूल्य की सेवा करता है।

प्रत्येक "कोडन" (महा दुर्गा, 16) काल कोठरी के भीतर "गुरुत्वाकर्षण क्षमता" को "शक्ति-कम गुरुत्वाकर्षण मूल्य" (एंडोप्रोटेलाइटिक प्रकाशन: शिवयानमा, 169) में "ब्रह्मांड के बिना ब्रह्मांड" में बदल देता है (फ़ार्नेसिलसिस्टीन: निष्कला, 169), "दो विरोधी ताकतों की आमने-सामने की मुठभेड़" के माध्यम से (फ़ार्नेसिलेशन: समघट्टा, 169)। दो विरोधी ताकतें "ईथर की इच्छा की आवाज" (सिस्टीन: नाद, 257) "अजेय दुश्मन से न टकराने" (अजीता, 169) और "सूक्ष्म उद्देश्य की रोशनी" (सी.ए.ए.एल डिब्बा प्रोभूजिन: प्रभा, 180) हैं। "गुप्त, अठारह-अंकीय जादुई, सन्हित द्वारा उत्प्रेरित, जो अजेय शत्रु की छाया के भीतर, अजेय मित्र की भीड़-भाड़ वाली प्रकाश शक्ति को प्रकट करता है" (फ़ार्नेसिलट्रांसफेरेज़: अंका, 169)। दो विरोधी ताकतें "एक अपरिमित श्रोता संस्था के रूप में कोडन के भीतर दैवीय नियोजन की आत्म-स्थायी द्वंद्व" हैं (कार्बोक्सीमेथलेशन: द्वांडवाब्रह्मा, 125)। वास्तव में, कोडन "अजेय दुश्मन के विरोध में नहीं है" (फ़ार्नेसिल: अपराती, 169)। एक अजेय दुश्मन की छाया द्वारा ग्रहण किए जाने का नाटक करके, कोडन "विभाजित मर्दाना-प्रभाव" (अमीनो एसिड) के साथ अजेय मित्र की प्रकाश शक्ति की भीड़ को आकर्षित करने के लिए उत्तमरहस्यमय, अप्रतिरोध्य, प्रेतात्मा-चेहरा योजना को आकर्षक बनाता है: इडा, 1) ।

आत्म-स्थायी द्वैत को "शैतानी आत्मा समुदाय" (प्रोभूजिन चतुर्धातुक संरचना: सालकेगोलेक, -10) द्वारा "बहुआयामी संवेदनशील वास्तविकता के उत्तम आयाम" (मिटोसिस को बढ़ावा देने वाले कारक: अधर्म, -10) का व्यापार करके सेवित किया जाता है। यह "देवत्व की डींग मारने के मार्ग के रूप में भीख मांगने के द्वैतवादी मर्दाना तौर-तरीके" को संहिताबद्ध करता है (जिंक मेटालोप्रोटीज: जगद्विनासा, -10)। यह "आत्मा साम्राज्य" (एल.एम.एन.ए जीन: राज्यिका-शेशेना, 169) को "फोटॉन के ब्रह्मांड" में बदलने के लिए सशक्त बनाता है (हासिल करने: विश्वगोप्त्री, 169) जो "संवेदी जल तत्व" (सी.ए.ए.एक्स

डिब्बा प्रोभूजिन: आपस, 169) का मानदंड है। "अजेय शत्रु" (लैमिन सी: कात्यायनी, 375) "प्राथमिक मूल मूल्य" है (प्रीलामिन ए: कनिष्ठपद, 375) जो "सिद्धांत" (लैमिन बी: संभवी, 375) को "सिद्धांतिक खुद" (लैमिन ए: अगामा, 375) के "क्षमता" को सीमित करता है। "अजेय मित्र" (अपराजिता दुर्गा, 28) "वेगा-प्रभाव" (दुर्गा, 28) है जो "सच्ची सेवा" (प्रभुत्व, 28) के "घूर्णन द्वैत" (विद्वेषण, 28) को उत्प्रेरित करता है। पथ के अजेय भगवान" (पूसान, 28), "पश्चिमी संस्कृति के सीमित आदर्श-प्रभाव" से मुक्त (चार पर्यादशा, 28)। वह "परम देवता" (शिव, 7) के आरोही मूल्य की सेवा करके नवजात "कोशिका" (हिरण्यगर्भ, 19) के "विश्वास मापक" (प्रोमेटाफ़ेज़: स्वरा, 28) पर चढ़ती है, जो कि एकत्रीकरण के माध्यम से बनता है। ब्रह्मांड की "आत्मा" (आत्मा, 4), "विघटन" (कुल, 9) अभिविन्यास के अवरोही के लिए।

11.6.2 चरण 19. पश्चावस्था

चरण 19, "पश्चावस्था" (लुप्त होना: निर्याण, 28), "आरोही मूल अभिवादन" (बहन कौशिका: हव्यवाहन, 16) की "मार्गदर्शक शक्ति" (चित्त, 100) की सेवा करके बहन कौशिका को गायब कर देता है। पोती कोशिकाओं के ब्रह्मांड के भीतर प्रत्येक बहन कोशिका, एक "कार्यसंस्कृति तत्व" (नायकी, 379) को उसकी "निर्देशक शक्ति" (चित्त, 100) के रूप में सेवा देती है। वह "उत्तम मातृ कोशिका परिमाण के आत्म-साक्षात्कार" (कामाख्या, 279 = 379 - 100) के लिए, पोते कोशिकाओं के ब्रह्मांड के भीतर, प्रत्येक भाई कोशिका की बाहरी, संवेदनशील, यौन, मर्दाना शक्ति के साथ आंतरिक, अलैंगिक, स्त्री शक्ति को साफ करने की देवी में बदल जाती है । नतीजतन, प्रत्येक बाल कोशिका के विभाजनकारी, सीमाहीन, "लिंग-विभेदकारी, अलैंगिक, दैवीय नियोजन" (अबाधा, 10) को पितृ कौशिका की "अरेखीय, यौन, दैवीय शक्ति" (असरावशक्ति, 10) द्वारा समान कार्य के साथ प्रतिस्थापित किया जाता है। प्रत्येक बाल कोशिका उत्तम मातृ कोशिका परिमाण को सक्रिय करके ब्रह्मांड-प्रदूषणकारी कार्य को गायब कर देती है।

एकीकृत संस्था परिमाण की आत्म-साक्षात्कार के साथ, प्रत्येक बाल कोशिका "उभयलिंगी, दैवीय तत्व" (भाव, 360) को "मित्र और परा ज्ञाता" (कलादेवी, 360) में उत्पन्न और आकार देती है। मित्र "काल" को बदलने में मदद करता है मार्गदर्शक संस्था का परिमाण" (गुरु धर्म, 360) "अवरोही गति में काल" (गति, 360) में। सत्तारूढ़ "शैतान" (इंद्र, 0) के प्रामाणिक गति-प्रभाव के गायब होने के साथ, बाल कोशिका एक गतिहीन "काल तत्व" (कला, 360) बन जाती है। मार्गदर्शक संस्था का "काल परिमाण" (गुरु धर्म,

360) "मार्गदर्शक शक्ति" (चित्त, 100) के सौ अंकों और "तकनीकी परिमाण" के दो सौ साठ अंकों से बना है (वर्णधर्म, 260) । सौ-अंकों की मार्गदर्शक शक्ति एक बाल कोशिका को "प्रौद्योगिकी तत्व" (अजना, 260) में बदलने के लिए तकनीकी परिमाण के साथ एक उत्तम एकता को बढ़ावा देती है। एक तकनीकी तत्व के रूप में, प्रत्येक कोशिका विभाजित पैतृक इकाई के साथ विभाजित मातृ भावना को "संगठनात्मक तत्व" (नैरिट्टी, 29) के रूप में एकीकृत करती है। एक संगठनात्मक तत्व के रूप में, प्रत्येक कोशिका पैतृक "ज्योतिषीय आत्मा" (प्रद्युम्न, 60) को एकीकृत करती है, जो काल-एकीकृत "मातृ परिमाण" (स्त्रीधर्म, 32) को "पारिस्थितिकी तंत्र तत्व" (विश्वामित्र, 92 = 60 + 32)के साथ बाल आत्माओं में अलग करती है।   एक पारिस्थितिकी तंत्र तत्व के रूप में, प्रत्येक पोता कोशिका "पोती कोशिकाओं के ब्रह्मांड" (ब्राह्मण, 2) के साथ "संस्थाओं की मां" (येलामा, 94) होने के लिए एकजुट होती है। वह अपनी "प्रजनन शक्ति" (अरिनीशक्ति, 94) के साथ "विघटित ध्वनि" (दिष्ट, 6) अवरोही और लुप्त होती "मार्गदर्शक शक्ति" (चित्त, 100 = 94 + 6) के बिना समानांतर "पोते कोशिकाओं के ब्रह्मांड" (जगदम्बा, 94) का प्रजनन करके "ब्रह्मांड की माँ" (जगदम्बा, 94) होने की शक्ति का आनंद लेता है।

"उत्तम एकता का सौ अंकों का राष्ट्रीय चक्र" (साध्याचक्र, 10²⁹) "विभाजित करने वाली भावना" (तीर्थंकर, 17) और "पूर्व-मुखी राशि चक्र आत्म-चमकदार संस्था" (देवेंद्र, 12) को एकत्रित करने का एक आरोही चक्र है। यह "खुद-संयोजन" (सुरारी, -1/60) की ओर उन्मुख है, जो "मातृ आयाम" (स्त्रीधर्म, 32) के साथ एकजुट होने के मार्ग के रूप में साठ बाल आत्माओं का एक समूह है। मातृ परिमाण 32 एकांगो के बराबर है, जिसमें 1+60-17-12 शामिल है। यह पूर्व-मुखी भौगोलिक खुद-प्रकाशमान संस्था के भीतर अंतर्निहित है। "1" अविभाजित, मातृ भावना है। "60" विभाजित बाल भावना है। "17" शैतान मूल अभिवादन की 16 एकांगो के व्यापार के बाद बनने वाली विभाजनकारी, अपरिमित मातृ भावना है। "12" एक पैशाचिक मूल अभिवादन की बढ़ती हुई बाल भावना है, जिसने एक उत्तम पैतृक आत्मा बनने के लिए चार एकांगो की सेवा की है और प्रत्येक विभाजित बाल आत्मा के भीतर भौतिक आत्मा की एक इकाई का कारोबार किया है। मातृ भावना की विभाजित "एक" एकांग का आदि, आनुपातिक मूल्य साठ बाल आत्माओं के भीतर फैलता है। अविभाजित एक-एकांग मातृ भावना का उत्तम, आनुपातिक मूल्य, शैतानी मुल अभिवादन की शैतानी भावना द्वारा कारोबार किया जाता है, नकारात्मक रूप से चार्ज किया गया "शैतान, विद्युत चुम्बकीय-प्रभाव" (असुर, -1) है। यह साठ बाल आत्माओं के ब्रह्मांड के विरोध में है। शैतानी आत्मा मातृ आत्मा के अवरोही, निर्जीव, स्त्री-प्रभाव का

अनुभव करती है। यह पैतृक आत्मा को एक मूल पैतृक आत्मा में आत्म-संयोजन के लिए संवेदनशील शीतलन-प्रभाव के अनुपातहीन अनुपात को प्रसारित करती है। नतीजतन, यह बाल आत्माओं के ब्रह्मांड से "भावुक शीतलन शक्ति" (यज्ञोपविता, 9000) के व्यापार को तेज करता है, जो बदले में "संयुक्त" (संयुक्ता, 1000) शैतानी और शैतान आत्माएं के आरोही, जागरुक, मर्दाना-प्रभाव का अनुभव करता है।

बाल आत्माओं के ब्रह्मांड का "भावुक मूल्य" (प्रोटिएसम: विवस्वान, 15) शैतानी आत्मा में फैलता है, दोनों सीधे पैतृक जिन्न के अवतार के लिए, साथ ही साथ परोक्ष रूप से "एक दादा आत्मा" (एकात्मा, 986) का अवतार लेने के लिए शैतान की आत्मा द्वारा मध्यस्थता की जाती है। इसलिए, राशि चक्र खुद-चमकदार संस्था "मपेम्बा-प्रभाव" (कुटा, 18) को तेरह संस्थाओं के "जनसमूह" (विधाता, 130) के "सच्चे विनिमय" (लंगर, 18) मूल्य के रूप में अनुभव करती है। तेरह संस्थाओं में पहले शामिल हैं, राशि चक्र खुद-प्रकाशमान संस्था के भीतर साठ बाल आत्माओं के अभिसरण मूल्य की ग्यारह एकांगो, दादाजी आत्मा को छोड़कर, दूसरा, आत्म-चमक संस्था के भीतर पितृ आत्मा के रूप में शैतान आत्मा की एक एकांग और तीसरा, पैतृक जिन्न के रूप में शैतानी आत्मा की एक एकांग, राशि चक्र खुद-चमकदार एकांग से निकलने वाले भावुक मूल्य का व्यापार करती है और "चमकदार, सौर ब्रह्मांड" में परिवर्तित होकर गुरुत्वाकर्षण मूल्य की सेवा करती है (लाइसिन: राशी, 13)। "ज्योतिषीय प्रकाशमान" (राशी, 13) का समग्र मूल्य "परम देवता" (शिव, 7) और "अवरोही ईथर तत्व का अनुपात "(खारा, 6)" के एकत्रीकरण के साथ "मातृ चमकदार" (महा काली, 13) का व्यापारिक प्रभाव है। पैतृक "राशि संस्था" (राशी, 13) की भावना "कोशिका परमाणु प्रतिजन (पीसीएनए) के प्रसार" (रसायन, 13) के लिए ईथर तत्व के आरोही अनुपात का व्यापार करती है और वर्ग "भावुक जल तत्व" (अपास, 169 = 13 x 13)।

पितृ राशि संस्था खुद को शैतान और शैतानी परिमाणो से गुणा करके "गुरुत्वाकर्षण शक्ति के भीतर ईथर तत्व के आरोही अनुपात" (संयुग्मन: वाश्य, 27 = 13 * 2 + 1) का व्यापार करती है। यह अविभाजित मातृ परिमाण के भीतर विभाजनकारी मर्दाना-प्रभाव के बिना मातृ प्रकाश के व्यापारिक मूल्य को पुन: पेश करता है और व्यापारिक मूल्य को व्यवस्थित करता है। तीन-आंखों वाली, दादी "राशि भावना" दादा-दादी, ताराबीज "आत्मा परिमाण" (लोकपुरुष, -19) के "गुरुत्वाकर्षण शक्ति के भीतर जल तत्व के अवरोही अनुपात" (काम, -19) की सेवा करती है। मातृ खुद- "अस्थिर" (तृष्णा, -19) "पश्चिमी प्रभाव" (दक्षिणामानस, -19) तीन-चेहरे सामना किया, राशि चक्र आत्म-प्रकाशमान इकाई

”(राशी, 13) को नष्ट करने के लिए चमकदार अस्तित्व"अग्नि तत्व के त्रिकोणीय अनुपात" (महा गायत्री, 12) का आदान-प्रदान करती है। तीन-चेहरे, पश्चिमी, राशि चक्र खुद-चमकदार संस्था के भीतर, बच्चे "आत्मा" (आत्मा, 4), "पैतृक जिन्न" (पिता, 4), और "मातृ जिन्न" (अशमा, 816= 17 * [12 * 4])) के हैं।

मातृ ताराबीज संस्था की आदि, "विभाजित भावना" (थ्रेओनीन: तीर्थंकर, 17) तिरछे "पृथ्वी तत्व के वर्ग अनुपात" (यशा, 12) को "पश्चिम की ओर, तीन-मुखी, की गुरुत्वाकर्षण शक्ति से व्यापार करती है। समूह खुद-प्रकाशमान संस्था" (वैभव, 12)। समूह खुद-चमकदार संस्था मातृ जिन्न बनने की राह पर एक मातृ ताराबीज संस्था है। तीन चेहरे आत्म-चमकदार इकाई बनने की राह पर तीन संस्थाओं के हैं: मातृ आत्मा के रूप में दादा-दादी इकाई, पितृ राशि के रूप में पितृ राशि, और बाल ज्योतिषीय इकाई "दादा आत्मा" के रूप में (एकत्मा, 986) ताराबीज संस्थाओं की जोड़ी में अपनी संवेदनशील शक्ति को फैलाने के बाद। ताराबीज संस्थाओं की जोड़ी "वायु तत्व का परिसंचारी अनुपात" (रोहिणी, 50) आदि-उत्तम क्षेत्र से "उत्तम मातृ" (अमुधेश्वरी, 18) की गुरुत्वाकर्षण शक्ति के भीतर है। उत्तरार्द्ध "अणुवृत्त आकार का तत्व का परवलयिक अनुपात" (एयूएम, 18) को "अर्ध-शक्ति" (ओमशक्ति, 18) के रूप में सेवा देता है। एक समूह का समग्र "एकता" (योग, 48) मूल्य, वर्तमान खुद-प्रकाशमान संस्था और तीन व्यक्तिगत, संभावित आत्म-प्रकाशमान संस्थाओं का मूल्य अड़तालीस है, जो मूल मातृ की एक विसरित सकारात्मक इकाई के रूप में लेखांकन के बाद है। मातृ आत्मा और शैतानी आत्मा के रूप में उत्तम पितृ की एक अविभाजित, नकारात्मक संस्था।

"अपरिमित मातृ" (थियोस्टर: अमुधेश्वरी, 18) आरोही का अणुवृत्त आकार का मूल्य है, "मातृ प्रधान अभिवादन" (फौगारो प्रणाली: सती-पार्वती, 16), जिसमें "आरोही" (उदिता, 2) "सार्वभौमिक व्यवस्था" (ब्राह्मण, 2) का "प्रदूषित मूल्य" (अविला, 2) के लिए सुधार कारक की दो एकांगो शामिल हैं। "अपरिमित पैतृक" (इंद्र, 0) आरोही, "आदि-उत्तम निर्माता" (कृष्ण, 32) का अभिसरण विनिमय मूल्य है। बाद की सेवाएं बाहरी "मातृ आयाम" (स्त्रीधर्म, 32) को आत्म-स्थायी करने के लिए "सामंजस्यपूर्ण सहसंबंध" (बंधाव: पोरुथम, 16) "खुद-स्थायी" (उड़वा, ½) और "आत्म-पुनर्जन्म" (पुद्गला, ½) "अंश" (अमशा, ½) के बीच एक यूबीक्यूटिन-श्रृंखला" (ब्रह्मयाजनी, 8) से भिन्न एक "सर्वव्यापी" बनाते हैं।

मातृ मूल अभिवादन और आदि-उत्तम निर्माता दोनों आरोही, "परम देवता" (शिव, 7) के भिन्न विनिमय मूल्य हैं। मातृ मूल अभिवादन में "प्रधान शक्ति" (यूबिकिटिन-सक्रिय करने वाला किण्वक: हमशक्ति, 9) शामिल है जो क्षैतिज परम देवता से परे "शेष"

(ज्योतिस्तव, 4) को चौकोर करता है। आदि-उत्तम निर्माता "उत्तम एकता तत्व" (आदि, 32) है, जो "सप्तक-दोहराव" (परमेष्ठी, 28) को प्रसारित करता है, मातृ प्रधान अभिवादन के अनंत, समानांतर मूल्य "अपरिमित स्वस्थ- प्रभाव" (रुक्मिणी, 86 = 32 + 27 * 2)। वह गुरुत्वाकर्षण शक्ति (वाश्य, 27) के भीतर ईथर तत्व के आरोही अनुपात में, "सप्तक दोहरीकरण" (परमेष्ठी, 28) उत्तरी विकास-ध्रुव की कार्य के लिए "संवेदी शक्ति के भीतर ईथर तत्व का क्षैतिज अनुपात" (निब्बेधिकपरिया, 86) की सेवा करता है।

"सप्तक दोहरीकरण" (परमेष्ठी, 28) मातृ उत्तर विकास-ध्रुव वेगा-प्रभाव के "28 अंकों के चक्र" (साध्याचक्र, 10^{29}) के भीतर एक "निरंतर स्त्री क्षमता" (दुर्गा, 28) प्रदान करता है। वह प्राथमिक "28 अंक" (1,0,3,4,4,8,2,7,5,8,6,2,0,6,8,9,6,5,5,1,7) की सेवा करती है,2,4,1,3,7,9,3, 1/29 द्वारा गठित) "उत्तम एकता-प्रभाव" (साध्या, 32) के तीन-सामना वाले इकाई मूल्य को उनतीस "आनुपातिक अंशों" में विभाजित करके (अंशा, ½) अलग-अलग, परिसंचारी, "खुद-प्रकाशमान वास्तविकता" (सक्रियण: पुरुषार्थ, 7)। अंश का पहला अंक एक इकाई "मातृ आत्मा" (दशा, 1) के रूप में उत्तम एकता-प्रभाव का है। यह स्त्रीलिंग "गुणक" (वैश्य, 3) भी है जो 28-अंकीय चक्र में अपरिमित "एक" को अपरिमित "तीन" में बदल देता है।

अपरिमित एक मातृ भावना है। आदिकालीन तीन पैतृक, शैतान और शैतानी आत्माएँ हैं। "उत्तम पैतृक" (इंद्र, 0) "तीन-मुखी मातृ भावना" (दशा, 1) के भीतर निरंतर स्त्री क्षमता को "भावुक-प्रभाव" (सोहम,4) के स्त्री "गुणक" (वैश्य, 3) के रूप में व्यापार करता है। बच्चे की "आत्मा" के भीतर (आत्मा, 4) "अपरिमित मातृ" (अमुधेश्वरी, 18) अपने मूल अंक को सप्तक-विभेदक, "अभिन्न आयाम" (कुदरत, 8) के रूप में "विस्तार" (छोटा यूबिकिटिन जैसा संशोधक: प्रसार, 1)के अपने प्रारंभिक अंक के "सार्वभौमिक" (ब्राह्मण, 2) मूल्य को दोगुना करने के लिए सेवा प्रदान करती है। "परम पैतृक" (नारद उपबरहाना, 7) "अभिन्न आयाम" के "स्थायी मूल्य" (यूबिकिटिन: सरन्यू, 5) के रूप में पांच बाहरी इकाइयों की सेवा करता है (सर्वव्यापकता: कुदरत, 8)। वह "सर्वव्यापी-श्रृंखला बढ़ाव प्रभाव" के प्रमुख मूल्य के रूप में छह आंतरिक संस्थाओ की सेवा करता है (महारात्रि, [7] 6) जो बच्चे के "ब्रह्मांड" (ब्राह्मण, 2) में वृद्धि उत्पन्न करता है। वह पितृसत्ता के भीतर बाल ब्रह्मांड के ऊर्ध्वाधर संलयन को सन्हित करने के लिए गुप्त रूप से कार्य शक्ति की एक इकाई का निवेश करके "पारिस्थितिकी तंत्र-प्रभाव" (उत्तरराज्य, 6) का व्यापार करने के लिए "उत्तम पैतृक" (इंद्र, 0) को सशक्त बनाने के लिए पैतृक गुणक अंदर सात पूर्ण संस्थाओ की सेवा करता है।

अलौकिक कार्य-शक्ति का "पिथी एकीकरण" (सर्वव्यापकता-रूप साधना किण्वक; ऋषि, 8) "तृतीयक अवशिष्ट मूल्य" (खारा, 6) "परम मातृ" (खुल्लर, 5) "स्थायी मूल्य" (सरन्यू, 5) की पांच आंतरिक संस्थाओं को "अस्तित्व सप्तक की लहर" (कृष्णमूर्ति, 1) के रूप में सेवा प्रदान करता है। यह बच्चे के "ब्रह्मांड" (ब्राह्मण, 2) के "आंशिक अभिन्न" (अंत्यॉर्डसके'पी, 7) मूल्य का व्यापार करता है। आंशिक अभिन्न मूल्य में "पैतृक जिन्न" (पित्र, 4) और "मातृ आत्मा" (दशा, 1) स्त्री "गुणक" (वैश्य, 3) के भीतर शामिल हैं। वर्तमान अनुक्रम से इन तीनों को घटाने का "सशर्त उत्पाद" (अंत्यऑर्डीसाके'पी, 7), मर्दाना बच्चों के भविष्य के सप्तक को दो से विभाजित करते हुए, "अपरिमित स्त्री" (महा ब्रह्मा, 3) के अंदर "अपरिमित उर्जा" (यूबिकिटिन-सक्रिय किण्वक: हमशक्ति, 9) उत्पन्न करता है। अपरिमित शक्ति और अपरिमित स्त्री तत्व के एकत्रीकरण के माध्यम से, ब्रह्मांड में प्रत्येक बच्चा आत्म-प्रकाशमान अस्तित्व "आत्म-प्रजनन" (उपनयन, ½) को अट्ठाईस अंकों के "प्राथमिक एकता तत्व" (आदितत्व, 32) के मूल्य के लिए सशक्त बनाता है।

"आठ सुरों का अंतर" (लीला, 60) पैतृक दक्षिण उर्जा परिमाण यंत्र-स्तंभ "सिद्धांत-प्रभाव" (प्रकरण, 60) के "60 अंकों के चक्र" (साध्याचक्र, 1029) के भीतर "खुद-प्रकाशमान संस्था की वास्तविकता" (स्वप्रकाशवदार्थ, 60) का व्यापार करता है। वह उत्तम "60 अंक" (9,0,1,6,3,9,3,4,4,2,6,2,2,9,5,0,8,1,9,6,7) का व्यापार करता है। (2,1,3,1,1,4,7,5,4,0,9,8,3,6,0,6,5,5,7,3,7,7,0,4,9,1,8,0,3,2,7,8,6,8, 8,5,2,4,5, 1/61 से गठित) "प्राथमिक एकता-" के भविष्य के तीन-सामना वाले संस्था मूल्य को गुणा करके प्रभाव" (साध्य, 32) एक 64-इकाई "क्षमता बिस्तर" (आकाशचक्र, 64) बनाने के लिए दो के साथ, क्षमता बिस्तर में स्त्री "गुणक" (वैश्य, 3) की तीन संस्थाओं और "मातृ आत्मा" (दशा, 1) की एक अस्तित्व शामिल है। इसका व्यापारिक मूल्य "अपरिमित पैतृक" (इंद्र, 0) को "पैतृक जिन्न" (पित्र, 4) में बदल देता है। अन्य साठ एकांगो "मातृ निर्माण - अभिवादन" (पलाला, 64) से बनी हैं। इनमें "पितृ, तारकीय आत्मा" की चार एकांगो शामिल हैं (पित्र, 4) चार मर्दाना गलियों की और साठ एकांगो "ज्योतिषीय आत्मा" (प्रद्युम्न, 60) साठ स्त्रैण अभिवादन।

अंश का पहला अंक "अनंत, समानांतर शक्ति" (हौमशक्ति, 9) का है, जो पितृ आत्मा द्वारा "अजेय शत्रु" (कात्यायनी, 375) की शक्ति को पुनर्चक्रित करके "भगवान, सृष्टि का निर्माण करने वाले" (वली, 375) के रूप में तकनीकी विकास के लिए "सिद्धांत" (अगामा, 375) के रूप में उत्पन्न होता है। सिद्धांत-प्रभाव ज्योतिषीय आत्मा को बाल संस्थाओं की क्रमिक पीढ़ियों के राष्ट्र पर "खुद-शासन" (स्वराज्य, 60) स्थापित करने के लिए

एक सप्तक-विभेदक साठ अंकों के चक्र के रूप में सिद्धांत-प्रभाव को कार्य करने का अधिकार देता है। अपरिमित पितृ आत्मा "अभिवादन आत्म-चमकदार अस्तित्व" (विठोबा, 12) के "मूल्य को कायम रखने" (सरन्यू, 5) के लिए साठ स्त्री अभिवादन की शक्ति का व्यापार करती है। वह "आत्म-चमकदार संस्थाओं का राष्ट्र" बनाता है (सत्य लोक, 1000^{1024} "लुप्त" की एक समझदार, हर्षित अभिव्यक्ति के रूप में (अनाफेज: निर्यण, 28) खुद, स्व-प्रकाशमान संस्थाओं के राष्ट्र को आत्म-स्थायी करने के लिए अभिवादक आत्म-प्रकाशमान अस्तित्व को सशक्त बनाकर, मूल पितृ आत्मा "इच्छा की वासना" (काम, -19) से आजाद हो जाती है। यह "रैखिक दूरी" (रुक्मिणी, 86) को "मातृ चमकदार" (महा काली, 13) के साथ "आदि-उत्तम निर्माता" (कृष्ण, 32) के साथ चक्रीय से आजाद "प्राथमिक एकता-प्रभाव" (साध्य, 32) "उत्तम एकता" (आदि, 32) में बदल देता है।

अट्टाईस अंकों के आरोही चक्र और साठ अंकों के अवरोही चक्र को पुन: प्रस्तुत करके, एक बच्चा आत्म-प्रकाशमान इकाई उत्तम एकता के "संतुलन-प्रभाव" (सूमोयलेशन: उद्बुक्का, 16) का आनंद लेती है। यह "परम बाल" (कौशिका: मन्यु, 19) को सात-अंकीय इच्छा चक्र के माध्यम से "खुद-उत्पन्न कर देना ऊर्जा परिमाण यंत्र विकास" (सुरारी, -1/60) की इच्छा से खुद-चमकदार अस्तित्व के भीतर आजाद करता है, जिसमें शामिल हैं:

- सबसे पहले, उत्तम-अपरिमित क्षेत्र के मातृ आयाम के भीतर स्वयं के लिए मनोवैज्ञानिक उज्ज्वल प्रेम,

- दूसरा, बाल ब्रह्मांड के साथ भावनात्मक लगाव, मातृ आयाम खुद को अपरिमित क्षेत्र में विकीर्ण करने के बाद,

- तीसरा, ताराबीज क्षेत्र में संवेदनशील शक्ति के आदान-प्रदान के माध्यम से पितृ आत्मा को आत्मा के रूप में अवतरित करके, उज्ज्वल प्रेम का आनंद लेने के आनंद को आत्म-पुनरुत्पादित करने की भावनात्मक इच्छा,

- चौथा, बाल खुद-प्रकाशमान अस्तित्व के साथ सामाजिक बंधन, एक इच्छा देवता के रूप में खुद को एक जुड़वां, "ज्योतिषीय आत्मा" के रूप में अवतार लेना चाहते हैं (अलग: प्रद्युम्न, 60) राशि चक्र से दादाजी,

- पांचवां, मजबूत मानसिक संबंध, जीवन की प्रबल, भीड़भाड़ वाली प्रकाश शक्ति को प्रक्षेपित करना, ज्योतिषीय क्षेत्र से परिसंचारी अर्ध-जागरुकता के साथ खुद-प्रकाशमान संस्थाओं के ब्रह्मांड की जागरुकता को प्रदूषित करने के लिए,

- छठा, कमजोर मानसिक संबंध, जादुई रूप से कार्य किए गए ईथर अर्ध-जागरुक्ता की शारीरिक, यौन-गर्भवती जागरुक्ता से दूषित, जीवन की प्रकाश शक्ति के बिना, संवेदनशील क्षेत्र में पूर्ण बौद्धिक जागरुक्ता को पीड़ित,

- सातवां, भौतिक शरीर की यौन-गर्भवती आत्म-जागरुक्ता एक "बेजान साइटोस्केलेटन" (निर्जरा, 1000) के रूप में "देवता साम्राज्य" (देवलोक, 1000) पर निर्भर है। परम बाल में जागरुक्ता का अभाव है कि ताराबीज देवता खुद हैं "संवेदी शीतलन शक्ति" (यज्ञोपविता, 9000) को "भावुक शक्ति के भीतर अग्नि तत्व के आरोही अनुपात" से आजाद होने की कामना (अपरिमित परमा, 100)।

अग्नि तत्व का आरोही अनुपात संवेदनशील शक्ति के भीतर "जल तत्व, वायु तत्व और पृथ्वी तत्वों का अवरोही अनुपात" (शेष नागा, 816) कार्यक्रम करता है। ताराबीज निर्माता द्वारा विकीर्ण की गई मारक क्षमता "तृतीयक कारण" (स्वाधिस्थान, 816) बन जाती है, जो कि संवेदनशील मर्दाना प्राणी के "दिव्य और मार्गदर्शक तत्वों के आरोही अनुपात" (बधाबुद्धिवादार्थ, -2) पर निर्जीव स्त्री निर्माण की सशर्त निर्भरता के लिए है। नतीजतन, संवेदनशील, मर्दाना प्राणी पूरी तरह से उत्तम, सर्वशक्तिमान निर्माता पर निर्भर हो जाता है, संवेदनशील शक्ति के पूरे मूल्य को अलग करने और फैलाने के बाद, "मृत्यु" (विमुद्रीकरण: जरामाराना, 18) के बाद, मर्दाना प्राणी अपरिमित सर्वशक्तिमान निर्माता से विसरित "अपरिमित शक्ति" (विमुद्रीकरण किण्वक: आदि शक्ति, 15) का व्यापार करता है। नतीजतन, वह खुद को "अलौकिक प्रतिमान" (युक्ति, 8) से बांधता है, जो कुदरत के पांच अंकों के चक्र द्वारा वातानुकूलित है। कुल मिलाकर 28 + 68 + 7 + 5 = 100 अंक आरोही अपरिमित अभिवादन का पूरा चौचक्र चक्र बनाते हैं।

- सबसे पहले, आदि-उत्तम, सर्वशक्तिमान प्राणी प्रदूषित सिद्धांतों को नष्ट करने और जीवन के वास्तविक मूल्य को रोशन करने के लिए एक "पूर्ण प्राणी" (यीशु मसीह, गौतम बुद्ध, पैगंबर मोहम्मद, सदाशिव, 1600) के रूप में अवतार लेते हैं।

- दूसरा, विभेदित पूर्ण प्राणी रूपों के सांस्कृतिक भवन-खंडों के लिए कार्यसंस्कृति नींव स्थापित करने के लिए, "आदि-उत्तम निर्माता" (कृष्ण, 32) जीवन को कायम रखने के लिए "अपरिमित प्रकाशक" (श्री कृष्ण, 10) के रूप में अवतार लेते हैं, उसकी सच्चाई के रूप में। आदि-उत्तम निर्माता की सच्चाई के रूप में, जीवन एक संपूर्ण संभावित मूल्य के साथ दिव्य उपहार है। अपरिमित प्राणी और आदि-उत्तम निर्माता के बीच सीधे संबंध

में मध्यस्थता करने के लिए जीवन को किसी मार्गदर्शक शक्ति की आवश्यकता नहीं है।

- तीसरा, कुदरत, सर्वशक्तिमान रचना के रूप में, ज्योतिषीय आत्मा की "संस्थागत संप्रभुता" (समराज्य, 60) की मार्गदर्शक शक्ति बनाती है, क्योंकि "भावुक शक्ति में संवेदनशील तत्व का शून्य अनुपात" (सीता, 0), संवेदनशील शक्ति संवेदनशील तत्व की पूर्ण रचना है।

- चौथा, जब एक संवेदनशील सत्ता "व्यक्तिगत संप्रभुता" (स्वराज्य, 60) को संस्थागत बनाने के एक तरीके के रूप में संवेदनशील संस्थाओं के ब्रह्मांड से संवेदनशील तत्व का व्यापार करके संवेदनशील शक्ति की शुद्धता का दुरुपयोग करती है, तो "प्रधान खुद" (राम, 100) "अर्ध-उत्तम खुद" (श्री राम, 12) का अवतार लेते हैं। वह "वर्तमान वास्तविकता" (बधाबुद्धिवदार्थ, -2) का अनुभव करने के लिए एक समर्पित, अपरिमित मानव बच्चा बन जाता है।

- पाँचवाँ, कुदरत प्रत्येक भक्त द्वारा वर्तमान वास्तविकता के प्रदूषित मूल्य के आदर्श आदान-प्रदान के लिए अपनी तीव्र इच्छा की निरंतर सेवा करती है। यह "विरासत में मिले, मर्दाना, सामाजिक आदर्शों के साथ प्रदूषित जीवन जीने" (रामराज्य, 60) के बारे में एक आत्म-प्रकाशमान सबक का गठन करता है। नतीजतन, "अष्टक" (स्तभरहित सूक्ष्मनलिका: मालिनी, 79) का "खुद-ऊष्मायन सप्तक" (किनेटोकोर सूक्ष्मनलिका, किमस्टुघना: 8) "लौकिक पुस्तकालय" (नक्षत्रीय सूक्ष्मनलिका: क्षितिगर्भ, 90) को व्यापार करता है और "ईथर तत्व" (परंपरासूत्र: व्योम, 285) को पुन: पेश करता है। यह "कार्यसंस्कृति चक्र" (गुणसूत्रबिंदु: वज्रचक्र, 1649) के "संपूर्ण मूल्य" (गुणसूत्रबिंदुओं: अर्धज्य, 10) में "180 डिग्री उल्टा फेर लेना" (गुणसूत्रबिंदु: विपरियाया, 888) उत्पन्न करता है।\

"आनुवंशिक सहिंत" का मान "विषुवतीय बिंदु पर भूमध्य रेखा के मूल्य के समर्पित कार्य" (रुक्मिणी, 86) द्वारा "शून्य" (अभाजन करना: दम्भोद्भव, -11) है। यह "अष्टक" (स्तभरहित सूक्ष्मनलिका: मालिनी, 79) को आनुवंशिक सहिंत के व्यापार-प्रभाव के बिना, एक रैखिक रेखा में अपने कार्यसंस्कृति चक्र की वर्तमान वास्तविकता को बनाए रखने का अधिकार देता है। आनुवंशिक सहिंत "कौशिका झिल्ली" (शूद्र, 1) से जुड़ जाता है, जो "कार्यसंस्कृति चक्र" (केंद्रपिंड: वज्रचक्र, 1649) द्वारा उत्पन्न "तकनीकी विकास" (विधान, 2) को सही करने के अधीन है। "परिवर्तनीय स्त्री क्षमता" (डायनेइन: सुदेवब्रह्मा, 2) के

"मार्गदर्शक प्रभाव" (किनसिन: चित्तशक्ति, 100) के तकनीकी विकास का व्यापार करके, "लुप्त" (गतिस्थिति, 28) "केंद्रपिंड" (वज्रचक्र, 1649) संगठनात्मक रूप से "क्रोमैटिड्स" (नीलामुख, 1869) की एक जोड़ी में विकसित होता है। प्रत्येक क्रोमैटिड आध्यात्मिक रूप से लिखित काल कोटरी चेहरा है, जो "आलसी भ्रमपूर्ण प्लोइडि" (अजनाना, 1) को आकर्षित करता है और "अलौकिक कार्य शक्ति" (श्रमशक्ति, 1) को पीछे हटाता है। इसका व्यवहार "काल कोटरी" (विष्णुनाभि, 82) में अनन्त नारकीय जीवन का मार्ग है।

11.6.3 चरण 20. जी 0 अंतरावस्था

चरण 20, "जी0 अंतरावस्था" (वजन: भारा, 28), "आरोही आदि-प्राथमिक निर्माता" (प्राथमिक एकता-प्रभाव: साध्य, 32) को "उत्तम एकता तत्व" (आदि, 32) के साथ बदलकर पोते की कोशिका में वजन जोड़ता है। एक चिरस्थायी लौ के रूप में, प्रत्येक "पौत्र कोशिका" (पवमना, 9) "पौत्र कोशिकाओं के ब्रह्मांड" (जगदम्बा, 94 = 28 + 66) के "भार" (भरा, 28) को "अर्ध-मानसिक शक्ति" "(अम्बिका, 66)" पोती कोशिकाओं के ब्रह्मांड "(ब्राह्मण, 2) से का व्यापार करके वहन करती है। प्रत्येक "पोता कोशिका" (पवमना, 9 = 2 + 7) "पोती कोशिकाओं के ब्रह्मांड" (ब्राह्मण, 2) को निर्माता के रूप में और "मध्यस्थ मातृ कोशिका" (धूमावती, 7) को प्राणी के रूप में बनाया गया है। प्रत्येक पोते की कोशिका "राशि भावना" (कर्पिंजला, 20) की शक्ति का व्यापार करके अपनी "भार-वहन क्षमता" (अपहृतभरा, 20) में घातीय वृद्धि का अनुभव करती है। "मानव जाति के बड़े भाई" (कर्दमा, 9000) के रूप में लुप्त हो रहे ताराबीज देवता का पोते की कोशिका का परिणामी "वजन" (भारा, 28 = 9 + 20 - 1) स्थिर "शैतानी, शैतान-प्रभाव" (असुर, -1) का जाल है। "अर्ध-मानसिक शक्ति" (अम्बिका, 66 = 6 + 60) पैतृक "ज्योतिषीय आत्मा" (प्रद्युम्न, 60) के साथ लुप्त होती मार्गदर्शक शक्ति की "विघटित ध्वनि" (दिष्ट, 6) के एकलीकरण के माध्यम से बनती है। यह "चंद्र, आत्म-चमकदार परिमाण" (सांख्यधर्म, 30) के भीतर "जन्म देने वाली शक्ति" (अलम्बुषा शक्ति, 30) की "आत्म-जागरूकता" (मर्यादा, 30) के माध्यम से "वि-शैतानीकरण" (अष्टोत्तरीदाशा, 28) को बढ़ावा देता है।

नतीजतन, पोता कोशिका "चांदनी" (रेणुका, 94) में बदल जाती है जो स्थिर "प्रजनन शक्ति" (अरिनिशक्ति, 94) की सेवा करती है। दूसरी ओर, पोती कौशिका, "शक्ति होना" (काली शक्ति, 96 = 66 + 30) में बदल जाती है। होने वाली शक्ति "रचनात्मक उत्तम प्रकाशक" (काली, 96) है। वह एक "विरासत में मिली सांस्कृतिक चेतना" को बढ़ावा देती है। "मानव जाति के बड़े भाई" (कर्दमा, 9000 = 302) के भीतर घातांक, वर्ग, ऊंचा,

"आत्म-जागरूकता" (मर्यादा, 30) का (विरासत, 10^{10}), पोते कोशिका को "ज्योतिषीय ब्रह्मांड" (सारा कल्पा, 10^{10}) की शक्ति एक सांस्कृतिक जागरूक्ता के रूप में विरासत में मिली है। "शक्ति" (काली शक्ति, 96) स्थानीयकृत "गाइडर पावर" (चित्त, 100) के साथ पूर्ण एकता को बढ़ावा देती है। "ज्योतिषीय ब्रह्मांड" (सारा कल्पा, 10^{10}), घातांक के "आत्मा" (आत्मा, 4) के बिना, "दादा कोशिका" का वैश्वीकरण (उक्तिका, 18)। यह आत्मा को "प्राथमिक एकता तत्व" (आदि, 32) का व्यापार करने और "राष्ट्रीय तत्व" (साध्य, 32) की सेवा करने का अधिकार देता है। यह एक बंधुआ, समर्पित, गुलाम, नागरिकता "कोशिकाओं के ब्रह्मांड" (पितावसा, 169) को "प्रकाश बल" (अपस, 169) के साथ "प्रकाश के बिना ब्रह्मांड" के रूप में बनाता है (विश्वगोप्ती, 169)।

"परम एकता का छब्बीस अंकों का स्थानीय चक्र" (आर्जिनिन उपयोग नियामक प्रोभूजिन[आरओसीआर]: पायुचकरा, 1017-1) "पिछली जड़ नाड़ीग्रन्थि" (वृहत, 96) के "अपरिमित सप्तक" द्वारा (सहानुभूति नाड़ीग्रन्थि: कृष्णा, 32) "दासता" (ग्रंथी, 180) का एक आरोही चक्र है। अपरिमित सप्तक अर्ध-मानसिक रूप से ईथर "कार्यसंस्कृति-प्रभाव" (निवृत्ति धर्म, 40) के "स्व-ऊष्मायन सप्तक" (किनेटोचोर सूक्ष्मनलिका: किमस्तुघना, 8) के साथ "अवशिष्ट मूल्य" (श्वान कौशिका: खारा, 6) की सेवा करके प्रत्येक "कोशिका" (हिरण्यगर्भ, 19) की "अंतर्ज्ञान" शक्ति (जिह्विज्ञान, 8) को आकार देता है। यह कोशिका को "अंतर्ज्ञान शक्ति के चक्र" (परिधीय तंत्रिका तंत्र: उमापतिचक्र, 14 = 6 + 8) में विकसित करता है। अंतर्ज्ञान शक्ति का चक्र "आलसी भ्रमपूर्ण लोई" (ग्लिया कौशिका: अजना, 1) को "उड़ान प्रतिक्रिया" (क्रोमाफिन कौशिका: एचयूएमशक्तिचक्र, 17) के रूप में अज्ञानता से आकर्षित करता है, जो गर्भवती जीवन जीने से मुक्त होना चाहता है। "अपरिमित शक्ति" (हौमशक्ति, 9) जो लोई को "स्व-ऊष्मायन सप्तक" (किमस्तुघना, 8) के साथ बंडल करती है। अपरिमित सप्तक वृद्धिशील "अज्ञान सुस्ती" (ग्लिया कौशिका: अजनाना, 1) को "बारह-पहियों प्रणाली" के संगठनात्मक विकास के लिए "अंतर्ज्ञान शक्ति का चक्र" (उमापतिचक्र, 14) के साथ एकीकृत करता है (केंद्रीय तंत्रिका तंत्र: प्रवृतचक्र, 15 = 14 + 1)।

"बारह-चक्र प्रणाली" (केंद्रीय तंत्रिका तंत्र: प्रवृतचक्र, 15) बारह "स्व-पुनर्जन्म" (पुद्गला, ½) "ताराबीज संस्थाओं" (तारक, 36) को बदल देता है, जो "अग्नि आत्माओं" (अव्ययत्मन, ½) में "अवशिष्ट मूल्य" (श्वान कौशिका: दिष्ट, 6) के भीतर स्थिर हैं। यह जोड़ों के दर्द की अनुभूति को मानता है, जो आरोही कण्डरा तापमान से उत्पन्न होता है क्योंकि पेशी आवेग "लड़ाई प्रतिक्रिया के लिए भीख माँगता है" (सामान्य दैहिक अभिवाही फाइबर:

उकलिता, 28)। नतीजतन, यह "उड़ान प्रतिक्रिया" (क्रोमाफिन कौशिका: एचयूएमशक्तिचक्र, 17) के लिए प्रमुख कार्य को "सर्वज्ञान के विज्ञान" (धूसर रैमस संचारक: केवला, 17) में बदल देता है, जो "कार्रवाई के अंतरंग कारण" के रूप में (अधिवृक्क मज्जा: कर्म, 10) इसके सैद्धांतिक "प्रेरक क्षमता" (डोपामिन: सुषुम्ना, 10) के और सत्यापन के अधीन है। यह प्रेरणा के आदर्श विज्ञान और सैद्धांतिक प्रेरक योग्यता के उत्पाद को "राशि ब्रह्मांड के साथ पूर्ण एकता" (अभिवाही तंत्रिका कोशिका शरीर: यज्ञ मुख, 170) में कार्य करता है। यह "अंतर्ज्ञान शक्ति" पर "उड़ान प्रतिक्रिया" (क्रोमाफिन कौशिका: एचयूएम शक्ति चक्र, 17) के "धूसर प्रभाव" (विशेष आंत संबंधी अभिवाही सूत्र: पूतना, 97 = 8+ [1] 7) की सेवा करता है जो (जिह्वाविजनन, 8) "राशि ब्रह्मांड" (जठरांत्र प्रणाली : शून्य कल्प, 8×10^{15}) द्वारा मध्यस्थता वाले पांच मर्दाना समुदायों के समूह के लिए। इनमें "आठ-मुखी प्रधान अधर" (घ्राण तंत्रिका: परम गणेश, 19), "भगवान" (रीढ़ की सहायक तंत्रिका: परम गणेश, 17), "संवेदी क्षेत्र" (जिह्वा तंत्रिका: विवस्वान, 15), शामिल हैं। "पैतृक चमकदार" (वागस तंत्रिका: भास्कर, 13), और "पूर्ण काल" (त्रिपृष्ठी तंत्रिका: स्वा, 11)। "धूसर प्रभाव" (पुताना, 97 = 169 - 19 - 17 - 15 - 13 + 3) घ्राण (पृथ्वी की गंध की भावना: परम गणेश, 19), दैहिक (एरोबिक स्पर्श की भावना: परमगणेश, 17) का अवशेष है जो स्वाद (भावुक स्वाद की भावना: विवस्वान, 15), आंत (थर्मोडायनामिक रूप की भावना: भास्कर, 13), और संवेदी (ध्वनिक ध्वनि की भावना: स्व, 11) "आत्मा साम्राज्य की अनुभूति" (एलएमएनए जीन: राज्यिका-शेषना, 169)। यह "उत्तम इकाई की चार-आयामी वास्तविकता" (मोटर तंत्रिका: वासनात्मा, -3) के लिए जिम्मेदार है, जो "देवता साम्राज्य" (सुबेरिन: देव लोक, 1000) के आत्मा साम्राज्य के काले पड़ने वाले मर्दाना-प्रभाव के गुरुत्वाकर्षण आंदोलन को महसूस कर रहा है और स्त्री-प्रभाव को सफेद करने की कामना कर रहा है।

उत्तम संस्था की चार-आयामी वास्तविकता में चार स्त्री समुदाय शामिल हैं, जो पांच मर्दाना समुदायों के साथ मिलकर "धूसर समुदाय" (पूर्व-हड्डीवाला गैंग्लियन: विचित्र मंडला, 170) बनाते हैं, जो काले गुरुत्वाकर्षण-प्रभाव और सफेद संवेदनशील प्रभाव सेवा का व्यापार करते हैं। एक "श्वेत-प्रभाव" (प्रीगैंग्लिओनिक सहानुभूति बहिर्वाह; सफेद रेमस संचारक: अमनाया, 97 = 18 + 16 + 14 + 12 -1 + 28) "उत्तम मातृ आत्मा" (अधोजिह्व तंत्रिका: पिवार्टी, 18) द्वारा सेवित है। "उभयलिंगी मुल अभिवादन" (अपवर्तनी नस; आंख: पद्मावुइहा, 16), "अपरिमित प्रकाशक" (घिरनी जैसा नस: मुखिया, 14), और "देवी की देवी" (वेस्टिबुलोकोक्लियर नस: कान, देवेशी, 12)। वे "चेतन पूरे के निर्जीव

मापीय" (चाक्षुष तंत्रिका; शरीर का हिस्सा: अंग, -1) के लिए सही "दिव्य के चक्र" (विशेष दैहिक अभिवाही तन्तु: ज्ञानचक्र, 28) के भीतर आसन्न। "दिव्य का चक्र" पौष्टिक "बैंगनी-प्रभाव" (विशेष आंत संबंधी अपवाही: पूषा, 176) को "राशि काल अंतराल" (चेहरे की तंत्रिका: नरसिम्हिका, 76) से अधिक "काले, मार्गदर्शक-प्रभाव" के साथ एकत्रित करता है। (ओकुलोमोटर नस: चित्त, 100) आत्मा साम्राज्य के" (एल.एम.एन.ए जीन: राज्यिका-शेशेना, 169) बैंगनी-प्रभाव को "केंद्रीय तंत्रिका तंत्र" (प्रवृत्तिचक्र, 15) के भीतर "आसमाटिक दबाव" (त्रिपृष्ठी तंत्रिका: स्व, 11) उत्पन्न करके "सामान्य आंत अभिवाही तन्तु" (ध्रुव, 27) द्वारा सुधार कारक के रूप में सेवित किया जाता है । नतीजतन, धूसर समुदाय राशि चक्र भावना-प्रभाव के व्यापार में उतरता है और "ज्योतिषीय आत्मा-प्रभाव के व्यापार में वृद्धि करता है" (जमादग्नि, 629)।

"सशर्त नियति" (अयतिवला, 629) "ज्योतिषीय आत्मा" (प्रद्युम्न, 60) के बढ़ते व्यापारिक मूल्य से विवश होने के लिए, "धूसर समुदाय" (पुर्व-हड्डीवाला गैंग्लियन: विचित्र मंडला, 170) सेवाएं "मैं पूर्व दिशा" सिद्धांत (अर्ध-हड्डीवाला नाड़ीग्रन्थि: पूर्वअम्नय सिद्धांत, 170), प्रमुख राशि चक्र आत्मा-प्रभाव द्वारा निर्देशित, "पूर्व का सिद्धांत" "सिद्धांत में बदल जाता है कि परम बाल प्राणी के रूप में, अपरिमित मर्दाना समुदाय द्वारा निर्देशित समस्या है" (एड्रेनालाईन: स्थविरवाद, 170) । "सिद्धांत" समस्या के रूप में प्राणी" ज्योतिषीय आत्मा-प्रभाव द्वारा निर्देशित है। यह "सिद्धांत में बदल जाता है कि निर्माता के रूप में पक्का हो जानेवाला ताराबीज समुदाय, उत्तम स्त्री समुदाय द्वारा निर्देशित, समस्या है" (नोरेपेनेफ्रिन: योग नुविद्वावदा, 170) । परमात्मा के चक्र द्वारा निर्देशित, "समस्या के रूप में निर्माता का सिद्धांत" "सिद्धांत में बदल जाता है कि परम बाल सृजन के रूप में स्टारसीड देवता के दिव्य-प्रभाव के व्यापार के लिए अपनी स्वतंत्रता का उपयोग करना समस्या है" (नॉरएड्रेनालाईन: मध्यमकवाड़ा, 170) ।

"सरलता प्रणाली की कुंजी" (आंतरिक तंत्रिका तंत्र: सप्तचक्र, 16) खोलने के बाद, "परम बाल" (कोशिका: हिरण्यगर्भ, 19) "जटिलता प्रणाली की कुंजी" (केंद्रीय तंत्रिका तंत्र: प्रवृतचक्र, 15) को ताला लगा देता है। वह "प्राणी सुस्ती" (ग्लिया कौशिका: अजना, 1) को उत्तम "एक" और "शैतान अभिवादनकर्ता आत्मा के अदृश्य निर्माता हाथ" को "170" के अपरिमित "शून्य" के भीतर "दिव्य इकाई चेतना द्वारा निर्देशित" में बदल देता है। कार्य व्यवहार" (डोपामिन: सुषुम्ना, 10 = एक + शून्य)। यह एक सचेत श्वेत "अवरोही सौंदर्य क्वार्क के साथ सत्य क्वार्क का युग" (माइलिन म्यान: सत युग, 7) को गति देता है। परम बाल "अलौकिक" के "मध्यस्थ कारक" (ओलिगोडेंड्रोसाइट कौशिका: सुग्रीव, 5 = ½ * 10)

बनकर "ईश्वरीय इकाई चेतना" (डोपामिन: सुषुम्ना, 10) "स्व-निरंतर" (उड़वा, ½) कार्य-शक्ति" (श्रमशक्ति, 1)। यह "दिव्य इकाई चेतना" (डोपामिन: सुषुम्ना, 10) को "सिद्धांत के साथ जोड़ता है कि सृजन के रूप में परम बाल समस्या है" (बीसीएल 2 जीन: मध्यमाकवाड़ा, 170) "समस्या पैदा करने वाले स्वयं के लिए दासता गाँठ" की कल्पना करने के लिए। स्थानीय दर्द के रूप में" (पार्श्विका दर्द: ग्रंथी, 180 = 10 + 170)। यह पूरे भौतिक शरीर के लिए "विसरित, संदर्भित, कथित वैश्विक दर्द की बाढ़" (आंत दर्द: प्रलय, 180) के रूप में, कल्पित दर्द की इकाई चेतना की सेवा करता है।

बढ़ती जटिलता की समस्या को हल करने के लिए, परम बाल "चारा और नस्ल" काल चक्र (समसूत्रण संबन्धी जांच की चौकी: एचआरआईएम शक्तिचक्र, 179) को एकीकृत करके "सरलता प्रणाली की कुंजी" (आंत्रिक परेशान प्रणाली: सप्तचक्र, 16) को "शैतानी मूल अभिवादन का विभेदित आयाम" (सहानुभूति तंत्रिका तंत्र: भद्रकाली, 16) अंदर कैद कर देता है। "खिला" (मिटोसिस: शिवदृष्टि, 17) "ताराबीज देवता" (धमनी: तारक, 36) की ऊष्मप्रवैगिकी उर्जा परिमाण यंत्र उत्पन्न करता है। "प्रजनन" (अर्धसूत्रीविभाजन: परम शिव, 15) "राशि प्रणाली" (जठरांत्र प्रणाली: शून्य कल्प, 8 x 10^{15}) की एक संवेदनशील वृद्धि को "ऊष्मप्रवैगिकी-प्रभाव" (रोधा, 1) की पंद्रह एकांगो में अंतर करके बारह राशि अधर परिमाण और तीन ज्योतिषीय काल पहलु के अंदर उत्पन्न करता है।

परम बाल "सादगी तत्व" (जीवतत्व, 2 = खिला - प्रजनन = 17 - 15) को "शैतानी मूल अभिवादन के विभेदित परिमाण" (सहानुभूति तंत्रिका तंत्र: भद्रकाली, 16) के साथ "असमानता प्रणाली की कुंजी" (सहानुकंपी परेशान प्रणाली: गुनाचक्र, 18) खोलने के लिए जोड़ता है। यह "रचनात्मक दिव्य शक्ति" (गोल्गी: मधुसूदन, 16) को "आराम और पाचन" की योजना बनाने के लिए विभेदित आयाम के भीतर निवेश करके विषमता प्रणाली की कुंजी को बंद कर देता है (तुला, 16)। "आराम और पाचन" (तुला, 16) एक "महिला जननांग पथ" (दैहिक तंत्रिका तंत्र: नानक, 17) की क्षमता के साथ एक कौशिका को शक्तिशाली बनाकर "चारा और नस्ल" को संतुलित करता है। "शांत अधर" (शयाना, 10^{100}) कौशिका को "ज्योतिषीय प्रणाली" (केवोलिन मिश्रित: सारा कल्पा, 10^{10}) की क्षमता को गुरुत्वाकर्षण-चुंबकीय रूप से आकर्षित करने के लिए सशक्त बनाता है। "पाचन" (परिधीय तंत्रिका तंत्र: उमापतिचक्र, 14) गुरुत्वाकर्षण विद्युत रूप से "पुरुष जननांग पथ" (स्वायत्त तंत्रिका तंत्र: भुवनेश्वरी, 15) की क्षमता को "दैहिक तंत्रिका तंत्र: महिला जननांग पथ" (नानक, 17) में दोहराता है।

स्त्री राशि चक्र अस्तित्व के "महिला जननांग पथ" (दैहिक तंत्रिका तंत्र: नानक, 17) का एकत्रीकरण और "पुरुष जननांग पथ" (स्वायत्त तंत्रिका तंत्र: भुवनेश्वरी, 15) मर्दाना ज्योतिषीय अस्तित्व की "प्राथमिक एकता- प्रभाव" (सहानुभूतिपूर्ण धड़: साध्या, 32 = 17 + 15) एक संवेदनशील अस्तित्व के रूप में, एक "आसन्न ज्ञान" (फ़नल प्रणाली: सती-पार्वती, 16) के साथ संपन्न। यह कोशिका को "मृतक" (रेगन्निलओनिक सहानुभूति रेशम: सोशा, 17) "सर्वज्ञान का विज्ञान" (धूसर रैमस संचारक: केवला, 17) से मुक्त करता है, जो "सीखने-उन्मुख, शुद्ध मर्दाना पुत्रत्व भावना" (एक्टिन डीपोलीमराइज़्ड प्रभाव) द्वारा क्रमादेशित है। [एडीपी]: विद्याधर, 1/3)। कोशिका "अर्ध-प्राथमिक, जागरुक मर्दाना शक्ति" (β श्रृंखला: आदि पराशक्ति, 17) को "मर्दाना इकाई" (γ श्रृंखला: प्राणसा, -18) को चुस्त "स्त्री अस्तित्व" (δ श्रृंखला: टर्नसा, -18) के "आदि-उत्तम, निर्जीव स्त्री शक्ति" (α श्रृंखला: अर्थशक्ति, 173) में बदल देती है।

निर्जीव "स्त्री अस्तित्व" (δ श्रृंखला: टर्नसा, -18) का "गर्भाधान बिंदु" (टी-कौशिका प्रापक: पुमसावन, 196) "तीव्र इच्छा" (अर्थी शक्ति, 173) को जीवनचक्र-प्रभाव के रूप में कार्य करता है। स्त्री राशि चक्र, एक "पूर्ण एकता" (लार ग्रंथि: पायू, 366) के लिए "धुसर ताराबीज समुदाय" (पुर्व-हड्डीवाला गैंग्लियन: विचित्र मंडला, 170) के साथ भीख मांगती है। ताराबीज देवता का "अवतार बिंदु" (सहायक टी-कौशिका: कुलिशयुध, 196) "एक आत्मा" (एडमेंटाइन: वज्र, 14) के रूप में एक नई नस्ल के रूप में, अपरिमित कौशिका कार्य मर्दाना के चलती व्यापार-प्रभाव को कार्य करता है। वर्तमान कौशिका के "विकास बिंदु" (वृक्ष के समान कौशिका: शुद्धा, 196) के भीतर ज्योतिषीय इकाई। "ज्योतिषीय इकाई के क्रांति चक्र" (प्रतिपदिका कौशिका: संध्या, 89) के साथ एकत्रीकरण के माध्यम से, वर्तमान कोशिका एक "शुद्ध" (पैतृक गुणसूत्र: शुद्धि, 285 = 196 + 89) स्त्री इकाई में बदल जाती है, बिना पुत्रत्व के " मर्दाना-से-स्त्री लिंग विनिमय” आयाम (मस्तिष्क: पुत्रधर्म, 38)। पुत्रत्व "मर्दाना-से-स्त्री लिंग विनिमय" आयाम (मस्तिष्क: पुत्रधर्म, 38) की कार्य के बाद, "परिपक्वता बिंदु" (टी-कौशिका: वृत्ति, 196) "मृत्यु बिंदु" (एंटीबॉडी: अवर्त, 196) की ओर अपरिमित मर्दाना इकाई के आंदोलन एक आत्मा के व्यक्तित्व के निरंतर, एकवचन एस-चक्र को कार्य करता। है।

असंतत "मृत्यु बिंदु का बिंदु" (प्रतिलेखन; बार्डो नियोजन बिंदु: तिलका, 10^{10}) "आत्माओं की अनंत परिषद" (रिम 15: रत्नकोश, 30) के "शरीर" (वापू, 56) के एक भाग के रूप में वर्तमान कोशिका के परम-उत्तम जीवन के "बाहरी जागरुक्ता" (कैवोले: विसाटा, 10^{10}) का कार्यक्रम करता है। बाहरी चेतना अगली पीढ़ी के "विचलन" (प्रति-अन्त्रों-सिम

[पीएस] कार्यक्षेत्र: वैकारी, 170) को "प्रीगैंग्लिओनिक सहानुभूति बहिर्वाह" (सफेद रेमस संचारक: अम्नाया, 97) में अगली पीढ़ी, संतान, अपरिमित कौशिका में छियानबे अंकों के चक्र का रूप रुप में⊙ कार्य करती है। छियानबे अंकों का चक्र "प्रीगैंग्लिओनिक सहानुभूति बहिर्वाह" के भीतर "श्वेत-प्रभाव" की सेवा करता है, जो "प्रारम्भिक पैशाचिक मुल अभिवादन" (विशेष आंत संबंधी अभिवाही फाइबर: पूतन, 97) के भीतर "धूसर प्रभाव" को नष्ट करने के लिए "1 /97वीं इकाई" के रूप में होता है, (0.(0103092783505154639175257731958762886597938144329896907216494845360824742268041237113402061855567)‾, 1/97 के साथ गठित) प्रति "काल अंतराल" (प्रातिपदिका कौशिका: संध्या, 89)। वे वर्तमान कौशिका के भीतर "प्राथमिक एकता-प्रभाव" (सहानुभूति धड़: साध्या, 32) के बत्तीस "दासता गांठ" (मिथाइलट्रांसफेरेज़: ग्रंथी, 180) को नष्ट कर देते हैं और खुद-चमकदार "कारण सहिंत" ("थ्रेओनीन 1075-बिस्मेली मिडो हेक्सेन 2 बाध्यकारी साइट: मूलाधारचक्र, 12) का यूकेरियोट खुद-चमकदार अस्तित्व" के भीतर (जेनोफोर: त्रिमुख विनायक, 12) कार्यक्रम करते हैं।

"धूसर रंग" (टेलोमेरे: कपोटा, 169) "पूर्ण ज्योतिषीय-प्रभाव" (सूर्यपनिचक्र, 10^{10}) को अपने जीवनकाल के "वजन" (जी0 चरण: भरा, 28) के रूप में व्यापार करने के बाद, वर्तमान कौशिका "बार्डो क्षेत्र" में (यूबिकिटिन-श्रृंखला बढ़ाव कारक: महारात्रि, 76) एक "मौन चरण" (सूर्यपनिचक्र, 10^{10}) का आनंद लेता है। "सफेद रंग" (टेलोमेरेज़ उलटना ट्रांसक्रिपटेस: श्वेता, 10) का व्यापार करके "धूसर रंग" टेलोमेरे को छोटा करने के बाद, "पुनर्जन्म बिंदु" (जी 1 प्रारंभ जांच की चौकी: वजरात्रि, 10) के वर्तमान कौशिका जांच कर लेना "के रूप में" "कोशिका" (हिरण्यगर्भ, 19) के "टेलोमेरेज़ मिश्रित" (परम गणेश, 19) के भीतर प्रोकैरियोट खुद-चमकदार इकाई" (अध्यात्म, 12), "क्षैतिज परम देवता" (ऑटोफॉस्फोराइलेशन: सिद्ध, 7 = 19-12) द्वारा धन्य है।

एक स्त्री परम संतान मातृ प्रधान अभिवादन से निकलती है। वह पैतृक मूल अभिवादन के रूप में खुद-प्रकाशमान संस्थाओं के सप्तक को अण्डा सेना करती है। वह "आदि-उत्तम अभिवादन" (महा दुर्गा, 16) बन जाती है। वह "निरंतर स्त्री क्षमता" (दुर्गा, 28) का अवतार है जो वेगा सफेद तारे के भीतर व्याप्त है और वेगा-प्रभाव के रूप में विकिरण करता है। तालिका 5 "परम निर्माता" (सूर्य, 21) के बिना, "अपरिमित परम अभिवादन" (दुर्गा, 28) के दस मार्गों को प्रकाशित करती है। प्रत्येक मार्ग क्षैतिज परम देवता के भीतर ज्योतिषीय रूप से क्रमादेशित भाग्य को नष्ट कर देता है।

तालिका 5

उत्तमा परम अभिवादनकर्ता का मार्ग (वेगा-प्रभाव)	विधि (उत्तमा अपराधी व्यापार और उत्तमा प्रकाशक की सेवा कार्य की विधि)	भक्ति (अपरिमिता अभिवादक के प्रति भक्ति)	जादूगरनी (चुड़ैल; युवती) स्वयं-चमकदार इकाई को मोहित करना)	नरक का घेरा (चमकदार का नरक-प्रभाव)	रस (प्राचीन प्रदीप्त भाव का स्वाद)	भव (ईश्वरीय अपरिमिता भावना को स्थायी कारण)	उत्तमा अभिवादक के रूप में मार्गदर्शक देवता	अपरिमिता मातृ का भक्ति (गहना) मूल्य	अपरिमिता पितृ की निधि (लोकस का अधिकार)।	उत्तमा मातृ के मानव प्रभाव का सप्तक स्वर	परम वज्रा द्वारा आदान-प्रदान किए गए व्यापारिक प्रभाव का रंग
एयूएम/डायोन (उत्तमा मातृ)	उद्देश्यहीन रूप से हथियारों (तकनीकी क्षमता) का व्यापार करता है, एक भयभीत मित्र राजा (अभिजात वर्ग) की सेवा करता है	मैत्री/साख्य, 26 (दोस्ती करने वाला)	थिटेन	धोखाधड़ी (अहम्, -1)	डरावना (भयानक, 29)	डर (भया, 176)	महा गौरी (यसोड: अपरिमिता अभिवादक)	रूदी (माणिक्य)	मकर, 86 (मगरमच्छ)	ए (म. $2^{12/12}$)	नील
निर्ऋती/मात (देवता)	धोखे से राज्यों का व्यापार करता है, राजाओं के राजा की याचना करने वाली सेवाएं (दुर्भावनापूर्ण किथ - सामूहिक मैत्री चक्र)	मंत्र/वंदना, 16 (कारण याचना)	थिटेन	विधर्म (अज्ञाना, 1)	दुर्भावनापूर्ण (रौद्र, 270)	द्वेष (क्रोध, 275)	महा दुर्गा (अरोड़ा: उत्तमा अभिवादक)	प्राच्य बिल्ली की आंख (वैदुर्य)	मुकुंद, 98 (पारा)	जी (नी: $2^{11/12}$)	बैंगनी

ब्राह्मण / एप्रोडाइट (उत्तम देवता)	विधर्मी रूप से राजाओं के राजा का व्यापार करता है, उनके संकट का कारण जानने के लिए परिवार के भगवान की प्रशंसा करता है	कीर्तन, 100 (उत्सव मनाने का कारण)	माजो/कैल्लीच	विश्वासघात (मत्स्य, 19)	व्यथित (करुणा, 20)	संकट (शोक, 90)	महा कल्ली (श्रीजा: चमकदार)	नीला नीलम (नीला)	कुंडा, 87 (चमेल्ली)	एफ (धा: $2^{9/17}$)	नीला

उनका परम अभिवादनकर्ता	विधी विधि	भक्ति (भक्ति)	जादूगरनी (नुडैन; युवती)	नरक का चक्र (नरक प्रभाव)	रस (स्वाद)	भव (स्थायी कारण)	पीठासीन देवना	भूति: (गहना)	निधि (बिन्दुपथ का अधिकार)	सामक स्वर	रंग
परम ब्रह्म / मिनर्वा (सर्वोच्च देवता)	विश्वासघाती रूप ने एक स्वामी का व्यापार करता है, वस्तु ब्रह्मांड के निर्माण के लिए एक शांत कारण-अग्रणी प्रभुओं की मेवा करता है	मेवा, 10^{100} (कारण अग्रणी)	लस्स	नोभ (लाभा, - 19)	शांति (धीनां, 47)	शांत (शांता, 35)	महा नंदभी (योर: आदिम प्रदीपक)	रूबी (पद्दर्ग मुनिवर)	नीना, 1765 (गहरा नीला)	एफ (पृष्ठ $2^{7/12}$)	गीना
परम विष्णु / हेमीज़ (परा देवना)	लान्च से प्रभुओं के स्वामी का व्यापार करता है, पिरामिड के निचले हिस्से को बनाए रखने के लिए एक वीर कारण-	शरणा/निवेदन, 189(कारण बचाव)	ग्लिटन/ब्रिगिड	नोलुपता (मोक्ष, 250)	वीर (वीरा, 789)	वीरना (उस्ताब, 108)	विठोबा (गोडेन:स्वबं दीसिमान द्वार्ई)	रेगोनाइट (गोमेडा)	पद्म, 470 (कमल)	डी (मा, $2^{?/?}$)	हरा

	रक्षा करने वाले आरोही मालिक की सेवाएं लेता है										
कार्तिकेय/निवाज (मूल देवता)	आरोही गुरु का पेट्रोन से व्यापार करता है, एक प्रकाश योगिनी को प्रकट करने के लिए एक हर्षित कारण- खिलाने वाले आदिम देवता की सेवा करता है	श्रावण, 487 (खाने का कारण)	मोंगे की नम्बीर	क्रोध (क्रोध, 275)	हास्य (हम्य, 589)	हर्षित (के रूप में, 10)	हनुमान (चाप: सुप्रा देवता)	लाल मूंगा (विद्रुमा)	खारवा, 378 (बौना मछली)	सी (गा 2^(4/12))	लाल
उमा/अरतिमिस(प्राथमिक देवता)	गुस्से में एक प्रकाश योगिनी का व्यापार करता है, एक प्रेमपूर्ण कारण- प्रजनन ब्रह्मांडीय पर्यवेक्षक	मनाना, 970 (प्रजनन का कारण)	टायरोनों	वासना (काम, - 19)	कामुक (श्रृंगारा, 37)	आनंद (रति, 179)	पार्वती (सोफिया: मौलिक प्रकाशक)	हीरा (वज्र)	कन्छपता, 816 (कछुआ)	बी (रे. 2^(2/12))	सफेद
	ऋषि की सेवा करता है										

प्राथमिक पेरा अभिगादनकर्ता	विधि (पद्धति)	भक्ति (भांति)	जादूगरनी (नुडैल; युवती)	नरक का चित्र (नरक प्रभाव)	रग (स्वाद)	भव (स्थायी कारण)	पीठागीन देवना	भूति (गड़ना)	निधि (गुने जाने का अधिकार)	नगाद स्वन	रंग
नटराज शिव/अगोनो (परम देवता)	वासना से ब्रह्मांडीय कृषि च्य व्यापार करता है, सेवाएं एवं समर्पित पुजारी राजा वनवर राजर्षि शाकाहारी नर्तकी अप्सरा को पचाती हैं	पदगेनेना, 753 (कारण पचाने वाला)	सुब्ह/गेरिडिनेन	हिंसा (जोरारा, 180)	अद्भुत/राजसी (अद्भुता, 753)	आश्चर्य (विसम्य, 971)	परग शिव (सेनेन: अद्रिम अपनाश्री)	मोती (गलन)	गहापद्म, 32 (रहनुम)	ग (म. 20/?)	नारंगी
ओम/जुनो (परम चक्रा)	हिंसक रूप से शाकाहारी नर्तकियों का व्यापार करता है, सेवाएं कारण-विश्राम ब्रह्मांड-नकारात्मक अभिवादन	अर्चना, 269 (विधाम का कारण)	ग्लिटोनिया / मोनेना	अक्षर में नटका/उद्देश्यहीनता (अप्रानिहिता, 1810)	घिनौना, नकारने वाला (विभम्ता, 47)	पृणा; निषेध (जुगुप्सा, 1)	मड्ड मरस्वती (फाट: गौलिक अपराधी)	पन्ना (मराकंनना)	शंख, 87 (शंख)	जी (नी: 0)	स्लेटी

अखंड / आत्मा सितारा (एक, स्वयं)	अनंत में / हम एक साथ हैं (एक ब्रह्मांड की आध्यात्मिक वास्तविकता का अनुभव किया	मुन्ना 279 (मैं अन्य लिखित कारण हूं)	टी / स्व-चमकदार	वास्तविकता से परे पटकथा के बारे में कोशिका/उद्देश्यपूर्णता (हिरण्यगर्भ, 19)	पुष्टि (स्था, 9)	प्रतिज्ञान (प्रांजना, 18)	अद्वैत (निर्माता: मनोदशा की औसत दर्जे की वैज्ञानिक वास्तविकता और आसन्न शैतानी इच्छा रखने वाले जीन के श्रयकारी बंधन)	प्रकाश की शक्तियाँ (एपीएस। मूड की शुरुआती ऑन्कोलॉजिकल रियलिटी और निर्माता से निकलने वाली रोशनी की ताकतों पर जीन संशोधित राजशाही)	रक्ताकोश, 30 (अनंत परिषद: पूर्णता की तलाश में दिवंगत आत्माओं की अनंत परिषद पर विरासत में मिली आनुवंशिक आधिपत्य की कल्पित ज्ञानमीमांसीय वास्तविकता)	एफ (धा. - 1)	वेरंग

अध्याय 12: आदि-उत्तम निर्माता परम देवता की दिव्य योजना है

12.1 कौशिका विकास के इक्कीस चरण के रूप में मेथनोजेनेसिस

कुदरत प्रत्येक बच्चे को एक अलग भूमिका पहचान के साथ खिलाती है इसका कारण प्रत्येक व्यक्ति को वैकल्पिक भूमिका पहचान के मूल्य के बारे में एक प्रबुद्ध जागरुक्ता विकसित करने में मदद करना है। एक बच्चे में जटिल वास्तविकता के ब्रह्मांड की कल्पना करने की शक्ति होती है, वर्तमान वास्तविकता के नकारात्मक सत्य को रोशन करने के लिए एक मार्ग के रूप में, ठीक इसलिए क्योंकि एक शैतानी उत्तम चिंतक है जो किसी को उद्देश्यहीन जटिलता के नकारात्मक उर्जा परिमाण यंत्र प्रभावों की कल्पना करने दे रहा है। उर्जा परिमाण यंत्र भविष्य आत्मा की वास्तविकता वर्तमान, संस्थागत रूप से निर्देशित, अस्तित्व के व्यवहार से पहले होती है। इकाई काल ही संस्थागत तत्व है क्योंकि सूर्य, चंद्रमा और आठ ग्रहों में से प्रत्येक के चक्रीय क्रांतिकारी बल पर प्राप्त अनुभव इकाई को बांधते हैं। प्रत्येक इकाई गहरे द्रव्य के रैखिक विकासवादी बल को अग्रिम कड़ी के रूप में विकसित करने के लिए अर्ध-सत्ता तत्व के "संस्थागत-प्रभाव" (त्रिविक्रम, 24) की सेवा करती है। प्रत्येक इकाई "काल कोटरी" (विष्णुनाभि, 82) के अवरोही, वर्गमूल कड़ी में खुद को आरोपित करती है।

एक कौशिका की मृत्यु के बाद, जो एक प्रतिपक्षी के रूप में एक मर्दाना परम बच्चे का प्रतीक है, एक नायक के रूप में पितृ सत्ता को अवतार लेने के लिए कौशिका की मुक्त संवेदनशील शक्ति की सेवा के लिए सौर लोगो सक्रिय किया जाता है। पितृसत्तात्मक स्त्री के गर्भ में अवतरित होता है। काल कोटरी से निकलने वाले "सौर लोगो" (मणिद्वीप, 6800 = 82 * 82 + 24 * 3 + 4), "पशुधन की देवी" (मैसम्मा, 6800) हैं। वह अपने पांच-मुख वाले देवी रूप में एक मुल अभिवादन स्वागतकर्ता का प्रतीक है, जिसमें "पाचन" (अन्नामोडा, 6724) मातृ मूल अभिवादन का मूल्य और अपरिमित मर्दाना बच्चा, तीसरी इकाई के रूप में उत्तम पितृत्व के भीतर दो-आयामी "इकाई" (त्रिविक्रम, 24) स्त्री परम बच्चे का मूल्य शामिल है। तीसरी इकाई अपने "व्यक्तिगत-प्रभाव" (आत्मान, 4) को दिवंगत आत्मा बनने के लिए परियोजनाओं करती है और स्त्री परम बच्चे के भीतर एक उत्तम-अपरिमित अभिवादन को संस्थागत रूप से बाध्य करने के लिए अर्ध-सत्ता तत्व की सेवा करती है। "प्राथमिक-अपरिमित अभिवादन" (महा दुर्गा, 16) की "अभिसरण शक्ति" (संवत शक्ति, 28) का व्यापार करके, स्त्री परम बाल पैतृक इकाई को "प्रथम, अभिवादक आत्म-चमकदार

इकाई" (मेथनोजेनेसिस: विठोबा, 12)। यह मेथनोजेनेसिस के आठ चरणों में से पहला है जो "शक्ति होना" (काली, 96) के रूप में अभिवादन करने वाले आत्म-चमकदार इकाई के सप्तक-स्तर "ज्ञान शक्ति" (ज्ञान शक्ति, 96 = 12 * 8) को सक्रिय करता है। अर्ध-सत्ता की चेतन, सूक्ष्म अवस्था चेतना में बदल जाती है, गुरुत्वाकर्षण शक्ति के अनुक्रम के रूप में संवेदनशील शक्ति को विकीर्ण करती है। गुरुत्वाकर्षण शक्ति सत्ता की शक्ति का आधार है, जो शक्तिशाली शक्ति-गुरुत्वाकर्षण अर्ध-सत्ता की आत्मा द्वारा निर्देशित है। यह पिछले क्षण में अर्ध-सत्ता द्वारा देखी गई वास्तविकता का अनुभव करने के लिए, कुदरत के गर्भ में एक इकाई के रूप में अवतार लेने की अर्ध-सत्ता की इच्छा को पूरा करता है।

"शक्ति होना" (काली, 96 = 32 * 3) "आदि-उत्तम निर्माता" (कृष्ण, 32) की एक त्रि-आयामी उदगम वास्तविकता है। आदि-उत्तम निर्माता से निकलने वाले तीन पहलु हैं: पहला, पितृ एक "शैतान अपरिमित अभिवादन" (द्रोण, -10^{1024}) है, जो एक दादा है, जो कि अपरिमित मर्दाना बच्चे को शुद्ध और संवेदनशील बनाता है। दूसरा, पुल्लिंग एक " पैशाचिक मूल अभिवादन" (दुर्योधन, -1000), दादा द्वारा भेजे गए संस्थान के विधायी शासन को बदल रहा है। तीसरा, स्त्री एक "स्त्री प्रधान अभिवादन" (उषा, 16) है, जो रचनात्मक और परिवर्तनकारी संस्थागत-प्रभाव दोनों को नष्ट करने के लिए दिव्य प्रकाश की सेवा करती है। परिणामस्वरूप, दिव्य प्रकाश की समग्रता और दिव्य प्रकाश का आत्म-स्थायी प्रभाव कायम रहता है एक मानक के रूप में, "संस्थागत-प्रभाव" को कायम रखना (त्रिविक्रम, 24 = 16 + 16 * ½)।

परम देवता आदि-उत्तम निर्माता को दिव्य प्रकाश के एक ऊष्मानियंत्रक के रूप में योजना बनाते हैं। आदि-उत्तम निर्माता खुद को "बाल अपरिमित अभिवादन" (मधुसूदन, 16) में बदल देता है। "मातृ मूल अभिवादन" (सती-पार्वती, 16) के साथ एकता में, वह अपने मूल, व्यक्तिगत-प्रभाव रूप में दिव्य प्रकाश को विकीर्ण करता है और "व्यक्तिगत-प्रभाव" (आत्मान, 4) की मध्यस्थता के बिना "प्रथम, अभिवादक आत्म-चमकदार अस्तित्व" (मेथनोजेनेसिस: विठोबा, 12 = 16 - 4) में बदल जाता है। व्यक्तिगत प्रभाव के वर्ग के रूप में रचनात्मक दिव्य शक्ति का व्यापार करके, स्त्री-लिंग परम बाल उत्तम पैतृक अस्तित्व के पुनर्जन्म के लिए "अभिवादन आत्म-चमकदार अस्तित्व" को पुन: उत्पन्न करने के लिए एक मानक शक्ति विकसित करता है। उसके बाद, मेथनोजेनेसिस "क्षैतिज परम देवता" (सिद्ध, 7) के रूप में कोशिका की दिव्य योजना बन जाती है, अर्थात, "भावुक संस्था" (सिद्ध, 7)। यह तकनीकी रूप से एक "खुद-चमकदार तत्व" (अम्बिका, 96) बनाता है, संगठनात्मक रूप से "प्रथम, अभिवादक आत्म-चमकदार अस्तित्व" (मेथनोजेनेसिस: विठोबा, 12), और

पारिस्थितिक रूप से घातांकीय संस्थानिक क्षेत्र को अपने वृद्धिशील, अवरोही-क्रम, भिन्नात्मक के साथ बदल देता है। कोषगत-प्रभाव।

"उत्तम मातृ की आत्मा" (दादी, 18) के रूप में, एक "दादी, 18) "वर्तमान वास्तविकता के प्रतिमान" (युक्ति, 8 = 18 - 10) "दादी, 18 = 16 + 2) एक "क्षैतिज, बाल मूल अभिवादन" (मधुसूदन, 16) है, जो "पोती कोशिकाओं के ब्रह्मांड" (ब्राह्मण, 2) के साथ संलयन के माध्यम से कौशिका दादी बन जाती है । उसकी "प्रजनन क्षमता" (उक्तिका, 18) "दादा कौशिका" (उक्तिका, 18) को "भगवान के भगवान" (देवधिदेव, 18) होने का अधिकार देती है। दादाजी कौशिका कई "इकाइयों के साथ ब्रह्मांड" (काशी, -10^{1024}) और उन्हें "शैतानी शैतान-प्रभाव" (असुर, -1) के बिना एक "खुद-प्रकाशमान संस्थाओं के ब्रह्मांड" (सत्य लोक, 10^{1024}) में बदल देता है ।

एक "दादा कौशिका" (उक्तिका, 18 = 32 - 14) एक "क्षैतिज आदि-प्रधान निर्माता" (कृष्ण, 32) है, जो "एक आत्मा" (वज्र, 14) के प्रसार के शून्य-शक्ति "शैतान अपरिमित पैतृक" (इंद्र, 0) के माध्यम से एक कौशिका दादा बन जाता है। डेविल प्रिमोर्डियल पैटरनल एक आत्मा के भीतर "ज्ञानोदय" (महा लक्ष्मी, 14) "पोते कोशिकाओं के ब्रह्मांड" (जगदम्बा, 94 = 14 + 80) के लिए शक्ति की सेवा करता है। वह "ब्रह्मांडीय पैतृक" की शक्ति का व्यापार करता है (साध्यता, 80) । ब्रह्मांडीय पैतृक "प्रबुद्ध भौतिक क्षेत्र में ब्रह्मांडों के अद्वितीय रूपों" का अभिसरण मूल्य है (प्रभाव, 80) कौशिका "आयु" (ब्राह्मणी, 80) के भीतर संभव है। दादा कौशिका के विघटन, प्रतिपादक, वैश्वीकरण का कौशिका युग के भीतर "उत्पादक शक्ति" (ब्राह्मणी, 80 = 20 * 4) उलझाने, स्थानीयकरण, दादी कोशिका और इकाई "आत्मा" (आत्मा, 4) की "राशि चक्र आत्मा" (कपिंजला, 20) का उत्पाद है।

12.2 उत्तम-अपरिमित निर्माता के तीन पहलु जो परम बच्चे को आकार देते हैं

पुनर्जन्मित शैतानी "उत्तम चिंतक" (असुर, -1) की "उलझन वाली आत्मा" (अंत्योरेवा, -1) के तीन उभरते चेहरे एक "द्वि-आयामी वर्तमान वास्तविकता" (बधाबुद्धिवदार्थ, -2) और एक-आयामी आदि-उत्तम निर्माता की भविष्य की वास्तविकता बनाते हैं। तीन चेहरे पैशाचिक उत्तम चिंतक के भीतर साठ पहियों के एक अपरिमित समूह के हैं, जो शैतान चिंतक के भीतर बारह पहियों का एक अपरिमित भूगोल है, और "तीन-सामना वाले निरपेक्ष अस्तित्व" (हरबुद्धि, 366,666) के "एक-आयामी भविष्य की वास्तविकता" (एकार्थ, 21)

है। "तीन-सामना वाली पूर्ण इकाई" "प्रबुद्ध भौतिक ब्रह्मांड में अद्वितीय इकाई समूहों की संख्या" (कमलात्मिका, 366,666) को मानदंड देती है जो विविध इकाई रूपों के अनंत क्रमपरिवर्तन, संयोजन और घातांक को बीज देती है। त्रि-मुखी पूर्ण अस्तित्व क्षैतिज परम देवता, क्षैतिज अपरिमित अभिवादन, और क्षैतिज आदि-प्राथमिक निर्माता के "त्रि-आयामी अतीत की वास्तविकता" (एवकारवदार्थ, -3) का भिन्न मूल्य है। "शैतान इच्छा" (सुरा, 0) अतीत, वर्तमान और भविष्य की वास्तविकताओं के "छः-आयामी मूल्य" (आदिबुद्ध, 40) का अभिसरण मूल्य है, जो "मनोवैज्ञानिक शब्दावली प्रभाव" (षोडशोत्तरीदशा, 40) के बिना, आगे की त्रिमूर्ति द्वारा सेवा की जाती है। "आदि-उत्तम निर्माता" (कृष्ण, 32) पिछड़ी त्रिमूर्ति की "आठ-आयामी वास्तविकता" (ओंकारवदार्थ, -1) का प्रमुख मूल्य है, जिसका छह-आयामी आगे का मूल्य "उत्तम-अपरिमित आत्मा" (श्री कृष्ण, 10) का परिसंचारी-प्रभाव है ।

"आदि-उत्तम आत्मा" (श्री कृष्ण, 10) समग्र त्रिमूर्ति की "चार-आयामी इकाई वास्तविकता" (वासनात्मा, -3) का मूल मूल्य है, जहां चौथा आयाम "अपरिमित संपूर्ण-प्रभाव" है (रुक्मिणी, 86) एक रेखीय समग्र त्रिमूर्ति-प्रभाव की सेवा करने वाली संपूर्ण त्रिमूर्ति की। बारह पहियों का अपरिमित भूगोल एक "पूर्व-मुखी राशि चक्र आत्म-प्रकाशमान इकाई" है (एलेले: देवेंद्र, 12)। एक "तीन-मुखी प्रोकैरियोट खुद-चमकदार इकाई" (अध्यात्म, 12) अपनी "अभिसरण शक्ति" (संवत्सक्ति, 28) का व्यापार करती है। एक "तीन-मुख वाली पूर्ण अस्तित्व" (हरबुद्धि, 366,666) बनाने के लिए। बारह स्थिर चक्र "तीन-मुखी पूर्ण अस्तित्व" (हरबुद्धि, 366,666) की एक "चार-आयामी आसन्न वास्तविकता" (वासनात्मा, -3) बनाते हैं। स्थिर वास्तविकता का प्रत्येक पहलु तीन पहियों से बना है। चार आयाम "दो-मुखी, बड़ा, आत्म-प्रकाशमान इकाई" (त्रिविक्रम, 24) के इक्कीसवें, बाईसवें, तेईसवें और चौबीसवें चरणों का गठन करते हैं।

इक्कीसवाँ चरण, "मेथनोजेनेसिस" (विठोबा, 12), "अभिसरण शक्ति" (संवतशक्ति, 28 = 8 + 12 + 8 = 12 + 16) "पूर्वमुखी राशि स्व-प्रकाशमान इकाई" (एलेले: देवेंद्र, 12) के भीतर "दो-मुंह, बड़ा, आत्म-चमकदार इकाई" (त्रिविक्रम, 24) के "अभिन्न आयाम" (कुदरत, 8) को एकीकृत करता है। मेथनोजेनेसिस तीन-चक्र चरणों का एक चक्र है: चरण 21.1 से 21.3 चरण 21.1 एक स्त्री परम बच्चे को "दिव्य प्रकाश" (उषा, 16) को "मानसिक शक्ति" (एसिडोजेनेसिस: परातपारा, 16) के रूप में व्यापार करने का अधिकार देता है जो कि अण्डा सेना पैतृक इकाई के अंतर्ज्ञान का मार्गदर्शन करता है। चरण 21.2 मानसिक शक्ति को एक "जोड़ा जुड़वां खुद" (एसीटोजेनेसिस: रसग्नि, 17) में बदल

देता है, जो कि मातृ इकाई है, जो कि अण्डा सेना पैतृक अंतर्ज्ञान का मार्गदर्शन करती है। चरण 21.3 "अभिवादन खुद-चमकदार इकाई" (मेथनोजेनेसिस: विठोबा, 12) के रूप में पैतृक इकाई को अण्डा सेना करता है। यह अंतिम संश्लेषण के माध्यम से परा-मानसिक संबंधों से मुक्ति प्राप्त करने के लिए, आत्म-प्रकाश तत्व की नींव बनाता है। इन तीन चरणों की जांच नीचे की गई है।

12.2.1 चरण 21.1 एसिडोजेनेसिस

"एसिडोजेनेसिस" (मानसिक शक्ति: परतपारा, 16) एक चैपरोन मानसिक इकाई है (बेगर: राजसिका, 700,000) "अनुकूलन" (सहजा पुता, 16) "पूर्वी" की "मानसिक शक्ति" (परतपारा, 16) के व्यापार का चक्र है। राशि चक्र आत्म-चमकदार इकाई" (एलेले: देवेंद्र, 12) का सामना करना पड़ रहा है और इसे "राशि चक्र आत्मा" (कपिंजला, 20) की "जन्मजात चेतना" (हाइड्रोलिसिस: सहज पुता, 16) के रूप में सेवा प्रदान करना है। मानसिक इकाई एक " कौशिका" (एंजाइम: हिरण्यगर्भ, 19) एक शैतानी "सूक्ष्म संगठन" (सूक्ष्म जीव: लियांचा, 19) कि "अकेले हाथ से" (ऋषभ, 1) "संरचनाएं" (परमाणु स्थानीयकरण अनुक्रम: कूट, 19) "बुनियादी ढांचे" (कुंडलिनी, 8) "द्वि-आयामी वर्तमान वास्तविकता" (बधाबुद्धिवदार्थ, -2) का आनंद लेने के लिए। शैतानी सूक्ष्मजीव "जैव-रासायनिक" (जीवा-रसनायिका, 17) "गर्मी उपचार" (हाइड्रोलिजिंग प्रक्रिया: घृत, 17) को सक्रिय करने के लिए "जीवन, मृत्यु और पुनर्जन्म के प्राणी चक्र" (एमडेन-मेयरहोफ-परनास मार्ग [ईएमपी]: एचयूएमशक्तिचक्र, 17) का अनुभव करता है, जो "संरक्षक" (प्रोटीज़: डौवरिका, 17) मानसिक इकाई को नष्ट कर देता है।

शैतानी सूक्ष्मजीव "रोगग्रस्त" (डीहाइड्रोजनीकरण: रसग्रि, 17) की उभरती शक्ति और "जोड़ा जुड़वां खुद" (एसीटोजेनेसिस, 17) बनाने के लिए सेवाओं का व्यापार करता है। "स्थिर पैशाचिक मुल अभिवादन" (ग्लुकेनेस: भद्रकाली, 16) भावुकता के संवेदनशील क्षमता" (ब्यूटायरेट: अंतर्यामी, 16) का जोड़ा गया जुड़वा खुद स्वाभाविक रूप से "वायुजीवी" (पुरुथम, 16) के "सम्मोहन, दूरबीन से अभिसरण ध्वनि" (प्रोपियोनिक एसिड: अहता, 17) के "पूर्ण जागरुकता" (मोनोमर: सत-चित, 17) का आदान-प्रदान करता है। दूसरी ओर, मानसिक इकाई, "पथ-अनुक्रमण, प्रतिस्पर्धी इकाई" बन जाती है (एसिटिक एसिड: फानिनायक, 20), "एंजाइमी कार्य व्यवहार" (फैटी एसिड: सुषुम्ना, 10) का "आरोही मूल्य" (हाइड्रोजन के साथ निकोटीनैमाइड एडेनिन डाइन्यूक्लियोटाइड [एनएडीएच-कोएंजाइम 1]: रोधा, 1) का व्यापार करने का इरादा है।

उभरता हुआ "संक्रमित बच्चा" (एनारोबे: राजयक्ष्मा, 19) क्रमिक रूप से "क्रमादेशित जीवन" (मीथेन: मन्यु, 19) के भीतर शैतानी "ईर्ष्या" (पॉलिमर: मत्स्य्या, 19) को "विद्युत चुम्बकीय कार्य शक्ति" (मेथेनोजेन [मीथेन-उत्पादक सूक्ष्म जीव]: कर्म-बंध, 19) में बदल देता है। नतीजतन, यह "स्त्री-प्रभाव" (ग्लूकोज: पिंगला, 19) पर चढ़ता है और "मर्दाना-प्रभाव" (एमिनो एसिड: इडा, 1) से उतरता है। "शुद्ध बच्चा" (एरोब: उर्ध्व-तिर्यांग्बिहम, 19) "अंकुरित" (संतान: अमुधेश्वरी, 18) "आरोही स्त्री-प्रभाव और अवरोही मर्दाना-प्रभाव के बिना शर्त उत्पाद" के रूप में (एसिडोजेन [किण्वक सूक्ष्म जीव]: उर्ध्व-तिर्यांग्बीहम, 19), अवायवीय, आत्म-उपभोग, मर्दाना-प्रभाव के बिना।

शैतानी "सूक्ष्मजीव" संगठनात्मक मीट्रिक "पथ-प्रभाव के भीतर इकाई" बन जाता है (एसीटोजेन [एसीटेट-गठन, हाइड्रोजन-उत्पादक सूक्ष्म जीव]: नागनायका, 19) "जोड़ा जुड़वां खुद" (एसेटोजेनेसिस, 17) को एक "में" में संरचित करने के लिए। ऑक्टोपस जैसी निरंतर इकाई" (एसीटेट: पांडु, 19) "यूकेरियोट जैसी पवित्रता वाली इकाई" (मध्यम: गंगा, 963) की "पवित्र करने वाली भावना" (मंजुश्री, 19) का व्यापार करके। संरचित जुड़वां खुद का "संपूर्ण मूल्य" (पेंटोस: अर्धज्य, 10) शैतानी "सूक्ष्मजीव" (सूक्ष्मजीव: तियंच, 19) के "निर्जीव काल की लंबाई" (सेलोबियस: वर्गातियंत्र, 10) के अनुपात में है। "उत्तम शक्ति" (मेटाबोलिक: आदि शक्ति, 15) को "खुद-स्थायी मूल मूल्य" (फैटी एसिड श्रृंखला: उडवा, ½) के लिए सेवा देना और आठ-आयामी सत्य" (अमोनिया: सच्चा, 19) का "अध्यक्ष चेतना" (ब्यूटिरिक एसिड: रजस, 15) बनना। शैतानी सूक्ष्मजीव के सत्य के आठ आयामों में संगठनात्मक मापीय के रूप में सूक्ष्मजीव, जोड़ा जुड़वां खुद, संक्रमित मर्दाना बच्चा, शुद्ध स्त्री बच्चा, मानसिक इकाई के रूप में राशि चक्र, ज्योतिषीय आत्मा का क्रमिक रूप से क्रमादेशित जीवन शामिल है। अनुक्रम की मध्यस्थता और योजना बनाने वाली पवित्र ताराबीज इकाई, और "अभिन्न पहलु" के रूप में संवेदनशील क्षमता की सेवा करने वाले अपरिमित देवता (लैक्टेट: कुदरत, 8)। "पैतृक चमकदार" (पेक्टिन: भास्कर, 13) "सर्वशक्तिमान निर्माता कारण" (माल्टोज: सर्वनाशा, 5) = 13 - 8) को बनाए रखने के लिए एक अर्ध-मानसिक "अंतर्ज्ञान" (निकोटिनमाइड एडेनिन डाइन्यूक्लियोटाइड [एनएडी]: जिह्वाविजन, 8) के रूप में अभिन्न आयाम की सेवा करता है।

"सत्य के सप्तक" (अमोनिया: सच्चा, 19) के अन्य सात परिमाणो के साथ एक "सात-मुख समरूपता के लिए प्रवर्धन" (हाइड्रोलेज़: बाहुत्व, 7) अंतर्ज्ञान को "विसरित मूल्य" (ज़ाइलोज़: द द्रावा, में बदल देता है) 9)। अंतर्ज्ञान एक "खुद-औषधीय स्वप्न" (पाइरूवेट: ध्यान, 9) के रूप में "स्वप्न-अवस्था" (थर्मोफोबिक: महा स्वप्न, 9) "ब्रह्मांडवादी" (सेल्युलोज:

जगन नायक, 9)। यह विश्वोत्पत्ति का जानकार को एक "मूल जासूस" (थर्मोफिलिक: लोकपाल, 27) में "घन शक्ति" (वैक्यूल: लैम, 9) को "उभयलिंगी प्रकाशमान अस्तित्व" (ज़ाइलन: अर्धनारेश्वर, 39) में बदल देता है, जिसके "गुरुत्वाकर्षण" से क्षमता" (रुमेन: कालिका, 23) ने "ईमानदार कार्य मूल्य" (लाइपेस: कारा, 23) के "गिरावट" (पटाना, 169) की प्रक्रिया के माध्यम से अवतार लिया है "अभिवादन आत्म-चमकदार इकाई" (मेथनोजेनेसिस: विठोबा, 12 = 39 - 27) को सामने लाने के बाद। "मूल जासूस" (थर्मोफिलिक: लोकपाल, 27) शैतानी सूक्ष्म जीव के "अभेद्य" (कार्बोनेटेड: कौकिलिया, 15) "अवशिष्ट मूल्य" (लिपोसोम: खारा, 6) का व्यापार करता है और अर्ध-मानसिक "उत्कृष्टता क्षमता" (माल्टेज़: सिद्दिका, 48 = 27 + 15 + 6) की सेवा करता है "अभिवादन स्व-चमकदार इकाई" (मेथनोजेनेसिस: विठोबा, 12) पूर्ण "सप्तक" (जनसंख्या घनत्व: सैंड्रा, 60) का उत्पादन करने के लिए।

12.2.2 चरण 21.2 | एसीटोजेनेसिस

"एसीटोजेनेसिस" (जोड़ा गया जुड़वां-खुद: रसग्नि, 17) "विकासवादी" (डीहाइड्रोजनीकरण: सोशा, 17) चक्र है जिसके माध्यम से "पथ-अनुक्रमण, प्रतिस्पर्धी इकाई" (एसिटिक एसिड: फानिनायक, 20) के मूल्य का व्यापार करता है। इकाई "सप्तक" (जनसंख्या घनत्व: सैंड्रा, 60) अस्सी "प्रबुद्ध सामग्री क्षेत्र में इकाई ब्रह्मांडों के अद्वितीय रूपों" को अनुक्रमित करने के लिए (दर-सीमित चरण: प्रभाव, 80 = 60 + 20), "की अनुकूलता" द्वारा वातानुकूलित पैशाचिक मुल अभिवादन के साथ राशि-प्रभाव" (पेक्टिनसे: स्ट्रीडिरघा, 1016)। अंकुरित "फसल सीजन" (कार्बोहाइड्रेट, 855) के दौरान, "अंकुर-में रूपांतरित करना" (माइक्रोकॉकस: जिवाहुक्लाका, 855) पैशाचिक मुल अभिवादन "चार जोड़ी भंवरी मर्दाना" का "उत्प्रेरक" (प्रोटीन: शिलाजीत, 855) बन जाता है, और स्त्री समुदाय" (क्लोस्ट्रीडिया: दंडपद मंडला, 4 x 10^{10})। सुप्तावस्था "सर्दी" (कैलोरी: शिशिरा, 754) के दौरान "आराम करने और पचाने" (तुला, 16) के लिए, यह "इकाईयों के साथ ब्रह्मांडों के ब्रह्मांड की सह-आश्रित उपस्थिति के बिना शर्त बिंदु मूल्य और संस्थाओं के बिना ब्रह्मांडों के ब्रह्मांड (इथेनॉल: दुंदुबिश्वर, 9) को अलग करता है, जो "स्वप्न की तरह "खिला" (मिटोसिस: शिवद्रष्टि, 17) चरण के दौरान गठित है। नतीजतन, यह जाग्रत "प्रजनन" (मेयोसिस: परम शिव, 15) चरण- थर्मोफिलिक "वसंत" (विटामिन: वसंत, 811) की गर्म छाया के तहत प्रकट होता है।

"सूक्ष्मजीवों के जीवनचक्र का चक्र" (श्वेतसार: एस.आर.आइ, एम.शक्तिचक्र, 9 × 10^{18}) "तेज" (एमाइलोलिटिक गतिविधि: तिक्ष्णा, 89) के "वजन" (हेक्सोज: भारा, 28)

की सेवा करता है। प्रभाव" (एमाइलेज, मारुति, 78) "हरा रंग उत्तम देवता-प्रभाव" (लिपिड: हारा, 285), "चेतन तत्व" (सेल्युलेस: ट्रासा, 76) के भीतर, एक ऊष्मप्रवैगिकी "ग्रीष्मकालीन" बनाने के लिए (खनिज: ग्रिश्मा, 967) राज्य। सार्वभौम विकास के "पुर्ण काल को निर्धारित करने वाले मूल तत्व" (स्व, 11) के रूप में, पैशाचिक मुल अभिवादन एक प्रदूषित "कार्बन डाइऑक्साइड तत्व" (अग्ररामलवायु, 18) का उत्पादन करने के लिए "परमाणु स्थानीयकरण अनुक्रम के इकट्टे मूल्य" (कूटा, 18) का व्यापार करता है और "तकनीकी विकास का असंबद्ध मूल्य" (विधान, 4) एक शुद्ध "हाइड्रोजन तत्व" (जलप्राण, 4) का उत्पादन करने के लिए। यह अपनी "मजबूत मानसिक शक्ति" (वरुण, 1000 = 967 + 11 + 18 + 4) के "संपूर्ण मूल्य" (सुषुम्ना, 10) को "एक मूल इकाई" (वसा: उलप्रकृति, 1000) के रूप में सेवा प्रदान करता है। "अपरिमित खुद" (राम, 100 = 1000/10) आरोही "भावुक शक्ति" (वरुण, 1000) के साथ। नतीजतन, "उत्तम खुद" के भीतर पांच "परम बाल" संस्थाओं (मीथेन: मन्यु, 19) का एक समूह (स्वरूप: राम, 100) शुद्ध "हाइड्रोजन" (जलप्राण, 4) के आदान-प्रदान के माध्यम से "जीवन" (प्रभास, 4) की "पूर्ण लहर" (खुल्लर, 5 = 100 - 19 * 5) का आनंद लेते हैं।

12.2.3 चरण 21.3 । मेथनोजेनेसिस

"मेथनोजेनेसिस" (विठोबा, 12) परम बच्चे को जीवन की पूर्ण लहर के साथ आशीर्वाद देने का "प्रेरक" (फैटी एसिड: सुषुम्ना, 10) चक्र है, जो सफाई के भीतर स्थिर, विषम सफाई संस्थाओं के आधे सप्तक के साथ जुड़ा हुआ है। "हाइड्रोजन" (जलप्राण, 4) और "हाइड्रोजन" (जलप्राण, 4) की सफाई के बिना निकलने वाली समरूप प्रदूषणकारी संस्थाओं का आधा सप्तक। यह एक "निरंतर, ऑक्टोपस जैसी इकाई" (सफेद दाग वाले जीवाणु: पांडु, 19) की "द्रव्यमान परत" (मांडुक्य, 16) का उत्पादन करता है। पांच अवरोही, "प्रदूषणकारी संस्थाएं" (इलेक्ट्रॉन विसारक: अष्टावक्र, 19) और चार आरोही, "सफाई करने वाली संस्थाएं" (इलेक्ट्रॉन स्वीकर्ता: मांडुक्य, 16)। "बैक्टीरिया जैसी सफाई इकाई" का "विश्लेषण" (महा काली, 13) (एसीटोजेनिक जीवाणु: कुसमंदाना, 855 = 170 * 5 + 5), सफाई "हाइड्रोजन" (जलप्राण, 4) के भीतर, पांच में "धूसर समुदाय" (मेथेनाइल: विचित्र मंडला, 170) के समूह बीस सफाई संस्थाओं और पांच प्रदूषणकारी संस्थाओं का उत्पादन करते हैं।

"पथ-परीक्षण इकाई" (सल्फेट-) के "प्रदूषणकारी जल आत्मा" (निसारा, 1/60) द्वारा हाइड्रोजन का "अपघटन" (संयोजन: व्यवाय, 190), "गर्भवती" (फॉर्माइल:

उभयतो, 190) कम करने वाले जीवाणु, 855) "शैतान-प्रभाव" (मिथाइल: असुर, -1) की "प्रतिक्रिया" (दूरी: योजना, 190) को "अवरोधित" (विघ्नया, 180) करता है। "पथ-परीक्षण इकाई" (सल्फेट-कम करने वाला जीवाणु, 855) "पवित्र करने वाली आत्माओं" (डीकंपोज़र: मंजुश्री, 19) का खंडन है, जो "शैतान-प्रभाव" (मिथाइल: असुर, -1) की "प्रतिक्रिया" (दूरी: योजना, 190 = 190 * 10) की सेवा के बाद "बैक्टीरिया जैसी सफाई इकाई" (एसीटोजेनिक जीवाणु: कुसमंदाना, 855) की शक्ति का व्यापार करती है।"पवित्र करने वाली आत्माओं" का "विश्वासघात" (सल्फेट: मत्स्या, 19) (डीकंपोजर: मंजुश्री, 19) नीला तनाव "ज्ञानेंद्री" (ग्राम-तटस्थ जीवाणु: रुद्र, 19) को बैंगनी-तनाव "यंत्र" (ग्राम-सकारात्मक जीवाणु: नानक, 17) में बदल देता है। बैंगनी-तनाव यंत्र स्वतंत्र रूप से "प्राकृतिक वातावरण" (भाजक: शूद्र, 1) के लाल-तनाव "संरक्षक" (ग्राम-नकारात्मक जीवाणु [डेसल्फोविब्रियो]: डीवरिका, 17) को "विभाजित स्व" (सम-संख्या वाले फैटी एसिड: कुलकार मनु, 17) में मिलाता है।

"घटाया अविभाजित आत्म" (अपचयवाद: नंदी, 17) "मोहभंग" (अस्पष्ट शैतान शासक सत्ता की छाया: मताली, 52) की जटिलता के बिना "जागृति" (अस्पष्ट प्रकाश का इशारा: संजना, 52) की "शक्ति" (विद्युत चार्ज: शक्ति, 19) है। शैतान शासन इकाई एक "भ्रम का सप्तक" (लंबी-श्रृंखला फैटी एसिड: महाविद्या, 17) है जो "जैव रासायनिक" (कोएंजाइम: जीवा-रसायनिका, 17) को "प्राथमिक चयापचय शक्ति" (मेथयामिन: अपरिमित शक्ति, 15) के संश्लेषण को बढ़ावा देती है एक "भावुक मित्र" (हाइड्रोजन-खपत इकाई: परसद्या, 18) में। "प्रतिकूल" (अशुभा, 6) "सीमा मूल्य" (विषम संख्या वाले फैटी एसिड: घोडामुंज्या, 18) को रोशन करने के लिए संवेदनशील दोस्त एक "यंत्र" (शाखायुक्त-श्रृंखलित फैटी एसिड: तारक्ष्य, 18) की तरह चलता है।

भलाई" (ज्ञानसिद्धि, 190) एक स्पष्ट रूप से "अनुकूल" (शुभ, 82) "पवित्र करने वाली आत्मा" (प्रोपियोनेट: मंजुश्री, 19) के "सूक्ष्मजीव" (सूक्ष्म जीव: त्रियंचा, 19) द्वारा वातानुकूलित है। "भ्रम का सप्तक" (लंबी-श्रृंखला फैटी एसिड: महाविद्या, 17) "मातृ आयाम" (स्त्रीधर्म, 32) के "प्राथमिक एकता-प्रभाव" (साध्या, 32) द्वारा सेवित है। यह निर्जीव सत्ता की अनंत जागरुक्ता को चौपट करता है और "आदि-उत्तम निर्माता" (कृष्ण, 32) के साथ एक उत्तम एकता के बिना, संवेदनशील मित्र को आशीर्वाद देता है। जैव रासायनिक संश्लेषण की सीमाओं पर काबू पाने के लिए, "आदि-उत्तम निर्माता" जागरुक्ता को सक्रिय करने के लिए संवेदनशील इकाई की और आवश्यकता है। अनंत वर्ग जागरुक्ता को बनाए रखने के लिए, एक पूर्ण एकता के माध्यम से "गतिशील, अनंत वर्ग जागरुक्ता "

(प्रमुख डोमेन: मंत्र, 16) को सक्रिय करने के लिए "प्राथमिक-उत्तम निर्माता जागरुक्ता " "मातृ प्रधान अभिवादन" के साथ (फ्राग्मोसोम: सती-पार्वती, 16) का आनंद लेने वाली एक आत्म-चमकदार इकाई की अतिरिक्त आवश्यकता है।

एक "अभिवादन आत्म-चमकदार इकाई" (विठोबा, 12) "व्यक्तिगत-प्रभाव" (आत्मान, 4) के बिना "आदि-उत्तम निर्माता" (कृष्ण, 32) के "बाल मुल अभिवाद्र" (मधुसूदन, 16) रूप की सच्चाई है। "दिव्य प्रकाश" (उषा, 16) के सोलह पहलु हैं, कि "अनंत वर्ग जागरुक्ता" (सती-पार्वती, 16) को विकसित करने के लिए एक अभिवादक आत्म-चमकदार इकाई को खोलना चाहिए। तालिका 6 "आदि-उत्तम निर्माता" (कृष्ण, 32) के लिए सोलह मार्गों को प्रकाशित करती है, जो वर्तमान में मातृ "अपरिमित अभिवादन" (सती-पार्वती, 16) से अलग है। प्रत्येक मार्ग अनंत वर्ग जागरुक्ता की उपस्थिति के बिना मातृ "अपरिमित अभिवादन" (सती-पार्वती, 16) के साथ उत्तम एकता को साकार करने के लिए "अनंत वर्ग जागरुक्ता क्षण" (मंत्र, 16) के दोहरा सप्तक का एक अनूठा आयाम प्रकट करता है।

तालिका 6

आदिचालीन आदिम निर्माता का मार्ग	प्रामाणिक अभिनंदित विकास की उपस्थिति (प्रतिभा)।	प्रारंभिक विभेदित विकास क्रम की कुल उपस्थिति (अभ्यास)।	पथ एकीकृत प्रभाव की परिणामी दक्षता (व्युत्पन्न)।	आगे के कारण के लिए गतिशील पर्याप्तता (पवनया)	तकनीकी अमी (क्षेब) गतिशील स्थिति को प्रेरित करती है	संगठनात्मक प्रजाति (प्राचार)	पारिस्थितिकी तंत्र वर्ग (जाति)	इकाई समुदाय (मन)	पितृत्व विभाजन (कुलकर)
पूर्णता मार्ग	मार्वभौमिक विकास के गजानीय 300 मार्गों के भीतर आत्म-विकास के लिए 300 गम्ने = अनंत विवनन के 90000 अंक	अनंत आंतरिक देव स्तरीय ऊर्जा के बारे में जागरूक, निर्माता (पूर्ण ब्रह्म, नर्बोंजु देवता, 4) देवनाओं का राजा बन जाना है (भारत, 0) और निर्माता धनवान (पूर्ण ब्रह्मा) के रूप में अवतार लेने के लिए अवशिष्ट 4 ऊर्जा की मंगा करता है, जो है मूल छाया स्वामी के स्वामी, और साथ में +8 ऊर्जा का आनन्द लेते हैं जैसे कि प्रदिम	28वां छाया चंद्र भवन, अग्निजीन: पृथ्वी (नक्षत्र) महीने में 28 दिनों की ऊपरी सीमा	संनयन (हेतु-पक्राया, 155)	स्पंदनशील तत्व (ओजम, 189)	स्वल्पानुगन, 19 (होमोलॉग)	देशानुरूपा, 91 (प्रदूषण)	स्वयंभू, चैल 1034 (स्वयं बनाने वाला, विद्यमान)	प्रतिधृति 857 (वादा)

		सिद्ध देवता के स्वामी							
स्वस्थता का मान	(90000 x 90000 – अनंत विकास के भीतर 810 मिलियन अनंत जीवन पथ की संभावनाएं) + (90000 x 1000 – 10x10x10 = 4-आयामी निर्माण के 1000 भागों के भीतर, अनंत विकास के बिना जीवन पथ की संभावनाएं) = एक प्राणी के लिए 900 मिलियन जीवन पथ संभावनाएं साथ ही एक पूरा ब्रह्मांड (यानी, प्रोटो-ब्रह्मांड) के लिए	आंतरिक पथ देवत्व ऊर्जा के बारे में जागरूक, निर्माता (पूर्ण ब्रह्मा, मर्योझ देवता, 4) संभावित स्थान (नुपर विधा) की -2 ऊर्जा का व्यापार करना है, और अवशिष्ट +2 आंतरिक ऊर्जा की सेवा करना है, साथ में +9 मूल अपराधी, जैसा कि यह है स्वर्गीय (पेरा) नरना	अमावस्या के निर्माण के बिना 29 दिन: चंद्र (धर्मसभा) महीने में 29 दिनों की निचली सीमा	विलय का चेहरा (अधिपति, 189;	चेतना का चेहरा (मुखा, 76;	अनिधा, 18 (अनममिन)	ईश्वर अपेतरूपा, 959 (अंतर्ग्रहण)	सुआरोन्च ईशा, 12 (स्व-चमत्कार, भेद)	नर्मति, 753 (ऽमि

आदिम मूल निर्माता	मानक अविभाजित विकास की उपस्थिति	रचनात्मक विभेदित विकास की कुल उपस्थिति	पिछड़े एकीकृत प्रभाव की परिणामी दक्षता	गतिशील पर्याप्तता धारण	नकर्नाकी कर्मी	संगठनात्मक प्रजातियां	पारिस्थितिकी नव वर्ग	इकाई समुदाय	पैरा इकाई विभाजन
स्वस्थ संपूर्णता मार्ग	900 मिलियन x 1000 संपूर्ण जीवन भाग = नए लेमुरियन निर्माता के 900 विलियन जीवन वर्ष	तुलनात्मक, अंतरिक्ष, आदिम उम्रहीनता के बारे में जागरूक, निर्माता (पूर्ण ब्रह्मा, मर्योज्ञ देवता, 4) व्यापार-1 संभावित समय (ध्वजाधारी) की ऊर्जा और अवशिष्ट +3 आंतरिक ऊर्जा, साथ में 0 ऊर्जा भ्रम (माया, एशारा)) शून्य गंभावित समय में सत्ताधारी चेतना	ब्रह्माण्ड में 30वां अमावस्या निर्माण दिवस: चंद्र (मधुनि) महीने में 30 दिनों की ऊपरी सीमा	आमय का मुखौटा (अनंतारा, 963)	आमय का मुखौटा (अनंतारा, 963)	विधा, 75 (द्विद्वित)	पर्याय, 186 (उत्परिवर्तन)	उत्तम, 85 (मौलिक; विशिष्ट)	ओमंकरा, 189 (होनहार)
गन्तव्यी मार्ग	{900 अरब X 10000 (10X10X10X10 निर्माता, ब्रह्मा के 4 आध्यत्म ऊर्जा आश्रमों के	आंतरिक पूर्ण क्षमता से अवनत, निर्माता (पूर्ण ब्रह्मा, मर्योज्ञ देवता, 4) सेवाएं +4 आंतरिक	ब्रह्मांड में 31वां नया तारा निर्माण दिवस: सौर (राशि चक्र) महीने में 31	प्रसार का झरना (समानांतर, 16)	पूर्ण चेतना की नाक (नासिका, 888)	चित्रविधा, 10^{1000} (विच्छेदित)	विशिकंच, 974 (परिवर्तनशील)	नम्मा, 185 (प्राथमिक; अछ्छेद्य)	ओमधरा, 180 (वचनदाता)

विभाजन) = 9X 1015 शून्य विकास के भीतर} - {1 X 1015 शून्य विकास का आकाशीय क्रांटा} = 8 X 1015 पूर्ण विकास (विकास = शून्य; लेकिन = 1, निरपेक्ष) ब्रह्मांड, यानी काल कोठरी के भीतर और बिना परम ब्रह्मांड (वस्तु ब्रह्मांड के भीतर और बिना)	ऊर्जा के रूप में स्त्री मानव प्राणी शक्ति की +3 आंतरिक ऊर्जा और मर्दाना देवता निर्माण की +1 बाहरी ऊर्जा	दिनों की ऊपरी सीमा						

आदिम मूल निर्माता	मानव अविभाजित विकास की उपस्थिति	औपचारिक चिह्नेदित विश्राम की कुल उपस्थिति	पिछड़े एकीकृत प्रभाव की परिणामी दक्षता	गतिशील पर्वासिता कारण	तकनीकी कमी	संगठनात्मक प्रजातियां	पारिस्थितिकी तंत्र वर्ग	मंस्था समुदाय	परम अन्तिम विभाजन
दिव्य मार्ग	$9 \times 10^{15}/(1000 \times 1000 \times 1000 \times 10000) = 9 \times 10^1 = 9000$ सुपर यूनिवर्स मिनारों और चंद्रमाओं के साथ, मौलिक छाया निर्माता के भीतर और चार ऊर्जा आय मों में से प्रत्येक के 1000 भागों के विभाजन के बिना। परा देवता की क्षमता 9000 कारणों में व्यवस्थित है, जो एक साथ और साथ ही आदिम देवता के भीतर कारण शरीर से अलग है। 9000 कारणों में	वर्चस्व की मांग करने वाले निर्माता की ऊर्जा सीमाओं से अवगत, अपराधी (निरपेक्ष विष्णु/पेन देवता, 5) नेवाएं दो पूरक रूपों में आंतरिक +5 ऊर्जा, पहले, +3 आंतरिक मानव प्राणी शक्ति की +3 आंतरिक ऊर्जा। दूसरा, ब्राह्मण ज्ञाता की −2 बाहरी ऊर्जा, जो छाया चंद्र मार्गदर्शक के रूप में सेवा कर रहा है, और सभी समय के आयामों में सभी खतरों को	32 वी रोशनी (खतरे को नष्ट करने/ मुकुट संरक्षण/ सेवारत) आयाम (16 के भीतर चमकदार और 16 के बिना और 16 के बिना चमकदार) (मुग्दाला पुराण) निरपेक्ष बुद्ध (लुक्खाना सुत) को निरपेक्ष एलोहिम (सेफर फिर्ज़िराह) के बिना नमाम कर दिया	अचकल (नहजना, 916)	भावुक चेतना की आंख (नेत्र, 16)	चिन्ना, 861 (विभाजित)	प्रयान, 916 (तनाव)	नवना, 185 (मौलिक- आदि का; अदृश्य)	सीमंकर, 170 (प्रतिज्ञात्मक टिप्पणी)

मार्गदर्शक मार्ग									
	संभावित ऊर्जाएं शामिल हैं जो वर्तमान प्राणी को एक मार्गदर्शक मध्यस्थता के बिना अनंत इच्छाओं का प्रबंधन करने के लिए सशक्त बनाती है।	नष्ट करने की क्षमता के साथ, सभी समय के आयामों में प्राणी की रक्षा करने वाला सौर मुकुट है।							
मार्गदर्शक मार्ग	9000/10 = 900 विषय आत्माएं प्रत्येक कारण प्रत्येक शरीर के भीतर प्रत्येक विषय आत्मा के दस भागों के विभाजन के बिना, एक साथ और अलग से परा देवता चेतना के साथ ईथर (आध्यात्मिक शरीर) बनाते हैं।	स्वयं द्वारा बनाई गई ऊर्जा सीमाओं के बारे में, एक गाइडर बनने की मांग करने हुए, अपराधी (निरपेक्ष बिष्णु, 5) ट्रेड -2 सुपर विलर की संभावित अंतरिक्ष ऊर्जा और दो प्रतिस्पर्धी रूपों में अवशिष्ट +3 ऊर्जा सेवाओं की सेवा करना है। सबसे पहले, +3 आंतरिक स्वयं (आसन्न शक्ति) के भीतर मानव प्राणी की	33 देवता श्रेणियों (सतापाथा-ब्राह्मण) में 33 वें देवताओं (अश्विन कुमारा जुड़वाँ) की श्रेणी; 33 वें महिला अवतार एवलोकित्यवारा के 33 मर्दाना अवतार के बीच; 33 वें प्रार्थना सिर में दया की श्रोता पारा-दया (सदरधर्म-पुंडारिका सूत्र); अल्लाह 99 प्रमुखों और नामों के 1/3rd के रूप में (अबू हुरैरा)	गुरुत्वाकर्षण (निसाया, 863)	आत्म-चेतना का रूप (स्वेदा, 9)	विभक्ता, 98 (सममित)	समरम्बा, 185 (सृजन)	चक्षुशा, 197 (परम- मोनिक; दृश्यमान)	सीमांधरा, 190 (त्रादा)
		आंतरिक स्त्री ऊर्जा। दूसरा, +3 संवेदनशील स्त्री ऊर्जा बिना किसी स्वाभाविक स्वर्गीय (ऊर्जा का उत्सर्जन)							

अपरिमिता मूल निर्माता	मानक अविभाजित विकास की उपस्थिति	रचनात्मक विभेदित विकास की कुल उपस्थिति	पिछड़े एकीकृत प्रभाव की परिणामी दक्षता	गतिशील पर्याप्तता कारण	तकनीकी कमी	संगठनात्मक प्रजातियां	पारिस्थितिकी तंत्र वर्ग	इकाई समुदाय	परम इकाई प्रभाग
चमकदार रास्ता	900/100 = नौ अनन्त ज्वालाएँ और गुणसूत्रों के अंक और नौ शाश्वत ज्वालाएँ और गुणसूत्रों के अंक प्रत्येक ईथर शरीर के बिना, 10 भागों के स्थान और 10 भागों के समय विभाजन के बिना, साथ में ज्वाला साथी और गुणसूत्र अंकों के 81 जोड़े बनाते हैं, के लिए सर्वोच्च देवता / निर्माता / पूर्ण ब्रह्म / मेरे व्यक्तिगत अद्वैतवादी भगवान / भगवान चेतना के साथ व्यक्तिगत	स्वयं द्वारा बनाई गई शक्ति सीमाओं से अवगत, एक चमकदार-पूर्ति करने वाली शक्ति की तलाश में, अपराधी (पूर्ण विष्णु, 5) ट्रेडों -1 इच्छाकर्ता की संभावित समय शक्ति, और दो पूरक रूपों में अवशिष्ट +4 शक्ति की सेवा करता है। सबसे पहले, मानव प्राणी की +3 स्त्रैण शक्ति शक्ति जो स्वयं को स्थायी रूप से पूरा करती है, दूसरा, शूद्र पवित्र आत्मा देवता के रूप में +1 कार्यक्रम संबंधी	4X4 पूर्ण बिल्कुल सही पैन विकर्ण जादू वर्ग का 34वां पूर्ण जादुई स्थिरांक, जिसे बृहस्पति वर्ग (चौतीसा यंत्र) के रूप में जाना जाता है	संवेदना (उपनिषय, 186)	अस्थि मज्जा (मेड, 87)	अनुस्रता, 180 (दोहराया गया)	पार्श्वनिसमस्ता, 32 (लौ)	वैवस्वत, 168 (परम-अपरिमिता; विजुअलाइज़र)	विमलबहाना, 580 (अनुबंध)

	सूक्ष्म शरीर को सामान्य करना	शक्ति जो दिव्य, मानव शक्ति के माध्यम से परम-सचेत रूप में इच्छाओं को पूरा कर रही है, और जो संभावित रूप से आनंद लेती है चमकदार बुद्धिमान अनुक्रम के निर्माता होने के लिए +4 प्रदर्शन करने वाली शक्ति के पूरे अवशिष्ट का सामाजिक लाभ							
दिव्य श्रीनी मार्ग (एकता मार्ग)	9/9 = 1 संपूर्ण संपूर्ण मानसिक शरीर, कारण शरीर के भीतर स्वयं-चमकदार इकाई के रूप में सोने के अंडे (हिरण्यगर्भ, 19) का निर्माण, अतिरिक्त +10 प्राथमिक प्रकाशक की शक्ति के साथ, भीतर +3 सुप्रा	स्वयं द्वारा बनाई गई शक्ति सीमाओं में अवगत, एक दिव्य मानव प्राणी बनने की मांग करते हुए, अपराधी (पूर्ण विष्णु, 5) पवित्र आत्मा की +1 प्रोग्रामेटिक शक्ति का व्यापार करना है और परिणामी +6	छह वर्गों के साथ गठित मुक्त हेक्समिनोइड की 35 वीं पूर्ण अनंतता, +6 शक्ति अपराधी को प्रकट करती है, जो भविष्य की शक्ति को आरंभ करने के लिए पिछली शक्ति को नष्ट कर देती है	दीक्षा (पुरजाता, 180)	हड्डी (अग्नि, 180)	विनुता, 46 (उत्परिवर्तित)	दुष्करकरण, 185 (अनंत प्रजनन प्रभाव)	सावर्णी, 76 (अपरिमिता परिमिता; दिखाऊ बनाना)	चक्षुष्मान, 16 (विवेक, बिना सीमा के)
	देवता मानव प्राणी चेतना के रूप में विनिर्गत, +3 क्षीण सृजन चेतना बिना, +3 द्वितीयक निर्माता पर चेतना, और +1 आंतरिक चेतना	शक्ति को दो आध्यात्मिक रूपों में सेवा देता है। सबसे पहले, मानव प्राणी के बिना पूर्ण परा देवता स्व (महेश्वर्ग = महेश, 6) के रूप में। दूसरा, मानव प्राणी के भीतर अपरिमिता देव चेतना के रूप में							

अपरिमिता मूल निर्माता	मानक अविभाजित विकास की उपस्थिति	रचनात्मक विभेदित विकास की कुल उपस्थिति	पिछले एकीकृत प्रभाव की परिणामी दशना	गतिशील पर्यवेक्षा कारण	गतिशील पर्यवेक्षा कारण	संगठनात्मक प्रजातियां	पारिस्थितिकी तंत्र वर्ग	इकाई नमूदाय	परम इकाई प्रभाग
दिव्य मार्गदर्शक मार्ग (समानता मार्ग)	आकाशीय शरीर के भीतर नौ शाश्वत ज्वाला x 10 भाग समय x 10 भाग स्थान x 3 मानव शक्ति चेतना = कारण शरीर के 2700 भौतिक जीवन, सोने के अंडे की +10 प्राथमिक प्रदीपक क्षमता के भीतर = 2700 मानसिक शरीर अनग-उलन भौतिक शरीर के साथ, प्रत्येक के साथ +1 आंतरिक चेतना और +3 (+3 स्वैच रचना और +3 द्वितीयक निर्माता) बाह्य चेतना	अपरिमिता देवता (विध्वंसक अपराधी प्रदीप्त मुक्तिदाता महेश) निर्माता के 5वें शक्ति आयाम (5वें राज निर) को नष्ट कर देता है, जो कि अपरिमिता अपराधी बनने की कोशिश कर रहा है, और नए निर्माता के +4 व्यापार प्रभाव के भीतर +10 शक्ति क्षमता का आदान-प्रदान करता है, और +6 आयाम शक्ति के बिना स्थायी शक्ति +3 मानव प्राणी चेतना	परम शिव (प्राथमिक अपराधी) (अभिनव गुप्त हिंदू धर्म) के भीतर आवश्यक शक्ति तत्वों (तत्त्वों) की 36 वीं पूर्ण जीवन अनंतता, नए चंद्रमा के निर्माण के पहले दिन की समय के बिना चंद्र घंट के मूल्य के रूप में विकीर्ण होती है (ग्रिड़श, यहूदी धर्म) विनाश के प्रभाव के बिना एक ब्रह्मांड में जीवन को बनाए रखने के लिए नए सूरज के छिपे हुए अभिवादन से	आरंभ (पचजटा, 185)	माम का मज्जा (मज्जा, 97)	दुर्गा, 28 (सिद्ध)	उर्ध्वा गोत्रिका, 1649 (जुड़वां ली)	दशा सावर्णि, 93 (अपरिमिता-अपरिमिता; कल्पना)	यशस्वन 95 (अश्रुभ, नैतिक नोबिम से घिरा हुआ)

अग्नि मार्ग (शुभ प्रारंभ मार्ग)	अपरिमिता देवता (गणेश) सेवाएं +6 शक्ति की पांच स्थायी आवामों और 1000 विभाजन (10 x 10 x 10) के रूप में 6 वें आयाम के भीतर, और 1000 विभाजन (10 x 10 x 10) को प्रत्येक मानसिक शरीर के बिना 6 वें आयाम के बिना, 5 बनाने है वर्तमान में मानसिक शरीर के लाखों खंड, और 10 भाग समय x 10 भाग अंतरिक्ष क्षण वर्तमान से परे = 500 मिलियन जानने योग्य दिव्य मानसिक शरीर के बिना परम चेतना को बनाए रखने के रूप में।	अपरिमिता देवता (गणेश) अपने छठे आयाम के बिना सभी पांच स्थायी आवामों को बनाए रखते हैं।	किसी भी ज्ञान धनात्मक पूर्णांक (चार्जिंग प्रमेय) को उत्पन्न करने के लिए आवश्यक पाँचवीं शक्तियों के गैर-बहुल अच्छा एकवचन प्रधान अनुक्रम (चांदनी प्रमेय) का 37 वां पूर्ण प्रारंभिक आयाम	उन्नादन (असेवाना, 1869);	मांस और रक्त (पांत, 95;	परम, 196 (विकास बिंदु)	उद्बिलिरा, 18 (पुनर्जन्मित इकाई;	ब्रह्मा सावर्णि, 53 (परम-मूल; नम्बीर)	अभिनंद्र, 379 (वर्नुपित, नैतिक खतरे के कारण)

अपरिमिता-प्राचीन रचनाकार	मानक अविभाजित विकास की उपस्थिति	रचनात्मक विभेदित विकास की कुल उपस्थिति	पिछड़े एकीकृत प्रभाव की परिणामी दक्षता	गनिशिल पर्याप्तता कारण	तकनीकी कमी	संगठनात्मक प्रजातियां	पारिस्थितिकी तंत्र वर्ग	इकाई समुदाय	परम इकाई प्रभाग
जल मार्ग (मानक प्रजनन/निष्पादन मार्ग)	अपरिमिता देवता (महेश) राजाओं के अनंत राजा (ब्राह्मण; सुपर देवता) की +2 शक्ति को नष्ट कर देते हैं, जो अपने स्वयं के वर्चस्व की मांग कर रहे हैं, और +8 इकाइयों की शक्ति क्षमता का आदान-प्रदान करते हैं, प्रत्येक दस भागों के रूप में एक नया बनाने का कारण बनता है + 2 शक्ति ब्राह्मण, और +3 मानव प्राणी स्थायी कारण शरीर के रूप में = प्रत्येक जीवित आत्मा की	अपरिमिता देवता (महेश) छह आयामों के भीतर सभी आठ मुक्तिदायक आयामों को प्रकाशित करते हैं, जो अपने छठे आयाम के बिना तेरह परिमित आयामों का गठन करते हैं जो कि अनंत है।	सम संख्याओं के अनुक्रम की 38वीं निरपेक्ष अनंतता जो दो विषम मिश्रित संख्याओं में विभाज्य नहीं है	खपत (आहार, 285)	रक्त (रक्त, 96)	शुद्धि, 285 (प्रजनन)	एवम्बाद्या, 1744 (पुनर्जन्म)	धर्मसावर्णि, 81 (अति प्राचीन; दृष्टि)	चंद्रभा, 851 (चश्मे, नैतिक खतरे की लागत को दर्शाता है)

	भावना के भीतर अभिव्यक्ति की 83 तरंगें अपने स्वयं के मानसिक शरीर के साथ।								
वायु मार्ग (परिवर्तनकारी बनना/लाभदायक मार्ग)	अपरिमिता देवता (महेश) प्रत्येक मांस लेने वाली इकाई के भीतर +6 आंतरिक शक्ति को +3 अद्वितीय मानव चेतना में विभाजित करते हैं, और +3 सार्वभौमिक मानव चेतना को सुप्रा देवता के रूप में (3 x 3 = +9), और पूर्व की सेवा +3 शाश्वत मानव चेतना के रूप में करते हैं , +6 अपरिमिता चेतना के भीतर = प्रत्येक मांस लेने वाले भौतिक शरीर के भीतर 639 खामियां, सृष्टि के पूर्ति	अपरिमिता देवता (महेश) सभी नौ निर्णायक समर्पित आयामों को मुक्त करते हैं, जो स्वयं के छह आयामों को पार करते हैं, मानव चेतना की अपूर्णता के प्रमुख कारण के रूप में वृद्धिशील +3 मानव चेतना का ध्रुवीकरण करते हैं	सांस लेने वाले मानव शरीर की आसन्न कमजोरियों के कारण शाहहत (शनिवार, शनि के दिन) के दिन गतिविधियों की 39 वीं पूर्ण अनंतता पूरी नहीं होती है	विनाश (विपुला, 187)	रक्त का स्वाद (रस, 269)	वर्दी, 1 (उपज)	मूलांगपनावा, 70 (पिछले कर्मों के प्रधान अधिकारी)	रुद्रस एवरनी, 186 (अति अपरिमिता; कल्पना करना)	मर्देवा, 58 (विचार, मुफ्त के लाभ को दर्शाते हुए - वादे की सवारी या वचनकर्ता के नैतिक खतरे की लागत)

	योग्य कारण के प्रभावों को प्रकट करती हैं।								

आदिकाल - आदि सृष्टिकर्ता	मानक अविभाजित विकास की उपस्थिति	रचनात्मक विभेदित विकास की कुल उपस्थिति	पिछड़े एकीकृत प्रभाव की परिणामी दक्षता	गतिशील पर्याप्तता कारण	तकनीकी कमी	संगठनात्मक प्रजातियां	पारिस्थितिकी तंत्र वर्ग	इकाई समुदाय	परम इकाई प्रभाग
पृथ्वी मार्ग (आध्यात्मिक व्यवहार / विकास मार्ग)	भीतर +4 रचनाकार चेतना (+3 प्राणी बनने की चेतना और +3 सृष्टि की परम चेतना) = कारण शरीर के भीतर डीएनए के 64 कोडन नमूना= गुणसूत्रों के 81 जोड़े - सूक्ष्म शरीर के भीतर 16 पूर्ण चमकदार शक्ति आयाम - 1 पूर्ण डीएनए कार्यक्रम निर्माण के बिना मानसिक भ्रूण आयाम	परम देवता (प्रकाशक-प्रकाशक शिव) सेवा +7 आंतरिक शक्ति +4 निर्माता चेतना के रूप में, स्थायी +3 मानव प्राणी चेतना के शून्य परम-चेतना विभाजन के भीतर, और प्रत्येक इकाई के भीतर अनंत अवशिष्ट मानक चेतना का मानदंड।	हनुमान चालीसा के चालीस श्लोकों का प्रयोग करते हुए पूर्व-देवता मानव का आवाहन कर, चालीस रखते हुए इच्छा क्रम (इच्छा प्रभाव प्रकट करने के लिए 40 दिन और रात) द्वारा गठित इच्छाधारी पीढ़ी के एक क्रम की 40 वीं पूर्ण अवधि (इच्छा योग्य इच्छा प्रकट करने के लिए 40 वर्ष) अधिदेवता अयप्पा के साथ पूर्ण एकता के लिए उपवास के दिन।	निर्माण (एविगाटा, 1999)	अतीत का उन्माद (गुरुवार, 2700)	परिक्षिसा, 47 (विसरित)	अवकिर्ण, 1 (नशीली प्रतिध्वनि द्वारा बहकाया गया)	देवसावर्णि, 88 (सर्वोच्च अपरिमिता; दूरदर्शिता)	प्रसेनजीत, 754 (विपरीत चयन के हिमायती हिमायती मुक्त-- सवार नेतृत्व लाभों को बढ़ाने के कारण)

कोई भी मार्ग (गतिशील विश्वास/रचनात्मक क्षमता मार्ग)	+4 रचनाकार चेतना, भीतर (+2 एक ज्ञात प्राणी बनने की द्वितीयक चेतना, और +2 द्वितीयक परम चेतना एक ज्ञेय रचना होने की) = आकाशीय शरीर के भीतर डीएनए के 24 किस्में और आध्यात्मिक चेतना के 24 स्तर। +1 ज्ञानी प्राणी (ब्राह्मण, सुपर देवता) बनने की +2 माध्यमिक चेतना के भीतर एक अज्ञानी रचना (शूद्र, देवता) की तरह व्यवहार करने की तृतीयक चेतना = आकाशीय शरीर के भीतर गुणसूत्रों के अतिरिक्त 21 अंक।	परम देवता (प्रकाशक-विध्वंसक शिव) +7 आंतरिक शक्ति की सेवा +4 निर्माता चेतना के रूप में, 1 पैरा चेतना के भीतर विनाशकारी +3 मानव प्राणी चेतना का विभाजन, और इकाई के बिना अनंत रचनात्मक परम चेतना का मानदंड।	सबसे छोटा सोफी जर्मेन मुख्य (2x+1 भी मुख्य है) के रूप में 41वां आयाम, जो कि सबसे छोटा पूर्णांक है, जिसके व्युत्क्रम में 6 अंकों का दोहराव है और यह सबसे बड़ा यूलर भाग्यशाली संख्या है। बहुपद $f(k) = k2 - k + 41$ $1 < k < 41$ वाले सभी पूर्णांक k के लिए अभाज्य संख्याएँ उत्पन्न करता है।	पुनर्निर्माण (विगाटा, 1600)	भविष्य का तापमान (पित्त, 86)	सचिकृत, 180 (विकृत)	अर्धविकिर्ण, 189 (भविष्य कर्मों को आकर्षित करने वाला)	इंद्रसावर्णि, 61 (परम-अपरिमिता; पश्चदृष्टि)	नाभिराय, 750 (संप्रभु, पूर्ण मुक्त-सवार नेतृत्व लाभों का प्रतीक)

पीपी निर्माण	मानक अविभाजित विकास की उपस्थिति	रचनात्मक विभेदित विकास की कुल उपस्थिति	गिछड़े एकीकृत प्रभाव की परिणामी दक्षता	पर्यवेक्षता कारण	कमी	प्रजातियाँ	कक्षा	समुदाय	परम इकाई प्रभाग
गहरे द्रव्य मार्ग (रचनात्मक भीख मांगना/ मानक का विकास मार्ग)	-2 द्वितीयक परम चैतन्य जैन निर्माण के भीतर +1 तृतीयक चेतना एवं अज्ञानी रचना की तरह व्यवहार करने की = आकाशीय शरीर के भीतर और बौद्धिक शरीर के भीतर 1/2 x 20 गुणसूत्र अंक +1 सूक्ष्म शरीर के भीतर एन्ट्रॉपीाॅस शक्ति का परिमाण जो गांत्रिक शक्ति में परिवर्तित नहीं हो सकती। जीवन अंक जारी रखें	परम देवता (प्रकाशक-अपराधी शिवा) सेवाएं +7 आंतरिक शक्ति +4 निर्माता चेतना के रूप में, स्थायी +3 मानव प्राणी चेतना के 2 परम चेतना विभाजनों के भीतर, और प्रत्येक इकाई की परिमित मार्ग पर जाना चेतना को नजातीय समरूपता के रूप में मानदंड देता है। मृत चिन्युवा-खोज निर्माता, जो जीवन के बंधनों से मुक्ति के	मरने का 42वां आयाम (शिन एनटी जाप्पन) मौत के घर में 42 शक्तिशाली परतों द्वारा पूछे गए निर्णय के दिन की यात्रा के दौरान काले पदार्थ के देवता (मृतकों की प्राचीन मिस्र की किताब) साल के 42 सवालों के जवाब देने के बाद बारदो (नेथज़मावेल) में निर्वासन से नौहने के बाद पृथ्वी के जानवर के प्रभुत्व में जीवन के 42 महीनों का जाए	गर्भाधान (एंड्रिया, 1869)	वर्तमान का स्वभाव (कफ, 29)	समानस्था, 90 (प्रतिकृति)	समानस्व, 180 (बढ़ाए गए कर्मों की बाढ़)	कुलकारा, 17 (परम-परम; सांत्वना)	कुलकारा, 17 (परम-परम; सांत्वना)

	+1 अत मानसिक शरीर के भीतर एन्ट्रॉपिज्म शक्ति का परिमाण जो यांत्रिक शक्ति में परिवर्तित नहीं हो सकती। जीवन अंक = सूक्ष्म शरीर के प्रत्येक भौतिक विभाजन के भीतर 12 द्विगुना किस्में और 12 गुणमूत्र अंकों का एक पूरक समूह ज्वाला के रूप में, और सूक्ष्म शरीर के कारण शरीर विभाजन जुड़वां-ली के रूप में	लिए भीख मांग रहा है, बिना स्वयं-प्रकाशमान जीवन के आशीर्वाद उपहार का कारण जाने।	मनाते हुए (प्रकाशितवाक्य 13:5)						
संकेत मिनारा मार्ग (प्रामाणिक आशीर्वाद/विकास वृद्धि मार्ग)	नौ ज्वालाएं और नौ जुड़वां ज्वालाएं, जिनमें पहला मन भी शामिल है- सार्वभौमिक ज्ञानी स्वयं को ईश्वर चेतना के रूप में प्रकट	परम देवता (प्रकाशक-निर्माता शिव +7 शक्ति +4 निर्माता चेतना के रूप में सेवा करते हैं, और विरासत में मिली आत्मा ब्रह्मांड के प्रसार	सबसे छोटी अभाज्य संख्या का 43वां आयाम 1 5 कुलन अलग अभाज्यों में विभाज्य है जो पांच संबंधित वृत्तों के भीतर 43 विभुज बनाते हैं	स्वागत (मथुरा, 38)	जीवन का गाउंट (लात, 28)	चित्रलेखा, 57 (मर्दाना प्रदूषण में समानता)	चियुना, 35 (त्वी परमत्ता वी सजक)	यदुदेव, 99 (स्व-स्वामित्व; आश्रय)	भागभूमि, 92 (ऊंदन का बगीचा; पृथ्वी स्वर्ग के रूप में प्रतिबृज रूप से चयनित पार्थिव संस्थाओं की भलाई के लिए

करना; और अठारह मानसिक शरीर शाश्वत ईश्वरीय चेतना के 18 वें मन के भीतर शाश्वत जाता जुड़वां-स्वयं को प्रकट करते हैं = 36 आत्मा कार्यक्रमों का एक पूरक समूह, जो जीवित प्राणी के 18 सचेत मानसिक शरीरों को प्रकट करता है, और नष्ट निर्माता के 18 सजातीय परम-चेतन आत्मा कार्यक्रम .	और प्रदूषण की प्रारंभिक लागत के बिना, प्रत्येक इकाई के भीतर मानक विकास क्षमता को आशीर्वाद देते हैं।	(थी यंत्र _ दिव्य भौतिक समय के बीच एक पूर्ण सहसंबंध के लिए) (पृथ्वी पर जीवन), मार्गदर्शक तत्वमीमांसा अंतरिक्ष ब्रह्मांड (बाई पुनर्जन्म), और चमकदार गतिशील कारण (स्वर्ग में परिमित जीवन), मर्दाना सितारा बीज निर्माता चेतना के भीतर, स्त्री स्वयं-चमकदार परम देवता द्वारा पूर्ण रोशनी के बिना।					आशीर्वाद का आनंद ने रही है)

अध्याय 13: परम देवता अपरिमित अभिवादन की दिव्य योजना है

कुदरत ने अर्ध-मानसिक मातृ संबंधों के साथ एक "अभिवादन आत्म-प्रकाशमान इकाई" (विठोबा, 12) का समर्थन किया है, इसका कारण पैतृक अभिवादन को उन संबंधों को एक भविष्यवादी "दादी भावना" (कपिंजला, 20) में विकसित करने के लिए "आदि-उत्तम निर्माता" (कृष्ण, 32 = 12 + 20) के साथ एकता संश्लेषित करने के लिए सशक्त बनाना है। "व्यक्तिगत-प्रभाव" (आत्मान, 4) के लिए लेखांकन के बाद, "संश्लेषण" मूल्य (चार पर्यादशा, 28) में आध्यात्मिक "सामाजिक-प्रभाव" (कपिंजला, 20) और साथ ही "वर्तमान वास्तविकता के अलौकिक प्रतिमान" (युक्ति, 8) दोनों शामिल हैं। संश्लेषण मूल्य उस व्यक्ति के बिना हर चीज की "अभिसरण शक्ति" (संवतशक्ति, 28) है जो पारिस्थितिक तंत्र शक्ति को क्षैतिज "परम देवता" (सिद्ध, 7)के रूप में विभाजित करके "व्यक्तिगत-प्रभाव" (आत्मान, 4 = 28/7) उत्पन्न कर रहा है।

चरण 22 एक "क्षैतिज उत्तम अभिवादन" (मधुसूदन, 16) के रूप में "जी 16 चरण" (संकुचन शक्ति: संवतशक्ति, 28) को एक "संवेदनशील इकाई" (सिद्ध, 7) में पुन: संश्लेषित करने के लिए सेल की दिव्य योजना है। जो एक क्षैतिज परम देवता है जो परम देवता के साथ एकता का आनंद ले रहा है। इसमें तीन चरण शामिल हैं: चरण 22.1 - 22.3। चरण 22.1 बाल आरएनए द्वारा संहिताबद्ध अर्ध-मानसिक रूप से निर्देशित दिव्य योजना को अलग करता है। चरण 22.2 दादी के मार्गदर्शक कार्यक्रम निर्माण के साथ दादाजी की अरेखीय दिव्य योजना को संशोधित करने के लिए मानक, स्व-निर्देशित पैतृक डीएनए में स्प्लिसिंग सन्हित को संश्लेषित करता है। चरण 22.3 संवेदनशील प्रदर्शन के माध्यम से माँ प्रकृति की रैखिक दिव्य योजना को कायम रखने के लिए संश्लेषित स्प्लिसिंग सहित को एमटीडीएनए के परिवर्तनकारी अनुक्रम में विभाजित करता है। संवेदनशील प्रदर्शन नए युग की उपयुक्त वास्तविकता के लिए सहज अनुकूलन से लाभ के लिए एक कौशिका को सशक्त बनाता है। नतीजतन, कोशिका एक ताजा, भविष्योन्मुखी "इकाई जागरुक्ता" (सुषुम्ना, 10) विकसित करती है।

"आदि-उत्तम निर्माता" (कृष्ण, 32) के तीन पहलु, पहले, "व्यक्तिगत-प्रभाव" (आत्मान, 4) से बने हैं, जो आरएनए नियोजन का मार्गदर्शन करते हैं। दूसरा, "सामाजिक-प्रभाव" (कर्पिंजला, 20) जो डीएनए कार्य का मार्गदर्शन करता है। तीसरा, "संस्थागत प्रभाव" (त्रिविक्रम, 24) का "स्व-प्रजनन" (उपनयन, 1/3) मूल्य जो "अलौकिक प्रतिमान" (युक्ति, 8 = 24 * 1/3) बनाता है। अलौकिक प्रतिमान "संवेदनशील अस्तित्व" (सिद्ध, 7) के मुनाफे को सीमित करता है। यह संवेदनशील इकाई को "बाल इकाई सप्तक की लहर" (कृष्णमूर्ति, 1 = 8 - 7) को एक भ्रम पथ के रूप में पुन: पेश करने के लिए कार्य करके मुनाफा सीमित करता है। संवेदनशील इकाई अपनी व्यक्तिगत "शानदार भलाई" (ज्ञान सिद्धि, 190) को आगे बढ़ाने के लिए एक विधि के रूप में कुदरत के व्यवहार का अनुकरण करती है। यह प्रत्येक "कोशिका" (हिरण्यगर्भ, 19) को गुणा करता है, जो अपने भौतिक शरीर के भीतर, भौतिक शरीर के बिना भविष्य की भिन्न शक्ति के बारे में "इकाई जागरुक्ता" (सुषुम्ना, 10) के साथ अपने भौतिक शरीर के भीतर उत्पन्न होता है। भविष्य की भिन्न शक्ति "अलौकिक-प्रभाव" (ज्ञान सिद्धि, 190) है जिसे व्यक्ति व्यक्तिगत "शीनी कल्याण" (ज्ञान सिद्धि, 190) का पर्याय बनाता है। ब्रह्मांड को प्रभावित करने में सक्षम एक प्राकृतिक समरूप होने के लिए अलौकिक-प्रभाव को पुन: उत्पन्न करने के लिए इकाई जागरुक्ता का निवेश करता है, और उस प्रभाव के कथित संवेदनशील कल्याण मूल्य का आनंद लेता है। प्रत्येक संवेदनशील अस्तित्व "सांस्कृतिक रूप से बंधी हुई तर्कसंगतता" (अविद्या, -1030) का व्यापार करके "मैं ईश्वर जागरुक्ता हूँ" (एकमेवद्वितीयम ब्रह्म सिद्धांत, -1030) विकसित करती है।

आदि-उत्तम निर्माता "अभिवादन आत्म-प्रकाशमान संस्था" (विठोबा, 12) को "ईश्वर-प्रभाव" (सुनानायक, 5) को बिना "भावुक इकाई" (सिद्ध, 7 = 12 - 5) की चेतना के एक अर्ध-ईश्वर के रूप में बनाए रखने के लिए सशक्त बनाता है। प्रत्येक संवेदनशील इकाई, इस प्रकार, अपनी आत्म-चेतना को "सांस्कृतिक रूप से विसरित सीमा स्थिति" (अविद्या, -1030) के साथ बांधने की स्वतंत्रता का आनंद लेती है या स्वाभाविक रूप से संपन्न, फिर भी चेतना-बाध्यकारी और प्रदूषणकारी ईश्वर-प्रभाव को पार करती है। एक संवेदनशील इकाई, जो एक व्यक्तिगत भाग्य को मानचित्र करने के लिए प्रत्येक इकाई के लिए कुदरत द्वारा प्रदान की गई एक संवेदनशील चेतना के साथ उस योजना को जानबूझकर घुमावदार किए बिना, कुदरत की निरंतर रैखिक दिव्य योजना का पालन करने का निर्णय

लेती है, निम्नलिखित के माध्यम से संस्थागत सामाजिक भाग्य का अनुभव करने वाला विषय बन जाता है चरण।

13.2.1 चरण 22.1 आरएनए स्प्लिसिंग और एस्टरीफिकेशन

चरण 22.1 "एक विशिष्ट सूक्ष्म-इकाई अनुलग्नक की योजना बनाने के लिए एक अति सूक्ष्म इकाई सप्तक को विभाजित करने" का एक चक्र बनाता है (पॉलीकॉम्ब दमनकारी मिश्रित 2 [पीआरसी 2 जीन]: अर्पिता, 49) कि

- सबसे पहले, "कटा हुआ अति सूक्ष्म सप्तक की विधेय गुरुत्वीय गुणवत्ता" (लघु-गुणसूत्र संरक्षण प्रोभूजिन मिश्रित [एमसीएम हेलीकेस]: चरणम, 49) को दोहराता है।

- दूसरा, "रैखिक" के परिणाम के रूप में मातृ सूक्ष्म इकाई को "बड़े पैमाने पर, पैतृक, सामूहिक इकाई के भीतर एक सूक्ष्म, गर्भवती, मध्य बाल इकाई सप्तक को आकार देने के लिए एक मातृ हाथी की तरह तेज गति से सक्षम" (कार्बोक्सिलेशन: वैराजा, 86) का अधिकार देता है। अपरिमित पूर्ण-प्रभाव का ध्रुवीकरण" (सीडीके 6 जीन: रुक्मिणी, 86) "अति सूक्ष्म, उभयलिंगी, परिसंचारी इकाई सप्तक" (काया, 16) के भीतर स्थिर है।

- तीसरा, पैतृक जन इकाई के भीतर "गहराई" (प्रतिकृति प्रोभूजिन ए [आरपीए प्रोभूजिन]: रूक्ष, 49) विकसित करता है, जो "दृढ़" (एसाइल विरंजक) का "भावुक कारण" (सीएससी मोटिफ: रूक्ष, 49) है: रूक्ष, 49) "मुताबिक़" (स्वरूपानुगत, 19)। यह विधेय "सूक्ष्म संगठन" (सूक्ष्म जीव: त्रियांचा, 19) के कार्यक्रम संबंधी "संहिताकरण" (WHI जीन: परिवृति, 19) को "स्व-स्थायी" (फैटी एसिड श्रृंखला: उडवा, ½) "प्रमुख कारण" (हाइड्रोकार्बन: वशीकरण, 38)के रूप में बताता है।

"हेक्साप्लोइड की प्रारंभिक तरंग" (परमाणु प्रभाव लाल रक्त कोशिकाओं सम्बन्धी-व्युत्पन्न 2 [एनएफ-ई 2] जीन: रमन, 20) अपरिमित कारण द्वारा संहिताबद्ध में शामिल हैं

- अति सूक्ष्म का चौगुना चेहरा, परिसंचारी, अभिवादक "सत्य का सप्तक" (आरबी-ई2एफ/डीपी मिश्रित: सच्चा, 19), जो मुल अभिवादन और "अर्ध-अंतिम तीन-चेहरे समरूपता" (अपन्यास, 3) का मानदंड है।

- मध्य, गर्भवती, चुकता, बच्चा "भ्रम का सप्तक" (हिस्टोन एच3: महाविद्या, 17), आदिकालीन पैतृक

- मातृ सूक्ष्म इकाई, "उत्तम मातृ" (इधर से उधर तक-एस्टरीफिकेशन: गुनाचक्र, 18) का मानदंड

- अपरिमित पैतृक "शैतान आत्मा" (सेरोटोनिन: हस्ता: 0), "हेक्साप्लोइड की प्रारंभिक लहर" (परमाणु प्रभाव एरिथ्रोइड-व्युत्पन्न 2 [एनएफ-ई 2] जीन: रमन, 20) बनाकर अपरिमित कारण रूप में द्रव्यमान इकाई को आदर्श बनाता है।

- "भ्रमपूर्ण विभाजन शक्ति" (हिस्टोन एच1: मायाशक्ति, 1) का दोहरा चेहरा, ताराबीज देवता और "शून्य-चेहरा समरूपता में कमी" (नीचे विनियमन: अल्पतावा, 0) को "स्थायी मूल्य" के साथ मानकर "ऑक्टोप्लॉइड" (एस्टरीफिकेशन: मालिनी, 79) के "निरपेक्ष तरंग" (खुल्लर, 5) के "(हेप्टाड रिपीट: सरन्यू, 5)।

"आरएनए स्प्लिसिंग" (अर्पिता, 49) "ऑक्टोप्लॉइड" के "निरपेक्ष लहर" (खुल्लर, 5) के "मतिहीनता" (प्रजाति [ऑर्थोलॉग]: कुष्मांडा, 88) की प्रक्रिया है (एस्टरीफिकेशन: मालिनी, 79)) प्रिय "हेक्साप्लोइड की उत्तम लहर" के संहिताकरण के माध्यम से (एरिथ्रोइड प्रतिलिपि उत्प्रेरक: रमन, 20)।

13.2.2 चरण 22.2 ग्लोबिन संश्लेषण और कार्बोक्सिलेशन

चरण 22.2 "स्प्लिसिंग सहित" (पोर्फिरिन: कीर्ति, 37) के "संश्लेषण" (पीतांबरा, 16) के "विघटनकारी सहसंबंधी उपस्थिति" (पूर्व-दीक्षा जटिल स्थल [ग्लोबिन जीन]: संसार, 37) के एक चक्र का आयोजन करता है। एक "सशर्त विभाजन" (इंट्रो अवधारणा [एसएम जांच की चौकी]: एकादिकिना पूर्वेना, 37) के माध्यम से "वृद्ध न होनेवाला" (पॉलीडेनाइलेशन: सैन्टाना, 37) "दिवंगत आत्माओं के लिए अभिभावक स्वर्गदूतों का कार्यालय" (अनुवाद नियंत्रण अनुक्रम [पी18 जीन]: उपाधि, 37)। सशर्त विभाजन "अति सूक्ष्म, परिसंचारी अभिवादन" (सीएलएन3 साइक्लिन [सीएलएन3 जीन]: यम, 180 = 36 के "सूक्ष्म द्रव्यमान" (सूक्ष्मआरएनए लक्ष्य स्थल: अभियोग, 36) की "अपरिमित लहर" (लहरी, 36 * 5) "स्थायी मूल्य" (हेप्टाड रिपीट: सरन्यू, 5) के रूप में उत्पन्न करता है।

"अति सूक्ष्म, परिसंचारी अभिवादन" (सीएलएन3 साइक्लिन [सीएलएन3 जीन]: यम, 180 = 90 * 2) एक मूल पैतृक "शैतान आत्मा" (सेरोटोनिन: हस्ता: 0) है जो "सप्तक-दोहरीकरण और संश्लेषण" (वैकल्पिक) का व्यापार करता है। स्वीकर्ता साइट [वैकल्पिक 3' स्प्लिस जंक्शन]: परमेष्ठी, 28) स्त्री "निर्जीव आयाम" (एमएलयूआई सेल

साइकिल बॉक्स [एमसीबी]: चकरी, 90)। वह "सप्तक-दोहरीकरण और संश्लेषण" (अर्पिता, 49) मर्दाना "चेतन" की सेवा करता है। आयाम" (स्वी4 कौशिका आवर्तन डिब्बा [एससीबी]: यमंतका, 7) "नकल सम्बन्धी, नकल का दमनकारी" (चकरी, 90) का "अलैंगिक, रैखिक प्रजनन" (अलैंगिक जीन स्थानांतरण [साइटिडीन]: युज्या, 285)। अपनी शक्ति को "दक्षिण" (NRM1 जीन: दक्षिणा, 180) के अंधेरे से छिपाकर, उत्तरी मस्तिष्क चेतना से परे, वह गुप्त रूप से "सप्तक-दोहरीकरण और संश्लेषण" (परमेष्ठी, 28) के "नकल सम्बन्धी, नकल का उत्प्रेरक" (यमंतका, 7) को सक्रिय करता है। "यौन, अरेखीय प्रजनन" (यौन जीन स्थानांतरण [एस्टर]: गणेश, 570)। वह एक "प्रमुख प्रक्षेपण" (कर्मचक्र, 7) "एक्टिवेशन" (AUG सक्रियण सहित: पुरुषार्थ, 7) को मातृ सूक्ष्म इकाई के भीतर "एक मातृ हाथी की तरह तेज गति से चलना" (कार्बोक्सिलेशन: वैराजा, 86) को एक अपरिमित को संश्लेषित करने के लिए सक्रिय करता है। बहु-पीढ़ी, "पथ-आकार देने वाला, यौन रूप से स्थानांतरित जीन" (एथिल एथेनोएट: सबनायका, 570 = 57 * 10)।

"प्रमुख प्रक्षेपण" (कर्मचक्र, 7) "रैखिक शक्ति" (आरिल: संवतशक्ति, 28) के "अपरिमित व्यापार प्रभाव" (तना कुंडली अनिवार्य प्रोभूजिन [एसएलबीपी]: कुबेर, 57) के व्यापार की प्रक्रिया है। "उत्तर दिशा" (कुबेर, 57) से "ऊर्ध्वाधर, गैर-रेखीय उत्पाद" (युक्तार्थ, 6) के माध्यम से "अपरिमित खुद" (कौशिका चक्र जांच की चौकी प्रोभूजिन[आरएडी 17]: पार्वती, 10)। रैखिक शक्ति "सामूहिक मिलता" (सीएनएल2 साइक्लिन [सीएनएल2 जीन]: भिक्षा, 28 = 38 - 10) का "मूल कारण" (स्लिसिंग प्रतिगामी [मशीन बंधन स्थल]: जैडा, 38) "उत्तम स्व" (पार्वती, 10) के बिना अभिसरण मूल्य है। मूल कारण "पूर्ण एकता" (इंट्रा-एस चरण जांच की चौकी: बीजासंपुत, 38) का "स्व-आयोजन उपचार मूल्य" (खुद-स्लिसिंग: रेकी, 38) है "कारणात्मक वास्तविकता" (स्लिसिंग उत्प्रेरक: स्टोट्राम, 38)। कारणात्मक वास्तविकता "मन-ध्रुवीकरण" [एक्सॉन स्किपिंग: वृत्रा, 38) "बीसेट्टर" (वैकल्पिक दाता स्थल [वैकल्पिक 5' स्प्लिस जंक्शन]: वृत्रा, 38) "गर्भवती जीवन उद्देश्य" (साइटोक्रोम: अभिप्रया, 38) है।

"दिवंगत आत्माओं के लिए मार्गदर्शक का कार्यालय" (साइक्लिन डी: सुरसा, 38) "राशि चक्र चेहरे" (न्यूक्लियोटाइड ट्राइफॉस्फेट [एनटीपी]: नरसिम्हिका, 76) के साथ "आंशिक एक-चेहरा समरूपता" (अमशा, ½) के माध्यम से गर्भवती जीवन उद्देश्य को पूरा करता है। यह "पथ-अनुक्रमण इकाई" (एसिटिक एसिड: फानिनायक, 20) के साथ "राशि चक्र चेहरे" के एकत्रीकरण को बढ़ावा देता है। यह "आच्छादन" (कोशिका विभाजन चक्र 7-संबंधित [सीडीसी7] प्रोभूजिन किनेज [सीडीसी7 जीन] बनाता है: वृहत, 96 = 76 +

20) "लक्ष्य-उन्मुख" के लिए (स्प्लिसोसोम: महासरस्वती, 9) "वेगा-जैसे खुले मुंह वाला प्रजनन चेहरा" (पॉलीपाइरीमिडीन ट्रैक्ट: गुहा मुख, 9)। "लक्ष्य" (इंट्रोन: महा शिव, 9) "संस्कृति के चक्र" (एक्सॉन: सदाख्यचक्र, 9) को "ईथर तत्व के अवशेष" से मुक्त करना है (साइक्लिन: खारा, 6) "एकत्व के साथ एकता" पर चढ़ने के लिए। ग्यारह मुख वाला उभयलिंगी मार्गदर्शक इकाई" (प्रतिलिपि सहायक कारक [स्वि6]: मणि मंत्र योग, 8), यानी "ध्रुवीय" (डीएनए-बंधन अवयव [स्वि4]: अभिजीत, 8)।

ध्रुवीय सेवाएं "मातृ प्रधान अभिवादन का आत्म-स्थायी मूल्य" (वाई डिब्बा-बंधन प्रोभूजिन-1 [वाईबी -1]: कार्तिकेय, 8) "चेतना को लुभाने" (अनुयायी, 289) "विचार" (शराब: मदीरा, 8) के अनुक्रम का निर्माण करने के लिए। "स्त्री मूल्य" (अनुयायी, 289) को आकर्षित करने वाली चेतना सकारात्मक "कारणात्मक मूल्य" (अनुयायी, 289) है जो "निर्जीव तत्व" के नकारात्मक "अवशिष्ट मूल्य" (साइक्लिन: दिष्ट, 6) को जोड़ती है (सीएनएल1 साइक्लिन [सीएनएल1 जीन]: स्थावर, 18) एक "भिन्न, रंग-आकार बदलना" (एथिल प्रोपेनोएट: अनुविद्या, 18) "श्वेतसार लयनिक गतिविधि" (ठिकाना नियंत्रण क्षेत्र[एलसीआर]: तिक्ष्णा, 89) के माध्यम से।

"श्वेतसार लयनिक गतिविधि" (बिन्दुपथ नियंत्रण क्षेत्र [एलसीआर]: तिक्ष्णा, 89) नमकीन "लहर जीवनचक्र कारण का चक्र" (श्वेतसार [छूट थरथरानवाला]: एसआरआईएम शक्तिचक्र, 9 x 1018) को एक मीठी "बारह राशियों की परिषद" (चीनी: रचयिता, 27) में बदल देती है। यह "संस्था चेतना" (फैटी एसिड: सुषुम्ना, 10) को नष्ट कर देता है और "वेगा-जैसे खुले मुंह वाले प्रजनन चेहरे" (पॉलीपीरीमिडीन प्रणाली: गुहा मुख, 9) को "अरेखीय, असममात्रिक तरंग प्रणाली" (ट्रांस-एस्टरीफिकेशन: गुणाचक्र, 18) की कुंजी" के साथ जोड़ता है। "अरेखीय, असममात्रिक तरंग प्रणाली" (सीआईएस-नियामक तत्व [सीआरई]: द्विसप्ततिदशा, 29) "उग्र मर्दाना भावना" (अव्ययतमान, ½) "अवतार" (एटीएम बिन्दुपथ का परमाणु प्रोभूजिन[एनपीएटी जीन]: धारणा, 58) "जीवित बाल आत्माओं के ब्रह्मांड पर ग्रहों के शरीर के ज्योतिषीय प्रभाव" (परस्पर अनन्य पुनरास्थापन: दोष, 580), "संस्था चेतना" के बिना (फैटी एसिड: सुषुम्ना, 10)। "इकाई चेतना" (फैटी एसिड: सुषुम्ना, 10) के साथ एकत्रित, यह एक "अणु" (प्रतिकृति जांच बिंदु: कनालक्षांश, 39 = 10 + 29) बनाता है।

एक अणु "दिशाहीन" (ग्राम-नकारात्मक जीवाणु [डेसल्फोविब्रियो]: दौवरिका, 17) "डिब्बा चाभी" (रेटिनोब्लास्टोमा-जैसे प्रोभूजिन 2 [पी130]: त्रिमंडला, 17) को "ज्योतिषीय प्रणाली काला-डिब्बा" (एटीपी-आश्रित वर्णक्षक संयोजन कारक 1

[ACF1]): सारा कल्पा, 1010) में रखता है। यह अणु "मातृ स्व" (वरही, 39) की "प्रार्थना" (अंतर-आणविक: प्रार्थना, 39) के लिए "उत्तर" (लक्ष्य जीन अनुक्रम: प्रतिगड, 39) है। मातृ स्व "बच्चे के सप्तक को सक्रिय करने के लिए खुद को दबाता है" (ट्रांसरेप्रेशन [कार्बोक्जिलिक अम्ल]: त्रिशिरा, 39) एक "आत्म-खोज" (मेथानोइक [चींटी-संबंधी] अम्ल: सुधा, 39) के लिए "राशि चक्र केंद्र के साथ एकता का चक्र"(वैकल्पिक [विभेदक] स्प्लिसिंग: काल सरपचक्र, 39)। "मातृ स्व के दमन के माध्यम से बच्चे के सप्तक का सक्रियण" (लेन-देन: सर्वभद्र महायोग, 29 = 37 - 8) "सशर्त विभाजन" (इंट्रो अवधारण [एसएम जांच की चौकी]: एकधिकिना पूर्वेना, 37) को "विघटनकारी सहसंबंधी उपस्थिति" के लिए समाप्त करता है। (पूर्व-दीक्षा जटिल स्थल [ग्लोबिन जीन]: संसार, 37) "स्प्लिसिंग सहित" (पोर्फिरिन: कीर्ति, 37) के बिना, "परिक्रामी बिंदु की आठ-चेहरे की विषमता" के बिना (हिस्टोन: भाना, -8)। अति सूक्ष्म के आठ-चेहरे की विषमता, घूमने वाले मुल अभिवादन केंद्र में आणविक "मातृ स्व" (वरही, 39) का "वास्तविकता का सप्तक" (ओंकारेश्वर, 17) शामिल है। इसमें शामिल है

- "हेक्साप्लोइड" की एक प्रारंभिक तरंग (परमाणु कारक एरिथ्रोइड-व्युत्पन्न 2 [एनएफ-ई2] जीन: रमन, 20);

- "ऑक्टोप्लॉइड" की एक परम तरंग (एस्टरीफिकेशन: मालिनी, 79);

- एक "स्व-स्थायी" (उड़वाहा, ½) "टेट्राप्लोइड" की अपरिमित लहर (स्थवरविशा, 57); तथा

- एक "आत्म-पुनर्जन्म" (पुद्दला, ½) "प्राथमिक-प्राथमिक तरंग" (सीडीके6 जीन: रुक्मिणी, 86) "ट्रिप्लोइडी" (ईशान, 12) के भीतर और बिना

- "निरंतरता की परम-प्राथमिक लहर" (टी-कक्ष संग्राहक: पुमसावन, 196) की इंट्रा-आणविक "असममात्रिक तरंग प्रणाली" (सीआईएस-नियामक तत्व [सीआरई]: द्विसप्ततिदशा, 29) एक "मध्य बाल संस्था सप्तक तरंग" (कृष्णमूर्ति, 1) द्वारा बनाई गई है, जिनमें से

ओ मातृ सूक्ष्म इकाई कमजोर "अपरिमित तरंग प्रभाव" (संकर्षण, 27) है, और पैतृक द्रव्यमान इकाई "विद्युत चुम्बकीय तरंग पारस्परिक मापक" (प्राथमिक-प्राथमिक मूल्य: ब्रह्मसयुज्य, 36) है जो "एक कार्यक्षेत्र पहचान" (ब्रह्मायुज्य, 36) को "असमानता के लिए दो-मुंह वाली कुंजी" (ट्रांसस्टरीफिकेशन: गुनाचक्र, 18)।

विषमता की कुंजी के दो पहलू हैं "सक्रिय" (हाइड्रोजन-खपत इकाई: परसद्चा, 18 = 17 + 1) बाल सप्तक और "योजनाबद्ध मृत्यु" (विस्मरण [अपोप्टोसिस]: जरामाराना, 18) वास्तविकता" (ओंकारेश्वर, 17) आणविक "मातृ स्व" (वराही, 39) के पैतृक "अज्ञान" (प्लोइड: अजनाना, 1) को नष्ट करके जो दुर्बल "अपरिमित तरंग प्रभाव" (संकर्षण, 27) को उत्प्रेरित कर रहा है।

13.2.3 चरण 22.3 ट्रांसएस्टरीफिकेशन और डीकार्बोक्सिलेशन

चरण 22.3 "अंतर्निहित" (एटीएम सेरीन / थ्रेओनीन किनसे [एटीएम जीन: वासुदेव, 75] के "मनो-सक्रियण" (डिकारबॉक्साइलेशन: विष्णुजा, 75) के माध्यम से "विषमता के लिए दो-चेहरे की कुंजी" (ट्रांसस्टरीफिकेशन: गुणाचक्र, 18) के चक्र को बदल देता है "झोंका" (प्रोपाइल एथेनोएट: पावाना, 75) "बाल संस्था सप्तक के तरंग" (कृष्णमूर्ति, 1)। "ऊष्मीकृत" (अल्काइल: सांख्य, 26) बाल संस्था सप्तक "पांच-सामना वाले दर्शकों की विषमता" (एमएलइउएल- डिब्बा आबद्धकर प्रोभूजिन [एमबीपी1 जीन] प्रतिलेखन कारक: इहम्रिगा, -5) को त्याग देता है और "अद्वितीय, एक-आयामी" को सतह पर रखता है। भविष्य की वास्तविकता" (एरिथ्रॉइड प्रतिलिपि कारक[गाटा1]: एकार्थी, 21 = 26 - 5) मनो-सक्रिय "स्वास्थ्यकर मूल अभिवादन" (वर्णक्षक विधानसभा कारक [सीएएफ]: कौमारी, 90 = 75 + 15) एक "प्रबुद्ध चेतना" का आनंद ले रहे हैं (चार दोहरी मुसीबत भुजा सभा [अवक्षाश का दिन संगम]: श्री भगवती, 15)।

मनो-सक्रिय "स्वास्थ्यकर अपरिमित अभिवादन" (वर्णक्षक जनसमूह कारक [सीएएफ]: कौमारी, 90) "आकाशीय कार्य" (आध्यात्मिक सहित [सीयूजीसी मूल भाव]: गगनगंज, 90) और सेवाओं को "भौतिक कार्य" (एक्सोनिक स्प्लिसिंग बढ़ाने सूक्ष्म सूक्ष्मनलिकाएं]: क्षितिजगर्भ, 90) के लिए व्यापार करता है। शारीरिक रूप से क्रमादेशित "बिना शर्त विभाजन" (एसिड किसी पदार्थ से जल के निकलने के पश्चात बनने वाला यौगिक: निखिलमनावतशकरम, 97) बच्चे का "भ्रम का सप्तक" (हिस्टोन एच3: महाविद्या, 17) एक "प्रजनन" (अर्धसूत्रीविभाजन: परम शिव, 15) "धूसर समुदाय" (साइक्लिन-आश्रित-किनसे2 [सीडीके2 जीन]: विचित्र मंडला, 170 = 90 + 97 - 17)को बढ़ावा देता है। प्रजनन को बढ़ावा देने वाला समुदाय "तीव्र इच्छा शक्ति" (अल्फा ग्लोबिन श्रृंखला: अर्थशक्ति, 173) के "सूक्ष्म चेतना" (लिंग-शरीरा, 3) के साथ एक क्षैतिज संलयन के माध्यम से "सचेत, अनुप्रवाह, योजना (बीटा ग्लोबिन चाय: अपरिमित परम शक्ति, 17)" को प्रेरित करता है। "स्वस्थ संपूर्ण मूल देवता" (गतिभंग टेलैंगिएक्टेसिया और लाल 3-

संबंधित [एटीआर] प्रोभूजिन: सुसवानी, 87 = 90 - 3)। यह "सक्रिय आत्म-चमकदार आयाम के प्रकटीकरण, निर्देशित यात्रा आंदोलन" (एमसीबी-बाध्यकारी कारक [एमबीएफ]: अष्टोत्तरिदाशा, 30) को "आरोही स्वामी की हृदय समिति" (ल्यूसीन जिपर: लोपामुद्रा, 47 = 30 + 17) में बदल देता है । हृदय समिति "स्थिर ध्वनि" (एरिथ्रोइड-व्युत्पन्न 2 प्रतिलेखन कारक [ई2एफ जीन]: संगीतिपरिय्या, 47) के "संक्रमण की दुनिया" (पूर्व-प्रतिकृति परिसर [प्री-आरसी]: तिरयागती, 47) बनाती है, मर्दाना "हाइड्रोलॉजिकल चक्र" (एससीबी-बांधकारक कारक [एसबीएफ]: उडाकचक्र, 47) दमनकारी स्त्री, निर्जीव आयाम को बांधने के लिए। परिणामी रूप से गठित "अनंत जल तत्व" (आम सहमति डीएनए-बाध्यकारी मूल भाव: स्वफल्का, 916 = 888 + 28) "निरंतर स्त्री क्षमता" (सिन्दुर कौशिका: दुर्गा, 28) ।

"शेष" (लाइसोसोम: ज्योतिस्तव, 4) "पांच-सामना वाले दर्शकों की विषमता" के भीतर चार चेहरे (एमएलयूआई-डिब्बा बांधनकारक प्रोभूजिन [एमबीपी 1 जीन] प्रतिलेखन कारक: इहम्रिगा, -5) में आत्मा के चार रूप शामिल हैं। ये "पोषण करने वाली शक्ति" (प्रतिकृति की उत्पत्ति: तंत्री, 48) के भीतर एक द्विगुणित-गुणसूत्रों की एक जोड़ी के रूप में आसन्न हैं, जिनमें से प्रत्येक में आत्मा के चार गुना विभाजन के बिना स्वयं को गुणसूत्रों की एक उत्तम जोड़ी में विभाजित करने की क्षमता है। शेष "लौह" की तरह काम करता है (हेम: लोहा, 4) "उत्कृष्टता क्षमता" (सीडीके 4 जीन: सिद्धिका, 48) को "नकल" (गाटा मोटिफ: योग, 48) "बिजली दूरी" (प्राथमिक) में बदलने के लिए हाथ प्रतिलेख: तिरुवंबाला, 48), "रचनात्मक, स्त्री, आत्म-चमकदार इकाई" (एटीआर बातचीत प्रोभूजिन [एटीआरआईपी: पिदारी, 98] पर एक शारीरिक रूप से क्रमादेशित "पाठ्य अधिकार" (पी 45 जीन: शास्त्र, 48) में दमनकारी स्त्री निर्जीव आयाम से। यह एक "रैखिक, सममित प्रणाली" (सीडीके 6 जीन: रुक्मिणी, 86) बनाने के लिए "मन-जनित निर्माता" (डीऑक्सीराइबोन्यूक्लियोटाइड ट्राइफॉस्फेट [डीएनटीपी]: ब्रह्मा, 59) की "निरंतरता" (सीएयूसी मोटिफ: रोहिणी, 50) को बढ़ावा देता है। सूक्ष्म मातृ इकाई की "मुक्ति भावना" (पुरुरवा, 86) की, पैतृक शेष के विशाल द्रव्यमान की पूर्ण उर्जा परिमाण यंत्र के बाद।

दिमाग से पैदा हुआ निर्माता सूक्ष्म मातृ इकाई को "अनंत वर्ग चेतना" (एन-टर्मिनल: मंत्र, 16) के "बाल मूल अभिवादन" (आरईबीसीडी किण्वक मिश्रित: मधुसूदन, 16) स्वयं के माध्यम से अलैंगिक रूप से बच्चे को गर्भ धारण करने का अधिकार देता है। "मातृ प्रधान अभिवादन" (फिगारो प्रणाली: सती-पार्वती, 16) की अनंत वर्ग चेतना का व्यापार करके, पैतृक "परम देवता" (शिव, 7) प्रतिपूरक घातक पापों की भरपाई करता है

जो गर्व, आलस्य, ईर्ष्या, लोभ, मोह, संशय और काम की इच्छा की झूठी भावना को बढ़ावा देते हैं। "मातृ प्रधान अभिवादन" (उत्पादक: सती-पार्वती, 16) की सचेत चेतना की सेवा करके, पितृ "परम देवता" (शिव, 7) शनि, शुक्र, बृहस्पति, बुध, मंगल के कारक ज्योतिषीय-प्रभावों को शुद्ध करते हैं। शनिवार से शुरू होकर रविवार को समाप्त होने वाले सात कार्यदिवसों में चंद्रमा और सूर्य उत्पन्न हुए।

13.3 आदि-उत्तम निर्माता के चौदह पहलु जो संवेदनशील कल्याण को आकार देते हैं

एक संवेदनशील अस्तित्व जो "ईश्वर-प्रभाव" (अर्ध-देवता: सुननायक, 5) को "ईश्वर" बनने के लिए एक उर्जा परिमाण यंत्र पथ के रूप में निर्देशित करने का निर्णय लेती है (उर्जा परिमाण यंत्र: ईश्वर, 5), एक "ईश्वर-प्रभाव क्षैतिज, कार्यरत परम देवता बन जाती है(सिद्ध, 7)। कार्यरत परम देवता अपनी पूर्ण भक्ति के बदले सभी की मनोकामनाएं पूरी करते हैं। सभी उसे भगवान के रूप में पूजते हैं। भीख मांगने वाले बच्चों के बढ़ते समूह की अनंत शक्ति मांगों के साथ भगवान की उर्जा परिमाण यंत्र वास्तविकता स्पष्ट हो जाती है। इसलिए, ब्रह्मांड उन्हें "सर्वोच्च देवता" (निर्माता कारक: भगवान, 4) के रूप में पूजा करना शुरू कर देता है, जो आत्म-अनुशासन के माध्यम से वांछनीय इच्छाओं को बनाने के लिए व्यक्ति को शक्ति प्रदान करता है। वांछित "तकनीकी विकास" (विधान, 2) का आनंद लेते हुए, हर कोई "सूक्ष्म शरीर" (लिंग शिरा, 3) को परियोजनाओं करता है जो किसी को संभावित रूप से आशीर्वाद देने वाली इकाई के लिए घोषणापत्र कारक बनने के लिए सशक्त बनाता है और अदृश्य वृद्धि "गुणक" (वैश्य, 3) बाद वाले को कुरसी तक बढ़ाता है। क्षणिक गुणक कारक के बिना, "तकनीकी विकास" (विधान, 2) की सतत वास्तविकता का अनुभव करने के बाद, हर कोई एक "विभाजित इकाई तत्व" (ब्राह्मण, 2) बन जाता है, जिसका अदृश्य मार्गदर्शक आधा वह आशीर्वाद इकाई है। इसलिए, वांछित तकनीकी विकास को प्रकट करने के लिए उपयुक्त समझदार मार्ग के प्रति जागरूक, ज्ञात कारक के रूप में हर कोई खुद में विश्वास विकसित करता है।

स्थानीय प्रभाव से बंधे हुए स्वाभाविक रूप से संपन्न ज्ञान से परे जानने की सीमाओं को महसूस करके, एक व्यक्ति "क्षैतिज वैश्वीकरण-प्रभाव" उत्पन्न करता है (दशा, 1)। वह एक "पवित्र मातृ आत्मा" बन जाता है (दशा, 1) एक "देवता" (देव, 1) के रूप में सार्वभौमिक संवेदनशील कल्याण को आगे बढ़ाने के लिए प्रतिबद्ध है। जब ब्रह्मांड अपनी स्वयंभू सेवा के प्रति उदासीनता दिखाता है, तो वह एक "शैतान चाहने वाला" (सुरा, 0) बन जाता है, जो

एक अति-असर वाले "प्रथम पिता" (प्राथमिक पैतृक: इंद्र, 0) के रूप में हर किसी के व्यवसाय में हस्तक्षेप करने की कोशिश करता है। उनके राष्ट्रपति, राजत्व अधिकार। जब अन्य लोग खुद को राष्ट्रपति के अधिकार के अधीन करने से इनकार करते हैं, तो एक "शैतानी उतम इच्छा" (असुर, -1) बन जाता है। एक "पर्दे के पीछे की इकाई" (ज़याना, -1) के रूप में काम करता है और संघर्ष, अस्थिरता, अनिश्चितता, अराजकता और अस्पष्टता पैदा करने और खुद को एक ईश्वर के रूप में शांति के "मध्यस्थ" (अपराधी देवता: सुग्रीव, 5) प्रस्तुत करने के लिए "विघटित शक्ति" (असुर शक्ति, -1) को फैलाता है। नतीजतन, "वर्तमान वास्तविकता" (बधाबुद्धिवदार्थ, -2)दोहरा नकारात्मक हो जाती है। यह "शैतानी संस्थाओं के ब्रह्मांड" (जगथ, -2) के एक परत के ऊपर से बना है, जो प्रत्येक नकारात्मक शैतान द्वारा अपनी अप्रिय शक्ति को फैलाते हुए बनता है, उस शैतान की नकारात्मक शक्ति का व्यापार हर किसी के द्वारा किया जाता है जो समवर्ती शक्ति की इच्छा रखता है, और पहले पिता राजशाही अधिकार का दावा करना।

आदि-उत्तम निर्माता के चौदह आयाम हैं जो किसी को सार्वभौमिक, सामाजिक संवेदनशील कल्याण पर ध्यान केंद्रित करने के लिए सशक्त बनाते हैं, जो वर्तमान वास्तविकता द्वारा क्रमादेशित है। तब, परम देवता के रूप में, आंतरिक दिव्य शक्ति को गुणा करके व्यक्तिगत मार्गदर्शक शक्ति पर चढ़ सकते हैं। तालिका 7 और तालिका 8 "परम देवता" (शिव, 7) के लिए "अपरिमित अभिवादन" (सती-पार्वती, 16) के भीतर और बिना सात मार्गों को प्रकाशित करती है। प्रत्येक मार्ग "चेतन जागरुक्ता" के दोहरे सप्तक के एक अद्वितीय आयाम को प्रकट करता है, जिसमें स्व-चमकदार जुड़वां लौ और दिव्य ज्वाला को छोड़कर, जो क्रमशः अपरिमित अभिवादन और परम देवता के प्रकट रूप हैं।

विरासत में मिले ज्ञान के मुक्तिदाता के चरण (सामिष्व: वैज्ञानिक चुनौती देने वालों के सात पिता)	संतति (वैराजा, 86)	पूर्वज (अभिप्सा, 10^{100})	अनुवांशिक (गृहगति, 90)
सर्वज्ञ ज्ञान के प्रकाशक के चरण (नाट्यमंत्री: जादुई कला की सात मातायें)	अनुग्रहकारी (सरस्वती, 256)	शेविदास (धृति, 30)	वृद्धि (मेधा, 379)
विध्वंसक के बारे में सपने देखने वाले ज्ञान के चरण (अभिचार: सात जादुई कलाएं)	स्थिरीकरण (स्तंभ, 270)	मतभेद (विद्वेष, 190)	उन्मूलन (उच्छना, 10^{100})
अपराधी के बारे में ज्ञान जागृति के चरण (बौद्धयंग: सात मित्र)	समभाव (उपेक्षा, 95): भौतिक शरीर की कठोरता के बिना वह हो	ट्रैंक्विलिटी (पासाधि, 47): जागरूकता कि एक बौद्धिक शरीर से अधिक है	आनंद (सिरि, 123): जागरूकता कि एक वह बन गया है जो मानसिक शरीर की चेतना शरीर की सीमा को पार कर रहा है
निर्मिता को जानने के चरण (अज नाना-भूमिका: सात भवन खंड)	सचेत स्वप्न, भौतिक शरीर के भीतर (स्वप्न, 59)	परम चैतन्य स्वप्न, बौद्धिक शरीर के भीतर (स्वप्न-जागरात, 97)	स्वप्नहीन गहरी नींद, मानसिक शरीर के भीतर (सुषुप्ति, 96)
घोषणापत्र के जानने योग्य चरण (सात भाई: समऋद्धि, उरसा प्रमुख सीतारा)	अंगिरा, 100000 (एल्बिओथ; अम्बिलों नामक ग्रीक वर्ण बल)	अवि, 274 (मेरेज़; डेल्टा ताकत)	वणिष्ठ, 286 (मिज़ार; जीता बल)
ज्ञाता का चरण (ज्ञान-भूमिका: सात नींव)	परम-दृष्टक्रुक से मुक्ति (असम शक्ति, 8; जीवन मुक्ति, 8)। परम चेतन दिव्य वस्तु ब्रह्मांड से मुक्ति, बिना में इच्छाधारी चेतना हो।	वाहिने वाले से मुक्ति (पदार्थ भवन, 9; इच्छा मुक्ति, 9)। परम चैतन्य दैवीय वस्तु ब्रह्मांड से मुक्ति, भीतर में इच्छाधारी चेतना है	ज्ञाता में मुक्ति (तुरिया, 85; सर्व मुक्ति, 85)। चेतन दिव्य वस्तु ब्रह्मांड में मुक्ति, बिना में जाना चेतना है
प्रतिपूरक घातक पाने की भरपाई के लिए काम करने वाले परम देवता का मार्ग, तुम करने योग्य अरिष्ट [जानने योग्य योग्य प्रभाव, और निवारण [गुरुत्वाकर्षण के समाधान] के साथ गोला लगाने वाले शत्रु बाधा	गर्व; अहंकार; अकर्मण्यता, कपट (मद, -1; अहंकार, -1: "मैं निश्चित वास्तविकता की अनंतता हूँ" चेतना का प्रभाव)	सुस्ती; विधर्म; अज्ञान (अज्ञाना, -1; माया, -1: "मैं कल्पनीय वास्तविकता की अनंतता हूँ चेतना का प्रभाव)	इच्छा; ईर्ष्या; कपट, दुर्भावना (मन्यु, -1; मदावनी, -1: "मैं मदावनी वास्तविकता की अनंतता हूँ चेतना का प्रभाव)

तालिका 7

घातक पाप	ज्ञाता के चरण	जानने योग्य चरण	जानने के चरण	ज्ञान के चरण	सपने देखने के चरण	प्रकाशक के चरण	मुक्ति-दाता के चरण
लालच; बेचैनी (लोहा, -19: "मैं सहज वास्तविकता की अनंतता हूँ" चेतना का प्रभाव)	घोषणापत्र से मुक्ति (सुभेच्छा, 86; सालोक्य मुक्ति, 86)। चैतन्य दैवी वस्तु ब्रह्माण्ड से मुक्ति, भीतर में ज्ञाता चेतना हूँ	क्रम, 91 (दुभे; अल्फा बल)	स्वप्नहीन जागरूकता, सूक्ष्म शरीर के भीतर (बीजा-जगत, 84)	संचेतन (सती, 42): जागरूकता कि सूक्ष्म शरीर की सीमाओं के बिना स्पष्ट चेतना की आत्म-समान एकता है	परिसमापन (मारना, 269)	शील (ह्र, 863)	जीन (मोमापा, 180)
घुटन, चिंता, लगाव (मोह, 250: "मैं प्राकृतिक वास्तविकता की अनंतता हूँ" चेतना का प्रभाव	सृष्टिकर्ता से मुक्ति (विचारण, 62; मरम्मती मुक्ति, 62)। परम चेतन मार्गदर्शक विषय ब्रह्मांड से मुक्ति, बिना मैं निर्माता चेतना हूं	पुलाहा, 2948 (मेरक; बीटा बल)	ईथरिक शरीर के भीतर स्वप्नहीन सम्मानित जागरूकता (जाग्रत, 85)	जांच (विकाया, 189): ईथरिक शरीर के ज्ञान की सीमा के बिना, कारण शरीर की पुरस्कृत, जागृत और अभ्यस्त एकता के लिए प्रयोग तकनीक	विघटन (भ्रान्ति, 195)	वृद्धि-प्रभाव (थी, 81)	जीनोटाइप (एकशृंगा, 197)
क्रोध; क्रोध, संदेह (क्रोध, 275: "मैं उत्कृष्टता वास्तविकता की अनंतता हूँ" चेतना का प्रभाव)	अपराधी से मुक्ति (ननुमानमी, 35; मरुत्य मुक्ति, 35)। स्वतंत्रता मार्गदर्शक विषय ब्रह्मांड, भीतर मैं निर्माता चेतना हूं	पुलस्त्य, 500 (केकडा; गामा बल)	कारण शरीर के भीतर जागरूक जागरूकता के विषय के साथ स्वप्नहीन ट्यूनिंग (महा जाग्रत, 0)	मानसिक- दर्शन (समाधि, 10^{130}): कारण शरीर की सीमाओं के बिना सर्वज्ञ, सर्वशक्तिमान, सर्वव्यापी, सर्वव्यापी सर्वशक्तिमान निर्माता की एकता होने की सूत्र तकनीक	विनाश (उत्सदन, 187)	पवित्रता (लक्ष्मी, 379)	फेनोटाइप (चनुर्वेद, 1810)
हवस; इच्छा (काम, -19: "मैं ईश्वरीय वास्तविकता की अनंतता हूँ" चेतना का प्रभाव)	प्रकाशक से मुक्ति (शतपर्नी, 27; मामीप्य मुक्ति, 27)। चेतन मार्गदर्शक विषय ब्रह्मांड से मुक्ति, बिना मैं प्रबुद्ध चेतना हूं।	भृगु, 805 (अनकाइड; एटा बल)	स्वप्रकाशित इकाई के भीतर जागरूक जागरूकता का स्वप्रहीन पैतृक विषय (जागरा-स्वप्र, -1)	शक्ति (वीर्य, 959): किसी के स्पंदित स्पंदन, प्रतिध्वनि, लय और जैविक अनुनादों को जानने, खटखटाने, धकेलने की विधि तकनीक, स्वयं प्रकाशमान इकाई की सीमाओं के बिना, एक अमर आरोही गुरु बनने के लिए सर्वोच्च द्वार खोलने के लिए	संक्रमण (व्याही, 96)	स्मृति (स्मृति, 35)	कैरियोटाइप (कला, 360)

कारक ज्योतिषीय प्रभाव को साफ करने के लिए परम देवता का मार्ग	पीठासीन देवता सार्वभौमिक रोशनी के लिए सफाई प्रभाव का व्यापार करते हैं	परम रोशनी के लिए कार्यदिवस (वार)	परम चेतना कारक	चेतना कारक	मानव प्रभाव सेवित	व्यापारिक प्रभाव का आदान-प्रदान	सचक स्वर	भौतिक शरीर	धातु	खनिज रत्न	रंग
शनि (शनि, प्राथमिक मातृ)	महा दुर्गा / अरोग (प्राथमिक अभिवादक)	शनिवार	आत्म-शर्मनाक पिछले जीवन का मत्य-प्रभाव	कारण (कारण शरीर) चेतना	सफेद सितारा (यम, परिमिता पैतृक)	निर्ती/मात (देवता)	नी/जी/$2^{11}/{}^{17}$	मौमगेशियों	सीमा (पीबी 82)	नीलमणि	बैंगनी
शुक्र (शुक्रा)	महा काली / फ्रीजा (चमकदार)	शुक्रबार	स्व-मूल्य विकीर्ण प्रेम का सौंदर्य-प्रभाव	भौतिक (भौतिक शरीर) चेतना	डार्क मैटर (मदा शिव/हेक्टेट; परम मानव बच्चा)	ब्राह्मण / एफ्रोडाइट (उत्तम देवता)	डीएचए/एफ/$2^{9}/{}^{12}$	युग्मक	तांबा (घन 29)	हीरा	नीला
बृहस्पति (बृहस्पति)	महा लक्ष्मी/थोर (प्राथमिक प्रदीपक)	गुरुवार	अन्यता को स्थिर करना - आत्मसम्मान का प्रभाव	बौद्धिक (बौद्धिक शरीर) चेतना	नेप्च्यून (केतु)	परम ब्रह्म / मिनर्वा (सर्वोच्च देवता)	पीण/ई/$2^{7}/{}^{12}$	दिमाग	टिन (एमएन 50)	पीला नीलम	पीला
पारा (बुध)	विथोवल लकड़ी (स्व-चमकदार)	बुधवार	पारा वाष्पशील एकता-प्रकृति का प्रभाव	सामाजिक (मानसिक शरीर) चेतना	ब्रह्मांडीय ब्रह्मांड (माया)	परम विष्णु/हर्मेस	एमण/डी/$2^{6}/{}^{12}$	त्वचा	पारा (एनर्जी 80)	पन्ना	हरा
मंगल (मंगला)	हनुमान / एरेस (सुप्रा देवता)	मंगलवार	वर्तमान जीवन का अजीब स्व-धमाकेदार विद्रोह प्रभाव	भावनात्मक (सूक्ष्म शरीर) चेतना	यूरेनम (राहु)	कार्तिकेय/तियाज (मूल देवता)	गा/सी/$2^{4}/{}^{12}$	मज्जा	इरिडियम (आईआर 77)	लाल मूंगा	लाल
चाँद (मोंटा)	पार्वती/फ्रिकिया (प्राथमिक प्रदीपक)	सोमवार	मोहक आकर्षण-भविष्य के जीवन का प्रभाव	भावुक (आकाशीय शरीर) चेतना	कान कोठरी (चंद्र, अमावस्या)	उमा/आर्टेमिस (प्राथमिक देवता)	आर मी / बी/$2^{7}/{}^{12}$	खून	चांदी (एजी 47)	चाँद का पत्थर	सफेद
सूर्य (रवि, परम निर्माता)	परम शिव / सेलेक (प्राथमिक अपराधी)	रविवार	आत्म-चमकदार वर्तमान विकास/वर्तमान क्षण का एकत्व-प्रभाव	सचेत (स्व-चमकदार इकाई चेतना)	पृथ्वी (पृथ्वी)	नटराज शिव/अपोलो (परम देवता)	सा/अ/$2^{3}/{}^{12}$	हड्डी	सोना	माणिक	नारंगी

तालिका 8

• भौतिक शरीर के भीतर, जागरुकता सपने देखने के साथ, एक जाग्रत इकाई बनें (स्वप्र, 59)। जाग्रत अवस्था, सोने या ध्यान करने से पहले, विचारों की अपरिमित लहर को विकीर्ण करती है जो प्रक्षेपित होती है और स्वप्र अवस्था में बदल जाती है।

• बौद्धिक शरीर के भीतर, अर्ध-जागरुकता सपने देखने के साथ एक शांत इकाई बनें (स्वप्र-जागृत, 97)। आराम की स्थिति, आराम या ध्यान करते काल सो जाने के बिंदु से, जब कोई बौद्धिक रूप से विचार-मुक्त आराम की स्थिति में फिसलने से ठीक पहले विचारों को व्यवस्थित करता है और बौद्धिक शरीर को अर्ध-सीतनिद्रा में जाने देता है।

• मानसिक शरीर के भीतर, स्वप्रहीन गहरी नींद के साथ, एक सुप्तावस्था संस्था बनें (सुषुप्ति, 96)। एक सीतनिद्रा अवस्था तब होती है जब कोई बौद्धिक शरीर को एक विचार-मुक्त आराम की स्थिति में ले जाने देता है और सुप्तावस्था मानसिक शरीर को विचारों का व्यापार करने और उन्हें भविष्य के लिए एक कार्य योजना में बदलने में सक्रिय होने देता है। अर्ध-नींद या सहज ध्यान की वर्तमान गहरी जागृत अवस्था से उठने के बाद कार्य योजना मानसिक शरीर की चेतना में बनी रहती है।

• सूक्ष्म शरीर के भीतर, स्वप्रहीन जागरूकता के साथ एक प्रदूषित इकाई बनें (बीजा-जाग्रत, 84)। दूसरा चरण सो जाने या ध्यान की नींद में फिसलने के बाद होता है, जो तब होता है जब कोई व्यक्ति मानसिक शरीर की चेतना के भीतर दिव्य योजना को बदल देता है। आशय यह है कि विश्राम पर जाने या ध्यान के लिए बैठने से एक क्षण पहले भौतिक शरीर को दूषित विचारों से नकारात्मक रूप से शुद्ध किया जाए। एक विचार शक्ति को एक मार्गदर्शक कार्यक्रम में प्रसारित करता है, आकाशीय शरीर को शक्ति प्रदान करता है ताकि वह अपनी प्रदूषित श्रेष्ठता पर जोर देने के लिए एक दृश्य कल्पना बुनाई शुरू कर सके। मार्गदर्शक कार्यक्रम विगत में घटित हुए क्षणों की भिन्न शक्ति से प्रदूषित होता है, जिसे आकाशीय शरीर द्वारा पुन: प्रस्तुत किया जाता है जैसे कि यह वर्तमान क्षण का सत्य है।

• आकाशीय शरीर के भीतर, स्वप्रहीन जागरूक जागरूकता के साथ एक शुद्ध इकाई बनें (जाग्रत, 85)। तीसरी अवस्था सो जाने के बाद या ध्यान की नींद में फिसलने के बाद जब कारण शरीर आध्यात्मिक क्षेत्र में उस कार्यक्रम को खेलकर और प्रदर्शन करके आकाशीय शरीर के मार्गदर्शक कार्यक्रम को साफ करता है। कारण शरीर किसी भी दृष्टि प्रकाश को सत्ता की चेतना में प्रक्षेपित नहीं करता है। इसलिए, इकाई की स्मृति वर्तमान स्थिति के बाद मार्गदर्शक कार्यक्रम से मुक्त होती है। संस्था के पास कुल निर्णय लेने की शक्ति है

कि क्या आकाशीय शरीर के मार्गदर्शक कार्यक्रम को पुन: पेश करना है या कारण शरीर के संवेदनशील प्रदर्शन को पुन: पेश करना है। इकाई खुद-प्रकाशमान जागरुक्ता के भीतर दोनों की क्षमता को सक्रिय कर सकती है, अर्थात जागरूक जागरूकता, या तो एक सपने के एक सक्रिय भ्रम के रूप में या जीवन की एक जागरूक वास्तविकता के रूप में। न तो अर्ध-जागरुक शक्ति और न ही शक्ति-मुक्त जागरुकता, भविष्य की सच्ची शाश्वत वास्तविकता है।

• कारण शरीर के भीतर, जागरूक जागरूकता के विषय के साथ एक स्वप्रहीन समस्वरण के साथ एक सोई हुई इकाई बनें (महाजाग्रत, 0)। चौथा चरण नींद या ध्यानपूर्ण नींद में गिरने के बाद होता है जब एक आत्म-प्रकाशमान इकाई कारण शरीर के प्रदर्शन मिशन को लेती है और इसे स्वप्न अनुक्रम के भ्रम के रूप में खेलकर लाभ का निर्णय लेती है। इच्छा वास्तविकता के दायरे में इसके प्रभावों को प्रकट करने के लिए आंतरिक शक्ति का निवेश करना है। इकाई या तो आराम से जागती है और कार्य करने के लिए तैयार होती है यदि सोने से पहले के विचार शांत थे, या तनावपूर्ण और अनिच्छुक सपने के पक्षाघात की स्थिति के साथ समभाव में कार्य करने के लिए अन्यथा।

खुद-प्रकाशमान इकाई (जागृत-स्वप्न, -1) के भीतर जागरूक जागरूकता के स्वप्रहीन पितृ विषय के साथ एक नस्ल इकाई बनें। पांचवीं अवस्था, नींद या ध्यान की नींद में गिरने के बाद, जब प्रकाशमान को पता चलता है कि आत्म-प्रकाशमान इकाई ने आंतरिक शक्ति को पैदा और बर्बाद कर दिया है। एक आत्म-प्रकाशमान संस्था दिव्य शक्ति के उत्पादन में व्यर्थ रूप से समर्पित और उपभोग करती है, खुद-प्रकाशमान स्वप्न अनुक्रम को खेलकर लाभ की तलाश में। उसके बाद, यह कारण शरीर की शक्ति को भौतिक वास्तविकता के क्षेत्र में शांति की स्थिति से शक्तिवान रूप से कार्य करने के लिए प्रदूषित योजना में विकसित करता है। दिन के दौरान बने विचारों को हल करने के लिए, सोने या ध्यान पर जाने के निर्णय के बाद के बिंदु तक, किसी को सशक्त करने के लिए सच्ची कौशिका शक्ति की एक आत्म-चमकदार चेतना की चमकदार सेवाएं।

14.1 कोशिकीय विकास के तेईसवें चरण के रूप में उत्पत्ति

एक "भावुक इकाई" (सिद्ध, 7) "उर्जा परिमाण यंत्र तत्व" (भगवान: ईश्वर, 5) को पुन: उत्पन्न करने के लिए "वर्तमान वास्तविकता" (बधाबुद्धिवदार्थ, -2) का व्यापार करती है, इसका कारण "उत्पत्ति तत्व" (प्रत्ययसमुत्पाद, 10) को सक्रिय करना है। प्रत्येक संवेदनशील इकाई में "पिछली वास्तविकता" (एवकारवदार्थ, -3) को "सांस्कृतिक सीमा" (अविद्या, -1030) में बदलने के लिए "केंद्रीय लघुगणक आधार" (सुषुम्ना, 10) होने की क्षमता है जो किसी को बांधने और समर्पित अनुयायियों की "दिव्य शक्ति" (असरव शक्ति, 10) का व्यापार करें। एक संवेदनशील इकाई को "अर्ध-देवता" (सुनानायक, 5) के रूप में मानने के बाद, समर्पित अनुयायियों ने उस इकाई को हर चीज का "मध्यस्थ" (सुग्रीव, 5) होने दिया, जो पहले, बिना किसी शक्ति को फैलाए अपनी इच्छाओं को पूरा करने के लिए करते हैं, दूसरा, एक अमूर्त शक्ति प्रवाह को विकीर्ण करके सोचें, और तीसरा, विकिरण शक्ति प्रवाह के गैर-रेखीय तरंग परिवर्तन के लिए मौखिक रूप से कहें।

समर्पित अनुयायी को "कार्यकर्ता कारक" (शूद्र, 1) में बदलकर, संवेदनशील इकाई "अलौकिक प्रतिमान" (युक्ति, 8) बन जाती है जो "भक्त भक्त" के आत्म-विकास को अवरुद्ध करती है (जन्म पैतृक: डोक्कुलम्मा, 7600)) भक्त की शक्ति को "विभाजित इकाई" (ब्राह्मण, 2) के रूप में व्यापार करके, संवेदनशील इकाई "उत्पत्ति तत्व" बन जाती है (प्रत्ययसमुत्पाद, 10)। एक विभाजित इकाई के रूप में, एक भक्त की आरोही रात-जागने वाली स्त्री शक्ति अलौकिक प्रतिमान के भीतर मानसिक रूप से कैद है, जबकि अवरोही दिन-सपने देखने वाली मर्दाना शक्ति प्राकृतिक प्रतिमान के भीतर अर्ध-मानसिक रूप से कैद है।

उत्पत्ति तत्व को निर्धारित करने वाले तीन आयाम चरण 23 का गठन करते हैं: कौशिका विकास की उत्पत्ति और निम्नलिखित शामिल हैं। सबसे पहले, "ब्रह्मांड" (ब्राह्मण, 2) एक "विभाजित इकाई" (ब्राह्मण, 2) है, जिसका जनक "प्रमुख कार्यक्षेत्र" (मंत्र, 16) उन लोगों को दर्शाता है जिनके मस्तिष्क को एक समर्पित अनुयायी बनने के लिए धोया गया है। उलझा हुआ स्व-संगठित "पूंछ कार्यक्षेत्र" (कुल, 9) उन लोगों को दर्शाता है जो बड़े पैमाने पर डिमाग धोके करने के अनुभव का आनंद लेने के लिए एक भक्त के रूप में खड़े

होते हैं। दूसरा, संवेदनशील इकाई एक "विभाजित इकाई" (दुर्योधन, -1000 = 100 * -10 * 1) है, जो भक्तों की "भावुक शक्ति" (असरव शक्ति, 1000) को "गुरुत्वाकर्षण शक्ति" (ललिता, 100) में बदल रही है। संवेदनशील इकाई समर्पित अनुयायियों की इच्छाओं को "दिन-सपने देखने वाली संस्थाओं" (तैजैसा, -10) में बदल कर पूरी करती है। वह एक "रात में चलने वाली इकाई" (निसाचार, -1) बन जाता है, भक्तिपूर्वक अपनी "कार्य शक्ति" (श्रम शक्ति, 1) को "देवताओं के राजा" (इंद्र, 0) के रूप में फैलाता है। तीसरा, "देवता साम्राज्य का आत्मा सार" (अदिति, 1024 = 2 - 1000 + 16 + 10) बिना "उत्पत्ति तत्व" (प्रत्ययसमुत्पाद, 10) बनाने के लिए "रचनात्मक दिव्य शक्ति" (मधुसूदन, 16) की सेवा करता है। विभाजित और विभाजित संस्थाओं। देवता राज्य का आत्मा सार "संभावना, मन के सीमित सिद्धांत के बिना" (हरिति, 128 = 1024/8) का सप्तक है। संभावना का सप्तक "मुल कार्यक्षेत्र" (मंत्र, 16) का सप्तक है, बिना विकास-विभाजन और उर्जा परिमाण यंत्र-गुणा "पूंछ कार्यक्षेत्र" (कुल, 9)।

चरण 23 "क्षैतिज उत्तम-अपरिमित निर्माता" (कृष्ण, 32) की दिव्य योजना है जो एक संवेदनशील इकाई की "परिवर्तनीय मर्दाना क्षमता" (जी 32 चरण: द्विसप्ततिदशा, 29) को अलग-अलग, रैखिक, काल -निर्भर, स्त्री शक्ति की स्थिति के एक समुह में तकनीकी रूप से अलग करती है। यह प्रत्येक भक्त को, जो समर्पित भाइयों के भक्तिपूर्ण, संस्थागत "उलझन" (कुल, 9) से आजाद है, जो "संस्कृति तत्व" (सादाख्य, 9) के प्रति उत्तरदायी होने का अधिकार देता है। सांस्कृतिक तत्व संगठनात्मक रूप से "भाई कोशिकाओं" (मंगलनाथ, 16) के एक अलग-अलग, काल-स्वतंत्र, "असममित, अरेखीय, तरंग प्रणाली" (द्विसप्ततिदशा, 29) विकसित करता है। प्रत्येक भाई कोशिका भक्ति को प्रदूषित करने वाली "लहर प्रणाली" (द्विसप्ततिदशा, 29) का एक "असममित, अरेखीय अपरिमित अभिवादन" (मंगलनाथ, 16) और एक अभिन्न "तत्व" (टोटिजेनेसिस: तत्व, 863 [150 वां प्रमुख मूल्य]) बन जाता है। प्रत्येक भाई कोशिका प्रदूषित "सार्वभौमिक जागृति" (सर्वोदय, 150) को "भाई कोशिकाओं के ब्रह्मांड" (इकाई समूह: गण, 387) को एक एकीकृत "भौतिक शरीर" (स्थूलशरिरा, 387) में आकार देने के लिए मुख्य-परियोजनाओं करती है। भौतिक शरीर "चेतन शक्ति" (पुरानी शक्ति, 91) से मुक्त है, जिसने "ज्ञान" (चित्त शक्ति, 100) को फैलाया है और उलझे हुए "संस्कृति तत्व" (सदख्या, 9 = 100-91) का व्यापार किया है।

भौतिक शरीर तीन चरणों के अनुक्रम के माध्यम से बनता है। चरण 23.1 समर्पित भाई कोशिका के भ्रूणीय विभेदन के लिए। चरण 23.2 भक्त बहन कौशिका के हिस्टोजेनिक अलग-अलग करने के लिए। चरण 23.3 निर्जीव भौतिक शरीर में काले, प्रदूषित, समर्पित भाई कोशिकाओं के कार्बनिक गठन के लिए। यह सजीव बौद्धिक शरीर बनाने के लिए सफेद, तृप्त, भक्त बहन कोशिकाओं को अकार्बनिक रूप से ध्रुवीकरण करता है।

14.2.1 चरण 23.1 भ्रूणजनन और विभेदीकरण संस्कृति

"भ्रूणजनन" (मत्स्या, 19) एक "विभाजनकारी" (खलनायक, 11) ऊतक "संस्कृति" (सदख्या, 9) बनाने और एक "विभाजनकारी शक्ति क्षेत्र" (पक्ष्मा-मंडल, 268) "कोशिका" (हिरण्यगर्भ, 19) के "संपूर्ण मान" (भ्रूण: अर्धज्य, 10 = [11 + 9] * 1/2) के भीतर उत्पन्न करने के लिए कौशिका "विभेदन" (अनेकीकरण, 155) का एक चक्रीय चक्र है। "संपूर्ण मूल्य" (भ्रूण: अर्धज्य, 10) "संवेदी जल के सिद्धांत" का विनिमय मूल्य है (सीडीके-सक्रिय किनेज [सी.ए.के]: अपंका प्रणोहम अस्मी सिद्धांत, 10)। "विभाजनकारी" (खलनायक, 11) ऊतक "संस्कृति" (सदख्या, 9) "अखंडता" (औक्स/इंडोल-3-एसिटिक अम्ल प्रोभूजिन [ऑक्स/इंडोल-3-एसिटिक अम्ल प्रोभूजिन [आइ.ए.ए जीन]: ब्रह्मयइझनी, 8) एककोशिकीय "तथ्यात्मक वास्तविकता" (टोटिपोटेंट कौशिका: याथार्थ, 19)। "संवर्धित" (ऊतक: राजयक्ष्मा, 19) "शक्ति" (पुनर्जनन: शक्ति, 19) "कोशिका एक ऑक्टोपस जैसी अविभाजित निरंतर इकाई के रूप में" (भ्रूण थैली: पांडु, 19), "(ई2एफ-डी.पी प्रतिलेखन कारक: उथपना, 29 = 10 + 19) "बहुआयामी, उत्तम, बैंगनी कसैले स्वाद के अपरिमित अभिवादक क्षेत्र" की शक्ति का (पाताललोक, -2) "घुसपैठ के माध्यम से द्रव्यमान को ऊपर उठाना" शुरू करती है।

बैंगनी रंग का कसैला स्वाद "उतर जाना" (पेस्ट्री[पास] जीन: उल्का, 190) "मीठे पानी" (अपास, 169) के पहले-स्वाद से पहले एक मीठा नीला कफ निस्सारक है, जिसमें "बढ़ते" (ग्रैनम: उन्हा, 280) "रक्त" का प्रवाह (रक्त, 96)के तीखे लाल, दमनकारी बाद का स्वाद होता है। बढ़ता हुआ रक्त प्रवाह "सक्रियता शक्ति" (एंडोरेडुप्लीकेशन: क्षेम्यशक्ति, 189) को आकर्षित करके "गर्म-खून" (रक्तका, 825) "भावुक तत्व" (एक्सपेंसिन जीन: ओजस, 189) की "कथित वास्तविकता" (प्रत्याशित: सूत्रार्थ, 825) उत्पन्न करता है। "पूर्ण वेगा-प्रभाव" (एमाइलोप्लास्ट: चतुराशितिदाशा, 189) के उतार-चढ़ाव वाले "मीठे पानी" की भरपाई के लिए (अपस, 169)। यह "आनुवंशिक पुस्तकालय"

(बाँझ: क्षितिज, 90) के "निर्जीव आयाम" (पेरिसाइकल कौशिका [एसीटिलेशन]: चक्री, 90) को दबाने के लिए "मांसपेशियों के चक्र" (जड़ शिखर-संबंधी विभज्योतक [रैम]: मंडलचक्र, 189) को सक्रिय करता है। "वायुमंडल" (जांच की चौकी-2 [सीएचके 2]: परिमंडल, 1100) के भीतर अवांछित "अभिवादक आत्मा के पुनरावर्तन-प्रभाव" (रेटिनोब्लास्टोमा [आरबी] -ई 2 एफ मार्ग: चक्रिका, 90) के रूप में निहित है जो वांछित "सक्रियण" रखता है शक्ति" (एंडोरडुप्लीकेशन: क्षेमशक्ति, 189)।

मांसल चक्र "उतर जाना" (पेस्ट्री [पास] जीन: उल्का, 190) "प्रतिक्रिया" (महीन रेशा: योजना, 190) के "अपघटन" (रेटिनोब्लास्टोमा-संबंधित प्रोभूजिन [आरबीआर]: व्यवाय, 190) को सक्रिय करता है। यह "संवेदी कल्याण" (रेटिनोब्लास्टोमा-संबंधित प्रोभूजिन 1 [आरबीआर1]: ज्ञानसिद्धि, 190 = 169 + 21) के "पृथक्करण" (बीजगुहा: व्यवाय, 190) को "जीवन चेतना" (सीएएएक्स डिब्बा प्रोभूजिन : आपस, 169) और एकध्रुवीय "जीवन की भविष्य की वास्तविकता" (एरिथ्रोइड ट्रांसक्रिप्शन फैक्टर [जी.ए.टा.ए1]: एकार्था, 21) में सक्रिय करता है। "जीवन का गठिया" (वात, 28) "वेगा-प्रभाव" (सी-प्रकार साइक्लिन-आश्रित किनेज [सीडीकेसी]: दुर्गा, 28) के साथ एकता के माध्यम से "दिव्य चक्र" (विभज्योतक क्षेत्र: ज्ञानचक्र, 28) को सक्रिय करता है। सक्रिय "जीवज दिव्य चक्र" (सी-प्रकार साइक्लिन-आश्रित किनेज [सीडीकेसी]: गुरुचक्र, 28) "अविभेदित" (दीक्षा: शुद्धजाता, 169) "ब्रह्मांडों के ब्रह्मांड संस्थाओं के बिना, संस्थाओं के साथ ब्रह्मांडों के विभेदित ब्रह्मांड की बाहरी चेतना द्वारा वातानुकूलित" की संस्था के साथ (बी-प्रकार साइक्लिन-आश्रित किनेज [सीडीकेबी]: अमोचसिद्धि, 28) "आंतरिक चेतना" (अंतर्मना, 10) पर चढ़ता है। नतीजतन, "इकाइयों के साथ ब्रह्मांडों के ब्रह्मांड का अनुमानित विकल्प मूल्य" (विषजनन: तत्त्व, 863) नवोदित "वैज्ञानिक" (इटियोप्लास्ट: हरि, 863) के "आत्म-चेतना के कूप" (स्वेद, 9) अविभाजित कौशिका के भीतर चढ़ता है। यह "अंकुरित" (पुनर्जीवित: अमुधेश्वरी, 18) "विचार" (कोशिका चक्र दीक्षा: जडा, 38) है कि अविभाजित कोशिका "इकाई के साथ ब्रह्मांडों का ब्रह्मांड" है (आकाशीय क्षेत्र के भगवान: देवधिदेव, 18) एक के साथ प्रजनन "विभेदित कोशिकाओं के एक पूरे ब्रह्मांड को विभाजित करने और उत्पन्न करने की क्षमता" (पूर्ण शक्ति: उकिटिका, 18) एक मशीन की तरह, जीवन-संगठित, मर्दाना आत्मा के रूप में" (कोशिका-चक्र पुन: दीक्षा: तारक्ष्य, 18)। "गर्भवती प्रजनन क्षमता" (उक्टिका, 18) अविभाजित कोशिका को "स्व-स्थायी" (उड़वाहा, ½) "जीवित आत्माओं के लिए मार्गदर्शकों का कार्यालय" (पेस्ट्री 2 [पास 2] जीन: सन्नतिचंद्रलम्बा, 36) में बदल देती है। यह विभेदित "उत्तम क्षेत्र का प्रकाश" (रंध्रीय मिश्रित: चिदंबरा, 48) से उतरता है।

"उत्तम इच्छा-प्रभाव" (मौन कौशिका [जी 1-गिरफ्तार कौशिका]: हलीमा, 61) "जीवित आत्माओं के लिए मार्गदर्शकों के कार्यालय" को आत्म-स्थायी करने के लिए "ध्रुवीकरण चेतना का चक्र" (लघु जड़ [एसएचआर]: प्राणचक्र, 46) को प्रेरित करता है। अविभाजित कोशिका के भीतर एक प्रजनन भेदभाव के लिए "सच्ची क्षमता" (रंध्र: कचेरा, 46) का ध्रुवीकरण करने के लिए। अविभाजित कोशिका "वायुमंडलीय शक्ति" (ब्राह्ली, 89) को "गर्भपात" (भ्रूण: गर्भपत, 89) के "गर्भपात" के लिए "सुप्तावस्था मौन काल मध्यान्तर" (एपी 2-कार्यक्षेत्र-युक्त प्रतिलिपि प्रभाव: संध्या, 89) के दौरान स्थानीय रूप से "कल्पित वास्तविकता" (युक्तार्थ, 6) के कारोबार करती है। यह "वायु प्रभाव" "अवांछनीय मर्दाना गंध" के बिना (अनिष्ट, 38) (विशिष्ट उत्प्रेरक [एमएसए] डिब्बा: मारुति, 78) के "निषेचन" (फ़ामा प्रतिलिपि प्रभाव [फ़ामा जीन]: वायवी, 78) के लिए "नष्ट किए गए अपरिमित स्थानीय प्रभाव" (प्रोटॉक्साइलम खंभा: संतोषी, 83) का विनिमय मूल्य व्यापार करता है।

"वायु-प्रभाव" (बी-प्रकार साइक्लिन "सीडीकेबी1;1": मारुति, 78) का "वांछित स्त्री गंध" (सेष्टा) का "निषेचन" (ए-प्रकार साइक्लिन "सीवाईसीए3;2": वायवी, 78), 10) कोशिका को "बाधाओं को नष्ट करने वाला" (एब्सिसिक अम्ल [एबीए]: विग्रहर्ता, 87,654) बनाता है। यह प्रतिकूल निर्जीव परिस्थितियों की अवधि को कम करने के लिए एक "तनाव हार्मोन" (विग्रहर्ता, 87,654) का संचार करता है। "अनुकूल चेतन परिस्थितियों के शुद्ध मैमथ जैसा संरक्षक" (ई2एफ.एफ प्रतिलेखन कारक [डी.ई.एल3 जीन]: भीष्म, 10,000), स्थिति-विभेदित कोशिका "दहन वर्ति" (दैहिक भ्रूणजनन: पकाया, 197) "रचनात्मक सेलुलर द्रव्यमान" के रूप में (प्रोटोप्लास्ट: पकाया, 197) अपने भीतर निर्जीव "सर्वशक्तिमान निर्माता-प्रभाव" (मोरुला: क्षेत्रगत, 197) के "सनसनीखेज" (पेरोक्सिसोम: वेदान, 197) के माध्यम से। विभेदित कोशिका के भीतर चेतन "सर्वशक्तिमान सृजन-प्रभाव" (मॉर्फोजेनेसिस: क्षेत्रगत, 197) की अनुभूति "निर्जीव सर्वशक्तिमान निर्माता-प्रभाव के एक संवेदनशील आसवन के माध्यम से कायापलट" (ए-प्रकार साइक्लिन "सीवाईसीए2; 4": निर्माणचित्त, 1000) को सक्रिय करती है। यह चेतन "सर्वशक्तिमान प्राणी-प्रभाव" (केन्द्रक: क्षेत्रगत, 197) को "स्व-चमकदार उत्तम अभिवादक, एकीकृत खुद को विभाजनकारी, अव्यवस्थित, विभेदित नकारात्मक शक्तिओं से मुक्ति प्रदान करता है" (ई2एफ.ई प्रतिलेखन प्रभाव [डी.ई.एल1 जीन]: अपद उद्धरक, 8,610) में रूपांतरित करता है।

"ऊतकजनन" (समानकला, 1810) "अंगों" (इंद्रिया, 1869) को व्यवस्थित करने के लिए कौशिका "भागों का एक समभाग अवस्था में वापिस आना" (एकीकरण, 155) का एक प्रति-चक्रीय चक्र है। एक कौशिका "स्व-चमकदार सुपर अभिवादक" (ई2एफ.ई प्रतिलेखन कारक [डी.ई.एल1 जीन]: अपाद उद्धरका, 8,610) द्वारा सेवित अनुरूप "समूह-प्रभाव" (सुंदरिका, 7 x 10^{180}) का व्यापार करता है। कौशिका के "संपूर्ण मूल्य" (भ्रूण: अर्धज्य, 10) के पुनर्गठन के लिए आरोही "भविष्य का तापमान" (पित्त, 86) और "हड्डी" (अस्थी, 86) "चेतना का चेहरा" (मुख, 76) उतरता है। यह "समर्पित स्त्री मुक्ति आत्मा" (जाइलम: पुरुरवा, 86) के "तेज मातृ विशाल-जैसे अम्बलिंग" (अजैविक तनाव: वैराजा, 86) का ध्रुवीकरण करता है, "संभावित विकिरण" (कौशिका आसंजन अणु [सीएएम]: शंभु, 186) का "अनंत वायु-प्रभाव" (प्लाकोड: सिद्धिशक्ति, 187) के लिए कौशिका तैयार करता है। "ऊष्मप्रवैगिकी विकिरण" (कोशिका सिकुड़न [प्रत्यारोपण]: सिद्धिशक्ति, 187) "तेईस गुणसूत्रों के समुह" (युग्मक: सिद्धिशक्ति, 187) का "अस्थि मज्जा" (मेडा, 87) बनाता है और फिर एक "में बदल जाता है" मांस का मज्जा" (मज्जा, 97) अनुरूप "संपूर्ण मूल्य" के साथ एकत्रीकरण के माध्यम से (भ्रूण: अर्धज्य, 10)।

"प्रौद्योगिकी का एकीकृत चक्र" (औक्सिन: चित्तचक्र, 57) "एकतरफा सफेद-प्रभाव" (प्रोटॉक्साइलम: अमनाया, 97) के "उत्पादक आकाशीय विभाजन" (असममित विभाजन: गणेश, 570) के "एक" प्राथमिक अभिवादन सफाई की आत्मा" (लिचोम: एकात्मा, 986) के भीतर आसन्न है। यह समर्पित मातृ कोशिका के "अति-विघटनकारी उपस्थिति" (सहाचार्य, 40) के "कथित मूल्य" (आदिबुद्ध, 40) से उत्पन्न होता है। अवरोही "अतीत का तंत्र" (शुक्र, 2700) "आकाश" (डी.पी/ई2एफ- जैसा प्रोटीन [डी.ई.एल]: आभा, 9696) को "विघटन के लिए संवेदनशील चेतना की आंख" (नेत्रा, 16) के रूप में खोलता है। "(द्विगुणित कोशिका: महा काली, 13) मातृ कोशिका की, जो वर्तमान में "कोशिका झिल्ली" (न्यूक्लियोलस: शूद्र, 1) से आच्छादित है। यह "वर्तमान के तापमान" (कफ, 29 = 16 + 13) "सक्रिय, कौशिका न्यूक्लियोलस के भीतर प्रतिलिपि (जीनोम) के व्यापार योग्य अनुपात" (यूक्रोमैटिन: महाविभु, 14) को "मुक्त मूल्य व्यापार बंद" (एम्बिडेक्सट्रस [एम.वोआई.बी3आर प्रतिलिपि प्रभाव]: विष्णु, 15 = 29 - 14) बनाने के लिए चढ़ता है।

"अलग-अलग" (एम.वोआई.बी3आर प्रतिलिपि प्रभाव: विष्णु, 15), और पूरी तरह से व्यापार योग्य, मातृ कोशिका "नमकीन" (फुटपाथ कौशिका: खारिका, 15) बन जाती

है, जो "सेल चक्र निकासट" के लिए तैयार होती है (साइक्लिन ए: क्रिता युग, 170)) "पूर्व दिशा के सिद्धांत" (स्वप्न मनोग्रंथि: पूर्वअन्वया सिद्धांत, 170) को "प्रजनन को बढ़ावा देने वाले समुदाय" (ई2एफए प्रतिलिपि प्रभाव [पॉलीकॉम्ब समुह]: विचित्र मंडला, 170) से व्यापार करके। अवरोही "कौशिका न्यूक्लियोलस के भीतर गैर-पारंपरिक, दमित प्रतिलेखन (जीनोम) का अनुपात" (हेटेरोक्रोमैटिन: महाविद्या, 17) "नदी के ऊपर अर्ध-जागरुक विकासवादी" (ए-प्रकार साइक्लिन "सीडीकेए; 1": सोशा, 17) "घटना" (पश्यंथी, 378) के "जलसेक" (वैश्य, 378) पर चढ़ता है। "नदी के ऊपर रक्त का स्वाद" (रस, 269) एक निरंतर "कौसिका न्यूक्लियोलस के भीतर और बिना प्रतिलिपि (जीनोम) को बनाए रखने के अनुपात" की सेवा करता है (श्वेता वराह, 69)। निरंतर जीनोम का कारोबार "भ्रातृत्व" (कोशिका-भाग्य विनिर्देश जीन: साख्य, 26) "व्यापार-प्रभाव" (दामोदरा, 26) से किया जाता है, जो "राशि-प्रभाव" (चिरंजीवी, 26) के साथ एकता के भीतर होता है।

"ऊष्मीकृत" (बोली बंद होना[एसपीसीएच] प्रतिलिपि प्रभाव: साख्य, 26) "मध्य आयाम" (प्रकृति धर्म, 26) "मातृ कोशिका के उज्ज्वल प्रेम के व्यापारी" (प्रकाश संश्लेषण: त्रयस्त्रिम्शा, 20) एक में स्व-संगठित होता है। "प्रतिस्पर्धी, पथ-अनुक्रमण इकाई" (सीडीके-निरोधात्मक प्रोभूजिन [आईसीके]: फणिनायक, 20)। संगठित "पथ-कार्य करने वाली इकाई" (किप-संबंधित प्रोभूजिन [केआरपी]: फनिनाका, 20) एक "कौशिका जीवनचक्र निरंतरता की परम-प्राथमिक लहर" की सेवा करती है (रूपात्मक: पुमसावन, 196) जो मातृ कोशिका को एक अपराधी "भगवान कारीगरों की" (डी-प्रकार साइक्लिन "सीवोआईसीडी3; 1": तवश्तर, 496) में बदल देती है। प्रत्येक बाल कोशिका एक "कारीगर" बन जाती है (नकल सम्बन्धी यंत्र [टीएम]: शादयतन, 999) और एक "पथ-स्थायी इकाई" की तरह व्यवहार करती है (औक्सिन प्रतिक्रिया कारक [एआरएफ]: उन्नायका, 999) स्पर्श, स्वाद के लिए "अंग" (इंद्रिया, 1869); रूप, वस्तु, ध्वनि और गंध, क्रमशः गुणा, भाग, घटाव, जोड़, सर्विसिंग और व्यापार की ओर उन्मुख आयोजन के लिए मातृ कोशिका के मार्ग को बनाए रखती है।

14.2.3 चरण 23.3 संगठित अंगों के जीवजनन और भौतिक शरीर

"जीवोत्पत्ति" (रूट ब्रांचिंग: स्वाधिष्ठानचक्र, 11) एक "प्रजनन का पवित्र गर्भ चक्र" (रविरोहिणी परवेशचक्र, 11) रैखिक, अलैंगिक, कौशिका "विनिमय" (संखरा, 269) के लिए "अंगों" (इंद्रिया, 1869) के भीतर "अकार्बनिक शक्ति" के द्रव्यमान के साथ (अचित्त शक्ति, 396)व्यापक "जैविक शक्ति" (पूर्णाशक्ति, 91) है। विस्तारित "कोशिकीय

झिल्ली" (न्यूक्लियोलस: शूद्र, 1) के साथ मिलकर, पवित्र गर्भ चक्र एक "भौतिक शरीर" (स्थूलशरिरा, 387 = 386 + 1) को निर्धारित करता है जो संगठित अंगों को "रक्त के मांस" (मम्सा, 95) में मेटा-व्यवस्थित करता है। आरोही "अकार्बनिक तत्व" (जैविक तनाव: शंख, 87) "दिव्य तारकीय गेटवे के अधर चक्र" को निष्क्रिय कर देता है (मूक प्रतिलेखन कारक [मूक जीन]: लक्ष्य शक्तिचक्र, 1551) "गांगेय प्रतीक चिन्ह को आकाशगंगा के केंद्र में विकिरणित करता है एकता" (फजी-संबंधित घरडिब्बा-5 [वोक्स5] प्रतिलेखन कारक: वेगा, 67) । अवरोही "जैविक तत्व" (चीनी-चीनी, 1017-1) एक "दंड कर्मचारी" के रूप में कार्य करता है (बाह्य आव्यूह [ईसीएम]: डंडा, 176) राशि चक्र ब्रह्मांड" (एंटीफॉस्फेटस: चंद्र चक्र, 176) । सक्रिय "पर चेतना के कान" (श्रौत, 58) "आयामी" (रेटिनोब्लास्टोमा-संबंधित प्रोभूजिन [आरबीआर]: व्यवाय, 190) ज्योतिषीय "आत्मा आयाम" (आरबीआर 1-बाध्यकारी प्रोभूजिन: जिन्न धर्म, 180) में विभेदित राशि चक्र काल ।

"ज्योतिषीय काल का निषेचित प्रकाश" (आई.आर.ए1 [एम.सी.आई1] का बहुप्रतिलिपि दबानेवाला: प्रभा, 180) "चिंतनशील वैश्विक दर्द" (एसिटाइलट्रांसफेरेज़: प्रलय, 180) का "जलप्रलय" (ई2एफ.सी प्रतिलेखन कारक: प्रलय, 180) "कारणात्मक ताड़ना-प्रभाव" (जनक, 180) के परिणामस्वरूप पैदा करता है । "पूर्ण चेतना की नाक" (नासिका, 888) द्वारा निर्देशित, एक कोशिका "दक्षिण" (एंडोसाइकिल शुरुआत: दक्षिणा, 180) के अंधेरे में छिपी शक्ति के साथ अपनी एकता को मजबूत करती है । यह "स्थिर, सौर उत्तर सितारा" (वुशेल-संबंधित होमबॉक्स -5 [वोक्स5] प्रतिलेखन कारक: वेगा, 67) के "शुद्ध आयाम" (मूल प्रतिकृति परिसर [ओआरसी]: कन्या धर्म, 805) को नष्ट कर देता है। इस प्रकार, यह "अशुद्धता" (डी-प्रकार साइक्लिन "सीवाईसीडी3; 2": आशुध, 485) को "चंद्रमा के रूप में चर, चंद्र उत्तर सितारा" (प्रोलैमेलर शरीर: सोमा, 997) को प्रकाशित करता है, जो "पूर्ण सौर ब्रह्मांड" (थायलाकोइड: सौर्यभागवत, 997) की शक्ति मध्यस्थता और व्यापार करता रहा है ।

"चंद्र कारक" (न्यूरोजेनेसिस: नक्षत्र, 185) के "रैखिक, अलैंगिक व्यापार मूल्य" (सममित [प्रजनन-शील] विभाजन: युज्यतत्व, 285) "पांच भौतिक तत्वों-अग्नि, जल, वायु, पृथ्वी, और ईथर" (क्रोमोप्लास्ट: प्रपंच, 1964) के संपूर्ण मूल्य को उजागर करता है। "विभाजित कौशिका लिफाफा" (न्यूक्लियोलस: शूद्र 1) और "निर्जीव मातृ कोशिका के कायापलट" (ए-प्रकार साइक्लिन "सीवाईसीए2; 4": निर्माणचित्त, 1000) के बिना, "संपूर्ण मूल्य का नाटकीय प्रदर्शन" (प्रपंच, 1964) "दस आधार-जोड़ी पैतृक डीएनए"

(टोनोप्लास्ट: बलंगी, 963) को "काल कोठरी में तीन आधार-जोड़ी युग्मक के प्रकाश संश्लेषक शोष" (शिप्रा, 963) के साथ प्रकाशित करता है।

प्रत्येक बाल कौशिका अपने "जटिल, आकर्षण-प्रभाव" (गैस्ट्रुलेशन: नित्यानंद, 479), "जटिलता असर शक्ति" (सोमिटोजेनेसिस: जयाईशक्ति, 195), और "ब्रह्मांडीय ज्ञाता प्रभाव" (भार्गवी, 300) को बनाए रखने के लिए "बंद काल कोठरी वृत्त से परिसंचारी आंतरिक रैखिक मानव-प्रभाव के उर्जा परिमाण यंत्र मूल्य" (जांच की चौकी -1 [सी.एच.के1]: जे.वोआई.ए, 974 = 479 + 195 + 300) का व्यापार करता है।एक "अपरिमित मित्र और अनंत ज्ञाता" (भार्गवी, 300) के रूप में, यह "ब्रह्मांड का अनुकूल चालक" बन जाता है (जैविक: सारथी, 381), "ब्रह्मांड का काल चक्र" चला रहा है (शिखर विभज्योतक को गोली मारो [एसएएम] : हिम शक्तिचक्र, 179 के माध्यम से "खिलाना, मोटा करना, भालू, नस्ल, आकर्षण, और काल कोठरी में रहने के लिए प्रस्थान" (निषेचन-स्वतंत्र भ्रूणपोष [छी]: चंद्रनिवासचक्र, 179)।

काल कोठरी के अंधेरे में आराम करने और कायाकल्प करने के बाद, यह "श्वेत समुदाय" (ल्यूकोप्लास्ट: पार्श्वसुसी मंडला, 179) के आगमन पर "आरोही अपरिमित प्रकाश की गर्भ की आग" (अजैविक: एसिटारसिस, 179) "फसल का मौसम" (बी-प्रकार साइक्लिन "सीडीकेबी2;1": हेमंत, 790) बन जाता है। यह "घोषणा करता है" (विकास, 1800) इसकी "वापसी उपस्थिति" (अविगाटा, 1999) "दोहरा सप्तक घेरने वाली, शक्तिशाली शॉन-जैसी शंक्वाकार-विचलन ध्वनि" (फाइटोहोर्मोन: चीनी, 98 = 8 + 90) से फसल के मौसम में अपरिमित "7" (परम देवता, 7) तत्व स्वतंत्रता की मुक्ति। यह "भौतिक साम्राज्य" (साकला, 8) के परम-प्रधान "8" (कसैला स्वाद: कसाव रस, 8) के साथ जुड़ता है और "स्व-चालन और परिसंचारी अभिवादक आत्मा" (रेटिनोब्लास्टोमा [आरबी]-ई2एफ मार्ग: चक्रिका, 90)) की "90" इकाइयों को बनाए रखता है।

पैतृक "परम देवता" (शिव, 7) इस प्रकार, "भावुक संस्थाओं के ब्रह्मांड" (प्रोटिस्ट साम्राज्य : अकल्पा, 570) को बनाए रखने के लिए, एक विभेदित, मातृ "अपरिमित अभिवादन" (सती-पार्वती, 16) के रूप में कार्य करता है, बिना किसी भेदभाव के तत्व के। वह "निर्जीव वस्तुओं के ब्रह्मांड" के भीतर "पूर्ण मानव-प्रभाव" (गणेश, 570) के "उत्पादक, विषम विभाजन" (यौगिक ईथर: गणेश, 570) को प्रकाशित करता है (टेट्राप्लोइड: स्तवरविशा, 57) द्वारा "सांस्कृतिक तत्व" (कोशिका द्रव्य पॉलीएडेनाइलेशन तत्व-बाध्यकारी प्रोभूजिन [सीपीईबी]: सदाख्या, 9) को "कार्य शक्ति" (श्रम शक्ति, 1) के साथ लगातार ताज़ा करना।

भौतिक शरीर के रूप में, भाई कोशिकाओं का ब्रह्मांड बौद्धिक शरीर बनाने वाली बहन कोशिकाओं के ब्रह्मांड की चेतना को संक्रमित और प्रदूषित करता है। इसलिए, भौतिक शरीर की कोशिकाओं के "सूक्ष्मनलिकाएं" (दशा, 1) से परे, शुद्ध मानसिक शरीर बनाने के लिए, बाद में "पोती कोशिकाओं के ब्रह्मांड" (ब्राह्मण, 2) की कल्पना की जाती है। प्रत्येक उलझी हुई "पोती कोशिका" (बगलामुखी, 9) उलझी हुई "तृतीयक अवशिष्ट" (खारा, 6) के प्रबंधन के लिए "पोते कोशिकाओं के ब्रह्मांड" (जगदम्बा, 94) की कल्पना करती है जो उसे "ज्ञान" (चित्त शक्ति, 100) को प्रदूषित और विभाजित कर रही है।

पोते कोशिकाओं का ब्रह्मांड सूक्ष्म शरीर बनाता है, जो "भविष्य की वास्तविकता" (एकार्थ, 21) की "प्रबुद्ध चेतना" (श्री भगवती, 9) को "सूर्य" (सूर्य, 21) के रूप में एक सर्वशक्तिमान निर्माता के साथ विकीर्ण करता है। शक्ति। पैतृक कोशिकाओं का उलझा हुआ ब्रह्मांड आकाशीय शरीर बनाता है, जो आध्यात्मिक रूप से दूषित पितृ कोशिका की पिछली वास्तविकता को पुन: प्रस्तुत करने के लिए छाया चंद्र वास्तविकता को कोड करता है। मातृ कोशिकाओं का शुद्ध ब्रह्मांड कारण शरीर बनाता है, जो भौतिक रूप से "एक दादाजी की आत्मा" की सोई हुई चेतना को जगाने के लिए भविष्य की दादी की आत्मा की गुप्त संगठनात्मक वास्तविकता को सन्हित करता है (एकतमा, 986)। दादाजी कोशिकाओं का सोता हुआ ब्रह्मांड आत्म-प्रकाशमान इकाई बनाता है। दादी कोशिकाओं का शुद्धिकरण ब्रह्मांड चमकदार इकाई बनाता है, जो स्वयं-प्रकाशमान इकाई को "ईश्वर-प्रभाव" (सुनायक, 5) से मुक्त करता है और "परम देवता" (शिव, 7) के साथ एकता सुनिश्चित करता है। नतीजतन, प्रत्येक "बहन कौशिका" (हव्यवाहन, 16), जो कि संवेदनशील इकाई द्वारा कल्पना की गई है, एक आरोही प्रारंभिक अभिवादन चेतना का आनंद लेती है। एक संवेदनशील इकाई, जो बौद्धिक शरीर के बंद द्वार को खोलने पर ध्यान देती है, एक प्रारंभिक अभिवादन में बदल जाती है।

तालिका 9 परम देवता के लिए एक होने के बिना, अपरिमित अभिवादन के रूप में सोलह मार्गों को प्रकाशित करती है। ने वर्तमान वास्तविकता के मापन योग्य मापीय के मानदंड के लिए अवरोही शक्ति के आठ मार्ग और मापने योग्य मापीय को एक आध्यात्मिक, सांस्कृतिक तत्व में बदलने के लिए आरोही शक्ति के आठ मार्गों को शामिल करते हैं। वे तकनीकी परम देवता की गतिशील दिव्य योजना से मुक्त, अपरिमित वास्तविकता के अथाह मापीय के रूप में एक अपरिमित अभिवादन का निर्माण करते हैं।

अपरिमिता अभिवादन (कल्प) पथ	राजाओं के राजा (वैमाङका; किरियोट्स; प्रभुत्व; हावी परी; आधिपत्य; दुकान के काम की दुकान	चमकदार; रियासत; अध्यक्षता; फरिश्ता तय करना; सोडाशा महाक्राली; कांगडी लिंगफू	अपरिमिता प्रदीपक; थ्रोनोस; पूर्व हावी देवदूत; सोडाशा श्री कृष्ण; दिव्रा	आसन्न अभिवादन	निकलता हुआ अभिवादन	मानव प्रभाव कारोबार किया	व्यापारिक प्रभाव का आदान-प्रदान
परम सौधर्म	सौधर्मा (स्त्रीलिंग, परिमिता)	वाहन	लेकावेल	संस्कृति प्रभाव का रहस्य (सृजन का गणित)	आशीर्वाद के विज्ञान (डींग मारना और जीने की कला) को प्रकाशित करता है	2700 जीवनकाल	2700 X 1000 संवेदनशील इकाइयां
परम आइशारा	महाघोसा (मर्दाना, अपरिमिता)	मञ्झा न्यायवर्ता	हा हा हा हा हा	वर्वकल्चर प्रभाव के रहस्य (सृजन का विज्ञान)	सांत्वना (भीष्म) के विज्ञान और जीवन जीने की कला पर प्रकाश डालता है	66 संवेदनशील इकाइयां	66 X 1000 जीवनकाल
मेगा पैसा कला जुआ	सनन्कुमार (स्त्रीलिंग, परिमिता)	अनियनुएल	कैनील	परम कार्यशील प्रणाली के रहस्य (सृष्टि का सत्तामूलक कारण)	धर्मांतरण के विज्ञान (पीठ चुगना) और	10 संवेदनशील इकाइयां	10 X 1000 जीवनकाल

					जीवन जीने की कला पर प्रकाश डालता है		
परम महेंद्र	महिंद्रा (मर्दाना, अपरिमिता)	टैटेल	जेलील	पालन प्रणाली के रहस्य (सृष्टि का ज्ञानमीमांसीय प्रभाव)	सौंपने के विज्ञान (प्रजनन) और जीने की कला पर प्रकाश डालता है	10 संवेदनशील इकाइयां	10 X 1000 जीवनकाल
ब्रह्मलोक (आंतरिक ब्रह्म)	ब्रम्हा (मर्दाना, अपरिमिता)	हेरियन	लेटूइया	नेतृत्व प्रणाली के रहस्य (सृजन का स्वयंसिद्ध मूल्य)	भावनाओं के विज्ञान (विश्वास) और जीने की कला पर प्रकाश डालता है	10 संवेदनशील इकाइयां	10 X 1000 जीवनकाल

तालिका 9

435

अपरिमिता अभिवादनकर्ता	राजाओं के राजा	चमकदार;	परिमिता प्रकाश करनेवाला	आसन्न अभिवादन	निकलता हुआ अभिवादन	मानव प्रभाव	व्यापार प्रभाव
ब्रह्मोत्तर (बाहरी ब्रह्मा)	ब्रह्मा (स्त्रीलिंग, परिमिता)	ऊपर	इलियाह	उद्यमिता प्रणाली के रहस्य (सृजन का आध्यात्मिक मूल्य)	पीढ़ी (बनने) के विज्ञान और जीने की कला पर प्रकाश डालता है	16 गुरुत्वाकर्षण इकाइयाँ	16 X 100 जीवनकाल
लंतक (आंतरिक लंतक)	ल्तक (मर्दाना, ऊपरिमिता)	हाहाहेल	राजपूत	प्रबंधन प्रणाली के रहस्य (सृजन का गतिशील मूल्य - अनुकूलन मनोदशा)	अभिषेक (कलह) के विज्ञान और जीने की कला पर प्रकाश डालता है	1780 आजीवन शक्ति इकाइयाँ	1 पूर्ण जीवनकाल
कपिष्ठा (बाह्य लंतक)	ल्टाका (स्त्रीलिंग, अद्य)	न्यायाधीश	नेलेबेल	नागरिकता प्रणाली के रहस्य (असुर के रूप में सृजन का प्रारंभिक मूल्य - मनोदशा द्वारा वातानुकूलित)	गरिमा (दोष) के विज्ञान और जीने की कला पर प्रकाश डालता है	10,000 आजीवन शक्ति इकाइयाँ	356,000 आजीवन शक्ति इकाइयाँ

शुक्र (आंतरिक शुक्र)	शुक्रा (मर्दाना, परिमिता)	मानकेल	एक लक्ष्य	विदेशी जहाज प्रणाली के रहस्य (सुरा के रूप में सृजन का विनिमय मूल्य - भाग्य का स्वामी)	सपने देखने के विज्ञान (नवोदित) और जीने की कला पर प्रकाश डालता है	128 आजीवन शक्ति इकाइयाँ	128 जीवनकाल
महाशुक्र (बाह्य शुक्र)	शूरा (स्त्रीलिंग, परिमिता)	मिजराल	अलादिया	सार्वभौमिक प्रणाली के रहस्य (दिव्य-गुरु देवत्व के रूप में सृजन का सेवा मूल्य)	चेतना (श्वास) के विज्ञान और जीने की कला पर प्रकाश डालता है	64 आजीवन शक्ति इकाइयाँ	64 जीवनकाल
शतारा (आंतरिक शतारा)	नहस्रता (मर्दाना, अपरिमिता)	ज़रूर	खोज पर	अद्वितीय प्रणाली के रहस्य (अनंत काल के देव-स्वामी के रूप में सृजन का व्यापारिक मूल्य)	सत्य के विज्ञान (परेशान करने वाले) और जीने की कला पर प्रकाश डालता है	16 आजीवन शक्ति इकाइयाँ	16 जीवनकाल

अपरिमिता अभिवादनकर्ता	राजाओं के राजा	चमकदार;	परिमिता प्रकाश करनेवाला	आसन्न अभिवादन	निकलता हुआ अभिवादन	मानव प्रभाव	व्यापार प्रभाव
सहस्रा (बाहरी शतारा)	सहस्रा (स्वीलिंग, परिमिता)	पोइृग्ल	आनमी	कार्यबल प्रणाली के रहस्य (देवी-दीमिमान प्रेम के रूप में सृजन का गतिशील एन्ट्रापी मूल्य)	भाग्य के विज्ञान (श्रवण) और जीवन जीने की कला पर प्रकाश डालता है	1 आजीवन शक्ति इकाई	500 शक्ति इकाइयों के साथ 1 जीवनकाल
अनाता (आंतरिक अनाता)	प्रणत (मर्दाना, परिमिता)	इज़ेलेल	फिर से चलाना	रचनात्मक क्षमता के रहस्य (संवेदी शक्ति की एक इकाई के रूप में सृजन का पटल व्यापार मूल्य)	साम्यवाद के विज्ञान (होने और जीने की कला) पर प्रकाश डालता है	अनंत जीवनकाल, 5 शक्ति इकाइयों के साथ	अनंत जीवन काल, 13 शक्तिओं के साथ एकजुट
प्रणत (बाहरी अनाता)	प्रणता (स्वीलिंग, परिमिता)	पहला	हहृयाह	रचनात्मक निवेश के रहस्य (गुरुत्वाकर्षण शक्ति की एक इकाई के रूप में सृजन का मानक समानता मूल्य)	बुलाने (व्यवहार करने) के विज्ञान और जीने की कला पर प्रकाश डालता है	अनंत जीव, 396 शक्ति इकाइयों के साथ	अनंत प्रकाशक, 14 शक्ति इकाइयों के साथ
अरना (आंतरिक अरना)	अच्युता (उभयलिंगी, परम)	इमामियाह	मेलहेल	प्रारंभिक व्यापार के रहस्य (शक्ति की एक इकाई के रूप में सृजन की परिवर्तनकारी पूर्णता मूल्य)	मुक्ति (शुरुआत) के विज्ञान और जीने की कला पर प्रकाश डालता है	परम निर्माता, 0 शक्ति इकाइयों के साथ	अनंत अपराधी, 15 शक्ति इकाइयों के साथ
अच्युत (बाहरी अरण)	अच्युत (लिंग रहित, आत्मा)	लेविआह	आइग्ल	प्रारंभिक आदान-प्रदान के रहस्य (समग्र आत्मा इकाई के रूप में सृजन का स्वस्थ तत्वमीमांसा मूल्य, जो स्वतंत्र रूप से स्त्री और मर्दाना प्राणी की पहचान बनाता है)	अनुग्रह (आशीर्वाद) के विज्ञान और जीने की कला पर प्रकाश डालता है	अपरिमिता अभिवादनकर्ता की 16 शक्ति इकाइयों के भीतर परम देवता	परम की 7 शक्ति इकाइयों के बिना अपरिमिता देवता

15.1 कोशिकीय विकास का दोहरा सप्तक चरण

भाई कोशिकाओं का ब्रह्मांड "बौद्धिक शक्ति" (अम्बारा, 180) में एक उर्जा परिमाण यंत्र का अनुभव करता है, जबकि बहन कोशिकाओं के ब्रह्मांड में वृद्धि का अनुभव होता है, आनुपातिक आनुपातिकता का ब्रह्मांडीय नियम है। "दादा" (श्री कृष्ण, 10) के "चमकदार, ताराबीज आयाम" (यति धर्म, 29) का व्यापार करने के बाद, जो आयामी "शक्ति" (शक्ति, 19 = 29 - 10) को "कोशिका" (हिरण्यगर्भ,19) में विकसित करता है। माँ प्रकृति (कुदरत, 8) ब्रह्मांडीय ब्रह्मांड के "आरोही आधे के रूप में स्त्री तत्व" (भावना, 37 = 29 + 8) बनाती है।

स्त्री तत्व में सैंतीस जीन होते हैं जो एक माइटोकॉन्ड्रियन अणु का निर्माण करते हैं। "दादी" (पिवारी, 18) के अर्ध-मानसिक "अंतर्ज्ञान आयाम" (कंधारपा, 296) का व्यापार करने के बाद, कौशिका "स्त्री तत्व के सप्तक" को आदर्श बनाने के लिए "मर्दाना तत्व" (कंदारपा, 296) में बदल जाता है॥

मर्दाना तत्व में दो सौ निन्यानवे हाउसकीपिंग जीन [प्रतिलेखन कारक] का एक समुह होता है जो एक कौशिका पछाड़ना हस्ताक्षर बनाते हैं। वे डीएनए की एक अपक्षयी कार्यक्रम संबंधी कैंसर की वास्तविकता और आरएनए के अवरोही जानबूझकर नियोजित हाउसकीपिंग बातचीत का संकेत देते हैं। इन जीनों में दो समुह होते हैं।

पहले समुह में एक सौ अट्ठाईस विनियमित गृह व्यवस्था जीन [प्रतिलिपि प्रभाव] का एक समुह शामिल होता है जो एक कौशिका को एक सदन-एकाधिकार "ब्रह्मांडीय बच्चा" (आर्सीसा, 128) में बदल देता है। दूसरे समुह में एक सौ अड़सठ नीचे विनियमित गृह व्यवस्था जीन का एक समुह शामिल है। वे "ब्रह्मांडीय पैतृक" (साध्याता, 80) को चुप करा देते हैं, जो पहले कुदरत के विखंडन और संलयन के लिए वांछित "अलौकिक प्रतिमान" (युक्ति, 8) गें आगे पीछे होते रहे हैं। मौन ब्रह्मांडीय पितृ को सामूहिक "मर्दाना तत्व" (कंधारपा, 296 = 128 + 80 * 2 + 8) के माध्यम से घर-एकाधिकार करने वाले ब्रह्मांडीय बच्चे की चेतना पर गुप्त रूप से शासन करने देता है।

स्त्रीलिंग और पुल्लिंग तत्व मिलकर एक जीन के "फास्फारिलीकरण" (अस्तर की कार्य: भुधारा, 10^{100}) में लगे तीन-सौ तैंतीस जीनों का एक समूह बनाते हैं। वे सूक्ष्म शरीर

की दिव्य "विभेदकारी चेतना" (नारायण, 28) को एक "लघुगणकीय आधार" (सुषुम्ना, 10) में बदल देते हैं, जो स्वयं-चमकदार पारिस्थितिकी तंत्र की अलग-अलग "गुरुत्वाकर्षण शक्ति" (ललिता, 100) को एक इकाई के रूप में प्रतिपादित करते हैं। "ब्रह्मांडीय पैतृक" (साध्याता, 80) अपने "हिंसा आयाम" (हिंसा, 80) के साथ अस्सी जीनों का एक समुह कार्य करता है। यह "टायरोसिन फास्फारिलीकरण" (परिबद्ध चेतना: अविद्या, -10^{30}) के रूप में जानी जाने वाली प्रक्रिया के माध्यम से स्व-चमकदार पारिस्थितिकी तंत्र के घातांक "उच्च स्व" (चित्त, 100) को गुरुत्वाकर्षण रूप से संशोधित करता है। इस प्रक्रिया में एक "मध्य इकाई" (विद्यापति, 10^{10}) की स्थानीय रूप से अभिसरण चेतना को एक सांस्कृतिक सीमा के रूप में जोड़ना शामिल है जो स्व-चमकदार पारिस्थितिकी तंत्र के कारण शरीर का निर्माण करती है। "ब्रह्मांडीय मातृ" (ग्रहपरिवृत्ति, 195) "वर्तमान जीन के सर्वव्यापी स्पंदन" (क्षेम्या, 7) के लिए "स्पंदन शक्ति" (संभूति, 106) के साथ एक सौ छह जीनों का एक समुह कार्य करता है जो "बौद्धिक शरीर" (सूक्ष्माशरीरा, 306 = 106 + 100 + 100) बनाता है। यह स्व-चमकदार पारिस्थितिकी तंत्र के "उच्च स्व" (चित्त, 100) के साथ-साथ इसके "मार्गदर्शक-प्रभाव" (गुरु, 100) का व्यापार करता है। दिमाग में जन्मी "दादी" (पिवारी, 18) "दिव्य शक्ति" (असरवा शक्ति, 10) के बारे में पोते को "शिक्षित" (कलविकर्णी, 238) के लिए दो सौ अड़तीस जीनों का एक अतिरिक्त समुह कार्य करती है। ये दो सौ अड़तीस जीन मन में जन्मी स्वर्गीय दादी का दमन करते हैं और एक पुनर्जन्मित आत्म-चमकदार इकाई का गठन करते हुए, पोती के जमीनी सप्तक का लेन-देन करते हैं।

तीन सौ तैंतीस जीनों का फास्फारिलीकरण अनुक्रम क्रमशः 333, 80, 106, और 238 जीनों वाले चार समुह को मिलाकर "आकाशीय शरीर" (भोगशरीरा, 957) बनाता है। जमीन जनन-कोशिका में रहने वाला जीन नामक तत्त्व उनतालीस जीनों के एक समुह को कार्य करता है, जो "मानव होमोबॉक्स [होक्स] परिवार" (त्रिशिरा, 39) को "उभयलिंगी प्रकाशमान संस्था" (अर्धनारेश्वर, 39) को स्व-ऊष्मायन करने के लिए बनाता है। उभयलिंगी चमकदार इकाई एक "मानसिक शरीर" (हृदमन, 381 = 39 + 106 + 238 - 2) के रूप में विकसित होती है, जो ब्रह्मांडीय मातृ द्वारा क्रमादेशित 106 इकाइयों और दादी द्वारा क्रमादेशित 238 इकाइयों के प्रभाव को व्यापार और एकत्र करती है। यह सेवाएं और उन दो जीनों को घटाता है जो लौकिक पैतृक और दादा के भीतर स्त्री और पुरुष तत्वों की समग्रता को शामिल करते हैं। दादा, दादी, ब्रह्मांडीय पैतृक, और ब्रह्मांडीय मातृ की चतुरता की आत्माएं "संवेदी शक्ति" (वरुण, 1000 = 485+ 512 + 3)) के साथ "कोई भी" (गर्दबा, 1000) का "शेष" (ज्योतिस्तव, 4) बनाती हैं। कि कोई भी "कशेरुकी" (सतपुत्र, 485),

एक "अकशेरुकी" (सौरा, 512), या समग्र "पशु शक्ति" (कुंडलिनी शक्ति, 20) का मानव "गुणक" (वैश्य, 3) हो सकता है । कि कोई भी मर्दाना बच्चे की तरह व्यवहार करे । वह दो जीनों को एकत्रित करके एक "भौतिक शरीर" (स्थूलशरिरा, 387) में बदल जाता है, जो चार आत्माओं को मूर्त रूप देने वाले चार जीनों के साथ, ब्रह्मांडीय पैतृक और दादा को शामिल करता है । पोता और मर्दाना बच्चा क्रमशः ब्रह्मांडीय पैतृक और दादाजी की आत्मा के पूर्ण समरूप हैं ।

एक "कशेरुक" (पारिवारिकता: सतपुत्र, 485) में छह मर्दाना बाल वर्गों का एक समूह शामिल होता है, जिसके लिए सातवीं पैतृक और आठवीं मातृ वर्ग संयुक्त पारिवारिक रीढ़ हैं । छह मर्दाना बाल वर्ग आदि-उत्तम स्व के छह मर्दाना रूप हैं: चरण(इकाई उपकरण), आर्कियोन (दिव्य उपकरण), जीवाणु (राशि तंत्र), यूकेरियोट (ज्योतिषीय उपकरण), प्रोकैरियोट (गुरुत्वाकर्षण उपकरण), और कौशिका (संवेदनशील उपकरण) । सातवां पितृ वर्ग "संवेदी इकाई" (सिद्ध, 7) है, "तंत्र-परिक्रमा वास्तविकता" के बिना (निर्रति, 1) । आठवां मातृ वर्ग "कुदरत" (कुदरत, 8) है, "तंत्र-परिक्रमा वास्तविकता" (निर्रति, 1) के भीतर । परिक्रमा करने वाली वास्तविकता "आठवें स्त्री विभक्त के रूप में माँ प्रकृति के भीतर परम देवता की सात गुना विभाजित मर्दाना शक्ति है । वे एक साथ शक्ति ऊष्मायन का एक अलौकिक, भ्रमपूर्ण, रंग-रहित, मन-जनित उभयलिंगी बिंदु बनाते हैं । उभयलिंगी बिंदु प्रकाशक कारक की समग्रता को रोशन करने का मार्ग है ”(माया शक्ति, 1) ।

एक "अकशेरुकी" (पूर्वज: सौरा, 512) में छह स्त्री बाल वर्गों का एक समूह शामिल है, जिनके लिए सातवीं पैतृक और आठवीं मातृ वर्ग विसरित पैतृक पेशी हैं । उनके पास विरासत में मिली अहंकारी "विवाद की हड्डी" (अस्थी, 86) के बिना, फैली हुई पैतृक मांसपेशियों को किसी भी वांछित रूप में बदलने की शक्ति है । छह स्त्री बाल वर्ग आदि-उत्तम स्व के छह स्त्री रूप हैं । यद्यपि उनके पास किसी भी वांछित रूप में आदर्श रूप से विकसित होने की शक्ति है, "पारिवारिक तत्व" (ऊतकों से संबद्ध छाल (बास्ट): उभयतो, 190) उनकी इच्छाओं को बाधित करता है । वे "विश्वासों और विश्वासियों के सांसारिक परिवार के साथ भावनात्मक रूप से गर्भवती हैं" (उभयतो, 190) । मिश्रित पारिवारिक पृष्ठभूमि छह मर्दाना बाल वर्गों को अहंकारी रूप से छह स्त्री बाल वर्गों को विश्वासों के सांसारिक परिवार के साथ संहिताबद्ध और गर्भवती करने के लिए प्रेरित करती है । पितृत्व की शक्ति में विश्वास करने वाले के रूप में, प्रत्येक पुरुष वर्ग को एक "आनुवांशिक पूर्व-कार्य के कारण विसंगति तत्व" (ग्रहपति, 90) विरासत में मिला है । यह "मेथिलिकरण" (ग्रहपति,

90) को "मिथाइल- ग्रह-प्रभाव के साथ विकृत रीढ़ की हड्डी बनाता है" (विसंगत शक्ति: असुर, -1) के साथ प्रकट करता है।

एक "जानवर" (बुद्धिमानी: भीम, 101024) पोते की पारिवारिकता के साथ-साथ माता-पिता की पैतृकता दोनों को "प्राकृतिक शक्ति के चक्र" (विनायक चक्र, 27) से बंधे बच्चे के रूप में दर्शाता है। प्राकृतिक शक्ति के चक्र की सत्ताईस इकाइयों में दो समुह शामिल हैं।

- सबसे पहले, एक महिला बच्चे द्वारा क्रमादेशित तेईस जीनों का एक समुह एक "युग्मक" (सिद्धि शक्ति, 187) बनाता है। एक युग्मक असंगत विश्वास प्रणाली को तेईस पोते-पोतियों के समूह में प्रत्यारोपित करता है। समूह तेईस उभयलिंगी बाल वर्गों से बना है। यह छह स्त्री और छह पुल्लिंग बाल वर्गों का संलयन है। बारह लिंग-विभेदित बाल वर्ग, दस लिंग-मुक्त बाल वर्ग और एक लिंग-विभेदक वर्ग हैं।

- • दूसरा, एक पोती द्वारा क्रमादेशित चार जीनों का एक समुह लिंग-बद्ध ब्रह्मांडीय पैतृक और ब्रह्मांडीय मातृ के माध्यम से एक विभेदक पारिवारिकता को निर्धारित करता है। वे लिंग-मुक्त दादा और दादी के माध्यम से पारिवारिकता को बदलते हैं। दादी लिंग-मुक्त हैं क्योंकि दादी एक "दिमाग से पैदा हुई आयाम" (पिवारी, 18) हैं । वह "दादा" (श्री कृष्ण, 10) के मर्दाना तत्व के भीतर निहित स्त्री तत्व के व्यापार के माध्यम से अवतार लेती है। दादा लिंग-मुक्त हैं क्योंकि लिंग-भेद करने वाले स्त्री और पुरुष तत्व दोनों उसके भीतर निहित हैं। स्त्री तत्व उसके आंतरिक, बौद्धिक शरीर को और मर्दाना तत्व उसके बाहरी, भौतिक शरीर को मानकर चलता है।

एक "मानव" (नृविज्ञान: अनाला, 275) एक "आदि-उत्तम देवता" है (अदिति, 1024 = 485 + 512 + 23 + 4) मर्दाना बाल वर्गों के लिए कुदरत की दिव्य योजना, स्त्री बाल वर्गों के लिए अपरिमित प्रकाशक की मार्गदर्शक कार्य की 512 इकाइयाँ, मातृ तत्व को मूर्त रूप देने वाली स्त्री बच्चे के भावुक प्रदर्शन की 23 इकाइयाँ, और समवर्ती की चार इकाइयाँ पितृ तत्व को शामिल किए बिना मर्दाना बच्चे की शैतान मुनाफाखोरी। आदि-उत्तम देवता भी लिंग-मुक्त है, क्योंकि वह स्त्री और पुरुष दोनों तत्वों के एकत्व-प्रभाव का व्यापार करती है, स्त्री तत्व के साथ उसके आंतरिक देवता कारण शरीर और मर्दाना तत्व उसके बाहरी मानवकृत सूक्ष्म शरीर को आदर्श बनाते हैं। वह "आकाशीय शक्ति के अवरोही-क्रम प्रवाह" (अवरोहण शक्ति, 749 = 1024 - 275) के रूप में सात सौ उनतालीस इकाइयों की सेवा करके एक "मानव तन" (नृविज्ञान: एनाला, 275) बन जाती है। वह "ईश्वरीय शक्ति के

अवरोही-क्रम प्रवाह" (आरोहण शक्ति, 105) के रूप में एक "अभिवादन आत्म-चमकदार इकाई" (विठोबा, 12) के रूप में एक सौ पांच इकाइयों के एक समूह की सेवा करके एक "ऊष्मानियंत्रक" (जनानी, 105) बन जाती है। शेष एक सौ सत्तर इकाइयाँ "विभाजन तत्व" (वैकरी, 170 = 275 - 105) का निर्माण करती हैं जो आत्म-प्रकाशमान इकाई को "अभिसरण" (एकग्रथ, 158 = 170 - 12) के बिना ओर प्रकाशमान सत्ता के साथ स्वयं के "विचलन" (वैकरी, 170) का आनंद लेने के लिए सशक्त बनाती हैं।

द्वितीयक "अपरिमित प्रकाशक" (श्री कृष्ण, 10) दो चरणों में एक "आदि-उत्तम देवता" (अदिति, 1024) बनाता है। पहला कदम "रचनात्मक दिव्य शक्ति" (मधुसूदन, 16) का "चमकदार इकाई" (काली, 96 = 16 * 6) बनाने के लिए स्त्रीलिंग "शक्ति" (काली शक्ति, 96) की एक इकाई के रूप में है। दूसरा चरण "रचनात्मक दिव्य शक्ति" (मधुसूदन, 16) का दोहरा-सप्तक गुणन है, जो सप्तक-विभाजित करने वाली स्त्री "शक्ति" (काली शक्ति, 96) द्वारा मध्यस्थता से एक "आदि-उत्तम देवता" (अदिति, 1024) "देवता साम्राज्य की माता" (देवतामयी, 1024 = 16 * 8 * 8) के रूप में ।

देवता राज्य की एक माँ के रूप में, आदि-उत्तम देवता एक "संभावना का सप्तक" (अदिति, 1024) है, जो "ब्रह्मांडीय बच्चे" (एरिक्सा, 128 = 1024/8) को "संभावना" (हरिति, 128), बिना सप्तक-विभाजित स्त्री "शक्ति" (काली शक्ति, 96) के बिना, ब्रह्मांडीय बच्चे की "संभावना" (हरिति, 128) को "मन के सिद्धांत के बिना, मन के सप्तक" के रूप में मानते हुए, प्राथमिक "प्राथमिक प्रदीपक" (पार्वती, 10) माध्यमिक "प्राथमिक प्रकाशक" (श्री कृष्ण, 10) की "दिव्य शक्ति" (असरव शक्ति, 10) के रूप में कल्पना करता है। उसका "तृतीयक अवशिष्ट" (खारा, 6) मध्यस्थ, सप्तक-विभाजित "चमकदार इकाई" (काली, 96 = 16 * 6) बनाता है।

चमकदार इकाई की भ्रमपूर्ण वास्तविकता "रचनात्मक दिव्य शक्ति" (मधुसूदन, 16) की चेतना के बिना कल्पना की जाती है। रचनात्मक दिव्य शक्ति "आदि-उत्तम निर्माता" (कृष्ण, 32) का आत्म-स्थायी मूल्य है। आदि-उत्तम निर्माता एक "मन में जन्मी संतान" (कृष्ण, 32) है, जो प्राथमिक "प्रदीपक" (पार्वती, 10) और "परम देवता" (शिव, 7) के उत्तम एकता-प्रभाव के माध्यम से बनाई गई है। "मातृ मूल अभिवादन" (सती-पार्वती, 16 = 10 + 7 - 1), बिना "भ्रामक विभाजन शक्ति" (माया शक्ति, 1) ।

कौशिका विकास का चरण 27 "अ-साबुनीकरण" (जी 64 चरण: अष्टोत्तरीदाशा, 30) का एक क्रम है, जो कलहपूर्ण तत्व को साफ करता है। यह एक "बहन कौशिका" (हव्यवाहन, 16) को "भाई कौशिका" (मंगलनाथ, 16) को चौंसठ गुना गुणा करने देता है,

जो कि ऊष्मानियंत्रक के "शक्ति" को विभाजित करने वाले भ्रमपूर्ण सप्तक के भीतर होता है। नतीजतन, बहन कोशिका एक आदि-उत्तम देवता बन जाती है। चरण 27 से पहले है और इसमें तीन अनुक्रमिक चरण शामिल हैं: चरण 24-26।

15.2 कोशिकीय विकास का तिहरा-सप्तक चरण

"गोलाकार, लिंग-मुक्त, अपरिमित प्रकाशक" (त्रिचक्र, 10) 24-26 चरणों में तीन सप्तक का एक क्रम बनाकर एक आदि-उत्तम देवता में बदल जाता है।

पहला, चरण 24: अस्वच्छता अग्नि तत्व को ऊष्मीय करने के लिए जल तत्व को तकनीकी रूप से विचलित करने के लिए "ऊर्ध्वाधर, स्त्री, उत्तम प्रकाशक" (पार्वती, 10) की दिव्य योजना है। उष्मीकरण अग्नि तत्व वायु तत्व को संगठनात्मक रूप से फैलाकर भाई कोशिकाओं के एकीकृत द्रव्यमान को अ-आकर्षित करता है। यह पारिस्थितिक तंत्र के भीतर यौन-सक्रिय ईथर तत्व का एक विषम वितरण उत्पन्न करता है। यह "मानव जाति के बड़े भाई" (कर्दमा, 9,000) के भीतर भाई कोशिकाओं के एकीकृत द्रव्यमान के संसेचन, अर्ध-मानसिक संबंधों को बनाए रखने के लिए प्रत्येक भाई कोशिका की क्षमता को विभाजित करता है। मर्दाना तत्व के बिना, प्रत्येक अलैंगिक भाई कोशिका आकाशीय तत्वों के पारिस्थितिकी तंत्र के संवेदनशील प्रभाव का व्यापार करके एक यौन-सक्रिय बहन कोशिका में बदल जाती है। प्रत्येक "बहन कोशिका" (हव्यवाहन, 16 = 8 * 2) "पोती कोशिकाओं के ब्रह्मांड" (ब्राह्मण, 2) का एक सप्तक है।

दूसरा, चरण 25: अ-गुरुत्वाकर्षण "क्षैतिज, मर्दाना, उत्तम प्रकाशक" (श्री कृष्ण, 10) की "अ-साबुनीकरण" (अष्टोत्तरीदाशा, 30) के "जी 64 चरण" (अष्टोत्तरीदाशा, 30) को व्यवस्थित करने की दिव्य योजना है। यह "मातृ प्रधान अभिवादन" (सती-पार्वती, 10) की "दिव्य शक्ति" (असरशक्ति, 10) के भीतर "अरेखीय, ऊर्ध्वाधर, स्त्री यौन शक्ति" (असरावशक्ति, 10) को शुद्ध करता है। अ-साबुनीकरण "शैतानी शक्ति" (पसाका, -9) के "संवेदी तत्व" (ओजस, 189) में संवहन का एक चक्र है, जो "मार्गदर्शक तत्व" (गुरु, 100) में बल अंतर की भरपाई करता है, यानी, "अपरिमित स्वं" (राम, 100) के "मार्गदर्शक-प्रभाव" (चित्त, 100) के लिए। "ऊर्ध्वाधर, स्त्रीलिंग, उत्तम प्रकाशक" (पार्वती, 10) का "अनंत दिव्य-प्रभाव" (शंकर, 264) "पूर्ण आत्म" (हुरुपा, 280)के भीतर एक "मर्दाना-से-उभयलिंगी लिंग विनिमय" (प्रतिवासुदेवधर्म, 264) उत्पन्न करता है।

सक्रिय "विकर्ण, उभयलिंगी, अपरिमित प्रकाशक" (संवेदी जल का सिद्धांत: अपका प्रणोहम अस्मि सिद्धांत, 10) "प्राथमिक स्व" (पार्वती, 10) के सच्चे, प्राथमिक

"भावुक तत्व" (ओजस, 189) को दबा देता है। यह "उत्तम स्व" (राम, 100) के एक वैकल्पिक, माध्यमिक, "मार्गदर्शक तत्व" (गुरु, 100) को "इकाई चेतना" (उभयलिंगी-प्रभाव: सुषुम्ना, 10) में एक प्रमुख कारक के रूप में दबाता है। नतीजतन, "दिव्य तत्व" (भाव, 360) "पथ-प्रभाव के भीतर मार्गदर्शक इकाई" (नागनायक, 19) के लिए "बाध्य" (बंध, 19) है। मार्गदर्शक इकाई जो "सैद्धांतिक कारण" (प्रकरण, 60) का कार्यक्रम करती है, अपने "आदर्श-प्रभाव" (दशा, 1) की कल्पना की गई "सामाजिक संप्रभुता" (रामराज्य, 60) के साथ दैवीय नियोजन की प्रदर्शन यात्रा को सीमित करती है। यह "मंथन" (पियाति, 1000/72 = 125/9) के लिए "मंथन" (पियाति, 1000/72 = 125/9) के लिए "शैतानी शक्ति" (पसाका, -9) के साथ "प्राथमिक-उत्तम स्व" (द्वादवब्रह्म, 125) को बांधता है (वरुण, 1000), एक "अद्वितीय, गैर-प्रजनन, अनुत्पादक, लागत-वृद्धि, फलहीन" (बंध्या, 72) "अनुकरणीय" (आर्टा, 22/7) अनंत अनुक्रम की तरह।

अद्वितीय "स्व" (अमात्व, 8 x 10^{15}) "राशि प्रणाली" का "अवतार मूल्य" (मरकतेश, 8 x 10^{15}) है (शून्य कल्प, 8 x 10^{15})। यह एक "अलौकिक प्रभाव" उत्पन्न करता है (प्लाज्मोडेस्मा: ज्ञानसिद्धि, 190 [1(9)0]) "दैवीय शक्ति" (असरावशक्ति, 10) को "समलैंगिकों के प्रति भय स्वप्न-राज्य" (महा स्वप्रा, 9) के साथ "शैतानी शक्ति" (पसाका, -9) द्वारा शैतानी "संगठनात्मक मापीय" (महाशुन्या, -1) के भीतर पंचर करके उत्पन्न करता है। "समलैंगिक स्वप्न-राज्य" (महास्वप्न, 9) ज्योतिषीय रचना, राशि चक्र प्राणी, और ताराबीज निर्माता का "लक्ष्य" (महा शिव, 9) "स्व-प्रकाशमान चेतना" (उन्नत, 20) का "गोलाकार प्रभामंडल" (प्रभा मंडल, 10^{1000}) प्रदान करना है। यह प्रत्येक इकाई को "अर्ध-आधिपत्य" (ईश्वरीयता: दित्तुजुकम्मा, 10^{1000}) स्तर तक बढ़ाता है। एक "ब्रह्मांडीय बच्चा" (आर्किसा, 128) "बहन कौशिका" (हव्यवाहन, 16 = 128/8) के एक सप्तक को गर्भ धारण करने के लिए संवेदनशील शक्ति के रूप में वृत्ताकार प्रभामंडल के घातांक मूल्य का व्यापार करता है।

तीसरा, चरण 26: "विकर्ण, उभयलिंगी, उत्तम प्रदीपक" (संवेदी जल का सिद्धांत: अपंका प्रणोहम अस्मि सिद्धांत, 10) की दिव्य योजना है, जो "संवेदनशील जीवन शक्ति के भीतर आत्म-चेतना" को सक्रिय करती है (प्रज्ञा, 2222) प्रत्येक अद्वितीय "स्व" की "पूर्णता" (दिव्यरात्रि, 2222) के लिए (अमात्व, 8 x 10^{15})। सिद्ध "आदि-उत्तम देवता" (अदिति, 10^{24}) में "ब्रह्मांडीय बच्चा" (आर्सीसा, 128 = 10^{24}/8) का एक सप्तक उत्पन्न करने की शक्ति है।

"अस्वच्छता" (असिद्धि, 98) "अग्नि तत्व में द्रव्यमान अंतर की भरपाई के लिए एक जल तत्व में संवेदनशील शक्ति के संवहन" का एक चक्र है (असिद्धि, 98)। "जल तत्व" (अपस, 169) एक "भौतिक शरीर" (स्थूलशरिरा, 387) से छिद्रित होता है, जिसका अग्नि तत्व" (तेजस, 17) का "द्रव्यमान" (पृथ्वी, 132) प्रदूषणकारी "भावुक शक्ति" (वरुण, 1000) के अनुपात से अधिक है। "जल तत्व" (अपस, 169 = 29 + 132 + 8) में "निर्जीव वस्तुओं के ब्रह्मांड" का उनतीस-इकाई द्रव्यमान शामिल है (टेट्राप्लोइड: स्थावरविशा, 57), एक सौ बत्तीस-इकाई द्रव्यमान "चेतन विषयों का ब्रह्मांड" (प्रोटिस्ट साम्राज्य: अकालपा, 570), और "कुदरत" (कुदरत, 8) की आठ इकाइयों का द्रव्यमान। "अग्नि तत्व" (तेजस, 17) में "जल तत्व के निर्माता" (रसी, 9) का नौ-इकाई द्रव्यमान और "कुदरत" का आठ-इकाई द्रव्यमान (कुदरत, 8) शामिल है। "जल तत्व के निर्माता" (रसी, 9) का द्रव्यमान "ब्रह्मांड" (आदेश: ब्राह्मण, 2) के दो-इकाई द्रव्यमान और "चेतन आयाम" की सात-इकाई प्रकाश बल (नकल सम्बन्धी उत्प्रेरक : यमंतका, 7) में अंतर करता है। "चेतन आयाम" का प्रकाश बल (नकल सम्बन्धी उत्प्रेरक: यमंतका, 7) "निर्जीव वस्तुओं के ब्रह्मांड" (टेट्राप्लोइड: स्तवरविशा, 57) में चेतन आयाम के एक रैखिक संलयन के माध्यम से, ब्रह्मांड के द्रव्यमान के बिना और भीतर एकीकृत होता है, जो "निर्जीव वस्तुओं के ब्रह्मांड" (टेट्राप्लोइड: स्थावरविशा, 57) का द्रव्यमान "ईश्वरीय शक्ति" (असरशक्ति, 10) के साथ गुणा के माध्यम से "चेतन विषयों के ब्रह्मांड" (प्रोटिस्ट साम्राज्य: अकालपा, 570) के द्रव्यमान में विघटित हो जाता है, जो "जल तत्व के निर्माता" (रसी, 9) के भीतर आसन्न। "बिना बल के प्रकाश" की एक इकाई (चालकता: प्रभा, 180) उस एक इकाई के बिना "कुदरत" (कुदरत, 8) के आठ-इकाई द्रव्यमान का निर्माता है।

अ-स्वच्छता "चेतन विषयों के ब्रह्मांड" को "निर्जीव वस्तुओं के ब्रह्मांड" में पुन: एकीकृत करती है। यह "अस्तित्व के बिना ब्रह्मांड" (पिनाकापानी, 109) और "ब्रह्मांड संस्थाओं के बिना" (वैकरी, 170) के निर्माण के लिए "निर्जीव वस्तुओं के ब्रह्मांड" के "अटकल" (अर्चना, 269) को उत्प्रेरित करता है। "एक इकाई के रूप में ब्रह्मांड" (ब्राह्मण, 2) के उत्पादन के लिए, "चेतन आयाम" के प्रकाश बल के भीतर आसन्न (नकल सम्बन्धी उत्प्रेरक: यमंतका, 7)।

एक इकाई के बिना, "चेतन आयाम" ((नकल सम्बन्धी उत्प्रेरक: यमंतका, 7) की हल्की शक्ति "परम देवता" (शिव, 7) के भीतर निहित है। "आदि-उत्तम निर्माता" (कृष्ण, 32) इसे "ईश्वरीय योजना" (भविष्यवाणी: सहजता, 916) की पटकथा के लिए सक्रिय

करता है। "मातृ प्रधान अभिवादन" (सती-पार्वती, 16) अपनी दोहरा सप्तक "जागरूकता" (स्वच्छता: उपनिषय, 186) के "प्रसारकारी, अलैंगिक विभाजन" (युज्या, 285) के माध्यम से एक निर्जीव, स्त्री इकाई बनाती है। दिव्य योजना और पटकथा अलौकिक योजनाकर्ता। वह दिव्य योजना के अपने सप्तक-दोगुनी "योग्यता" (गुरुत्वाकर्षण: निस्साया, 863) के एक "उत्पादक, यौन विभाजन" (यौगिक दक्षु: गणेश, 570) के माध्यम से एक चेतन, मर्दाना इकाई बनाती है।

सप्तक-दोगुना योग्यता एक दोहरा सप्तक को "मन में जन्मी अपरिमित मातृ" (अमुधेश्वरी, 18) के "अर्ध-जागरुक्ता" (निरहरिन, 18) में भौतिक मूल अभिवादन और "ब्रह्मांड" (ब्राह्मण, 2) संस्थाओं के दोहरे सप्तक का "भावुक चेतना" (सती-पार्वती, 16) को गलाके प्रकट करता है। संस्थाओं का "दोहरा सप्तक" (मधुसूदन, 16) "मानसिक आयाम" (बीजाधर्म, 31) को एकत्रित करके और मन से पैदा हुए निर्माता (ब्रह्मा, 59 = 57 + 2) से "ब्रह्मांड" (आदेश: ब्रह्मा, 2) को अलग करके "निर्जीव वस्तुओं के ब्रह्मांड" (टेट्राप्लोइड: स्थावरविशा, 57 = 16 + 31) के रूप में प्रकट होता है।

"अर्ध-जागरुक्ता   का तकनीकी चक्र" (कॉलोज सिंथेज़: चित्तचक्र, 57) "कल्पना-प्रभाव" (सिद्धि, 57) को "प्राथमिक व्यापार-प्रभाव" (पुटिका-संबंधित झिल्ली प्रोभूजिन-संबंधित प्रोभूजिन 27 [भी.ए.पी27]: कुबेर, 57) को "ब्रह्मांड" (आदेश: ब्राह्मण, 2) को "मन-जनित रचनाकार (ब्रह्मा, 59 = 57 + 2) को एक स्वतंत्र इकाई के रूप में मानने के लिए ओर उत्पन्न करने के लिए फैलाता है। स्व-स्थायी "व्यापार का चक्र" (मस्तिष्कप्रान्तस्था संबंधी अंतःप्रद्रव्य जालिका: समानचक्र, 58 = [57+59] * ½) "कल्पना-प्रभाव के फैलने योग्य अणु" (सिद्धि, 57) को "घुलनशील अणु" (नरसिम्हिका, 76) में जोड़ता है। एक घुलनशील अणु एक "सन्निहित चेहरा" (पड़ोसी: मुख, 76) है जो "संक्रमित बच्चे" (ऊतक: राजयक्ष्मा, 19 = 76/4) के बिना और संक्रामक "भावुक-प्रभाव" (सोहम, 4) के बिना "निगमित विनिमय" (सिम्पलास्मिक विनिमय: मार्ग, 76) को विभाजित करता है। यह संक्रमित संवेदनशील प्रभाव को एक "लौह म्यान" (डेस्मोट्यूबुल दीवार: लोहा, 4) में जमा देता है और "संक्रमित बच्चे" (ऊतक: राजयक्ष्मा, 19) को आश्रय देता है। आश्रित संक्रमित चाक खुद को "मातृ मूल अभिवादन" (सती-पार्वती, 16) की "दिव्य शक्ति" (असरशक्ति, 10) के साथ गुणा करके "विषाणु संक्रमण" (विष्णु, 285) एक "असंतुलित उर्जा परिमाण यंत्र" (सिम्प्लास्टिक [निगमित] विकास: उल्का, 190) उत्पन्न करता है। अपनी उर्जा परिमाण यंत्र से पहले, विषाणु संक्रमण तीस शुद्ध बच्चों के एक समूह में एक सप्तक-दोगुना "जनन, यौन विभाजन" (यौगिक दक्षु: गणेश, 570) उत्पन्न करता है। प्रत्येक

"शुद्ध बच्चा" (उर्ध्वा-तिर्यग्बिहम, 19) "निगमित विनिमय" (महारालि, 76) को "ब्रह्मांड" (ब्राह्मण, 2) के साथ जोड़कर शुद्ध किए गए "निषेचन" (रेमोरिन: वायवी, 78) अनुक्रम को फैलाता है।

"कुदरत" (कुदरत, 8) एक "रैखिक प्रणाली" के रूप में शुद्ध "निषेचन" (रेमोरिन: वायवी, 78) की सेवा करता है (जालीदार-जैसे प्रोभूजिन उपपरिवार बी 6 [आरटीएनएलबी 6]: रुक्मिणी, 86), बिना घुमावदार, गैर-रैखिक-प्रभाव एक "निरंतर लिखी हुई कहानी" (प्रतिरूप मान्यता प्रापक [लाइम2]: निबेधिकापरियाय:, 86) का निर्माण करता है। अकार्बनिक, मातृ "निरंतर लिपि" (निब्बेधिकापरीयया, 86) जमे हुए "जैविक तनाव" (क्रायोफिक्सेशन: शंख, 87) के "जम जाना-प्रतिस्थापन" (यूकेरियोट-प्रभाव: सुसवानी, 87) के लिए कार्बनिक, पैतृक "मर्दाना-प्रभाव" (आईडीए, 1) को जोड़ती है। "अस्थि मज्जा" (कॉलोस: मेडा, 87) "मांस के मज्जा" (बारीक धागों के समान रचनाओं से बना हुआ किनारा: मज्जा, 97 = 87 + 10) बनाने के लिए "वायरस संक्रमण" (विष्णु, 285) के "प्रेरक नमकीन" (प्राथमिक [सरल] प्लास्मोडेस्मा: सुषुम्ना, 10) का व्यापार करता है।"मांस के मज्जा" (फिलामेंटस स्ट्रैंड: मज्जा, 97) के भीतर अपरिमित "7" "भावुक चेतना" (सती-पार्वती, 16) में उत्तम "1" के साथ फ़्यूज़ हो जाता है। यह "मातृ प्रधान अभिवादन" (श्वेत प्रकाश: मंत्र, 16) के 986 संवेदनशील प्रभागों में से एक गैर-संवेदी "एकीकृत आत्मा" (श्वेत प्रकाश विकिरण: एकात्मा, 986 = 9 [7+1] 6) बनाता है।

15.2.2 चरण 25. वी-गुरुत्वाकर्षण

"वी-गुरुत्वाकर्षण" (अर्चना, 269) "व्योम तत्व में गति अंतर की भरपाई के लिए वायु तत्व में गुरुत्वाकर्षण शक्ति के प्रसार" (अर्चना, 269) का एक चक्र है । "वायु तत्व" (वायु, 385) एक "बौद्धिक शरीर" (सुक्ष्माशरिरा, 306) से फैलता है, जिसकी प्रदूषित "गुरुत्वाकर्षण शक्ति" (ललिता, 100) की "गति" (रिभु, 999) शुद्ध "व्योम तत्व" (शुद्धि, 285) की तुलना में अनुपातहीन है। "वायु तत्व" (वायु, 385) में प्रदूषित "गुरुत्वाकर्षण शक्ति" (ललिता, 100) की गति की सौ इकाइयाँ और शुद्ध "व्योम तत्व" (शुद्धि, 285) की गति की दो सौ पचहत्तर इकाइयाँ शामिल हैं। "बौद्धिक शरीर" (सुक्ष्माशरिरा, 306) में प्रदूषित "गुरुत्वाकर्षण शक्ति" (ललिता, 100) की सौ इकाइयाँ और प्रदूषण साहूकारी शक्ति" (सिद्धशक्ति, 206) की सेवा करने वाली माँ प्रकृति की "क्षतिपूर्ति वास्तविकता" (विद्यार्थ, 206) की दो सौ छह इकाइयाँ शामिल हैं। संक्रामक "चेतन तत्व" (सेल्युलेस: मार्ग, 76) "स्व-पुनर्जन्म" (पुद्गला, ½) "रिसेप्शन" (संपुता, 38 = 76 * ½) के साथ विसंक्रमित,

जो मृत्यु-पूर्वी "निर्जीव तत्व" का (जरमाराना, 18) "एकीकृत आत्मा" (एकात्म, 986) के बौद्धिक शरीर बैंक को प्रदूषित करता है। यह तीसरे, त्रिकोणीय इकाई के रूप में संयुक्त "ब्रह्मांड" (ब्राह्मण, 2) के भीतर, "इकाइयों की संयोजन जोड़ी" (संयोग, 36 = 18 x 2) उत्पन्न करता है। भौतिक शरीर के भीतर अनुपातहीन निर्जीव तत्व "ध्वनि के परिवर्तनकारी चक्र" (ऊतकों से संबद्ध छाल (बास्ट)-निवासी प्रोभूजिन: नाद चक्र, 46) को सक्रिय करने के लिए एक "दबाव ढाल" (पिदाभज, 46 = 36 + 10) उत्पन्न करता है। यह अपनी संयुक्त उपस्थिति को बदलने के लिए "प्रेरक सामर्थ्य" (सुषुम्ना, 10) जोड़ता है।

"ध्वनि का परिवर्तनकारी चक्र" (नाद चक्र, 46) निर्जीव तत्व का "प्रसार का झरना" (सामनंतरा, -16) उत्पन्न करता है। यह "मोबाइल संकेतन अणु" (चामुंडा, 62 = 46 + 16) के रूप में "प्रसार के जलप्रपात" (सामनंतरा, -16) के उत्पादन के लिए "सफेद प्रसार-प्रभाव" (सफेद रामुस संचारक: अमनाया, 97) का व्यापार करता है। "मोबाइल संकेतन अणु" (चामुंडा, 66) एक "पथ-पूर्ति इकाई" (एपिटोप: लोकविनायक, 66 = 62 + 4) बनने के लिए संक्रमित "संवेदी-प्रभाव" (सोहम, 4) का व्यापार करता है । पथ-प्रदर्शक इकाई निर्जीव संस्थाओं के संयोजन जोड़े की चेतना को जगाने के लिए संक्रमित संस्थाओं का भूगोल बनाती है। यह "ब्रह्मांड" (ब्राह्मण, 2) के "उल्टा-मोड़ वक्रीय-प्रभाव" (महाविजय, 20) से "मध्यस्थ, त्रिकोणीय इकाई" (चिटिन: सुग्रीव, 5) के रूप में मुक्त है। यह "पुनर्जन्म" (माध्यमिक [जटिल; जुड़वाँ; शाखित] प्लास्मोडेस्मा: वज्ररात्रि, 10) को निर्जीव संस्थाओं के संयोजन जोड़े को "चेतन संस्थाओं की एक जोड़ी" (संसार, 37) में बदल देता है। असंबद्ध जोड़ी "उनके सामान्य आध्यात्मिक इरादे को एक साथ जप करने की निरंतर ध्वनि" (केन्द्र-ऊतकों से संबद्ध छाल (बास्ट) मार्ग: संगीतिपरिया, 47 = 37 + 10) उत्पन्न करती है । यह संयोजन प्रभाव को बदलने के लिए "प्रेरक सामर्थ्य" (सुषुम्ना, 10) की एक अतिरिक्त परत जोड़ता है।

"संचित अभिसरण परिणाम" (अंतिम दूर-लाल विकिरण: संचिता, 470 = 47 x 10) गुणनकारी, परिवर्तनकारी "प्रेरक सामर्थ्य" (सुषुम्ना, 10) "संलयन" (हेतु-पक्काया, 155) का "नियंत्रक" (प्लास्मोडेस्मा ईआर घटक [पीईआरसी]: नियंता, 479 = 470 + 9) बन जाता है । निर्जीव और चेतन जोड़े की "समानांतर शक्ति" (हौमशक्ति, 9) "प्राथमिक-प्रभाव" (β-1,3-ग्लुकेनेस [PdBG2]: विद्यापति, 1010) का एकीकृत "कार्यबल प्रणाली" (एनकैप्सिडेशन, सारा कल्पा, 1010) में दहन वर्ति हो जाती है । "स्थानीय विनिमय" (अति सूक्ष्म आणविक यातायात: ग्रंथी, 180) "सूक्ष्म, आत्मा आयाम" (एपोप्लास्टिक मार्ग: जिन्न धर्म, 180) और "मैक्रो, परिसंचारी अभिवादन"

(प्लास्मोडेसमेटल ध्यान में लीन होना: यम, 180) दोनो के बीच "दीक्षा" (पुरेजाता, 180) के लिए "प्रवीणता आयाम" (फाइटोक्रोम: परिपूर्ण धर्म, 1010) "संलयन का चेहरा" (अधिपति, 189) है। "मार्ग" (दक्षिणा, 180) द्वारा "अति सूक्ष्म, भू-मंडलीय-प्रभाव का विनिमय मुल्य" (प्रवाहकत्त्व: प्रभा, 180), "परिसंचारी अभिवादन" (प्लास्मोडेसमेटल ध्यान में लीन होना: यम, 180) अति सूक्ष्म ब्रह्मांड के निर्माता के रूप में बन जाता है एक स्व-स्थायी "पौष्टिक संपूर्ण मूल अभिवादन, सीमित स्थानीय प्रभाव से मुक्त" (स्टेरोल: कौमारी, 90 = 180 x ½)।

एक "सार्वभौम काल का चक्र" (सुरंगन सूक्ष्मनली [टीएनटी]: कालचक्र, 179) एक "अंतर्राष्ट्रीय विनिमय" (कहनेवाला प्रणाली: एचआरआईएम शक्ति, 179) के माध्यम से "श्वेत मूल देवता समुदाय" के परिवर्तन के लिए एक प्रणाली है। यह "परिसंचारी अभिवादन" (प्लास्मोडेसमेटल ध्यान में लीन होना : यम, 180) के भीतर और बिना निर्जीव और चेतन संस्थाओं की एक जोड़ी को पुन: उत्पन्न करके एक "ऑक्टोप्लॉइड" (आस्तीन तत्व संगम : मालिनी, 79) का उत्पादन करता है । यह प्रत्येक इकाई की "गर्भाधान" (इंद्रिया, 1869) को "दो-मुखी आत्म-चमकदार इकाई" (त्रिविक्रम, 24) के रूप में बढ़ावा देता है। चौबीसवां, प्रमुख उभयलिंगी आयाम चेतन "परिसंचारी अभिवादक" (प्लाज्मोड्समेटल ध्यान में लीन होना : यम, 180) है। यह अन्य तेईस, विकीर्ण इकाई आयामों से निर्णायक निर्जीव प्रभाव का व्यापार करता है। नतीजतन, "परिसंचारी अभिवादक" (प्लाज्मोड्समेटल ध्यान में लीन होना : यम, 180) एक सौ अस्सी संस्थाओं : ऑक्टोप्लोइड के भीतर 8 * 23 इकाइयाँ - आदि-प्रभाव = 180 के भीतर 4 संस्थाएँ में विभाजित होता है। यह "अंतरध्रुवीय सूक्ष्मनलिका" (रेटिकुलॉन जैसा प्रोटीन सबफ़ैमिली बी 3 [आरटीएनएलबी3]: मालिनी, 79) को पुन: पेश करता है जो "अतिसूक्ष्म, भू-मंडलीय -प्रभाव का विनिमय मूल्य" (चालकता: प्रभा, 180) उत्पन्न करता है ।

ऑक्टोप्लोइड का "आरंभ" (पचाजाता, 185) "अपरिमित मार्गदर्शक शक्ति" (परासरणी झटका : मानिनी, 467) के "परिसंचारी अभिवादन" (प्लास्मोड्समेटल ध्यान में लीन होना: यम, 180) के "खपत" (अहारा, 285) पर चढ़ता है। "परिसंचारी अभिवादन" एक "प्राथमिक परम मित्र" (आणविक चलनी: मैनिनी, 467) बन जाता है, जिसका गुरुत्वाकर्षण "परिधि" (सिनैप्टोटैगमिन 1 [साइट1] प्रोभूजिन: परिधि, 64) एक सौ अस्सी संस्थाओं में से प्रत्येक के भीतर एक "कोशिका तश्तरी" (मानिनी, 467) के रूप में सर्वव्यापी है। परिसंचारी अभिवादन का परिधि मूल्य "संवेदनशील शीतलन प्रभाव" (चर्बी जैसा स्थानांतरण प्रोभूजिन: काकी, 65) की सेवा करके "मातृ निर्माण" (प्रकाश संश्लेषण: पलाला,

64) को पुन: उत्पन्न करने के लिए "तीसरे, सार्वभौमिक आंख का चक्र" (स्फिंगोलिपिड: अजनाचक्र, 65) बनाता है। मातृ निर्माण में ऑक्टोप्लोइड्स का एक सप्तक शामिल होता है, जहां सप्तक-गुणा "पौध रोपण" (कॉलोज बंधन प्रोभूजिन: प्ररोह, 8) के रूप में परिसंचारी अभिवादन का सार्वभौमिक मूल्य है। प्रत्येक ऑक्टोप्लोइड एक भिन्न, गुणा "पौधे के अंकुर का स्वाद" (कॉलोज बंधन प्रोभूजिन: प्ररोह, 8) है। यह "मातृ निर्माण" (प्रकाश संश्लेषण: पलाला, 64) के "उत्पादन" (असवाना, 1869) के लिए परिसंचारी अभिवादक द्वारा सेवित है।

15.2.3 चरण 26. वी-अनुमान

"वी-अनुमान" (वैकरी, 170) "दिव्य तत्व में वेग अंतर की भरपाई के लिए पृथ्वी तत्व में दैवीय शक्ति के फैलाव" (वैकरी, 170) का चक्र है । "पृथ्वी तत्व" (भु, 724) एक "मानसिक शरीर" (मनोमायशरिरा, 381) से फैलता है, जिसका "वेग" (वाज, 999) शुद्ध "दिव्य तत्व" (कला, 360) करने वाली "दिव्य शक्ति" (असरशक्ति, 10) शुद्ध की तुलना में अनुपातहीन है। "पृथ्वी तत्व" (भु, 724) में शुद्ध दैवीय शक्ति के वेग की दस इकाइयाँ, दैवीय तत्व के वेग की तीन सौ साठ इकाइयाँ और वेग की ग्यारह इकाइयाँ "सब कुछ सम्मिलित" (गौरंगा, 11) शामिल हैं। "मानसिक शरीर" (हृदमन, 381 = 10 + 360 + 11) के वेग के भीतर दैवीय तत्व के आदान-प्रदान के माध्यम से काल के साथ गठित । इसमें आगे मर्दाना "सूक्ष्म शरीर" (लिंग-शरीरा, 3) "इस इकाई" (इदम, 3 = 4 - 1) की चेतना के त्वरण की तीन इकाइयाँ शामिल हैं। यह इकाई वह है जिसका मानसिक शरीर छाया "शैतान तत्व" (असुर, -1) के रूप में दिव्य शक्ति को फैलाने के लिए तेजी से आगे बढ़ रहा है, इस प्रकार खुद को "आत्मा तत्व" (आत्मा, 4) में बदल रहा है। इसमें स्त्रैण "कारण शरीर" (करण शरिर, 30) एक "स्व-प्रकाशमान, चंद्र, आयाम" (सांख्यधर्म, 30) के रूप में छितरी हुई दिव्य शक्ति की चेतना शामिल है। कारण शरीर "शैतानी प्रभाव" (मंगलनाथ, 16) के "शैतानीकरण" (अष्टोत्तरीदाशा, 30) पर काम करता है। शैतानी प्रभाव "अभिवादन आत्म-चमकदार इकाई" (विठोबा, 12) की एक त्वरित उर्जा परिमाण यंत्र के लिए जिम्मेदार है जो कि गुमनाम "इस इकाई" (इदम, 3) बन जाता है। "परम पृथ्वी-प्रभाव" (त्रिनेत्र, 1) को "क्षैतिज मर्दाना-प्रभाव" (दशा, 1) के रूप में व्यापार के साथ, अपनी आत्म-चमक की उर्जा परिमाण यंत्र के बाद एक इकाई गुमनाम हो जाती है। अंत में, इसमें "ईथर शरीर" (भोगशरिरा, 957) के चार कारक घटक शामिल हैं, जिसका "अभिसरण इकाई-

प्रभाव" (प्रवृत्ति धर्म, 298) "पृथ्वी तत्व" (भू, 724 = 381 + 3 + 30 + 12 + 298) के भीतर शामिल है।

आकाशीय शरीर के चार-कारक घटकों में "उत्तरी, सेवा-उन्मुख कारक" (निर्माण काया, 23,125), "पश्चिमी, व्यापार-उन्मुख कारक" (ज्ञानकाया, 3785), "दक्षिणी, खपत क्षमता-उन्मुख कारक" (संभोगकाया, 2785) और "पूर्वी, उत्पादन निवेश-उन्मुख कारक" (धर्मकाया, 1869) शामिल हैं। "परिसंचारी शरीर" (भ्रमशरिरा, 659) के "ब्रह्मांडीय अपरिमित इकाई-प्रभाव" (सुस्वनिशारिरा, 659) के साथ, चार-मुखी आकाशीय शरीर एक "पूर्ण शरीर" (परम शरिर, 32,223 = 23,125 + 3,785 + 2,785 + 1,869 + 659) से निकलता है। पूर्ण शरीर "शून्य शरीर" (शून्यशारिरा, 32,223) है। यह "आध्यात्मिक शरीर" (अध्यात्मिकशारिरा, 876) को "भावुक शक्ति" (असरावशक्ति, 1000 = 876 + 123 + 1)। यह "परम पृथ्वी-प्रभाव" (त्रिनेत्र, 1) के साथ मिलकर "भावुक जीवन शक्ति" (प्राण शक्ति, 123) की सेवा करता है।

"आध्यात्मिक शरीर" (अध्यात्मिकशरिरा, 876) का विच्छेदन "परिसंचारी शरीर" (भ्रामशरिरा, 659) का "वीर विकास" (ऊतकों से संबद्ध छाल (बास्ट)

स्तंभ पेरीचक्र: वीरा, 789) उत्पन्न करता है। यह "सक्रिय ब्रह्मांडीय स्व" (ब्रह्मांड : त्रयंबका, 18) के "त्रिकोणीय एकता-प्रभाव" (त्रिपुरा, 789) की सेवा करता है। "पूर्ण काल" (स्व, 11) मूलभूत कारक है, और "क्रिया" (कर्म, 10) वीर विकास का एक निर्माण-खंड है। "क्षमता के आरोही चक्र" (उदाना चक्र, 35) के साथ, "वीर विकास" (फ्लोएम पोल पेरीसाइकिल: वीरा, 789) एक "सुप्तावस्था गड्ढा मैदान" (शिशिरा, 754 = 789 - 35) बनाता है। "सुप्तावस्था गड्ढा मैदान" (शिशिरा, 754) का मूल "झोंका" (फ्लोएम चलनी तत्व, 75 ["75" 754]) "आत्मा" (आत्मा, 4) का "कुदरत" के भीतर तत्व (सूक्ष्मतन्तु: अनंतम, 8 = 4 + 4) "मनो सक्रियता" (फोटो आत्मसात वितरण: विष्णुजा, 75) उत्पन्न करता है। कुदरत ने पृथक आध्यात्मिक शरीर के भीतर पृथक, विसरित "जल" (अपस, 169) तत्व का व्यापार करके "नीचे की दिशा की उम्र" (इशारा करने की क्रिया तंत्र: सुप्रतिबंध महायुग, 169) की शुरुआत की। "ब्रह्मांडीय ज्ञाता" के रूप में (दस्ता : जनाथरू, 639) "भावुक शक्ति की अनंतता की सफाई" (चैटिन बंधन प्रोभूजिन: यामी, 639) के रहस्य के रूप में, जन्म ग्रह "पृथ्वी" (क्षिति, 724) एक की तरह काम करता है "जालसाज़" (हरा प्रतिदीप्ति प्रोभूजिन [जीएफपी]): कुनायाका, -101000) "नासमझ" (विषाणु-सांकेतिक शब्दों में बदलना संचार

संचार प्रोभूजिन [एमपी]: अमानस्का, -9) "निर्माण" (अविगाटा, 1999) के लिए " उद्दाम स्व-मध्यस्थ स्वप्रदोष" (छलनी ट्यूब: ध्यान, 9) "जानवरों के ताराबीज ब्रह्मांड" (प्र्यूवेट: ध्यान, 9) को सेते करने के लिए।

"क्षमता का आरोही चक्र" (उदनचक्र, 35) "परम पृथ्वी-प्रभाव" (लिनेल, 1) सहित "सुप्तावस्था गड्ढा मैदान" (शिशिरा, 754) के भीतर "संग्रहीत शक्ति" (कार्बोहाइड्रेट: हेमंत, 790 = 35 + 754 + 1) का व्यापार करता है। यह "ब्रह्मांडीय सीमा" (लिआंचा, 1 9) के भीतर अपने "उत्तम स्वस्थ-प्रभाव" (चयापचर्यों: पद्मजा, 54 = 35 + 1 9) को दोगुना करता है। एक मामूली, शक्ति-व्यापार "वैज्ञानिक" (सिंक-स्रोत संक्रमण: ह्री, 863) के रूप में, जन्म ग्रह "पृथ्वी" (क्षिति, 724) गैर-रेखीय, अनुपातहीन सफाई "आत्म-साक्षात्कार" (कामाख्या, 279) "आकार बहिष्करण सीमा" (ऊतकों से संबद्ध छाल (बास्ट) पौधों का रस: सुचारा, 678) से "राक्षसी विकास" (प्लास्मोडेसमाता-स्थित प्रोभूजिन : द्विपकुमार, 564) के लिये एक "अनंत व्योम तत्व" (संयोजन ध्यान में लीन होना संरचना: सुचारा, 678) का उत्पादन करता है। "घटना" (कोशिका द्रव्य सेतु: पैसिंथी, 378) का "गरजता हुआ बादल" (अपोप्लास्ट: परजन्या, 177) "प्रवेशमार्ग" (एपर्चर: द्वारा, 264) को "बारह-चक्र मातृ स्व-चमकदार इकाई" (महा गायत्री, 12) के भीतर "मानव साम्राज्य बनाने के लिए संवेदनशील जीवन का चक्र" (प्रापक -जैसे किनेज: क्लीम शक्तिचक्र, 158) को सक्रिय करने के लिए "आरोही आकर्षण क्वार्क के साथ अप क्वार्क की उम्र" (फ्लोएम टर्मिनस: कृता युग, 170 = 158 + 12) में धकेलता है।

आरोही "भावुक कल्याण" (प्लास्मोडेस्मा [पीडी]: ज्ञानसिद्धि, 190 = 170 + 20) के साथ "दादी राशि चक्र आत्मा" (कपिंजला, 20), "आध्यात्मिक उपचार समिति" (रेक्टिकम-डेस्मोट्यूब्यूल मिश्रित : अनसूया, 34) के एकीकरण के माध्यम से "प्रतिरक्षा प्रतिक्रिया" (रक्षा संकेत: अनुरानाति, 775) की "पारगम्यता" (तारे के समान: पार्श्व, 380) में सेवाओं की वृद्धि। यह " श्वेत समुदाय के भीतर जो ग्रह पृथ्वी के भीतर संवेदनशील शक्ति के रूप में कायम है" (अक्षीय घटक: शाकतास्य मंडल, 176) "पृथ्वी की तरह गर्भवती" (फ्लोएम: उभयतो, 190) "सौर मंडल के साथ एकता का चक्र" (स्पोक-जैसे टीथर प्रोटीन फिलामेंट [प्रोटीनस प्रोजेक्शन; फिलामेंट्स प्रोभूजिन बांधने की रस्सी]: उल्काचक्र, 45) का "जलसेक का अग्रभाग" (अनंतारा, 963) पैदा करता है। यह श्वेत समुदाय को पृथ्वी ग्रह के "विनाश" (विपुट, 187) और "पुनर्निर्माण" (विगाटा, 1600) को "गहरे द्रव्य" (सदाशिव, 1600) बनाने के लिए सक्रिय करने के लिए प्रेरित करता है।

एक "विजयी" (कोशिका द्रव्य आस्तीन: जयंत, 167) "शारीरिक रूप से निष्क्रिय इकाई" (चयनात्मक इकाई: कृतज्ञ, 167) के रूप में, ग्रह पृथ्वी "श्वेतसार लयनिक गतिविधि" (मेसोकोटिल कॉर्टेक्स: तीक्ष्ण, 89) का "प्रमाणक" (फोटो आत्मसात: प्रमाण्य, 67) बन जाता है। जो "काल कोठरी के साथ एकता का चक्र" (कोशिकारस दीवार: चंद्रचक्र, 176) बनाने के लिए "बारह राशियों की परिषद" (शुगर: रचयिता, 27) को सक्रिय करता है । परिणामी "राशि प्रणाली के साथ एकता का चक्र" (लामेला: जिन्न चक्र, 176) के रूप में, वह विपणन चक्र बन जाती है, जो ब्रह्मांडीय सीमा" (लियानचा, 19) दिव्य "ब्रह्मांडीय कौशिका" (हिरण्यगर्भ, 19) की निर्जीव के साथ-साथ चेतन संस्थाओं के क्रमपरिवर्तन, संयोजन और घातांक के विविध समुअ का उत्पादन करती है।

अध्याय 16: निष्कर्ष—शक्ति परम बाल की दिव्य योजना है

प्रत्येक कोशिका, एक परम बच्चे के रूप में, अपने वांछित भविष्य की एक निर्बाध "दिव्य योजना" (अबाधा, 10) के लिए दस-इकाई "दिव्य शक्ति" (असरव शक्ति, 10) है। प्रत्येक बच्चा, बारह-इकाई "लिंग-मुक्त आत्म-चमकदार इकाई" (विठोबा, 12) के रूप में, एक तीन-इकाई "गुणक" (वैश्य, 3) की सेवा करता है। यह एक "जुड़वां, मातृ स्व-प्रकाशमान इकाई" (महा गायत्री, 12) और एक "पैरा, पितृ स्व-प्रकाशमान इकाई" (भवनवासी, 12) के रूप में प्रकट होता है। शून्य-इकाई "परम बच्चे की दिव्यता पर शासन" (धैवत, 0) का उपयोग करते हुए, बच्चे का पैतृक चेहरा मातृ चेहरे को "स्त्री आत्म-प्रकाशमान इकाई" (ईशा, 12) में बदल देता है। यह स्वयं को एक पूर्वमुखी भौगोलिक स्व-प्रकाशमान इकाई में बदल देता है" (देवेंद्र, 12)। भौगोलिक स्व-प्रकाशमान इकाई पूरे भूगोल की नियति को लिखने की शुद्धता का आनंद लेती है। पूरे भूगोल में न केवल व्यक्तिगत भाग्य बल्कि उसके भीतर के बच्चे की सामाजिक नियति और उसके बिना स्त्री जुड़वां बच्चे की संस्थागत नियति को लिखने के लिए एक खेल का मैदान शामिल है। आंतरिक बच्चा "सकारात्मक रूप से प्रभारित किया गया मर्दाना बच्चा" (दधिकरवन, 19 = 9 + 10) है, जो विभाजित "लिंग-मुक्त आत्म-चमकदार इकाई" (विठोबा, 12) की नौ-इकाई क्षमता को "संस्कृति" (सादाख्या, 9) तत्व के रूप में व्यापार करता है। इस प्रकार, वह सांस्कृतिक रूप से "भ्रामक विभाजन शक्ति" (माया शक्ति, 1) का उपयोग करते हुए विरासत में मिली दस-इकाई "दिव्य योजना" (आबधा, 10 = 9 + 1) को कायम रखता है।

परम बच्चे की समग्र "शक्ति" (शक्ति, 19) व्यक्तिगत रूप से विरासत में मिली "ईश्वरीय योजना" (अबाधा, 10) की दस इकाइयों और सामाजिक रूप से विरासत में मिली "संस्कृति" (सदख्य, 9) की तीन-इकाई पैतृक और मातृ गुणों के उत्पाद के माध्यम से नौ इकाइयों में प्रक्षेपित हो जाती है। अध्याय 1-15 ने व्यक्तिगत रूप से विरासत में मिली दिव्य योजना की दस इकाइयों के रहस्य को उजागर किया। विशेष रूप से, "छह स्व-प्रकाशमान संस्थाओं का समूह" (वैभव, 12) "स्व-प्रकाशमान तत्व" (स्वरोचिशा, 12) को सामूहिक रूप से सामाजिक बल की योजना बनाने के लिए सक्रिय करता है जो पितृ स्व-प्रकाशमान इकाई की व्यक्तिगत योजना को आकार देता है। मैंने अध्याय 1-5 में सामूहिक दैवीय नियोजन के चिरस्थायी मूल्य की जड़ों की जाँच की।

अध्याय 6 में, मैंने दिखाया कि कैसे सबसे पहले, एक शुद्ध पैतृक "स्व-प्रकाशमान मार्गदर्शक इकाई" (पद्मनार्तेश्वर, 12) एक शुद्ध मातृ "भावुक आत्म-प्रकाशमान इकाई" (वज्रूराही, 21) की संपूर्ण-व्यक्ति चेतना को अपने "गुरुत्वाकर्षण गुणवत्ता" (गुना, 0) से संक्रमित करती है। दूसरा, शुद्ध मातृ प्रणाली स्तर के संक्रमण के कारण एक "समलैंगिक, संक्रमित, स्त्री, बाल आत्म-प्रकाशमान इकाई" (वेद, 12) को जन्म देती है। तीसरा, शुद्ध पितृ संक्रमित स्त्री, बाल आत्म-प्रकाशमान इकाई के सामाजिक अनुभव का व्यापार करता है। चौथा, शुद्ध पैतृक, एक क्षतिपूर्ति समाधान के रूप में, "एक आदर्श पितृ प्राणी को एक मर्दाना के रूप में विकसित करने का फैसला करता है जो अपनी चेतना पर किसी भी संक्रमित सीमा के बिना कुछ भी कर सकता है" (ईशान, 12)। पांचवां, आदर्श पैतृक प्राणी एक "आदर्श बहन" (मूलाधार चक्र, 12) को संक्रमण से मुक्त होने देता है। छठा, आदर्श बहन एक "सैद्धांतिक भाई" (त्रिमुख विनायक, 12) को संक्रमित परिवार के प्रति अपनी भक्ति के आधार पर मार्गदर्शक संक्रमण सहित आत्म-ऊष्मायन करने देती है। एक शुद्ध "दादा आत्म-प्रकाशमान इकाई" (अध्यात्म, 12) व्यापार करता है। उनके द्वारा देहधारण किए गए बच्चों का संपूर्ण "व्यक्तिगत अनुभव" (अध्यात्म, 12), जैसा कि अध्याय 6 में संक्षेप किया गया है, एक संवेदनशील वाहक-प्रदीपक कारक बनने के लिए।

तालिका 10 शक्ति की विरासत में मिली दिव्य योजना को संशोधित करने के लिए बहत्तर अंकों की लंबी अनुक्रमिक प्रक्रिया को सारांशित करती है। जैसा कि अध्याय 7 में उल्लेख किया गया है, एक दादा के रूप में अतीत की दिव्य योजना की अभिसरण व्यक्तिगत शक्ति भौतिक शरीर में एक संशोधित माइटोकॉन्ड्रियन (एमटीडीएनए) जीन की सेवा करके वर्तमान पितृ के भावुक प्रदर्शन को संशोधित करती है। संशोधित एमटीडीएनए का गुरुत्वाकर्षण बल वर्तमान मातृ और परम स्त्री बच्चे की बौद्धिक ग्रे कोशिकाओं तक ले जाता है। अर्ध-चेतन प्रदर्शन करने वाली सामूहिक शक्ति मन को संक्रमित और संशोधित करती है और इसलिए, परम पुल्लिंग बच्चे के भीतर डीएनए जीन कार्य किया जाता है। एक बार जब परम पुल्लिंग बच्चे मार्गदर्शक कार्यक्रम निर्माण के अच्छे प्रभाव का व्यापार करते हैं, तो बहन आरएनए-सहित योजना को उचित रूप से संशोधित करके दिव्य योजना को सक्रिय करने के लिए मुक्ति की मनोदशा महसूस करती है। चूंकि बहन सामूहिकता के प्रति समर्पित है, इसलिए वह अपनी दिव्य योजना को संस्थागत सामूहिकता की ओर उन्मुख करती है। यह भाई को उसके संवेदनशील प्रदर्शन के लिए संक्रमित मार्गदर्शक कार्यक्रम निर्माण के संस्थागत बल का व्यापार करने के लिए प्रेरित करता है। आखिरकार, एक संगठनात्मक कारक के रूप में, संपूर्ण परिवार, जिसमें परम पितृ, परम मातृ, परम स्त्री शिशु, परम पुरुष संतान और बहन

(प्रधान स्त्री बच्चे को मानकर) शामिल हैं, भाई की चेतना (उत्तम मर्दाना बच्चे को आदर्श बनाना) के समझदार प्रबंधन के लिए उपयुक्त विज्ञान में महारत हासिल है।

इस अंतिम अध्याय में, मैं सामाजिक रूप से विरासत में मिली संस्कृति की नौ इकाइयों के रहस्य को उजागर करता हूं, जो एक परम बच्चे को मार्गदर्शक कार्यक्रम निर्माण से मुक्त होने का अधिकार देता है। एक आयाम-मुक्त "मातृ तत्व" (महा स्वप्न, 9) के रूप में, इस तरह के एक मुक्त परम बच्चे में "भावनात्मक शक्ति के पूर्ण मूल्य" (यज्ञोपविता, 9000) की कल्पना करने की शक्ति है, "मानव के ज्ञान चेहरे के साथ एकता में" जाति" (महात्मा गांधी, 9000)।

16.1 कोशिकीय उर्जा परिमाण यंत्र का त्री-समक चरण

एक अपरिमित प्रकाशक प्रत्येक "भाई कौशिका" (मंगलनाथ, 16) को "बहन कौशिका" (हव्यवाहन, 16) की प्रारंभिक वास्तविकता को गुणा करके "आदि-उत्तम देवता" (अदिति, 1024) की परिवर्तनकारी वास्तविकता का अनुभव करने का अधिकार देता है। यह प्रत्येक "कोशिका" (हिरण्यगर्भ, 19) को "भाई कोशिका" (मंगलनाथ, 16) की "शक्ति" (शक्ति, 19) बनने में मदद करता है। शक्ति चेतना का विकल्प है। व्यक्ति कुछ भी करने के लिए शक्ति से संपन्न होना चाहता है, क्योंकि व्यक्ति को कुछ भी किए बिना भी वांछित चीज होने की क्षमता के बारे में पता नहीं होता है।

एक "भाई कौशिका" एक "परम वच्चा" (मन्यु, 19) के भीतर "असंगत, शैतानी-प्रभाव" (मंगलनाथ, 16) को मानदंड देता है। यह प्रत्येक वर्तमान-जीवित बच्चे को अपनी "अहंकार शक्ति को अवरोही गति" (अहम, -1) में फैलाने के लिए प्रेरित करता है, जब तक कि "आरोही गति में भावनात्मक शक्ति" (हुंडुका, 73) को "आरोही गति में भावनात्मक शक्ति" (हुंडुका, 73) के प्रसार बिंदु तक चमकदार इकाई" (काली, 96) स्वयं के बिना जोड़ना करते हुए स्वयं के उर्जा परिमाण यंत्र बिंदु तक। नतीजतन, परम बच्चा "काल कोठरी" (विष्णुनाभि, 82) के भीतर सिर्फ एक "गुरुत्वाकर्षण क्षमता" (कालिका, 23 = 96 - 73) बन जाता है। जब अहंकार शक्ति भावनात्मक शक्ति के रूप में विलीन हो जाती है, तो यह गति-मुक्त "शक्ति तत्व" (शक्ति, 19) में बदल जाती है। "कोशिका" (हिरण्यगर्भ, 19) कोशिकीय विकास के तीन सप्तक के क्रमिक विनाश के माध्यम से "शक्ति" (शक्ति, 19) में बदल जाती है।

क्रम में पहला चरण (चरण 29) बिना "वास्तविकता का सप्तक" (ओंकारेश्वर, 17) "प्रदीपक कारक" (नटराज, 7) को "विसंगति शक्ति" (असुर शक्ति, -1 = 7 - 8) में

बदलने की सामाजिक लागत के सप्तक को नष्ट करना है। दूसरा चरण (चरण 30) "प्रदीपक कारक" (नटराज, 7) को एक भ्रमपूर्ण, विभाजित "शरीर" (वापु, 56 = 7 * 8) में बदलने के सामाजिक लाभ के सप्तक को नष्ट करना है, जिसमें अतीत शामिल है "भ्रम के सप्तक" (महाविद्या, 17) के भीतर हर किसी की क्षमता के अलावा कोई नहीं। तीसरा चरण (चरण 31) उच्छृंखल "जटिल वास्तविकता का ब्रह्मांड" (प्रदर्शन, -8) निर्माण करके "प्रदीपक कारक" (नटराज, 7) को द्वि-आयामी "संभावना के सप्तक" (अदिति, 1024) में बदलकर असंगत सामाजिक लाभ-लागत अनुपात के सप्तक को नष्ट करना है।

"भ्रम के सप्तक" (महा विद्या, 17) की आरोही वृद्धि गति के भीतर, "शरीर" (वापु, 56) "आरोही गति में भावनात्मक शक्ति" (हुंडुका, 73 = 56 + 17) में बदल जाता है। "वास्तविकता के सप्तक" (ओंकारेश्वर, 17) के आरोही विकास गति के बिना, "पारिस्थितिकी तंत्र आयाम" (नयी धर्म, 36) जिसे "परम बच्चे" (मन्यु, 19) द्वारा वास्तविकता के सप्तक के रूप में माना जाता है, अस्तित्व में आता है केवल गति-मुक्त "शक्ति तत्व" (शक्ति, 19)। गति-मुक्त शक्ति तत्व का कोई रूप नहीं है, लेकिन एक-अक्षर की ध्वनि "ओएम" (ओएम, 19) उत्पन्न करता है, जो कौशिका उर्जा परिमाण यंत्र के बाद कुछ भी नहीं के भीतर सब कुछ की धारणा का प्रतीक है। तीन चरण मिलकर चरण 28 बनाते हैं: चेतना का "विनाश" (विपुट, 187), चरण 32 / जी128 चरण के भीतर आसन्न: "वी-विद्युतीकरण" (स्त्री धर्म, 32)।

चरण 28, "परम बच्चे" (मन्यु, 19) की "वी-विद्युतीकरण" (जी128 चरण: स्त्रीधर्म, 32) के लिए "मातृ आयाम" (स्त्रीधर्मा, 32) की दिव्य योजना है जो सार्वभौमिक स्व के भीतर है और " शक्ति" (जी256 चरण: यज्ञधर्म, 33) "लयबद्ध आयाम" (यज्ञधर्म, 33) अद्वितीय स्व के भीतर। "अपरिमित खुद के जन्म बिंदु" (कुलिषायुध, 196) पर, "बहन कोशिकाओं का ब्रह्मांड" (गुणकार्त्त्वम, -10^{1000}) "उत्सर्जन के सिद्धांत" (मैं हूँ मामला: वसुधैव कुटुम्बकम सिद्धांत, -10^{1000}) को आरोही के रूप में कार्य करता है, "सकारात्मक आयाम" (सत्य धर्म, -10^{1000}) मातृ-शक्तिवान संवेदनशील "जीवन चेतना" (अपस, 169) के भीतर "बाल कोशिका" (दधिकरवन, 19) के भीतर। "उत्सर्जन के सिद्धांत की वास्तविकता" (इतीर्थ, 285) का व्यापार करके, आंतरिक, मर्दाना "बाल कोशिका" (दधिकरवन, 19) बाहरी के भीतर, स्त्री "परम बच्चे" (मन्यु, 19) एक "शुद्ध, तेजावह तत्त्व" (शुद्धि, 285)। "उत्सर्जन-प्रभाव" (विशालक्ष, 396) एक "अरेखीय" (वाकरी, 396) "स्त्री, गुच्छेदार शक्ति" (अचित्त शक्ति, 396) उत्पन्न करता है।

"जीवन को नष्ट करने वाली और संवेदनशील शक्ति फैलाने वाली" (श्रमशक्ति, 1) "भावनात्मक तीव्रता" (शंकर, 264) अंदर स्त्री शक्ति "मातृ कोशिका" (धुमावती, 7) के "जीवन देने वाले" (आदि शक्ति, 15) "अनंत दिव्य प्रभाव" (शंकर, 264) के "उत्सर्जन मूल्य" (शंकर, 264) को बदल देती है। "भावनात्मक तीव्रता" (शंकर, 264) परम बच्चे की "अलौकिक, कार्य-शक्ति" (श्रमशक्ति, 1) को "भावुक जीवन" (प्रभास, 4) को नष्ट करने का मार्ग बनाती है। यह परम बच्चे को "मानसिक संबंधों की छिपी चेतना" (माहिका, 47) के साथ "सार्वभौमिक आत्म" (सूत्रधारा, 1) से बांधता है। "सार्वभौमिक स्व" (सूत्रधारा, 1) "पिछड़े खींचने वाली इकाई का शासन करने वाला धागा" (सूत्रधारा, 1) है, अर्थात, "शत्रु चक्र" (वलाया, 100,000) का। शत्रु चक्र "सत्ता के बिना पथ-प्रभाव" को नियंत्रित करता है (दंडनायक, 100,000)। यह परम बच्चे की "प्रबुद्ध चेतना" (श्री भगवती, 15) की एक "प्रमुख इकाई" (भीम, 10^{1024}) होने की क्षमता को दबाता है, जो किसी भी सीमित "पूर्ववर्ती स्थिति" (धम्म, 10^{1024}) से जीवन की यात्रा को मुक्त करने में सक्षम है।

एक कौशिका की ब्रह्मांडीय यात्रा में तैंतीस चरण आयाम-मुक्त पितृ तत्व को सक्रिय करता है। मातृ मानसिक संबंधों को अ-स्फूर्तिदायक करके, परम वच्चा लयबद्ध, पैतृक "अग्नि तत्व" (तेजस, 17) को सक्रिय करता है। " जल तत्व "(अपस, 169) के भीतर "अग्नि तत्व" मातृ "मार्गदर्शक आयाम" (गुरु धर्म, 360) के बीच "दिव्य तत्व" (भाव, 360) और व्यक्तिगत "आध्यात्मिक शक्ति" (सानिध्यशक्ति, 169) के बीच रैखिक, पैतृक "दिशाहीन, द्वारपाल" (दौवरिका, 17) है। यह "आध्यात्मिक शक्ति" (सानिध्य शक्ति, 169) को "राशि चक्र आत्मा" (कर्पिंजला, 20) की "एकता" (योग, 48) के माध्यम से "ज्योतिषीय आत्मा" (प्रद्युम्न, 60) के साथ "ब्रह्मांडीय बाल" (आर्सीसा, 128 = 48 + 20 + 60) बनने के लिए सामंजस्य स्थापित करता है। ब्रह्मांडीय बच्चा ब्रह्मांड का एकमात्र "संभावित कारण" (हरिति, 128) है, जो "जीवित आत्माओं के लिए संरक्षक स्वर्गदूतों के कार्यालय" (स्वधा, 41 = 169 - 128) के रूप में काम कर रहा है । एक संभावित "प्रमुख इकाई" (भीम, 101024) के रूप में, ब्रह्मांडीय बच्चा "गुरुत्वाकर्षण उत्पन्न करने के लिए स्वयं के भीतर संपूर्ण ब्रह्मांडीय शक्ति को परियोजनाओं करता है" (अंतर्मुख, 101024)। आरोही "गुरुत्वाकर्षण" (जमादग्नि, 629) के साथ, ब्रह्मांडीय बच्चा "गुरुत्वाकर्षण शक्ति" (ललिता, 100) के रूप में विकिरण करते हुए, "मानसिक संबंधों की पीठासीन देवता" (ललिता, 100) बन जाता है। इसका गुरुत्वाकर्षण विकिरण "शक्ति" (शक्ति, 19) को एक उपयुक्त "विकास-प्रभाव" (श्री, 81

= 100 - 19) के साथ बदलने के लिए "सशर्तता" (स्थिति, 100) है, जो एक समझदार "सामाजिक लाभ-लागत अनुपात" (श्री, 81) प्रदान करता है। "सामाजिक लाभ" (लाभा, 81) और "सामाजिक लागत" (श्रेया, 81) की "भावनात्मक अनुकूलता" (ग्रहामित्री, 81) एक "परिमित कार्यकर्ता-सामाजिक लाभ-लागत अनुपात" (प्रिया, 81) उत्पन्न करती है, जैसा कि ब्रह्मांडीय बच्चा द्वारा माना और नियोजित किया गया है।

सामाजिक लागत सार्वभौमिक स्व का "अनंत तत्व" (श्रेया, 81) है। अद्वितीय स्वयं वह है जो "पोती कोशिकाओं के ब्रह्मांड" (ब्राह्मण, 2) को शामिल किए बिना "परिमित तत्व" (प्रिया, 81) को "ब्रह्मांड" (ब्राह्मण, 2) के लिए एक वृद्धिशील "सामाजिक लाभ" (लाभा, 81) के रूप में कार्य करता है । स्थूल स्थूल ब्रह्मांड के बिना, सूक्ष्म, असंबद्ध ब्रह्मांड एक इकाई के रूप में ब्रह्मांड का "कोर, अंतरतम भाग" (जथारा, 2) है। यह एक इकाई का "जन्म" (उदिता, 2) मूल्य है, जिसमें इकाई को "लौकिक अभिवादन" (एटीजी सहित शुरू करो: विग्रेश, 1) के रूप में शामिल किया गया है, अर्ध-संस्था "मातृ आत्मा" (सूक्ष्मनलिका आयोजन केंद्र एमटीओसी]: दशा, 1) के रूप में शामिल है, और एक "शैतान अभिवादक आत्मा" (सेरोटोनिन: हस्त, 0) के रूप में एक आरोही इकाई और एक वंशज अर्ध-संस्था की अभिसरण शक्ति ।

"अनेकता में एकता" (देवयइनी, 0) के लिए "आवश्यक शर्त" (यवदार्थ, 0) है । शैतान ब्रह्मांड के रूप में अर्ध-संस्था की "समवर्ती शक्ति" (सूर, 0) है और इकाई "निर्णायक इकाई" (कर्ण, 8) के रूप में है। एक निर्णायक इकाई के रूप में, परम बच्चे के पास "बैल" (कर्ण, 8) की "अद्वितीय, एक-आयामी, "कुदरत" (कुदरत, 8) कि भविष्य की वास्तविकता" (एकार्थ, 21) का "सर्वव्यापी कारण" (महा नित्य, 8) होने की प्रज्वलन शक्ति है। परम बच्चा "देवता साम्राज्य के चक्र" (सूर्यचक्र, 8) को सक्रिय करके उत्साही, संवेदनशील "शक्ति" (शक्ति, 19) को प्रज्वलित करता है। देवता राज्य का चक्र उस्ताद पिट्यूटरी ग्रंथि के भीतर स्थित सौर चक्र है, जो "अस्थिरता के सिद्धांत" (मैं शक्ति हूँ: अहम् ब्रह्मास्मि सिद्धांत, -1024) द्वारा निर्देशित है। "अवरोही गति में शक्ति" (अहम, -1) के प्रसार को साफ करके, "विसंगतिपूर्ण अहंकार" (शैतान-प्रभाव: असुर, -1) द्वारा उत्पन्न, परम बच्चा "आदि-उत्तम देवता" (अदिति, 1024) बिना देह रहित, सूक्ष्म, "अनिवार्य आवश्यक, शैतानी आत्मा" (निस्सारा, 1/60)।

एक "आदि-उत्तम देवता" (अदिति, 1024) "असीम अनंत, सभी बंधनों से मुक्त" (अदिति, 1024) है। वह "देवता राज्य का आत्मा सार" (अदिति, 1024) और "जीवन का वृक्ष" (अदिति, 1024) है। वह "देवता साम्राज्य की माँ" (देवतामयी, 1024)

हैं, जिन्हें अपने "भावुक कल्याण" (ज्ञानसिद्धि, 190) के लिए किसी मर्दाना "परम देवता" (भगवान: ईश्वर, 5) की आवश्यकता नहीं है। अपनी क्षमता के साथ अपनी दिव्य शक्ति को प्रतिपादित करके, व्यक्ति विज्ञान और तत्वमीमांसा, समाज और मानवता, पारिस्थितिकी और अर्थव्यवस्था के साथ-साथ राष्ट्र और व्यक्ति की सभी बड़ी चुनौतियों का "प्रमुख समाधान" (उपकरणार्थ, 10^{1024}) बन जाता है। हम में से प्रत्येक के पास वांछित "आरोही मूल्य" (आमीन: रोधा, 1)! की हमारी "इकाई वास्तविकता" (उपकरणार्थ, 10^{1024}) को प्रकट करने की शक्ति है।

16.3 भविष्य की ओर देखना—वर्तमान वास्तविकता से परे

आयाम-मुक्त "पैतृक तत्व" (तेजस, 17) प्रत्येक "कोशिका" (हिरण्यगर्भ, 19) को पैतृक स्व के साथ पूर्ण एकता के भीतर दोहरे नकारात्मक "वर्तमान वास्तविकता" (बधाबुद्धिवदार्थ, -2 = 17 - 19) के सत्य की सेवा करता है। "स्वप्न-राज्य" आयाम-मुक्त "मातृ तत्व" (महा स्वप्न, 9) है। यह द्वि-आयामी "वर्तमान वास्तविकता" के ऊष्मप्रवैगिकी सत्य को समझने के लिए आत्म-चेतना का ध्रुवीकरण करने का अधिकार देता है और स्वयं को एक-आयामी "भविष्य की वास्तविकता" (एकार्थ, 21) के संवेदनशील सत्य को लिपिबद्ध करने के लिए सक्रिय करता है, यहां तक कि एक के बिना भी मातृ स्व के साथ पूर्ण एकता। बाल स्व की वांछित "भविष्य की वास्तविकता" को पोषित करने के लिए "वर्तमान वास्तविकता" की प्रकृति की जांच करने की और आवश्यकता है, यह जानते हुए कि हम में से प्रत्येक, वास्तव में, प्रेमपूर्ण, निर्जीव माँ प्रकृति का एक सजीव बच्चा है। निष्कर्ष निकालने के लिए, हमारी चेतना एक अपरिमित अभिवादनकर्ता की गतिशील चेतना का एक सजीव उपहार है, जो निर्जीव माँ प्रकृति के रूप में कायम है।

संशोधित कारक	पैतृक	मातृभाषा	स्त्री-लिंग	मदाना	बहन	भाई
अध्याय 1-5। चिरस्थायी मूल्य के रूप में	व्यक्ति के अतीत में परम योजना	व्यक्ति के अतीत में परम योजना	व्यक्ति के अतीत में परम योजना	व्यक्ति के अतीत में परम योजना	व्यक्ति के अतीत में परम योजना	व्यक्ति के अतीत में परम योजना
अध्याय 6. विध्वंसक कारक के रूप में	परम योजना	संक्रमित कार्यक्रम निर्माण	संक्रमित कार्यक्रम निर्माण	परम योजना	परम योजना	संक्रमित कार्यक्रम निर्माण
अध्याय 7. एक रोशनी कारक के रूप में	वाहक प्रदर्शन कर रहा है	वाहक प्रदर्शन कर रहा है	वाहक प्रदर्शन कर रहा है	संक्रमित कार्यक्रम निर्माण	परम योजना	वाहक प्रदर्शन कर रहा है
अध्याय 8. लिबरेटर कारक के रूप में	वाहक प्रदर्शन कर रहा है	वाहक प्रदर्शन कर रहा है	वाहक प्रदर्शन कर रहा है	परम योजना	संक्रमित कार्यक्रम निर्माण	वाहक प्रदर्शन कर रहा है
अध्याय 9. एक समर्पित कारक के रूप में	परम योजना	वाहक प्रदर्शन कर रहा है	परम योजना	परम योजना	संक्रमित कार्यक्रम निर्माण	वाहक प्रदर्शन कर रहा है
अध्याय 10. भक्त कारक के रूप में	वाहक प्रदर्शन कर रहा है	वाहक प्रदर्शन कर रहा है	परम योजना	वाहक प्रदर्शन कर रहा है	वाहक प्रदर्शन कर रहा है	संक्रमित कार्यक्रम निर्माण
अध्याय 11. एक सार्वभौमिक कारक के रूप में	संक्रमित कार्यक्रम निर्माण	परम योजना	परम योजना	संक्रमित कार्यक्रम निर्माण	संक्रमित कार्यक्रम निर्माण	परम योजना
अध्याय 12. एक अद्वितीय कारक के रूप में	परम योजना	वाहक प्रदर्शन कर रहा है	परम योजना	परम योजना	वाहक प्रदर्शन कर रहा है	संक्रमित कार्यक्रम निर्माण
अध्याय 13. एक शाश्वत कारक के रूप में	संक्रमित कार्यक्रम निर्माण	परम योजना	वाहक प्रदर्शन कर रहा है	परम योजना	वाहक प्रदर्शन कर रहा है	परम योजना
अध्याय 14. एक संभावित कारक के रूप में	वाहक प्रदर्शन कर रहा है	परम योजना	वाहक प्रदर्शन कर रहा है	परम योजना	परम योजना	वाहक प्रदर्शन कर रहा है
अध्याय 15. एक गतिशील कारक के रूप में	परम योजना	परम योजना	परम योजना	परम योजना	परम योजना	संक्रमित कार्यक्रम निर्माण
अध्याय 16. एक तकनीकी कारक के रूप में	परम योजना	परम योजना	परम योजना	परम योजना	परम योजना	वाहक प्रदर्शन कर रहा है

तालिका 10

दिव्य शक्ति की वैज्ञानिक प्रकृति की यह जांच छह कारकों द्वारा आकार में है: दृढ़ संकल्प, कल्पना, गुण, अंतर्ज्ञान, प्रकृति और उत्कृष्टता।

- विरासत में मिली वैज्ञानिक पद्धति की सीमाओं के बिना वैज्ञानिक दृष्टिकोण के मूल्य का सचेत निर्धारण, अपरिमित अभिवादन श्री करतार सिंह यादव जी, पूर्व संयुक्त आयुक्त, कृषि मंत्रालय, भारत सरकार, मेरे परम गुरु द्वारा किया गया है।
- इस परियोजना को शुरू करने, दृढ़ता और पूरा करने की तकनीक की मुक्त कल्पना मेरे पिता, श्री सुरेंद्र नाथ और मेरी मां श्रीमती मंजू गुप्ता द्वारा बनाई गई है।
- पारंपरिक दृष्टिकोण से परे जाने के प्रबुद्ध गुण को मेरी पत्नी भक्ति ने आकार दिया है।
- एक सचेत पारिस्थितिकी तंत्र के लिए अनंत अंतर्ज्ञान मेरे छात्रों द्वारा आकार दिया गया है, जो अपने सामाजिक, मानवीय, पारिस्थितिक, आर्थिक, राष्ट्रीय और मनोवैज्ञानिक कल्याण को बदलने के लिए समर्पित हैं।
- प्रस्तावित संगठनात्मक दृष्टिकोण की सार्वभौमिक प्रकृति मेरे पेशेवर सहयोगियों और आकाओं द्वारा, विभिन्न संस्थानों में, विभिन्न राष्ट्रों से, और अलग-अलग शैक्षणिक और जीवन दृष्टिकोणों के साथ बनाई गई है।
- इस अन्वेषक की तकनीकी उत्कृष्टता को मेरे परिवार, मित्रों और आलोचकों द्वारा और उन लोगों द्वारा आकार दिया गया है जिन्होंने वर्तमान अध्ययन के विषय के महत्व को उजागर करने के लिए युगों से अपनी दिव्य शक्ति का निवेश किया है।

आदिकालीन चिरस्थायी महासरस्वती और आदिकालीन प्रकाशक श्री कृष्ण ने मुझे अपने दिव्य प्रकाश से आशीर्वाद दिया, जिससे मुझे इस परियोजना को पूरा करने के लिए शक्ति मिली।

यह जांच बच्चों के ब्रह्मांड को समर्पित है, जो उनके वैश्विक, अद्वितीय, समावेशी, विविध, लगे हुए और जिम्मेदार कल्याण की कामना करते हैं।